RHCSA/RHCE 红帽 Linux 认证学习指南(第 7 版) EX200 & EX300

[美] Michael Jang
Alessandro Orsaria 著

杜　静　秦富童　译

清华大学出版社

北　京

Michael Jang, Alessandro Orsaria

RHCSA/RHCE Red Hat Linux Certification Study Guide, Seventh Edition(Exams EX200 & EX300)

EISBN：978-0-07-184196-2

Copyright © 2016 by McGraw-Hill Education.

北京市版权局著作权合同登记号 图字：01-2016-5729

本书封面贴有 McGraw-Hill 公司防伪标签，无标签者不得销售。

版权所有，侵权必究。侵权举报电话：010-62782989 13701121933

图书在版编目(CIP)数据

RHCSA/RHCE 红帽 Linux 认证学习指南(第 7 版) EX 200 & EX300 / (美) 迈克尔·詹格 (Michael Jang)，(美) 亚历桑德罗·奥尔萨里亚 (Alessandro Orsaria) 著；杜静，秦富童 译. —北京：清华大学出版社，2017 (2020.7重印)

书名原文：RHCSA/RHCE Red Hat Linux Certification Study Guide, Seventh Edition(Exams EX200 & EX300)

ISBN 978-7-302-45898-2

Ⅰ．①R… Ⅱ．①迈… ②亚… ③杜… ④秦… Ⅲ．①Linux 操作系统—程序设计—工程技术人员—资格考试—自学参考资料 Ⅳ．①TP316.89

中国版本图书馆 CIP 数据核字(2016)第 283763 号

责任编辑：王 军 韩宏志
装帧设计：牛静敏
责任校对：成凤进
责任印制：沈 露

出版发行：清华大学出版社
　　　网　　　址：http://www.tup.com.cn，http://www.wqbook.com
　　　地　　　址：北京清华大学学研大厦 A 座　　邮　　编：100084
　　　社 总 机：010-62770175　　　　　　　　邮　　购：010-62786544
　　　投稿与读者服务：010-62776969，c-service@tup.tsinghua.edu.cn
　　　质 量 反 馈：010-62772015，zhiliang@tup.tsinghua.edu.cn
印 装 者：三河市铭诚印务有限公司
经　　销：全国新华书店
开　　本：185mm×260mm　　　印　　张：45.5　　　字　　数：1164 千字
版　　次：2017 年 1 月第 1 版　　　　　　　　印　　次：2020 年 7 月第 5 次印刷
定　　价：198.00 元

产品编号：070765–03

译 者 序

  Linux 是在企业和组织中一种非常流行的操作系统。相信留意过求职信息的计算机从业人士都清楚这一点。Linux 是一个多用户、多任务的开源操作系统，其低成本和高安全性等特点是其得到青睐的重要原因。在 Web 服务器、云计算、智能手机和消费类电子产品中，Linux 极受欢迎，并且还在快速增长，所以对 Linux 专业人员的需求是很高的。

  然而，由于 Linux 的应用环境，导致企业不可能随便招聘人员来管理 Linux 系统。证明自己能力的方式，要么是具有以往的 Linux 管理经验，要么是通过 Linux 认证考试。在这方面，Red Hat 的认证考试具有明显的优势。

  Red Hat 是一家世界领先的开源软件产品提供商，其企业版 Linux 是应用最广泛的 Linux 系统之一。企业选择 RHEL，是看重了 Red Hat 提供的全面而专业的支持。而 Red Hat 的认证考试也反映了 Red Hat 看待 Linux 系统管理的角度：Linux 管理是一项实践性工作，所以考试应该反映出考生在真实场景下处理问题的能力。RHCSA 和 RHCE 都没有采用选择题的形式，而是用实践操作题来考查考生解决问题的能力。这就是为什么业界很重视通过 Red Hat 认证的 Linux 从业者的原因。

  RHCSA 和 RHCE 是两个不同的考试，有各自的侧重点，然而二者之间也有重叠之处。Red Hat 提供了多种认证，而 RHCSA 和 RHCE 是这些认证的基础，也就是说，必须先通过 RHCSA 和 RHCE，Red Hat 才允许参加其他认证考试。

  立志于在 Linux 领域一展身手的读者，如果还没有参加过 Red Hat 认证考试，可以考虑参加 RHCSA 或 RHCE 中的一项或两项。本书能够为备考过程助力。

  本书的两位作者均参加过并获得了 Red Hat 认证，所以对考试的意图、陷阱及技巧都有深刻的认识，由他们来带领读者认识考试是非常合适的。

  本书主要分为两个部分，一部分专门针对 RHCSA，另一部分专门针对 RHCE，所以读者可通过本书，了解到两门考试的区别，从而有针对性地学习和准备考试。

  本书每一章都列出了各个考试主题的认证目标，使读者迅速了解在该章中需要重点关注的地方。各章的考试提示说明了考生在考试中需要注意的地方，实际经验则说明了真实工作场景中可能遇到的情形，给出了非常宝贵的经验。所以本书不只是帮助读者通过考试，学完本书后，读者也会对如何管理真实生产系统有一定的认识。考试内幕可帮助读者深入理解考试要求，这是作者们用自己对 Red Hat 考试的深刻认识做出的解读和预测，理解这些内容能让读者相比其他考生更具优势。本书还用一个表格列出了 RHCSA 和 RHCE 考试的考点，便于读者查阅和对比，了解自己对认证目标的理解程度。章末的实验题考查读者实际动手处理问题的能力，实际解决这些问题，对于考试极有帮助。

  在这里要感谢清华大学出版社的编辑们，他们为本书的翻译投入了巨大的热情并付出了很多心血。没有你们的帮助和鼓励，本书不可能顺利付梓。

  对于本书，译者在翻译过程中力求忠于原文，再现原书风貌，将作者要表达的意思如实地传递给读者，但是鉴于译者水平有限，错误和失误在所难免，如有任何意见和建议，请不吝指正。本书全部章节由杜静、秦富童翻译，参与翻译的还有孔祥亮、陈跃华、杜思明、熊晓磊、曹汉鸣、陶晓云、王通、方峻、李小凤、曹晓松、蒋晓冬、邱培强、洪妍、李亮辉、高娟妮、曹小震、陈笑，在此一并表示感谢。

本书内容全面细致，而且提供了许多技巧，对于通过 RHCSA 和 RHCE 考试来说是非常难得的参考书。希望读者在学习本书后能够顺利通过考试。

译　者

作 者 简 介

Michael Jang 已获得 RHCE、LPIC-2、UCP、LCP、Linux+、MCP 等认证，目前是 ForgeRock 的高级技术文档工程师。他在计算机方面的经历最早可以追溯到穿孔机时代。他已出版了多本与 Linux 认证有关的图书，包括 *LPIC-1 in Depth*、*Mike Meyers' Linux+ Certification Passport*、*Sair GNU/Linux Installation and Configuration Exam Cram*。他所撰写的其他与 Linux 有关的图书还包括 *Linux Annoyances for Geeks*、*Linux Patch Management* 和 *Mastering Fedora Core Linux 5*。他曾撰写过或合作撰写过有关 Microsoft 操作系统的图书，包括 *MCSE Guide to Microsoft Windows 98* 和 *Mastering Windows XP Professional，Second Edition*。

Alessandro Orsaria 已获得 RHCE、RHCA、CCIE x2 等认证，是一位 IT 专家，具有超过 15 年的行业经验。他为 Linux 技术杂志撰写过多篇文章，目前担任一家全球性资产对冲基金公司的 IT 基础设施架构师。Alessandro 通过了 Red Hat RHCE 和 RHCA 认证，还通过了思科 CCIE 的两项认证(路由交换认证以及数据中心认证)。他是伦敦帝国理工学院的 MBA，还拥有物理学学位。

技术编辑简介

Alex Davies 任职于一家自营贸易公司，负责 Linux 系统，并管理着一支由芝加哥、纽约、伦敦和新加坡各地的 Linux 工程师组成的团队。Alex 是 *MySQL Clustering and MySQL High Availability Cookbook* 的作者。他通过了 RHCE 和 RHCA 认证，并在 2009 年获得了 Red Hat 颁发的"RHCE of the Year"奖项。Alex 从杜伦大学获得了经济学学位。

致　　谢

感谢 ForgeRock 的 Mark Craig 和 Jamie Nelson 支持我更新本书的工作。感谢 Alessandro Orsaria 帮助完成本书的内容更新，没有他的贡献，第 7 版就不会问世。最重要的是，要感谢爱妻 Donna，你是我一生的挚爱。

——Michael Jang

特别感谢 Michael Jang 和 Tim Green 给我机会参与本书第 7 版的创作。付出贡献的人很多，这里无法一一提及。必须感谢 Marshall Wace 的 Conor Kiernan 和 Neil Jones 的鼓励和支持。还要特别感谢 Alex、Koti 和 Vlad，我有今天的成绩离不开你们多方面的帮助。最后，同样重要的是，谢谢你，Julia，谢谢你在我参与创作这本书时表现出的耐心和温柔。

——Alessandro Orsaria

感谢 McGraw-Hill 出版公司所有勤奋工作的员工：Amy Stonebraker、Tim Green, LeeAnn Pickrell、Jody McKenzie、Bart Reed 和 Jim Kussow，没有你们的辛勤工作和团队精神，就不可能有该系列优秀的计算机图书的出版。

序　言

Linux 正在茁壮成长！Red Hat 总是处于 Linux 革命的最前沿。这一切得益于 Red Hat 认证系统管理员考试(Red Hat Certified System Administrators，RHCSA)和 Red Hat 认证工程师考试(Red Hat Certified Engineers，RHCE)。

在当前经济复苏时期，商业、教育和政府等机构都怀有强烈的成本意识。他们都希望能够控制自己的操作系统。Linux——甚至 Red Hat 企业版的 Linux(Red Hat Enterprise Linux)——都有助于节省成本。Linux 的开源特性允许用户控制和定制自己的操作系统，其定制程度要高于其他系统。虽然购买 Red Hat 企业版 Linux 需要付费，但是其成本还包括以后的更新和支持。有了 KVM，能在单台物理计算机上安装多个虚拟的、相互独立的 RHEL 系统(及其他操作系统)。许多公司已把众多塞满各种物理系统的房间转换为只包含有限几个系统的小机柜。在每个系统里都安装了许多虚拟机。作为 Red Hat 认证的系统管理员和工程师(RHCSA 和 RHCE)，我们也可以投身到这场变革中。

虽然 RHEL 的支持版本也需要成本，但是用户可以不需要为这个成本付费。正如后面将要指出的，可使用试用版或开发订阅版，或者由相同源代码构建的、免费使用的 RHEL 重构版本。

实际经验

重构版本是由第三方根据相同的源代码生成得到的软件。另一方面，克隆版本是由不同源代码生成得到的软件。

安全是许多公司选择 Linux 的另一个理由。美国国家安全局已经开发出自己的 Linux 内核版本，它在名为安全增强型 Linux(Security-Enhanced Linux，SELinux)的系统里提供了基于上下文的安全。RHEL 已经把 SELinux 当作分层安全策略的一个重要组成部分。

通过 RHCSA 和 RHCE 认证考试并不容易。根据现有的数据，不到50%的考生在第一次参加 RHCE 考试时能够通过。但是读者不要被这个统计数字吓跑。虽然无法保证，但是本书可以帮助读者准备并通过 RHCSA 和 RHCE 认证考试。本书介绍的技术同样可以应用到读者日常的系统管理工作中。需要记住，本书无意取代后面将要介绍的 Red Hat 培训课程(Red Hat Prep Courses)。

为准备 Red Hat 认证考试，需要准备一个至少由 3 台 Linux 计算机组成的网络。由于 RHCSA 考试的重点是虚拟机，因此建议读者把其中两台 Linux 计算机用作 KVM 系统。配置了网络服务后，可通过另一台计算机检查操作结果。

如何获得 Red Hat 企业版 Linux 操作系统

Red Hat 考试测验考生对 Red Hat 企业版 Linux 操作系统的知识。但是现在有一个重要的变化，RHCSA 认证目标规定了几个与虚拟机有关的考试目标。RHEL 7 使用基于内核的虚拟机 (Kernel-based Virtual Machine，KVM)。Red Hat 只支持 64 位 CPU 物理计算机上的 KVM 虚拟主机。因此，为掌握 RHCSA 认证中与 KVM 有关的内容，读者需要一个能够处理 RHEL 7 的 64 位版本的硬件系统(但是，这应该不会是一个问题，除非读者在 10 年前的 Pentium CPU 上运行 RHEL)。

读者可能需要在此 64 位硬件系统上安装两个或两个以上的虚拟机。虚拟机在多 CPU 系统或多核 CPU 系统上运行起来可能更好。因此，为避免因硬件缘故而影响读者的学习，建议读者的 64 位硬件系统至少要有 8GB 的 RAM，16GB 的 RAM 也许会更好(我们是在 8GB RAM 的 64 位硬件系统上撰写本书的)。因为 RHCSA 认证目标要求掌握从 Red Hat 网络和其他系统执行安装和更新，所以可能需要购买 RHEL 订阅版。但是，对于学习其他所有目标，重构发行版就足够了。如果读者希望获得一个完整的订阅版(它可以帮助读者测试与 Red Hat 网络有关的功能)，则它的价格取决于硬件技术和技术支持的级别。

对于 Red Hat 企业版 Linux 7，Red Hat 修改为以下几个不同的版本：

- RHEL 服务器版本为 3 种不同类型的 CPU 架构提供了不同级别的技术支持：
  - 基于 AMD 和 Intel CPU 的 32 位和 64 位系统。其价格取决于 CPU 插槽数和支持虚拟访客的数量。
  - IBM POWER7 系统，其价格取决于 CPU 插槽数。
  - IBM z 系统。
- RHEL 桌面(RHEL Desktop)系统，它为工作站提供了各个级别的技术支持。
- RHEL 开发人员套件提供了 RHEL 7 和几个增件软件的下载访问，但只能将这些软件用于开发目的。
- RHEL 增件可用于高可用性、弹性存储和负载均衡及其他领域。

本书是在 RHEL 7 服务器上完成的。RHEL 7 开发人员套件是一个价格适中的选项，包含了准备 RHCSA 和 RHCE 考试所需的服务器程序包。虽然 RHEL 是根据开源许可协议发布的，但这只是指开源代码而已。访问二进制程序包需要购买一个订阅服务。

企业级操作系统的一个优点是它的稳定性。当一个企业把自己的操作系统升级到 RHEL 7 时，就是利用了这种稳定性，只需要一次性更新整个系统的配置。之后的安全升级和 bug 修正都可以自动完成。为此，Red Hat 采取各种措施，避免强制出现这样的情形：企业只是为了一个修改版本(如 RHEL 7.1)而更新自己的系统。如果一个企业对每个修改版本都要修订自己的配置文件，则 Red Hat 企业版操作系统的成本会大大增加。

出于同样的理由，修改版本也不会影响 Red Hat 考试目标。虽然 RHEL 7.2 包含了 bug 修改程序，集成了安全的更新程序，并提供了新功能，但是并没有改变配置文件的任何默认参数(本书后面将要介绍)。

即使在未来几个月里，Red Hat 不断推出 RHEL 7.3、RHEL 7.4 等修改版本，我们预料情况还是一样。我们在近 10 年里一直监测 RHEL 版本，发现没有迹象表明认证目标因修改版本而发生变化。如果读者对此感到怀疑，则可以仔细分析 www.redhat.com/en/services/ certification/rhcsa 和 www.redhat.com/en/services/certification/rhce 网页上的考试目标。

如果读者学习本书只是为了参加 Red Hat 认证考试，则 Linux 的产品网站上提供了试用版的订阅服务。例如在 www.redhat.com/rhel/server 网页里有一个 "Free Evaluation Software"(免费评估软件)链接。但是，它要求用户必须使用 Red Hat Customer Portal 账户。虽然试用订阅版只支持 30 天的更新，但是利用重构发行版本的镜像储存库也可以测试更新内容。在试用期内，从这里还可以像付费 Red Hat 用户那样下载由相同源代码生成的操作系统。

如果读者是学生或培训机构的成员，也就是使用.edu 电子邮件地址的用户，则可以使用学术订阅版本。还可以使用 RHEL 开发人员套件，它包含 RHEL 7 和几个增件软件。在撰写本书时，RHEL 开发人员套件的订阅价格为 99 美元(没有技术支持)，相比标准的 RHEL 服务器订阅(349 美元)，折扣力度很大。

如果读者没有.edu 电子邮件地址，也没有购买 RHEL 开发人员套件，那么可以考虑 Red Hat 企业版 Linux 的 "重构" 项目。几乎所有 RHEL RPM 程序包的源代码都是基于 Linux 通用公共许可证(Linux General Public License，GPL)或其他相关开源许可证发布的。这给任何用户提供了从 Red Hat 发布的源代码重构 Red Hat 企业版 Linux 的权利。

Linux 的源代码是以 Source RPM 程序包格式发布的。这意味着，RPM 程序包可以用 rpmbuild 命令生成。重构版本的所有开发人员都会修改源代码，删除其中的 Red Hat 商标。有些发行版本，如 CentOS 7 和 Scientific Linux 7，免费供大众使用。另一些发行版本，如 Oracle Linux，需要先注册，并且必须遵从美国出口控制法律等规定。

读者可以选择并下载最符合自己需要的重构版本。我们曾试用过好几个重构版本，包括 Scientific Linux 版本和社区企业操作系统(Community Enterprise Operating System，CentOS)。

RHEL 的重构版本可以免费使用。虽然这些重构版本总是对 RHEL 源代码做微小修改(主要是删除 Red Hat 商标，用自己的商标取而代之)，但是我们并没有发现这些修改可能会影响读者通过 Red Hat 认证考试。

- Scientific Linux　由费米国家加速器实验室和欧洲粒子物理研究所(CERN)的许多知识精英开发。万维网最重要的发明人之一，即 Tim Berners-Lee，就是欧洲粒子物理研究所的成员之一。

- 社区企业版 Linux　由 www.centos.org 小组开发的社区企业操作系统(Community Enterprise Operating System，CentOS)重构版本。这个小组可能拥有重构版本里最庞大的社区。CentOS 项目在 2014 年加入了 Red Hat 社区，目前由 Red Hat 维护。

对于以 Red Hat 企业版 Linux 7 为基础的 Red Hat 认证考试，建议读者不要使用 Fedora Linux。尽管 RHEL 7 基本上是建立在 Fedora 19 和 Fedora 20 之上的，但是这些发行版本有不少差别，可能引起考试内容的混乱。也不要使用 Linux 的其他发行版本，因为 Red Hat 认证考试是以 Red Hat 企业版 Linux 为基础的。在许多情况下，即使某种更改在其他 Linux 发行版里是标准的修改，也可能会给 RHEL 7 带来麻烦。

给使用本书的培训老师及其他人的建议

我希望每位读者仔细阅读本节内容。本书的组织形式便于一次只参加一门考试的读者学习。RHCSA 和 RHCE 是两门不同的认证考试，本书的结构既允许学习其中任何一门考试，也允许同时学习两门考试。如果读者只是想参加 RHCSA 认证考试，则只需要阅读第 1～第 9 章的内容。如果读者只想准备 RHCE 考试，则只需要阅读第 1 章、第 2 章和第 10～第 17 章的内容。

许多考生(也许是绝大多数考生)要在规定的时间内完成 RHCSA 和 RHCE 考试操作可能会有困难。节省考试时间的方法之一是把事情简单化。虽然认真阅读考试题目是非常有必要的，但也不要做得太过头。例如，在 RHCSA 考试里不需要配置虚拟服务器。RHCE 考试的一个目标是这样要求的："只需要能够配置完成基本操作的服务"。

每一章都包含一些填空题。虽然 Red Hat 考试没有选择题或填空题，但是这些题目可以测验读者对各章内容的掌握程度。这些自测题强调读者的实践操作经验，因为这就是 RHCSA 考试所要求的。

同理，对于 RHCE 考试，也要尽量把事情简单化，除非有特殊要求。例如，只要求配置一个防火墙，允许某个指定的服务通过。简单的防火墙很快就能配置完毕。许多安全专家认为，越是简单的防火墙就越可靠。

有几个服务既属于 RHCSA 考试目标，也在 RHCE 目标里提到，因此这几个服务需要在多个章节里进行论述。例如，第 4 章讨论 RHCSA 中关于防火墙的考试目标，第 10 章则讨论了与这个主题相关的 RHCE 认证目标。

第 1 章和第 2 章专门为读者建立一个学习 RHCSA 和 RHCE 认证考试所需要的基本系统。这两章也会比较详细地介绍有关这两个认证考试的经验。一方面，这两章介绍了 FTP 服务器和 HTTP 服务器的配置；另一方面，也说明了如何从 RHEL 7 DVD(作为安装服务器)配置文件。利用第 7 章提供的操作指示，读者应该能够把这个安装服务器设置为基于 yum 的储存库，安装与 RHCE 相关的服务的软件程序包。

如果读者正在准备 RHCE 认证考试，那么可能需要了解 RHCSA 某些方面的内容。事实上，RHCE 部分的内容假定读者已按照第 2 章的操作指示建立起基于 KVM 的虚拟机，按第 1 章实验题 2 的要求建立起网络上的网络储存库，以及第 7 章介绍的储存库。

考试之前的准备

对于 Red Hat 考试，没办法临时抱佛脚。但是正如运动员在比赛之前需要做热身活动一样，读者也可在考试之前做"热身"活动。重温选定考试的每一个认证考试目标。复习每章末尾的"故障情景与解决方案"表。思考哪些软件需要安装，哪些文件需要配置，哪些命令比较难记。

记住，Red Hat 的 RHCSA 和 RHCE 考试专门用来测试考生是否具有 Linux 系统管理员和工程师的能力。如果读者通过了其中一门考试，这并不是因为你死记硬背了一组答案，而是因为你具有 Linux 系统管理员的一套技能，以及在压力下(不管是考试压力还是来自于现实世界的压力)知道如何运用这些技能。

资料下载

本书的某些重要组成部分只出现在配书网站上；网址为 http://www.tupwk.com.cn/downpage，进入该页面后输入中文书名或 ISBN 即可下载。另外，也可扫描封底的二维码下载资料。从第 2 章(实验题 2)开始，实验题内容只能在配书网站上找到，而且实验题的格式允许读者在测试系统上读取它们。实验题的答案仍然出现在每章的末尾。在下载资料的/media/Chapter2、/media/Chapter3 和/media/Chapter4 等目录中可以找到这些实验题。

本书内容简介

RHCSA 和 RHCE 是两门不同的认证考试。如果读者打算同时参加这两门考试，本书可以帮助读者掌握这两门考试之间的差别。例如，在第 2 章和第 4 章里会看到，作为客户端的 Secure shell(SSH)是 RHCSA 的一个认证目标。另一方面，在第 11 章里我们会看到，作为服务器的 Secure shell 属于 RHCE 考试的一个目标。

虽然本书的组织方便了有经验的 Linux 和 Unix 专业人士深入学习 RHCSA 和 RHCE 考试内容，但是本书无意取代 Red Hat 培训课程。需要指出的是，本书无法取代实际的操作实践。尽管如此，本书的每一章讨论考试的某个重要专题，既强调系统管理员使用和维护 RHEL 的"原因"，也强调管理和维护的过程。由于 RHCSA 和 RHCE 目标(www.redhat.com/en/services/certification/rhcsa 和 www.redhat.com/en/services/certification/rhce)随 RHEL 新版本的推出(甚至有时在两个版本之间)而变化，因此读者要想了解最新信息，可以访问前面提到的 URL。

Red Hat 认为，要通过他们的考试，必须具有实际的操作经验，这种说法很正确！但是，对于 RHCSA 和 RHCE 考试，他们确实把重点放在 Linux 系统管理员的一套技能上，这可以由相应的认证目标看出。本书的目的是帮助读者充分发挥自己已掌握的技能——更重要的是，帮助读者掌握某些不熟悉的技能。

本书包括有关 Red Hat 企业版 Linux 7(RHEL 7)的内容。RHEL 7 在某些方面与 RHEL 6 相比有明显改进。两者之间的主要区别有：

- 新的服务管理器 systemd 提供了新功能，并且相比 Upstart 和原来的 SysVinit 系统，引导速度更快。
- RHEL 7 的默认文件系统是 XFS 文件系统，支持最高 500TB 的文件系统。
- firewalld 守护进程配置一个基于区域的防火墙。
- GNOME 3 是默认的桌面环境。
- 可从 RHEL 6 直接升级。

还有更多的重要功能。本书也包括一些我们认为与 RHCSA 和 RHCE 考试有关的内容，这些内容也出现在 Red Hat 公开的教程或考试培训课程里。

在生产系统上，以 root 用户账户身份登录到系统是一个非常危险的做法，但是在考试期间，它是管理 RHEL 的最快捷方法。命令提示假定用户使用 root 用户账户。当登录到 root 账户时，则会看到如下所示的命令行提示：

```
[root@server1 root]#
```

由于这个提示的长度可能会导致本书里的代码换行或断行，因此本书把这个 root 账户的提示简化为：

```
#
```

特别需要注意，哈希标记(#)在 Linux 脚本和程序里用作注释字符。当我们以普通用户登录到 Linux 系统时，就会看到稍微不同的提示。假设采用 michael 用户登录到系统，则通常情形下系统的提示如下所示：

```
[michael@server1 michael]$
```

同样，我们把上面的提示简化为

```
$
```

书中有些命令会超出一行的长度，例如：

```
# virt-install -n outsider1.example.org -r 1024 --disk
path=/var/lib/libvirt/images/outsider1.example.org.img,size=16
-l ftp://192.168.122.1/pub/inst -x ks=ftp://192.168.122.1/pub/ks1.cfg
```

除非这个命令经过精心排列，否则换行符可能会出现在错误的位置，如出现在--disk 开关前面的两个短划线之间。解决这个问题的方法之一是使用反斜杠符号(\)，它转义表示其后的回车符(反斜杠也可以转义空格，因此可以方便地使用长文件名)。这样，虽然下面的内容看起来在 4 个不同的行里，但是根据反斜杠符号的作用，Linux 会把它当作一个命令来处理。

```
# virt-install -n outsider1.example.org -r 1024 --disk \
> path=/var/lib/libvirt/images/outsider1.example.org.img,size=16 \
> -l ftp://192.168.122.1/pub/inst \
> -x ks=ftp://192.168.122.1/pub/ks1.cfg
```

在一些代码段中，我们无法使用反斜杠把输出拆分到多行中。这种情况下，我们使用续行箭头，如下所示：

```
5 2 * * 6 root /usr/bin/tar --selinux -czf /tmp/etc-backup-\$(/bin/date ↵
+\%m\%d).tar.gz /etc > /dev/null
```

有时需要实际输入一个命令，或者在命令行里响应一个请求。在这种情形中，会看到"type y"这样的指示。或者，有些菜单要求按下一个键。例如，为进入口令提示，需要按下 P 键。这种情形下，当我们按下这个键时，屏幕上不会出现字母 p。另外，尽管字母 A 看起来是大写，但实际是小写。相反，A 表示大写 A。

令有些出版商感到麻烦的是双短划线。有些排版软件把双短划线改为破折号。但是这会带来问题。双短划线经常出现在 Linux 的许多命令里。例如，下面的命令列出所有已安装在本地系统上的程序包：

```
# rpm --query --all
```

当我们在自己的 RHEL 7 系统上执行这个命令时，它列出了 1300 个程序包。

相反，下面的命令列出本地系统上所有程序包里的文件：

```
# rpm --query -all
```

当我们在自己的 RHEL 7 系统里执行上述命令时，它列出 143 000 个文件。这个结果完全不同于前一个命令的结果。因此，读者必须注意书中的短划线。

备考知识点检查表

"前言"的最后列出备考知识点检查表(Exam Readiness Checklist)。这些表是为了方便读者交叉参考官方的考试目标而设计的。同时，这些检查表也可以帮助读者评估自己在开始学习时的专业水平。这样有利于读者检查自己的学习进展，确保在某些不熟悉或比较难的方面花较多的时间。检查表列出官方的考试目标、本书介绍这些考试目标的学习专题以及相关内容所在的章。

每章内容简介

为撰写好本书，我们专门建立了一套章节组成部分，目的是引起读者对书中重要内容的注意，强化重要的知识点，提供有用的考试提示。读者在每章里都会遇到以下符号：

- 每一章都以认证目标(Certification Objectives)开始——读者为了通过认证考试而需要在本章掌握的技能。在"目标"标题下确定该章的主要目标。因此只要读者看到这个标题，就知道它是一个考试目标。
- 考试提示(Exam Watch)用于引起读者对考试有关的信息以及可能存在的陷阱的注意。这些有用的提示信息都是由参加考试并获得认证的作者提供的——还有谁比他们更适合告诉你们考试的注意事项？他们经历了读者将要经历的一切过程。
- 每章都有实践练习题(Practice Exercises)。这些逐个步骤的练习让读者获得考试所需要的实际操作经验。它们也有助于读者掌握考试要点。不要只是看看这些题目而已，而是要动手完成这些操作题。实践是提高技能掌握水平最好的方法。记住，Red Hat 考试完全是实践型考试，这些考试没有多选题。
- 实际经验(On the Job)栏说明了在实际情形中经常遇到的问题。"实际经验"栏提供了与认证考试和实际产品有关的、十分有用的经验，它们指出了常见的错误和工作中经常讨论和经历的问题。
- 考试内幕(Inside the Exam)栏突出了在实际考试过程中经常遇到的和最容易混淆的问题。这个栏目是专为预测未来考试的重点内容而设计的，它帮助读者切实理解通过考试需要掌握的要点。如果读者多注意这些栏目里的内容，并且完成那些比较难理解的实验题，就会比其他考生更有优势。
- 故障情景与解决方案(Scenario & Solution)栏以便于阅读的表的形式列出了可能存在的问题及解决方案。
- 认证小结(Certification Summary)总结了本章的内容，复习本章中与考试有关的重要技能。
- 每章末尾的应试要点(Two-minute Drill)是本章重要知识点的检查表。可以在考试前的最后时刻做这些练习。
- 自测题(Self Test)帮助读者测评自己对与认证考试有关的实用知识的掌握程度。这些自测题的答案以及说明都在每章的末尾给出。在阅读每章之后做这些自测题可以巩固你在每章学到的知识。本书并不打算提供多选，因为 Red Hat 考试并没有这样的题目。

- 自测题之后的实验题(Lab Question)提供了独一无二的和具有挑战性的操作练习。要回答这些题目，读者需要综合利用本章的知识。这些问题比较复杂，而且综合性较强，它们用来测试读者对本章全部内容的掌握程度以及把它们应用于复杂的真实情形的能力。从第 2 章的实验题 2 开始，所有实验题都只出现在配书网站上，采用与 Red Hat 考试相一致的电子格式。记住，Red Hat 考试只有实验题！如果读者能够完成这些实验题，则说明读者已经掌握相关主题。

附加资源

有些读者可能还想深入研究 Linux。深入研究 Linux 的最佳方法是阅读 Red Hat 的帮助文档。我们有关 RHEL 7 的很多知识都来自 https://access.redhat.com/documentation/en/red-hat-enterprise-linux/ 上的帮助文档。对于读者，以下也许是比较有用的指南：

- **安装指南**　虽然 Red Hat 考试使用预先配置好的系统，但是安装指南还是包含了有关 Kickstart 的详细信息。
- **系统管理指南**　系统管理指南包含 Red Hat 给出的如何为完成基本操作配置服务的建议。
- **SELinux 用户和管理员指南**　安全增强型 Linux 指南详细介绍了帮助进一步提高 SELinux 策略安全的各种选项。

几点建议

当读者读完本书之后，最好花点时间对本书内容做全面总结。读者可能以后经常需要翻看本书，应用本书提供的很多方法：

- **重读书中的全部"考试提示"**　记住由参加并通过考试的作者们提供的注意事项。他们知道你们所需要的知识——以及应该注意哪些问题。
- **复习所有的故障情景与解决方案**　找到快速解决问题的方法。
- **重做自测题**　重点是实验题，因为 Red Hat 考试没有多选题(或填空题)。本书提供的自测题只是为了测验读者是否掌握了每一章的实践性知识。
- **完成练习**　读者是否读完每章后就立刻做后面的练习呢？如果没有，则必须这样做。这些练习包括了考试的主要内容。掌握这些内容的最好方法莫过于实践操作。对于每个练习里的每一步操作，都要问为什么。如果发现自己对某个问题还没有弄清楚，则重读该章相应的内容。

前　　言

Red Hat 考试具有挑战性

前言论述获得一个行业公认的证书的理由，并说明 RHCSA 和 RHCE 认证的重要性，以及如何准备考试。此外，前言还介绍在考试当天的准备工作和相关事宜。

本书包括了在撰写时所有公开的认证目标。有关最新的认证目标，可以参阅 www.redhat.com/en/services/certification/rhcsa 和 www.redhat.com/en/services/certification/rhce 这两个网站。Red Hat 也公开发布了考试培训课程(后面将要介绍)的教学大纲。虽然公开发布的考试目标都十分准确，但是培训课程的教学大纲会提供更详细、更有用的信息。Red Hat 的每个培训课程都在系统管理、网络管理、安全等技术方面提供了坚实的基础。为此，本书也提到 RH124、RH134 和 RH254 等 Red Hat 课程的大纲。这些课程后面还会谈到。

尽管如此，本书无意取代任何 Red Hat 培训课程。

在竞争中胜人一筹

Red Hat 的 RHCSA 和 RHCE 认证考试属于实践操作型考试。因此，它们被整个行业认为是具有真正实践操作能力的标志。如果读者通过这些考试，则会比那些只通过"标准"选择题型认证考试的考生更胜一筹。

从 1999 年开始，Red Hat 就已开始提供实践操作型考试，在过去几年里，这些考试不断得到完善。正如第 1 章将要详细介绍的，现在的 RHCSA 考试时间为 2.5 小时，RHCE 考试时间为 3.5 小时。前言后面的"备考知识点检查表"里详细介绍了考试内容和要求。虽然这些考试的合格分数目前并没有公开，但是针对 RHEL 5 的 Red Hat 考试，在某个时期的合格分数是 70 分，这里假设满分为 100 分。

采用实践型操作考试的原因

当今大多数认证考试都是采用选择题形式。对于这些类型的考试，其成本相对较低，而且监考容易。但是，许多没有真正技能的人却擅长这些类型的考试。在某些情形中，这些选择题型考试的答案在网络中早已存在。这导致了这样一种现象：那些通过认证的工程师相当于一只"纸老虎"，他们并没有掌握真正的技能。

针对这种情形，Red Hat 希望设计一个具有实际价值的认证考试项目。在我们看来，他们已经在 RHCSA 考试、RHCE 考试以及其他高级考试中取得了很大成功。

Linux 系统管理员有时需要在一台计算机或虚拟机上安装 Linux 系统。事实上，RHCSA 也包含几个与此问题有关的目标。系统管理员可能需要通过网络从一个中央储存库安装 Linux 系统，这取决于系统的配置。仅仅会安装 Linux 是不够的，更重要的是会使用 Linux。管理员需要知道如何配置 Linux：添加用户、安装和配置服务、建立防火墙以及其他操作。

考试内幕

RHCSA 和 RHCE 认证考试是 Red Hat 考试。掌握 Ubuntu 等 Linux 或 Unix 发行版的知识以及 Apache、SMB、NFS、DNS 和 SSH 等服务的使用经验当然是有帮助的。但更重要的是如何在 Red Hat 企业版 Linux(或使用相同源代码的重构版，如 Scientific Linux、CentOS 或 Oracle Linux)下掌握这些服务的建立、配置、安装和调试方法。

为 RHCSA 和 RHCE 考试做好准备

RHCSA 考试独立于 RHCE 考试。当然，两者确实存在一定的重叠。例如，SELinux 同时出现在这两个考试里，但是这两个考试的要求范围却不相同。RHCSA 和 RHCE 认证根据不同考试的结果进行评测。

RHCSA 属于初级 Red Hat 认证。虽然可以先考 RHCE，但是 Red Hat 不会授予 RHCE 证书给考生，除非他们已经通过了 RHCSA 考试。有些考生可能会在同一天参加这两门考试。正如第 1 章将要提到的，Red Hat 已公开发表声明，Red Hat 考试现在采用电子形式，配书网站也以电子形式向读者提供(绝大部分)实验题和考试模拟卷。

读者必须使用 Red Hat 企业版 Linux，并在一台没有其他用途的计算机上安装 Linux 系统，配置本书介绍的服务，找出保护这些服务的各种不同方法，从网络内部和网络外部测试这个系统。

在读者阅读本书的过程中，有好几个情况需要安装 RHEL。借助于虚拟技术，可以通过网络安装 RHEL，然后测试各个网络服务。测试每个配置的服务，最好从网络上的另一台计算机进行测试。当需要验证考试中或生产网络中用到的安全功能时，测试是非常重要的。

Red Hat 认证项目

Red Hat 提供多个课程，帮助读者准备 RHCSA 和 RHCE 认证。这些课程的绝大多数需要 4 或 5 天的时间。在某些情形下，一些课程也以电子形式提供。

Red Hat 提供的培训课程不仅限于上述这些。它还提供其他培训课程，如 Red Hat 认证构架师(Red Hat Certified Architect，RHCA)、Red Hat 认证虚拟化管理专家(Red Hat Certified Virtualization Administrator，RHCVA)以及其他几个与特定领域的专业证书有关的培训课程，例如服务器硬化和性能调优。但必须先通过 RHCSA 和 RHCE 认证，它们是 Red Hat 其他更高级认证的先决条件，如 RHCA。

是否必须参加 RHCSA/RHCE 培训课程

本书无意取代任何 Red Hat RHCSA 或 RHCE 培训课程。但是，本书讨论的主题内容部分来源于 www.redhat.com/en/services/training/all-courses-exams 网站上培训课程的教学大纲。根据最初的设计愿望，这些内容可以帮助 Linux 用户成为一名真正合格的系统管理员，这一点已得到证实。读者只需要记住，Red Hat 随时会改变这些考试内容和培训课程的教学大纲，因此要掌握最新的内容，读者需要经常访问 www.redhat.com 网站。表 1 介绍了与 RHCSA 和 RHCE 考试有关的课程。

表 1　与 Red Hat RHCSA/RHCE 认证考试有关的课程

课　程	说　明
RH124	系统管理 I 级：核心系统管理技能
RH124L	培训课程 RH124 的实践课程，可在线获得
RH134	系统管理 II 级：Linux 系统管理员的命令行技能(RH135 中不包括 RHCSA 内容)
RH134L	培训课程 RH134 的实践课程，可在线获得
RH135	系统管理 II 级：包含 RHCSA 内容
RH199	为有经验的系统管理员提供的 RHCSA 快速培训课程
RH200	RH199＋RHCSA 考试
EX200	只包括 RHCSA 考试
RH254	系统管理 III 级：高级安全与服务配置
RH254L	培训课程 RH254 的实践课程，可在线获得
RH255	系统管理 III 级：包含 RHCE 内容
RH299	为有经验的系统管理员提供的 Red Hat 认证实践课程
RH300	RH299＋RHCSA 考试＋RHCE 考试
EX300	RHCE 考试

Red Hat 提供的课程都是很不错的。教授这些课程的老师都具有高超的技能。如果读者已经拥有这些技能，这是准备参加 RHCSA 和 RHCE 考试的最佳方式。如果读者觉得需要得到这些老师的指导，可先阅读本书，然后参加这些培训课程。

如果读者还没有确定是参加培训课程还是使用本书，可阅读本书的第 1 章。该章概括介绍与 RHCSA 和 RHCE 认证考试相关的要求及相应内容。如果读者觉得第 1 章的内容太难，无法接受，则可以考虑使用该章开头介绍的参考书之一或者其他较低级的 Red Hat 课程。此外，第 1 章里提供了一个实验题，目的是让读者了解 Linux 职业学院对第一级认证(LPIC-1)的要求。一些与你一样也准备参加 Red Hat 考试的计算机高手总是先参加 LPIC-1 考试。

或者，读者可能已经熟悉了本书的内容，而且具有通过 RHCSA 和 RHCE 考试所需要的知识深度和广度。这种情形下，读者可以使用本书，它可以让读者快速熟悉这两门考试所需要的技术和技能。

RHCSA/RHCE 课程和/或考试的注册

Red Hat 为培训课程和测试提供了方便的、基于 Web 的注册系统。要注册 Red Hat 的某门课程或考试，需要先导航到 www.redhat.com 网站，单击 Services & Support | All Courses and Exams 链接，然后选择想要参加的培训课程或考试。如表 1 所示，有些考试有专门的培训课程。例如，RHCSA 和 RHCE 考试有相应的专门课程 EX200 和 EX300。考试可以作为在线培训课程或者有指导老师负责的培训课程的一部分。或者联系 Red Hat 入学注册中心，它的 email 地址是 training@redhat.com，联系电话是(866)626-2994。

对于已通过 RHCSA 或 RHCE 认证的考生，Red Hat 在一定时间内提供了优惠措施。关于当前的优惠信息可以阅读 https://www.redhat.com/en/services/training/specials/ 网站上的内容。

在注册前，仔细阅读当前的 Red Hat 政策，www.redhat.com/en/services/training/student-center/ 网站上有这方面的信息。注意，Red Hat 也可能由于参加考试的人数较少而取消考试。

最后的准备

Red Hat 考试是很累人的。对于拥有相关技能的考生，最重要的是考试时保持头脑清醒。如果考生感觉到疲劳或恐慌，则可能会想不起经常使用的、十分容易的解决方法。在考试前一个晚上，要保证充足的睡眠。早餐要吃饱，可以带一些点心，想办法让自己处于巅峰状态。

RHCSA 考试需要 2.5 个小时，RHCE 考试需要 3.5 个小时。在很多时候，Red Hat 尽量会安排让一个考生在同一天参加两门考试。虽然这对于那些需要跑很长路的考生来说可以带来旅途方便(在北美有超过 40 个城市设有考点)，但是在同一天参加这两门考试就像是参加两次马拉松赛跑。本书属于高级教程，不是为 Linux 或 Unix 入门者设计的。原来的"必备技能"已经合并到 RHCSA 要求里，因此本书只是简单地介绍与这些必备技能有关的工具——主要在第 1 章和第 3 章。如果读者想进一步了解这些必备技能，可考虑参加 RH124 课程，或者可以阅读第 1 章介绍的参考书。

考试内幕

RHCSA 和 RHCE 认证对应于两门不同的考试。然而，RHCE 考试要求考生掌握比 RHCSA 更高级的技能。由于它们是两门不同的考试，因此本书分开介绍它们的目标。读者可以留意 www.redhat.com/en/service/certification/rhcsa 和 www.redhat.com/en/services/certification/rhce 上的最新内容。

RHCSA 考试

表 2　RHCSA 备考知识点检查表

认 证 目 标	学 习 主 题	所在的章
分类：基本工具的认识和使用		
用正确的语法访问 shell 提示和执行命令	shell，标准命令行工具	3
使用输入/输出重定向(>、>>、|、2>等)	shell	3
用 grep 和正则表达式分析文本	文本文件的管理	3
用 SSH 访问远程系统	用 Secure Shell 和 Secure Copy 管理系统	2
在多用户目标中登录和切换用户	用户和 shell 配置	8
用 tar、star、gzip 和 bzip2 命令存档、压缩、解包、解压缩文件	基本的系统管理命令	9
创建和编辑文本文件	文本文件的管理	3
建立、删除、复制、移动文件和目录	标准的命令行工具	3
建立硬链接和软链接	标准的命令行工具	3
列出、设置和修改标准 ugo/rwx 权限	基本的文件权限	4
定位、读取、使用系统文档，包括 man、info 命令和/usr/share/doc 目录里的文件	本地在线文档	3
分类：操作运行的系统		
正常地启动、重新启动和关闭系统	引导程序与 GRUB 2；在 GRUB 2 和登录之间	5
用手动方法把系统引导到不同的目标	引导程序与 GRUB 2	5
中断引导过程来获得对系统的访问	引导程序和 GRUB 2	5
识别 CPU/内存密集型进程，用 renice 调整进程优先级，以及用 kill 终止进程	基本的系统管理命令	9
定位和解释系统的日志文件	本地日志文件分析	9
访问虚拟机的控制台	配置 KVM 上的一台虚拟机	2
启动和停止虚拟机	配置 KVM 上的一台虚拟机	2
启动和停止网络服务、检查网络服务的当前状态	网络配置和故障排查	3
安全地在系统之间传输文件	使用 Secure Shell 和 Secure Copy 进行管理	2
分类：配置本地存储		
列举、创建和删除 MBR 和 GPT 磁盘上的分区	存储管理和分区	6
创建和删除物理卷，将物理卷分配给卷组，创建和删除逻辑卷	逻辑卷管理(LVM)	6
通过使用全局唯一 ID(UUID)或标签，将系统配置为在引导时挂载文件系统	文件系统管理	6
添加新分区和逻辑卷，以非破坏方式切换到一个系统	文件系统管理	6
分类：创建和配置文件系统		
创建、挂载、卸载和使用 vfat、ext4 和 xfs 文件系统	存储管理和分区、文件系统格式、文件系统管理	6

(续表)

认 证 目 标	学 习 主 题	所在的章
挂载和卸载 CIFS 和 NFS 网络文件系统	文件系统管理	6
扩展现有逻辑卷	逻辑卷管理(LVM)	6
创建和配置 set-GID 目录来进行协作	特殊组	8
创建和管理访问控制列表(ACL)	访问控制列表等	4
诊断和纠正文件权限问题	基本的文件权限	4
分类：系统的部署、配置和维护		
配置网络连接以及主机名的静态和动态解析	网络配置与故障排查	3
用 at 和 cron 实现任务调度	系统管理的自动化：cron 和 at 命令	9
启动和停止服务，配置服务在引导时自动启动	按目标控制	5
系统配置：自动引导到某个目标	在 GRUB 2 和登录之间	5
用 Kickstart 自动安装 Red Hat 企业版 Linux	自动安装的选项	2
在一台物理机器上配置以托管虚拟访客	为 Red Hat 配置 KVM	2
以虚拟访客的身份安装 Red Hat 企业版 Linux	在 KVM 上配置一台虚拟机	2
配置系统，使它在引导时启动虚拟机	在 KVM 上配置一台虚拟机	2
配置网络服务，使服务在引导时自动启动	按目标控制	5
配置一个系统来使用时间服务	时间同步	5
通过 Red Hat 网络、远程储存库或本地文件系统安装和更新软件程序包	Red Hat 程序包管理器、依赖关系和 yum 命令、其他程序包管理工具	7
适当更新内核程序包，确保系统可引导	Red Hat 程序包管理器	7
修改系统的引导程序	引导程序与 GRUB 2	5
分类：用户和组的管理		
建立、删除、修改本地用户账户	用户账户的管理	8
修改口令，解决本地用户账户的口令过期问题	用户账户的管理	8
建立、删除和修改本地组和组成员关系	用户账户的管理	8
配置一个系统，它用现有的身份验证服务保存用户和组的信息	用户与网络身份验证	8
分类：安全管理		
用 firewall-config、firewall-cmd 或 iptables 命令配置防火墙设置	防火墙的基本控制	4
为 SSH 配置基于密钥的身份验证	使用基于密钥的身份验证保护 SSH	4
给 SELinux 设置强制模式和许可模式	安全增强型 Linux 入门	4
显示和识别 SELinux 文件和进程上下文	安全增强型 Linux 入门	4
恢复默认的文件上下文	安全增强型 Linux 入门	4
用二进制参数修改系统的 SELinux 配置	安全增强型 Linux 入门	4
诊断和处理日常的 SELinux 策略违反问题	安全增强型 Linux 入门	4

RHCE 考试

表3　RHCE 备考知识点检查表

认　证　目　标	学　习　主　题	所在的章
分类：系统配置与管理		
使用网络成组或绑定，在两个 Red Hat 企业版 Linux 系统之间配置聚合网络链接	网络接口绑定和成组	12
配置 IPv6 地址，执行基本的 IPv6 故障排除	IPv6 简介	12
路由 IP 流量，建立静态路由	IP 路由	12
使用 firewalld 和相关的机制(如富规则、区域和自定义规则)来实现包过滤及配置网络地址转换(NAT)	防火墙和网络地址转换	10
用/proc/sys 和 sysctl 修改和设置内核运行时参数	内核运行时参数	12
配置一个使用 Kerberos 身份验证的系统	使用 Kerberos 进行身份验证	12
配置一个系统来作为 iSCSI 目标，或者持久挂载 iSCSI 目标的发起程序	iSCSI 目标和发起程序	13
生成并发布系统使用报表(处理器、内存、磁盘和网络)	建立系统使用报表	12
用 shell 脚本功能自动实现系统的维护	系统维护的自动化	12
分类：网络服务(以下 6 个目标都针对网络服务)		
安装提供网络服务所需要的程序包	全部 RHCE 章节	10~17
配置 SELinux，支持网络服务	安全增强型 Linux，以及每个服务的其他章节	11，13~17
使用 SELinux 端口标签来允许服务使用非标准端口	安全增强型 Linux，以及每个服务的其他章节	11，13~17
配置网络服务，使得它在系统启动时自动启动	安全和配置检查表，以及每个服务的其他章节	11，13~17
配置完成基本操作的服务	所有 RHCE 章节	10~17
为服务配置基于主机的安全和基于用户的安全	所有 RHCE 章节	10~17
子分类：HTTP/HTTPS		
配置一台虚拟主机	一般的和安全的虚拟主机	14
配置专用目录	专用的 Apache 目录	14
部署一个基本的 CGI 应用程序	部署一个基本的 CGI 应用程序	14
配置组托管的内容	专用的 Apache 目录	14
配置 TLS 安全	一般的和安全的虚拟主机	14
子分类：DNS		
配置一个高速缓存域名服务器	DNS 服务器的最低配置	13
对 DNS 客户端的问题进行故障排除	DNS 服务器的最低配置	13
子分类：NFS		
给特定的客户端提供网络共享服务	网络文件系统(NFS)服务器，测试 NFS 客户端	16
为组协作提供合适的网络共享	网络文件系统(NFS)服务器	16
使用 Kerberos 控制对 NFS 网络共享的访问	结合使用 NFS 和 Kerberos	16

(续表)

认 证 目 标	学 习 主 题	所在的章
子分类：SMB		
给特定的客户端提供网络共享服务	Samba 服务、Samba 作为客户端、Samba 故障排查	15
为组协作提供合适的网络共享	Samba 服务、Samba 故障排查	15
子分类：SMTP		
配置系统，将所有电子邮件转发给一台集中式邮件服务器	Postfix 的配置	13
子分类：SSH		
配置基于密钥的身份验证	使用基于密钥的身份验证保护 SSH	4
配置文档里介绍的其他选项	Secure Shell 服务器	11
子分类：NTP		
使用其他 NTP 对等服务器同步时间	网络时间服务	13
子分类：数据库服务		
安装和配置 MariaDB	MardiaDB 简介、保护 MariaDB	17
备份和恢复数据库	数据库的备份和恢复	17
创建一个简单的数据库架构	数据库管理	17
对数据库执行简单的 SQL 查询	简单的 SQL 查询	17

目　　录

第 1 章

准备 Red Hat 操作型认证考试

Red Hat 认证考试颇具挑战性。本书的第 1 章~第 9 章介绍了 Red Hat 认证系统管理员考试 (Red Hat Certified System Administrator，RHCSA)，为那些想通过后续章节的学习，顺利通过 Red Hat 认证工程师(Red Hat Certified Engineer，RHCE)考试的人提供了基础。正如本书的前言 和本章中提到的那样，Red Hat 提供了若干培训课程以帮助有志人士通过这些考试。

本章的重点是系统安装。安装完成后得到一个 Red Hat Enterprise Linux(RHEL)的通用平台，并 用这个系统测试本书后面的内容。本章介绍 Red Hat 的默认虚拟机(VM)解决方案，即基于内核的 虚拟机(Kernel-based Virtual Machine)对硬件系统的要求。社区企业操作系统(Community Enterprise Operating System，CentOS)和 Scientific Linux 等重构版本实质上与 RHEL 完全一样， 因此用户也可以使用这些解决方案。这些重构版本与 RHEL 版本之间的唯一差别在于商标和对 库的访问，这将在第 7 章中讨论。

如果对 Red Hat 需求的以前版本熟悉，那么可能会注意到 Red Hat 考试的最新变化。在 RHEL 6 之后，Red Hat 不再举办 RHCT 考试，现在取而代之的是 RHCSA。虽然在许多方面 RHCSA 与 RHCT 十分相似，但是也有几个重要的区别。大多数 RHCSA 的考试目标都包含在 RHCT 考试 中。然而，RHCSA 并不比 RHCT 简单，现在它是参加 RHCE 考试的先决条件。RHCSA 的许多 要求都是 RHCE 目标的一部分。

尽管如此，Red Hat 建议参加 RHCSA 考试的考生必须有 1~3 年 bash shell、用户管理、 系统监测、基本网络设置、软件更新以及其他内容的相关经验。详细情况已在本书的前言中介 绍过。

如果你是 Linux 或 Unix 新手，则仅用本书是不够的。本书不够详细，至少没有按 Linux 或其 他基于 Unix 操作系统的新手所希望的那样详细。阅读本书后，如果仍感觉到知识上的不足，可 以参考以下入门教材:

- *Linux Administration: A Beginner's Guide*，Seventh Edition，由 Wale Soyink 编写 (McGraw-Hill，2016)。该书介绍了 Linux 操作系统的详细操作步骤。
- *Security Strategies in Linux Platforms and Applications*，由 Michael Jang 编写(Jones & Bartlett，2010)。该书详细介绍了加强 Linux 系统和网络安全的各种方法。
- *LPIC-1 in Depth*，由 Michael Jang 编写(Course Technology PTR，2009)，该书介绍了许多 Linux 专业人员在获取 RHCSA 和 RHCE 认证之前的资格证书考试。

在安装 Red Hat 企业版 Linux(RHEL)之前，必须具备合适的硬件基础。只能在使用 64 位 CPU 的系统上安装 RHEL 7。如果服务器使用了最新的 Intel 或 AMD 处理器模型，这不是问题， 但是如果想在运行着 10 年前的 Pentium CPU 的机器上安装 RHEL 7，则可能成为一个问题。详 细情况将在本章中讨论。总的说来，尽管 RHCSA 和 RHCE 不属于硬件考试，但掌握一些基本 的硬件知识是对任何 Linux 系统管理员的基本要求。至于 Linux 操作系统，你需要购买 RHEL 的一个版本，或者使用一个由第三方根据 Red Hat 公开发布的源代码生成的重构版本。

如果你有过操作其他 Unix 类型操作系统(如 Solaris、AIX 或 HP-UX)的经验，那么准备好 在开始时不再使用那些默认设置。Ubuntu 和 Red Hat 发布版之间有些重要的区别。当 Red Hat 开发了自己的 Linux 发布版时，该公司有了一些与其他 Unix 实现不一致的选择。当本书作者之 一教授 Red Hat 的 RH300 课程时，具有上述背景知识的学生会感觉课程和 RHCE 考试有难度。

为了撰写本书，我们将作为 Linux 系统管理用户 root 执行大部分的命令。我们不鼓励直接 以 root 用户的身份登录到系统，除非你正在管理一个计算机系统。然而，由于 RHCSA 和 RHCE

考试是为了测试考生的系统管理技能，因此你以 root(超级管理员)的身份执行本书的命令是允许的，但是你还要知道如何建立拥有部分或全部管理员权限的普通用户。

考试内幕

虚拟主机

RHCSA 假定你知道"如何将一台物理机配置为虚拟机"。换言之，你需要准备一个可以提供虚拟机服务的系统，因为需要在这些虚拟机上安装 RHEL 的其他实例或者安装微软 Windows 等其他操作系统。

RHEL 是以 Red Hat 默认虚拟机系统(即 KVM)为基础的。由于 CentOS 和 Scientific Linux 等合适的重构版本都使用相同的源代码，因此它们也使用 KVM。在本章中你不仅要安装 RHEL，而且要安装支持 KVM 的其他软件包。

默认的文件共享配置服务

在以前的 RHCSA 考试中，考生必须知道如何"将一个系统配置为可在其上运行默认配置的 HTTP 服务器"和"将一个系统配置为可在其上运行默认配置的 FTP 服务器"。对于 RHEL 7，RHCSA 考试目标中已经不再包含这两个要求，但是我们认为，在准备考试时，它们仍是有价值的技能，要在实验室环境中设置远程 HTTP 或 FTP 软件库时尤其如此。因此，本章简要说明了简单的 HTTP 和 FTP 服务器的配置。

这两个服务的默认 Red Hat 解决方案是使用 Apache Web 服务器和 Very Secure FTP Daemon(vsftpd)服务器。虽然这些服务可能非常复杂，但是在这些服务器上配置文件共享所需要的步骤却非常简单。事实上，这些服务不需要对默认的配置文件做任何修改。本章提到的一些相关配置步骤要依赖于后续章节介绍的技术。

RHCSA 最早发布的目标在用词上稍有不同："用 HTTP/FTP 部署文件共享服务"。我们认为，从这里可以看出 Red Hat 的这些目标的意图。为此，你要分析如何根据默认配置文件将这些服务设置为文件服务器。

使用 Red Hat 的其他版本

在本章中可以利用付费的订阅版本或演示用 DVD 安装 RHEL 7。当然你也可以使用一个重构版本。然而，尽管 RHEL 7 部分是以许多开源贡献者的工作为基础的，但是它也以 Fedora 19 和 Fedora 20 的发行版本为基础。不要使用 Fedora 来准备 Red Hat 考试。如果你使用的是 Fedora 19 和 Fedora 20，则一些配置设置可能与 RHEL 7 的不同。Fedora 后来的版本的特性很可能没有出现在 RHEL 7 中。

认证目标 1.01　RHCSA 和 RHCE 认证考试

Red Hat 最早在 1999 年开始举行认证考试。从那时起 Red Hat 考试不断演化。原来的 RHCT 是 RHCE 的一个完全子集。现在，RHCSA 包含不同于 RHCE 但与之密切相关的主题。

此外，Red Hat 考试的重点在于实际动手配置。从 2003 年开始去掉了多项选择题。更近的是从 2009 年开始，Red Hat 简化了考试内容，删除了在裸机上安装 Linux 的要求(然而又在 2011 年提出修改，要求考生掌握如何在 VM 上通过网络安装 Linux 系统)。此外，在考试中不再单独设置与故障排除(troubleshooting)有关的内容。详细信息可以访问 www.redhat.com/certification/faq。

考试提示

Red Hat 为 RHCSA 和 RHCE 考试培训课程提供了"预评估"考试，它们分别对应于 RH134 和 RH254 课程。在 http://www.redhat.com/en/services/training/skills-assessment 上可获得这些测试。Red Hat 在提供这些预评估测试之前要求考生提供联系信息。

1.1.1　考试体验

Red Hat 认证考试属于实践动手操作型考试。正因为如此，这些考试在整个行业中被公认为真正具有实际操作能力的标志。通过 Red Hat 考试的考生自然比那些只通过标准式多项选择题型认证考试的考生优秀许多。

考试开始后，考生面对的是一个真实的系统。考生需要回答一些实际的配置问题，它们都与每个认证考试目标中的题目有关，详细内容查阅 http://www.redhat.com/en/services/certification/rhcsa 和 http://www.redhat.com/en/services/certification/rhce 网页上的介绍。自然，本书致力于帮助你掌握这些网页上提到的技术。

虽然在考试期间考生无法访问 Internet，但是可以使用 man 手册、Info 信息以及/usr/share/doc/directories 目录中的在线文档。当然这里假定已经安装了相关的程序包。

此外，Red Hat 认证考试采用电子格式。虽然简单的使用说明可能会用英语这样的本地语言来描述，但是 Red Hat 也用 12 种不同语言提供 RHCSA 和 RHCE 考试，它们是英语、简体中文、繁体中文、荷兰语、法语、意大利语、日语、韩语、葡萄牙语、俄语、西班牙语和土耳其语。如果你希望使用上述替代语言，请通过 training@redhat.com 或 1-866-626-2994 联系 Red Hat 培训中心。

Red Hat 为这两门考试提供相应的培训课程。这些课程的大纲可以从 http://www.redhat.com 网站下载。虽然本书无法取代这些课程，但是本书的内容与这些课程的大纲一致。本书包含了这些考试的考核目标。

考试提示

在本书前言的表 2 中详细列出了本书覆盖的 RHCSA 和 RHCE 考试知识点。

1.1.2　RHCSA 认证考试

RHCSA 认证考试要求考生具有在真实物理系统和虚拟系统上配置网络连接、系统安全、自定义文件系统、软件更新和用户管理等操作的能力。从根本上说，RHCSA 考试覆盖了管理和配置企业中 Linux 工作站所需要的技术。

RHCSA 认证考试的时间为两个半小时。考试一开始，考生就要在一个真实的 RHEL 系统上执行操作。对系统所做的任何修改都必须在重启后能够保存下来。当考生完成某个操作时，监考老师检查考生的系统配置是否符合考试要求。例如，如果考试题目要求考生"建立、删除和修改本地用户账户"，则使用 vi 编辑器还是图形用户管理器工具编辑相关的配置文件并不重要。只要考生没有作弊行为，考试只看最后生成的结果。

1.1.3　RHCE 认证考试

RHCE 认证考试是为了测试考生配置物理服务器或虚拟服务器的能力，要求在其上配置诸如 Apache、MariaDB、网络文件系统(NFS)、Samba、iSCSI 以及其他功能的网络服务。此外，还测试考生对安全增强 Linux(Security Enhanced Linux，SELinux)、防火墙、网络连接及其他功能等复杂配置选项的处理能力。从根本上说，如果考生通过 RHCE 考试，则人事部门经理会确信该考生具有管理他们企业中的 Linux 系统的资格。

RHCE 考试时间为三个半小时。考试一开始就要求考生在一个真实的 RHEL 系统上执行操作。与 RHCSA 一样，对系统所做的任何修改都必须能够在系统重启后保留下来。通常，完成一个任务有不同的方法。例如，可以使用 BIND 或 Unbound 来设置缓存域名服务器。考生可自行选择使用哪种方法，重要的是结果，而不是实现结果的手段。

Red Hat 培训课程中介绍的少许内容已超出 Red Hat 考试课程大纲的要求。虽然这些内容目前还不在考试范围内，但它们可能会出现在未来的 Red Hat 考试中。

1.1.4　如果只准备参加 RHCSA 考试

众所周知，Red Hat 偶尔会对考试要求做微小的修改。未来的修改要以 Red Hat RHCSA Rapid Track 课程，即以 RH199/RH200 课程的大纲为基础。因此，如果你不是在最近几个月里参加 RHCSA 考试，则要注意这个课程的大纲，实际上它很可能反映出未来 RHCSA 考试的趋势。

1.1.5　不断演变的要求

Red Hat 考试的要求也在不断发生变化，这从 RHCT 与 RHCSA 之间的差异就可以看出，也可以从考试的形式上看出考试的变化，例如不再要求在裸机上安装系统。事实上，这个变化经过两年后才在 RHEL 5 中使用。在 RHEL 6 发布的第一个月里变化发生。因此，如果你要准备 RHCSA 或 RHCE 考试，需要注意相关考试的考试目标。

认证目标 1.02　基本的硬件要求

现在开始详细介绍 Red Hat 企业版 Linux 的硬件配置。尽管现在有些制造商继续保留自己的 Linux 硬件驱动程序，但是大多数 Linux 硬件支持来自于第三方志愿者的工作。幸运的是，Linux 用户形成了一个巨大的社区，其中的许多人为 Linux 系统开发了驱动程序，并发布在 Internet 上供大家免费使用。当某个硬件开始流行时，对该硬件的驱动支持肯定会在 Internet 上的某个地方出现，而且将会被集成到 Linux 的各个不同版本中，其中包括 RHEL。

1.2.1　硬件兼容性

RHEL 7 只能安装在 64 位系统上。幸运的是，当今市场上销售的大多数 PC 机和服务器都属于 64 位系统。即使是慢速的 Intel i3 CPU 也可以运行 64 位操作系统。在笔记本电脑中甚至使用 Intel Atom CPU 的 64 位版本。对于来自 Advanced Micro Device(AMD)公司的 CPU 也有类似的对比。

在为 Linux 系统购买新机时要小心。虽然 Linux 在最近几年里已取得很大进展，而且在当今绝大多数的服务器和 PC 机上安装 Linux 系统也不会存在问题，但是你还是不要理所当然地认为，Linux 可安装在任何计算机上或者在任何系统上都可以完美无瑕地运行。对于目前最新的手提电脑，更不要有这种假设(你要参加 Red Hat 考试，必须准备一个 64 位的系统)。手提电脑经常使用专用配置，使得它只有经过逆向工程才能使用 Linux。例如，当作者之一在一台 2014年生产的名牌手提电脑上安装 RHEL 7 时，必须做一些额外的工作才能使它的显卡在 RHEL 7中正常工作。

服务器或 PC 机的体系结构决定了系统使用的组件及它们之间的连接方法。换言之，体系结构不仅仅描述了 CPU 的细节，还包括了对内存、数据路径(如计算机总线)、常规系统设计等其他硬件的标准。所有软件都是针对某个特定计算机体系结构而设计的。

即使某个制造商基于一种 CPU 平台开发了一个设备，但是它可能在 Linux 中无法工作。因此，重要的是要知道一个计算机的体系结构。从严格意义上说，如果你想知道自己的硬件是否与 Red Hat 相兼容或者是否得到 Red Hat 支持，则要查看 https://hardware.redhat.com 上的硬件兼容列表。

考试提示

虽然有必要知道 Linux 与硬件交互的方式，但是 Red Hat 考试并不属于硬件考试。但为了练习考试内容，你需要安装 RHEL 7(或等效版本)。为了配置一个 KVM 系统(它要求硬件支持的虚拟技术)，你需要一个带 64 位 CPU 和相关硬件的系统。

1.2.2　体系结构

虽然 RHEL 7 设计时已考虑到各种不同的体系结构，但是为了参加 RHCSA 和 RHCE 考试，你最好还是把重点放在 Intel/AMD 64 位或 x86_64 体系结构上。在撰写本书期间，这些考试只能在上述 CPU 的计算机上进行，因此考生无须担心与体系结构有关的问题，如专用的引导程序或者定制的专用驱动程序。虽然如此，定制的 Red Hat 可以适用于各个不同的平台。

你可以在各种不同 CPU 的计算机上安装 RHEL 7。Red Hat 支持以下 3 类不同的 64 位 CPU体系结构：

- Intel/AMD64(x86_64)
- IBM PowerR7
- IBM System z

为确定系统的体系结构，要执行以下命令：

```
# uname -p
```

如果你打算在 RHEL 7 上配置虚拟机，则必须选择支持硬件辅助虚拟技术(hardware-assisted virtualization)的系统以及启动硬件辅助虚拟技术的基本输入/输出系统(BIOS)或者通用可扩展固件接口(Universal Extensible Firmware Interface，UEFI)菜单选项。支持硬件辅助虚拟技术的配置文件在/proc/cpuinfo 文件中设置 vmx(Intel)或 svm(AMD)标志。

实际经验

如果你无法确定自己的系统属于哪个体系结构，可在供应商网站上查看处理器规格，检查处理器是否有支持硬件辅助虚拟技术的扩展。

1.2.3　内存要求

虽然在较小的内存里也能运行 RHEL 7，但是 RAM 内存要求是由 Red Hat 安装程序的需要来确定的。对于基本的基于 Intel/AMD 的 64 位体系结构，Red Hat 官方要求 1GB 的内存，不过在最小 512MB 的内存中，也可以运行图形化的安装程序。

当然，实际内存需要取决于在系统上可能同时运行每个程序的负荷。这包括了任何可能运行在物理 RHEL 7 系统上的虚拟机所需要的内存。实际上不可能使用最大内存，因为理论上在 RHEL 7 里可以配置 64TB 的内存，但是这只是理论上而已。对于基于 Intel/AMD 的 64 位系统，RHEL 7 所支持的最大内存是 3TB，RHEL 7.1 将其增加为 6TB。

实际经验

如果你把 Linux 配置为服务器，则随着需要同时运行的应用程序数量的增长，内存需求也随之增加。在同一个系统上运行几个不同的虚拟机，情况也是如此。然而在配置了不同功能的虚拟机上，系统管理员通常会超额分配内存。虚拟机也可能以透明的方式共享内存页，以进一步提高效率。

1.2.4　硬盘选项

在计算机加载 Linux 之前，BIOS 或 UEFI 必须能够识别硬盘上的活动主分区，这个分区应该保存 Linux 引导文件。这样，BIOS 或 UEFI 才可以配置并初始化这个硬盘，然后加载活动主分区上的 Linux 引导文件。有关硬盘和 Linux，你必须知道以下事实：

- 当今的计算机上可安装的硬盘数量已经增加。在商用硬件上，很容易在一个系统上配置 16 个或 24 个串行高级技术附件(Serial Advanced Technology Attachment，SATA)或串行连接 SCSI(Serial Attached SCSI，SAS)内置硬盘。
- 当硬盘超过 2TB 时，需要使用 UEFI 固件和 GPT 分区的硬盘来引导。UEFI 是一种固件接口，用于取代传统的 BIOS，如今在市场上的许多 PC 机中可以看到。GUID 分区表(GUID Partition Table，GPT)是一种分区格式，支持超过 2TB 的硬盘，但是需要使用 UEFI 固件(而不是传统的 BIOS 固件)来从这种设备中引导。
- 可在存储区域网络(Storage Area Network，SAN)卷上安装 RHEL 7。RHEL 7 支持超过 10 000 个多路径设备。

1.2.5　网络连接

由于最初将 Linux 设计为 Unix 的克隆，因此它保留了 Unix 作为网络操作系统的优点。但是并非每个网络组件都适用于 Linux 系统。许多无线网络设备的制造商并没有推出相应的 Linux 驱动程序。很多时候，Linux 开发人员努力开发出合适的驱动程序并把它们嵌入到主要版本里，包括 RHEL。

1.2.6　虚拟机选项

正如虚拟技术使我们更容易建立多个系统，它也同样可以帮助我们配置很多个系统，每个系统专用于某个服务。为此，虚拟技术可以分为几个类别。一些解决方案可能属于多个类别。例如，VMware ESXi 是基于超级监视程序的裸机虚拟技术解决方案，它支持硬件辅助虚拟技术，并提供了可选的准虚拟驱动程序，可安装到 guest OS 上。

- **应用层(Application-level)与 VM 层**　诸如 WINE(Wine Is Not an Emulator)的系统支持单个应用程序的安装。此时 WINE 允许在 Linux 系统中安装专为微软 Windows 设计的程序。另一方面，VM 层虚拟技术模拟了许多完整的计算机系统，可安装不同的 guest OS。
- **托管型与裸机超级监视程序**　VMware Player 和 VirtualBox 等应用程序是托管型超级监视程序，因为它们运行在传统的操作系统上，例如 Microsoft Windows 8。与之相反，裸机虚拟技术系统(例如 VMware ESXi 和 Citrix XenServer)包含一个虚拟机操作专用的最小操作系统。
- **准虚拟技术(Paravirtualization)与全虚拟技术**　全虚拟技术允许 guest OS 不做修改地运行在超级监视程序上，而准虚拟技术要求在 guest OS 中安装专门的驱动程序。

配置 RHEL 7 的 KVM 解决方案被称为超级监视程序，即一个支持在同一个 CPU 上同时运行多个操作系统的 VM 监视器。KVM 替代了 RHEL 5 的默认设置 Xen。

实际经验

在很多开源的 Linux 版本里，KVM 已取代了 Xen。XenServer 属于 Citrix 公司。

另一种吸引了大量关注的虚拟技术是 Linux 容器，例如 Red Hat Enterprise Linux Atomic Host 项目提供的 Linux 容器。这种解决方案不是基于超级监视程序，而是依赖于 Linux 内核中的进程和文件系统隔离技术(即 cgroups 和名称空间)，在同一个物理主机上运行多个相互隔离的 Linux 系统。

认证目标 1.03　获得 Red Hat 企业版 Linux

RHCSA 和 RHCE 考试要测试考生 RHEL 的知识。为了获得 RHEL 的官方版本，你要向 Red Hat 订购。有时也可以使用试用版。但是，如果你准备考试时不需要使用与 RHEL 考试一模一样的机器，也可以使用第三方的重构版本。这些重构版本使用与 RHEL 相同的源代码。除了商标和 Red Hat Customer Portal 的连接外，它们在实际功能上与 RHEL 完全相同。

当你订购了 RHEL 或者获得许可使用 RHEL 的一个评估版本后，可以从 Red Hat Customer Portal 的 https://access.redhat.com/downloads 下载 RHEL 7 版本。可下载的操作系统采用了 DVD 格式。另外，从这个网址上还可以下载一个网络引导光盘。甚至可以下载相关软件包的源代码。这些下载文件都是 ISO 格式，即其文件扩展名为.iso。可以使用 K3b、Brasero 甚至微软的相应工具把这些文件刻录到合适的媒介上。也可以安装一个虚拟机程序，虚拟 CD/DVD 驱动程序硬件由此直接指向 ISO 文件，这些内容将在第 2 章里介绍。除非你购买了正版光盘，否则刻录或使用这些 ISO 文件的工作要由自己来完成。

注意，本章这部分介绍的一些安装选项已分散到几个不同的小节里，例如配置分区的方法就被分散到多个小节里。

考试提示

虽然如何获得 RHEL 很重要，但是它不属于 RHCSA 和 RHCE 考试目标。

1.3.1　购买订阅版本

Red Hat 为台式机、工作站和服务器提供了不同的订阅(subscription)模式。虽然 RHCSA 主要用于工作站，但是它也需要配置 SSH 和 NTP 服务。当然，RHCE 还要求配置各种网络服务。因此，大多数读者需要一个服务器订阅模式。

服务器也有很多不同的订阅模式，这取决于 CPU 槽数和虚拟机客户端数量，以及支持级别。安装了一个标准 RHEL 订阅模式的系统只限于两个 CPU 槽和两个虚拟节点。每个槽可以安装一个多核的 CPU。对于学术领域里的用户可以提供折扣。

Red Hat 还提供了 "Red Hat Linux Development Suite" 订阅，目前在美国的定价为 99 美元。此订阅可下载 RHEL 及几种增件软件，但是只能用于开发目的。Red Hat 的订阅服务的法律协议指出，"开发目的" 意味着软件也可用来进行测试。

1.3.2　获得评估版本

Red Hat 目前为 RHEL 提供一个 30 天试用期的无支持评估版。Red Hat 要求这些用户必须提供一些个人信息。得到 Red Hat 的批准后就会从 Red Hat 得到如何下载 RHEL 版本的提示。不过，Red Hat 提供的评估订阅 "仅用来评估订阅服务的适用情况，以决定是否购买……而不用于生产目的、开发目的或其他任何目的"。

1.3.3　第三方重构版本

为准备 Red Hat 考试并不一定要付费购买一个 Linux 操作系统。为了遵循 Linux 的通用公共许可(General Public License，GPL)规定，Red Hat 公开了每个 RHEL 软件包的源代码。然而，GPL 只要求 Red Hat 发布其源代码，它并没有要求 Red Hat 公开由这些源代码编译生成的二进制软件包。

实际经验

本书中对 GPL、商标和 Red Hat 订阅服务法律协议的描述并不是法律意见，不应作为法律上的依据。

在商标法保护下，Red Hat 可以阻止其他人用它的商标(如 Red Hat 徽标)发布软件。尽管如此，GPL 允许任何人编译源代码。如果他们要修改源代码，则他们只需要在同一个许可协议下发布自己的修改。几个第三方机构就是利用这个机会从发布的源代码中删除 Red Hat 商标，再对源代码进行编译得到重构版本，其功能与 RHEL 一样。

RHEL 早期发布的源代码在 ftp://ftp.redhat.com 提供，现在已被移动到 https://git.centos.org/project/rpms。构建发行版的过程(即使从源代码构建)是一个棘手的过程。不过，完成以后，重构版本的功能与 RHEL 相同。虽然重构版本不能连接到 Red Hat Customer Portal，也不能获得

Red Hat Customer Portal 的更新，但是 Red Hat 考试培训课程不讨论这部分内容。而且重构版本的开发人员也可以利用与新 RHEL 软件包相关的源代码来确保自己的程序库及时得到更新。重构版本有两个选项：

- 社区企业操作系统(Community Enterprise Operating System，CentOS)　被称为 CentOS 的重构版本是由几个经验丰富的程序员开发的，他们自 2002 年 RHEL 3 发布以来一直在使用 RHEL 源代码。2014 年，CentOS 项目加入到了 Red Hat 社区。该项目目前的董事会包括 Red Hat 成员和原 CentOS 核心团队。详细情况可以浏览 http://www.centos.org 网站。

- Scientific Linux　该发行版是由美国政府的费米实验室和欧洲原子能组织(CERN)的专家们开发并得到他们的支持。这两个机构的相关人员是一些智商很高的科学家。更多的信息可以浏览 http://www.scientificlinux.org 网站。

1.3.4　检查下载的文件

所有来自 Red Hat Subscription Manager 门户的下载文件，Red Hat 都提供了基于 256 位的安全哈希算法(256-bit Secure Hash Algorithm，SHA256)校验码。可以用 sha256sum 命令检查这些给定校验码的 ISO 文件的正确性。例如，下面的命令计算这个最早的 RHEL 7 DVD 的 SHA256校验码：

```
# sha256sum rhel-server-7.0-x86_64-dvd.iso
```

虽然下载的 DVD 映像通过这些测试是一件好事，但是这个结果不能保证刻录的 DVD 没有错误。

认证目标 1.04　安装要求

根据 Red Hat 认证博客，Red Hat 为认证考试提供了预安装的系统。因此，考生不需要从零开始，至少这个主机物理系统不是从零开始。但是考生需要设置一个练习系统。RHCSA 目标建议考生通过网络安装和设置一个练习系统。在预安装的系统里，在给定其他要求的情况下，这意味着考生需要知道如何在基于 KVM 的虚拟机上执行网络安装。

本节介绍的安装要求适合于创建一个实验室的练习环境。此环境也可以作为其他 RHEL 系统的基线。在许多实际网络里，新的虚拟系统总是由基线生成或克隆过来。然后这些新系统专用于单个服务。

如果你要建立一个专用于测试虚拟机的物理主机系统，则必须有足够的空间保存一个主机物理系统和客户端虚拟机。本节建议你要建立 3 个用于测试的虚拟机。对于测试目的，80GB 的硬盘空间就足够了。经过精心计算，更少的磁盘空间和仅两个虚拟机也能应付。有关在虚拟机上配置 RHEL 7 的信息可以参阅第 2 章。

考试提示

Red Hat 的虚拟技术产品是 KVM。考生可以使用 VMware、VirtualBox 或其他第三方虚拟技术产品来学习 Red Hat 考试，但是仍然需要使用 KVM 进行练习。

1.4.1　不需要从零开始

在安装 RHEL 7 之前，回顾一下有关 RHCSA 和 RHCE 认证考试的最新信息是很有必要的。正如 Red Hat 博客(http://redhatcertification.wordpress.com/)中所公布的，Red Hat 现在提供了：

- 预安装的系统
- 电子化考题

换言之，当考生坐下考试时，测试系统已安装好一个 RHEL 7 版本，并且以电子格式提供考试内容。关于问题的格式，没有公开的信息。本书假定 Red Hat 考试的问题使用最基本的格式——出现在 root 系统管理员的主目录(/root)中的文本文件。

1.4.2　网络安装的优点

网络安装意味着在安装 RHEL 7 时不必为每个系统都使用整个 DVD 光盘。这意味着所有系统采用同一组安装包的安装模式，这些安装包可通过网络从某个远程软件库获得。网络安装比起通过物理的 DVD 安装通常要快许多。

当网络安装与 Kickstart 文件(启动文件)和预引导执行环境(Pre-boot eXecution Environment，PXE)相结合时，则表现出特别强大的功能。在这种配置中，安装 RHEL 7 的全部工作只需要启动一个系统，自动下载合适的 Kickstart 文件，就这么简单。几分钟后，就得到一个完整的 RHEL 7 系统。

实际经验

在设置物理主机系统之前，对于自己计划如何配置虚拟机有清楚的认识很重要。尽管在本章中，我们会介绍虚拟机的基本信息，但是直到第 2 章才会开始设置实际的、基于 KVM 的虚拟机。

1.4.3　Red Hat 与虚拟机

RHCSA 考试的目标是要求考生"掌握物理机器的配置方法，使它可以寄宿虚拟客户机"。此外，它还建议"考生知道如何在虚拟机上执行众多的操作"，以及如何用启动文件(Kickstart)实现 RHEL 操作系统的自动安装。这与用启动文件在基于 KVM 的虚拟机上安装 RHEL 7 的方法相一致。

虚拟机的优点之一是它支持在虚拟的 CD/DVD 驱动器上使用 ISO 文件。对虚拟驱动器的文件访问速度不会受到物理 CD/DVD 驱动器的机械速度的影响。因此，虚拟 CD/DVD 驱动器与主机系统对网络访问的速度一样快。

1.4.4　虚拟系统与物理系统

虚拟系统不能独立存在，它们需要连接到一个物理系统。即使像 Citrix XenServer 这样的"裸机"虚拟技术解决方案也要由 Linux 内核编译生成，否则要依赖专用版本的 Linux 内核，此内核作为物理主机的操作系统。

然而，在单个物理系统上可以安装多个虚拟系统。如果这些系统都致力于不同的服务，则它们会在不同的时刻加载物理系统。这样的加载方法很可能会"超额预订"物理系统的内存和其他资源。

对考试来说，在物理系统还是在虚拟系统上执行安装并没有本质的区别，软件的功能还是一样。只要启用物理主机系统里的 IP 转接功能，虚拟系统上的网络连接就会采用同一种模式。

1.4.5　练习实验题使用的预安装环境

本章配置的基线 RHEL 7 系统相对比较简单。它从一个 16GB 的虚拟硬盘上启动。这个硬盘部分空间的目录结构如表 1-1 所示。我们把它们配置为普通分区。这个硬盘的其余空间都还没有使用，在练习实验题时需要把它配置为逻辑卷。

表 1-1　文件系统挂载点

位　　置	大　　小
/boot	500MB
/	10GB
/home	1 024MB
交换空间(Swap)	1 024MB

为便于逻辑卷安装之后的配置，系统还包括另外两个 1GB 的虚拟硬盘。16GB 的硬盘空间和 10GB 的根分区是随意选择的，为 RHEL 7 软件提供了足够的空间。如果你的硬盘空间有限，最小可以使用 8GB 的虚拟硬盘，或者跳过整个磁盘的分配，只是交换空间也要受到限制。Linux里的交换空间是本地 RAM 的扩展，特别当系统资源不够时尤其如此。

RHEL 7 的最小基线安装模式并没有包括一个 GUI 工具。虽然在安装结束之后安装与 GUI有关的程序组很容易，但是此过程需要安装多达几百 MB 的程序包，而且费时不少。为了在考试中节省时间，Red Hat 已经为考生提供了一个预安装系统，因此可以认为 Red Hat 提供的系统包括了 GUI 软件包。Red Hat 系统的默认 GUI 是 GNOME 桌面环境(GNOME Desktop Environment)。

实际经验

GNOME 是一个缩写符，但是它又包含在另一个缩写符中。它是 GNU 网络对象模型环境的首字母缩写符(GNU Network Object Model Environment)。GNU 本身又是一个递归形式的缩写符，它代表 GNU's Not Unix。Linux 系统有很多类似的递归缩写符，如 PHP，它代表 Hypertext Preprocessor。

内存空间的分配比较复杂，特别是虚拟机上的内存空间。在本书里，我们给虚拟机分配了1GB 的内存空间，以便能够基于 GUI 来演示 RHEL 的安装过程。如果采用文本模式的安装过程，可以在 512MB 内存甚至更少的内存空间里运行 RHEL 7。由于不同的虚拟机很少同时使用同样大小的内存，因此我们可以"超额预订"内存空间。例如，在一个物理内存小于 3GB 的宿主物理机上我们可以建立 3 个虚拟机，且为每个分配的内存空间为 1GB。虚拟机上的部分内存可能还没有使用，但是可以供物理宿主系统使用。

1.4.6　系统角色

在理想情况下，你建立多个系统，每个专用于不同的角色。一个网络使用专用 DNS(Domain

Name Service)服务器、专用的 DHCP(Dynamic Host Configuration Protocol)服务器以及专用的
Samba 文件共享服务器等，它就会更安全。此时，一个系统的安全受到威胁也不会影响其他服务。

但是，这是不现实的，特别是在 Red Hat 考试里。表 1-2 列出了实验题 1 里 3 个系统各自
的角色。

表 1-2　测试系统的各个角色

系　　统	角　　色
server1	练习本书中的实验题时使用的主要服务器，配置为 192.168.122.0/24 网络上的 server1.example.com。本书假定它的固定 IP 地址为 192.168.122.50
tester1	Secure Shell 服务器，它支持远程访问，配置为 192.168.122.0/24 网络上的 tester1. example.com 服务器。它可能还包括用于客户端测试的服务器，如域名服务(DNS)。本书假定它的固定地址 IP 地址为 192.168.122.150
outsider1	使用第三个 IP 地址上的工作站，配置为 outsider1.example.org。有些服务不允许从该工作站访问。本书假定它的固定 IP 地址为 192.168.100.100

在此网络里还隐含着第 4 个系统，即用来寄宿虚拟机的物理主机。本书后面将在这个机器
上配置由其他节点(例如安装其他虚拟机所需的文件)使用的一些服务。当配置多个网络时，此
主机用虚拟网卡连接到其他网络。本书建立了一个名为 maui.example.com 的系统。下面这段信
息来自于 ip address show 命令的执行结果，它显示 virbr0 和 virbr1 这两个网络适配器，它们分
别连接到两个网络：

```
4: virbr0 <BROADCAST,MULTICAST,UP,LOWER_UP> mtu 1500 qdisc noqueue↵
state UP
   link/ether 9e:56:d5:f3:75:51 brd ff:ff:ff:ff:ff:ff
   inet 192.168.122.1/24 brd 192.168.122.255 scope global vibr0
     valid_lft forever preferred_lft forever
5: virbr1 <BROADCAST,MULTICAST,UP,LOWER_UP> mtu 1500 qdisc noqueue↵
state UP
   link/ether 86:23:b8:b8:04:70 brd ff:ff:ff:ff:ff:ff
   inet 192.168.100.1/24 brd 192.168.100.255 scope global vibr1
     valid_lft forever preferred_lft forever
```

当然，你可以改变每个系统的域名和 IP 地址，它们只是本书使用的默认值。server1.example.com
是指定的考试系统，用于解决实际 Red Hat 考试要求时的练习。为方便起见，我们还在物理主
机系统上建立了几个 RHCE 服务。

tester1 系统将用来验证 server1 系统上的配置。例如，如果我们已经用不同的名称配置了两
个虚拟网站，则从 tester1 系统应该能够访问这两个网站。Red Hat 考试假定考生把一个系统作
为客户端连接到 Samba 和 LDAP 等服务器。此外还假定一个 DNS 服务器已配置了合适的主机
名和 IP 地址。虽然，Kerberos 等服务的配置已超出 RHCSA /RHCE 考试的范围，但是在考试中
其他系统可能作为客户端访问这些服务。

最后，outsider1 系统实质上相当于 Internet 等外部网络的一个随机系统。已给 server1 服务
器上的某些服务设置适当的安全参数，因此 outsider1 不能访问这些服务。在按这里的要求配置
之前阅读第 2 章内容。本章主要介绍物理主机系统的配置。

认证目标 1.05 安装选项

即使是 Linux 初学者也可以用 CD/DVD 安装 RHEL 7。虽然本节讨论和安装有关的一些选项，但是重点却放在基线系统的创建。建立基线系统后，可以用这个基线系统建立其他自定义 RHEL 7 系统。

此外，安装过程也是一个深入学习 RHEL 7 的好机会，不只是引导媒介，也包括在安装结束后可以配置的逻辑卷。但是由于预安装的物理系统现在是 Red Hat 考试的规范方式，因此有关逻辑卷的详细讨论在第 6 章里。

本节介绍的步骤假定考生直接使用 RHEL 7 Binary DVD 进行安装，或者使用包含 RHEL 7 Binary DVD 映像的 U 盘进行安装，下一节将介绍这些内容。

1.5.1 引导媒介

在安装 RHEL 7 时，最简单的办法是从 RHEL 7 DVD 启动 RHEL 6。但这并不是唯一的安装选项。从本质上说，共有 5 种方法启动 RHEL 7 安装过程：

- 从 RHEL 7 Binary DVD 盘引导
- 从包含 RHEL 7 Binary DVD 映像的 U 盘引导
- 从最精简 RHEL 引导 CD 盘引导
- 从包含最精简 RHEL 引导 CD 盘映像的 U 盘引导
- 利用 PXE 网络引导卡从 Kickstart 服务器引导

后面三种方法一般都假定从网络上安装 RHEL。已购买了订阅版本的用户可使用 Red Hat Customer Portal 上的安装程序和引导媒介。重构版本的发行者也会提供服务器供用户安装。

如果需要创建引导 U 盘，在其中包含完整的 RHEL 7 DVD 映像，或者包含最精简引导 CD 盘的 U 盘，则从 Red Hat Customer Portal 下载合适的 ISO 文件。然后，将该映像写入 USB 设备。如果该 USB 设备的地址为/dev/sdc，可以使用下面的命令写入映像：

```
# dd if=name-of-image.iso of=/dev/sdc bs=512k
```

注意，如果/dev/sdc 驱动器里有数据，则这个命令会覆盖这个驱动器中的全部数据。

实际经验

必须知道如何为自己的系统创建一个启动盘。当系统出现故障时，安装启动盘或 U 盘可以当作急救盘使用。在引导提示符后，Troubleshooting 选项最终将进入 Rescue a Red Hat Enterprise Linux System(急救 RHEL 系统)菜单，该菜单可启动急救模式，挂载正确的卷并恢复受损的文件或目录。

1.5.2 用 CD/DVD 或引导 USB 启动安装

现在你可以通过 DVD 安装盘或 U 盘启动一个目标系统。当系统打开并解压几个文件后就会出现 RHEL 安装屏幕，并至少有以下 3 个选项：

- 安装 RHEL 7.0(Install Red Hat Enterprise Linux 7.0);
- 测试此媒介并安装 RHEL 7.0(Test this media & install Red Hat Enterprise Linux 7.0);
- 故障排除(Troubleshooting)。

第一个选项适用于大多数用户。如果想在启动安装过程之前检查安装媒介的完整性,可选择第二个选项。

与 Red Hat 安装程序(或称为 Anaconda)有关的还有两个模式:文本模式和图形模式。虽然图形模式是推荐的方法,但是如果安装程序没有正确检测到显卡,会自动重定向到文本模式。

如果愿意,也可以强制在文本模式下进行安装。为此,高亮显示 Install Red Hat Enterprise Linux 7.0 选项,然后按 Tab 键,就会出现以下一行内容:

```
> vmlinuz initrd=initrd.img inst.stage2=hd:LABEL=RHEL-7.0\x20Server.x86_64↵
quiet
```

强制执行文本安装模式,需要在这行代码的末尾加上 inst.text。

1.5.3　基本的安装步骤

基本 RHEL 的安装过程很简单,任何参加 Red Hat 认证考试的考生都应该对此了如指掌。这里介绍的大多数步骤只作为参考,重要的是要掌握第 2 章介绍的高级配置的安装过程,即使用 Kickstart 文件的安装过程。

这些步骤的顺序也不是一成不变的,取决于是从 CD/DVD 启动还是从网络启动。本地系统是否已安装了 Linux 以前版本、是否有 Linux 格式化的分区等都会影响安装步骤的顺序。在本节里,我们这样假定:

- 使用 RHEL 7 Binary DVD 或包含 RHEL 7 Binary DVD 映像的 U 盘进行安装。
- 系统的内存至少为 512MB。
- RHEL 7 是本地计算机上的唯一操作系统。

但是,双引导是允许的。事实上,本书作者之一所用的 Intel Core i7 手提电脑就是一个三引导共存的系统,即 RHEL 7 系统与 Windows 7 系统和 Ubuntu 14.04 系统共存。如果你是在一个专用的物理机或虚拟机上安装系统,则基本的步骤是一样的。作为虚拟机需要一个物理主机,假设先在物理系统上安装 RHEL 7 系统。

最有效也是最可靠的办法是,从远程服务器上用文本模式或图形模式安装 Red Hat 企业版 Linux。为此,本章的实验题 2 配置了一个 FTP 服务器,它保存了 RHEL 7 安装文件。也可以在 Apache Web 服务器等 HTTP 服务器上创建这些安装文件,这要在本章的后面介绍。

安装过程中的安装步骤顺序并不是都一样。其顺序与是从 DVD 启动安装还是从网络安装 CD 启动安装有关,也与文本安装或图形安装模式有关,甚至与是否使用 RHEL 7 的重构发行版有关。因此对下面的操作指令必须灵活使用:

(1) 用 RHEL DVD 或包含 DVD ISO 映像副本的引导 U 盘启动自己的计算机。通常出现 3 个选项:

- 安装 RHEL 7.0(Install Red Hat Enterprise Linux 7.0);
- 测试此媒介并安装 RHEL 7.0(Test this media & install Red Hat Enterprise Linux 7.0);
- 故障排除(Troubleshooting)。

(2) 图 1-1 显示了 Scientific Linux 7.0 DVD 的选项。选择第一个选项,然后按回车键。

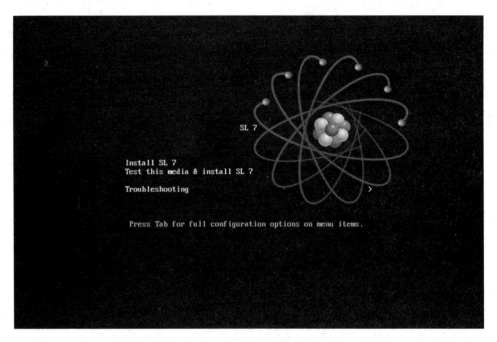

图 1-1　安装引导屏幕

(3) 选择安装过程中使用的语言,如图 1-2 所示。默认语言是英语,可选语言超过 50 种。

图 1-2　选择安装过程中使用的语言

实际经验

如果安装过程中遇到问题，分析第 1 个、第 3 个、第 4 个和第 5 个控制终端里的消息；为此，可按下 Ctrl+Alt+F1、Ctrl+Alt+F3、Ctrl+Alt+F4 或 Ctrl+Alt+F5。按 Ctrl+Alt+F2 出现一个命令行。按 CTRL+Alt+F6 返回 GUI 屏幕。如果采用文本安装模式，则要按 Alt+F1 返回这个屏幕。

(4) 下一个屏幕是 Installation Summary 屏幕，如图 1-3 所示。在这个界面中，可以查看并编辑所有安装设置。在图 1-3 中可看到，Installation Summary 屏幕中的每一项都标有一个"警告"符号，这意味着必须配置对应的小节，然后才能继续安装。

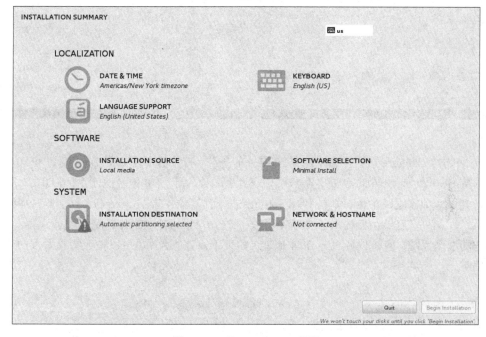

图 1-3　Installation Summary 屏幕

(5) 在 Installation Summary 屏幕中，检查本地系统的日期和时区，必要时进行合适的修改。

(6) 类似地，必要时可以检查键盘配置和语言设置。

(7) Installation Summary 屏幕中的下一个选项与安装媒介有关。因为是从本地 DVD 或 U 盘安装，所以保留此设置为"Local media"。对于网络安装，需要指定安装源的位置。例如，要指向在实验题 2 中配置的 FTP 服务器，可选择"On the network"安装选项，在下拉菜单中选择 ftp:// URL 定位符，然后输入安装源的 IP 地址和路径，例如 192.168.122.1/pub/inst。

(8) 检查 Installation Summary 屏幕中的 Network & Hostname 设置，如图 1-4 所示。左侧面板列出了安装程序检测到的网络接口。选择想激活的接口，将右上角的开关按钮切换到 ON 位置。

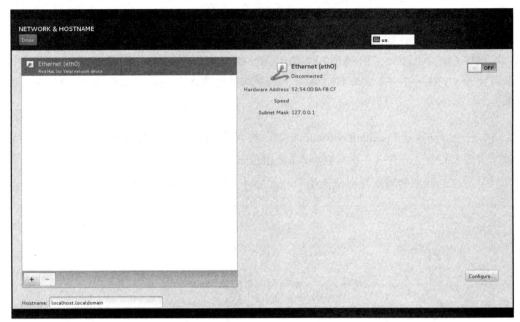

图 1-4　Network & Hostname 配置屏幕

(9) 单击 Configure 按钮，选择配置 IP 寻址的方法。打开的屏幕如图 1-5 所示。可选项包括作为支持 IPv4 和/或 IPv6 的 DHCP 客户端，或者手动输入静态 IP 地址(如果网络 DHCP 服务器不支持 IPv6，如家庭路由器，则在 IPv6 Settings 的下拉菜单中选择 Ignore)。对于家庭网络上的物理系统，如果家庭路由器提供了 DHCP 服务，选择 Automatic(DHCP)就可以了。对于表 1-2 中列出的 3 个系统，应该设置固定 IPv4 地址。如果不知道怎么做，可以按照实验题 1 的描述来规划网络。

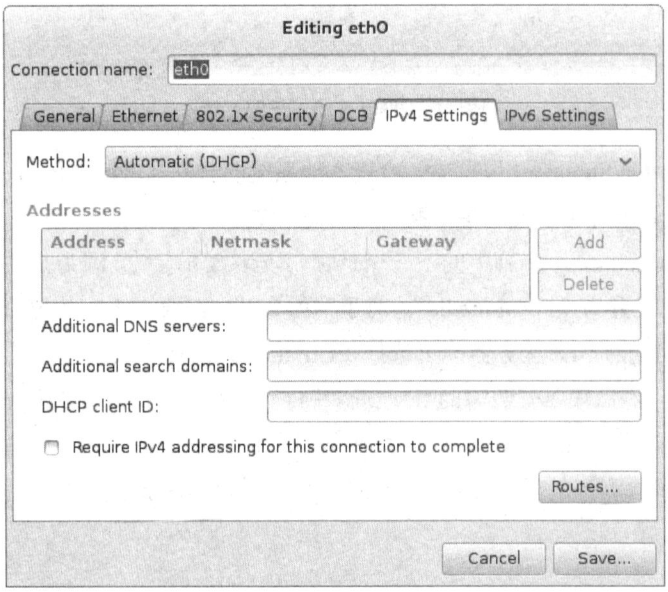

图 1-5　IPv4 网络设置

(10) 在图 1-4 底部的输入字段中，为本地系统设置一个名称。如果是安装表 1-2 中列出的某个虚拟系统，该表中已经给出了主机名(例如 server1.example.com)。完成配置更改后，单击 Done 按钮。

(11) 单击 Installation Summary 屏幕中的 Installation Destination 选项，打开如图 1-6 所示的屏幕。在此界面中，选择一个或多个本地标准硬盘(SATA、SAS 或 KVM 系统中的虚拟块设备)，用于安装 RHEL 7。在 Specialized & Network Disks 部分，可以选择一个 SAN 卷作为安装目标，例如 iSCSI 或 FC 存储阵列上的一个卷。但是，这不在 RHCSA 认证考试的范围内。

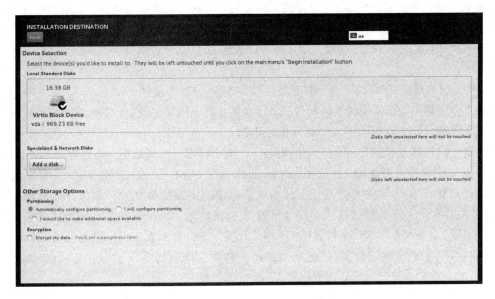

图 1-6　Installation Destination 屏幕

(12) 在 Installation Summary 屏幕的 Other Storage Options 部分，可以配置如何使用本地和远程已配置硬盘上的空间。在这里，可以选择自动或手动配置分区。对于自动分区，如果想要重新配置其他现有分区上的空间，可以选择 I would like to make additional space available 复选框。另外，还可以选择 Encrypt my data。对于此次安装，选择 I will configure partitioning，然后单击 Done 按钮继续。

1.5.4　准备在分区上安装

创建一个分区后，可以在 Linux 中把一个目录直接挂载到此分区上，或者把此分区指定为一个 RAID 设备或逻辑卷的一部分。

为定义一个分区，你可能需要有关命名约定、不同文件系统的配置、交换空间的使用、逻辑卷和 RAID 阵列等背景知识。这里只是概括性介绍，详细内容见第 6 章，其中包括 Red Hat 考试以及真实系统需要的操作。

1. 命名约定

Linux 为磁盘分区规定了一个简单的命名标准：3 个字母后跟一个数字。第一个字母表示磁盘的类型(s 表示 SATA 或 SAS，v 表示基于 KVM 的虚拟机上的虚拟磁盘)。第二个字母 d 表示磁盘，第三个字母表示该磁盘的相对位置，从 a 开始。例如，第一个 SATA 驱动器为 sda，其后是 sdb、sdc 和 sdd。

后面的数字根据该分区的相对位置决定。现代 PC 上有两种分区方案：传统的主引导记录(Master Boot Record，MBR)和较新的 GUID 分区表(GUID Partition Table，GPT)方案。

在 MBR 方案中，分区可能为三种类型之一：主分区、扩展分区和逻辑分区。主分区上可以包含操作系统的引导文件。可以把硬盘配置为一个扩展分区，该扩展分区可以包含多个逻辑分区。

硬盘只限于 4 个主分区。如果 4 个主分区不够，可将一个扩展分区当作最后的主分区。此扩展分区然后就可以分割成为多个逻辑分区。因此在规划分区布局时，必须保证扩展分区足够大。在任何一个 SATA、SAS 或虚拟硬盘上，不应该创建超过 12 个逻辑分区，尽管那么做是可以实现的。

GPT 分区方案没有此限制，默认情况下可以支持多达 128 个分区。

每个分区都与 Linux 设备文件相关联，至少就是这么简单。例如，第一个 SATA 驱动器上的第三个逻辑分区关联的设备文件名为/dev/sda3。

卷是一段已格式化的空间的一个通用名字，该空间用于存储数据。卷可以是分区、RAID 阵列或者与逻辑卷管理(Logical Volume Management，LVM)相关联的逻辑卷。文件系统存在于卷中，提供了存储文件的能力。文件系统将卷中的块转换为文件。例如，Red Hat 使用 XFS 文件系统作为卷的默认格式。在 Linux 中访问数据的标准方法是先把此文件系统挂载到一个目录 。例如，当把/dev/sda1/分区格式化为 XFS 文件系统时，它可以被挂载到/boot 这样的目录。我们经常这样说："把/dev/sda1 文件系统挂载到/boot 目录上"。详细内容参见第 6 章。

2. 独立的文件系统卷

通常情况下要为 RHEL 7 创建几个卷。即使在默认配置中，RHEL 至少要配置 3 个卷：一个是顶级根目录(/)，一个是/boot 目录，一个是 Linux 交换空间。此外，可能还要为/home、/opt、/tmp 和/var 等定义额外的卷。这些卷也适合于网站、专用用户群以及其他的任何自定义目录。

/boot 目录必须在普通分区上，而其他目录可以配置在逻辑卷或 RAID 阵列上。

按这种方式分割硬盘的可用空间可以保证系统、应用程序和用户文件相互独立。这有助于保护被系统服务和其他应用程序占用的磁盘空间。文件不能跨卷保存。例如，像 Web 服务器这样的应用程序可能要占用大量的磁盘空间，但是不会侵占其他服务占用的空间。另一个优点是，当硬盘上出现坏点时，数据受到损坏的风险降低了，恢复时间也减少了，因此磁盘的稳定性得到加强。

虽然创建更多的卷有很多优点，但是这并不总是最好的解决办法。当硬盘空间有限时，分区数必须保持在最小数目。例如，在一个 10GB 的硬盘上要安装 5GB 的软件包，则一个专用的/var 和/home 卷会导致很快用完磁盘空间。

3. Linux 交换空间

Linux 交换空间通常配置在一个专用的分区上或一个逻辑卷上。它作为当前正在运行的程序的虚拟内存，用来扩展系统的有效内存。但是通常情况下，不应该简单地选择多购买一些内存并淘汰掉交换空间。即使你的系统有几 GB 的内存空间，Linux 也要把一些不经常使用的程序和数据移动到交换空间。

Red Hat 对交换空间的分配方式取决于系统内存的大小。对于 2GB 以下的系统，默认的交换空间为内存空间的 2 倍。对于 2GB～8GB 的系统，交换空间与内存空间的大小相同。对于 8GB 以上的系统，交换空间是 RAM 的一半。但是这些规则并非一成不变。几 GB 内存的工作站经常只分配很少的交换空间。但是，特定的应用程序负载可能需要较大的交换分区，例如使用大 tmpfs 文件系统的应用程序(tmpfs 是存储在内存中的一种临时文件系统，当服务器出现内存压力时，依赖于交换空间作为后备存储)。不管如何，安装过程默认分配的交换空间不在一个专用分区上，而是作为一个逻辑卷。

4. 有关逻辑卷的基本信息

从一个分区上创建逻辑卷需要以下步骤。这些概念的详细内容以及执行这些步骤的实际命令将在第 6 章中介绍。如果在安装过程中创建一个逻辑卷，则有些步骤会自动执行。

- 把这个分区的卷标改为 Linux LVM 卷。
- 把带卷标的分区初始化为物理卷。
- 把一个或多个物理卷合并成一个卷组。
- 一个卷组可以被分割为多个逻辑卷。
- 然后可以把一个逻辑卷格式化为 Linux 文件系统或作为交换空间。
- 格式化后的逻辑卷可以挂载到一个目录上或作为交换空间。

5. 有关 RAID 阵列的基本信息

在 RHEL 6 发布之前，RAID 是 RHCT /RHCE 认证的必考内容。由于它不再出现在 RHCSA/RHCE 认证目标中或这些考试培训课程的提纲中，因此暂时不讨论这个问题。无论如何，RHEL 7 配置的 RAID 属于软件 RAID。这个缩写符，即独立冗余磁盘阵列(Redundant Array of Independent Disks)可能会引起误解，因为软件 RAID 通常是建立在独立的分区上。冗余的产生是由于使用了不同物理磁盘上的分区。

1.5.5　分区创建练习

现在回到安装过程。如果你到现在为止都跟着前面介绍的步骤操作，而且系统有足够的内存，则会看到 Manual Partitioning 屏幕，如图 1-7 所示。

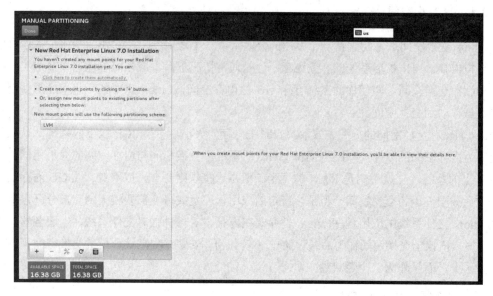

图 1-7　在 Manual Partitioning 屏幕中进行分区配置

在这个屏幕中，通过下拉菜单可配置标准分区、LVM 卷、精简配置的 LVM 卷和 BTRFS 卷上的文件系统。/boot 挂载点将始终在标准分区上配置，不管在此屏幕中选择了哪种分区方案设置。

(1) 从分区方案下拉菜单中选择标准分区。LVM 将在第 6 章讨论。BTRFS 也是可选项，但是不在 RHCSA 认证考试范围内。

(2) 按照前面的表 1-1 中的描述配置标准挂载点。如果硬盘的空间足够大,大分区是允许的。而且如果正在建立的物理主机系统包含几个虚拟机，则大分区是必需的。屏幕底部的+按钮支持创建新的挂载点，如图 1-8 所示。

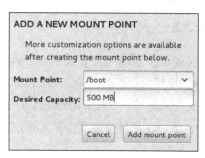

图 1-8　添加挂载点

(3) 回到 Manual Partitioning 屏幕，现在应该看到图 1-9 中的设置。此窗口支持以下几个选项：

- Mount Point(挂载点)，它就是一个目录(如/boot)，此目录中的文件保存在此分区上。
- Label(卷标)，可以提供可选的卷标。
- Desired Capacity(期望容量)。它说明了分区的期望容量，单位为 MB。在这里，表 1-1 定义了为该基线系统配置的各个分区。

- Device Type(设备类型)。这是设备的类型，之前在分区方案菜单中将其设为标准分区。
- File System(文件系统)。选择文件系统类型；在这里，默认的 xfs 文件系统就足够了。

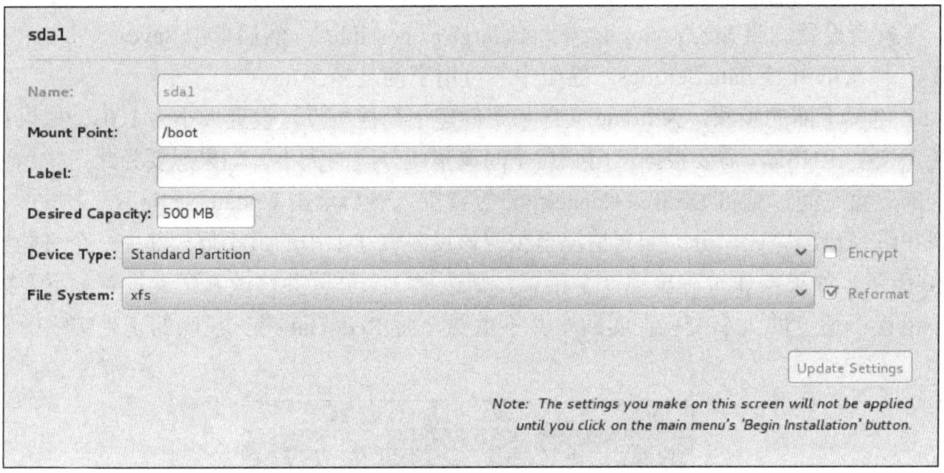

图 1-9　配置/boot 分区

现在是练习的时候。首先，讨论在安装过程中如何创建和配置分区，此外讨论如何把文件系统分配给一个分区或一个逻辑卷。

1.5.6　练习 1-1：在安装过程中进行分区

本练习以 RHEL 7 安装过程中所做的修改为基础，所以一定要小心。不过，从错误中恢复也很容易，因为可以单击 Reload Storage Configuration 按钮来丢弃任何配置更改。本练习从图 1-7 中的 Manual Partitioning 屏幕开始，完成图 1-8 和图 1-9 中显示的屏幕。另外，本练习假定有足够的内存(512MB)来进行图形化安装。

(1) 单击 Reload Storage Configuration 按钮(图 1-7 中底部左侧的倒数第二个按钮)，丢弃已经做出的所有配置更改。如果从空白的硬盘开始，则不需要配置分区。

(2) 如果硬盘的空间不够，则使用屏幕底部左侧的-按钮删除已配置的分区。

(3) 创建一个自定义布局。

(4) 从左侧的下拉菜单中选择 LVM 分区方案。

(5) 在屏幕的左下角，单击+按钮，添加一个新的挂载点。

(6) 设置合适的挂载点，例如/boot，将容量设置为 500MB，然后单击"Add mount point"按钮。

(7) 注意，虽然选择了 LVM 分区方案，但/boot 挂载点仍是在标准分区上创建的。

(8) 单击 File System 下拉菜单，检查可用的选项。

(9) 为交换空间创建一个额外的卷。在 Mount Point 下，选择 swap，设置大小为 1GB。

(10) 将交换空间保留在标准分区上。确保选择交换分区，将 Device Type 设置从 LVM 改为 Standard Partition。然后，单击 Update Settings。

(11) 使用刚才描述的步骤，为根文件系统创建一个额外的挂载点。在 Mount Point 输入框中，选择/，将大小设置为 10GB。如果是在一个物理系统上安装 RHEL，则需要根据可用的总磁盘空间来调整此设置。

(12) 确保选择/挂载点。在卷组中可用的空间有多少?

(13) 现在扩展卷组,占用磁盘上的所有可用空间。单击 Volume Group 菜单旁边的 Modify 按钮,并检查设置。将 Size policy 设为"As large as possible",然后单击 Save。

(14) 再次单击 Update Settings。卷组中的可用空间是多少?

(15) 重复上面的步骤,为/home 文件系统创建一个挂载点,设置大小为 1GB。如果是在物理系统上安装 RHEL,需要根据可用磁盘空间调整此分区的大小。如果想要为此挂载点使用剩余的全部磁盘空间,则将 Desired Capacity 设置留空,然后单击 Update Settings。

现在练习已经完成,分区配置情况至少应该反映表 1-1 中的最小值。其中一个可能结果如图 1-10 所示。如果操作过程出现一个错误,则选择一个分区并修改其配置设置。不要担心出现的小错误;适度的大小变化在实践中并不重要,而 Red Hat 考试反映的正是实践中发生的情况。

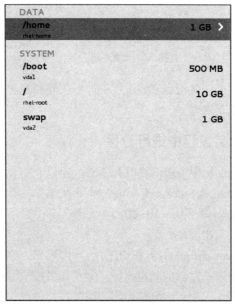

图 1-10　分区配置示例

为了完成安装过程的这一部分操作,单击 Done 按钮。Summary of Changes 屏幕将会显示。这是取消修改的最后一次机会。如果对修改感到满意,单击 Accept Changes。

回到 Installation Destination 屏幕,在底部单击 Full disk summary and bootloader 链接。GRUB 2(Grand Unified Bootloader version 2)是标准的 Linux 引导加载程序。图 1-11 中显示的设置是合理的默认设置。在大部分情况下,不需要修改这些设置。

实际经验

术语"boot loader"和"bootloader"是可互换使用的。在 Red Hat 文档中,这两者都很常见。

图 1-11　配置引导加载程序

1.5.7　RHEL 7 中的所有程序包

RHEL 7 安装 DVD 盘上有超过 4300 个程序包。这个数目还不包括其他通过 Red Hat Customer Portal 上的订阅渠道获得的程序包。面对这么多的程序包，重要的是对它们进行分类。在完成 GRUB 2 引导加载程序的配置后，在 Installation Summary 屏幕中单击 Software Selection，看到如图 1-12 所示的选项。这个屏幕允许我们把本地系统配置成我们所需要的功能。要根据自己的目标选择程序包。如果你在一个本地物理系统上进行安装，以建立基于 KVM 的虚拟机，则选择 Virtual Host；如果你要创建虚拟客户机(或者其他专用的物理服务器)，选择 Server with GUI。在 Red Hat 考试中，要求考生在基本的操作系统安装完成后安装一些额外的软件。其他的选项如表 1-3 所示，随着重构发行版的不同，这些选项可能变化很大。

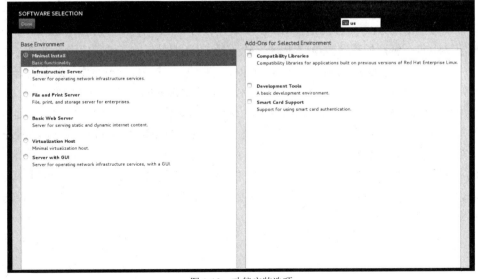

图 1-12　功能安装选项

表 1-3　安装软件的分类

分　　类	说　　明
Minimal(最小安装)	最小 Linux 操作系统所需要的程序包
基础设施服务器	安装 Red Hat 的基本程序包，且把系统当作一个服务器
文件和打印服务器	使用 Samba、NFD 和 CUPS 配置系统
基本 Web 服务器	用 Apache Web 服务器创建一个系统
虚拟主机	使用 KVM 超级监视程序，配置一个运行虚拟机的系统
带 GUI 的服务器	与基础设施服务器相同，但带有 GUI

要在一个生产环境中建立一个真正安全的基线，可以考虑最小安装。越少的程序包意味越少的弱点。只添加真正需要的程序包，黑客就无法利用没有安装的程序包。

实际经验

在安全世界中，术语"白帽黑客"(white hat hacker)指的是好人，他们入侵系统不是出于恶意，例如他们可能是在进行安全渗透测试。"黑帽黑客"(black hat hacker)指的是那些不怀好意、想入侵其他系统的人们。

1.5.8　基线程序包

本节概括地介绍在 RHEL 7 安装过程中可以使用的程序包。在考试中，可能会要求考生用 Red Hat Add/Remove Software 工具引用这些程序包组中的一个。用 yum group list 命令也可以得到可用程序包组的列表。更多的信息可以阅读第 7 章的内容。

Red Hat 程序包组是根据逻辑关系进行组织的。重要的是选择真正需要的程序包组。安装的程序包越少意味着有更多的空间可以保存个人数据和监测系统所需要的日志文件。

1.5.9　程序包组

本节以最简洁的方法逐一介绍在 RHEL 安装过程可以使用的程序包组。如图 1-12 所示，在左侧窗格中有高级别的程序包组("环境")，如基础设施服务器；常规的程序包组在右侧的窗格中("增件")，如 Development Tools。右侧窗格中的一些增件被一条水平线分隔开。线下的增件是所有环境组公共的增件，而线上的增件是只能由选择的环境组使用的增件。

每个程序包组都有相应的 RPM 详细信息，这些信息都保存在一个 XML 文件中，要浏览这个文件的内容，可以切换到 RHEL 安装 DVD 盘，并在/repodata 目录中阅读*-comps-Server-x86_64.xml 压缩文件。

现在举例说明程序包组的详细内容。使用自己喜欢的编辑器打开*-comps-Server-x86_64.xml 文件，查找包含字符串"Server with GUI"的一行。向下滚动几行，会看到图 1-13 所示的内容。

```
<grouplist>
  <groupid>base</groupid>
  <groupid>core</groupid>
  <groupid>desktop-debugging</groupid>
  <groupid>dial-up</groupid>
  <groupid>fonts</groupid>
  <groupid>gnome-desktop</groupid>
  <groupid>guest-agents</groupid>
  <groupid>guest-desktop-agents</groupid>
  <groupid>input-methods</groupid>
  <groupid>internet-browser</groupid>
  <groupid>multimedia</groupid>
  <groupid>print-client</groupid>
  <groupid>x11</groupid>
</grouplist>
<optionlist>
  <groupid>backup-server</groupid>
  <groupid>directory-server</groupid>
  <groupid>dns-server</groupid>
  <groupid>file-server</groupid>
  <groupid>ftp-server</groupid>
  <groupid>ha</groupid>
  <groupid>hardware-monitoring</groupid>
:
```

图 1-13　"Server with GUI"程序包组的详细内容

从图 1-13 可以看到，Server with GUI 组是其他组的一个集合。在 RHEL 中，常规组和环境组(如 Server with GUI)是不同的，常规组包含标准的软件程序包，而环境组则是常规组的集合。

<grouplist>节中列出的组是强制的组，<optionlist>节中列出的组是可选的组，对应于 Software Selection 屏幕的右侧窗格中列出的增件。

你最好花点时间研究这个屏幕。仔细分析每个程序包组中的程序包。我们就能了解默认安装要安装哪些类型的程序包。安装过程中如果不添加它们也没关系，以后还可以用 rpm 和 yum 命令或者第 7 章介绍的 GNOME Software 工具添加它们。

如果 XML 文件太难理解，则只需要记下程序包组的名称。根据这个名称，就可以在安装结束后找到相关程序包的列表。例如，下面这个命令确定 base 程序包组中强制的、默认的和可选的程序包：

```
$ yum group info base
```

对于此次安装，从图 1-12 显示的 Software Selection 屏幕中选择 Server with GUI。另外，对于为基于 KVM 的虚拟机配置的物理主机系统，确保选择 Virtuallization 增件。

为要使用的程序包选择了增件后，单击 Done 按钮，然后单击 Begin Installation。Anaconda 就会开始安装过程。

1.5.10　安装过程

在软件程序包开始安装后，将看到图 1-14 所示的屏幕。在此界面中，可以为根用户设置口令，还可以选择创建一个用户账户。

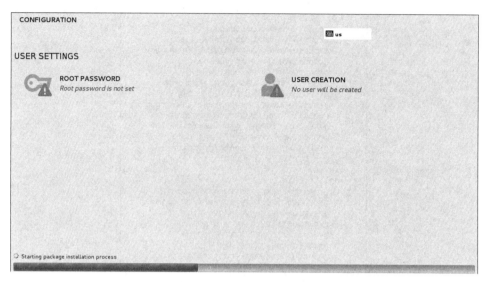

图 1-14　安装 RPM 程序包

单击 Root Password 选项，为 root 管理员用户输入口令两次。虽然在此阶段还不需要为系统创建普通用户，但是也可以选择创建。

如果单击 User Creation，会打开一个窗口，帮助定制用户细节，这将在第 8 章讨论。设置一个本地用户，然后单击 Done 按钮继续。安装完成后，会看到一条最终消息，其中包含一个重启系统的选项。如果在物理系统上安装 RHEL 7，不要忘记取出引导盘和/或安装 DVD 盘。在大多数安装中，RHEL 7 将启动本章后面介绍的 Firstboot 应用程序。

认证目标 1.06　系统设置选项

基线配置非常重要。一旦配置好基线系统，就可以把它克隆后按需要安装很多系统。在实际网络上，一个好的基线可以用来创建专用于某些特定服务的系统。为了启动远程访问，系统必须具有一个 Secure Shell(安全 Shell，SSH)服务器，普通用户可以对其进行设置。

对于引导过程，RHEL 7 包含了 systemd，它取代了 RHEL 6 中基于 SysVinit 的 Upstart 系统。它决定了系统引导时激活的控制台、服务、显示器以及目标单元。有些系统使用远程认证，将其配置好后连接到远程服务，从远程服务器读取用户名和密码验证。虽然这些系统也在其他章中有论述，但是本节提供的信息足以建立一个基线系统。

1.6.1　初始设置和 Firstboot

大部分时候，RHEL 7 第一次引导时，会启动两个应用程序：Initial Setup 屏幕，然后是 Firstboot。下面的步骤假定使用 GUI 安装 RHEL 7：

(1) 在初始设置屏幕，接受许可协议。对于操作系统是 RHEL 7 还是重构的发行版，协议会存在区别。

(2) 如果在安装过程中没有创建普通用户账户，可以在 Initial Setup 屏幕中创建。

(3) 单击 Finish Configuration 按钮。

(4) 下一个屏幕允许启用和定制 Kdump 的配置，Kdump 是一个服务，收集与内核崩溃有关的数据。这不在 RHCSA 考试要求中，所以保留默认设置，然后单击 Forward。

(5) 在 RHEL 7 系统上，提示将系统连接到 Red Hat Subscription Management(RHSM)。要进行注册，需要有一个 RHSM 账户和可用的订阅。完成此步骤，然后单击 Forward 按钮继续。

(6) 在下一个屏幕上，检查语言和键盘设置，以及本地系统的日期和时间。做出需要的修改，然后单击 Next 按钮继续。

1.6.2　默认的安全设置

RHEL 7 安装结束后，还有一些与 SELinux 和基于区域的防火墙相关的默认设置。有关 SELinux 安全选项的详细信息请阅读第 4 章、第 10 章和其他内容。

首先，默认情况下 SELinux 在强制模式下被启用，用 sestatus 命令可以确认这个设置，输出信息如下：

```
SELinux status:                 enabled
SELinuxfs mount:                /sys/fs/selinux
SELinux root directory:         /etc/selinux
Loaded policy name:             targeted
Current mode:                   enforcing
Mode from config file:          enforcing
Policy MLS status:              enabled
Policy deny_unknown status:     allowed
Max kernel policy version:      28
```

第 4 章将介绍有关 SELinux 和 RHCSA 考试的更多信息。如果你要考 RHCE，从第 10 章开始还要学习如何配置 SELinux 来支持各种服务。

如果想了解默认区域的当前防火墙配置的详细内容，可运行下面的命令：

```
firewall-cmd --list-all
```

此命令列出默认防火墙区域的网络接口，以及允许的入站服务。

在允许的服务列表中，至少会看到 SSH 服务，该服务支持远程管理本地系统。如果网络连接良好，将能够远程连接到这个系统。如果本地 IP 地址为 192.168.122.50，可以使用下面的命令远程连接到 Michael 的用户账户：

```
# ssh michael@192.168.122.50
```

配置 SSH 服务器以进一步加强安全级别。详细内容请阅读第 11 章。

1.6.3　虚拟机的特殊设置选项

在运行 KVM 超级监视程序的物理主机中，可以看到额外的防火墙规则。例如，如果运行 iptables -L 来列出防火墙规则，将看到下面的规则，它们接受连接到虚拟机的默认子网上的流量：

```
Chain FORWARD (policy ACCEPT)
target     prot opt source            destination
ACCEPT     all -- anywhere            192.168.122.0/24    ↵
cstate RELATED,ESTABLISHED
```

```
ACCEPT    all -- 192.168.122.0/24    anywhere
```

这些规则利用文件/proc/sys/net/ipv4/ip_forward 完成 IPv4 网络连接功能中 IP 的转发功能。如果此文件的内容置为 1，则 IPv4 转发功能启动。当 IPv4 转发功能启动时，主机作为路由器，将流量从一个接口转发到另一个接口。

在独立主机上，默认情况下禁用 IPv4 转发功能。但是，在运行 KVM 超级监视程序的物理主机上，启用了 IP 转发功能，以便允许在虚拟机网络段和外部网络之间进行路由。

如果安装了 Virtualization Hypervisor 增件，会启用此功能。为验证这一点，可检查/proc/sys/net/ipv4/ip_forward 文件的内容。

可将其设置为 1，但是仅这么做还不够，因为重启后所做的修改会丢弃。为了永久激活 IP 转发，可打开/etc/sysctl.conf 文件，添加下面的一行内容：

```
net.ipv4.ip_forward=1
```

为了将此修改立即应用于本地系统，要执行以下命令：

```
# sysctl -p
```

有关/proc 文件系统的细节属于 RHCE 考试的内容，将在第 12 章介绍内核的运行时参数时讨论。

认证目标 1.07　配置默认的文件共享服务

RHEL 6 版本的 RHCSA 考试目标包含下面两个附加目标：
- 配置一个系统以运行一个默认配置的 HTTP 服务器
- 配置一个系统以运行一个默认配置的 FTP 服务器

虽然考试中不会测试这两个目标，但是我们相信，相关的技能可以帮助考生设置实验题，为认证考试做好准备。

默认的 HTTP 服务器是 Apache Web 服务器。对应的默认 FTP 服务器是 vsFTP。这些系统的默认安装中包含基本功能。

我们可以验证默认安装的操作，然后进一步将这些服务设置为共享文件，具体说就是从安装 DVD 上复制过来的文件。

将这些服务配置为共享文件非常简单。不需要对主要的配置文件做任何修改。假设 SELinux 已启用(在考试中它肯定已启用)，则基本步骤如下：
- 挂载并复制 RHEL 7 安装 DVD 盘的内容到合适的目录；
- 确保已使用 SELinux 正确的上下文配置此目录的内容；
- 将上述服务配置为指向指定目录，并在系统引导时启动。

不同的服务其实现步骤自然也不一样。这里介绍的操作过程是最基本的。如果遇到新的命令或服务，仅是这些基本的内容也许不够。有关 mount 命令的更多信息请阅读第 6 章。想深入了解 SELinux 请阅读第 4 章。有关 Apache Web 服务器可阅读第 14 章。

1.7.1   挂载和复制安装 DVD 盘

mount 命令可以把分区或 DVD 驱动器这样的设备连接到某个特定目录。例如，下面的命令将标准的 DVD 驱动器挂载到/media 目录上：

```
# mount /dev/cdrom /media
```

如果 DVD 驱动器已正确配置，则应该在/etc/filesystems 文件中自动找到合适的文件系统格式。这里 DVD 媒介的格式遵循 iso9660 标准。如果存在问题，将看到下面的错误消息：

```
mount: you must specify the filesystem type
```

另外，可以将 ISO 文件挂载到一个目录，而不使用物理 DVD。例如，可以使用下面的命令来挂载 RHEL 7 DVD ISO 文件：

```
# mount -o loop rhel-server-7.0-x86_64-dvd.iso /media
```

下一步是把 DVD 的内容复制到所选择的文件服务器(FTP 或 HTTP)上配置的目录中。例如，下面这个命令以档案模式(-a)递归地复制文件。在/media 目录后加上句点(.)时，将在复制命令中包含所有隐藏文件。

```
# cp -a /media/. /path/to/dir
```

实际使用的目录取决于服务器。当然，也可以将服务器配置为使用除默认位置的其他目录。

1.7.2   设置一个默认配置的 Apache 服务器

Apache Web 服务器使用/var/www/html 目录作为其默认网站的存储库。可以配置其子目录，用于文件共享。必须确保在现有的防火墙中打开 80 端口。

把 Apache 配置为 RHEL 安装服务器的过程与配置 vsFTP 的过程相似。练习 1-2 中要求把 Apache 服务器配置为一个安装服务器。首先用下面的命令确保 Apache 服务器已安装：

```
# yum -y install httpd
```

如果这条命令执行成功，就会在/etc/httpd/conf/目录中找到主要的 Apache 配置文件 httpd.conf。为确保默认安装能正常运行，首先用下面的命令启动 Apache 服务：

```
# systemctl start httpd
```

接着，在安装有 Apache 的系统中打开一个浏览器，并用如下 URL 地址 http://127.0.0.1/ 导航到本地主机(localhost)IP 地址。图 1-15 给出了一个例子。

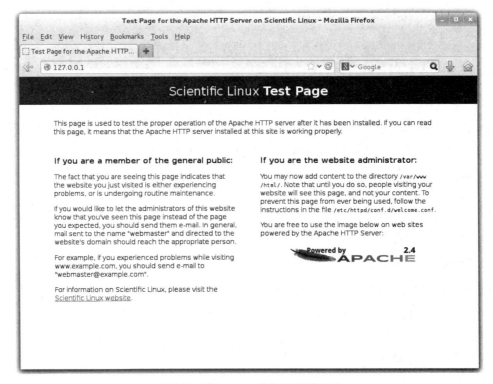

图 1-15　默认 Apache 服务器运行的证明

如果本地防火墙中的端口 80 已打开，则从远程系统也可以访问这个页面。此外，要确保下次 RHEL 7 启动时 Apache 服务会自动启动，办法之一是用下面的命令：

```
# systemctl enable httpd
```

在引导过程中如何控制 Apache 服务等有关内容可以阅读第 11 章。虽然第 11 章属于 RHCE 考试范围，但这里的 **systemctl** 命令很简单。

1.7.3　练习 1-2：把 Apache 服务器配置为安装服务器

在这个练习中，我们要安装 Apache Web 服务器，并且把它配置为一个适合于 RHEL 7 安装的文件服务器。需要准备一个 RHEL 7 DVD 副本或者 ISO 格式的相关文件。本练习的操作步骤包括创建合适的目录、复制安装文件、设置一个适合的 SELinux 上下文、打开现有防火墙中的 80 端口以及重新启动 Apache 服务。这些都是基本步骤，Apache 配置的详细过程将在第 14 章中讨论。

(1) 把 RHEL 7 DVD 挂载到一个空目录上。可以使用以下两个命令，第一个命令挂载一个实际的物理 CD 或 DVD，第二个命令挂载 ISO 文件：

```
# mount /dev/cdrom /media
# mount -o loop rhel-server-7.0-x86_64-dvd.iso /media
```

(2) 为安装文件创建一个适合的目录。由于 Apache Web 服务器文件的标准目录是/var/www/html，最简单的办法是用下面的命令在此目录下建立一个子目录：

```
# mkdir /var/www/html/inst
```

(3) 从挂载的 DVD 中将文件复制到新目录中：

```
# cp -a /media/. /var/www/html/inst/
```

(4) 使用 chcon 命令确保这些文件具有正确的 SELinux 安全上下文。命令中的-R 可以使用从复制的安装文件递归生成的修改。--reference=/var/www/html 开关选项应用来自此目录的默认 SELinux 上下文。

```
# chcon -R --reference=/var/www/html /var/www/html/inst
```

(5) 打开与 Apache Web 服务器相关的 80 端口。为此，在命令行中执行下面的命令。第 4 章和第 10 章将详细介绍如何配置防火墙。

```
# firewall-cmd --permanent --add-service=http
# firewall-cmd --reload
```

(6) 使用下面的命令，确保 Apache Web 服务器正在运行，且在系统引导时启动：

```
# systemctl restart httpd
# systemctl enable httpd
```

Apache Web 服务器现在可以作为文件服务器使用，该服务器共享 RHEL 7 DVD 的安装文件。为了验证，把浏览器指向此服务器的 IP 地址和 inst/子目录。如果 IP 地址为 192.168.122.1，则使用下面的导航地址：

```
http://192.168.122.1/inst
```

如果成功，则看到如图 1-16 所示的页面，里面有许多可以下载和单击的文件：

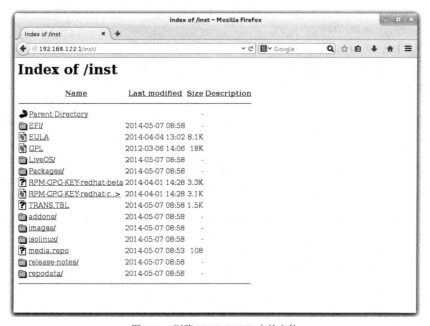

图 1-16　浏览 RHEL 7 DVD 中的文件

1.7.4　通过 FTP 服务器共享复制文件

vsFTP 服务器的 Red Hat 实现中包含一个/var/ftp/pub 目录，用来保存发布文件。出于安装文件的考虑，我们可以创建/var/ftp/pub/inst 目录。为使系统与 SELinux 兼容，需要用一个命令修改这些文件的安全上下文。当启动或重新启动 vsFTP 服务器时，它就可以用作安装服务器。此过程在实验题 2 中有详细描述。假设系统已使用 RHSM 或者从重构发行版与远程库建立了正确的连接，则用下面的命令安装最新版本的 vsFTP：

```
# yum install vsftpd
```

如果安装成功，就会在/etc/vsftpd 目录中找到主要的 vsFTP 配置文件——vsftpd.conf，并在/var/ftp/pub 中找到主要数据目录。确保用下面的命令启动 vsFTP 服务：

```
# systemctl start vsftpd
```

因为现在 Web 浏览器可以访问 FTP 服务器，所以只要导航到 ftp://127.0.0.1/地址就可以验证本地系统上 FTP 服务器的默认配置。如果使用 Firefox Web 浏览器，则默认的结果如图 1-17所示。这里显示出的 pub/目录实质上就是/var/ftp/pub 目录。

注意 vsFTP 服务器的安全。单击窗口中的 Up To Higher Level Directory 超链接。当前目录不会改变。连接到此 FTP 服务器的用户无法看到上一级目录，即/var/ftp，更不能从上一级目录下载文件。

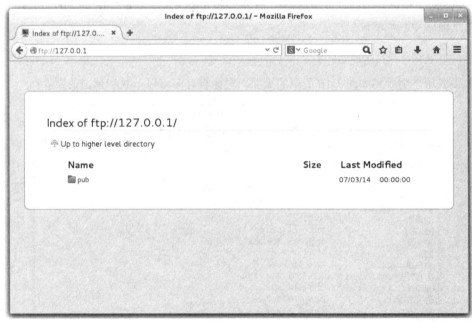

图 1-17　访问默认 FTP 服务器

要授权远程系统访问 FTP 服务，需要运行下面的命令：

```
# firewall-cmd --permanent --add-service=ftp
# firewall-cmd --reload
```

此外，还要确保 vsFTP 服务器在下次 RHEL 7 引导后自动启动。方法之一是使用下面的命令：

```
# systemctl enable vsftpd
```

vsFTP 后面的 d 表示 daemon。有关在引导过程中如何控制 vsFTP 等服务的更多内容可以阅读第 11 章。第 11 章虽然属于 RHCE 内容，但是应该不难记住这个 systemctl 命令。

1.8　认证小结

RHCSA 和 RHCE 考试并不是针对初学者。本章介绍安装一个基本的 RHEL 系统以及本书后面用到的程序包和设置。上述两门考试属于实践性的、动手性的考试。当考生坐下开始考试时，面对的是一个真实的 RHEL 系统，需要解决这个系统的一些问题以及配置这个系统。RHCSA 考试还包括了系统管理方面的技能。

RHEL 7 只支持 64 位系统。而且，RHCSA 考试要求把 RHEL 7 配置为一个虚拟主机。

订阅 RHSM 后，可以从相应的账户下载 RHEL 安装 ISO 文件。由于 RHEL 软件是在开源许可证协议下发布的，因此 CentOS 和 Scientific Linux 等第三方可以在没有使用 Red Hat 商标的情况下使用此开源代码。也可以使用这些重构版本为 RHCSA 和 RHCE 考试做准备。

为了练习本书后面几章学到的技术，最好建立 RHEL 7 的多个安装模式。为此，建议配置三类系统。虽然许多人在学习中不可能有多余的三台物理计算机，但是利用虚拟机可以在单个物理计算机上安装三个这样的系统。

即使对 Linux 的初学者而言，RHEL 7 的安装也相对比较简单，因此本章没有对每个细节都进行介绍。安装完成后，会启动 Intitial Setup 和 Firstboot 应用程序。取决于是否安装了 GUI，这会发生变化。

1.9　应试要点

下面是第 1 章与认证目标有关的几个重要知识点。

RHCSA 和 RHCE 考试

- RHCSA 是不同于 RHCE 的考试。
- Red Hat 考试都是动手操作型考试，其中没有多选题。
- 如果你正在准备 RHCSA 考试，重点是本书的第 1 章～第 9 章。如果要参加 RHCE 考试，则要掌握本书全部内容，但是重点是第 1 章和第 2 章以及第 10 章～第 17 章。

基本的硬件要求

- 虽然 RHEL 7 可以安装在各种不同的平台上，但是为了准备 Red Hat 考试，需要有 64 位 CPU 和支持硬件辅助虚拟技术的硬件系统。

- 安装 Red Hat RHEL 7 的硬件系统至少要有 1GB 内存。内存小于这个数量也是可以的，特别是在没有 GUI 功能的系统上。至少需要 512MB 内存才能启动 GUI 安装程序。

- RHEL 7 可以安装在本地计算机上，也可以安装在各种存储网络设备上。

获取 Red Hat 企业版 Linux

- Red Hat 考试都使用 Red Hat 企业版 Linux。

- 可以使用 RHEL 7 的生产和开发订阅。

- 自从 Red Hat 发布了 RHEL 7 的源代码后，第三方可以免费根据 Red Hat 开源代码生成自己的发行版(但不可以使用 Red Hat 商标)。

- 第三方重构的 RHEL 7 在功能上与 Red Hat 直接发行的 Red Hat 完全一样，只是无法访问 Red Hat Subscription Management。

- 比较著名的第三方重构版本有 CentOS 和 Scientific Linux。

安装要求

- Red Hat 宣布，试卷在预先安装好的系统中也以电子形式提供给考生。

- RHCSA 要求把一个物理主机配置为一个虚拟主机。

- RHEL 7 最基本的虚拟机解决方案是 KVM。

- 为了模拟网络通信，有必要建立多个虚拟机。

安装选项

- 可以通过多种引导媒介启动安装过程。

- RHEL 7 可以从 DVD、本地硬盘、NFS 目录、Apache Web 服务器或 FTP 服务器启动安装过程。

- RHEL 7 必须安装在单独一个卷上，此卷至少要有一个顶级 root 目录(/)、/boot 目录和 Linux 交换空间。

- RHEL 7 包含了各种类型的安装程序包组。

系统设置选项

- 安装后的第一个步骤涉及 Initial Setup 和 Firstboot 应用程序。

- 默认时，Linux 启用 SELinux 和基于区域的防火墙。

配置默认的文件共享服务

- 尽管 RHCSA 考试目标没有严格要求，但是部署 HTTP 和 FTP 服务器以练习通过网络安装 RHEL 是很方便的。

- 与 HTTP/FTP 协议相关的默认服务是 Apache Web 服务器和 vsFTP 服务器。

- 部署默认 HTTP 或 FTP 服务器的方法之一是用 RHEL DVD 上的安装文件进行配置。

1.10　自测题

下面的题目有助于更好地理解本章的内容。由于 Red Hat 考试不设选择题，因此本书也不提供选择题，这些题目只用来测试你对本章的理解。本章介绍的内容只是"先决条件"，也可以使用其他方法。Red Hat 考试注重于结果的推导过程，而不是死记一些无关紧要的内容。

RHCSA 和 RHCE 考试

1. RHCE 考试有多少道选择题？RHCSA 考试呢？

基本的硬件要求

2. 假设现有基于 Intel 的 PC 机，RHEL 7 默认使用哪种虚拟技术？

3. 哪种 Intel/AMD CPU 体系结构可在 RHEL 7 上使用？

获得 Red Hat 企业版 Linux

4. 说出一个基于 RHEL 7 开源代码的第三方 Linux 重构版本的名字。

安装要求

5. 在 RHCSA 和 RHCE 考试中安装操作的考试时间为多少？

安装选项

6. 列出两个不同安装模式的媒介，它们都可以引导 RHEL 7 的安装程序。

7. 说出在 RHEL 7 安装过程中可被设置和格式化以存储数据的三类卷。

8. 假如你已把 RHEL 7 DVD 挂载到/media 目录上。在这个 DVD 中有 XML 文件，此文件包含程序包和程序包组。在哪个目录中可以找到这个 XML 文件？

系统设置选项

9. 在 Initial Setup 屏幕后会启动哪个应用程序？

10. 哪个服务可以通过默认的防火墙？

配置默认的文件共享服务

11. 哪个标准目录作为 vsFTP 服务器的 RHEL 7 实现的文件共享目录？

12. 在 Apache Web 服务器中，HTML 文件保存在哪个标准目录中？

1.11　实验题

第一个实验题很基本，目的是促使你从网络和网络连接的角度思考问题。第二个实验题帮助你配置一个安装服务器。第三个实验题启发你分析 Linux Professional Institute 对系统管理各个方面的要求。

实验题 1

在这个实验题中，你将为完成本书剩余章节中的实验题所需的系统规划网络配置。要把三台计算机配置成 RHEL 7 系统。其中两个配置在同一个域中，即 example.com，这两个计算机的主机名字分别为 server1 和 tester1。第三个计算机配置在第二个域(example.org)中，它的主机名字为 outsider1。

如果把这些系统配置为 KVM 虚拟主机的客户机，IP 转发功能使这些系统可以相互通信，尽管它们处在不同的网络上。或者，可以在 example.com 域中的一个计算机，即 server1 上配置两个网卡。本实验题的重点是 IPv4 寻址。

- example.com 域中的系统将在 192.168.122.0/24 网络上配置。
- example.org 域中的系统将在 192.168.100.0/24 网络上配置。

理想的情形是把 server1.example.com 系统设置为带 GUI 的服务器。本章介绍的基本操作指令也足够了，它们将在系统安装完成后指导你安装和配置服务。它将是本书实践操作的主要系统。第 2 章将介绍在此系统上安装 RHEL 7，在其他章中及本书末尾的示例考试中也将克隆该系统。

tester1.example.com 是一个只能通过 SSH 服务进行远程访问的系统。有时非认证考试所必需的服务配置在物理主机或 outsider1.example.org 网络上。通过它来测试认证考试所需要的客户机。

实验题 2

此实验题假设你已下载了基于 RHEL DVD 的 RHEL 7 ISO 文件，或者 CentOS 或 Scientific Linux 等重构版本。基于 DVD 的 ISO 文件十分重要，因为它有两个目的。它将成为本章前面介绍过的安装程序库或第 7 章配置的安装程序包。本实验题只包括在 vsFTP 服务器上配置上述文件所需要的命令。

虽然，Red Hat 考试要在一个预安装好的系统上完成，但是相关的要求建议考生能够通过网络安装系统，也能够配置 Kickstart 安装。在考试过程中不能访问 Internet，所以也就无法访问 Red Hat Subscription Management 或任何其他的 Internet 程序库。

1. 为安装文件创建一个目录。用下面的命令创建/var/ftp/pub/inst 目录(如果操作错误，则 vsFTP 不能正确安装)。

```
# mkdir /var/ftp/pub/inst
```

2. 把 RHEL 7 安装 DVD 盘插入驱动器。如果驱动器不能自动挂载，则先用 mount /dev/cdrom/media 命令挂载驱动器(如果只有 ISO 文件且包含在 Downloads/子目录中，则要把上面的命令改为 mount -ro loop Downloads/*rhel*.iso* /media)。

3. 复制 RHEL 7 安装 DVD 中所需要的文件。用 cp -a /*source*/. /var/ftp/pub/inst 命令，其中 source 是挂载点目录(如/media/)。

4. 确保可以自由访问自己的 vsFTP 服务器。用诸如 firewall-cmd 的配置工具为 FTP 服务打开本地系统上的端口，如下面的命令所示。有关防火墙和 SELinux 更多的信息阅读第 4 章。

```
# firewall-cmd --permanent --add-service=ftp
# firewall-cmd --reload
```

5. 如果本地系统已启动了 SELinux，则执行下面的命令把适当的 SELinux 安全上下文应用于新目录上的文件。

```
# chcon -R -t public_content_t /var/ftp/
```

6. 现在用下面的命令激活 FTP 服务器:

```
# systemctl restart vsftpd
# systemctl enable vsftpd
```

7. 测试结果。在一个远程系统上，应该能用 Firefox 浏览器和本地 FTP 服务器的 IP 地址连接到本地 FTP 服务器上。一旦建立连接，可以在 pub/inst/子目录中找到安装文件。

实验题 3

Red Hat 考试是一个挑战。在这个实验题中，要求考生从稍有不同的方面来分析 Red Hat 考试的先决条件。如果考生对此考试还举棋不定的话，则 Linux Professional Institute 有一级考试，这个考试可以详细测试考生的基本技能。此外，一级考试还包括许多与准备 Red Hat 认证考试有关的命令。

为此,先分析有关考试 101 和考试 102 的详细目标。访问 www.lpi.org 网站可以了解这些目标。如果对这些考试目标中列出的大多数文件、术语和实用工具比较有把握,则可以准备开始学习 Red Hat 考试的内容。

1.12　自测题答案

RHCSA 和 RHCE 考试

1. 任何 Red Hat 考试都没有多选题。考试中有多选题几乎是十年前的事。现在,Red Hat 考试都是测试考生的操作能力。

基本的硬件要求

2. RHEL 7 的默认虚拟技术是 KVM。虽然现在有许多很不错的虚拟技术,但是 KVM 是 RHEL 7 支持的默认选项。

3. 要安装 RHEL 7,需要一个带有一个或多个 64 位 CPU 的系统。

获得 Red Hat 企业版 Linux

4. 由 RHEL 7 的源代码生成了几种不同的重构版,其中最常用的是 CentOS、Oracle Linux 和 Scientific Linux。可能还有其他的版本。

安装要求

5. 此题目没有正确答案。虽然 Red Hat 考试现在是在预安装的系统上进行的,但是我们也可能需要在现有的 RHEL 7 安装系统中的一个虚拟机上安装一个 RHEL 7。

安装选项

6. 为了安装 RHEL 7,可以使用的引导媒介有 CD、DVD 和 U 盘。

7. 在安装过程中,考生可以配置和格式化普通的分区、RAID 阵列和逻辑卷以存储数据。

8. 在指定条件下,考生在/media/repodata 目录中找到这个指定的 XML 文件。

系统设置选项

9. 在 Initial Setup 屏幕后将启动 Firstboot。

10. RHEL 7 默认的防火墙允许访问安全 Shell 服务,即 SSH 服务。

配置默认的文件共享服务

11. 若 RHEL 7 实现了 vsFTP 服务器,则此服务的默认文件共享目录是/var/ftp/pub。

12. 若 RHEL 7 实现了 Apache Web 服务器,则保存 HTML 文件的标准目录是/var/www/html。

1.13　实验题答案

实验题 1

在配置一个连接到 Internet 的网络时，考生希望它能够访问 Internet 上的一些系统，同时拒绝这些系统访问其他一些系统。为此，此实验题提供一个系统框架，考生可以用该系统框架准备 RHCSA/RHCE 考试。

由于 RHCSA 考试在许多方面相当于配置一个工作站的练习，因此为准备考试配置一个网络并非十分必要。但是，RHCSA 考试包含了与服务器有关的内容，如 NFS 客户端的配置，因此参加 RHCSA 考试的考生不可以完全忽略网络内容。

随着虚拟机的发展，硬件的成本不再成为在家准备 Red Hat 考试的用户的障碍。RHCSA 要求考生能够配置虚拟机，因此即使能够使用物理硬件，也应该练习虚拟机的配置。

虽然动态 IPv4 地址用在大多数工作站上，但是在许多情形下，如 DNS、FTP、Web 和 email 服务，静态的 IPv4 地址可能更合适。

三系统是我们的最低要求，因为与防火墙有关的规则通常不能应用于本地系统上，你需要能够从允许和被拒绝的客户端来测试服务。第二个系统是一个远程客户端，它可以访问本地服务器的服务，第三个系统是远程客户端，它不能访问本地服务器。

当然，真实的网络远比这复杂。你完全可以创建一个连接更多系统的网络。

在第 2 章中，当在基于 KVM 的虚拟机上安装了 RHEL 7 后，就希望以此系统为基线克隆出其他系统。事实上，许多企业正是这样做的。有了虚拟机技术，我们可以让一个或多个 RHEL 7 系统专用于某个特定的服务，如 Apache Web 服务器。

实验题 2

在 Red Hat 考试期间，考生不能访问 Internet，但许多安装模式和更新需要访问 Internet 以从 Internet 上下载安装软件包。

当你配置来自远程系统上的 RHEL 7 DVD 安装盘上的文件时，其效果相当于配置另一个安装程序包。此外这些文件支持网络安装，这属于 RHCSA 考试要求。

相关操作步骤与 vsFTP 服务器(受 SELinux 保护)的配置有关。不要害怕 SELinux。然而，正如本实验题所显示的那样，vsFTP 服务器的配置非常简单。虽然 SELinux 的使用似乎使 RHCSA 考生望而却步，但是它是必考内容。本操作中介绍的命令说明了在 vsFTP 服务器上应用 SELinux 功能。第 4 章将讨论如何在其他很多情形下使用 SELinux。

实验题 3

本实验题初看起来非常怪，因为它涉及 Linux 另一个认证的要求。然而，许多 Linux 管理员非常重视 Linux Professional Institute(LPI)的考试。LPI 颁发许多很好的证书。许多 Linux 管理员努力准备 LPIC Level 1(一级)考试，并且通过了考试。通过了 LPIC 101 和 102 考试为参加 RHCSA 和 RHCE 考试建立扎实的基础。

如果你为了在 Linux 方面有一个比较好的基础，可以参阅本章开头介绍的参考书。

　　Red Hat 考试是一个巨大的挑战。RHCSA 和 RHCE 考试的某些要求看似令人生畏。在目前这个时候,你可能无法理解某些内容,这是可以理解的,这也正是你学习本书的目的。然而,如果对 ls、cd 和 cp 等基本的命令行工具感到力不从心,则你需要先掌握好 Linux 的基本操作。但是许多考生通过自学和实践操作都能顺利跨越这个障碍。

第 2 章

虚拟机与自动安装

虚拟机的管理和 Kickstart 安装属于 RHCSA 考试要求范围之内，即要求考生通过网络、用手工方法或者借助于 Kickstart 方法在虚拟机上安装 RHEL 7。

第 1 章已讨论了安装过程的基本步骤。这一章假设你在安装过程中同时创建了一个虚拟客户端，但是可能需要在安装结束后安装和配置 KVM。

Kickstart 方法是属于 Red Hat 系统的自动安装模式。它从一个文本文件开始读取安装指令。此文件提供了 RHEL 7 安装程序的响应内容。有了这些响应内容，RHEL 7 安装程序就可以自动执行，不需要用户介入。

当用于测试、学习或服务的系统安装完成后，就可以对它们进行远程管理。掌握 SSH 连接技术不仅是 RHCSA 考试的一个基本要求，也是实际工作中的一项卓越技术。本书引用的菜单选项都来自 GNOME 桌面工作环境。如果使用其他桌面环境，如 KDE 桌面，则步骤可能会稍有不同。

认证目标 2.01　配置 Red Hat KVM

在第 1 章中，我们使用了安装 VM 所需要的软件包配置了物理的 64 位 RHEL 7 系统。如果其他都失败，则此配置步骤可以帮助你创建 RHEL 7 的多个安装模式。但是如果 RHEL 安装系统没有所需要的程序包，那该怎么办呢？

有了正确的程序包，就可以建立 KVM 模块、访问虚拟机配置命令，并且可以为一组虚拟机创建详细的配置命令。本节介绍的一些命令在某种程度是后面几章内容的预览。例如，与更新有关的工具将在第 7 章介绍。但是首先必须讨论这样一个问题：既然真实的物理硬件系统触手可得，为什么很多人还想使用虚拟机。

考试内幕

管理虚拟机

RHCSA 考试认证目标要求考生掌握以下内容：
- 访问虚拟机的控制台。
- 启动和退出虚拟机。
- 将系统配置为在系统引导时启动虚拟机。
- 安装 Red Hat 企业版 Linux 系统作为虚拟客户机。

有充足的理由认为讨论中的虚拟机采用了 Red Hat 默认的虚拟机解决方案，即 KVM 解决方案。虽然在第 1 章中已经在 64 位系统的 RHEL 7 安装过程中安装了此解决方案，但是考试可能会要求在真实系统上安装相关的程序包。此外，Red Hat 提供了一个虚拟机管理器图形控制台用来管理虚拟机。当然，这个虚拟机管理器工具是 libvirt 库提供的管理 API 的一个前端。它也可以用来安装和配置系统，使得系统在引导过程中可以自动启动。

虽然在第 1 章曾提到，Red Hat 博客指出考生将在预安装系统上进行考试，但是并没有把虚拟机的安装操作排除在考试之外。因此在本章中要学习如何在 KVM 上建立 RHEL 7 的安装模式。

Kickstart 安装方法

RHCSA 认证目标要求考生掌握:

● 用 Kickstart 方法自动安装 Red Hat 企业版 Linux。

为此,每个 RHEL 安装模式都包含一个 Kickstart 文件示例,该文件是以给定的安装模式为基础的。本章将学习如何用这个文件自动完成安装。这比我们想象的要难一些,因为首先要修改 Kickstart 样本文件,暂时不考虑不同系统的独特配置参数。但是系统配置后,就以此 Kickstart 文件为基线,根据需要生成任意多个 RHEL 安装系统。

访问远程系统和安全传输文件

RHCSA 认证目标要求考生掌握以下内容:

● 用 SSH 访问远程系统。

● 在系统间安全传输文件。

如果系统管理员都要亲自跑到他们所管理的每个系统那里,则他们的大部分时间都要浪费在从这个系统到另一个系统的路上。有了安全 Shell(Secure Shell, SSH)这样的工具,系统管理员可以远程执行管理操作和安全地传输文件。虽然 SSH 是 RHEL 7 标准配置中自动安装的,但是本章后面也会介绍自定义配置选项,如基于密钥的身份验证。

2.1.1 选择虚拟机的理由

好像每个人都想进入虚拟机这个世界。是的,他们应该进入这个虚拟机世界。过去,许多企业都要为每个服务分配一个不同的专用物理系统。实际上,为了保证系统的可靠性,企业可能为每个服务分配两个或两个以上的系统。当然,也可以在单个系统上配置多个服务。事实上,在 Red Hat 考试中就是这么做的。但是在关注系统安全的企业中,为降低风险,系统常常专门用于单个服务。

如果系统经过正确配置,则每个服务都能配置在其专用的虚拟机上。可在一个本地的物理计算机上安装 10 个虚拟机。由于不同的服务通常在不同的时刻使用内存和 CPU 周期,因此超额分配本地物理系统上的内存和 CPU 资源是一个合理的想法。例如,在一个内存为 256GB 的系统中,经常可以给此系统的 20 个虚拟机各分配 16GB 的内存。

实际上,系统管理员可能用两个物理系统代替老式网络上的 20 个物理系统。这 20 个虚拟机将安装到一个共享存储卷上,使用集群文件系统(如 GFS2)进行格式化,并挂载到每个物理系统上。当然,这两个物理系统需要功能强大的硬件系统的支持,但是其节省的费用是相当可观的。不仅节省了硬件成本,也节省了附加设备费用、能源消耗和其他费用。

2.1.2 假设必须安装 KVM

如果你需要在 RHEL 7 上安装任何类型的软件,则 GNOME Software 工具可以大显身手。先以普通用户登录到 GUI 环境。为了从 GUI 环境打开这个工具,单击 Applications | System Tools | Software。只要已经与 RHN 网络或第三方重构发行版的程序库建立了正确的连接,就需要花一些时间进行搜索。在左侧窗格中单击 Virtualization 旁边的箭头,就会出现 4 个虚拟程序包组。单击 Virtualization Hypervisor 程序包组并选择这个组中的第一个程序包,将显示如图 2-1 所示的屏幕。

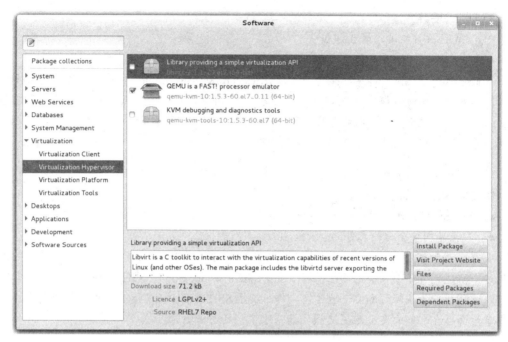

图 2-1　添加/删除软件工具

要安装 KVM 程序，你要做的只是从 Virtualization Hypervisor、Virtualization Client、Virtualization Platform 等程序包组中选择合适的程序包，如果不记得如表 2-1 所示的列表，就选择所有虚拟程序包的最新版本即可。

表 2-1　与虚拟化相关的程序包

程　序　包	说　　明
qemu-kvm	主要的 KVM 程序包
libvirt	用于管理超级监视程序的 libvirtd 服务
libvirt-client	用于管理虚拟机的 virsh 命令和客户端 API
virt-install	创建虚拟机所需要的命令行工具
virt-manager	GUI 虚拟机管理工具
virt-top	虚拟机统计命令
virt-viewer	用于连接到虚拟机的图形控制台

这里仅列出了 7 个程序包。当然，在大多数配置中还需要依赖于其他相关的程序包。但是，在物理 RHEL 7 系统上配置虚拟机，真正需要的就是这 7 个程序包。虽然 Virtualization Tools 组没有任何强制安装的程序包，但是它包含的软件在实际工作中可能非常有用，例如用于读取和管理虚拟机磁盘映像的工具。如果想要显示虚拟机磁盘的内容或者在超级监视程序主机上管理虚拟机分区和文件系统，需要使用 libguestsfs-tools 程序包。

用 GNOME Software 工具安装软件十分容易，只需要选取(或取消)需要的程序包并单击 Apply 按钮。如果还需要安装它们相关的程序包，则出现一个完整列表，列出这些程序包，让用户选择。当然，在命令行接口要用 yum install *packagename* 命令一次安装一个程序包。另一种方法是安装 Virtualization Host 和 Virtualization Client 程序包组，如下所示：

```
# yum group install "Virtualization Host" "Virtualization Client"
```

第 7 章将详细介绍 yum 和程序包组。

2.1.3　选择正确的 KVM 模块

大多数情况下，只要选择了正确的程序包即可。系统会自动加载合适的内核模块。在 KVM 工作之前，必须加载相关的内核模块。因此要运行以下命令：

```
# lsmod | grep kvm
```

如果 KVM 模块正确载入，则会看到如下两组模块：

```
kvm_intel   138567  0
kvm         441119  1 kvm_intel
```

或

```
kvm_amd     59887   0
kvm         261575  1 kvm_amd
```

从模块的名字可以知道，输出结果取决于 CPU 制造商。如果没有看到这个输出信息，则首先要保证已经选择了正确的硬件。第 1 章中曾指出，在/proc/cpuinfo 文件中必须有 svm 或 vmx 标志。否则，需要对系统的 BIOS 或 UEFI 菜单进行额外的配置。有些菜单包含了与硬件虚拟技术有关的具体选项，应该启动这些选项。

如果/proc/cpuinfo 文件有前面提到的两个标志中的一个，下一步的操作是载入可应用的模块。最简单的方法是使用 modprobe 命令，下面这个命令也会载入其他相关的模块。如果系统使用 AMD 处理器，则将 kvm_intel 替换为 kvm_amd：

```
# modprobe kvm_intel
```

2.1.4　配置虚拟机管理器

虚拟机管理器(Virtual Machine Manager)是 virt-manager 程序包的一部分。在 GUI 工具中，可以利用同名的一个命令启动这个程序。或者在 GNOME 桌面环境中，选择 Applications | System Tools | Virtual Machine Manager 菜单，这个命令会打开如图 2-2 所示的 Virtual Machine Manager 窗口。

需要时也可以远程配置和管理基于 KVM 的虚拟机。所需要的全部操作只是连接到远程的超级监视程序。为此，单击 File | Add Connection，打开 Add Connection 窗口，在这个窗口中选择：

- Linux 容器或超级监视程序(Hypervisor)，通常为 KVM 或 Xen(Xen 是 RHEL 5 的默认超级监视程序，但从 RHEL 6 起不再支持它)。
- 连接可以是本地的，也可以是使用 SSH 等连接方法的远程连接。

如果选择远程连接，需要提供远程系统的主机名或 IP 地址。

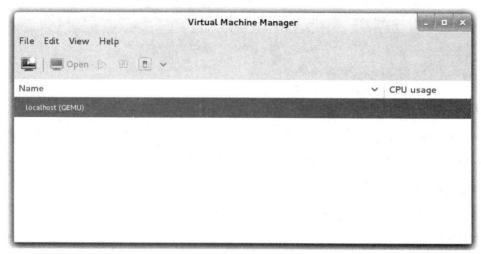

图 2-2　Virtual Machine Manager 窗口

2.1.5　用超级监视程序进行配置

每个超级监视程序都需要详细配置。右击本地主机(QEMU)超级监视程序，从弹出的菜单中选择 Details，它打开一个根据本地系统的主机命名的详细信息窗口，如图 2-3 所示。

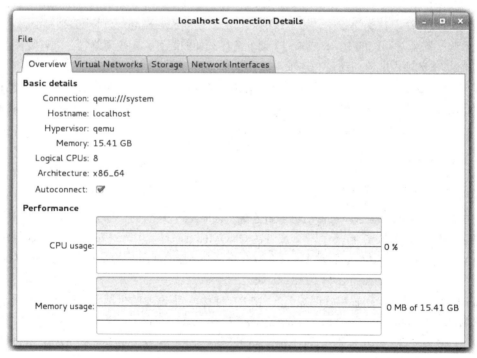

图 2-3　虚拟机主机详细信息

从表 2-2 可以看出，Overview 选项卡列出虚拟机配置的基本参数。下一节继续讨论当前超级监视程序的主机详细信息窗口。

表 2-2　虚拟机主机详细参数说明

参　　数	说　　明
Connection	超级监视程序的统一资源标识符(URI)
Hostname	虚拟机主机的主机名
Hypervisor	KVM 使用的 QEMU 程序
Memory	物理系统给虚拟机分配的内存大小
Logical CPUs	可用逻辑 CPU 数量，这是一个 4 核系统，启动了超线程，所以有 8 个逻辑 CPU
Architecture	CPU 的体系结构
Autoconnect	是否在引导过程中自动连接到超级监视程序

2.1.6　超级监视程序的虚拟网络

现在我们来分析在虚拟机管理器中为虚拟机配置的网络。在当前超级监视程序的主机详细信息窗口中，单击 Virtual Networks 标签，默认的虚拟网络如图 2-4 所示，它是用超级监视程序为虚拟机创建的标准网络。

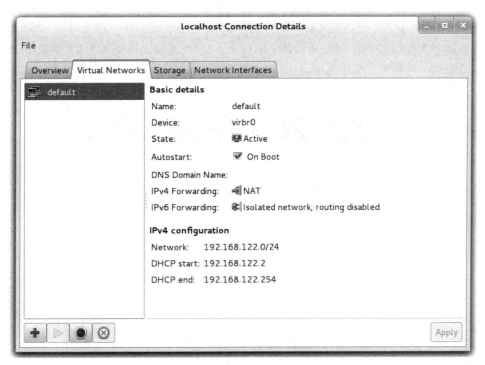

图 2-4　虚拟机主机详细信息

你会注意到，根据配置，这个给定的网络在虚拟机引导时会自动启动。因此，如果在虚拟机上配置了合适的虚拟网卡，并利用动态主机配置协议(DHCP)的一个客户端命令，就可以自动从给定的 IP 地址段中分配得到一个 IP 地址。从图中可以看到，当把流量转发给物理网卡时，这个给定的 IP 地址还可以用网络地址转换技术(Network Address Translation，NAT)进行转换。

利用图中左下角的按钮可以添加新的虚拟网络、启动或停止一个正在工作的虚拟网络以及删除这个网络。练习 2-1 要求建立第二个虚拟网络。

2.1.7　练习 2-1：创建第二个虚拟网络

本练习将利用 GUI 虚拟机管理器在标准 KVM 超级监视程序上创建第二个虚拟网络。这个练习需要将 RHEL 7 系统配置为虚拟主机，如本章前面所述。

(1) 如果详细信息窗口没有打开，则右击标准本地主机(QEMU)超级监视程序，在弹出的菜单中选择 Details。

(2) 在以本地系统名称表示的 Host Details 窗口中，选择 Virtual Networks 标签。

(3) 单击 Virtual Network 标签左下角的加号(+)按钮，打开 Create A New Virtual Network Wizard。

(4) 阅读操作指示，接下来要按照出现的指示进行操作。单击 Forward 继续。

(5) 给新的虚拟网络指定一个名字。本书使用 outsider 名字。单击 Forward 继续。

(6) 如果还没有输入 IP 地址，则在 Network 文本框中输入 192.168.100.0/24 IP 地址。系统会自动为其他网络信息计算正确记录，如图 2-5 所示。

实际经验

注意，要防止输入的 IP 地址与本地网络上的现有硬件(如路由器或无线接入点)的 IP 地址发生冲突。例如，如果电缆"调制解调器"在接口中使用 192.168.100.1 IP 地址，则超级监视程序序上使用的 192.168.100.0/24 网络地址就会使 Linux 主机无法访问这个电缆调制解调器。如果遇到这样的硬件，则要改变网络地址，如图 2-5 所示。

图 2-5　定义 IPv4 地址

(7) 现在可以在这个已配置的网络中选择可分配给 DHCP 客户端的 IP 地址段。按照第 1 章的表 1-2，我们为此网络上的 outsider1.example.org 系统分配了一个静态 IP 地址。只要前面提到的 192.168.100.100 这个 IP 地址在 DHCP 可分配的 IP 地址段之外，就不需要做任何改变。修改后单击 Forward 继续下一步。

(8) 作为可选项，可以定义一个 IPv6 地址段。IPv6 是 RHCE 考试的内容，第 12 章将进行介绍。单击 Forward 继续下一步。

(9) 现在，我们想要得到这样一个系统，它可以把网络流量转发给物理网络，因为这是此网络与其他虚拟网络(可能在其他虚拟主机上)上的系统进行通信的方法。目标可以是任何工作于 NAT 模式的物理设备，以便向远程主机隐藏这些系统。如果我们不把来自虚拟机的路由消息限制到某个特定物理网卡，则使用 Forwarding to Physical Network 下的默认设置就可以了。这些选项在本章后面讨论 Network Interfaces 标签时讨论。做适当的选择后单击 Forward 继续下一步操作。

(9) 检查所做配置的摘要。如果满意，单击 Finish 按钮。现在新建的虚拟机系统和网卡可以使用该 outsider 网络。

1. 超级监视程序的虚拟存储

现在来介绍为虚拟机管理器中的虚拟机配置的虚拟存储空间。在当前超级监视程序的主机详细信息窗口中单击 Storage 标签。在图 2-6 所示的默认文件系统目录中，把/var/lib/libvirt/images 目录配置为虚拟映像。这样的映像文件实质上是一个非常大的文件，它们从硬盘中保留了存储空间供虚拟机用。

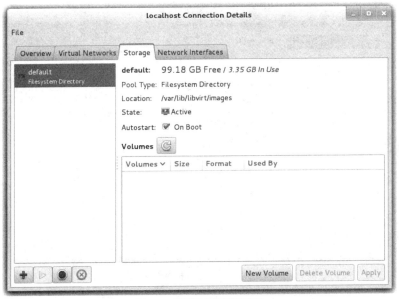

图 2-6　虚拟机存储详细信息

这些大型文件会很容易摧毁很多系统。控制这些文件的一个办法是给/var/lib/libvirt/images 目录分配一个专用的分区或逻辑卷。

由于我们已经把一个分区的绝大部分可用空间分配给/home 目录，因此选择在这个目录下创建一个专用存储区。例如，用户"michael"有一个/home/michael/KVM 目录，用来保存虚拟硬盘驱动器所需要用到的 VM 文件。

下面的命令首先要以普通用户的身份建立一个目录，然后以 root 用户身份登录到系统，给这个目录设置合适的 SELinux 安全上下文，再删除/var/lib/libvirt/images 目录，最后重建这个目录并连接到用户的目录上。

```
$ mkdir /home/michael/KVM
$ su - root
# semanage fcontext -a -t virt_image_t '/home/michael/KVM(/.*)?'
# restorecon /home/michael/KVM
# rmdir /var/lib/libvirt/images
# ln -s /home/michael/KVM /var/lib/libvirt/images
```

这样配置的一个优点是，保留了/var/lib/libvirt/images 目录的默认 SELinux 配置，这些配置参数是由/etc/selinux/targeted/contexts/files 目录中的 file_contexts 文件定义的。换言之，该配置在 SELinux 的 relabel 之后仍然有效。有关 SELinux 的重新标志(relabel)将在第 4 章介绍。

2. 超级监视程序的网络接口

现在分析在虚拟机管理器中为虚拟机配置的网络接口。在当前超级监视程序的主机详细信息窗口中，单击 Network Interfaces 标签。图 2-7 所示的网络接口设备仅指定了回环接口。如果系统上还安装了其他接口，如以太网适配器，也会看到这些接口。

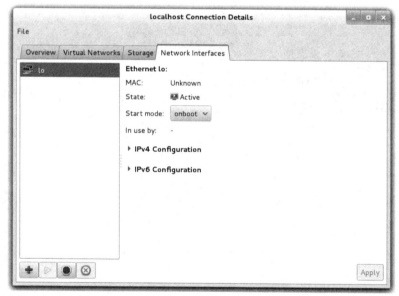

图 2-7 虚拟机网卡

如果本地系统通过一个标准以太网卡或无线适配器进行连接，则默认配置就足够了。一个正确配置的虚拟机即使考虑到第 1 章提到的防火墙、IP 地址转发选项，也应该能够访问外部网络。在 RHEL 7 中，每个虚拟网络都关联着一个虚拟开关，如 virbr0。当流量转发到物理主机之外时，虚拟开关默认在 NAT 模式下操作。

采用与 Virtual Network 和 Storage 标签相同的方法添加另一个网络接口,方法是单击 Network

Interface 标签左下角的加号按钮，打开 Configure Network Interfaces 窗口，这个窗口可用于配置 4 种不同类型的网络接口中的任何一个:

- **Bridge(桥接)**　把一个物理接口与一个虚拟接口绑定在一起。
- **Bond(绑定)**　连接两个或两个以上的网络接口，就像它们是一个接口一样。
- **Ethernet(以太网方式)**　配置一个接口。
- **VLAN**　配置一个接口，使其带有 IEEE 802.1Q VLAN 标记。

认证目标 2.02　在 KVM 上配置虚拟机

在 KVM 上配置一个虚拟机的过程非常简单，使用虚拟机管理器时更是如此。实质上，所要做的是右击 QEMU 超级监视程序，再选择 New，然后根据提示进行操作。但由于理解此过程的每个操作步骤非常必要，因此必须仔细阅读这个过程的每一步操作。新创建的虚拟机不仅可以在 GUI 工具中进行配置，也可在命令行接口中进行配置。与其他 Linux 服务一样，最终得到的虚拟机配置将存储为文本文件。

2.2.1　在 KVM 上配置虚拟机

按照本节的指示进行操作。打开 GUI 桌面中的虚拟机管理器，也可以从基于 GUI 的命令行中打开，即在命令行中执行 virt-manager 命令。如果出现提示，则输入 root 管理员口令。如果显示本地主机(QEMU)超级监视程序未连接，则右击本地主机(QEMU)超级监视程序并从弹出的菜单中选择 Connect。按下面的操作步骤建立一个虚拟机，并以第 1 章曾提到的 server1. example.com 作为它的域名。现在为新建一个虚拟机执行以下操作:

(1) 右击本地主机(QEMU)超级监视程序，在弹出的菜单中选择 New，打开一个 New VM 窗口，如图 2-8 所示。

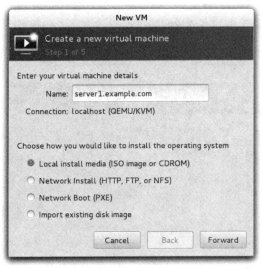

图 2-8　新建一个虚拟机

(2) 为这个新建的虚拟机输入一个名称，为配合本书后面的讨论，必须将这个虚拟机命名为 server1.example.com。

(3) 现在选择安装媒介是来自本地安装媒介(ISO 映像文件或 CD-ROM)还是来自网络安装服务器。此服务器必须是 HTTP、NFS 或 FTP 协议服务器。选择本地安装媒介,单击 Forward 继续(在实验题 1 中,将利用网络安装模式重新执行这个过程)。

(4) 如果可以使用本地 CD/DVD 驱动器,则 Use CDROM or DVD 这个选项处于可选状态,如图 2-9 所示。但是在本例中选择 Use ISO Image 并单击 Browse 按钮导航到 RHEL 7 DVD 所在的位置或网络引导 ISO 映像文件所在的位置。此外,还需要使用 OS Type 和 Version 下拉列表选择操作系统类型和版本,如图 2-9 所示。

图 2-9　虚拟机安装媒介选项

(5) 给新建的虚拟机分配内存大小和 CPU 数。要注意,本章和第 1 章说明了 RHEL 7 的最低要求。在图 2-10 中,用较小的字体说明系统可用的内存大小和 CPU 个数,选择合适的选项。单击 Forward 继续。

图 2-10　虚拟机的内存和 CPU 选项

(6) 现在为这个虚拟机设置硬盘驱动器,如图 2-11 所示。虽然可以在专用的物理卷中设置一个硬盘,但是标准的做法是将一个大文件创建为虚拟机硬盘驱动器。虽然这些文件的默认位置是/var/lib/libvirt/images/目录,但是正如本章前面曾提到的也可以是其他目录。在考试中,/var/lib/libvirt/images 目录空间很可能远超过实际需要。图 2-11 中的 Select managed or other existing storage(选择可管理存储空间或其他现有的存储空间)选项会在另一个预配置的硬盘池中创建一个虚拟驱动器。

图 2-11　建立一个虚拟硬盘驱动器

(7) 确保虚拟驱动器大小为 16GB,并且选择 Allocate entire disk now 选项,单击 Forward 继续。

(8) 在下一个窗口中确认前面所执行的全部选择。单击 Advanced Options 打开如图 2-12 的选项。

我们可能还需要选择可用的虚拟网络。如果完成了练习 2-1,则与 IP 子网 192.168.100.0/24 关联的"outsider"虚拟网络应该会出现在这个列表中。

(9) 系统创建这个虚拟机可能需要花一点时间,此过程包括分配一个大型文件作为虚拟机硬盘。当创建过程完成时,虚拟机管理器会自动在控制台窗口中从 RHEL 7 安装 DVD 启动这个新建的虚拟系统。

(10) 如果新创建的系统不能自动启动,则此虚拟机会出现在图 2-2 所示的虚拟机管理器的窗口中。现在可以选取这个新建的虚拟机(本例中它的名字是 server1.example. org),单击 Open。

(11) 现在继续在这个虚拟机中开始安装 RHEL 7,如第 1 章所述。

图 2-12   检查配置选项

(12) 如果重启虚拟机，则安装程序会"弹出"DVD。如果以后想要重新连接 DVD，需要单击 View | Details，然后选择 IDE CDROM1 选项，单击 Disconnect，再单击 Connect。在出现的 Choose Media 窗口中选择包含 DVD ISO 映像的文件，或者选择 CDROM 物理媒介。

(13) 在选择软件进行安装时，需要注意的是本系统是一个虚拟客户机，而不是第 1 章配置的虚拟主机，因此在安装过程中不需要添加任何虚拟程序包。选择 Server with GUI，不需要指定任何可选的增件，然后单击 Done。

(14) 当安装完成后，单击 Reboot。如果系统又要从 DVD 盘上启动，则需要交换 DVD 和硬盘的引导顺序。如果系统可以直接从硬盘引导，则安装过程结束。

(15) 如果系统要从 DVD 引导，则需要关闭此系统，为此要单击 Virtual Machine | Shut Down | Shut Down。

(16) 如果这是第一次执行这个命令序列，则虚拟机管理器会出现提示信息要求你确认，单击 Yes。

(17) 现在单击 View | Details 命令。

(18) 在左侧的窗格中选择 Boot Options(引导选项)，如图 2-13 所示。

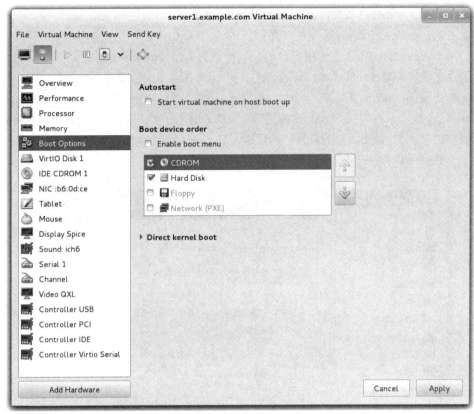

图 2-13　虚拟机的引导选项

(19) 改变引导顺序的另一个办法是高亮显示 CDROM，然后单击向下箭头按钮。单击 Apply，否则不会保存所做的修改。

(20) 单击 View | Console，再单击 Virtual Machine | Run，系统会自动引导到第 1 章曾介绍过的 Initial Setup 屏幕。

使用虚拟机的另一个理由是添加虚拟硬盘驱动器很容易。该过程因虚拟机方案的不同而异。在 RHEL 7 中，如果使用默认的虚拟机管理器和 KVM 解决方案，则单击 View | Details 命令并从出现的机器窗口中进行这个操作。在这个窗口中会看到 Add Hardware 选项。

考试提示

本节介绍的步骤说明了如何实现访问虚拟机控制台的 RHCSA 认证目标，也提出了一种可用于启动虚拟机和禁用虚拟机的方法。

2.2.2　练习 2-2：添加虚拟硬盘驱动器

本练习要在基于 KVM 的虚拟机上创建另一个虚拟硬盘驱动器。假设现有一个 KVM 虚拟机用于此目的，并使用了一个 GUI 虚拟机管理器。

(1) 打开虚拟机管理器。从 GUI 的命令行输入 virt-manager 命令。

(2) 如果出现提示窗口，就输入 root 管理员的口令并单击 Authenticate 按钮。

(3) 选择本地主机(QEMU)超级监视程序。如果还没连接，则右击它并从弹出的菜单中选择

Connect。这一步可能会自动操作。

(4) 右击一个现有的虚拟机，从弹出的菜单中单击 Open。

(5) 单击 View | Details，在出现窗口的左下角单击 Add Hardware。

(6) 在出现的 Add New Virtual Machine 窗口中，从左侧菜单中选择 Storage。

(7) 在出现的 Storage 窗口中，如图 2-14 所示，设置一个 1.0GB 的硬盘，选择 Allocate entire disk now 这个选项，再选择 Virtio 设备类型，为 Cache 模式选择默认值(设备类型也可以选择 SATA 或 IDE 磁盘)。做出必要的修改，然后单击 Forward 继续。

图 2-14　Storage 窗口细节

(8) 将出现一个所选择配置的窗口。如果符合要求，单击 Finish 将创建一个新的虚拟硬盘驱动器。

(9) 重复前面的步骤创建第二个 1.0GB 虚拟硬盘。

(10) 下次启动这个系统时，从 root 账户中执行 fdisk -l 命令，可以确认刚配置的虚拟硬盘设备。

2.2.3　KVM 配置文件

基于 KVM 的虚拟机通常配置在两个不同的目录中：/etc/libvirt 和/var/lib/libvirt。当一个 KVM 虚拟机配置好后，就会在/etc/libvirt/qemu 目录中生成 XML 格式的文件。例如，图 2-15 就是来自一个虚拟机的配置文件的一段内容，此虚拟机是用来准备本书内容的(server1.example. com.xml)。

```
<domain type='kvm'>
  <name>server1.example.com</name>
  <uuid>7782a007-60eb-4292-b731-8b2b60594933</uuid>
  <memory unit='KiB'>1048576</memory>
  <currentMemory unit='KiB'>1048576</currentMemory>
  <vcpu placement='static'>2</vcpu>
  <os>
    <type arch='x86_64' machine='pc-i440fx-rhel7.0.0'>hvm</type>
    <boot dev='hd'/>
    <bootmenu enable='no'/>
  </os>
  <features>
    <acpi/>
    <apic/>
    <pae/>
  </features>
  <clock offset='utc'/>
  <on_poweroff>destroy</on_poweroff>
  <on_reboot>restart</on_reboot>
  <on_crash>restart</on_crash>
  <devices>
    <emulator>/usr/libexec/qemu-kvm</emulator>
    <disk type='file' device='disk'>
      <driver name='qemu' type='raw' cache='none'/>
      <source file='/var/lib/libvirt/images/server1.example.com.img'/>
      <target dev='vda' bus='virtio'/>
      <address type='pci' domain='0x0000' bus='0x00' slot='0x06' function='0x0'/>
    </disk>
    <disk type='file' device='disk'>
      <driver name='qemu' type='raw' cache='none'/>
      <source file='/var/lib/libvirt/images/server1.example.com-1.img'/>
      <target dev='hda' bus='ide'/>
      <address type='drive' controller='0' bus='0' target='0' unit='0'/>
    </disk>
</devices>
```

图 2-15　KVM 虚拟机的配置文件内容

虚拟机的重要参数已经标注出来。例如，内存的大小用 KB(1KB=1024 字节)表示，分配了两个虚拟 CPU，KVM 是仿真器，硬盘可在/var/lib/libvirt/images 目录下的 server1.example.com.img 文件中找到等。

虽然可以直接对这个配置文件进行编辑，但是在用诸如 systemctl restart libvirtd 的命令重新启动 libvirtd 服务之前，对此文件所做的修改不会实现。

2.2.4　从命令行控制虚拟机

当然，命令行工具也可以用来创建、克隆、转换和安装 RHEL 7 上的虚拟机。为此要用到的关键命令有 virt-install、virsh 和 virt-clone。virsh 是一个非常有用的命令，可用来实现 RHCSA 两个不同的 RHCSA 目标。

1. virt-install 命令

使用虚拟机管理器可以执行本章前面介绍的操作。只需要使用 virt-install 命令。使用此命令时，加上--help 开关，可显示前述所有必要信息的选项。观察命令帮助屏幕，并与图 2-16 中的示例进行比较。

```
[root@Maui ~]# virt-install --name=tester1.example.com \
> --ram=1024 --vcpus=2 \
> --disk path=/var/lib/libvirt/images/tester1.example.com.img,size=16 \
> --graphics=spice \
> --location=ftp://192.168.122.1/pub/inst \
> --os-type=linux \
> --os-variant=rhel7

Starting install...
Retrieving file .treeinfo...                        | 4.2 kB    00:00 !!!
Retrieving file vmlinuz...                          | 9.3 MB    00:00 !!!
Retrieving file initrd.img...                       |  68 MB    00:00 !!!
Allocating 'tester1.example.com.img'                |  16 GB    00:00
Creating domain...                                  |   0 B     00:00
Domain installation still in progress. You can reconnect to
the console to complete the installation process.
```

图 2-16　用 virt-install 命令配置一个虚拟机

对于许多人来说，这比配置 GUI 虚拟机管理器要简单许多。图 2-16 末尾的消息(即从 Creating domain…开始的信息)启动一个控制台窗口，它显示这个给定安装程序的图形视图。如果收到 "cannot open display" 错误，确保使用 root 管理员账户打开了 GNOME 桌面会话。

考试提示

virt-install 命令是实现 RHCSA 认证目标，即 "把 Red Hat 企业版 Linux 系统安装成虚拟客户机" 的一个方法。

如果使用 virt-install 命令时出现错误，则按下 Ctrl+C 放弃安装。但是要注意，刚创建的虚拟机仍在运行。现在该虚拟机有一个配置文件和虚拟硬盘。如果对同一个虚拟机重新执行 virt-install 命令，则会出现一个错误信息。因此如果确实想使用同名的虚拟机，则必须执行以下步骤：

(1) 停止刚创建的虚拟机。对于如图 2-16 所示的 tester1.example.com 系统，则可以用下面的命令终止它的运行：

```
# virsh destroy tester1.example.com
```

(2) 删除 /etc/libvirt/qemu 目录中相关的 XML 配置文件，以及虚拟硬盘文件(通常在 /var/lib/libvirt/images 目录中创建)。但是，如果想要重用该文件，就不需要这么做。

```
# virsh undefine tester1.example.com --remove-all-storage
```

(3) 现在可在同名的虚拟机上执行 virt-install 命令。

2. virt-install 命令与 Kickstart 安装方法

对于本章后面将要介绍的 Kickstart 安装方法，可以使用 virt-install 命令引用一个 Kickstart 配置文件。为此需要先理解 virt-install 命令的几个重要的开关选项，如表 2-3 所示。

表 2-3　virt-install 命令的开关选项

开 关 选 项	说　　明
-n(--name)	给虚拟机设置一个名字
--vcpus	配置虚拟 CPU 数量

(续表)

开 关 选 项	说　　明
-r(--ram)	给虚拟机设置内存空间(单位为 MB)
--disk	定义虚拟硬盘，常与 path=/var/lib/libvirt/images/*virt*.img、size=*size_in_GB* 一起使用
-l(--location)	指定安装文件的目录或 URL 地址(与--location 等效)
--graphics	指定客户机的图形显示设置；有效的选项包括 vnc、spice 和 none
-x(--extra-args=)	包含额外的数据，如 Kickstart 文件的 URL 地址

例如，下面的 virt-install 命令从名为 ks1.cfg 的 Kickstart 文件自动安装得到一个名为 outsider.example.org 的系统。ks1.cfg 文件来自于给定 IP 地址的 FTP 服务器。新创建的系统需要 1GB 的内存和一个地址为 outsider1.example.org.img 的虚拟硬盘。

```
# virt-install -n outsider1.example.org -r 1024 --disk \
path=/var/lib/libvirt/images/outsider1.example.org.img,size=16 \
-l ftp://192.168.122.1/pub/inst \
-x ks=ftp://192.168.122.1/pub/ks1.cfg
```

这条命令包含许多开关选项。绝大多数这些开关选项的用法在 virt-install 命令 man 手册的例子中有详细说明。你可能会注意到另外几个开关选项，它们可能有用，但是在 RHEL 7 安装中不需要。但是，它们可用来查找某个给定的 Kickstart 文件。因此要记住这个额外参数的格式，它要用引号表示，如下：

```
--extra-args="ks=ftp://192.168.122.1/pub/ks1.cfg"
```

3. virsh 命令

virsh 命令启动现有 KVM 虚拟机的一个前端。当它单独使用时，它会把普通的命令行格式转换为以下提示符的格式：

```
virsh #
```

在这个提示符后输入 help 命令，它显示几个命令的用法，其中一部分命令如表 2-4 所示。并非所有 help 命令的输出结果在 KVM 中都有效。那些可用的 virsh 命令都能直接在 bash shell 提示符后运行。例如，virsh list --all 命令列出全部配置好的虚拟机，不管它们当前是否正在运行。在 KVM 环境中，在虚拟机上运行的操作系统的实例是一个域。域名由不同的 virsh 命令使用。

表 2-4　在 virsh 提示符后可以执行的命令

virsh 命令	说　　明
autostart<domain>	在主机系统的引导过程中启动一个域
capabilities	列出本地超级监视程序的全部功能
edit<domain>	编辑这个域的 XML 格式的配置文件
list --all	列出全部域
start <somain>	启动给定的域
shutdown <domain>	"优雅"地关闭给定的域

我们在自己的系统上执行 virsh --list all 命令，　以下是该命令的执行结果：

```
Id Name                    State
----------------------------------
 - server1.example.com  shut off
 - tester1.example.com  shut off
```

掌握 virsh 命令的正确用法可以实现 RHCSA 的两个认证目标。第一，下面的命令启动前面提到的 server1.example.com 系统：

```
# virsh start server1.example.com
```

virsh shutdown 命令优雅地关闭操作系统和虚拟机：

```
# virsh shutdown server1.example.com
```

要立即关闭虚拟机，需要运行一个更加严厉的命令：

```
# virsh destroy server1.example.com
```

virsh destroy 命令开关选项在功能上等效于拔掉物理系统的电源线。由于这个操作可能会产生不同的问题，因此终止一个虚拟机运行的最好办法是在虚拟机内使用 poweroff 命令。

考试提示

为启动和关闭一个虚拟机，可以使用 virsh start *vmname* 和 virsh destroy *vmname* 这两个命令，命令中的 *vmname* 表示虚拟机的域名，这个域名可从 virsh list --all 命令的输出结果看出。

即使在最安全的系统中，电源故障也时有发生。内核更新需要系统重新启动。这时在虚拟主机的启动过程中虚拟机能够自动启动是非常有用的。

此外，virsh 命令是确保一个虚拟机在下次系统引导时自动启动最简单的方法。例如，下面的命令保证在主机系统引导过程中启动前面提到的 tester1.example.com 系统。

```
# virsh autostart tester1.example.com
```

当主机系统和虚拟机系统的引导过程都完成后，可以用 ssh 命令正常连接到虚拟机系统。但在物理主机的 GUI 中，仍要启动虚拟机管理器，并连接到相应的超级监视程序，才可以连接到 tester1.example.com 系统的虚拟终端。

此命令在/etc/libvirt/qemu/autostart 目录下建立一个软链接文件。要反向此过程，需要执行下面的命令：

```
# virsh autostart --disable tester1.example.com
```

或者从这个目录中删除根据目标虚拟机命名的软链接文件。

考试提示

要将虚拟机配置为在系统引导时自动启动，可以运行 virsh autostart *vmname* 命令，命令中的 *vmname* 表示虚拟机的域名，这个域名可从 virsh list --all 命令的输出结果看出。

4. virt-clone 命令

virt-clone 命令可以克隆一个现有的虚拟机系统。在开始克隆操作之前，必须先关闭需要克隆的系统。它的用法非常简单。图 2-17 是一个示例，它从 server1.example.com 系统克隆得到 tester1.example.com 系统。

```
[root@Maui ~]# virt-clone --original=server1.example.com \
> --name=tester1.example.com \
> --file=/var/lib/libvirt/images/tester1.example.com.img \
> --file=/var/lib/libvirt/images/tester1.example.com-1.img \
> --file=/var/lib/libvirt/images/tester1.example.com-2.img
Allocating 'tester1.example.com.img'                    |  16 GB      00:46
Allocating 'tester1.example.com-1.img'                  | 1.0 GB      00:00
Allocating 'tester1.example.com-2.img'                  | 1.0 GB      00:00

Clone 'tester1.example.com' created successfully.
[root@Maui ~]#
```

图 2-17　克隆一个虚拟机

注意，对于想要克隆的原始虚拟机的每个虚拟硬盘，必须使用--file 开关选项指定其路径。在这里，因为我们在练习 2-2 中新添加了两个虚拟硬盘，server1.example.com 有 3 个虚拟硬盘。

克隆过程一旦完成，不仅会在指定的目录中找到前面提到的硬盘驱动映像文件，还会在 /etc/libvirt/qemu 目录中找到此虚拟机的一个新的 XML 格式的配置文件。

首次引导一个克隆得到的虚拟机时，最好将其引导到一个急救目标。急救目标不会启动大部分服务，甚至不会启动网络连接(更多信息请参见第 5 章)。此时，可以修改任何给定的网络配置参数，如主机名和 IP 地址，然后在生产网络上启动该克隆得到的虚拟机。此外，需要确保相关网卡的硬件(MAC)地址与源客户机的硬件地址不同，这样可以避免与原来的网卡产生冲突。

虽然用这种方法克隆一个或两个虚拟机并不难，但是想象一下克隆几十个虚拟机，而它们后来都需要配置为不同服务的情况。此时如果有更多的自动操作，则过程会更加简单。为此，Red Hat 提供了一个名为 Kickstart 的系统。

认证目标 2.03　自动安装选项

Kickstart 是 Red Hat 为自动安装 RHEL 提供的一个解决方案。我们把安装过程中每一步执行的操作视为一个问题。有了 Kickstart，就可以用一个文本文件自动得到这些问题的回答。此外还可以很快地设置相同的系统。因此，Kickstart 文件可以用于 Linux 系统的快速部署和发布。

此外，安装过程正好是一个更好学习 RHEL 7 的机会，不仅学习有关引导媒介的知识，还可以学习在安装完成后有关分区、逻辑卷的配置。由于虚拟机的出现，在 Kickstart 的帮助下，在一个新建的虚拟机上实现自动安装不再是一件难事。

本节所提到的步骤假定能够连接到一个 FTP 服务器，该服务器上保存了在第 1 章的实验题 2 中创建和配置的 RHEL 7 安装文件。

2.3.1　Kickstart 的概念

在执行 Kickstart 安装时，遇到的一个问题是，它并没有包含基本安装完成后的用户自定义设置。尽管可以把这些参数包括在安装后的脚本中，但是这已超出 RHCSA 考试的范围。

有两个方法可以创建所需要的 Kickstart 配置文件：

- 从 root 用户的主目录/root 下的 anaconda-ks.cfg 文件开始。
- 利用 system-config-kickstart 命令启动图形模式的 Kickstart Configurator(Kickstart 配置程序)。

第一个方法允许我们使用由 Anaconda 为本地系统创建的 Kickstart 模板文件，即保存在/root 目录中的 anaconda-ks.cfg。第二个方法(即 Kickstart Configurator)将在本章后面详细讨论。

为不同系统定制 anaconda-ks.cfg 文件相对比较容易。后面我们就要介绍如何为不同的硬盘空间大小、主机名字和 IP 地址以及其他参数定制这个文件的内容。

考试提示

最好的办法是经常浏览 https://bugzilla.redhat.com 上的内容，及时了解这些关键程序存在的 bug，这对于 Kickstart 尤为重要。例如，bug 1121008 说明在 Anaconda 19.31.83-1 之前，基于 NFS 的 Kickstart 安装在使用自定义挂载选项时存在很多问题。

2.3.2　设置对 Kickstart 的本地访问

当 Kickstart 文件配置好后，我们就可以把它安装在 USB Key、CD、空闲的分区甚至软盘等本地媒介上(不要笑，许多虚拟机系统(包括 KVM)使虚拟软盘驱动器的使用更容易)。为此按照下面的基本步骤进行操作：

(1) 根据需要配置并编辑 anaconda-ks.cfg 文件，稍后将详细介绍这步操作。

(2) 挂载用到的本地媒介。你可能需要以 root 用户的身份运行 fdisk－1 命令以识别正确的设备文件。如果驱动器不能自动挂载，可以用 **mount/dev/sdb1 /mnt** 命令挂载驱动器。

(3) 把 Kickstart 文件复制到刚挂载的本地媒介上，并命名为 ks.cfg(其他名字也可以，ks.cfg 只是 Red Hat 文档中最常用的一个文件名)。

(4) 确保 ks.cfg 文件对所有用户至少拥有读权限。如果 SELinux 在本地系统中已启动，则安全上下文通常与同一目录中的其他文件相匹配。更多信息请参阅第 4 章。

注意，在 FTP 服务器上一个 Kickstart 配置文件可能存在安全上的风险。它就像是一个系统的 DNA。如果黑帽黑客得到这个文件，他就可以用该文件建立这个系统的副本，研究如何闯入这个系统并且修改这个系统的数据。由于此文件通常包含 root 系统管理员口令，因此在系统第一次启动时需要修改这个口令。

实际经验

使用 Kickstart 配置文件时必须格外小心。除非 root 用户直接登录被禁用，否则此文件肯定包含 root 管理员的口令。即使此口令已加密，黑帽黑客用合适的工具和这个 Kickstart 配置文件的一个副本就可以进行字典攻击，如果口令不够安全，就会破解这个口令。

现在可以在不同的系统中使用这个 Kickstart 媒介。稍后要在后面的一个练习中执行此操作。

(5) 现在尝试访问本地媒介上的 Kickstart 文件。启动 RHEL 7 安装 CD/DVD。当第一个菜单出现时，选择 Install Red Hat Enterprise Linux 7.0 并按下 Tab 键。肯定会出现如下命令为 Anaconda 安装管理程序。光标会出现在该命令后的末尾。

```
> vmlinuz initrd=initrd.img inst.stage2=hd:LABEL=RHEL-7.08↵
\x20Server.x86_64 quiet
```

(6) 在此命令行的末尾添加 Kickstart 文件的位置信息，例如，下面添加的信息表示此文件保存在第二个硬盘驱动器的第一个分区上，此硬盘可能是 USB 驱动器。

```
ks=hd:sdb1:/ks.cfg
```

或者，如果 Kickstart 文件保存在引导 CD 上，则添加以下命令：

```
ks=cdrom:/ks.cfg
```

或者，如果 Kickstart 文件保存在第一个软盘驱动器上，则输入下面的位置信息：

```
ks=hd:fd0:/ks.cfg
```

这种方法需要不断尝试，可能会有错误。确实，设备文件是按顺序分配名字(sda、sdb、sdc 等)。然而，除非我们用给定的存储媒介引导 Linux，否则无法确定哪个设备文件指定给一个特定的设备驱动器。

2.3.3 建立 Kickstart 的网络访问

在本地媒介上创建一个 Kickstart 文件会很耗时间，特别是为了加载这个文件需要不断从这个系统移到另一个系统。通常情况下，在网络服务器上建立 Kickstart 文件的效率会比较高。一个符合逻辑的位置是安装文件所使用的同一个网络服务器。例如，根据第 1 章实验题 2 创建的 FTP 服务器，假定有一个 ks.cfg 文件保存在这个 FTP 服务器的/var/ftp/pub 目录中。而且，SELinux 上下文必须与此目录的上下文相匹配，这可以用下面的命令得到验证：

```
# ls -Zd /var/ftp/pub
# ls -Z /var/ftp/pub
```

当/var/ftp/pub 目录中有一个合适的 ks.cfg 文件时，我们就可以在前面第 5 步用到的 vmlinuz 命令行末尾添加如下指令：

```
ks=ftp://192.168.122.1/pub/ks.cfg
```

同样的选项也适用于保存在 NFS 或 HTTP 服务器上的 Kickstart 文件，如下所示：

```
ks=nfs:192.168.122.1:/ks.cfg
ks=http://192.168.122.1/ks.cfg
```

如果在本地网络上有一个可操作的 DNS 服务器，则可以用此目标服务器的主机名或完全限定域名替代前面的 IP 地址。

实际经验

Red Hat 正努力简化基于 Kickstart 的安装服务器的创建过程。更多信息请访问 http://cobbler.github.com 上的 Cobbler 项目。Cobbler 使用配置文件和小块代码(代码段)来动态生成 Kickstart 文件，并自动执行网络安装。

2.3.4　示例 Kickstart 文件

本节内容是以我们在基于 KVM 的虚拟机上安装 RHEL 7 时生成的 anaconda-ks.cfg 文件为基础，增加了一些注释。虽然可以将此文件当作示例使用，但是必须根据自己的硬件和网络进行定制。本节只是简要介绍 Kickstart 文件的处理过程。你自己的 Kickstart 文件可能会不一样。

考试提示

不同于 Red Hat 的其他程序包可用的文档，在 RHEL 7 系统中可用的 Kickstart 文档非常少。换言之，在考试中考生无法从/usr/share/doc 目录中的 man 页面或文件得到任何帮助。当考生不能确定某个命令是否包括在 Kickstart 文件中时，可以参考稍后介绍的 Kickstart Configurator。

虽然大多数选项都不言自明，但我们还是要在此文件中给每个命令加上注释。这个文件只说明一小部分可用的命令。有关此文件每个命令(及选项)的详细用法，可以阅读最新的 RHEL 7 安装指南，它可以从 https://access.redhat.com/documentation 在线获得。

在创建 Kickstart 文件时要遵循下面的基本规则和指示：

- 通常情况下要保持指令的顺序不变，但有时根据是用本地媒介还是用网络进行安装，发生少许变化也是可以的。
- 不需要使用全部选项。
- 如果遗漏了一个必需的选项，系统会提示用户输入。
- 不要害怕修改，例如，默认情况下与分区有关的指令都已被注释掉。
- 允许换行。

实际经验

如果遗漏了一个选项，安装过程会停下来。通过这种办法很容易检查 Kickstart 文件是否正确配置。但是由于 Kickstart 选项要改变硬盘上的分区，甚至这些选项的测试可能会存在风险。因此，最好在一个测试系统上测试 Kickstart 文件，或者更好的办法是在一个专用的测试虚拟机上进行测试。

下面是来自我们的 anaconda-ks.cfg 文件之一的代码。第一行说明此文件是为 RHEL 7 创建的。

```
#version=RHEL7
```

接下来，auth 命令设置 Shadow Password Suite(--enableshadow)，并为口令加密设置 SHA512 加密算法(--passalgo=sha512)。采用 SHA512 算法加密的口令以$6 开头：

```
authconfig --enableshadow --passalgo=sha512
```

下一个命令很简单，它使用系统上的第一个 DVD/CD 驱动器启动安装过程：

```
cdrom
```

下一步是指定安装文件的源。如果使用 RHEL 7 DVD，则保留 cdrom。如果使用 NFS 服务器进行安装，则还要指定 URI，如下所示。如果在本地网络上有可用的 DNS 服务器，可以把 IP 地址替换为服务器的主机名。

```
nfs --server=192.168.122.1 --dir=/inst
```

此外，替换上述一个命令还可以配置到 FTP 或 HTTP 服务器的一个连接。这里要指定的是在第 1 章创建的 FTP 和 HTTP 安装服务器上的目录。

```
url --url http://192.168.122.1/inst
```

或

```
url --url ftp://192.168.122.1/pub/inst
```

如果代表 RHEL 7 DVD 的 ISO 文件保存在本地的硬盘分区上，也可以指定这个文件。例如，下面的指令指向/dev/sda10 分区上的 ISO CD 或 DVD：

```
harddrive --partition=/dev/sda10 --dir=/tmp/michael/
```

firstboot --enable 在首次安装期间运行安装代理。如果想要避开 firstboot 进程，可以将这个命令替换为 firstboot --disabled 指令。由于无法设置 Kickstart 文件来响应 firstboot 提示，--disabled 指令可帮助自动完成 Kickstart 过程。

```
firstboot --disabled
```

接下来的 **ignoredisk** 指令仅指定了 vda 驱动器上的卷。当然，只有目标虚拟机上有指定的虚拟驱动器时这个指令才能生效(在这种虚拟机上也有办法指定 SAS 或 SCSI 驱动器，但是会与这些指令冲突)。

```
# ignoredisk --only-use=vda
```

lang 命令指定在安装过程中使用的语言。当此文件遗漏了某个命令而引起安装终止时，此命令就非常有用。keyboard 命令的含义不言自明，它指定了配置计算机所使用的键盘布局：

```
keyboard --vckeymap=us --xlayouts='us'
lang en_US.UTF-8
```

如果本地网络中有一个DHCP 服务器，则 network 命令是必需的，也是最简单的：network --device eth0 --bootproto dhcp。反之，下面的两行命令配置静态 IP 地址，同时设置了网络掩码(--netmask)、网关地址(--gateway)、DNS 服务器(--nameserver)和计算机名(--hostname)。

```
network --bootproto static --device=eth0 --gateway=192.168.122.1↵
--ip=192.168.122.150 --netmask=255.255.255.0 --noipv6↵
--nameserver==192.168.122.1 --activate
network --hostname tester1.example.com
```

注意，network 命令的全部静态网络信息都必须在同一行中，当选项超过文本编辑器的空间时换行是允许的。如果为另一个系统创建这个文件，不要忘了对 IP 地址和主机名信息做相应修改。注意，如果在安装过程没有配置网络，则网络信息不会保存到主题 anaconda-ks.cfg 文件中。由于 network 指令的复杂性，可以用 Kickstart Configurator 设置该指令，或者在安装完成后设置网络。

由于 root 用户的口令是 RHEL 7 安装过程的一部分，因此 Kickstart 配置文件可以用加密形式指定 root 用户的口令。虽然加密并不是必需的，但是它至少可以拖延系统安装完成后黑帽黑客闯入系统的时间。由于相关的加密哈希函数与/etc/shadow 文件所用的相同，因此可以从这个文件复制所需要的口令：

```
rootpw --iscrypted $6$5UrLfXTk$CsCW0nQytrUuvycuLT317/
```

timezone 指令与时区设置的长列表有关。tzdata 程序包的文档中有时区设置的详细说明。要查看完整的列表，可执行 rpm -ql tzdata 命令。默认情况下，Red Hat 使用**--isUtc** 开关选项把硬件时钟设置为格林威治标准时间。该设置支持夏令时的自动转换。下面这个设置可以在/usr/share/zoneinfo 目录下的一个子目录和文件中找到。

```
timezone America/Los_Angeles --isUtc
```

可以包含 user 指令，在引导过程中创建一个用户。为此，需要提供用户名、加密的口令，另外也可以列出该用户所属的组以及该用户的 GECOS 信息(通常是该用户的完整姓名)。在下面的例子中，为简洁起见，省略了加密的口令：

```
user --groups=wheel name=michael --password=... --iscrypted --gecos="MJ"
```

为安全起见，建议启用 firewall 指令。当它与--service=ssh 一起使用时，它指定了一个允许通过防火墙的服务。

```
firewall --service=ssh
```

selinux 指令也是可选的，可以设置为--enforcing、--permissive 或--disabled 等值。默认值为--enforcing：

```
selinux --enforcing
```

默认的引导装载程序是 GRUB 2，通常它应该安装在硬盘的主引导记录(Master Boot Record, MBR)和第一个分区之间。可以包含一个--boot-drive 开关来指定安装有引导装载程序的驱动器，包含一个--append 开关来指定内核的参数：

```
bootloader --location=mbr --boot-drive=vda
```

指令后面的注释表明，最重要的是清除现有的一组分区。首先，用 clearpart --all --initlabel --drives=vda 指令清除 vda 虚拟硬盘驱动器上的全部分区。如果这个硬盘以前还未曾用过，则--initlabel 选项对此驱动器进行初始化处理。

```
clearpart --all --initlabel --drives=vda
```

需要改变紧随之后的分区(part)指令。它们必须指定目录、文件系统格式(--fstype)和大小(--size，以 MB 为单位)。

```
part /boot --fstype="xfs" --size=500
part swap --fstype="swap" --size=1000
part / --fstype="xfs" --size=10000
part /home --fstype="xfs" --size=1000
```

注意，你的 anaconda-ks.cfg 文件可能还包含--onpart 指令，它定义了像/dev/vda1 这样的分区设备文件。除非该分区已经存在，否则就会产生一个错误。因此如果看到--onpart 指令，最简单的办法是删除它们。否则安装过程开始之前必须建立这些分区，这可是一个棘手的任务。

虽然建立 RAID 和逻辑卷还有其他分区选项，但毫无疑问，Red Hat 考试的重点是在安装结束之后如何创建这些卷。如果想试试逻辑卷等其他选项，则需要创建自己的 Kickstart 文件。如果从不同的 VM 安装机上建立这个 Kickstart 文件，那是最好不过了。不过需要注意，该 Kickstart 文件按如下顺序(这个顺序很重要)配置物理卷(PV)、卷组(VG)和逻辑卷(LV)：

```
part pv.01 --fstype="lvmpv" --ondisk=vda --size=11008
part /boot --fstype="xfs" --ondisk=vda --size=500
part swap --fstype="swap" --ondisk=vda --size=1000
volgroup rhel --pesize=4096 pv.01
logvol / --fstype="xfs" --size=10000 --name=root --vgname=rhel
logvol /home --fstype="xfs" --size=1000 -name=home --vgname=rhel
```

有关逻辑卷配置方法的更多信息可以阅读第 8 章内容。

默认的 Kickstart 文件可能包含一个 repo 指令。它指向第 1 章实验题 2 创建的 FTP 网络安装源，必须删除这个指令或者把它注释掉，如下所示：

```
#repo --name="Red Hat Enterprise Linux" ↵
--baseurl=ftp://192.168.122.1/pub/inst --cost=100
```

为了确保系统能真正完成安装过程，这里要插入 reboot、shutdown、halt 或 poweroff 指令。如果打算重用一个现存的、基于 KVM 的虚拟机，则可能需要关闭系统以把引导媒介从 CD/DVD 改为硬盘，因此推荐使用下面的指令：

```
shutdown
```

接着是通过 Kickstart 配置文件安装的程序包组列表。这些程序包组的名字可从 RHEL 7 DVD 上/repodata 目录中的*-compsServer.x86_64.xml 文件中找到，这在第 1 章中曾介绍过。由于此列表太长，下面只列出其中部分程序包组(前面有@符号)和程序包名：

```
%packages
@base
@core
...
@print-client
@x11
%end
```

安装这些程序包组后，就可以在下面的指令后指定安装后的命令。例如，可以建立定制的配置文件。但是%post 指令和之后的任何参数都不是必需的。

```
%post
```

最后，使用 ksvalidator 实用工具来验证 Kickstart 文件的语法。下面给出一个例子：

```
# ksvalidator ks.cfg
```

```
The following problem occurred on line 32 of the kickstart file:

Unknown command: vogroup
```

2.3.5　练习 2-3：创建和使用示例 Kickstart 文件

本练习中，我们将使用 anaconda-ks.cfg 文件把安装系统从一个计算机复制到另一个具有相同硬件配置的计算机上。本练习将在第二台计算机上安装所有相同的程序包，并进行相同的分区配置。此练习甚至还为 Kickstart 文件配置了 SELinux 上下文。

由于本练习的目的是安装与当前安装系统完全相同的程序包，因此不需要对/root 目录中默认 anaconda-ks.cfg 文件的程序包组或程序包做任何改变。本练习假定可以访问第 1 章实验题 2 建立的网络安装源。

本练习的操作步骤假设当前至少有足够的磁盘空间和资源来支持两个不同的基于 KVM 的虚拟机：

(1) 检查 server1.example.com 上的/root/anaconda-ks.cfg 文件，将它复制为 ks.cfg。

(2) 如果此文件已有 network 指令，则将它修改为指向 IP 地址为 192.168.122.150、主机名为 tester1.example.com 的系统。如果带有该主机名和 IP 地址的系统已经存在，则使用同一网络上的其他主机名和 IP 地址。如果没有这个指令，则不需要任何修改。网络设置可以在安装完成后使用第 3 章介绍的方法进行配置。

(3) 确保 ks.cfg 文件中与驱动器和分区有关的指令置于活动状态，没有被注释掉。要特别注意 clearpart 指令，给它添加--all 开关选项就会删除全部分区；添加--initlabel 开关选项则对新建立的硬盘进行初始化。如果虚拟机有多个硬盘驱动器，则用--drives=vda 开关选项选择基于 KVM 的虚拟机的第一个虚拟驱动器。

(4) 如果存在 cdrom 指令，就删除该指令。检查与 url 或 nfs 指令关联的安装服务器所在的位置。本实验题假设通过 192.168.122.1 的 IP 地址和 pub/inst/子目录可以访问一个 FTP 服务器。如果是另一个 IP 地址或目录，则做相应的修改。

```
url --url ftp://192.168.122.1/pub/inst
```

(5) 确保将下面的指令插入到文件末尾的**%packages** 指令之前。

```
shutdown
```

(6) 使用 ksvalidator 实用工具检查 Kickstart 文件的语法。如果没有报告错误，继续执行下一步。

```
ksvalidator ks.cfg
```

(7) 把 ks.cfg 文件复制到安装服务器的基目录。如果这是一个 vsFTP 服务器，则目录是/var/ftp/pub。保证所有用户对此文件都有读权限(默认情况下只有拥有 600 权限的 root 管理员用户能够访问该文件)，例如，可使用下面的命令：

```
# chmod +r /var/ftp/pub/ks.cfg
```

(8) 假设基目录是/var/ftp/pub，则用下面的命令设置此文件的 SELinux 上下文：

```
# restorecon /var/ftp/pub/ks.cfg
```

(9) 确保当前防火墙不会阻止与安装服务器有关的端口通信，详细信息请查看第 4 章。最简单的方法是使用 firewall-cmd 命令打开 ftp 服务：

```
# firewall-cmd --permanent --add-service=ftp
# firewall-cmd --reload
```

(10) 在本地主机上创建一个基于 KVM 的虚拟机，使其具有足够的硬盘空间。使用 RHEL 7 DVD 启动该虚拟机。

(11) 在 Red Hat 安装菜单中选择第一个菜单项，并按下 Tab 键，它会在屏幕的底部显示启动指令。在此列表的末尾添加以下指令：

```
ks=ftp://192.168.122.1/pub/ks.cfg
```

如果 Kickstart 文件是在另一个服务器上或在本地媒介上，则做相应的替换。

可以看到现在系统安装程序创建了一个与第一个系统完全相同的基本配置。如果安装过程在重新引导之前停止，则表示 Kickstart 文件存在问题，这很可能是由于安装信息不足。

2.3.6　Kickstart 配置程序

即使喜欢在命令行工作的用户也会从 Red Hat 的 Kickstart 配置程序(Kickstart Configurator)GUI 工具学到不少知识。它包含了建立一个 Kickstart 配置文件要用到的绝大多数基本选项。用下面的命令可以安装这个程序：

```
# yum install system-config-kickstart
```

作为一个与安装过程有关的 GUI 工具，此命令通常包含许多依赖选项。

实际经验

有些人可能对书面语言的规范使用比较敏感，可能会反对 Kickstart Configurator 这个术语。但是它只是 Red Hat 给一个 GUI 配置工具指定的名称而已。

既然你已经掌握了 Kickstart 文件的基本内容，现在就可以通过图形化的 Kickstart 配置程序进一步巩固这些知识。它可以帮助你进一步了解 Kickstart 文件的配置方法。安装了正确的程序包后，可以用 **system-config-kickstart** 命令在 GUI 命令行中启动这个 Kickstart 配置程序。如果想使用本地系统的默认配置来启动该配置程序，则使用 anaconda-ks.cfg 文件，如下所示：

```
# system-config-kickstart /root/anaconda-ks.cfg
```

上述命令打开如图 2-18 所示的 Kickstart 配置程序(当然，如有可能，最好先备份 anacnda-ks.cfg 文件)。

实际经验

启动 Kickstart 配置程序之前，最好确保通过 RHN 与远程的 RHEL 7 库有一个活动的连接。

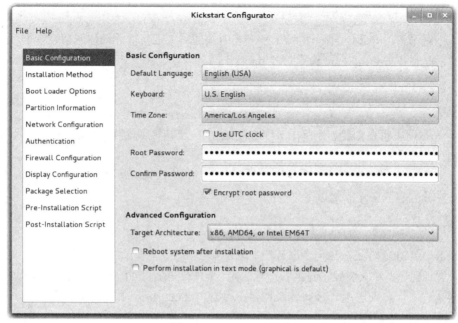

图 2-18　Kickstart 配置程序

　　图 2-18 说明了几个基本的安装步骤。如果已经安装过 RHEL，则这些步骤都看起来非常相似。

　　在左侧窗格中有几个其他选项，每个都对应于不同的 Kickstart 命令。为深入了解 Kickstart，可以尝试配置其中一些参数。用 File | Save 命令保存文件的这些设置，文件名由你自己来决定，然后用文本编辑器查看这个文件。或者用 File | Preview 命令查看不同设置对 Kickstart 文件的影响。

　　接下来将简单介绍左侧窗格中的每个选项。全面掌握 Kickstart 配置程序的用法有助于更好地理解安装过程。

基本配置

在基本配置(Basic Configuration)界面中，我们可以给以下选项设置参数：

- **默认的语言(Default Language)**　给安装过程和操作系统指定默认的语言。
- **键盘(Keyboard)**　设置默认的键盘，通常要与语言相对应。
- **时区(Time Zone)**　定制本地时区，并指定是否把计算机的硬件时钟设置为 UTC 时间，也即格林威治标准时间。
- **root 管理员口令(Root Password)**　指定 root 管理员的口令，可能需要加密。
- **目标体系结构(Target Architecture)**　可用于为不同的系统定制 Kickstart 文件。
- **安装后重新引导系统(Reboot System After Installation)**　在 Kickstart 文件的末尾处添加 reboot 命令。
- **按文本模式执行系统安装(Perform System Installation In Text Mode)**　支持按文本模式执行自动安装。当安装过程自动化后，安装模式就不重要了。

安装方法

Installation Method(安装方法)选项很容易理解。你可能是第一次安装 Linux，也可能是升级一个已安装 Linux 的系统。安装方法和输入内容都取决于安装文件所在的位置。例如，如果选择 NFS 安装方法，则 Kickstart 配置程序要求用户输入 NFS 服务器的名称或 IP 地址以及 RHEL 安装文件的共享目录。

在 Kickstart 文件中，可以设置从 CD/DVD、本地的硬盘分区启动 RHEL 的安装，或者从 NFS、HTTP 或 FTP 标准网络服务器中的一个启动安装。

引导装载程序选项

接着列出了引导装载程序的选项。默认的引导装载程序是 GRUB，在引导过程为进一步加强系统的安全，GRUB 支持口令的加密。

Linux 引导装载程序通常安装在 MBR 上。如果系统属于 Linux 和微软 Windows 的双引导系统，则可以配置 Windows 引导装载程序(或其他第三方引导装载程序)指向位于 Linux 分区中第一个扇区的 GRUB(在/boot 目录中)。

分区信息

分区信息(Partition Information)选项决定了安装程序配置系统上硬盘的方式。虽然它支持标准分区和 RAID 分区，但是它并不支持 LVM 组的配置。Clear Master Boot Record(清除主引导记录)选项允许用户删除老式硬盘上的 MBR，这些老式硬盘可能存在问题。只要在 Kickstart 文件中插入 **zerombr** 命令即可。

实际经验

如果想保留 MBR 上的 Microsoft Windows Bootmgr 等其他的引导装载程序，则不要使用 zerombr 这个选项。

是否删除分区取决于它们是否已创建为 Linux 文件系统。如果使用一个新的硬盘，则必须初始化该硬盘的标签。单击 Add 命令出现 Partition Options 对话框。

网络配置

网络配置(Network Configuration)组允许用户为目标计算机的网卡设置 IP 地址。可以为某个计算机设置一个静态 IP 地址，或者使用 DHCP 服务器。单击 Add Network Device 出现 Network Device Information 窗口。

验证

验证(Authentication)组选项允许我们给用户口令设置两个安全模式：影子口令(Shadow Password)和口令的 Hash 加密算法。前者对/etc/shadow 文件中的口令进行加密。如果安装了指纹扫描设备，还可以选中对应的复选框，启用指纹识别器。这样可启用二元验证，要求用户在登录时提供凭据，并在指纹识别器上扫描指纹。

这一组选项还允许用户设置各种协议的验证信息。

- NIS 网络信息服务(Network Information Service)连接到网络上一个登录验证数据库，此网络由 Unix 和 Linux 计算机组成。
- LDAP 这里，轻型目录访问协议(Lightweight Directory Access Protocol，LDAP)是另一个登录验证数据库。

- Kerberos 5 MIT 强加密系统,用来验证网络上的用户。
- Hesiod 它是一个网络数据库,用来存储用户账户和口令信息。
- SMB Samba 服务器连接到微软 Windows 模式的网络,用来验证登录用户。
- Name Switch Cache 它与 NIS 有关,用来查找用户账户和用户组。

防火墙配置

防火墙配置(Firewall Configuration)选项组用于为对象计算机配置默认的防火墙。在大多数系统中,我们要尽量把可信任服务的个数保持在最小值。但在 Red Hat 考试中要求在单个系统上设置很多服务,这就需要在防火墙中配置多个受信任的服务。

在这一组选项中,我们也可以配置基本的 SELinux 参数。Active 和 Disabled 选项容易理解,Warn 选项对应于 SELinux 的 Permissive 实现。更多内容请阅读第 4 章。

显示配置

显示配置(Display Configuration)选项组支持基本的 Linux GUI 安装。实际安装取决于下一组选项中程序包和程序包组的选择。虽然关于基于 GUI 的管理工具与基于文本的管理工具的优越性存在很多争议,但是基于文本的管理工具更稳定。考虑到这一点及其他因素,许多 Linux 管理员甚至并不安装 GUI 程序。但如果在一系列工作站上安装 Linux(这可以用一系列 Kickstart 文件来实现),则这些工作站的用户很可能不是系统管理员。

此外,可以启动或禁用 Setup Agent,又称为第一引导进程。如果需要完全自动安装,则要禁用 Setup Agent 选项。

程序包选择

程序包选择(Package Selection)选项组允许我们选择需要通过 Kickstart 文件安装的程序包组。如前所述,如果当前没有连接到远程库(如 RHN 更新库),则相关界面是空的。在撰写本书时,如果使用的是本地安装源,会出现同样的问题。此时,需要手动编辑 Kickstart 配置程序生成的文件,添加必要的程序包。

安装脚本

可在 Kickstart 文件中添加预安装脚本和安装后脚本。安装后脚本更常用,通常用来配置 Linux 操作系统的其他部分。例如,如果你想创建一个记录员工福利信息的目录,则可以添加一个安装后脚本,它可以用 cp 命令从网络服务器复制这些文件。

认证目标 2.04 用 Secure Shell 和 Secure Copy 管理系统

默认情况下,Red Hat 企业版 Linux 系统安装了 SSH 程序。RHCSA 考试对 SSH 的要求很简单,考生只需要知道如何用它访问远程系统。另外,考生还需要知道如何在系统之间安全地传输文件。因此本节将介绍如何用 ssh 和 scp 命令访问远程系统和传输文件。

如前所述,标准的 RHEL 7 安装会默认安装 SSH 程序。虽然默认情况下防火墙是激活的,但是标准 RHEL 7 防火墙将 TCP 端口 22 处于打开状态以允许 SSH 访问。相关的配置文件保存在/etc/ssh 目录中。SSH 服务器的详细配置属于 RHCE 考试的范围。相关的客户端命令有 ssh、 scp 和 sftp，它们都要在本节中介绍。

SSH 守护程序是安全的，因为它对消息进行加密。换言之，侦听网络的用户读不到 SSH 客户端与服务器之间传递的消息，这在像 Internet 这样的公共网络中是非常重要的。RHEL 采用 SSH 版本 2，此版本支持多种密钥交换算法，与原来的 SSH 版本 1 不兼容。SSH 的基于密钥的验证将在第 4 章进行介绍。要了解 RHCE 考试中对 SSH 的要求，请参阅第 11 章。

2.4.1 配置 SSH 客户端

SSH 客户端主要的配置文件是/etc/ssh/ssh_config。每个用户可以有自己的 SSH 客户端配置参数，它们保存在~/.ssh/config 文件中。默认情况下配置文件中有 4 个指令。第一个是 Host * 指令，它将其他指令应用于所有连接。

```
Host *
```

下一个指令支持用通用安全服务应用程序编程接口(Generic Security Service Application Programming Interface)对客户端/服务器进行验证。这提供了对 Kerberos 验证的支持：

```
GSSAPIAuthentication yes
```

下一个指令支持对 GUI 应用程序的远程访问。X11 是在 Linux 上使用的 X Window System 服务器的传统名称。

```
ForwardX11Trusted yes
```

下一个指令允许客户端设置几个环境变量。其细节因不同的 RHEL 系统而稍有差别。

```
SendEnv LANG LC_CTYPE LC_NUMERIC LC_TIME LC_COLLATE LC_MONETARY LC_MESSAGES
SendEnv LC_PAPER LC_NAME LC_ADDRESS LC_TELEPHONE LC_MEASUREMENT
SendEnv LC_IDENTIFICATION LC_ALL LC_LANGUAGE
SendEnv XMODIFIERS
```

这为从命令行访问远程系统做好了准备。

2.4.2 命令行访问

本节介绍使用 ssh 命令的标准访问方法。为访问一个远程系统，需要知道该远程系统的用户名和口令。默认情况下允许 ssh 直接访问 root 账户。例如，使用以下命令访问前面提到的 server1 系统上的 root 账户：

```
$ ssh root@server1.example.com
```

实际经验

当试图通过 SSH 访问一个远程主机时，如果发生"未知的名称或服务"等错误，则说明系统无法把主机名解析为 IP 地址。第 3 章将介绍如何配置域名解析。在那之前，为了通过 SSH 登录到 server1.example.com，需要使用其 IP 地址 192.168.122.50。

下面这个命令的效果相同:

```
$ ssh -l root server1.example.com
```

如果没有用户名, ssh 命令就以本地系统的当前用户名访问远程系统。例如, 如果从 michael 用户账户执行下面的命令:

```
$ ssh server1.example.com
```

则 ssh 命令认为你在以 michael 用户名登录到 server1.example.com 系统。如果这个命令是第一次用于两个系统, 则会出现如下消息:

```
$ ssh server1.example.com
The authenticity of host 'server1.example.com (192.168.122.50)'
can't be established.
ECDSA key fingerprint is b6:80:5d:8c:1d:ab:18:ab:46:15:c5:c8:e3:ea:9f:1c.
Are you sure you want to continue connecting (yes/no)? yes

Warning: Permanently added 'server1.example.com,192.168.122.50'
(ECDSA) to the list of known hosts.
michael@server1.example.com's password:
```

一旦用 ssh 建立起连接, 就可以在此远程系统做任何属于权限范围内的操作。例如, 用户甚至可以用 poweroff 命令关闭远程系统。在执行这个命令后, 通常需要几秒钟的时间用 exit 命令退出远程系统。

2.4.3　SSH 的其他命令行工具

如果想用类似 FTP 的客户端访问远程系统, 则 sftp 命令正好合适。尽管-l 开关的意义与 ssh 命令不同, 但是它仍然可以用于登录到远程系统上任何用户的账户。虽然普通的 FTP 通信采用明文模式, 但是 sftp 命令的通信却以加密的形式传输文件。

另外, 如果只是想在加密的连接线路中传输文件, 则可以使用 scp 命令。例如, 我们在本书中提供了一些截图, 它们是第 1 章和第 2 章配置的虚拟机的测试结果。为了把这些截图传送给我们的某个系统, 我们使用一个如下所示的命令, 它把 F02-20.tif 文件从本地目录复制到远程系统的/home/michael/RHbook/Chapter2 目录中。

```
# scp F02-20.tif michael@server1:/home/michael/RHbook/Chapter2/
```

除非已经配置了基于密钥的验证(将在第 4 章讨论), 否则这个命令会要求 server1 服务器上的 michael 用户输入口令。当口令验证通过后, scp 命令就把 F02-20.tif 文件以加密的形式复制到名为 server1 服务器的远程系统上的指定目录中。

2.4.4　SSH 图形化访问

ssh 命令可以用来在网络上传输 GUI 应用程序的输出。这听起来有点怪, 但是如果本地系统运行 X 服务器, 同时从远程系统上调用远程 GUI 客户端应用程序, 则可使用该命令。

默认情况下，SSH 服务器和客户端配置文件都已经设置好以支持在网络上进行 X11 通信。所需要的全部操作只是用-X 开关选项连接到远程系统(或者使用-Y 开关选项，以使用信任的 X11 转发功能，这会绕过一些安全扩展控件)。例如，可以使用图 2-19 中的命令序列来监控远程系统。

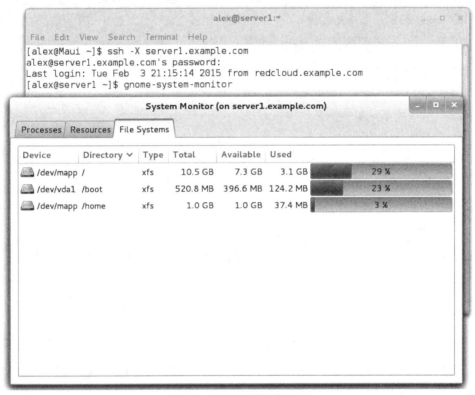

图 2-19　用 SSH 访问远程 GUI

认证目标 2.05　考虑添加命令行工具

你可能想添加几个命令行工具以帮助系统管理员管理各种 Linux 系统。本书后面将使用这些工具来确保各种服务器正常操作。虽然最好用 Evolution 和 Thunderbird 这样的 e-mail 客户端测试像 Postfix 这样的服务，但是像 telnet、nmap 和 mutt 等命令可以用在命令行窗口远程检查这些服务。在 Red Hat 考试时，可以用这些工具测试、诊断和解决系统问题，所需要的时间不过相当于下载一个复杂的工具，如 Evolution。虽然 ssh 命令可以实现远程访问 GUI 工具，但是与这类工具进行通信可能会非常耗时。

从管理角度而言，我们感兴趣的工具有：

● telnet 和 nmap 可以验证对开放端口的远程访问。
● mutt 作为一个 e-mail 客户端可以验证一个 email 服务器的功能。
● elink 作为 Web 浏览器，它确保 Web 服务是可以访问的。
● 在命令完成后可以用 lftp 访问 FTP 服务器。

2.5.1　用 telnet 检查端口

telnet 命令其实非常强大。任何对明文客户端存在的安全风险有所了解的人都对 telnet 命令有所顾忌。用 telnet 登录到远程服务器的用户确实以明文的方式传递他们的用户名、口令和其他命令。只要有一个像 Wireshark 的协议分析器，任何人都很容易读取这些数据。

但是 telnet 的作用远不止这些。当它在本地运行时，它可验证一个服务的运行。例如，下面这个命令验证了本地系统的 vsFTP 运行情况:

```
$ telnet localhost 21
Trying 127.0.0.1...
Connected to localhost.
Escape character is '^]'.
220 (vsFTPd 3.0.2)
```

"转义字符(Escape Charater)"是 Ctrl 键和右方括号( ]))同时按下来的字符。在屏幕上输入这个命令组合会出现 telnet>提示符。在这个提示下用 quit 命令可以退出。

```
^]
telnet> quit
```

通常情况下甚至不用执行 Escape Character 就可以退出 telnet 提示符窗口，只需要输入 quit 命令即可。

如果 vsFTP 没有运行或者如果它的通信端口不是 21，则会看到如下响应:

```
Trying 127.0.0.1...
telnet: connect to address 127.0.0.1: Connection refused
```

如果系统没有安装防火墙，则利用远程系统也会得到相同的结果。但是如果防火墙阻止了 21 端口的通信，则会看到类似于下面的信息:

```
telnet: connect to address 192.168.122.50: No route to host
```

有些服务(如 Postfix 电子邮件服务器)默认情况下只接受来自本地的连接。此时，不管有没有防火墙，当我们连接一个远程系统时都会看到"连接被拒绝"的消息。

2.5.2　用 nmap 检查端口

nmap 命令是一个功能强大的端口扫描工具。正因为如此，nmap 开发者的网站上有这样的描述:"当 nmap 命令使用不正确时，nmap 很可能会使(但是很少发生)使用者遇到 ISP 的起诉、解雇、驱逐、监禁或屏蔽"。尽管如此，它已包含在标准 RHEL 7 库中。因此它的合法使用已得到 Red Hat 的支持。用 nmap 命令可以快速确定在本地和在远程打开的服务。例如，如图 2-20 的 nmap localhost 命令检测到并列出那些正在本地系统上运行的服务。

```
[root@server1 ~]# nmap localhost

Starting Nmap 6.40 ( http://nmap.org ) at 2015-02-03 21:36 GMT
mass_dns: warning: Unable to determine any DNS servers. Reverse DNS is disabled.
 Try using --system-dns or specify valid servers with --dns-servers
Nmap scan report for localhost (127.0.0.1)
Host is up (0.0000070s latency).
Other addresses for localhost (not scanned): 127.0.0.1
Not shown: 997 closed ports
PORT    STATE SERVICE
22/tcp  open  ssh
25/tcp  open  smtp
111/tcp open  rpcbind

Nmap done: 1 IP address (1 host up) scanned in 2.40 seconds
[root@server1 ~]#
```

图 2-20　在本地应用端口扫描程序

但与此相反，如果从远程系统上执行端口扫描，则看起来似乎只有一个端口是打开的。这说明此服务器上的防火墙起作用。

```
Starting Nmap 6.40 ( http://nmap.org ) at 2015-02-02 09:52 PST
Nmap scan report for server1.example.com (192.168.122.50)
Host is up (0.027s latency).
Not shown: 999 filtered ports
PORT   STATE SERVICE
22/tcp open  ssh
```

2.5.3　配置 e-mail 客户端

对于参加 Red Hat 考试的考生来说，GUI email 客户端的配置过程应该是易如反掌的。但是，对于命令行 email 客户端，事情就不是这样，命令行客户端常用来测试 Postfix 和 Sendmail 等标准 e-mail 服务器的功能。例如，当一个服务器配置为邮局协议(Post Office Protocol，POP)电子邮件服务器时，或者此邮件服务器用几乎无所不在的 POP3 版本发送邮件时，可以用下面的命令进行检查：

```
# mutt -f pop://username@host
```

GUI 的 e-mail 客户端对读者来说很容易，因此本节的其余部分重点介绍命令行的 email 客户端。

1. 命令行电子邮件

测试本地邮件系统的一个方法是使用内置的命令行 mail 实用工具。它提供了一个简单的基于文本的接口。邮件系统把每个用户的邮件保存在与每个用户名相关的/var/mail 目录中。用 mail 实用工具阅读邮件的用户也可以回复、转发或删除相关的信息。

当然可以用其他任何邮件阅读程序，如 mutt 或者 GUI Web 浏览器自带的邮件管理程序测试自己的邮件系统。其他邮件阅读程序把信息保存在不同的目录。如果在本地系统上已启动简单邮件传输协议(Simple Mail Transfer Protocol，SMTP)服务器，则像 mutt 和 mail 这样的邮件阅读程序可以用来发送信息。

mail 命令有两个基本用法。第一个是先输入邮件主题，然后是邮件内容，完成后按 Ctrl+D。

将邮件发送出去，mail 实用工具返回到命令行。下面是一个例子：

```
$ mail michael
Subject: Test Message
Text of the message
EOT
$
```

也可以把一个文件以邮件的文本内容的方式重定向到另一个用户。例如，下面的命令把/etc/hosts 的副本发送给 server1 上的 root 用户，邮件主题名为"hosts file"。

```
$ mail -s 'hosts file' < /etc/hosts root@server1.example.com
```

2. 阅读邮件信息

默认情况下，mail 系统不会为某个用户打开，除非在相应的文件中有邮件。当 mail 系统打开后，用户就会看到新邮件和已经阅读邮件的列表。如果已经为某个账户打开 mail 系统，可以输入邮件的编号并按下回车键。如果没有输入参数直接按回车键，则 mail 实用工具会认为要阅读下一个还没阅读的邮件。为删除一个邮件，可以在邮件后面使用 d 命令，或用 d#删除编号为#的邮件。

或者，在本地的/var/mail 目录里，在用户指定的文件里读取邮件内容。这个目录里的文件都是按相应的用户名命名的。

2.5.4　文本和图形浏览器的使用

Linux 包含了多个图形化浏览器。访问普通网站或安全网站要用相应的协议，即超文本传输协议(Hypertext Transfer Protocol，HTTP)或超文本传输协议安全(Hypertext Transfer Protocol，Secure，HTTPS)。任何 Linux 用户都会使用图形化浏览器。

也许你并不是总能访问 GUI，特别是不能从远程系统访问 GUI。任何情况下，基于文本的浏览器速度比较快。在 Red Hat Linux 中，标准的基于文本的浏览器是 ELinks。当 ELinks 程序包安装后，可以用它在命令行打开任何想要访问的网站。例如，图 2-21 说明了 elinks http://www.google.com 命令的结果。

为退出 ELinks 程序，只需要按下 Esc 键进入菜单栏，然后按下 F|X 并接受提示信息，即可退出 ELinks 浏览器。另一种方法是使用 Q 快捷键来退出 ELinks 程序。

如果需要配置一个 Web 服务器，最容易的办法是确保它只用简单的文本主页，不需要 HTML 代码。例如，可以在 home.html 中添加以下文本：

```
This is my home page
```

然后就可以运行 elinks home.html 命令在 ELinks 浏览器中浏览这段文本。如果已经在第 1 章介绍的/var/www/html/inst 目录中建立一个 Apache 文件服务器，也可以通过以下命令，用 elinks 命令查看复制到此服务器上的文件：

```
$ elinks http://192.168.122.1/inst
```

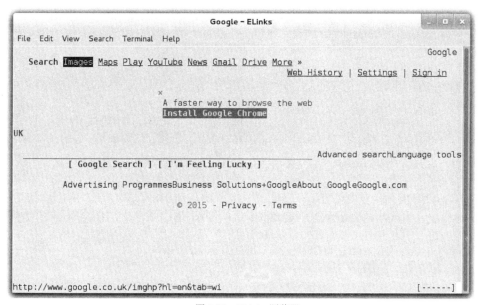

图 2-21　ELinks 浏览器

2.5.5　用 lftp 访问 URL

最初的 FTP 客户端软件都是一个简单的命令行，它是提供了简单高效的接口的面向文本的客户端应用程序。大多数 Web 浏览器提供一个图形接口，也可以用作 FTP 客户端。

任何 FTP 客户端允许用户查看目录树和文件。把 ftp 当作客户端是很容易的一件事。我们可以用 ftp 命令连接到像 ftp.redhat.com 这样的服务器，如下所示：

```
# ftp ftp.redhat.com
```

但是在这个客户端需要输入用户名和口令。输入用户名 anonymous，输入 e-mail 地址作为口令，就可以访问 Red Hat FTP 服务器，但如果用户偶然输入一个真实的用户名和口令，这些数据将会用明文格式发送，在此网络上任何碰巧使用网络分析器应用程序的人都可以看到这些数据。奇怪的是，在标准的 RHEL 7 安装中竟然没有安装 ftp 命令客户端程序。

这只是 lftp 优于 ftp 的一个理由。它会自动尝试匿名登录而不会要求用户输入用户名或口令。此外，它还支持命令补全(Command Completion)功能，该功能有助于访问带有长名称的文件和目录。

当然，大多数 FTP 客户端都存在安全风险，因为它们都以明文形式传送数据。但是，只要此命令仅限于用于对公开服务器的匿名访问，则风险可以最小化。归根结底，当我们用 lftp 命令从公共服务器下载 Linux 软件包时，不大可能会暴露任何私人信息。当然，这类客户端存在其他安全风险，但是 Red Hat 开发人员一直在努力使客户端保持最新。

如果可以接受风险，则可以用 lftp 命令登录 FTP 服务器，而这些 FTP 服务器允许使用用户名和口令。用户 michael 可以用下面的命令登录到这样一个服务器：

```
$ lftp ftp.example.org -u michael
```

在 lftp 客户端可以执行很多不同的命令，如图 2-22 所示。其中一些命令在表 2-5 中描述。

```
[root@Maui ~]# lftp ftp.redhat.com
lftp ftp.redhat.com:~> help
    !<shell-command>                        (commands)
    alias [<name> [<value>]]               attach [PID]
    bookmark [SUBCMD]                       cache [SUBCMD]
    cat [-b] <files>                        cd <rdir>
    chmod [OPTS] mode file...               close [-a]
    [re]cls [opts] [path/][pattern]         debug [<level>|off] [-o <file>]
    du [options] <dirs>                     exit [<code>|bg]
    get [OPTS] <rfile> [-o <lfile>]         glob [OPTS] <cmd> <args>
    help [<cmd>]                            history -w file|-r file|-c|-l [cnt]
    jobs [-v] [<job_no...>]                 kill all|<job_no>
    lcd <ldir>                              lftp [OPTS] <site>
    ln [-s] <file1> <file2>                 ls [<args>]
    mget [OPTS] <files>                     mirror [OPTS] [remote [local]]
    mkdir [-p] <dirs>                       module name [args]
    more <files>                            mput [OPTS] <files>
    mrm <files>                             mv <file1> <file2>
    [re]nlist [<args>]                      open [OPTS] <site>
    pget [OPTS] <rfile> [-o <lfile>]        put [OPTS] <lfile> [-o <rfile>]
    pwd [-p]                                queue [OPTS] [<cmd>]
    quote <cmd>                             repeat [OPTS] [delay] [command]
    rm [-r] [-f] <files>                    rmdir [-f] <dirs>
    scache [<session_no>]                   set [OPT] [<var> [<val>]]
    site <site-cmd>                         source <file>
    torrent [-O <dir>] <file|URL>...        user <user|URL> [<pass>]
    wait [<jobno>]                          zcat <files>
    zmore <files>
lftp ftp.redhat.com:~>
```

图 2-22　lftp 中的命令

表 2-5　标准 lftp 客户端命令

命　　令	说　　明
cd	切换远程主机上的当前工作目录
ls	列出远程主机上的文件
get	从远程主机上取回文件
mget	用通配符或文件名全称从远程主机上取回多个文件
put	把本机的文件上传到远程主机上
mput	把一组文件上传到远程主机上
pwd	显示远程主机上的当前工作目录
quit	终止 FTP 会话
!ls	列出本地计算机上当前目录中的文件
lcd	切换本地主机目录用于上传或下载
!pwd	显示本地主机的当前工作目录

　　与 Telnet 会话相似,几乎所有可以在 FTP 提示符后执行的命令都运行在远程主机上。我们也可以在 FTP 提示符后执行常用的 shell 命令,只需要在命令前面加一个感叹号(!)。

　　表中列出的只是 lftp 命令的一个子集。如果用户记不起某个命令的用法,输入 help *cmd* 就可以得到这个命令的详细说明。

2.6　认证小结

　　考虑到虚拟技术在当前计算机环境中的重要性,因此 Red Hat 把 KVM 作为 RHCSA 考试的一部分也并不奇怪。假设已经与一个合适的程序库建立起一个有效的连接,则安装与 KVM

有关的程序包是一件非常容易的事。可以用 modprobe kvm 这样的命令确保已安装了合适的模块。然后用虚拟机管理程序配置 RHEL 7 系统上的基于 KVM 的虚拟机。我们也可以用 virt-install、virt-clone 和 virsh 这些命令安装、克隆和管理这些虚拟机。

我们可以用 Kickstart 文件实现整个安装过程的自动化。每个 RHEL 系统都有一个 Kickstart 模板文件，它保存在/root 目录中。对它进行修改后，可用于在其他系统上实现 RHEL 的自动安装。或者也可以用 GUI Kickstart 配置程序建立一个合适的 Kickstart 文件。

对于所有这些系统，远程访问是必需的。SSH 命令可用来在 Linux 系统之间建立远程的加密通信。RHCSA 考试要求你掌握 SSH 客户端的使用，以及如何在系统之间安全地传输文件。ssh 命令可以用来登录到远程系统。ssh -X 命令甚至可以用来访问远程的 GUI 应用程序。scp 命令可以通过加密的连接远程复制文件。

在检查和排除 RHEL 服务故障时，使用几个命令行工具会给我们带来很大的方便。telnet 命令可以通过所选择的端口连接到远程服务。nmap 命令可以用作端口扫描器。mutt 命令可检查 e-mail 服务器的功能。elinks 命令可用作命令行浏览器。最后，lftp 命令是一个非常好的 FTP 客户端，它支持命令补全功能。

2.7 应试要点

下面是本章与认证目标有关的几个重要知识点。

为 Red Hat 配置 KVM 虚拟机

- KVM 需要的程序包属于虚拟化技术程序包组的一部分。
- 基于 KVM 的虚拟机可以用虚拟机管理程序来配置。
- KVM 需要的内核模块包含 kvm 和 kvm_intel 或 kvm_amd。

在 KVM 上配置一个虚拟机

- 基于 KVM 的虚拟机默认的存储目录是/var/lib/libvirt/images。
- 虚拟机配置文件保存在/etc/libvirt 的各个子目录中。
- 用虚拟机管理程序可以访问虚拟机终端控制台，该虚拟机管理程序可以用 virt-manager 命令在 GUI 中启动。
- 用 virt-install、virt-clone 和 virsh 命令可以安装、克隆和配置虚拟机。
- virsh list --all 命令列出所有已配置好的虚拟机。
- virsh autostart *vmname* 命令可把名为 *vmname* 的虚拟机配置为在主机系统引导时自动启动。
- virsh start *vmname* 命令为名为 *vmname* 的虚拟机启动引导过程。
- virsh destroy *vmname* 命令等效于切断名为 *vmname* 虚拟机的电源。

自动安装选项

- 系统安装的过程记录在/root/anaconda-ks.cfg Kickstart 文本文件中。

- 可以直接修改 Kickstart 文件，也可以用 Kickstart 配置工具进行修改。
- Kickstart 文件可以在本地媒介中或从网络服务器上调用。

用 Secure Shell 和 Secure Copy 进行管理

- SSH 默认安装在 RHEL 7 上，它甚至可以穿过默认防火墙。
- ssh 命令可以用来安全地访问远程系统，它甚至可以用来访问远程 GUI 实用工具。
- 相关的命令包含 sftp 和 scp。

添加命令行工具

- 系统管管理员有时只用命令行验证对服务器的访问。
- telnet 和 nmap 命令可用来验证对开放端口的远程访问。
- mutt 电子邮件客户端可以用来验证 email 服务器的功能。
- elinks 控制台 Web 浏览器可以验证一个 Web 服务器是否正常工作。
- lftp 客户端可以用它的命令补全功能的优点来验证对 FTP 服务器的访问。

2.8　自测题

下面的习题用来检查读者对本章内容的掌握程度。由于 Red Hat 考试没有多选题，因此本书中不提供任何选择题。这些题目专门用来测试读者对本章的理解。Red Hat 考试注重于得到结果的过程，而不是死记硬背一些无关紧要的内容。许多问题可能不止一个答案。

为 Ret Hat 配置 KVM

1. 说出一个与 KVM 有关的内核模块。

_____

2. 说出在 GUI 中配置 KVM 虚拟机的工具的名称。

_____

配置 KVM 上的虚拟机

3. 哪个命令可以启动 GUI 中的虚拟机管理程序？

_____

4. 默认情况下虚拟机管理程序把虚拟硬盘保存在哪个目录中？

_____

5. 哪个命令可用于新建一个虚拟机？

_____

自动安装选项

6. 哪个命令可以启动基于 GUI 的 Kickstart 配置工具？

7. /root 目录中的哪个文件记录 RHEL 的安装过程？

8. 在 Kickstart 配置文件中，哪个指令与网络连接有关？

9. 如果安装 FTP 服务器位于 ftp://server1.example.com/pub/inst，则在 Kickstart 配置文件中，哪个指令指向这个服务器？

10. 在 Kickstart 配置文件中，哪个指令会在安装完成后关闭系统？

用 Secure Shell 和 Secure Copy 进行管理

11. ssh 命令的哪个开关选项启用对远程 GUI 实用工具的访问。

12. 哪个命令可将系统 server1.example.com 上的/etc/hosts 文件安全地复制到本地主机的 /tmp 目录中？

添加命令行工具

13. 用哪个命令可以确定一个服务器是否运行在 IP 地址为 192.168.122.1 的系统上且使用 25 端口？

14. 在客户端上，哪个命令可用来验证 IP 地址为 192.168.122.1 的远程系统上存在活动和可用的服务？

2.9 实验题

本章几个实验题属于安装练习。应该仅在实验机上做这些练习。有些实验题要求删除系统中的全部数据。

Red Hat 试卷采用电子形式。因此，在本章及后面几章中的大多数实验题都可以从本书配书网站上读取，本章的实验题保存在 Chapter2/子目录中。假如现在仍然没有在自己的系统中安装一个 RHEL 7，参考本书第 1 章的第 1 个实验题的安装指示。

实验题 1

本实验题要在基于 KVM 的虚拟机上安装一个 RHEL 系统，得到一个基本的服务器。至少需要 16GB 的硬盘空间(11GB 用来保存数据，以及一个交换分区，假设虚拟机的空闲内存至少为 512MB)。此外还需要为两个虚拟硬盘保留各 1GB 的空间(因此共需要 18GB)。

本实验题假设要在一个基于 KVM 的虚拟机上完成 RHEL 安装。为了启动安装，打开一个 GUI 工具并运行 virt-manager 命令。如果不能自动打开，则右击 Localhost(QEMU)选项，并从弹出的菜单中选择 Connect。如果系统要求输入口令，则输入 root 管理员的口令。连接成功后，右击同一个选项并选择 New，它启动一个向导用于帮助用户配置一个虚拟机。

如果我们要配置一个将在后面几章中使用的虚拟机，则这个虚拟机就是第 1 章中提到过的 server1.example.com 系统。

理想情况下，这个系统有足够的空间，可以安装至少 4 个给定大小的虚拟机，包括第 1 章中定义的三个系统和一个备用系统。换言之，75GB 空间的逻辑卷或分区应该足够了。

本操作介绍的步骤是通用的。至此，你已经积累了一定的 RHEL 7 安装经验。无论如何，具体的操作步骤会因安装类型和引导媒介而异。

(1) 启动 RHEL 7 网络引导 CD 或安装 DVD。

(2) 根据第 1 章介绍的步骤启动 RHEL 7 的安装过程。

(3) 在 Installation Summary 屏幕中，选择 Installation Source，并将系统指向第 1 章中创建的基于 FTP 的安装服务器。如果按照第 1 章的说明进行了设置，则服务器地址为 ftp://192.168.122.1/pub/inst。

(4) 在 Installation Summary 屏幕中，单击 Installation Destination，选择自定义分区。

(5) 建立第一个分区，磁盘空间大约为 500MB，格式化为 xfs 文件系统，并把它分配到/boot 目录。

(6) 建立第二个分区，存储空间为 1GB(如果空间足够也可以大一点)，保存为交换空间。

(7) 建立第三个分区，大小为 10GB，格式化为 xfs 文件系统，把它指定为顶层的根目录，即/。

(8) 建立另一个分区，大小为 1GB，把它指定为/home 目录。

(9) 在 Installation Summary 屏幕中，在 KVM 超级监视程序配置的网络上建立一个本地系统。默认的网络为 192.168.122.0/24；对于 server1.example.com 系统，IP 地址为 192.168.122.50，网关为 192.168.122.1。配置主机名 **server1.example.com**。

(10) 在 Installation Summary 屏幕中，单击 Software Selection，然后选择 Server with GUI。不需要在虚拟机中安装虚拟程序包。

(11) 用自己的明智判断继续安装过程。

(12) 根据提示重新启动系统，以 root 用户身份登录。执行 **poweroff** 命令结束本实验题。

2.10 自测题答案

配置 Red Hat 的 KVM

1. 与 KVM 有关的三个内核模块：kvm、kvm_intel 和 kvm_amd。

2. 在 GUI 里配置基于 KVM 虚拟机的工具是虚拟机配置程序。

配置 KVM 上的虚拟机

3. 启动 GUI 中虚拟机管理程序的命令是 virt-manager。

4. 虚拟机管理程序的虚拟硬盘使用的默认目录是/var/lib/libvirt/images.

5. 用来新建一个虚拟机的命令是 virt-install。

自动安装选项

6. 启动基于 GUI 的 Kickstart 配置工具的命令是 system-config-kickstart。

7. 在/root 目录中记录 RHEL 安装过程的 Kickstart 文件名为 anaconda-ks.cfg。

8. 在 Kickstart 配置文件中，与网络连接有关的指令是 network。

9. 指向给定 FTP 安装服务器的指令是 **url --url ftp://server1.example.com/pub/inst**。

10. 在 Kickstart 配置文件中，在安装完成后关闭系统的指令是 shutdown。

用 Secure Shell 和 Secure Copy 进行管理

11. 在 ssh 命令中，启动访问远程 GUI 实用工具的开关选项是-X，也可以用-Y 开关选项。

12. 将 server1 上的/etc/hosts 文件安全地复制到本地主机的/tmp 中的命令是 scp server1.example.com:/etc/hosts /tmp/。

添加命令行工具

13. 为检查一个服务器是否在 IP 地址为 129.168.122.1 的系统的端口 25 上运行，可以使用 telnet 192.168.122.1 25 命令。

14. 为验证在 IP 地址为 129.168.122.1 的远程系统上活动的和可用的服务，可以使用 nmap 192.168.122.1 命令。

2.11　实验题答案

实验题 1

虽然本实验题很简单，但是它可以增加你对 KVM 虚拟机的信心。实验题完成后，应该能以 root 管理员的身份登录到这个虚拟机，并对系统做以下检查：

1. 检查挂载的文件系统和可用的空间。下面这个命令用来确认这些已挂载的文件系统和相关卷上的可用空间。

```
# mount
# df -m
```

2. 假设你已连接到 Internet 且已订阅了 Red Hat Portal，则必须把系统更新为最新内容。如果你使用一个重构发行版，则可以访问这些版本的公开库。不论哪种情况，执行以下命令以确保本地系统是最新的：

```
# yum update
```

本实验题验证"把 Red Hat 企业版 Linux 系统安装成一个虚拟客户端"的能力。

实验题 2

记住，本章以及本书后面的所有实验题都可以在本书配书网站上找到。实验题 2 至实验题 8 出现在其中的 Chapter2/子目录里。

系统克隆存在的问题之一是如何加入网卡的硬件 MAC 地址。地址冲突可能会给网络带来问题。因此用户不仅要修改 IP 地址，还要把唯一的硬件地址分配给某个网卡。由于存在这些问题，KVM 通常为克隆的系统设置一个不同的硬件 MAC 地址。例如，如果原系统有一个 eth0 网卡且网卡有一个硬件地址，则克隆系统的网卡采用另一个硬件地址。

如果你认为这太麻烦了，完全可以删除克隆系统，因为在 RHCSA 考试要求里并没有提到 VM 克隆系统。但是，有一个备份系统则可能会大有用处，而且这也正是练习实验题 4(Kickstart 安装模式)学到的技术的最佳时机。

实验题 3

本实验题的目的是介绍如何用命令行方法配置基于 KVM 的虚拟机。如果还没有根据第 1 章的要求建立 4 个不同的虚拟机(三个虚拟机和一个备份系统)，现在就是最好的时机。一个方法是使用 virt-install 命令。该命令要求用户输入以下信息：

- 分配的内存(--ram)，单位为 MB，至少需要 512MB。
- 虚拟硬盘文件路径(--disk)，可以与实验题 2 创建的虚拟硬盘相同，并指定其大小(单位为 GB)，前提是该文件尚不存在。
- 在第 1 章实验题 2 里创建的 FTP 安装服务器的 URL 地址(--location)。或者使用第 1 章介绍的 HTTP 安装服务器。
- OS 类型(--os-type=*linux*)及变体(--os-variant=*rhel7*)。

现在就可以正常完成这个安装过程，或者运行实验题 5 创建的安装系统的一个变异版。

实验题 4

如果你还没有 Kickstart 配置这方面的经验，则需要反复尝试。但最好现在就遇到这些问题，而不是在 Red Hat 考试时或工作中遇到。如果你能够建立一个可以用来不加干预地安装系统的 Kickstart 文件，则说明你完全可以应付 RHCSA 考试中的这项挑战。

有一个常见的问题与刚刚创建的虚拟硬盘有关。它们必须先初始化，这正是 clearpart 指令的--initlabel 开关的作用。

实验题 5

如果你最近首次执行 Kickstart 安装，则最好再来一次。如果现在练习，则意味着你在考试中可以较快地建立 Kickstart 安装。这还仅是开始，想象一下，假如你的老板需要几十台虚拟机，它们使用相同的软件和卷，再假设它们之间的唯一差别是主机名和网络参数，如果你能很快地完成这个任务，可以想象这对你提升自信心有多大的帮助。

如果你能够从命令行中用 virt-install 命令建立一个 Kickstart 安装，则把它安装在远程的虚拟主机上将会更加容易。你能够从远程位置配置新的系统，这会提升你在工作中的价值。

如果你还没有根据第 1 章的要求建立起 4 个不同的虚拟机(三个测试系统和一个备份系统)，现在就是最好的时机。

为在 virt-install 命令里使用一个 Kickstart 文件，需要使用普通的命令开关。由于不允许考生把本书带入考场，因此你尽量不要看本章的主要内容去完成本实验题。你可以参考 virt-install 命令的 man 网页，找到所有重要的开关选项。

必须把 ks=指令和 Kickstart 文件的 URL 地址放在引号里。新系统安装完成就算成功。

实验题 6

本实验题旨在理解 ssh 命令作为客户端的用法。加密算法必须是透明的，不能影响任何通过 SSH 连接管理远程系统的命令。

实验题 7

对于 RHCSA 几个不同的认证目标，本实验题是相当重要的。一旦掌握其过程，那么实际的操作就相当简单。在完成本实验题后，你应该对自己在以下方面的能力有信心：

● 启动和停止虚拟机；
● 配置系统以在引导时启动虚拟机。

本实验题也提供了一个远程访问虚拟机的方法。

实验题 8

本实验题是为了增加你对两个重要的网络故障排除工具的熟悉程度。它们就是 telnet 和 nmap。具有一定 Linux 经验的网络管理员可能更喜欢其他工具。如果熟悉 nc 等其他工具，那最好不过了，因为结果才重要。

第 **3** 章

基本的命令行技术

Red Hat 认证考试极具挑战性。本章介绍 RHCSA 考试的一些要求,这些要求过去曾是现已淘汰的 RHCT 认证考试的先决条件。其中许多要求规定了基本的命令行工具,这些工具都与 Linux Professional Institute 提供的初级证书考试有关。

这些命令行技术不再是 RHCSA 考试的先决条件,但是必须掌握它们才能实现考试目标。由于大多数准备参加 RHCSA 考试的考生都已经熟悉了这些命令行工具,因此本章将简单介绍相关内容。在阅读本章后如果仍然觉得需要深入了解这些内容,可以阅读第 1 章介绍的其他优秀 Linux 入门教材。

Linux 专家应该能看出,为了尽可能缩短本章的篇幅,本书简化了许多主题内容。但由于大多数 IT 专业人士都是特定领域的专家,因此可能对本章的某些主题没有把握,这是完全可以理解的。事实上,许多有经验的 Linux 管理员并不经常使用每个命令。许多考生通过自学和实践快速弥补这方面的差距。

考试内幕

shell

与 shell 有关的 RHCSA 认证目标都是非常普通的:

● 访问 shell 命令提示符并用正确的语法发布命令。

Linux 默认的 shell 是 bash,它代表 "Bourne-Again shell"。事实上,最初发布的 RHCSA 认证目标指定使用 bash。虽然许多 Linux 专家使用其他 shell,但是在考试中,考生遇到的极可能是 bash。

不管选择哪个 shell,都需要知道如何进入 shell 提示窗口并在提示窗口中执行常用命令。有些基本命令也在其他认证目标中介绍。我们很容易从控制台和 GUI 打开一个 shell 提示窗口。

管道和重定向

在 Linux 中经常把 shell 的数据输入输出视为信息流。一个基本的 Linux 技术是能够重定向这些输入输出流。正如 RHCSA 认证目标所要求的那样,考生应能够:

● 掌握输入/输出重定向符(>、>>、|、2>等)的使用。

上述括号中的操作符可以重定向来自命令输出、命令错误和数据文件等的数据流。

文件和目录的管理

进入命令行窗口后,下一个需要掌握的基本技术是文件和目录的管理。利用相关的命令,我们可在 Linux 目录树中到处导航,并执行相关认证目标要求的所有操作:

● 建立/删除/复制/移动文件和目录。

● 创建硬链接和软链接。

分析文本输出

大多数 Linux 配置文件都采用文本格式。正因为如此,必须理解和分析经过 shell 的文本流。为此需要掌握 grep 命令类的工具的使用,它可以帮助我们找到所需要的信息。通过这种方法分析如何实现以下认证目标:

● 用 grep 和正则表达式分析文本输出。

本地帮助文档的多样性

虽然在 Red Hat 考试期间是不可以访问 Internet 的，但是这不重要。Google 并不是你唯一的朋友。Linux 的许多程序包都已安装了一些非常好的文档，此外也可以使用命令手册。以下认证目标浅显易懂，它描述了与大多数 Linux 在线文档有关的命令和目录。

- 用 man、info 和/usr/share/doc 目录中的文件可以定位、阅读和使用系统文档。

此认证目标还包括另一个有趣的要求：

- 注意：Red Hat 考试中可能会用到一些 Red Hat 企业版 Linux 中并不包含的应用程序，目的是测验考生实现上述目标的能力。

大多数 Linux 开发人员都只使用系统文档规定的基本参数。Red Hat 的"注意"内容是否将一些重要的信息隐藏在/usr/share/doc 目录中的手册页面或文件中？这个词提醒你要考虑到这种情况。

使用文本编辑器

为配置 Linux，需要知道如何编辑文本文件。对那些 Linux 的初学者而言，这属于另一种范例。尽管像 OpenOffice.org Writer 和微软 Word 等字处理软件也可以生成文本格式文件，但是在关键配置文件中的一个错误可能会使 Linux 系统无法启动，而且这些编辑器会注入隐藏的数据，或者在进行简单的文本编辑时产生问题。因此需要掌握如何使用标准的非 GUI 实用工具实现以下认证目标：

- 创建和编辑文本文件。

管理网络服务

虽然有非常优秀的 GUI 工具可以帮助用户管理网络服务，但是用这样的工具很容易产生错误。命令行工具可以帮助用户直接管理和了解网络服务，或通过相关的配置文件管理网络服务。相应的认证目标是：

- 启动、停止和检查网络服务的状态。

当然，这个目标要求考生理解 IP 网络连接的基本概念。

网络配置和名称解析

名称解析是基于一个主机名数据库，或者像 server1.example.com 这样的完全限定域名(Fully Qualified Domain Names，FQDN)和 192.168.122.50 这样的 IP 地址。Linux 用来获取名称解析信息的来源通常是保存在本地/etc/hosts 中的主机名和 IP 地址数据库，以及域名解释服务器(DNS)上的可用数据库。这就是对以下 RHCSA 认证目标的解释：

- 配置网络和主机名的静态解析模式和动态解析模式。

Red Hat 首次发布 RHCSA 认证目标时，这个目标被分解成两个目标。虽然这些目标不再是 Red Hat 的官方内容，但是它们确实提供了网络配置和主机名解析的更丰富的内容：

- 管理网络设备：掌握基本的 IP 网络/路由、静态或动态配置 IP 地址/默认路由。
- 管理名称解析：设置本地主机名、配置/etc/hosts、配置使用现有的 DNS 服务器。

虽然网络故障排除不再是初级 Red Hat 考试的一部分，但是，我们处理网络配置和主机名称解析问题所使用的方法可以更好地帮助我们理解网络的工作模式。

认证目标 3.01　shell

shell 是一个用户接口。基于文本的 shell 也可用作命令行解释器。在 Linux 中，shell 是一个解释程序，它允许我们用各种命令与 Linux 进行交互。只要有合适的文件权限，我们就可以在脚本文件中设置命令，需要时甚至可以在深更半夜时执行这些脚本文件。Linux shell 可以按各种顺序处理命令，这取决于我们如何管理每个命令的输入和输出。每个 shell 对命令所做的解释一定程度上取决于它所使用的变量和参数。

Linux 中默认的 shell 是 bash，也称为 Bourne-Again shell。本书的主要命令是基于这些命令在 bash 中的用法。但是也存在很多其他的 shell，而且它们也有很多用户。只要能安装相应的 RPM 程序包，用户就可以启动任何一个 shell。需要时可以在/etc/passwd 文件中改变每个用户的默认 shell。

3.1.1　其他 shell

RHEL 7 中有 4 种命令行 shell，用户可以选择其中任何一种。虽然 bash 是默认的 shell，但是长期使用 Linux 和 Unix 的用户可能喜欢其他 shell：

- **bash**　默认的 Bourne-Again shell，它以 Stephen Bourne 最早开发的命令行解释程序为基础。
- **ksh**　即 Korn shell，由贝尔实验室的 David Korn 在 20 世纪 80 年代开发，结合了 Bourne 和 C shell 的最佳功能。
- **tcsh**　Unix C shell 的增强版。
- **zsh**　一个高级 shell，类似于 Korn shell。

这些 shell 都在/bin 目录中配置。如果用户想把其中一个作为默认的 shell，则并非难事。最直接的方法是在/etc/passwd 文件中修改默认 shell。例如，此文件中应用于一位作者的一个普通账户的一行内容是：

```
michael:x:1000:1000:Michael Jang:/home/michael:/bin/bash
```

例如，要把默认的 shell 改为 ksh，只需要把/bin/bash 改为/bin/ksh。另外还需要为 Korn shell 安装对应的 RPM 程序包。

> **考试提示**
>
> 尽管对大多数 Linux 用户来说很容易，但是 RHCSA 一个认证目标的一部分是"访问 shell 提示符"。现在你应该知道如何访问不同的 shell 提示符窗口。

3.1.2　虚拟终端

如果能访问 RHEL 系统的控制台，就可以使用 6 个虚拟终端来打开 6 个独立的登录会话。但是，默认情况下只激活一个虚拟终端。当切换到未使用的终端时，其他登录提示符会动态启动。虚拟终端由/etc/systemd 目录中的 logind.conf 文件定义。观察该文件，可看到一个名为 NAutoVTs 的选项，它定义了可被激活的最大虚拟终端数。虚拟终端与设备文件/dev/tty1 通过/dev/tty6 关联。当系统配置了一个 GUI，则它使用/dev/tty1。我们可以配置更多的虚拟终端，但是受/etc/securetty 文件中为 root 管理员用户分配的虚拟终端数量的限制。

通常情况下，为在虚拟终端之间切换，要按下 Alt 和对应终端关联的功能键。例如，Alt+F2
键可以切换到第二个控制台。但在 RHEL GUI 中，Alt+Fn 键组合用来提供其他功能，例如 Alt+F2
可启动 Run Application 工具。因此，在 GUI 中需要按 Ctrl+Alt+Fn 才可以切换到第 n 个虚拟控
制台。

登录文本控制台时会看到如下提示信息，但是具体内容可能会因 RHEL 的版本、内核的版
本号以及系统的主机名而稍有差异：

```
Red Hat Enterprise Linux Server
Kernel 3.10.0-123.el7.x86_64 on an x86_64

server1 login:
```

用图形模式登录时会更加直观，如图 3-1 所示，但需要安装 GNOME 显示管理程序(GNOME
Display Manager，GDM)。

图 3-1   第一个 GUI 登录控制台

3.1.3 GUI shell 接口

登录到 GUI 后，访问 bash shell 就很容易。如果我们使用默认的 GNOME 桌面环境，则单
击 Applications | Utilities | Terminal。传统上，管理员总是从控制台控制计算机的。但在许多情
况下从 GUI 环境访问命令行控制台可能会更加方便，特别当多个控制台并排出现在屏幕上时。
右击 GUI 终端界面可以在不同的窗口或者选项卡中打开另外的终端窗口。需要时它还支持终端
窗口之间的复制与粘贴。

本书使用的命令行截图都以基于 GUI 的命令行窗口为依据，部分原因是在白色屏幕上的黑字更容易阅读。

3.1.4 普通用户与管理员用户的区别

在命令行窗口中可以执行的命令取决于登录账户所拥有的权限。现在有两个基本的提示符。下面是普通用户登录后看到的提示符：

```
[michael@server1 ~]$
```

注意，屏幕上出现了用户名、本地系统的主机名、当前目录和$提示符。 $是普通用户的标准提示符。在本书的前言中曾提到，普通用户执行命令后只显示如下内容：

```
$
```

与此相反，在同一个系统上来看看 root 管理员用户的提示符。它与普通用户的提示信息相似，除账户名不同外，唯一的区别是提示符：

```
[root@server1 ~]#
```

本书中，root 管理员账户执行命令的显示结果如下：

```
#
```

除所有权、权限外，普通用户与管理员账户的其他差别将在第 8 章中介绍。

3.1.5 文本流与命令重定向

Linux 使用三个基本数据流。数据输入流、数据输出流和向另一个方向发送的错误。这些流分别被称为标准输入(stdin)、标准输出(stdout)和标准错误(stderr)。通常情况下，输入来自键盘，而标准输出和标准错误则发送到屏幕。在下例中，当执行 cat *filename* 这个命令时，系统把文件的内容作为标准输出发送到屏幕(就像发送任何错误一样)。

```
# cat filename
```

也可以把这些流重定向到文件，或从文件重定向这些流。例如，有一个名为 database 的程序和一个包含大量数据的数据文件。用左重定向箭头(<)可以把此数据文件的内容发送到这个数据库程序。如下所示，这里的数据文件(datafile)被当作标准输入：

```
# database < datafile
```

标准输入也可以来自某个命令的左侧。例如，当我们需要翻页浏览引导信息时，可用管道把 dmesg 和 less 两个命令组合在一起：

```
# dmesg | less
```

这里把 dmesg 命令的输出重定向为 less 的标准输入。后者对前者的输出内容进行翻页浏览，就像它是一个独立文件一样。

标准输出重定向也一样容易。例如，下面的命令用右重定向符(>)把 ls 命令的标准输出发送到名为 filelist 的文件中。

```
# ls > filelist
```

还可以用双重定向箭头命令(如 ls>>filelist)在当前文件的末尾添加标准的输出流。

如果想将某个程序的错误消息保存到一个文件中，则用下面的命令重定向此程序的错误流：

```
# program 2> err-list
```

有时候会想要丢弃所有错误。通过将错误流重定向到特殊的设备文件/dev/null 可实现此目的：

```
# program 2> /dev/null
```

&>是另一个有用的重定向符，它将标准输出和错误发送到一个文件或设备。下面给出了一个示例：

```
# program &> output-and-error
```

考试提示

>、 >>、 2> 和 | 等命令重定向符在 RHCSA 认证目标中属于"输入/输出重定向符"。

认证目标 3.02　标准命令行工具

虽然 Linux 初学者可能更喜欢使用 GUI，但管理 Linux 系统最有效的工具还是命令行接口。虽然目前存在一些很好的 GUI 工具，但是这些工具的外观和操作模式随不同的发行版而异。与此相反，如果我们掌握了标准的命令行工具，则可以方便自如地操作每个 Linux 发行版。

记住，在任何 bash 会话中，我们可以利用上下方向键来浏览前面执行过的命令的历史记录，使用 Ctrl+R 键进行搜索。还可以利用命令自动补全功能。自动补全功能允许我们用 Tab 键完成命令、文件名或变量(文本需要以$字符开头)。

几乎所有的 Linux 命令都有开关选项和参数。命令选项允许改变命令的行为，通常前面带有一个或两个短横线(如 ls -a 或 ls --all)。参数指定了命令应该操作的文件、设备或其他目标。本章只介绍少数几个命令。如果你对这些命令不熟悉，而可以用 man 文档。仔细研究命令选项，然后在 Linux 中进行测试。只有不断实践才会理解这些命令的强大功能。

有两组基本的命令用来管理 Linux 文件。一组是操作 Linux 文件和目录，另一组实际上可以对文件做更进一步的操作。接下来将介绍这些命令，但首先讨论基本的文件系统概念。

考试提示

本节只讨论 Linux 中的最基本命令，只介绍这些命令的几个最基本的功能。尽管如此，本节要求你用正确的语法执行命令，这正是 RHCSA 认证目标所要求的。

3.2.1　文件与目录的概念

如前所述，在 Linux 中任何东西都可以表示为文件。目录是特殊类型的文件，它是保存其他文件的容器。为了找到重要的文件，需要介绍一些基本的命令和概念，它们告诉你当前所在的位置以及如何从一个目录切换到另一个目录。最重要的命令是 pwd 命令、波浪形字符(~)和路径。使用波浪形字符(~)可以切换到用户的主目录；而路径是描述 Linux 目录树中位置的一个概念。与它们紧密相关的是在执行命令时搜索的目录，它与一个名为 PATH 的环境变量有关。掌握了这些概念后，就可以用 cd 命令在目录之间切换。

1. pwd 命令

在命令行接口，当前目录可能是顶层目录(即为根目录，用/表示)，也可能是一个子目录。pwd 命令可以确定当前目录。试试这个命令，它显示一个相对于顶层根目录(/)的目录名。有了这个信息，必要时我们就可以切换到其他目录。顺便指出，pwd 是打印工作目录这三个单词的首字符(print working directory)(它与现代的打印机没有任何关系，而是对把输出打印到电传打字机的时代的致敬)。例如，当用户 michael 在自己的主目录中执行 pwd 命令时，会看到下面的输出信息：

```
/home/michael
```

2. 波浪符(~)

使用标准的登录方式时，每个 Linux 用户都处于一个主目录中。波浪符(~)可以用来表示当前用户的主目录。例如，当用户 john 登录时，它处在/home/john 主目录中。与此对应，root 管理员用户的主目录是/root。

因此，cd ~命令的效果取决用户名。例如，如果以用户 mj 登录到系统，则 cd ~命令导航到/home/mj 目录，如果以 root 用户登录到系统，则此命令导航到/root 目录。在目录树中任何位置都可以用 ls ~命令列出自己主目录中的内容。稍后将介绍 cd 和 ls 命令的使用。当以 root 管理员用户登录到系统并执行 ls 命令，就会看到如下内容：

```
anaconda-ks.cfg initial-setup-ks.cfg
```

顺便指出，这些文件说明在安装过程中发生的事情，即安装了哪些程序包，在本地系统添加了哪些用户和组等。anaconda-ks.cfg 命令是 Kickstart 自动安装的重要工具，这在第 2 章已经讨论过。

3. 目录路径

使用 Linux 目录时需要掌握路径的两个基本概念：绝对路径和相对路径。绝对路径是从顶层目录(即 root 目录/)的角度来描述完整的目录结构。相对路径是以当前目录为基础。相对路径的最前面没有斜杠。

掌握绝对目录与相对目录的区别很重要。特别当运行一个命令时，绝对目录是必需的。否则引用错误目录的命令会导致意想不到的结果。例如，假如当前在顶层 root 目录，我们想用相对路径备份/home 目录。如果恢复该备份时我们正好在/home 目录中，则 michael 用户的文件就会恢复到/home/home/michael 目录中。

相反，如果用绝对路径备份/home 目录，则在恢复这些备份文件时当前目录不起作用。备份数据会恢复到正确的目录中。

4. 环境路径

严格来说，在执行一个命令时必须引用这个命令的完整路径。例如，既然 ls 命令是在/bin目录中，因此用户应该执行/bin/ls 命令以列出当前目录中的文件。有了 PATH 环境变量，命令前不需要加上它的完整路径。当我们在命令行输入一个命令时，bash shell 自动会在 PATH 环境变量的路径中搜索这个命令。从一个控制台切换到另一个控制台，环境变量始终保持不变。

为确定当前用户的 PATH 环境变量的内容，只需要执行 echo $PATH 命令。这会看到在屏幕上输出一系列目录。在 RHEL 7 中，普通用户的 PATH 变量与 root 用户的 PATH 变量的差别不大。

```
$ echo $PATH
/usr/local/bin:/bin:/usr/bin:/usr/local/sbin:↵
/usr/sbin:/home/michael/.local/bin:/home/michael/bin

# echo $PATH
/usr/local/sbin:/usr/local/bin:/sbin:/bin:/usr/sbin:/usr/bin:/root/bin
```

现在，普通用户与 root 用户的 PATH 变量包含的目录几乎完全相同，但是差别还是有的，那就是搜索目录的顺序。例如， /usr/bin 和/usr/sbin 这两个目录都可以使用 system-config-keyboard命令。从普通用户和 root 管理员用户 PATH 变量的默认内容可以看出，由于 PATH 变量存在的差别，两者的执行方法不一样。

PATH 是由/etc/profile 文件的当前设置参数或者/etc/profile.d 目录中的脚本全局决定的。你可能注意到，系统为 UserID(UID)0 用户与其他所有用户配置的 PATH 内容不大一样。UID 0 对应于root 管理员用户。

某个用户的 PATH 变量可以由该用户主目录中的一个适当的记录来加以定制，此隐藏文件名为~/.bash_profile 或~/.profile。

5. cd 命令

在 Linux 中切换目录非常容易。只要用 cd 并列出目标目录的绝对路径即可。如果使用相对路径，务必记住目标目录取决于当前目录。

默认情况下，单独使用 cd 命令可以导航到用户的主目录，该命令不需要波浪形符。另一个常用的快捷命令是两个连续的点字符(..)，用于代表目录层次中的上一层目录。因此，cd..将移动到当前目录的父目录。

3.2.2　文件列表和 ls 命令

既然已经知道了从一个目录导航到另一个目录的命令，现在该来看看目录中有哪些文件。这就要用到 ls 命令。

Linux 的 ls 命令加上合适的开关选项，是一个功能非常强大的命令。正确使用 ls 命令可以获得文件的全部信息，如最后修改日期、最后访问日期和文件大小等。可以按任何顺序排列文件，这对我们非常有用。ls 命令的几个重要变化形式是，ls -a 显示隐藏文件，ls -l 长列表显示文件，ls -t 按修改时间顺序排列文件，ls -i 显示 inode 数(inode 是文件系统的内部数据结构，存储了文件的信息)。其他有用的命令选项包括-r 和-R。-r 可颠倒排列顺序，-R 可递归地列出所有子目录的内容。

开关选项可以组合使用。我们经常用 ls -ltr 命令，以递归和长列表的形式反序显示最近修改的文件。-d 开关选项与其他选项一起可以提供当前目录的更多信息，当为 ls 命令提供了一个目录作为参数时，则可显示该目录的更多信息。

ls -Z 命令的一个很重要的作用是返回 SELinux 上下文。分析图 3-2 中的输出结果，system_u、object_r、var_t 和 s0 等输出信息表示这些文件的当前 SELinux 上下文。在 RHCSA 考试中(RHCE 考试也一样)，考生需要配置一个启用 SELinux 服务的系统。从第 4 章开始将介绍如何为系统的每个服务配置 SELinux。

```
[root@server1 ~]# \ls -Z /var/
drwxr-xr-x. root root system_u:object_r:acct_data_t:s0 account
drwxr-xr-x. root root system_u:object_r:var_t:s0       adm
drwxr-xr-x. root root system_u:object_r:var_t:s0       cache
drwxr-xr-x. root root system_u:object_r:kdump_crash_t:s0 crash
drwxr-xr-x. root root system_u:object_r:var_t:s0       db
drwxr-xr-x. root root system_u:object_r:var_t:s0       empty
drwxr-xr-x. root root system_u:object_r:public_content_t:s0 ftp
drwxr-xr-x. root root system_u:object_r:games_data_t:s0 games
drwx--x--x. gdm  gdm  system_u:object_r:xserver_log_t:s0 gdm
drwxr-xr-x. root root system_u:object_r:var_t:s0       gopher
drwxr-xr-x. root root system_u:object_r:var_t:s0       kerberos
drwxr-xr-x. root root system_u:object_r:var_lib_t:s0   lib
drwxr-xr-x. root root system_u:object_r:var_t:s0       local
lrwxrwxrwx. root root system_u:object_r:var_lock_t:s0  lock -> ../run/lock
drwxr-xr-x. root root system_u:object_r:var_log_t:s0   log
lrwxrwxrwx. root root system_u:object_r:mail_spool_t:s0 mail -> spool/mail
drwxr-xr-x. root root system_u:object_r:var_t:s0       nis
drwxr-xr-x. root root system_u:object_r:var_t:s0       opt
drwxr-xr-x. root root system_u:object_r:var_t:s0       preserve
lrwxrwxrwx. root root system_u:object_r:var_run_t:s0   run -> ../run
drwxr-xr-x. root root system_u:object_r:var_spool_t:s0 spool
drwxrwxrwt. root root system_u:object_r:tmp_t:s0       tmp
drwxr-xr-x. root root system_u:object_r:var_t:s0       var
drwxr-xr-x. root root system_u:object_r:httpd_sys_content_t:s0 www
drwxr-xr-x. root root system_u:object_r:var_yp_t:s0    yp
[root@server1 ~]#
```

图 3-2　当前的 SELinux 上下文

3.2.3　文件创建命令

有两个命令可用来创建新文件，它们是 touch 和 cp。也可以用 vi 等文本编辑器创建一个新的文件。当然，尽管 ln、mv 和 rm 命令不会创建文件，但是它们确实可以用自己的方法管理文件。

1. touch 命令

新建一个文件的最简单方法也许是用 touch 命令。例如，touch abc 命令在本地目录中创建了一个名为 abc 的空文件。touch 命令也用来改变文件的最后修改日期。例如，试试下面三个命令：

```
# ls -l /etc/passwd
```

```
# touch /etc/passwd
# ls -l /etc/passwd
```

注意与每个 ls -l 命令的输出有关的日期和时间，并与 date 返回的当前日期和时间进行比较。执行了 touch 命令后，/etc/passwd 的时间戳将更新为当前的日期和时间。

2. cp 命令

cp(copy) 命令允许我们把一个文件的内容复制到同名或不同名的文件中，复制得到的文件可以在任何目录。例如，cp *file1 file2* 命令读取 *file1* 的内容，并将它保存到当前目录的 *file2* 中。使用 cp 命令的一个风险是它会在不提示用户的情况下很容易覆盖掉不同目录中的文件。

cp 命令的另一种用途是将多个文件源复制到一个目标目录。此时，语法为 cp *file1 file2* ... *dir*。

cp 命令在使用 -a 开关选项时支持递归修改，并保留所有文件属性，例如权限、所有权和时间戳。例如，下面的命令将把源目录中所有子目录以及相关文件复制到 /mnt/backup 中。

```
# cp -a /home/michael/. /mnt/backup/
```

3. mv 命令

虽然在 Linux 中不能重命名一个文件，但是可以移动文件。mv 命令实质上是给文件贴上不同的标签。例如，mv *file1 file2* 命令就是把 *file1* 的名字改为 *file2*。除非把一个文件移到另一个文件系统，否则这个文件的全部内容包括索引节点数 (inode number) 都不会改变。mv 命令也可用于目录。

4. ln 命令

链接文件允许用户使用不同的名称引用同一文件。当链接文件是设备文件时，它们只代表一些较常用的名字，如 /dev/cdrom。链接文件可以是硬链接，也可以是软链接。

硬链接是目录项，指向同一索引节点。它们必须在同一文件系统中创建。可以删除一个目录中的一个硬链接文件，但它还存在于另一个目录中 (只有当指向文件的目录项记录数为 0 时，才会删除该文件，这个数字通过每个文件的计数器跟踪)。例如，下面这个命令在实际的 Samba 配置文件和本地目录中的 smb.conf 之间建立了硬链接。

```
# ln /etc/samba/smb.conf smb.conf
```

另一方面，软链接起着重定向的作用。当我们打开一个用软链接创建的文件时，则链接把我们重定向到原来的文件。如果我们删除原来的文件，则链接就中断。虽然软链接还在使用，但它不奏效。下面这个命令说明了如何创建一个软链接文件：

```
# ln -s /etc/samba/smb.conf smb.conf
```

5. rm 命令

rm 命令有点危险。Linux 命令行中没有回收站。因此当我们要用 rm 命令删除一个文件后，就很难恢复这个文件。

　　rm 命令也很强大。例如，当我们下载了 Linux 内核的源文件后，则在/root/rpmbuild/BUILD /kernel-3.10.0-123.el7 目录中有几千个文件。逐一删除这些文件是不切实际的，而 rm 命令提供了几个功能强大的开关选项。下面这个命令可以一次性删除所有这些文件：

```
# rm -rf /root/rpmbuild/BUILD/kernel-3.10.0-123.el7
```

　　-r 开关选项可以按递归方式进行，-f 开关选项可以覆盖掉任何安全措施，如系统为 root 用户创建的 alias 命令的输出中的-i 开关。它仍然是一个十分危险的命令。例如，在下面的命令中，/ 与后面的目录名之间多了个空格。这样一个简单的输入错误就会删除自顶层根目录开始的全部文件，然后删除 root/rpmbuild/BUILD/kernel-3.10.0-123.el7 子目录。

```
# rm -rf / root/rpmbuild/BUILD/kernel-3.10.0-123.el7
```

　　这将删除系统上的每个文件，包括所有挂载点。

6. 目录创建和删除

　　mkdir 和 rmdir 命令用来创建和删除目录。这两个命令的用法取决于前面讨论的绝对目录和相对路径的概念。例如，下面的命令在当前目录中创建 test 子目录。如果用户目前在 /home/michael 目录中，则完整的路径为/home/michael/test。

```
# mkdir test
```

　　也可以用下面的命令创建/test 目录：

```
# mkdir /test
```

　　必要时可以用下面的命令创建一串目录：

```
# mkdir -p test1/test2/test3
```

　　上述命令相当于以下命令：

```
# mkdir test1
# mkdir test1/test2
# mkdir test1/test2/test3
```

　　相反，rmdir 命令可以删除一个目录，条件是它必须是一个空目录。如果我们想删除前面 mkdir 命令创建的目录，则-p 选项特别有用。下面这个命令删除前面提到的目录及其子目录，条件是这些目录必须都为空：

```
# rmdir -p test1/test2/test3
```

7. alias 命令

　　alias 命令可用来简化几个命令。对于 root 用户，默认的别名可以提供一点安全性。要查看当前用户的别名，只需要运行 alias 命令。下面是 Red Hat 为 root 用户设置的别名列表：

```
alias cp='cp -i'
alias egrep='egrep --color=auto'
```

```
alias fgrep='fgrep -color=auto'
alias grep='grep --color=auto'
alias l.='ls -d .* --color=auto'
alias ll='ls -l --color=auto'
alias ls='ls --color=auto'
alias mv='mv -i'
alias rm='rm -i'
alias which='alias | /usr/bin/which --tty-only --read-alias ↵
--show-dot --show-tilde'
```

有些 alias 命令可防止重要文件被误删。-i 开关选项在用 cp、mv 或 rm 命令删除或覆盖掉文件之前要求用户确认。同时还要注意，-f 开关选项取代这些命令的-i 开关选项。

3.2.4　通配符

有时，我们可能并不知道文件的精确名字或者准确的搜索条件，此时可以使用通配符，特别是在本书介绍的命令中。三个基本的通配符如表 3-1 所示。

表 3-1　shell 中的通配符

通 配 符	说　　明
*	代表任意数量的字符(也表示 0 个字符)。例如，ls ab*命令就会列出以下文件名(假设当前目录中存在这些文件)：ab、abc、abcd
?	代表一个任意的字符。例如，ls ab?命令返回以下文件名(假设当前目录中存在这些文件)：abc、abd、abe
[]	范围选项。例如 ls ab[123]命令返回以下文件名(假设当前目录中存在这些文件)：ab1、ab2、ab3。也可以通过 ls ab[X-Z]命令返回以下文件名(假设当前目录存在这些文件)：abX、abY、abZ

实际经验
在 Linux 领域中，通配符有时也被称为文件名代换(globbing)。

3.2.5　文件搜索

大多数用户在学习 Linux 一段时间后就熟悉了一些重要的文件。例如，named.conf 是标准 DNS(Domain Name Service，DNS)服务器的关键配置文件，这些服务器基于伯克利因特网名称域(Berkeley Internet Name Domain，BIND)。但并不很多人都能记得住，包含各种有用配置信息的 named.conf 示例文件保存在/usr/share/doc/bind-*/sample/etc 目录中。

为此，有两个基本命令可用于文件搜索：find 和 locate。

1. find 命令

find 命令在目录以及子目录中搜索所需要的文件。例如，当我们想找到 DNS 配置文件示例文件 named.conf 所在的目录，可以使用下面的命令，此命令从根目录开始搜索：

```
# find / -name named.conf
```

但搜索的速度取决于本地系统的内存大小和磁盘速度。如果用户知道此文件位于/usr 子目录树中，则可以从那个目录开始使用如下命令：

```
# find /usr -name named.conf
```

现在这个命令就可以更快地找到所需要的文件。

2. locate 命令

如果这一切还是太费时间，RHEL 允许用户创建一个数据库，它保存了全部的安装文件和目录。用 locate 命令搜索文件几乎是即时完成的，而且 locate 搜索不需要完整的文件名。locate 命令的缺点是此数据库通常每天只更新一次，这在/etc/cron.daily/mlocate 脚本文件中有记录。

每 24 个小时才更新一次可能不够，特别是在两个半小时的考试期间。幸运的是，前面提到的这个脚本文件可以直接由 root 管理用户从命令行接口中执行。只需要输入这个文件的完整目录就行，就像它是一个命令一样：

```
# /etc/cron.daily/mlocate
```

认证目标 3.03　文本文件的管理

Linux 和 Unix 都通过一系列文本文件进行管理。Linux 系统管理员通常不喜欢用图形编辑器管理这些配置文件。像 OpenOffice.org Writer 或微软的 Word 这类的编辑器通常会把文件保存为二进制格式，或者会修改纯文本文件的编码。除非文本文件按原始格式保存，否则对文本做任何修改都可能导致 Linux 系统无法启动。

Linux 命令把文本文件当作数据流进行管理。你在前面已经看到重定向符和管道符等工具的作用。但是如果没有合适的工具将数据进行分类处理，我们可能会被数据淹没了。即使在对文件进行编辑之前，也必须知道如何在命令行接口读取这些文本文件。

3.3.1　文本流的读命令

前面已经学习了 cd、ls 和 pwd 用于处理 Linux 文件的命令。加上 find 和 locate 命令，我们已掌握了如何确定所需要文件的位置。

现在该是如何读取、复制和移动文件的时候了。大多数 Linux 配置文件都是文本文件，Linux 编辑器就是文本编辑器。Linux 命令就是为读取文本文件而设计的。为确定当前目录中文件的类型，可以试试 file *命令。

1. cat 命令

最简单的文本文件读取命令是 cat。cat *filename* 命令可翻页显示 *filename* 文件的内容。它也可以处理多个文件名。它把多个文件的内容合并在一起，并将其连续输出到屏幕上。也可以把输出结果重定向到自己喜欢的文件名中，这将在 3.1.5 一节"文本流和命令重定向"中讨论。

2. less 和 more 命令

大文件需要一个可以让用户悠闲自在浏览文件内容的命令，它们就是 more 和 less。用 more

filename 命令可以翻页显示文本文件的内容，每次一个屏幕从头到尾显示。使用 less *filename* 命令，我们可以用 PAGE UP、PAGE DOWN 和方向键向前或向后翻页查看同样的文本。这两个命令都支持 vi 模式搜索。

less 和 more 命令不修改文件，所以是翻页显示大文本文件(如错误日志)或者在大文本文件中搜索项目的极佳方法。例如，要浏览基本的/var/log/messages 文件，可执行下面的命令：

```
# less /var/log/messages
```

然后就可以翻页显示日志文件以搜索文件中的重要信息。接下来可以用向前的斜杠(/)和问号在文件中向前或向后搜索。例如，当我们执行了上述命令后，就会出现如图 3-3 所示的窗口。

```
Dec 28 09:36:31 server1 NetworkManager: DHCPREQUEST on eth0 to 255.255.255.255 p
ort 67 (xid=0x14b16e00)
Dec 28 09:36:31 server1 NetworkManager[829]: <info> (eth0): DHCPv4 state changed
 nbi -> preinit
Dec 28 09:36:31 server1 dhclient[1707]: DHCPACK from 192.168.122.1 (xid=0x14b16e
00)
Dec 28 09:36:31 server1 NetworkManager: DHCPACK from 192.168.122.1 (xid=0x14b16e
00)
Dec 28 09:36:31 server1 dhclient[1707]: bound to 192.168.122.225 -- renewal in 1
441 seconds.
Dec 28 09:36:31 server1 NetworkManager: bound to 192.168.122.225 -- renewal in 1
441 seconds.
Dec 28 09:36:31 server1 NetworkManager[829]: <info> (eth0): DHCPv4 state changed
 preinit -> reboot
Dec 28 09:36:31 server1 NetworkManager[829]: <info>    address 192.168.122.225
Dec 28 09:36:31 server1 NetworkManager[829]: <info>    plen 24 (255.255.255.0)
Dec 28 09:36:31 server1 NetworkManager[829]: <info>    gateway 192.168.122.1
Dec 28 09:36:31 server1 NetworkManager[829]: <info>    server identifier 192.168.
122.1
Dec 28 09:36:31 server1 NetworkManager[829]: <info>    lease time 3600
Dec 28 09:36:31 server1 NetworkManager[829]: <info>    hostname 'server1'
Dec 28 09:36:31 server1 NetworkManager[829]: <info>    nameserver '192.168.122.1'
Dec 28 09:36:31 server1 NetworkManager[829]: <info> Activation (eth0) Stage 5 of
:
```

图 3-3　less 命令和/var/log/messages 中的内容

例如，要在文件中向前搜索"IPv4 tunneling"，只要在命令行窗口的底部输入下面的内容即可：

```
/IPv4 tunneling
```

如果要按相反的方向搜索，则只要把/改为？即可。

less 命令有几个功能是 more 和 cat 这两个命令所没有的。它可以读取用 Gzip 格式压缩的文本文件，通常这种文件的扩展名为.gz。例如，许多在 shell 环境执行的标准命令的 man 文档都保存在/usr/share/man/manl 目录中。这个目录中的所有文件都被压缩成.gz 格式的文件。但用 less 命令不需要解压就可以读取这些文件的内容。

这就让我们想起 man 命令的使用。换言之，下面两个命令在功能上是等效的：

```
# man cat
# less /usr/share/man/man1/cat.1.gz
```

3. head 和 tail 命令

head 和 tail 是两个不同的命令，但是它们的用法完全相同。默认情况下，head *filename* 命令显示一个文件的前 10 行内容。tail *filename* 命令显示文件的最后 10 行内容。可以用**-n***xy* 开关选项定义需要显示的行数。例如，tail -n 15 /etc/passwd 命令显示/etc/passwd 文件的最后 15 行内容。

tail 命令特别有用，可用于解决执行过程中发生的问题。例如，如果登录一直失败，则下面的命令可以监测相关文件，当记录下新的日志条目时在屏幕上显示出来：

```
# tail -f /var/log/secure
```

3.3.2　处理文本流的命令

文本流就是数据的流动。例如，cat *filename* 命令把来自*filename* 的数据流输出到终端上。当这些文件变大时，最好先用过滤器命令对这些流进行处理。

为此，Linux 引入了几个简单的命令帮助我们搜索、检查和对文件的内容排序。有些特殊的文件，它们包含其他文件。这些容器文件的一部分俗称为打包工具(tarball)。

实际经验

打包(tarball)是一种发布 Linux 程序包的常用方法。它们通常以一个压缩格式发布程序包，如.tar.gz 或.tgz 文件扩展名，它们把程序包都集中到一个文件中。

1. sort 命令

可以用多种方法对文件的内容进行排序。默认情况下，sort 命令按照字母顺序将文件内容按每行首字符进行排序。例如，sort /etc/passwd 命令把所有用户(包括与某些特定服务有关的用户)按用户名排序。

2. grep 命令

grep 命令使用搜索词搜索文件。它返回包含此搜索词的整行内容。例如，grep "Michael Jang" /etc/passwd 就会在/etc/passwd 文件中查找到本书作者的名字。

在 grep 命令中可使用正则表达式。正则表达式十分强大，可指定复杂的搜索模式。表 3-2 中列出了在正则表达式中具有特殊意义的一些字符。如果希望丢弃元字符的特殊意义，而纯粹照字面使用，需要在元字符的前面加上反斜杠(\)。

表 3-2　正则表达式中的特殊字符

元 字 符	说　　明
.	任何单个字符。常与*字符一起使用，指示任意数量的字符
[ ]	匹配方括号中包含的任何单个字符。例如，命令 grep 'jo[ah]n' /etc/passwd 将返回/etc/passwd 中包含字符串 joan 或 john 的所有行
?	匹配前一个元素 0 次或 1 次。例如，命令 grep -E 'ann?a' /etc/passwd 将返回/etc/passwd 中包含字符串 ana 或 anna 的所有行
+	匹配前一个元素一次或多次。例如，命令 grep -E 'j[a-z]+n' /etc/passwd 将返回/etc/passwd 中包含字母 j 和 n，二者之间有一个或多个小写字母的所有行。因此，这个正则表达式将匹配 joan、john、jason、jonathan 等字符串

元　字　符	说　　明
*	匹配前一个元素 0 次或多次。例如，命令 grep 'jo[a-z]*n' /etc/passwd 将返回/etc/passwd 中包含字符串 jo，其后跟 0 个或多个小写字母，最后以字符 n 结束的所有行。因此，这个正则表达式将匹配字符串 jon、joan 或 john 等
^	匹配一行的开头。例如，命令 grep '^bin' /etc/passwd 将返回/etc/passwd 中以字符串序列 bin 开头的所有行
$	匹配一行的结尾。例如，命令 grep '/bin/[kz]sh$' /etc/passwd 将返回/etc/passwd 中以字符串序列/bin/ksh 或/bin/zsh 结束的所有行(即，与设置 Korn 或 Zsh 作为默认 shell 的用户对应的所有记录)

grep 命令支持一些有用的开关选项。为使搜索区分大小写，可以在命令行传递-i 选项。-E
选项支持使用扩展的正则表达式语法。另外一个值得注意的开关选项是-v，它可反转匹配逻辑。
也就是说，它告诉 grep，只选择不能匹配正则表达式的那些行。

举个例子。假设只想选择/etc/nsswitch.conf 中不为空、且不包含注释(即不以#字符开头)的
那些行。这可以通过执行下面的命令实现：

```
# grep -v '^$' /etc/nsswitch.conf | grep -v '^#'
```

注意，第一个 grep 命令选择了全部不为空的行(匹配空行的正则表达式为^$，也就是说，
行尾紧跟行首)。然后，输出通过管道发送给第二个 grep 命令，它排除了所有以#字符开头的行。

使用一个 grep 命令和-e 开关，可以得到同样的结果，-e 开关允许在同一命令中指定多个搜
索模式：

```
# grep -v -e '^$' -e '^#' /etc/nsswitch.conf
```

关于正则表达式的更多信息，可输入 man 7 regex 查看。

3. diff 命令

diff 是一个非常有用的命令，它可以找出两个文件的差别。如果已经使用过本章后面将要介
绍的 Network Manager Connections Editor 工具，此工具会修改/etc/sysconfig/network-scripts 目录
中的诸如 ifcfg-eth0 文件的内容。

如果已经备份了 ifcfg-eth0 文件，则用 diff 命令可以找出两个文件的区别。例如，下面的命令可
找出/root 目录中的 ifcfg-eth0 与/etc/ sysconfig/ network-scripts 目录中 ifcfg-eth0 文件的差别：

```
# diff /root/ifcfg-eth0 /etc/sysconfig/network-scripts/ifcfg-eth0
```

4. wc 命令

wc 是单词统计(word count)的缩写符。它可以返回一个文件中的行数、单词数和字符数。wc
命令很容易使用，例如，wc -w *filename* 命令返回此文件的单词数。

5. sed 命令

sed 命令是流编辑(stream editor)的缩写符，用于搜索并修改文件中指定的单词甚至文本流。

例如,下面的命令把 opsys 文件每一行的第一个 Windows 改为 Linux,并把结果保存到 newopsys 文件中:

```
# sed 's/Windows/Linux/' opsys > newopsys
```

但这还不是 sed 的全部功能。如果在 opsys 文件中的一行有不止一个 Windows,这个命令不会替换第二个 Windows,但是增加"全局"后缀符(g)就可以做到这一点:

```
# sed 's/Windows/Linux/g' opsys > newopsys
```

下面的示例确保所有用 writable=yes 指令配置的 Samba 共享参数都被改为 writable=no:

```
# sed 's/writable = yes/writable = no/g' /etc/samba/smb.conf > ~/smb.conf
```

当然,在原来的/etc/samba/smb.conf 文件被覆盖之前,最好先浏览/root/smb.conf 文件中的内容。

6. awk 命令

awk 命令是以它的开发者命名的(Aho、Weinberger 和 Kernighan),它更像是一个完整的编程语言,而不只是一条命令。它用一个关键字确定所在的行,可以读取这一行中的从指定列开始的内容。一个常用的示例是它作用于/etc/passwd 文件。例如,下面这个命令输出/etc/passwd 中包含"mike"的每个用户的第四个字段(组 ID):

```
# awk -F : '/mike/ {print $4}' /etc/passwd
```

3.3.3　在控制台编辑文本文件

RHCSA 认证目标的最初版本明确要求考生需要掌握 vim 编辑器的使用。严格来说,无论用哪个文本编辑器来编辑文本文件都没有关系。但我们认为你应该了解 vim 编辑器的用法,显然 Red Hat 的许多人也同意这个观点。vim 编辑器是 vi 编辑器改进版(vi improved)的缩写。安装后可以用 vi 命令启动 vim 编辑器。从现在开始我们就用 vi 代表这个编辑器。

我们认为每个系统管理员都应对 vi 有一个基本的了解。虽然 emacs 也是个很好的选择,但是 vi 可以帮助我们挽救一个有故障的系统。如果你曾经用紧急引导媒介恢复一个重要的配置文件,则 vi 可能是唯一可用的编辑器。

虽然 RHEL 7 也包含了对一个更加直观的 nano 编辑器的访问,但是掌握 vi 命令可以帮助我们更快速地搜索和编辑文本文件的关键部分。虽然 RHEL 急救媒介(rescue media)提供了更多的基于控制台的编辑器,但是 vi 是 Linux 中功能最丰富、最高效的编辑器之一。

应该掌握 vi 的两种基本模式:命令模式和插入模式。当我们用 vi 打开一个文件时,它就处于命令模式。有些命令会启动插入模式。打开一个文件很容易,用 vi *filename* 命令即可。图 3-4 是 vi 命令打开/etc/nsswitch.conf 文件的一个示例。

```
passwd:       files sss
shadow:       files sss
group:        files sss
#initgroups: files

#hosts:       db files nisplus nis dns
hosts:        files dns myhostname

# Example - obey only what nisplus tells us...
#services:   nisplus [NOTFOUND=return] files
#networks:   nisplus [NOTFOUND=return] files
#protocols:  nisplus [NOTFOUND=return] files
#rpc:        nisplus [NOTFOUND=return] files
#ethers:     nisplus [NOTFOUND=return] files
#netmasks:   nisplus [NOTFOUND=return] files

bootparams: nisplus [NOTFOUND=return] files

ethers:       files
netmasks:     files
networks:     files
protocols:    files
rpc:          files
```

图 3-4　用 vi 编辑/etc/nsswitch.conf 文件

下面是对 vi 编辑器的最简单的介绍。要想掌握更多的内容有很多图书可以选择，也可以用 vimtutor 命令得到一个 vi 教程。

1. vi 的命令模式

处于命令模式时，除了编辑外可以对一个文本文件做任何操作。在命令模式下可以使用的选项非常多且经常变化，用几本书也描述不完。归纳起来 vi 命令的选项可分为 7 类：

- **打开**　要在命令行接口用 vi 编辑器打开一个文件，可执行 vi *filename* 命令。
- **搜索**　对于向前搜索，在反斜杠(/)后面加上搜索词。记住，Linux 是大小写敏感的，因此要用/Michael(而不是/michael)命令来搜索/etc/passwd 文件中的 "Michael"。向后搜索要用问号(?)。
- **写入**　保存编辑后的结果要用 w 命令。可以结合其他命令，如:wq 写入文件并退出 vi。
- **关闭**　用:q 命令退出 vi 编辑器。
- **放弃**　放弃任何修改要用:q!命令。
- **编辑**　可以用 vi 的很多命令编辑文件。例如，x 删除当前光标所在的字符；dw 删除当前光标所在单词；dd 删除当前行。记住，yy 把当前行复制到缓冲区中，p 把字符复制到缓冲区中，u 取消前一次的修改。
- **插入**　有很多命令可以启动插入模式。按 i 在当前位置开始插入文本，按 o 在光标当前位置的下方插入一个空行。

2. 基本的文本编辑

在现在的 Linux 系统中，用 vi 编辑文件是一件非常容易的事。只需要常用的导航键(方向键、PAGEUP 和 PAGEDOWN)，然而用 i 和 o 等基本命令启动 vi 的插入模式，直接在文件中输入新的内容。

当结束插入模式时，按 ESC 键返回到命令模式。这时可以保存、放弃编辑结果，并退出 vi 程序。

实际经验

vi 命令有几个专用的版本。vipw、vigw 和 visudo 命令分别用来编辑 /etc/passwd、/etc/group 和/etc/sudoers 文件。vipw -s 和 vigr -s 命令分别编辑/etc/shadow 和/etc/gshadow 文件。

3.3.4　练习 3-1：用 vi 创建一个新用户

在这个练习中，我们通过 vi 文本编辑器编辑/etc/passwd 文件以创建一个新用户。虽然创建 Linux 新用户还有其他方法，这个练习可以用来验证使用 vi 和命令行接口的熟练程度。

(1) 打开 Linux 命令行窗口。以 root 用户登录并输入 vipw 命令。这个命令用 vi 编辑器打开 /etc/passwd 文件。

(2) 导航到文件的末尾。在命令模式下移动到文件末尾有很多办法，包括使用 DOWN ARROW 键、PAGEDOWN 键，或者 G 命令。

(3) 找到普通用户所在的一行。如果刚刚新建一个用户，则应该文件的最后一行，其 UID 为 1000 或更高。如果不存在普通用户，则找到第一行，它肯定与 root 系统管理员有关，这一行在第 3 列和第 4 列有数字 0。

(4) 复制这一行内容。如果已经熟悉 vi 的操作，则应该知道如何用 yy 命令将整行内容复制到缓冲区中。这就是把整行内容"拖到"缓存中。然后用 p 命令把这一行内容粘贴到其他位置，可以粘贴任意多次。

(5) 修改用户名、用户 ID 和组 ID 以及用户全名和新用户的主目录。有关它们的详细信息请阅读第 8 章内容。例如，在下面的示例中，这些内容对应于 tweedle、1001、1001、Tweedle Dee 和/home/tweedle。确保用户名与主目录对应。

```
rpc:x:32:32:Rpcbind Daemon:/var/lib/rpcbind:/sbin/nologin
rpcuser:x:29:29:RPC Service User:/var/lib/nfs:/sbin/nologin
nfsnobody:x:65534:65534:Anonymous NFS User:/var/lib/nfs:/sbin/nologin
named:x:25:25:Named:/var/named:/sbin/nologin
oprofile:x:16:16:Special user account to be used by OProfile:/var/lib/oprofile:/
sbin/nologin
tcpdump:x:72:72::/:/sbin/nologin
usbmuxd:x:113:113:usbmuxd user:/:/sbin/nologin
colord:x:998:996:User for colord:/var/lib/colord:/sbin/nologin
abrt:x:173:173::/etc/abrt:/sbin/nologin
chrony:x:997:995::/var/lib/chrony:/sbin/nologin
libstoragemgmt:x:996:994:daemon account for libstoragemgmt:/var/run/lsm:/sbin/no
login
qemu:x:107:107:qemu user:/:/sbin/nologin
radvd:x:75:75:radvd user:/:/sbin/nologin
rtkit:x:172:172:RealtimeKit:/proc:/sbin/nologin
saslauth:x:995:76:"Saslauthd user":/run/saslauthd:/sbin/nologin
ntp:x:38:38::/etc/ntp:/sbin/nologin
pulse:x:171:171:PulseAudio System Daemon:/var/run/pulse:/sbin/nologin
gdm:x:42:42::/var/lib/gdm:/sbin/nologin
gnome-initial-setup:x:993:991::/run/gnome-initial-setup/:/sbin/nologin
michael:x:1000:1000:Michael Jang:/home/michael:/bin/bash
tweedle:x:1001:1001:Tweedle Dee:/home/tweedle:/bin/bash
```

(6) 按下 ESC 键返回到命令模式，用:w 命令保存文件，然后用:q 退出 vi(在 vi 中可以合并使用这两个命令。下次修改后要保存文件并且退出 vi 可以用:wq 命令)。

(7)　应该看到如下的消息:

```
You have modified /etc/passwd.
You may need to modify /etc/shadow for consistency.
Please use the command 'vipw -s' to do so.
```

该信息可能会被忽略,因为第 8 步会在 etc/shadow 文件中添加合适的信息,但你无须直接修改/etc/shadow。

(8)　以 root 用户身份执行 passwd *newuser* 命令。给新用户设置一个口令。在本例中,这个新用户是 tweedle。

(9)　过程还没有结束,每个用户还需要一个组。因此执行 vigr 命令。重复前面介绍的把某一合适的行复制到文本的末尾的步骤。注意,组名和组 ID 通常与用户名和用户 ID 相同。

(10)　只需要修改新增加一行中的组名和组 ID。根据前面示例的信息,组名为 tweedle,组 ID 为 1001。

(11)　重复前面提到的:wq 命令保存文件并且关闭 vi 程序。

(12)　注意以下信息:

```
You have modified /etc/group.
You may need to modify /etc/gshadow for consistency.
Please use the command 'vigr -s' to do so.
```

(13)　如前所述,用 vigr -s 命令打开/etc/gshadow 文件。我们注意到这个文件的内容不多。找到合适一行进行复制后,就只需要修改组名。

(14)　重复刚才提到的:wq 命令,保存文件并关闭 vi。实际上,我们会看到一个信息,表示这个文件是只读的。因此,要保存到这种"只读文件"中必须用:wq!命令,这会覆盖掉当前的设置。

(15)　正确建立新用户还需要另外几个步骤。这些步骤与新用户的主目录、/etc/skel 目录中的标准文件有关。详细内容请阅读第 8 章。

3.3.5　如果不喜欢 vi

默认情况下,当我们执行 edquota 和 crontab 命令时,系统都会用 vi 编辑器打开相应的 quota 和 cron 作业配置文件。如果很不喜欢用 vi,则用下面的命令可以改变默认编辑器:

```
# export EDITOR=/bin/nano
```

如果想改变所有用户的默认编辑器,则要把前面这一行命令添加到/etc/environment 配置文件中。不是非得用 vi 编辑器修改/etc/environment 文件不可,下面的命令可以把刚才提到的命令添加到/etc/environment 文件的末尾。

```
# echo 'export EDITOR=/bin/nano' >> /etc/environment
```

由于 nano 编辑器相当直观,如图 3-5 所示,因此本书不提供此编辑器的用法。完整的使用手册可从 www.nano-editor.org/dist/v2.3/nano.html 下载。

如果喜欢用其他编辑器如 emacs，也可做类似修改。

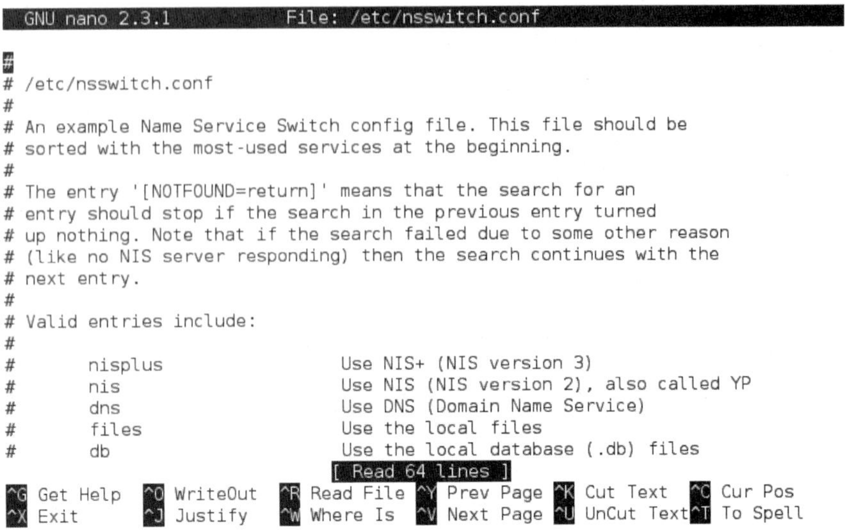

```
 GNU nano 2.3.1          File: /etc/nsswitch.conf

#
# /etc/nsswitch.conf
#
# An example Name Service Switch config file. This file should be
# sorted with the most-used services at the beginning.
#
# The entry '[NOTFOUND=return]' means that the search for an
# entry should stop if the search in the previous entry turned
# up nothing. Note that if the search failed due to some other reason
# (like no NIS server responding) then the search continues with the
# next entry.
#
# Valid entries include:
#
#       nisplus                 Use NIS+ (NIS version 3)
#       nis                     Use NIS (NIS version 2), also called YP
#       dns                     Use DNS (Domain Name Service)
#       files                   Use the local files
#       db                      Use the local database (.db) files
                           [ Read 64 lines ]
^G Get Help   ^O WriteOut   ^R Read File  ^Y Prev Page  ^K Cut Text   ^C Cur Pos
^X Exit       ^J Justify    ^W Where Is   ^V Next Page  ^U UnCut Text ^T To Spell
```

图 3-5 用 nano 编辑器打开/etc/nsswitch.conf 文件

3.3.6 用 GUI 工具编辑文本文件

毫无疑问，Red Hat 考试对使用 GUI 的用户已经越来越友好。曾经有一段时间，RHCSA 认证目标包括了 gedit 文本编辑器。比较传统的 Linux 系统管理员可能会对此感到恐惧(gedit 编辑器因此从 RHCSA 考试中删除)。

如果系统没有安装 gedit 编辑器，可执行 yum install gedit 命令安装 gedit。一旦安装了 gedit，单击 Applications | Accessories | gedit 就可以启动它。由于它是一个直观的 GUI 文本编辑器，因此它的用法很简单。不要纠缠于编辑器，它们只不过是考试和实际工作的一个工具而已。

但如果要在远程系统上编辑配置文件，我们可能无法访问远程系统上的 gedit，特别当远程系统还没有安装 gedit 时。当然，我们可以在任何 Red Hat 系统上安装该 GUI 工具，并使用 X 转发。但是许多管理员建立的虚拟机是不带 GUI 的，目的是为了节省空间并降低安全风险。

认证目标 3.04 本地在线文档

虽然在 Red Hat 考试期间无法访问 Internet，但是考生可以使用 RHEL 7 系统已安装的大量在线帮助文档。这些文档从 man 页面开始，它提供了大多数命令和大多数配置文件的选项和参数，然后是 info 页面(相关信息页面)。有这样的帮助文档的命令和文件不太多，但是这种帮助文档提供了更详细的用法。

许多程序包也把详尽的帮助文档保存在/usr/share/doc 目录中。可将 ls 命令应用于这个目录。这个目录中的每个子目录都包含了有关相应程序包功能的详细信息。

3.4.1 何时需要帮助文档

当我们想要了解某个命令的用法时，首先要做的通常是运行这个命令本身。如果此命令需要更多的信息，则它会请求用户输入，包括输入各种不同的选项。例如，仔细分析下面命令的输出信息：

```
$ yum
```

如果这种办法不起作用，则通常使用-h 或--help 开关选项会提供一些帮助信息。有时一个错误操作也可能提供帮助信息。下面这个命令的输出信息提示用户在 cd 命令中要使用合法的开关选项：

```
$ cd -h
bash: cd: -h: invalid option
cd: usage: cd [-L|[-P [-e]]] [dir]
```

有时-h 开关选项会提供更有用的信息，不妨分析 fdisk -h 命令的输出信息。但是-h 开关选项并不总是有效，有时--help 开关选项可能更有帮助。图 3-6 就是一个示例，它显示了 ls --help 命令的输出结果。

```
[alex@server1 ~]$ ls --help
Usage: ls [OPTION]... [FILE]...
List information about the FILEs (the current directory by default).
Sort entries alphabetically if none of -cftuvSUX nor --sort is specified.

Mandatory arguments to long options are mandatory for short options too.
  -a, --all                  do not ignore entries starting with .
  -A, --almost-all           do not list implied . and ..
      --author               with -l, print the author of each file
  -b, --escape               print C-style escapes for nongraphic characters
      --block-size=SIZE      scale sizes by SIZE before printing them; e.g.,
                               '--block-size=M' prints sizes in units of
                               1,048,576 bytes; see SIZE format below
  -B, --ignore-backups       do not list implied entries ending with ~
  -c                         with -lt: sort by, and show, ctime (time of last
                               modification of file status information);
                               with -l: show ctime and sort by name;
                               otherwise: sort by ctime, newest first
  -C                         list entries by columns
      --color[=WHEN]         colorize the output; WHEN can be 'never', 'auto',
                               or 'always' (the default); more info below
  -d, --directory            list directories themselves, not their contents
  -D, --dired                generate output designed for Emacs' dired mode
  -f                         do not sort, enable -aU, disable -ls --color
```

图 3-6　ls 命令的帮助信息

3.4.2　各种 man 页面

很少有人能记住每个命令的每个开关选项，这正是命令文档是如此重要的原因。大多数 Linux 命令都在称为 man 页面格式的文档中有详细的说明。当我们执行 man 这个命令时，RHEL 返回如下信息：

```
What manual page do you want?
```

例如，假如我们想要建立一个物理卷，却忘记了 lvextend 命令的相关开关选项。为了浏览该命令的 man 文档，执行 man lvextend 命令。正如其他命令一样，帮助文档中有 EXAMPLES 节，如图 3-7 所示。如果你以前曾执行过 lvextend 命令，则这一节的内容会唤起你的记忆！

```
    --use-policies
            Resizes   the   logical  volume  according  to  configured  policy.  See
            lvm.conf(5) for some details.

Examples
        Extends the size of the logical volume "vg01/lvol10" by 54MiB on physi-
        cal volume /dev/sdk3. This is only possible if /dev/sdk3 is a member of
        volume group vg01 and there are enough free physical extents in it:

        lvextend -L +54 /dev/vg01/lvol10 /dev/sdk3

        Extends the size of logical volume "vg01/lvol01" by the amount of  free
        space  on  physical  volume /dev/sdk3. This is equivalent to specifying
        "-l +100%PVS" on the command line:

        lvextend /dev/vg01/lvol01 /dev/sdk3

        Extends a logical volume "vg01/lvol01" by 16MiB using physical  extents
        /dev/sda:8-9 and /dev/sdb:8-9 for allocation of extents:

        lvextend -L+16M vg01/lvol01 /dev/sda:8-9 /dev/sdb:8-9

SEE ALSO
        fsadm(8),  lvm(8), lvm.conf(5), lvcreate(8), lvconvert(8), lvreduce(8),
        lvresize(8), lvchange(8)
```

图 3-7　lvextend man 页面的示例

　　大多数配置文件和命令都有这样的 man 页面，而且有的还不止这些。假如我们记不得帮助文档的名字怎么办？这时可使用 whatis 和 apropos 命令。例如，要找到标题中有 nfs 的 man 页面，可执行以下命令：

```
# whatis nfs
```

如果想找到描述中带有 nfs 的 man 页面，则下述命令可以找到相关的命令：

```
# apropos nfs
```

但如果我们安装了像 httpd 这样的服务(它与 Apache Web 服务器有关)，则执行 whatis httpd 和 apropos apachectl 命令可能不会得到任何信息。这些命令作用于/var/ cache/man 目录的数据库中。可用/etc/cron.daily 目录中的 man-db.cron 作业更新这个数据库。由于这个脚本是可执行文件，因此下面的命令更新 man 页面的数据库：

```
# /etc/cron.daily/man-db.cron
```

假如考生在 Red Hat 考试中遇到这样一种情况：帮助文档还没安装，这可能有至少三个原因。相关的功能性程序包还没有安装。名为 man-pages 的 RPM 程序包也还没有安装。有时必须单独安装一个专门用于文档的程序包。例如，有一个名为 system-config-users-doc 程序包，它包含了一个有关用户管理器(User Manager)配置工具使用的 GUI 格式的帮助文档。另外有一个 httpd-manual 程序包，它是来自于 Apache Web 服务器的安装。

　　有时有多个帮助文档可以使用。仔细分析如下的输出信息，它是 whatis smbpasswd 命令的执行结果：

```
smbpasswd           (5) - The Samba encrypted password file
smbpasswd           (8) - change a user's SMB password
```

数字(5)和数字(8)分别对应于 man 页面中的不同节。如果你对这些细节感兴趣，man man 命令可以输出这些内容。默认显示的 man 页面是与 smbpasswd 命令关联的 man 页面。此时如果想要得到 smbpasswd 加密的口令文件的 man 页面，需要执行下面的命令：

```
$ man 5 smbpasswd
```

按下 q 键退出帮助文档。

3.4.3　info 手册

可用的 info 手册非常有限。但是，info 手册对一些主题(如 bash shell)的说明通常比对应的 man 页面更加全面。执行 ls /usr/share/info 命令可以列出全部的 info 文档。当一个命令的 info 手册不可用时，默认自动转到相应的 man 页面。

为掌握更多 bash shell 的用法，执行 pinfo bash 命令。pinfo 的用户界面与 Lynx Web 浏览器类似，相对于传统的 info 命令，pinfo 对用户更加友好。正如图 3-8 所示，info 手册由节组成，要访问某一节，用光标移动到带星号的行并按下回车键。

要退出 info 页面，需要按下 q 键。

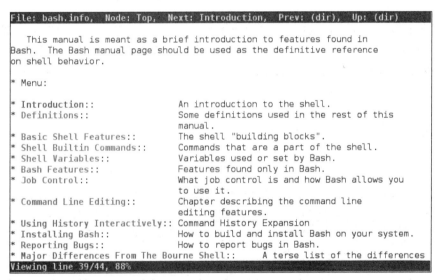

图 3-8　info 手册示例

3.4.4　/usr/share/doc 目录中的文档细节

当我们列出/usr/share/doc 目录中的全部文档时，文档之多令人吃惊。但是，文档的质量取决于其设计者的工作。子目录包括安装程序包的名字和版本号。其中一些子目录只有一个文件，通常它以 COPYING 命名的，它包含了此软件发布的许可证。例如，大多数 system-config-*程序包在相关的/usr/share/doc 目录的 COPYING 文件中都有一个 GNU GPL 文件的副本。

有些文档目录包含有一些有用的示例。例如，sudo-*/子目录包含了系统管理控制用到的示例配置文件和指令，当我们要给系统管理员配置不同的权限时，这些文件和指令非常有用。

有时文档还包括 HTML 格式的全部文档文件。例如，看看 pam-*/子目录，它包含了可插入验证模块(Pluggable Authentication Modules，PAM)的完整在线文档，这将在第 10 章讨论。

115

认证目标 3.05　网络入门

TCP/IP 是一系列按层组织的协议，也称为协议套件。它是专为 Unix 设计的，但是最终成为 Internet 的通信标准。IP 地址帮助在网络上进行通信。现在有很多 TCP/IP 工具和配置文件能帮助用户管理网络。

本章前面曾提到，这里的论述过于简单。因此，如果你认为这一节的内容难以理解或不全面，可以阅读第 1 章介绍的参考书。Linux 是专为网络连接设计的。除非比较全面地理解网络的基本概念，否则没有切实可行的办法帮助考生通过 Red Hat 考试。

虽然当前网络的重点仍然是 IPv4 寻址模式，但是有些组织已经开始转到 IPv6 网络。本节重点介绍 IPv4，第 12 章将介绍 IPv6。不过，用于 IPv4 的大部分配置文件和工具也适用于 IPv6。

3.5.1　IPv4 网络

每个要在网络上进行通信的计算机必须有一个唯一的 IP 地址。有些地址已经永久地分配给某一个计算机，这些就是静态地址。其他地址是从 DHCP 服务器那里租用一段时间的，它们就是所谓的动态 IP 地址。

IPv4 地址是 32 位的二进制数字，通常采用"点分十进制"表示法(如 192.168.122.50)，其中每个小节代表 8 位二进制数字。IP 地址由两个部分组成：网络地址(或子网)和主机部分。在 1993 年 Interent Engineering Task Force(www.ietf.org)发布 RFC 1517 之前，IP 地址被分成不同的类别，这些类别定义了网络的规模和地址的主机部分。

现在通常使用一种不分类逻辑来分析 IP 地址。使用子网掩码而不是地址分类来确定 IP 地址的网络和主机部分。RFC 791 引入的分类寻址方法如表 3-3 所示。RFC 791 的一些概念在今天仍然得到采用，例如，IP 地址段 224.0.0.0–239.255.255.255 用于多播地址。

表 3-3　IP 地址的分类

类	可分配地址段	说　明
A 类	1.1.1.0-127.255.255.255	一个网络最多可以连接 16 777 214 台计算机
B 类	128.0.0.0-191.255.255.255	一个网络最多可以连接 65 534 台计算机
C 类	192.0.0.0-223.255.255.255	一个网络最多可以连接 254 台计算机
D 类	224.0.0.0-239.255.255.255	保留地址，用于多播
E 类	240.0.0.0-255.255.255.255	保留地址，用于测试

此外还有很多专用 IP 地址，它们不可以分配给任何直接连接到 Internet 上的计算机。RFC 1918 定义了最常见的专用网络地址段，它们与 10.0.0.0–10.255.255.255、172.168.16.0–172.168.31.255 以及 192.168.0.0–192.168.255.255 等网络地址相关联。另外，网络地址段 127.0.0.0 到 127.255.255.255 用于本地主机上的回环通信。

3.5.2　网络和路由

前一节讨论过，IP 地址包含两个部分：网络前缀和主机标识符。为确定网络和主机部分，

IP 地址关联着一个子网掩码(也称为前缀)。这是一个 32 位数字，由一系列二进制的 1 后跟 0 组成。

子网掩码可采用与 IPv4 地址相同的点分十进制表示法。例如，255.255.255.0 是一个子网掩码，由 24 个二进制的 1 和 8 个 0 组成。还有一种表示法，称为无类别域间路由(Classless Inter-Domain Routing，CIDR)，由一个斜杠字符(/)后跟表示子网掩码中 1 的个数的数字组成。例如，在 CIDR 表示法中，子网掩码 255.255.255.0 可写作/24。

给定一个 IP 地址和一个子网掩码，为确定 IP 地址的网络部分，只需要在 IP 地址和子网掩码之间提供一个逻辑 AND。例如，给定 IP 地址 192.168.122.50 和子网掩码/24，地址的前三个字节(192.168.122)代表了网络部分，而最后一个字节(50)则是主机标识符。

定义一个网络需要三个重要的 IP 地址：网络地址、广播地址和子网掩码。网络地址就是地址段中的第一个 IP 地址；广播地址通常是同一个地址段中的最后一个 IP 地址。子网掩码可以帮助计算机定义 IP 地址的网络部分和主机部分。可以把网络地址与广播地址之间的任何一个地址(不包括上述地址)分配给网络上的任何一台计算机。

现在用一个例子说明如何为一个专用网络分配地址段。专用网络地址从 192.168.122.0 开始，子网掩码地址是 255.255.255.0。基于上述两个地址，广播地址为 192.168.122.255，则分配给特定网络上的 IP 地址段可以从 192.168.122.1 到 192.168.122.254。子网掩码也可由相应的位数来定义，本例是 24。换言之，这个网络可以表示为 192.168.122.0/24。

IP 地址也可分配给网络接口。如果一个主机有多个网络接口，将流量转发到不同的网络，则称该主机为路由器。通过路由器与其他 IP 主机组分隔开的 IP 主机必须位于不同的网络中。

与网络和子网掩码相关的是"网关"概念。这是一个定义了本地网络与外部网络之间的连接的 IP 地址。虽然网关 IP 地址也是本地网络的一部分，但是它被分配给一个路由器，且该路由器具有另一个网络(例如公共的 Internet)上的 IP 地址。网关 IP 地址通常是在本地系统的路由表中配置的，可以用下一节介绍的 ip route 命令定义路由表。

3.5.3　工具和命令

有很多工具可用来管理 Linux 计算机上的 TCP/IP 协议套件。在之前版本的 RHEL 中，一些比较重要的网络管理命令包括 ifconfig、arp、netstat 和 route。这些命令已被弃用。ip 工具支持更高级的功能。为便于过渡到使用 ip 工具，表 3-4 提供了已被弃用的命令列表，以及对应的 ip 命令。

实际经验

默认情况下，RHEL 7 根据物理位置来命名网络接口(例如，enoX 和 emX 表示板载网络接口，enpXsY 和 pXpY 代表 PCI 插槽)。在 RHEL 7 中，传统的枚举方法(eth0、eth1……)只是一种备用选择。因此，第一个板载网络接口可能被命名为 eno1，而位于 PCI 总线 3、插槽 0 的接口可能被命名为 enp3s0。

表 3-4　ifconfig、arp、netstat 命令及对应的 ip 命令

过时的命令	RHEL 7 中的等效命令	说　明
ifconfig	ip [-s] link	显示所有网络接口的连接状态和
	ip addr	IP 地址信息
ifconfig eth0 192.168.122.150	ip addr add	将 IP 地址和子网掩码分配给 eth0
netmask 255.255.255.0	192.168.122.150/24 dev eth0	接口
arp	ip neigh	显示 ARP 表
route	ip route	显示路由表
netstat -r		
netstat -tulpna	ss -tupna	显示所有侦听套接字和非侦听套
		接字，以及它们属于哪个程序

其他重要的网络命令包括 ping 和 traceroute，常用于诊断和排除网络问题。

但这些只是工具而已。下一节将分析这样一些 Red Hat 文件，它们决定了在引导过程中自动配置网络需要调用的命令。

1. ping 和 traceroute 命令

ping 命令可以测试网络的连通性。它可以作用于本地系统的一个网络之内，也可以测试 Internet 上多个网络之间的连通性。本节假设 IP 地址为 192.168.122.50，本地网络上的网关地址是 192.168.122.1。如果用户发现网络连接有问题，则可以按顺序执行下面的 ping 命令。第一步测试计算机的 TCP/IP 的完整性：

```
# ping 127.0.0.1
```

通常在 Linux 中会不停地执行 ping 命令，要终止它的执行必须按下 CTRL+C。如果要想验证本地局域网的连接是否正常，可以用 ping 命令测试本地网卡的 IP 地址：

```
# ping 192.168.122.50
```

如果此命令运行正常，再用 ping 命令测试网络上另一个计算机的地址。然后开始跟踪到 Internet 的路由过程。用 ping 命令测试网关的地址，这里是 192.168.122.1。如有可能，不妨用 ping 命令测试网络连接 Internet 的地址，此地址可能在网关的另一侧。有可能是路由器在 Internet 上的公共 IP 地址。最后，用 ping 命令测试一个在 Internet 处于活动状态的计算机的 IP 地址。

也可以用 www.google.com 这样的主机名代替 IP 地址。如果用主机名时不能正常工作，则很可能是包含了主机名和 IP 地址的数据库存在问题，这个数据库也常称为域名服务(Domain Name Service，DNS)。也可能是/etc/hosts 配置文件存在问题。

traceroute 命令通过跟踪到目的地的路由路径，自动完成上述过程。例如，下面的命令找出 IP 地址 192.168.20.5 的路径：

```
# traceroute -n 192.168.20.5
traceroute to 192.168.20.5 (192.168.20.5), 30 hops max, 60 byte packets
 1  192.168.122.1  0.204 ms  0.152 ms  0.148 ms
```

```
2  192.168.1.1   1.826 ms   2.413 ms   4.050 ms
3  192.168.20.5  2.292 ms   2.630 ms   2.554 ms
```

注意这条命令中的-n 选项，它告诉 traceroute 显示 IP 地址而不是主机名。此命令还显示了到达路径上的每一跳所需的往返时间(Round Trip Time，RTT)。默认情况下，为每一跳发送 3 个不同的探测数据包。

请注意，一些 traceroute 命令选项需要 root 管理员权限。另一个可实现相同目的、但是没有此限制的命令是 tracepath。

实际经验

默认情况下，traceroute 依赖于在 IP 头部中包含不断增加的生存时间(Time-To-Live，TTL)值的 UDP 探测数据包，才能找到给定目的地的路由路径。有时候，路径上的防火墙可能阻止 UDP 数据包。此时，可以尝试在 traceroute 命令中使用-I 或-T 选项，以启用 ICMP 或 TCP 探测数据包。

2. 用 ip 命令检查当前网络适配器

ip 命令可以显示活动网卡的当前状态，它也可以用于分配网络地址及其他功能。运行 ip link show 命令可以检查本地系统上当前活动网卡的链接状态。如果想要显示有关网络性能的统计数据，可以包含-s 开关。

要查看 IP 地址信息，可使用 ip address show 命令，其输出与 ip link show 相同，但是还包含了 IP 地址及其属性。

下面用 **ip address show eth0** 命令显示第一个以太网卡的当前配置：

```
# ip addr show eth0
2: eth0: <BROADCAST,MULTICAST,UP,LOWER_UP> mtu 1500 qdisc pfifo_fast state ↵
UP qlen 1000
   link/ether 52:54:00:40:1e:6a brd ff:ff:ff:ff:ff:ff
   inet 192.168.122.50/24 brd 192.168.122.255 scope global eth0
     valid_lft forever preferred_lft forever
   inet6 fe80::2e0:4cff:fee3:d106/64 scope link
     valid_lft forever preferred_lft forever
```

ip 命令十分灵活。例如，ip a s 命令在功能上等效于 ip addr show 或 ip address show。

3. 用 ip 命令配置网络适配器

也可以使用 ip 命令来分配 IP 地址信息。例如，下面的命令将所标注的 IP 地址和网络掩码分配给 eth0 网络适配器：

```
# ip addr add 192.168.122.150/24 dev eth0
```

第一个参数 192.168.122.150/24 指定了新的 IP 地址和子网掩码，下一个参数 dev eth0 说明了正在配置的设备。为保证修改有效，需要再次执行 ip addr show eth0 命令看看当前的设置。

利用合适的选项，ip 命令可以为选定的网卡修改很多其他配置。表 3-5 列出其中部分选项。

当然，无论是在考试中，还是对于想要远程管理的服务器，需要确保所做修改在重启后能够保存下来。这就需要在/etc/sysconfig/network-scripts 目录的配置文件中做出合适的修改，稍后就会进行介绍。另外，根据定义，使用 ip 命令所做的任何修改都是暂时性的。

表 3-5　ip 命令选项

命　令	说　明
ip link set dev *device* up	启用指定接口
ip link set dev *device* down	禁用指定接口
ip addr flush dev *device*	从指定接口中删除所有 IP 地址
ip link set dev *device* txqlen *N*	改变指定接口的传输队列的长度
ip link set dev *device* mtu *N*	设置最大的传输单元 N，单位为字节
ip link set dev *device* promisc on	启用混合模式，它允许网络适配器读取收到的所有包，而不只是针对主机的包。可用于分析网络中出现的问题，或者尝试解读其他主机之间的信息
ip link set dev *device* promisc off	禁用混合模式

4. 启用和禁用网络适配器

可使用 ip 命令启用和禁用网络适配器。例如，下面的命令可以禁用和再次启用第一个以太网适配器：

```
# ip link set dev eth0 down
# ip link set dev eth0 up
```

但是，还有几个直观的脚本是专为控制网卡而设计的：ifup 和 ifdown。与 ip 命令不同的是，它们都要调用/etc/sysconfig/network-scripts 目录中合适的配置文件和脚本。

例如，ifup eth0 命令根据/etc/sysconfig/network-scripts 目录中的 ifcfg-eth0 配置文件和 ifup-eth 脚本启用以太网卡 eth0。

5. ip 作为网络诊断工具

地址解析协议(Address Resolution Protocol，ARP)协议在网络接口的硬件地址(MAC)和一个 IP 地址之间建立对应关系。ip neigh 命令输出一个本地计算机的硬件和 IP 地址表。此命令可以检测类似网络上重复 IP 地址这样的问题。此问题可能是由于不正确地配置系统或克隆虚拟机而引起的。如果需要，ip neigh 命令可以用来手动设置或修改 ARP 表。由于硬件地址是不可路由的，因此 ARP 表仅限于本地网络。下面是此命令的一个示例输出，它显示本地数据库中的全部 ARP 记录：

```
# ip neigh show
192.168.122.150 dev eth0 lladdr 52:a5:cb:54:52:a2 REACHABLE
192.168.100.100 dev eth0 lladdr 00:a0:c5:e2:49:02 STALE
192.168.122.1 dev eth0 lladdr 00:0e:2e:6d:9e:67 REACHABLE
```

输出的第一列显示了局域网中的已知 IP 地址，其后是网上邻居所附加到的接口，以及其链接层地址(MAC 地址)。最后一条记录显示了邻居的硬件地址是否可达。STALE 记录可能表明，自上次从该主机收到数据包以后，其 ARP 缓存已超时。如果 ARP 表为空，则表示当前系统与本地网络上其他系统没有任何连接。

6. 用 ip route 命令显示路由表

ip 命令功能很多。这个命令的一个重要形式是 ip route，它显示路由表。在功能上它等效于已被弃用的 route 命令。当使用-r 开关选项时(ip -r route)，此命令会查看/etc/hosts 文件和 DNS 服务器，以显示主机名，而不是数字 IP 地址。

本地系统的路由表通常包含了对默认网关地址的引用。例如，下面是 ip route 命令的输出结果：

```
default via 192.168.122.1 dev eth0 proto static metric 1024
192.168.122.0/24 dev eth0 proto kernel scope link src 192.168.122.50
```

已经弃用的 netstat -nr 命令也会输出相同的路由表。在这个路由表中，网关地址是192.168.122.1。凡不是发送给 192.168.122.0 网络的任何包都发送到这个网关地址(换句话说，查看此网站的第二层地址，并放到帧中，作为目标 MAC 地址)。位于网关地址的系统(通常是一个路由器)负责根据自己的路由表把包转发到下一个路由器，直至到达一个与目标直接连接的路由器。

7. 用 dhclient 命令动态配置 IP 地址

尽管命令的名称经常发生变化，但是其功能还是一样的。dhclient 命令与网卡的设备名(如eth0)一起使用时，向 DHCP 服务器请求一个 IP 地址和其他功能：

```
# dhclient eth0
```

一般而言，由 DHCP 服务器配置的网络选项包括 IP 地址、子网掩码、访问外部网络的网关地址以及此网络上任何 DNS 服务器的 IP 地址。

换言之，dhclient eth0 命令不仅能像 ip 命令那样分配 IP 地址，而且还会在路由表中建立默认的路由(用 ip route 命令可以得到路由表)。此外，它还会把 DNS 服务器的 IP 地址添加到/etc/resolv.conf 配置文件中。

8. 使用 ss 显示网络连接

ss 命令取代了已被弃用的 netstat 工具来显示网络连接。通过使用正确的命令开关，它可以显示侦听和非侦听 TCP 和 UDP 套接字。下面是我们喜欢使用的一个命令：

```
# ss -tuna4
```

这里命令使用 IPv4(-4)显示所有(-a)网络套接字，并以数字格式(-n)显示 TCP(-t)和 UDP(-u)协议。如果指定了-p 开关，ss 还会显示使用每个套接字的进程的 PID。图 3-9 演示了基准服务器上的输出。

```
[root@server1 ~]# ss -tuna4
Netid  State      Recv-Q Send-Q    Local Address:Port      Peer Address:Port
tcp    UNCONN     0      0                     *:68              *:*
tcp    UNCONN     0      0                     *:111             *:*
tcp    UNCONN     0      0                     *:123             *:*
tcp    UNCONN     0      0             127.0.0.1:323             *:*
tcp    UNCONN     0      0                     *:609             *:*
tcp    UNCONN     0      0                     *:43630           *:*
tcp    UNCONN     0      0             127.0.0.1:659             *:*
tcp    UNCONN     0      0                     *:45931           *:*
tcp    UNCONN     0      0                     *:5353            *:*
tcp    UNCONN     0      0                     *:61050           *:*
tcp    LISTEN     0      100           127.0.0.1:25              *:*
tcp    LISTEN     0      128                   *:52991           *:*
tcp    LISTEN     0      128                   *:111             *:*
tcp    LISTEN     0      128                   *:22              *:*
tcp    LISTEN     0      128           127.0.0.1:631             *:*
tcp    ESTAB      0      0        192.168.122.50:22   192.168.122.1:43910
[root@server1 ~]#
```

图 3-9 ss -tuna4 命令的输出

在输出的末尾，注意对等地址 192.168.122.1:43910。43910 端口是远程服务器上的源端口。对应的本地地址 192.168.122.50:22 为来自 192.168.122.1 的连接指定了端口 22(本地 SSH 服务)。还可能看到另一个具有相同端口号的条目，它表示相关的侦听连接的 SSH 守护进程。输出中的其他行表示其他侦听服务。

认证目标 3.06 网络配置与故障排除

至此，我们已经介绍了 IP 寻址和相关命令的基本用法，现在该是分析相关配置文件的时候了。这些配置文件决定了在引导过程中网络连接是否启用。如果启用，这些配置文件也决定了网络地址和路由方式是按文档要求静态配置的还是通过诸如 dhclient 的命令动态配置的。

基本的网络配置只能验证网络上的系统可以用它们的 IP 地址进行通信。但这还不够。如果主机名解析不能起作用，则网络配置无法判断系统是否连接到 server1.example.com 这样的系统或者像 www.mheducation.com 这样的 URL 地址，因此仅用网络配置是不够的。

实际经验

最常见的网络故障是物理问题引起的。这里假定我们已经检查了全部网络连接。对于虚拟机，这意味着虚拟机上或物理主机上的虚拟网卡不会被意外删除。

3.6.1 网络配置文件

如果网络配置有问题，第一件事情是检查网络的当前状态。为此执行以下命令：

```
# systemctl status network
```

RHEL 7 使用网络管理器服务来监视和管理网络设置。通过使用 nmcli 命令行工具，可以与网络管理器交互，显示网络设备的当前状态：

```
# nmcli dev status
```

这个命令列出所有已经配置的设备和活动的设备。如果在列表中，某一个关键设备如 eth0

没有标为已连接，说明网络连接可能已经断开，或者设备未被配置。关键的配置文件包含在 /etc/sysconfig/network-scripts 目录中。

有时会出现错误。如果禁用了一个网络适配器或无线连接中断，一个简单的解决办法是重新启动网络连接。下面这个命令用当前配置文件重新启动网络连接：

```
# systemctl restart network
```

实际经验

始终使用 systemctl 来执行网络脚本。不要直接运行 RHEL 7 /etc/init.d/network 脚本，因为此时脚本可能无法干净地执行。

如果简单地重启网络连接服务无法解决问题，则需要分析配置文件。RHEL 在 /etc/sysconfig/network-scripts 目录中存储和检索网络连接信息。使用可用的 Red Hat 配置工具，不需要直接编辑这些文件，但是知道它们包含在此目录中是有帮助的。表 3-6 显示了一些具有代表性的文件。

表 3-6　/etc/sysconfig/network-scripts 目录中的文件

/etc/sysconfig/network-scripts 目录中的文件	说　明
ifcfg-lo	配置回环设备，这是一个虚拟设备，用于在本地主机内进行网络通信
ifcfg-*	安装的每个网络适配器(如 em1)都有自己的 ifcfg-*脚本。例如，eth0 的脚本为 ifcfg-eth0。此文件包含了在网络上识别此适配器所需的 IP 地址信息
network-functions	其他网络脚本使用此脚本中的函数来启用或禁用网络接口
ifup-* and ifdown-*	这些脚本启用和禁用分配的协议。例如，ifup-ppp 启用 PPP 设备，通常是一个电话调制解调器

1. /etc/sysconfig/network 文件

当执行 ip addr show 命令时没有任何输出信息，则表示所有网络设备都处于禁用状态。这时首先要做的就是检查/etc/sysconfig/network 配置文件的内容。这是一个很简单的文件，通常包含一行或两行配置代码。一些系统被配置为通过 DHCP 检索地址信息，此时该文件通常为空。

如果/etc/sysconfig/network 文件包含设置 NETWORKING=no，则表示/etc/init.d/network 脚本没有启动任何网络设备。如果所有的网络设备都使用同一个 IP 地址，则其他与网络有关的指令还有 GATEWAY。否则此配置或者受 dhclient 命令支持，或者通过专用网络设备的 IP 地址信息(即/etc/sysconfig/network-scripts 目录中的配置文件)设置的。

2. /etc/sysconfig/network-scripts/ifcfg-lo 文件

讲到/etc/sysconfig/network-scripts 目录，网络连接的基础也许是回环地址(loopback)。这个地址是在此目录的 ifcfg-lo 文件中设置的。这个文件的内容可以理解此目录中的文件应用于网络设备的方式。默认情况下，在这个文件中有以下内容，行首是回环设备的名称：

```
DEVICE=lo
```

紧接着是 IP 地址(IPADDR)、网络掩码(NETMASK)和网络 IP 地址(NETWORK)以及相应的
广播地址(BROADCAST)。

```
IPADDR=127.0.0.1
NETMASK=255.0.0.0
NETWORK=127.0.0.0
BROADCAST=127.255.255.255
```

接下来的几行指定设备在引导过程是否需要启动以及设备的常用名称:

```
ONBOOT=yes
NAME=loopback
```

3. /etc/sysconfig/network-scripts/ifcfg-eth0 文件

ifcfg-eth0 文件的内容依赖于第一个以太网络适配器的配置方式。例如,分析这样一个情形:
网络连接只是为系统安装而设置的。GUI 安装过程中在配置主机名时,如果没有配置网络连接,
则不会在这个系统上配置网络连接。此时,ifcfg-eth0 文件至少包含以下指令:

```
HWADDR="F0:DE:F3:06:C6:DB"
TYPE=Ethernet
```

当然,如果在安装过程中没有配置网络连接,就没有理由在引导过程中启动网络接口:

```
ONBOOT="no"
```

默认情况下,RHEL 7 使用一个名为网络管理器(Network Manager)的服务来管理网络设置。
为确保该服务在运行,可执行 systemctl status NetworkManager 命令。网络管理器中包含 nmcli,
这是一个命令行工具,用来控制该服务的状态及应用网络配置更改。

除了使用 nmcli 修改配置,还可以直接修改设备配置文件。对此目的,图 3-10 中的配置文
件提供了一个指南。

```
HWADDR="00:50:56:40:1E:6A"
TYPE="Ethernet"
BOOTPROTO="none"
NAME="eth0"
UUID="394f6436-5524-4154-b26e-6649b4d29027"
ONBOOT="yes"
IPADDR0="192.168.122.50"
PREFIX0=24
GATEWAY0="192.168.122.1"
DEFROUTE="yes"
DNS1="192.168.122.1"
~
~
~
~
```

图 3-10　手动配置 eth0

其中大部分指令都很简单。它们将设备定义为一个名为 eth0 的以太网卡,并使用了定义的
IP 地址、子网掩码、默认网关和 DNS 服务器。当然,如果想使用 DHCP 服务器,则可以省略文

件最后 5 行中指定的静态网络地址信息，并修改如下的提示符：

```
BOOTPROTO=dhcp
```

保存文件后，还需要把所做的修改通知给网络管理器。这可以通过执行下面的命令(con 是 connection 的简写)实现：

```
# nmcli con reload
# nmcli con down eth0
# nmcli con up eth0
```

稍后将介绍如何用网络管理器的命令行工具来修改网络设备的配置参数。

4. /etc/sysconfig/network-scripts/目录中的其他文件

/etc/sysconfig/network-scripts 目录中的绝大多数文件实际上都是脚本。换言之，它们是由一系列文本命令组成的可执行文件。其中大多数命令的脚本都是建立在 ifup 和 ifdown 命令之上且根据网络设备类型定制的文件。假如有一条专用的路由需要配置，则配置的参数必须保存此目录中一个专用文件中，且文件要用 route-eth0 这样的名称。这个专用的路由需要定义一个到远程网络地址/网络掩码对的网关。下面这个示例以第 1 章介绍的系统为基础，可能包含以下指令：

```
192.168.100.0/24 via 192.168.122.1
```

3.6.2　网络配置工具

Red Hat 提供了几个工具用于配置 RHEL 7 中的网络设备。第一个是网络管理器的命令行工具 nmcli。如果喜欢基于文本的图形工具，则可在虚拟终端启动 nmtui。另外，网络管理器连接编辑器(Network Manager Connections Editor)是一个 GTK+ 3 应用程序，可使用命令 nm-connection-editor 在 GUI 命令行启动。GNOME shell 也包含一个图形实用工具，可通过单击 Applications | Sundry | Network Connections 打开。

1. nmcli 配置工具

对于相同的网络接口，网络管理器可以存储不同的配置文件，也称为连接。这就允许从一个配置文件切换到另一个配置文件。例如，对于一个笔记本电脑的以太网适配器，有一个家庭配置文件和工作配置文件，并根据连接到的网络在这两个配置文件之间切换。

通过运行以下命令，可在网络管理器中显示所有已配置的连接：

```
# nmcli con show
NAME  UUID                                   TYPE            DEVICE
eth0  394f6436-5524-4154-b26e-6649b4d29027   802-3-ethernet  eth0
```

为了演示如何使用 nmcli 设置不同的连接配置文件，我们为 eth0 创建一个新连接：

```
# nmcli con add con-name "eth0-work" type ethernet ifname eth0
```

然后可配置静态 IP 地址和默认网关，如下所示：

```
# nmcli con mod "eth0-work" ipv4.addresses ↵
"192.168.20.100/24 192.168.20.1"
```

可以运行 nmcli con show *connection-id* 来显示某个连接的当前设置。在网络管理器的命令行工具中还可以修改其他属性。例如，要在 eth-work 连接上添加一个 DNS 服务器，可执行下面的命令：

```
# nmcli con mod "eth0-work" +ipv4.dns 192.168.20.1
```

最后，要切换到新的连接配置文件，可执行下面的命令：

```
# nmcli con up "eth0-work"
```

使用下面的命令，可防止在引导时自动启动连接：

```
# nmcli con mod "eth0-work" connection.autoconnect no
```

2. nmtui 配置工具

顾名思义，此工具提供了基于文本的用户界面，可从命令行终端启动。执行 nmtui 命令即可启动此工具。对于一个控制台工具而言，需要按 Tab 键在不同选项之间切换，按空格键或回车键来选择高亮显示的选项。

按下方向键直到 Quit 变成高亮，再按下回车键。现在，为/etc/sysconfig/network-scripts 目录中的 ifcfg-eth0 文件生成一个备份。利用 diff 命令，图 3-11 比较了两个不同配置的结果。一个配置是在安装过程中的用 DHCP 协议配置的 eth0 网卡配置，另一个配置是用 nmtui 工具采用静态 IP 地址配置的。

表 3-7 详细说明了图 3-11 中的指令。

```
[root@server1 ~]# diff ifcfg-eth0 /etc/sysconfig/network-scripts/ifcfg-eth0
2c2
< BOOTPROTO=dhcp
---
> BOOTPROTO=none
8a9,13
> IPADDR0=192.168.122.50
> PREFIX0=24
> GATEWAY0=192.168.122.1
> DNS1=192.168.122.1
> DOMAIN=example.com
10,11d14
< PEERDNS=yes
< PEERROUTES=yes
[root@server1 ~]# ▮
```

图 3-11　静态网络配置与动态网络配置之间的差异

表 3-7　/etc/sysconfig/network-scripts 目录中的网络配置指令

指　示　符	说　　　明
DEVICE	网络设备，eth0 是第一个以太网卡
NAME	网络管理器使用的接口连接配置文件的名称
UUID	设备的全局唯一标识符
HWADDR	网络设备的硬件(MAC)地址
TYPE	网络类型，对于以太网设备应设为"Ethernet"

(续表)

指　示　符	说　　　　明
ONBOOT	指令，规定网络设备是否在引导过程中启动
BOOTPROTO	对于静态配置，可设置为 none；也可设置为 dhcp，以便从 DHCP 服务器获得 IP 地址
IPADDR0	静态 IP 地址；其他 IP 地址可用变量 IPADDR1、IPADDR2……等指定
PREFIX	CIDR 格式的网络掩码(即/24)
GATEWAY0	默认网关的 IP 地址
DEFROUTE	布尔型指令，用于将接口设为默认路由
DNS1	第一个 DNS 服务器的 IP 地址
DOMAIN	指定了/etc/resolv.conf 中的域搜索列表
PEERDNS	布尔型指令，允许修改/etc/resolv.conf
IPV6INIT	布尔型指令，可启用 IPv6 寻址
USERCTL	布尔型指令，允许用户控制网络设备
IPV4_FAILURE_FATAL	布尔型指令；如果设为 no，那么连接到 IPv6 网络时，如果 IPv4 配置失败，则允许 IPv6 配置完成

3.6.3　练习 3-2：配置一个网卡

本练习用网络管理器中基于文本的用户接口工具配置第一个以太网卡。我们只需要一个命令行接口。至于此命令行是在 GUI 模式还是虚拟终端中并不重要。为了配置一个网卡，必须执行以下操作：

(1) 备份第一个以太网卡的当前配置文件。通常这个文件是 ifcfg-eth0，它保存在/etc/sysconfig/network-scripts 目录中。对于其他接口名称，如 em1，做相应的替换(提示：使用 cp 而不是 mv 命令)。

(2) 执行 nmtui 命令。

(3) 在出现的菜单中，Edit a Connection 应该处于高亮状态。如有必要，按方向键或 TAB键直到它变为高亮为止。然后按回车键。

(4) 在出现的屏幕中，第一个以太网卡应该处于高亮状态。如果是，则按回车键。

(5) 在图 3-12 的 Edit Connection 窗口中，IPv4 CONFIGURATION 下的 Automatic 选项可能已经选中。如果是，则选取它并按回车键；然后选择 Manual。

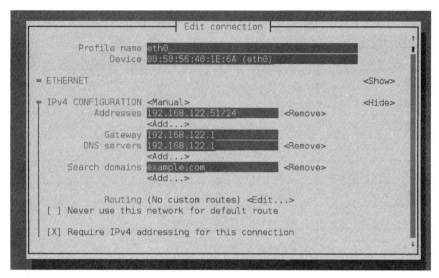

图 3-12　Edit Connection 窗口

(6) 选中 IPv4 CONFIGURATION 右侧的 Show 选项，并按回车键。这将展开当前的 IPv4 设置。

(7) 输入系统的 IP 地址信息。图中显示的参数是根据第 1 章为 server1.example.com 系统设置的参数。完成后，选择 OK 按钮，并按回车键。

(8) 回到设备屏幕。确保 Quit 按钮已高亮显示，然后按回车键。

(9) 用 ifdown eth0 命令断开第一个以太网卡，然后用 ifup eth0 命令重新启用它，然后用 ip addr show eth0 和 ip route 命令检查配置结果。网卡的配置参数和相应的路由表应该反映新的配置参数。

(10) 为了恢复到原来的配置，把 ifcfg-eth0 文件恢复到/etc/sysconfig/network-scripts 目录中，并用 systemctl restart network 命令重新启动网络。

网络管理器连接编辑器

现在开始用到 RHEL 7 的默认图形网络管理工具，即网络管理器连接编辑器(Network Manager Connections Editor)。由于多个网络连接上的用户很多，网络管理器需要在无线网络与以太网络连接之间实现无缝切换。但是这更适用于可移植系统，而非服务器。为此，我们需要知道如何用这个工具配置一个网卡。

网络管理器连接编辑器并不是一个新工具，它被用在 Fedora 上已经好几年了，只在 GUI 模式下运行。为启动它，可以执行 nm-connection-editor 命令。它可以打开如图 3-13 所示的网络连接工具。

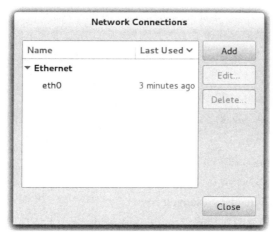

图 3-13   网络管理器的连接编辑器

从图 3-13 中可以看出，这个工具列出了检测到的第一个以太网卡的连接配置文件。还支持配置其他类型的网络，如无线连接、可以连接到 3G 和 4G 网络的移动宽带网卡以及数字用户线路(Digital Subscriber Line，DSL)连接。在一个普通的服务器上，重要的是连接的可靠性，而这仍然要靠标准的有线以太设备。

选取第一个以太设备(eth0)的连接配置文件并单击 Edit，然后选择 IPv4 Settings 选项卡，这会打开如图 3-14 所示的窗口。除非以前已经配置过，否则系统认为此网卡使用 DHCP 服务器提供的配置参数。

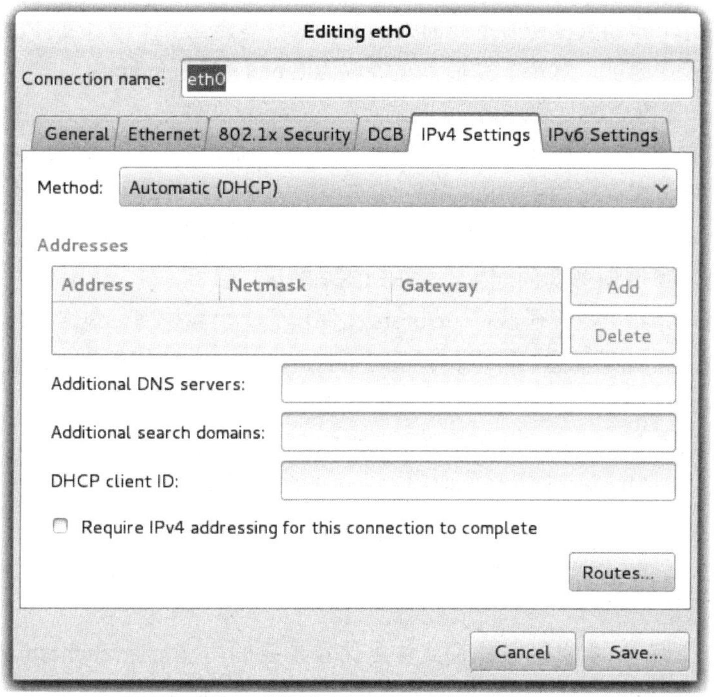

图 3-14   用网络管理器连接编辑器来编辑以太网连接

单击 Method 下拉文本框。虽然它支持用几种不同的方法配置一个网卡，但在本例中我们只对手动(Manual)配置感兴趣。选择手工配置选项，则此窗口中的 Address 文本框里不再处于无效状态，现在输入系统的 IP 地址。根据第1章介绍的 server1.example.com 系统，相应的选项内容如下：

- IP 地址(IP Address) 192.168.122.50。
- 网络掩码(Network Mask) 255.255.255.0(在这个字段中，采用 CIDR 表示的24也是可接受的)。
- 网关地址(Gateway Address) 192.168.122.1。
- DNS 服务器(DNS Server) 192.168.122.1。
- 搜索域(Search Domains) example.com。
- 此连接需要的 IPv4 寻址模式(Require Ipv4 Addressing For This Connection To Complete)取消选中。

如果输入正确，则第一个以太网卡配置窗口的标题与如图3-14中 Connection name 文本框中的内容一致。对于本例的配置，全部配置参数保存在/etc/sysconfig/network-scripts 目录中的ifcfg-eth0 文件中。

3.6.4 配置名称解析

网络配置的最后一步通常是名称解析。换句话说，本地系统是否有必要的信息将域名(如mheducation.com)转换成 IP 地址(如198.45.24.143)。

Unix 被开发出来时，名称解析很容易。当 Internet 的前身首次投入使用时，全世界的计算机网络有4个主机，分别放在4所不同的大学内。很容易建立一个静态文件，在其中包含每个主机的名称和对应的地址。这个文件后来发展成为 Linux 中的/etc/hosts。

如今，Internet 变得更加复杂。虽然可以试着在/etc/hosts 文件中建立一个数据库，包含 Internet上的每个域名和 IP 地址，但是这样做耗费的时间太多，而且也不是一种可以扩展的解决方案。因此，大部分用户会建立与 DNS(域名服务)服务器的连接。在 RHEL 7 中，这些信息仍然记录在/etc/resolv.conf 配置文件中。作为 RHCE，需要知道如何配置一个只缓存 DNS 服务器，第13章将介绍此主题。DNS 服务器的配置不是 RHCSA 的认证目标。

在较小的网络中，一些管理器将/etc/hosts 文件作为一个数据库，包含本地网络中的每个系统的名称和 IP 地址。如果愿意，管理员甚至可以包含 Internet 上的域的几个 IP 地址，不过如果这些 Internet 域自己修改了 DNS，这种设置就会失效。

但是，如果已经在/etc/hosts 中配置了到 DNS 服务器的连接和一些系统，首先会搜索什么呢？这就是/etc/nsswitch.conf 配置文件的用途，它指定了各种名称服务数据库(包含主机名)的搜索顺序。

3.6.5 主机名配置文件

RHEL 7 至少有 4 个主机名配置文件是比较重要的，它们是/etc/hostname、/etc/hosts、/etc/resolv.conf 和/etc/nsswitch.conf。这四个文件一起提供了本地主机名、主机名和 IP 地址的本地数据库、一个或多个 DNS 服务器的 IP 地址以及这些数据库的访问顺序。

1. /etc/nsswitch.conf 文件

/etc/nsswitch.conf 文件定义了从验证到名称服务的所有内容的数据库搜索优先级。作为名称服务器转换文件，它包含了下面这一行内容，该内容决定了先搜索哪个数据库。

```
hosts: files dns
```

当一个系统接收到搜索一个类似 outsider1.example.org 主机名的要求时，上述的指令表示先搜索/etc/hosts 文件。如果在/etc/hosts 文件中找不到这个名字，下一步就到可用的已配置 DNS 服务器上搜索，即通常到在/etc/resolv.conf 文件中配置的服务器上搜索。

解析库还使用/etc/host.conf 文件中的信息。该文件中的条目是：

```
multi on
```

这告诉系统,返回/etc/hosts 中映射到相同主机名的所有 IP 地址,而不是仅返回第一个条目。

2. /etc/hosts 文件

/etc/hosts 文件是一个静态数据库，它保存了主机名(或 FQDN 名)和它们的 IP 地址。它适用于小型的、相对静态的网络。而对于经常变化的网络，使用这个文件是一件非常痛苦的事。每次在网络中增加或移除一个系统，都要修改这个文件的内容——不仅要修改本地系统，而且要修改网络上的其他所有系统。

它非常适合于第 1 章创建的本地网络系统。一个简单的 hosts 文件可能包含类似于下面的内容：

```
127.0.0.1 localhost localhost.localdomain localhost4 localhost4.localdomain4
::1 localhost localhost.localdomain localhost6 localhost6.localdomain6
192.168.122.50 server1.example.com server1
192.168.122.150 tester1.example.com tester1
192.168.100.100 outsider1.example.org outsider1
```

有时可能要在一个 IP 地址上创建多个条目。例如，可添加以下记录以指定 Web 服务器和 FTP 服务的 IP 地址。

```
192.168.122.50 www.example.com
192.168.122.150 ftp.example.com
```

3. /etc/resolv.conf 文件

记录 DNS 服务器位置的标准文件仍是/etc/resolv.conf 文件。通常情况下它将包含一到两个记录，如下所示：

```
search example.com
nameserver 192.168.122.1
```

在 search 指令后附带 example.com 域名后用于搜索简单的主机名。文件中的 nameserver 指令定义了已配置的 DNS 服务器的 IP 地址。如果无法确定此 DNS 服务器是否可运行，则执行下面的命令之一：

```
# dig @192.168.122.1 mheducation.com
# host mheducation.com 192.168.122.1
```

如有必要，替换/etc/resolv.conf 文件中与 nameserver 指令关联的 IP 地址。在该文件中可指定最多 3 个 nameserver 指令。

实际经验

直接编辑/etc/resolv.conf 文件不是一个好主意。如果使用另一个工具(如 nmcli、连接编辑器或设备配置文件中的 DNS1 指令)配置了 DNS 服务器，网络管理器将覆盖你在直接编辑该文件时做出的任何修改，除非在 ifcfg 文件中使用 PEERDNS 覆盖了此行为。

3.6.6　主机名配置选项

在引导过程中，网络服务根据/etc/hostname 文件的内容确定本地主机名的值。主机名应该设置为类似 tester1.example.com 这样的一个 FQDN 名字。如前所述，这是一个简单的文件，其中主机名可能表示为如下形式的一个指令:

```
tester1.example.com
```

当然，我们可以用 hostname *newname* 修改主机名的值。但这样的修改只是临时性的，无法在/etc/hostname 文件中反映出来。要使修改永久生效，需要使用 hostnamectl set-hostname *newname* 命令。

故障情景与解决方案	
网络连接中断	检查物理连接。执行 ip link show 检查活动的连接。执行 systemctl status network 命令
无法访问远程系统	用 ping 和 traceroute 命令测试对本地 IP 地址和远程 IP 地址的访问
当前网络参数发生冲突	检查/etc/sysconfig/network-scripts 文件中的网络设备配置。使用网络管理器的连接编辑器检查设置
网络参数不一致	检查/etc/sysconfig/network-scripts 文件中的网络设备配置参数，使用网络管理器的连接编辑器检查设置。这种现象说明了有静态网络配置的意图，做相应检查
主机名不能识别	检查/etc/hostname 文件中的内容。执行 hostname 命令，检查/etc/hosts 文件的一致性
远程主机名不能识别	检查/etc/hosts 和/etc/nsswitch.conf 文件的内容，为合适的 DNS 服务器 IP 地址检查/etc/resolv.conf 文件。运行 dig 命令以测试 DNS 解析

3.7　认证小结

本章主要讨论两方面的内容。首先介绍以前参加 Red Hat 考试的先决条件，即基本命令行工具的使用。由于这些工具已成为 RHCSA 考试的主要内容，它们与网络配置相结合用于练习使用这些命令行工具。

命令行在 shell 环境中启动，shell 是一个命令解释器，它允许用户通过各个命令与操作系统进行交互。虽然在考试目标中没有明确指定哪个 shell，但是在大多数 Linux 发行版包括 RHEL 7 中都默认使用 bash。我们可以在默认的控制台之一或 GUI 的一个终端启动一个命令行窗口。在

bash 提示窗口中,可以管理文件和目录,通过这种方法配置和组织 Linux 系统。由于大部分 Linux 配置文件都采用文本格式,因此可以用许多命令来创建、搜索和修改这些文件。Linux 文本文件可以被当作数据流来解释和处理。为编辑一个文本文件,需要像 vim 和 gedit 这样的文本编辑器。

　　Linux 的在线文档范围很广。只要在命令后面加上-h 和--help 开关选项,就可以提供此命令的用法。其次是 man 和 info 帮助文档。许多程序包都提供了很多帮助文档,这些文件都保存在/usr/share/info 目录中。在绝大多数情况下,不需要访问 Internet 就可以找到所需要的帮助信息。

　　Linux 本身就是一个网络操作系统。像 eth0 这样的网络设备可以配置为 IPv4 和 IPv6 地址。网络检查和配置命令包括 ip、ifup、ifdown 和 dhclient。其他有关的命令包括 ss、ping 和 traceroute。相关的配置文件都由/etc/sysconfig/network 启动,单个设备都在/etc/sysconfig/network-scripts 目录中配置。网络设备既可以用 nmcli 和 nmtui 命令在控制台上进行配置,也可以用网络管理器的连接编辑器工具进行配置。

3.8　应试要点

以下是本章与认证目标有关的几个重要知识点。

shell

- Linux 默认的 shell 是 bash。
- 默认时最多有 6 个命令行虚拟终端可供使用。如果系统已安装 了 GUI,则它是第一个虚拟终端。
- 在 GUI 中可以打开多个命令行终端。
- shell 中可以使用 3 类数据流:stdin、stdout 和 stderr。因此在命令中可以用>、>>、<、| 和 2>等重定向符改变数据流的流向。

标准的命令行工具

- Linux 中任何内容最终都可以表示为文件。
- pwd 和 cd 等命令可用于切换目录。
- 目录路径、PATH 和波浪符(~)等概念可帮助用户理解和使用 shell 中的命令。
- ls、find 和 locate 等基本命令可以帮助用户找到文件和查看文件内容。
- touch、cp、ln、mv 和 rm 等是文件创建命令(或删除命令),对应的目录创建和删除命令是 mkdir 和 rmdir。
- 用 alias 命令可以为用户定制命令。

文本文件的管理

- Linux 是通过一系列文本配置文件来管理的。
- cat、less、more、head 和 tail 等命令可以将文本文件当作数据流来读取。

- 用 touch、cp、mv、ln 和 rm 等命令可以创建、复制、移动、链接和删除文件。用 alias 命令可以定制命令。
- sort、grep、wc、sed 和 awk 等命令属于文件过滤器，它们支持文本流的处理。
- 掌握文本编辑器的使用是一项重要技能。RHCSA 目标的早期版本要求掌握 vim 和 gedit 两个编辑器。

本地在线文档

- 如果需要获得一个命令的帮助，则执行这个命令本身，或者在命令中加上-h 或--help 开关。
- 命令的 man 帮助文档通常包含了使用示例。whatis 和 apropos 命令可以搜索不同主题的 man 帮助文档。
- 如果一个命令或文件有 info 帮助文档，则肯定会在/usr/share/info 目录中找到。
- 许多程序包都提供了大量的帮助文档和示例，它们都在/usr/share/doc 目录中。

网络入门

- IPv4 是 32 位地址。一共有 5 类 IPv4 地址和 3 类不同的专用 IPv4 地址集，后者用于在专用 LAN 上设置 TCP/IP。
- 子网掩码(也叫做网络掩码或前缀)用来帮助找到 IP 地址的网络和主机部分。
- ping、traceroute、tracepath、ip 和 ss 等工具可以用来诊断 LAN 上的故障。
- /etc/resolv.conf 等名称解析配置文件决定了一个系统如何找到正确的 IP 地址。使用 dhclient 命令可以从 DHCP 服务器配置该文件，也可以使用网络管理器配置该文件。

网络配置与故障排除

- 单个网络设备在/etc/sysconfig/network-scripts 目录中配置。
- 网络配置工具包括基于控制台的 nmcli 和 nmtui 命令，以及网络管理器的连接编辑器。
- 名称解析配置文件包括/etc/nsswitch.conf、/etc/hosts 和/etc/resolv.conf。

3.9　自测题

下面的练习题用于测验对本章内容的掌握程度。由于 Red Hat 考试没有多选题，因此本书不提供任何选择题。这些题目专门用来测试读者对本章的理解。Red Hat 考试注重于得到结果的过程，而不是死记一些无关紧要的内容。许多问题可能不止一个答案。

shell

1. 说出 Linux 默认 shell 的名字。

2. 在 GUI 中，用哪个组合键可以切换到虚拟控制台 3？

标准命令行工具

3. 哪个命令可以创建/abc/def/ghi/jkl 系列目录？

4. 哪个符号代表当前用户的主目录？

文本文件的管理

5. 哪个命令可以列出/var/log/messages 文件最后 10 行的内容？

6. 哪个命令可以返回/var/log/dmesg 文件中包含 Linux 这个词的行？

本地在线文档

7. 哪个命令搜索在 man 文档数据库中引用 passwd 命令和配置文件的文档？

8. 假设已在第 5 节和第 8 节已为虚拟的 abcde 命令和文件建立了 man 帮助文档，输入哪个命令，它一定会显示第 5 节的 man 帮助文档？

网络入门

9. 在 IPv4 寻址中，假设网络的地址为 192.168.100.0，且广播地址为 192.168.100.255，写出可分配的 IP 地址段。

10. 假设已给定第 9 题中的地址，用哪个命令可以把 192.168.100.100 的 IPv4 地址分配给网络设备 eth0？

网络配置与故障排除

11. 写出与本地系统主机名有关配置文件的完整路径。

12. 写出本地系统上的 eth0 以太网适配器有关的配置文件的默认完整路径。

3.10　实验题

这几个实验题都是配置练习。读者只能在测试系统上做这些实验题。这里假设是在 KVM 之类的虚拟机上执行这些操作。

Red Hat 考试采用电子形式。因此在本章及后面几章中，大多数实验题都可以从本书配书网站读取，本章的实验题保存在 Chapter3/子目录中。假如现在仍然还没有在自己的系统中安装一个 RHEL 7，则参考本书第 1 章的安装指示安装一个系统。

实验题的答案就在自测题答案之后。

3.11　自测题答案

shell

1. Linux 默认的 shell 是 bash，也称为 Bourne-Again shell。
2. 在 GUI 环境下，用 CTRL+ALT+F3 组合键可以切换到虚拟控制台 3。

标准的命令行工具

3. 创建/abc/def/ghi/jkl 目录串的单个命令是 mkdir -p /abc/def/ghi/jkl。
4. 表示当前用户的主目录的符号是波浪符(~)。

文本文件的管理

5. 列出/var/log/messages 文件最后 10 行内容的命令是 tail -n 10/var/log/messages。因为 10 行是默认值，所以也可以使用 tail /var/log/messages。
6. 返回/var/log/dmesg 文件中包含 Linux 这个词的行的命令是 grep Linux /var/log/dmesg。也可以使用 cat /var/log/dmesg | grep Linux 等变体。

本地在线文档

7. 在 man 文档数据库中，搜索引用 passwd 命令和配置文件文档的命令是 whatis passwd。apropos 和 man -k 命令则更进一步，它们列出在命令和说明中有 passwd 一词的 man 帮助文档。
8. 调用第 5 节的帮助文档中虚拟 abcde 命令和文件的 man 帮助文档的命令是 man 5 abcde。

网络入门

9. 在提到的 IPv4 网络中可分配的 IP 地址段是从 192.168.100.1 到 192.168.100.254。
10. 假设已给定第 9 题中的地址，把 192.168.100.100 的 IPv4 地址分配给网络设备 eth0 的命令是 ip addr add 192.168.100.100/24 dev eth0。

网络配置与故障排除

11. 本地系统主机名的配置文件的完整路径是/etc/hostname。

12. 本地系统上第一个以太网适配器的配置文件的完整路径是/etc/sysconfig/network-scripts/ifcfg-eth0。如果在网络管理器中使用了不同的连接配置文件，那么在/etc/sysconfig/network-scripts目录中可找到对应每个连接配置文件的一个文件。

3.12　实验题答案

实验题 1

此实验题测试这样一种情形：网络连接由于/etc/sysconfig/network 文件中 NETWORKING 指令的设置而中断。如果这个指令设置为 no，系统就会中断网络连接。其他参数都没有变化，特定网卡的 IP 地址信息仍然正确。当然也可以用其他方法启动网络连接，但是除非在此配置文件中设置 NETWORKING=yes，否则重新启动后系统还是存在原来的问题(即网络无法连接)。

本实验题中使用的脚本把/etc/sysconfig/network 目录中原来的副本备份到/root/backup 目录中。现在当这个实验题完成后，可以把这个文件恢复到原来的目录中。要注意，不可修改标志已应用于这个备份文件上，如果要把它从/root/backup 目录中删除，首先要用 chattr -i 命令去掉这个不可修改标志位。

实验题 2

本实验题给第一个以太网卡即 eth0 设置了一个无效的 IP 地址。第 1 章配置的系统的标准是建立在 192.168.122.0/24 网络上。/etc/sysconfig/network-scripts 目录的配置文件可能会使用一个稍微不同的名字，这取决于适配器的配置方式。把目录中原来的配置文件移动到/root/backup目录中。如果重新建立配置文件的努力失败了，则可以从/root/backup 目录恢复原来的配置文件。

要注意，不可修改标志已应用于这个备份文件上，如果要把它从/root/backup 目录中删除，首先要用 chattr -i 命令去掉这个不可修改标志位。实际上，为了完成实验题 3，必须运行下面这个命令：

```
# chattr -i /root/backup/*
```

实验题 3

本实验题中断了系统的第一个以太网络设备。当此设备使用默认的设备文件名即 eth0 时，它就能运行。

实验题 4

在本实验题中，考生要在第 1 章建立的每个系统上创建/etc/hosts 文件。除了由网络管理器添加的本地系统参数外，在其他三个系统上的/etc/hosts 文件中的内容都一样。具体来说，这个文件应该包含以下内容：

```
192.168.122.50  server1.example.com server1
192.168.122.150  tester1.example.com tester1
192.168.100.100 outsider1.example.org outsider1
```

这些系统是否在不同的 IP 网络上并不重要。只要系统之间有路由的路径，则每个/etc/hosts 文件中的数据就能起作用。网络管理器可能会插入重复的数据，但是这不会带来问题，条件是数据必须一致！事实上，可以为一个 IP 地址设置多个名字。例如在 192.168.122.50 系统上建立了一个 Web 服务器，则可以在/etc/hosts 文件中添加以下记录：

```
192.168.122.50  www.example.com
```

实验题 5 和 6

一定要学习与配置文件中的指令相关的常用设置，例如 HWADDR、BOOTPROTO 和 DNS1。

第 4 章

RHCSA 级的安全选项

Linux 安全是从"自主访问控制(Discretionary Access Control，DAC)"这个概念开始的。自主访问控制涉及文件和目录的权限和所有权。通过使用特殊的位，包括访问控制列表(Access Control List，ACL)，权限可以比简单的 user/group/other 分类更加精细。这些访问控制列表把权限分配给某些特定的用户或组，覆盖了标准的权限，允许为指定的文件或目录设置更加精细的访问规则。

此外，安全领域的另一个概念是防火墙。本章讨论 iptables 服务(这是 RHEL 6 中的默认防火墙)和新的防火墙守护进程，后者支持不同的信任区域。本章将介绍如何使用 firewall-config 图形实用工具和 firewall-cmd 命令工具来允许或阻止通过 firewalld 的服务。

大部分 Linux 系统上都安装了 SSH 服务。这是登录到一台机器上非常常用的一个服务，所以各地的黑帽黑客都希望找到 SSH 的弱点。因此，本章还将介绍如何为 SSH 使用基于密钥的验证来提高安全性。

通过另一个安全概念即强制访问控制(Mandatory Access Control)，可提供进一步的保护。在 RHEL 7 中，此概念的 MAC 实现就是安全增强型 Linux(Security-Enhanced Linux，SELinux)。Red Hat 希望考生在考试过程把 SELinux 置于活动状态。因此我们要分析如何设置强制模式，修改文件上下文，使用布尔型参数以及诊断受到破坏的 SELinux 策略。

如果现在使用的系统是安装过程创建的默认安装，则在本章中需要安装额外的程序包。如果可以使用网络安装，则读取这个程序包的名字并把 yum install 命令应用到这个程序包上。例如，为查看基于 GUI 的防火墙配置工具，需要用下面的命令安装这个工具：

```
# yum install firewall-config
```

有关此程序包安装过程的更多信息，请阅读第 7 章的内容。

考试内幕

基本的文件权限

在 Linux 中，安全始于文件的权限。由于在 Linux 中任何东西都可以定义为文件，因此安全从文件开始确实是一个很好的想法。不管如何，在 Red Hat 认证目标中有关安全的概念一旦理解后就很简单：

- 显示、设置和修改标准的 ugo/rwx 权限
- 诊断和纠正文件权限问题

Linux 文件的标准权限是为用户(users)、组(groups)和其他用户(others)定义的，这些导致了 ugo，它们的权限就是文件的读(read)、写(write)和执行(execute)，这些定义了rwx 权限。我们把这些权限定义为自主访问控制，与本章也将讨论的强制访问控制系统即 SELinux 相对应。

访问控制列表

可以将访问控制列表配置为覆盖和扩展基本的文件权限。例如，利用访问控制列表，我们可以在自己的主目录中建立一个文件，该主目录只允许有限的几个其他用户和组读取它。相关的 RHCSA 认证目标是：

- 创建和管理访问控制列表(ACL)。

防火墙控制

在 Linux 中配置后，防火墙允许某些端口通过而阻止其他所有端口通过。此外，防火墙

还可以用于从多个方面控制通信流量，但这属于 RHCE 的考试内容。相关的 RHCSA 认证目标是：

- 用 firewall-config、firewall-cmd 或 iptables 配置防火墙参数。

Secure Shell Server

在前言中已经介绍过，SSH 服务是一个需要重点关注的地方。相关的 RHCSA 认证目标为：

- 为 SSH 配置基于密钥的验证

对于基于密钥的验证，可使用私钥/公钥对登录到远程系统。不再需要通过网络进行口令的传输。这种验证使用的 1024 或更多位口令要比通过网络传输的口令更难破解得多。

安全增强型 Linux

我们没有办法避开它！在 Red Hat 考试中考生必须面对 SELinux。除非能够用 SELinux 配置一些服务，否则不能保证你们能通过 Red Hat 考试。为了帮助考生掌握必须要掌握的内容，Red Hat 分解了与 SELinux 有关的认证目标。第一个认证目标是 SELinux 基础，因为它涉及 SELinux 在一个系统上的三个模式(强制模式/许可模式/禁用模式)：

- 给 SELinux 设置强制模式/许可模式。

另一个认证目标要求考生理解为文件和进程定义的不同 SELinux 上下文。虽然用到的命令都比较简单，但是在 Linux 可用的上下文就像服务那样众多：

- 显示和确认 SELinux 文件和进程上下文。

在测试不同的 SELinux 上下文时，错误总是会发生的。读者也许记不得与重要目录有关的默认上下文。但如果用正确的命令不需要记住全部内容，正如下面的认证目标所表示的那样，恢复为默认的上下文是一件相当容易的事：

- 恢复文件默认的上下文。

下一个认证目标看起来比较复杂。但是与 SELinux 有关的布尔型参数都有一个描述性的名字。可以使用更优秀的工具来进一步显示这些可用的布尔型上下文。从本质上说，这意味着在 SELinux 下运行一个特定的服务，所要做的就是打开一个(或更多)布尔型参数(而不需要直接修改 SELinux 的策略规则)：

- 使用布尔型参数来修改系统 SELinux 设置。

当 SELinux 工作后，应该监视系统上发生的违反策略的行为。错误地进行配置或者未经授权的侵入都会违反策略。因此，为了最大限度地利用 SELinux，应该知道如何审核违反策略的行为，并能够解决常见的问题。相关的 RHCSA 目标是：

- 诊断和解决常见的违反 SELinux 策略的行为。

认证目标 4.01　文件的基本权限

Linux 计算机的基本安全是以文件权限为基础的。文件默认的权限可以通过 umask 命令来设置。通过配置特殊权限，可以给全部用户和/或组配置额外的权限。这些就是所谓的超级用户 ID(SUID)、超级组 ID(SGID)和粘滞权限位。所有权是是以文件创建者的默认用户 ID 和组 ID 为基础的。用 chmod、chown 和 chgrp 等命令管理权限和所有权。讨论这些命令之前，必须先理解文件权限和所有权等概念。

4.1.1　文件权限和所有权

Linux 文件权限和所有权不难理解。正如相关的 RHCSA 认证目标所要求的那样，它们就是用户、组和所有其他用户的读、写和执行权限。但是，权限在目录上的效果更隐蔽。表 4-1 显示了每个权限位的精确含义。

表 4-1　文件和目录上的权限

权　　　限	在 文 件 上	在 目 录 上
读(r)	读取文件的权限	列出目录内容的权限
写(w)	写入(修改)文件的权限	在目录中创建和删除文件的权限
执行(x)	将文件作为程序运行的权限	访问目录中的文件的权限

考虑 ls -l /sbin/fdisk 命令的输出结果：

```
-rwxr-xr-x. 1 root root 182424 Mar 28  2014 /sbin/fdisk
```

权限显示在列表的左端，用 10 个字符来表示。第一个字符决定了它是一个普通文件还是一个特殊文件。其他 9 个字符分为 3 组，分别表示文件所有者(user)、组所有者和 Linux 系统中所有其他用户的权限。以下这些字母也是很容易理解的：r(read)表示读权限、w(write)表示写入权限、x(execute)表示可执行权限。这些权限在表 4-2 中有详细说明。

表 4-2　文件权限说明

位　　　置	说　　　明
1	文件类型：-表示普通文件，d 表示目录文件，b 表示设备，l 表示符号链接文件
234	赋给文件所有者的权限
567	赋给文件的组所有者的权限
890	赋给 Linux 系统中所有其他用户的权限

我们经常见到，文件的用户(即所有者)与文件的组所有者使用相同的名字。此时 root 用户是 root 组的一个成员。但它们并不一定要用相同的名字。例如，专为用户之间的协作而设计的目录可能属于某个特殊组。正如第 8 章将要指出的，这样的组通常有几个普通用户作为其成员。

记住，授予组的权限要优先于授予所有其他用户的权限。类似地，授予所有者的权限要优先于所有其他权限分类的权限。因此，在下面的例子中，虽然其他每个人都有文件的完整权限，但是组 mike 的成员未被授予任何权限，因此无法读取、修改或执行文件：

```
$ ls -l setup.sh
-rwx---rwx. 1 root mike 127 Dec 13 07:21 setup.sh
```

权限中还有一个较新的元素。注意一下 ls -l setup.sh 命令输出中最后的 x 后面还有一个点，这个点表明该文件具有 SELinux 安全上下文。如果在一个文件上配置了 ACL 权限，就会用加号(+)替代这个点。但该符号不会覆盖 SELinux 控制。

我们需要考虑另一类权限：特殊权限位。它们不仅是指 SUID 和 SGID 位，而且也包括粘滞位(sticky bit)这个特殊权限。表 4-3 显示了特殊权限位在文件和目录上的效果。

表 4-3　特殊权限位

特 殊 权 限	在可执行文件上	在 目 录 上
SUID	文件执行时，进程的有效用户 ID 就是文件的有效用户 ID	没有效果
SGID	文件执行时，进程的有效组 ID 就是文件的有效组 ID	使目录中创建的文件具有与目录相同的组所有权
粘滞位	没有效果	目录中的文件只能被所有者重命名或删除

SUID 位的一个示例与/usr/bin 目录中的 passwd 命令有关。把 ls -l 命令应用于此文件得到如下的输出结果：

```
-rwsr-xr-x. 1 root root 27832 Jan 30 2014 /usr/bin/passwd
```

此文件的用户所有者的执行位为 s，它就是 SUID 位。这意味着经文件所有者、root 管理员用户授权，其他用户可以执行此文件。但是这并不表示任何用户可以改变其他用户的口令。对 passwd 命令的访问还受到可插入验证模块(Pluggable Authentication Modules，PAM)的控制。有关可插入验证模块的内容请阅读第 10 章的内容，它属于 RHCE 考试范围。SGID 位的一个示例可在 ssh-agent 命令中找到，也可在/usr/bin 目录中找到。它有一个 SGID 位，用来正确保存口令短语(passphrases)。把 ls -l 命令作用于此文件得到以下的输出结果：

```
---x--s--x. 1 root nobody 145312 Mar 19  2014 /usr/bin/ssh-agent
```

此文件的组所有者(group nobody)的执行位为 s，它就是 SGID 位。

最后，粘滞位的示例可以在/tmp 目录的权限中找到。它表示用户可以把自己的文件复制到此目录中，但是除了文件的所有者之外，其他人都不可以删除这些文件(因此才称为"粘滞")。把 ls -ld 命令作用此目录得到以下结果：

```
drwxrwxrwt. 22 root root 4096 Dec 15 17:15 /tmp
```

其他用户的可执行位现在是 t，它就是粘滞位。注意，如果没有粘滞位，每个人都能删除/tmp 目录中其他每个人的文件，因为写入权限已被授予该目录上的所有用户。

写入权限的漏洞

很容易去掉一个文件的写权限。例如，假如我们想使 license.txt 文件只有可读权限，则执行下面的命令就可以去掉这个文件的写入权限：

```
$ chmod a-w license.txt
```

但是，此文件的所有者仍然可以修改此文件。然而这对于像 gedit 这样的 GUI 文本编辑器不起作用，甚至对 nano 文件编辑器也不起作用。但如果在 vi 文本编辑中对此文件做修改，此文件的所有者用感叹号会迂回处理缺少写权限的情形。换言之，在 vi 编辑器中，文件的所有者可以用下面的命令来覆盖缺少的写权限。

```
w!
```

实际上，vi 编辑器的 w!权限并不是绕过 Linux 的文件权限系统，这可能会让人感到惊讶。w!命令覆盖文件，也就是说，该命令删除现有的文件，并创建一个同名的新文件。从表 4-1 中可以看到，授予文件的创建和删除权限的权限位是父目录上的写入权限，而不是文件本身的写入权限。因此，如果用户拥有目录的写入权限，就可以覆盖目录中的文件，不管是否对文件设置了写入权限位。

4.1.2 修改权限和所有权的命令

管理文件权限和所有权的主要命令有 chmod、chown 和 chgrp。接下来我们将介绍如何用这些命令修改文件的用户和组的权限，以及如何同时修改一系列文件的权限和所有权。

用-R 选项可以修改一系列文件的权限。它是这三个命令的一个递归开关选项。换言之，当我们把上述三个命令之一和选项-R 作用于某个目录中，则命令递归地作用于此目录中。这个改变将作用于目录中的所有文件，包括所有的子目录。递归意味着修改可以应用于目录中的每个子目录的所有文件。

1. chmod 命令

chmod 命令使用所有者用户、组和其他用户的权限的数值。在 Linux 中，读、写入和可执行权限分别赋给以下数值：r=4，w=2，x=1。数字格式的权限表示为八进制数，每一个数位关联着不同的一组权限。例如，权限数字 640 表示所有者被赋予权限 6(读和写)，其中组的权限为 4(读)，其他每个人都没有权限。chown 和 chgrp 命令调整与该文件关联的用户和组所有者。

chmod 命令十分灵活。可以不用数字表示权限。例如，下面的命令给 Ch3Lab1 文件的所有者用户设置了可执行权限：

```
# chmod u+x Ch3Lab1
```

注意，u 和 x 遵循 ugo/rwx 格式的方式是 RHCSA 考试的认证目标。这个命令的作用是给 Ch3Lab1 文件的所有者用户(u)添加(+)了执行权限(x)。

这些符号可以组合使用。例如，下面这个命令(使用-)取消了名为 special 的本地文件的组所有者(使用 g)和和所有其他用户(使用 o)的写权限(使用 w)：

```
# chmod go-w special
```

除了使用+和-操作符添加或删除权限以外，可以使用等号操作符(=)设置某权限组的精确模式。例如，下面的命令将 special 文件的组权限设为读写，如果设置了执行权限，还会清除执行权限：

```
# chmod g=rw special
```

虽然在 chmod 命令中我们可以使用全部三种组权限类型，但是其实没有此必要。正如第 3章的实验题介绍的，下面的命令给所有用户分配 Ch3Lab2 文件的执行权限。

```
# chmod +x Ch3Lab2
```

对于 SUID、SGID 和粘滞位，还可使用一些特殊选项。如果我们选择使用数值位，这些特殊位也被赋予相应的数值，即 SUID =4、SGID=2 和粘滞位=1。例如，下面的命令配置了 SUID

位(权限模式中的第一个 "4")。它把名为 testfile 文件的 rwx 权限赋给了所有者用户("7"),
把 rw 权限赋给了组所有者("6"),以及把 r 权限赋给其他用户(最后一个 "4")。

```
# chmod 4764 testfile
```

如果更喜欢使用 ugo/rwx 格式,则下面的命令激活了本地 testscript 文件的 SGID 位:

```
# chmod g+s testscript
```

下面这个命令打开/test 目录的粘滞位。

```
# chmod o+t /test
```

对于 chmod 命令,修改并非必须由 root 管理员用户做出。文件的所有者用户也可以修改该
文件的权限。

2. chown 命令

chown 命令可以用来修改文件的所有者用户。例如,利用 ls -l 命令分析本章开头创建的图
像文件的所有权:

```
-rw-r--r--. 1 michael examprep 855502 Oct 25 14:07 F04-01.tif
```

此文件的所有者用户是 michael,其组所有者是 examprep。用 chown 命令可以把它的所有
者用户改为 elizabeth:

```
# chown elizabeth F04-01.tif
```

chown 命令的作用不止这些。例如,下面的命令将上述文件的用户所有者和组所有者修改
为 donna 用户和 supervisors 组,这里假定这个用户和组都存在:

```
# chown donna.supervisors F04-01.tif
```

只有 root 管理员用户可以修改文件的用户所有者,组所有权则可被 root 管理员用户和拥有
文件的用户修改。

3. chgrp 命令

用 chgrp 命令可以改变文件的组所有者。例如,下面的命令把 F04-01.tif 文件的组所有者改
为名为 project 的组(假设这个组是存在的)

```
# chgrp project F04-01.tif
```

4. 特殊文件属性

除了普通的 rwx/ugo 权限之外还有文件属性。这些属性可以用来控制用户对不同文件的权
限。用 lsattr 命令可以显示当前文件的属性,而用 chattr 命令可以帮助修改这些属性。例如,下
面的命令可以防止/etc/fstab 文件被意外删除,即使 root 管理员用户也无法删除此文件:

```
# chattr +i /etc/fstab
```

有了这个属性后，当我们以 root 管理员用户的身份删除上述文件时就会看到以下响应：

```
# rm /etc/fstab
rm: remove regular file '/etc/fstab'? y
rm: cannot remove '/etc/fstab': Operation not permitted
```

lsattr 命令显示了/etc/fstab 文件上活动的不可修改属性：

```
# lsattr /etc/fstab
----i----------- /etc/fstab
```

当然，root 管理员可以用下面的命令取消这个属性。尽管如此，最初的拒绝删除响应至少可以在删除操作真正发生之前给管理员思考的余地：

```
# chattr -i /etc/fstab
```

表 4-4 列出几个重要的属性。其他属性如 c(compressed，压缩)、s(secure deletion，安全删除)和 u(undeletable，不可删除)对保存在 ext4 和 XFS 文件系统中的文件不起作用。区段格式属性与 ext4 系统有关。

表 4-4　文件属性

属　　性	说　　明
a(只可以添加)	阻止删除，但是可以在文件的末尾添加内容。例如，如果执行 chattr +a tester 命令，则 cat /etc/fstab >> tester 命令可以把/etc/fstab 文件的内容添加到 tester 文件的末尾。 但是，命令 cat /etc/fstab > tester 会失败
d(不可转储)	禁止使用 dump 命令对配置文件进行备份
e(区段格式)	只适用于 ext4 文件系统，它属于不可删除属性
i(不可修改属性)	防止文件被删除或做其他修改

4.1.3　用户与组的基本概念

与 Unix 一样，Linux 也配置了用户和组。任何使用 Linux 的用户都分配了一个用户名，虽然他可能只是一个 "游客"(guest)。甚至还有一个名为 nobody 的标准用户。分析/etc/passwd 文件就可以看出。此文件的一个版本如图 4-1 所示。

可以看到，/etc/passwd 文件列出了所有种类的用户名。虽然诸如 mail、news、ftp 和 apache 的很多 Linux 服务都有自己的用户名。任何情况下，/etc/passwd 文件都有一个特定的格式，关于该格式的详细内容将在第 8 章中介绍。现在只需要注意到本文件中显示的两个普通用户(alex 和 michael)的信息，它们的用户 ID(UID)、组 ID(GID)分别为 1000 和 1001，它们的主目录与它们的用户名相匹配。下一个用户的 UID 和 GID 为 1002 等。

用户的 GID 与用户的 UID 相匹配是基于 Red Hat 的用户私有组模式(User Private Group Scheme)。现在执行 ls -l /home 命令，输出结果与下面类似：

```
drwx------. 4 alex     alex     4096 Dec 15 16:12 alex
drwx------. 4 michael  michael  4096 Dec 16 14:00 michael
```

注意目录的权限。根据本章前面介绍的 rwx/ugo 的基本概念，只有指定的用户所有者才可以访问他们主目录中的文件。

```
rpcuser:x:29:29:RPC Service User:/var/lib/nfs:/sbin/nologin
nfsnobody:x:65534:65534:Anonymous NFS User:/var/lib/nfs:/sbin/nologin
named:x:25:25:Named:/var/named:/sbin/nologin
oprofile:x:16:16:Special user account to be used by OProfile:/var/lib/oprofile:/
sbin/nologin
tcpdump:x:72:72::/:/sbin/nologin
usbmuxd:x:113:113:usbmuxd user:/:/sbin/nologin
colord:x:998:996:User for colord:/var/lib/colord:/sbin/nologin
abrt:x:173:173::/etc/abrt:/sbin/nologin
chrony:x:997:995::/var/lib/chrony:/sbin/nologin
libstoragemgmt:x:996:994:daemon account for libstoragemgmt:/var/run/lsm:/no
login
qemu:x:107:107:qemu user:/:/sbin/nologin
radvd:x:75:75:radvd user:/:/sbin/nologin
rtkit:x:172:172:RealtimeKit:/proc:/sbin/nologin
saslauth:x:995:76:"Saslauthd user":/run/saslauthd:/sbin/nologin
ntp:x:38:38::/etc/ntp:/sbin/nologin
unbound:x:994:993:Unbound DNS resolver:/etc/unbound:/sbin/nologin
pulse:x:171:171:PulseAudio System Daemon:/var/run/pulse:/sbin/nologin
gdm:x:42:42::/var/lib/gdm:/sbin/nologin
gnome-initial-setup:x:993:991::/run/gnome-initial-setup/:/sbin/nologin
alex:x:1000:1000:Alessandro Orsaria:/home/alex:/bin/bash
michael:x:1001:1001:Michael Jang:/home/michael:/bin/bash
```

图 4-1　/etc/passwd 文件

1. umask

umask 在 Red Hat Linux 中的工作方式有些与众不同，对于那些来自于不同的 Unix 环境的用户尤其如此。无法配置 umask 使新建的文件自动具有可以执行权限。它进一步提高了系统的安全性：具有可执行权限的文件越少，黑帽黑客破解系统可利用的可执行文件也就越少。

每次新建一个文件时，文件的默认权限是由 umask 的值决定的。当我们输入 umask 命令时，它输出一个 4 位的八进制数值如 0002。如果 umask 的某位被设置，在新创建的文件和目录中将禁用对应的权限。例如，值为 0245 的 umask 意味着新创建的目录将具有 0532 八进制权限，等效于下面的权限字符串：

```
r-x-wx-w-.
```

过去，umask 的值会影响文件上所有权限的值。例如，如果 umask 的值为 000，该用户创建的任何文件的默认权限是 777-000=777，对应于所有用户读、写和执行权限。现在是 666，因为普通的新文件不能再获得可执行权限。另一方面，目录需要可执行权限，这样其中包含的任何文件就可以被访问。

2. 默认的 umask 值

知道了这些基本事实后，应该知道 umask 的默认值是由/etc/pofile 和/etc/bashrc 文件决定，具体来说它是由以下这段代码决定的。这使得 umask 的值取决于 UID 的值：

```
if [ $UID -gt 199 ] && [ "`id -gn`" = "`id -un`" ]; then
    umask 002
else
    umask 022
fi
```

从这段代码可以看出，对于 UID 为 200 及以上的用户账户，umask 为 002。相反，UID 小于 200 的用户，其 umask 为 022。在 RHEL 7 中，像 adm、postfix 和 apache 等服务用户使用较小的 UID，这主要影响为这些服务创建的日志文件的权限。当然，root 管理员用户的 UID 最小，值为 0。默认情况下，为这类用户创建的文件具有 644 权限，创建的目录具有 755 权限。

相反，普通用户的 UID 值为 1000 或大于 1000。这类用户创建的文件通常有 664 权限，他们创建的目录通常具 755 权限。用户可在其~/.bashrc 或~/.bash_profile 中追加 umask 命令，从而覆盖默认设置。

认证目标 4.02　访问控制列表及其他

曾经有一个时期，用户对其他用户的文件都有读权限。但是默认情况下，用户只是对自己目录中的文件有权限。利用访问控制列表(ACL)可以把自己主目录中特定文件的读、写入和执行权限分配给特定用户。它提供了第二级的自主访问控制，这种方法可以覆盖标准的 ugo/rwx 权限。

严格地说，普通的 ugo/rwx 权限是第一级自主访问控制。换言之，ACL 是从本章前面提到的所有权和权限开始的，后面读者马上就会看到这一切如何用 ACL 命令显示。

为配置 ACL，需要先用 acl 选项挂载正确的文件系统。接下来要在相关的目录上设置执行权限。只有这样，我们才可以配置 ACL 表，给特定的用户分配所需要的权限。

ext4 和 XFS 文件系统，以及网络文件系统(Network File System，NFS)版本 4 支持 ACL。

4.2.1　getfacl 命令

假设已经安装 acl 程序包，则我们可以使用 getfacl 命令，它显示一个文件的当前 ACL。例如，下面这个命令显示/root 目录中 anaconda-ks.cfg 文件的当前权限和 ACL。

```
[root@server1 ~]# getfacl anaconda-ks.cfg
# file: anaconda-ks.cfg
# owner: root
# group: root
user::rw-
group::---
other::---
```

执行 ls -l /root/anaconda-ks.cfg 命令。你应该知道此输出结果中的每个元素，因为 anaconda-ks.cfg 文件中不设置 ACL，getfacl 命令仅显示标准权限和所有权。稍后将要添加的 ACL 表是以它为基础的。但首先要使一个文件系统成为第二级 ACL 的友好系统。

4.2.2　使文件系统成为 ACL 友好系统

RHEL 7 使用 XFS 文件系统。在 RHEL 7 上创建 XFS 或 ext2/ext3/ext4 文件系统时，默认启用 ACL。另一方面，在更早版本的 Red Hat 上创建 ext2、ext3 和 ext4 文件系统可能不会自动启用对 ACL 的支持。

实际经验

为验证在分区设备(如 dev/sda1)上，ext2/ext3/ext4 文件系统是否默认启用了 acl 挂载选项，可以执行命令 tune2fs -l/dev/sda1。记住，在 RHEL 7 上创建的 XFS 文件系统和所有 ext 文件系统都默认启用 ACL 支持。因此，只有在较早的 Red Hat 企业版 Linux 上创建 ext 文件系统时，或者在已经显式删除 acl 选项的 ext2/ext3/ext4 文件系统中，才需要使用 acl 选项挂载文件系统。

如果想要在没有配置 acl 挂载选项的文件系统上启用 ACL，则可以正确地重新挂载现有的分区。例如，通过执行下面的命令，我们可以使用 ACL 重新挂载/home 分区：

```
# mount -o remount -o acl /home
```

为保证它就是下次重新启动时/home 的挂载方式，编辑/etc/fstab 文件。根据前面的命令，如果/home 采用 ext4 格式，可能会包含如下一行内容：

```
/dev/sda3      /home      ext4      defaults,acl      1,2
```

修改了/etc/fstab 文件后，用下面的命令启动该文件：

```
# mount -o remount /home
```

为验证/home 文件已经用 acl 选项挂载，单独执行 mount 命令，不要带任何开关选项，就会看到如下所示的输出结果：

```
/dev/sda3 on /home type ext4 (rw,acl)
```

现在我们就用 ACL 命令对需要的文件和目录设置访问控制列表。

4.2.3　管理文件的 ACL

有了一个正确挂载的文件系统和合适的权限，我们就可以管理系统上的 ACL。为了查看当前 ACL，执行 getfacl *filename* 命令。例如，我们已在/home/examprep 目录中创建了一个名为 TheAnswers 的文本文件。下面是 getfacl /home/examprep/TheAnswers 命令的输出结果：

```
# file home/examprep/TheAnswers
# owner: examprep
# group: proctors
user::rw-
group::r--
other::---
```

注意，TheAnswers 文件属于 examprep 用户和 proctors 组所有。此用户所有者具有读、写权限，组所有者对此文件有读权限。也就是说，examprep 用户可以读取和修改 Answers 文件，而 proctors 组中的成员可以读 TheAnswers 文件。

现在假设你是该系统的 root 用户或者 examprep 用户，则可以用 setfacl 命令为作者之一(用户 michael)给名为 TheAnswers 的文件分配 ACL。例如，下面的命令允许 miachel 拥有该文件的读、写和执行权限：

```
# setfacl -m u:michael:rwx /home/examprep/TheAnswers
```

149

这个命令修改了该文件的 ACL，修改(-m) michael 用户的 ACL，给他分配了该文件的读、写和执行权限。为了验证此命令的执行结果，对该文件执行 getfacl 命令后得到如图 4-2 所示的结果。

```
[root@server1 ~]# getfacl /home/examprep/TheAnswers
getfacl: Removing leading '/' from absolute path names
# file: home/examprep/TheAnswers
# owner: examprep
# group: examprep
user::rw-
user:michael:rwx
group::r--
mask::rwx
other::r--

[root@server1 ~]# █
```

图 4-2　TheAnswers 文件的 ACL

但当我们用 michael 的用户账户访问这个文件时却不成功。实际上，当我们用 vi 文本编辑器访问这个文件时，它提示/home/examprep/TheAnswers 文件是一个新文件。接下来它拒绝保存所有对这个文件的修改。

在/home/examprep 目录的文件可以访问之前，管理员用户需要修改这个目录的权限或 ACL 设置。在修改一个目录的自主访问控制之前，我们先来介绍几个不同的 setfacl 命令选项。

其实 setfacl 命令名不符实际，它和-x 开关选项可以用来删除 ACL 权限。例如，下面的命令删除前面为 michael 用户配置的 rwx 特权：

```
# setfacl -x u:michael /home/examprep/TheAnswers
```

此外，setfacl 命令也可应用于组。例如，假设存在一个 teachers 组，下面的命令把读权限分配给这个组中的成员：

```
# setfacl -m g:teachers:r /home/examprep/TheAnswers
```

还可以使用 setfacl 命令删除指定用户的所有权限。例如，下面的命令拒绝用户 michael 访问/home/examprep 目录：

```
# setfacl -m u:michael:- /home/examprep
```

如果想了解 ACL 的工作模式，就不要删除 TheAnswers 文件的 ACL 权限，至少现在不要删除。或者如果想从头开始，则下面的命令和-b 开关选项一起可以删除该文件的全部 ACL 记录：

```
# setfacl -b /home/examprep/TheAnswers
```

setfacl 命令的部分可用选项列在表 4-5 中。

表 4-5 文件权限说明

选 项	说 明
-b(--remove-all)	删除全部 ACL 记录，保留标准的 ugo/rwx 权限
-k	删除默认的 ACL 记录
-m	修改一个文件的 ACL，通常要加上某个用户(u)或某个组(g)
-n(--mask)	在重新计算权限时忽略屏蔽位
-R	递归地应用修改
-x	删除某个特定的 ACL 记录

有一个与其他用户有关的比较危险的选项。例如下面的命令：

```
# setfacl -m o:rwx /home/examprep/TheAnswers
```

它允许其他用户对 TheAnswers 文件具有读、写和执行权限，这是通过修改此文件的主权限而完成的，这可以从 ls -l/home/examprep/TheAnswers 命令的输出结果中看出。-b 和-x 开关选项不会删除这样的修改，必须使用下面的命令：

```
# setfacl -m o:- /home/examprep/TheAnswers
```

4.2.4 配置 ACL 的目录

有几种方法可使用 ACL 建立目录并进行文件分享。第一种方法是为其他所有用户设置普通执行位。方法之一是把下面的命令应用于上述目录：

```
# chmod 701 /home/examprep
```

这是访问目录中文件的最简单方法。只有 examprep 和 root 用户才可以列出这个目录中的文件。只有当我们确信 TheAnswers 文件存在，才可以访问它。

但当我们为其他用户设置了执行位后，则任何用户只要拥有此权限，就可以访问/home/examprep 目录中的文件。这会带来安全问题。任何用户？即使将文件隐藏起来，难道我们真的愿意把任何文件的真实权限分配给任何人吗？诚然，我们已经为/home/examprep 目录中的 TheAnswers 文件(只有这个文件)建立了 ACL，但是这一层的安全措施是我们自愿放弃的。

正确的方法是在/home/examprep 目录上应用 setfacl 命令。设置共享的最安全方法是下面的命令为 michael 用户账户设置指定目录的 ACL 执行权限：

```
# setfacl -m u:michael:x /home/examprep
```

由于 examprep 用户是/home/examprep 目录的所有者，因此这个用户也可以执行前面的 setfacl 命令。

有时我们希望把这样的 ACL 作用于一个目录中的所有文件。此时-R 开关选项可以递归地应用所有的修改。例如，下面的命令允许 michael 用户对/home/examprep 目录以及它的任何子目录中的全部文件都有读和执行权限：

```
# setfacl -R -m u:michael:rx /home/examprep
```

有两种方法可以取消这些选项。第一个方法是把-x 开关选项用于前面的命令，同时忽略其中的权限设置：

```
# setfacl -R -x u:michael /home/examprep
```

另一种方法是使用-b 开关选项。但是这会删除为所有用户配置的对该目录具有的 ACL 权限(加上-R 开关选项，此命令可应用于子目录)：

```
# setfacl -R -b /home/examprep
```

4.2.5 配置默认 ACL

目录还可以包含一个或多个默认 ACL。默认 ACL 的概念类似于普通 ACL 记录，不同之处在于，默认 ACL 对当前目录权限没有影响，但会被该目录内创建的文件继承。

例如，如果一个 ACL 将读和执行权限分配给用户 michael，而我们想让/home/examprep 中的所有新文件和目录继承该 ACL，就可以执行下面的命令：

```
# setfacl -d -m u:michael:rx /home/examprep
```

上面命令中的-d 选项指定，当前操作适用于默认 ACL。getfacl 命令可显示指定目录上的标准和默认 ACL：

```
# getfacl /home/examprep
getfacl: Removing leading '/' from absolute path names
# file: home/examprep
# owner: examprep
# group: examprep
user::rwx
user:michael:--x
group::---
mask::--x
other::---
default:user::rwx
default:user:michael:r-x
default:group::---
default:mask::r-x
default:other::---
```

4.2.6 ACL 和屏蔽位

与 ACL 有关的屏蔽位(Mask)可以限制指定用户和组以及组所有者对一个文件的可用权限。图 4-2 所示的屏蔽位是 rwx，这表示它对权限没有任何限制。如果将屏蔽位设置为 r，则用 setfacl 等命令赋予的权限只能是读权限。为把 TheAnswers 文件的屏蔽位改为只读，执行以下命令：

```
# setfacl -m mask:r-- /home/examprep/TheAnswers
```

现在用 getfacl /home/examprep/TheAnswers 命令检查上述命令的执行结果。注意某个特定用户的记录。根据前面赋给 michael 用户的 ACL 特权，我们可以看到与图 4-2 的差别：

```
user:michael:rwx    #effective:r--
```

换言之，用 r--屏蔽位可以把所有特权分配给其他用户。但这个屏蔽位只可以设置读特权。

实际经验

屏蔽位只能作用于组所有者，以及指定的用户和组。它对文件的用户所有者以及"其他"权限组不起作用。

4.2.7　练习 4-1：用 ACL 拒绝一个用户的访问

本练习可以建立 ACL 来拒绝普通用户对回环配置文件的访问。回环配置文件就是/etc/sysconfig/network-scripts 目录中的 ifcfg-lo 文件。本练习假设我们已建立了一个普通用户，由于我们已经在系统上设置了 michael 用户，它就是本练习中的普通用户。做相应的替换。为了拒绝他对此文件的访问，要执行以下步骤：

(1) 备份回环设备的当前配置文件，它就是位于/etc/sysconfig/netwok-scripts 目录中的 ifcfg-lo 文件(提示：要用 cp 命令，而不是 mv 命令)。

(2) 执行 setfacl -m u:michael:- /etc/sysconfig/network-scripts/ifcfg-lo 命令。

(3) 检查上述命令的执行结果。分别对/etc/sysconfig/network-scripts/ifcfg-lo 和它的备份目录执行 getfacl 命令。看看两者有什么差别。

(4) 以目标用户身份登录到系统。如果当前是 root 管理员账户，一个方法是执行 su - michael 命令。

(5) 用 vi 文本编辑器或者用 cat 命令查看/etc/sysconfig/network-scripts/ifcfg-lo 文件。看看会出现什么现象？

(6) 对备份目录中的文件重复前一个操作。看看会出现什么现象？

(7) 现在对备份的 ifcfg-lo 文件执行 cp 命令，并覆盖/etc/sysconfig/network-scripts 文件的当前版本(不要用 mv 命令)。要恢复到 root 用户账户。

(8) 再次尝试 getfacl /etc/sysconfig/network-scripts/ifcfg-lo 命令，你难道没有对结果感到惊奇吗？

(9) 有两个方法可以恢复 ifcfg-lo 文件的初始 ACL 配置。第一个方法是把 setfacl -b 命令应用于此文件。看看这个命令是否有效。可以用 getfacl 命令进行验证。如果已经执行其他任何命令，则它可能起作用，也可能不起作用。

(10) 恢复一个文件的初始 ACL 配置的另一种方法是恢复备份文件，但是需要先删除/etc/sysconfig/network-scripts 目录中已修改的文件，然后将备份目录中的文件复制到这里。

(11) 然而，如果我们执行了步骤 10，则可能还需要用下面的命令恢复文件的 SELinux 上下文：

```
restorecon -F /etc/sysconfig/network-scripts/ifcfg-lo
```

本章后面将介绍有关 restorecon 命令的更多信息。

4.2.8　NFS 共享与 ACL

虽然没有证据表明 Red Hat 考试包含了基于 NFS 的 ACL，但这是一个 Linux 管理员必须掌握的功能。因此本节的讨论只是提供几个实例，远谈不上全面。更多信息可访问 nfs4-acl-tools RPM 程序包安装的 nfs4_acl man 手册。

通常情况下，从一个共享的 NFS 卷中分配一个空间作为/home 目录。事实上，基于 NFS 的 ACL 比标准的 ACL 更加精细、更加严格。这个功能最早引入到 NFS 版本 4 中，它是 RHEL 7 的标准。为此，nfs4_getfacl 命令可以显示与共享目录中的文件有关的 ACL。针对前面给出的 ACL，图 4-3 是 nfs4_getfacl 命令的结果。

```
[michael@server1 ~]$ nfs4_getfacl /test/examprep/
A::OWNER@:rwaDxtTcCy
A::michael@localdomain:xtcy
A::GROUP@:tcy
A::EVERYONE@:tcy
[michael@server1 ~]$ nfs4_getfacl /test/examprep/TheAnswers
D::OWNER@:x
A::OWNER@:rwatTcCy
A::michael@localdomain:rwaxtcy
A::GROUP@:rtcy
A::EVERYONE@:rtcy
[michael@server1 ~]$ █
```

图 4-3　NFS v4 的访问控制列表

这个输出结果采用以下格式：

```
type:flags:principal:permissions
```

参数之间用冒号分隔。简单地说，显示的两个类型(type)表示给主体(用户或组)允许(Allow，A)或拒绝(Deny，D)某个权限(permission)。图 4-3 中没有显示标志(flags)，标志可以提供更加精细的控制。主体(principal)可以是一个普通用户或组，用小写表示。它甚至可以是一个原型用户，如 OWNER 文件、拥有文件的 GROUP 或由 EVERYONE 表示的其他用户。表 4-6 中的权限更加细化。其效果取决于处理对象是一个文件还是一个目录。

表 4-6　NFSv4 ACL 权限描述

权　限	说　明
r	读取文件或显示目录
w	写入一个文件或者在目录中创建新的文件
a	在文件末尾添加数据或者创建一个子目录
x	执行一个程序或修改一个目录
d	删除文件或目录
D	删除子目录
t	读取文件或目录的属性
T	写入文件或目录的属性
c	读取文件或目录的 ACL
C	写入文件或目录的 ACL
y	允许客户端在文件或目录上使用同步 I/O

第 6 章将介绍如何使用其他本地和网络文件系统把 NFS 配置为一个客户端。NFS 服务器的配置属于 RHCE 认证目标，这将在第 16 章中介绍。

认证目标 4.03　基本的防火墙控制

过去，防火墙只配置在局域网与 Internet 这样的外部网络之间。但随着安全风险日益增大，越来越需要在每个系统上都安装防火墙。在 RHEL 7 的每个默认安装模式中都包含了防火墙。

Linux 内核包含一个强大的框架 Netfilter，使其他内核模块能够提供数据包过滤、网络地址转换(NAT)和负载平衡等功能。iptables 命令是与 Netfilter 系统进行交互的主要工具，用于提供数据包过滤和 NAT。

在我们把消息通过 IP 网络发送出去之前，消息需要拆分为更小的单元，即数据包(packet)。在每个数据包中都添加了管理信息(administrative information)，如数据类型、源地址和目标地址等。到达目标计算机后，数据包需要重组。iptables 规则会检查每个数据包中的管理字段，以此决定是否允许数据包通过。

iptables 工具是基础，其他服务使用 iptables 来管理系统的防火墙规则。RHEL 7 提供了两种服务：新增的防火墙守护进程和 iptables 服务，后者也包含在以前版本的 Red Hat 企业版 Linux 中。可使用图形实用工具 firewall-config 或命令行客户端 firewall-cmd 与 firewalld 进行交互。

iptables 和 firewalld 服务都依赖于 Linux 内核中的 Netfilter 系统来过滤数据包。但 iptables 基于"过滤规则链"的概念来阻止或转发流量，而 firewalld 则基于区域，接下来将介绍这个概念。

RHCSA 和 RHCE 考试对防火墙的配置和管理有相应的要求。对于 RHCSA 考试，考生需要掌握如何使用 iptables、firewall-config 或 firewall-cmd 来配置防火墙，以阻止或允许通过一个或多个端口进行网络通信。对于 RHCE 考试，考生需要深入掌握 firewalld 及其功能，如"丰富的规则、区域和自定义规则，以实现数据包过滤和配置网络地址转换(NAT)"。

考试提示

RHEL 7 也包含一个可用于 IPv6 网络的防火墙命令，即 ip6tables。相关的命令基本相同。不同于 iptables，ip6tables 命令并没有出现在 Red Hat 认证目标中。

4.3.1　标准端口

Linux 主要用 TCP/IP 协议组实现网络之间的通信。默认情况下，根据/etc/services 文件中的定义不同的协议使用不同的端口和协议。记住表 4-7 中一些常用端口号可能会大有帮助。注意，其中一些端口号可以用一个或多个以下协议进行通信：传输控制协议(Transmission Control Protocol，TCP)、用户数据报协议(User Datagram Protocol，UDP)，甚至流控制传输协议(Stream Control Transmission Protocol，SCTP)。例如，以下是来自/etc/service 文件的一段内容，其中向 FTP 服务分配了 TCP 和 UDP 端口：

```
ftp-data        20/tcp
ftp-data        20/udp
ftp             21/tcp
ftp             21/udp
```

稍后将看到，Red Hat 防火墙配置工具只能打开 FTP 服务的 TCP 通信，此时第 1 章配置的默认 vsFTP 服务器可以正常运行。这是因为，互联网数字分配机构(Internet Assigned Number Authority，IANA)的默认策略是为 TCP 和 UDP 注册端口号，即使服务只支持 TCP 协议。

表 4-7　常用的 TCP/IP 端口

端　口	说　明
20, 21	FTP
22	SSH
23	Telnet
25	简单邮件传输协议(SMTP)，例如 Postfix，sendmail
53	域名服务服务器
80	超文本传输协议(HTTP)
88	Kerberos
110	邮局协议版本 3(POP3)
139	网络基本输入输出系统(NetBIOS)会话服务
143	因特网邮件访问协议(IMAP)
443	HTTPS

4.3.2　重点介绍 iptables 命令

iptables 命令的核心思想是以 "链"(chains)为基础。对于每个网络数据包都有一组规则应用其上以将它们串联起来。每个规则都做两件事：规定数据包满足规则的条件和当数据包满足条件时可以执行的操作。

iptables 命令的基本格式如下：

```
iptables -t tabletype <action_direction> <packet_pattern> -j <what_to_do>
```

现在逐一分析这个命令的各个选项。首先是-t *tabletype* 开关选项。iptables 命令定义了两个基本的表格类型(*tabletype*)选项：

- filter　为过滤数据包定义一个规则。
- nat　配置网络地址转换，也称为伪装(Masquerading)，这将在第 10 章介绍。

默认值为 filter。如果在 iptables 命令中没有使用-t *tabletype* 选项，则认为此命令作为数据包过滤器的规则。

接着是<*action_direction*>。与 iptables 规则有关的共有 4 个操作：

- -A(--append)　在规则链末尾添加一个规则。
- -D(--delete)　从规则链删除一个规则。根据规则号或数据包模式定义规则。
- -L(--list)　显示规则链上当前配置的规则。
- -F(--flush)　删除当前 iptables 链上的全部规则。

假设我们给规则链添加(-A)或删除(-D)一个规则时，我们想把它按以下三个方向之一作用于网络数据流上：

- INPUT　所有传入的数据包都要按此链上的规则进行检查。
- OUTPUT　所有传出的数据包都要按此链上的规则进行检查。

- **FORWARD**　所有转发给其他计算机的数据包都要按此链上的这些规则进行检查。换句话说，这些数据包通过本地服务器路由出去。

通常情况下，这些方向的每一个就是一个链的名字。

接着我们需要设置 *<packet_pattern>* 参数。所有 iptables 防火墙都要对每个数据包进行检查，检查其是否与此模式一致。最简单的模式是 IP 地址：

- **-s** *ip_address*　检查所有数据包，确定它的源 IP 地址；
- **-d** *ip_address*　检查所有数据，确定它的目标 IP 地址；

数据包模式会比较复杂。在 TCP/IP 协议中，数据包用 TCP、UDP 或 ICMP 协议传输。用 -p 开关选项并且加上目标端口(--dport)可以指定协议。例如，-p tcp --dport 80 模式会影响试图用 HTTP 连接访问我们网络的外部用户。

当 iptables 命令找到一个相匹配的数据包后，它需要知道如何对该数据包进行操作，这就是 iptables 命令的最后部分即 -j *<what_to_do>* 开关，它有三个基本选项：

- **DROP**　丢弃数据包，且不向请求计算机发送消息。
- **REJECT**　丢弃数据包，且向请求计算机发送一个错误消息。
- **ACCEPT**　允许数据包按 -A 开关选项规定的动作进行处理，即 INPUT、OUTPUT 和 FORWARD。

通过一些例子来说明如何用 iptables 命令配置防火墙。第一步总是用下面命令先看看当前的配置情况：

```
# iptables -L
```

如果 iptables 防火墙已正确配置，则这个命令按三个不同的类别来返回链上的规则。这三个类别就是 INPUT、FORWARD 和 OUTPUT。

4.3.3　确保防火墙在运行中

Linux 防火墙(如 firewalld 和 iptables 服务)是建立在 iptables 命令之上。为检查当前规则，执行 iptables -L 命令。假设我们看到如下空白的规则列表：

```
Chain INPUT (policy ACCEPT)
target    prot opt source              destination

Chain FORWARD (policy ACCEPT)
target    prot opt source              destination

Chain OUTPUT (policy ACCEPT)
target    prot opt source              destination
```

这说明 firewalld 服务可能还没有启用。在 RHEL 7 中，firewalld 是默认的防火墙服务。确保该服务运行：

```
# systemctl status firewalld
```

如果该服务没有处于活动状态，则检查 iptables 服务是否已被禁用，然后启动 firewalld，并确保在引导时启用 firewalld 服务：

```
# systemctl stop iptables
# systemctl disable iptables
# systemctl start firewalld
# systemctl enable firewalld
```

在配置 firewalld 之前，我们将简要回顾 iptables 服务。除了 RHCSA 考试对此有要求之外，对 iptables 服务有基本的了解有助于理解 firewalld 中提供的更高级功能。

4.3.4　iptables 服务

在 RHEL 6 中，iptables 服务是默认防火墙，而在 RHEL 7 中，firewalld 成为了默认防火墙。如果愿意，在 RHEL 7 中可以禁用 firewalld 并切换到原来的 iptables 服务。为此，只需执行下面的命令：

```
# systemctl stop firewalld
# systemctl disable firewalld
# systemctl start iptables
# systemctl enable iptables
```

类似地，要切换回 firewalld，可执行前一节中给出的命令。启动 iptables 服务后，使用 iptables -L 可列出现有的防火墙规则。在默认的 server1.example.com 系统上执行此命令的结果如图 4-4 所示。

```
[root@server1 ~]# iptables -L
Chain INPUT (policy ACCEPT)
target      prot opt source              destination
ACCEPT      all  --  anywhere            anywhere             state RELATED,ESTABLISHED
ACCEPT      icmp --  anywhere            anywhere
ACCEPT      all  --  anywhere            anywhere
ACCEPT      tcp  --  anywhere            anywhere             state NEW tcp dpt:ssh
REJECT      all  --  anywhere            anywhere             reject-with icmp-host-prohibited

Chain FORWARD (policy ACCEPT)
target      prot opt source              destination
REJECT      all  --  anywhere            anywhere             reject-with icmp-host-prohibited

Chain OUTPUT (policy ACCEPT)
target      prot opt source              destination
[root@server1 ~]# ▮
```

图 4-4　iptables 服务的防火墙规则

图 4-4 中共有 6 列信息，它们对应 iptables 命令的各个选项。图中显示的防火墙是按以下规则配置的，这些规则出现在/etc/sysconfig/iptables 文件中。第一行规定了所要遵循的规则为过滤规则。其他还有网络地址转换(或者 mangling)。

```
*filter
```

默认情况下，ACCEPT 选项允许网络流量发送到本地系统、准备转发或者是发送出去。[0:0] 部分显示了字节和数据包计数。

```
:INPUT ACCEPT [0:0]
:FORWARD ACCEPT [0:0]
:OUTPUT ACCEPT [0:0]
```

接下来的几行都应用于 iptables 命令。此文件中的每个开关和选项都可用于相应的 man 帮助文档中。

接下来的一行保证当前的网络通信继续下去。ESTABLISHED 选项继续接收当前网络连接上的数据包。RELATED 选项接收之后网络连接上的数据包，如用于 FTP 数据传输：

```
-A INPUT -m state --state RELATED,ESTABLISHED -j ACCEPT
```

下一个连接接收与 ICMP 有关的数据包，通常是与 ping 命令有关的数据包。当一个数据包被拒绝后，相应的消息也使用 ICMP 协议。

```
-A INPUT -p icmp -j ACCEPT
```

下一行给 INPUT 规则链添加(-A)一个规则，这与回环适配器(lo)这类的网络接口(-i)有关。任何通过此设备处理的数据都转换为(-j)接受状态。

```
-A INPUT -i lo -j ACCEPT
```

下一行是直接接受新的普通网络数据的唯一一行，这些数据使用 TCP 协议传输，可通过所有接口。它为新(NEW)的连接状态(--state NEW)寻找一个匹配规则(-m)，对于匹配的 TCP 数据包，用 TCP 协议(-p tcp)把它发送到 22 目标端口(--dport)，对应于 SSH 服务。只有满足全部上述规则的网络数据包才可以接收(-j ACCEPT)。当一个新连接建立后，本章介绍的第一个普通规则继续在已经确立的连接上接收数据包。

```
-A INPUT -p tcp -m state --state NEW -m tcp --dport 22 -j ACCEPT
```

最后两个规则拒绝所有其他数据包，并给源系统发送了一个 icmp-host-prohibited 消息。

```
-A INPUT -j REJECT --reject-with icmp-host-prohibited
-A FORWARD -j REJECT --reject-with icmp-host-prohibited
```

规则列表的结尾是 COMMIT 关键字：

```
COMMIT
```

由于本节只介绍与 RHCSA 考试有关的内容，更多的内容将在第 10 章中介绍。在这一级，读者只需要知道如何用标准配置工具管理这些防火墙。

4.3.5　firewalld 服务

可自动完成配置防火墙的过程。为此目的，在 RHEL 7 中，firewalld 提供了一个控制台配置工具和一个 GUI 配置工具。虽然两个应用程序的外观和使用方法不同，但是都可以用来配置对受信服务的访问。在启动 firewalld 配置工具之前，回顾"确保防火墙在运行中"一节的步骤，确保 firewalld 正在运行，且在引导过程中自动启动。

除了具备 iptables 的所有功能，firewalld 还提供了其他功能。其具有的新功能之一是基于区域的防火墙。在基于区域的防火墙中，网络和接口被分组为区域，每个区域配置为不同的信任级别。表 4-8 列出了 firewalld 中定义的区域，以及它们对于出站和入站连接的默认行为。

实际经验

区域由一组源网络地址和接口组成，还包含一些规则，用于处理与这些源地址和网络接口匹配的数据包。

表 4-8 firewalld 中的区域

区 域	出 站 连 接	入 站 连 接
丢弃	允许	丢弃
限制	允许	拒绝，并发送 icmp-host-prohibited 消息
公共	允许	允许 DHCPv6 客户端和 SSH
外部	允许，并伪装成出站网络接口的 IP 地址	允许 SSH
非军事区	允许	允许 SSH
工作	允许	允许 DHCPv6 客户端、IPP 和 SSH
家庭	允许	允许 DHCPv6 客户端、多播 DNS、IPP、Samba 客户端和 SSH
内部	允许	与家庭区域相同
信任	允许	允许

1. GUI firewall-config 工具

可在基于 GUI 的命令行使用 firewall-config 命令启动图形化的 firewalld 配置工具。或者，在 GNOME 桌面环境中，可单击 Applications | Sundry | Firewall。结果如图 4-5 所示。

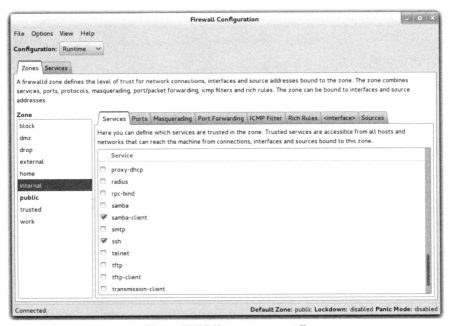

图 4-5 图形化的 firewall-config 工具

如图所示，主窗口包含不同的菜单和选项卡。在左上部区域中，有一个 Configuration 下拉菜单，在这里可以将防火墙设为 Runtime 或 Permanent 模式。如果设为 Runtime，则 firewall-config

应用的修改将立即生效，但是服务器重启后将丢失。选择 Permanent 模式后，所做的修改在服务器重启后仍然有效。任何时候都可以单击 Options | Reload Firewalld，使新的 firewalld 配置立即生效。

实际经验

在 Permanent 模式中，只能修改区域和服务的定义。

Zone 选项卡包含表 4-8 中列出的全部区域。当防火墙收到入站数据包时，会检查其源地址是否匹配现有区域中的网络地址。如果找不到匹配，则检查数据包的入站接口，看其是否属于一个区域。如果找到，就根据其匹配的区域的规则来处理该数据包。

在主 firewall-config 窗口中，以粗体显示公共区域，表明这是默认区域。默认区域有一个特殊的含义：添加到系统的任何新的网络接口将自动分配给默认区域。另外，对于不匹配其他任何区域的入站数据包，将应用默认区域的规则进行处理。通过单击 Options | Change Default Zone，可将另一个区域设为默认区域。

为允许或拒绝通过防火墙的入站流量，可选择一个区域，然后在该区域的 Services 选项卡中，为想要允许或者阻止的服务添加或移除复选标记。另外，也可以在 Ports 选项卡中指定协议和端口。

在 firewalld 中，服务被定义为一组协议和端口。服务还可以包含一个 Netfilter 帮助模块，用来支持对动态打开多个连接的应用程序进行过滤。

Services 窗口中已经定义了多种网络服务。表 4-9 中对最常用的网络服务进行了说明。

表 4-9　常用的 TCP/IP 端口

服　务	说　明
amanda-client	Advanced Maryland Automatic Network Disk Archiver(AMANDA)的客户端，与 UDP 和 TCP 端口 10080 关联
bacula	开源的网络备份服务器，与 TCP 端口 9101/9102 和 9103 关联
bacula-client	Bacula 服务器的客户端，与 TCP 端口 9102 关联
dhcp	动态主机配置协议(DHCP)与 UDP 端口 67 关联
dhcpv6-client	DHCP 的 IPv6 客户端与 UDP 端口 546 关联
dns	域名服务(DNS)服务器，与端口 53 关联，使用 TCP 和 UDP 协议
ftp	文件传输协议(FTP)服务器，与 TCP 端口 21 关联；有一个 Netfilter 帮助模块跟踪为 FTP 数据传输建立的动态连接
http	著名的 Web 服务器使用 TCP 端口 80
https	通过安全套接字层(SSL)与安全的 Web 服务器进行的通信使用 TCP 端口 443
imaps	IMAP over SSL 通常使用 TCP 端口 993
ipsec	对于 Internet Security Association and Key Management Protocol(ISAKMP)，以及 ESP 和 AH 传输层协议，与 UDP 端口 500 关联
mdns	多播 DNS(mDNS)与 UDP 端口 5353 和多播 IP 地址 224.0.0.251 关联；mDNS 常用于支持零配置网络(zeroconf)的 Linux 实现，即 Avahi
nfs	NFS 版本 4 使用 TCP 端口 2049
ipp	根据互联网打印协议(IPP)，标准的网络打印服务器客户端使用 TCP 和 UDP 端口 631

(续表)

服　　务	说　　明
ipp-client	根据互联网打印协议(IPP)，标准的网络打印客户端使用 UDP 端口 631
openvpn	开源的虚拟专用网络系统，使用 UDP 端口 1194
pop3s	POP-3 over SSL 通常使用 TCP 端口 995
radius	Remote Authentication Dial-In User Services(RADIUS)协议使用 UDP 端口 1812 和 1813
samba	在 Microsoft 网络上进行通信的 Linux 协议使用 TCP 端口 139 和 445，以及 UDP 端口 137 和 138
samba-client	在 Microsoft 网络上进行客户端通信的 Linux 协议使用 UDP 端口 137 和 138
ssh	SSH 服务器使用 TCP 端口 22
smtp	简单邮件传输协议服务器(如 sendmail 或 Postfix)使用 TCP 端口 25
tftp	与简单文件传输协议(TFTP)服务器进行通信需要 UDP 端口 69
tftp-client	TFTP 客户端使用一个动态的端口范围来传输数据，有一个 Netfilter 帮助模块来跟踪这些连接

如果将 firewall-config 工具切换到 Permanent 模式，就可以添加新服务或编辑现有服务。为完成此任务，滚动到 Services 窗口的底部，然后单击对应的图标来删除、添加或编辑服务。如果愿意，还可以单击 Add 或 Edit 图标，为现有服务配置自定义端口，如图 4-6 所示。

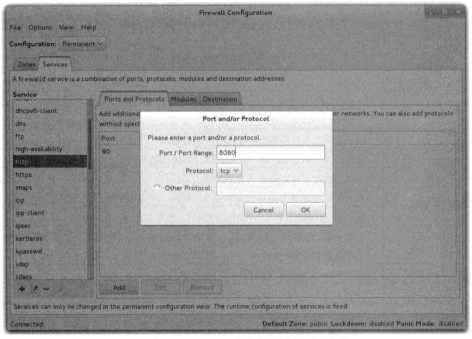

图 4-6　在 firewall-config 工具中向服务添加自定义端口

2. 控制台 firewall-cmd 配置工具

firewall-cmd 配置工具的功能和服务与对应的 GUI 工具相同。事实上，图形化的 firewall-config 工具和命令接口 firewall-cmd 只是与底层的 firewalld 守护进程进行通信的客户端前端。

与 GUI 工具一样，firewall-cmd 可以显示所有可用的区域，以及切换到不同的默认区域。在下面的例子中，默认区域从公共区域改为了内部区域：

```
# firewall-cmd --get-default-zone
public
# firewall-cmd --set-default-zone=internal
success
# firewall-cmd --get-default-zone
internal
#
```

选项--list-all 特别有用。它列出了允许通过某区域的所有已配置接口和服务，如下所示：

```
# firewall-cmd --list-all
internal (default, active)
  interfaces: eth0
  sources:
  services: dhcpv6-client ipp-client mdns samba-client ssh
  ports:
  masquerade: no
  forward-ports:
  icmp-blocks:
  rich rules:
#
```

考试提示

我们希望对防火墙所做的修改在重启后仍然有效。要在 firewall-cmd 命令中实现此目的，需要使用--permanent 开关选项。

与 firewall-cmd 命令的许多选项一样，如果没有使用--zone 命令开关指定区域，就假定使用默认区域。通过使用--add-port、--add-service、--remove-port、--remove-service 开关，可分别在区域中添加和删除端口和服务。下面的例子对于进入 dmz 区域的流量启用了 http 服务：

```
# firewall-cmd --zone=dmz --add-service=http
success
#
```

默认情况下，使用 firewall-cmd 对配置做出的修改在重启后将会丢失。为了使修改在重启后依然有效，可在 firewall-cmd 命令中添加--permanent 开关。然后，运行 firewall-cmd --reload 来立即实现修改。

4.3.6　练习 4-2：调整防火墙配置

本练习要从命令行接口调整防火墙配置，然后用 nmap 和 telnet 命令检查结果。虽然在 Red Hat 考试中考生如何解决一个问题不重要，但在这个练习中将会看到使用 firewall-cmd 工具添加新服务时系统将会发生什么现象。当然，用图形化的 firewall-config 工具也能完成同样的任务。这里假设系统已安装了一个本章介绍的默认防火墙。

(1) 首先，用 nmap localhost 命令检查本地系统上当前活动的服务。用 ip addr 命令显示本地系统的 IP 地址。假如本地系统是 server1.example.com，则 IP 地址应该是 192.168.122.50。

(2) 使用 systemctl status firewalld 命令，确保 firewalld 正常运行。

(3) 转到另一个系统。可在另一个虚拟机上进行操作，或者通过 ssh 命令远程访问本系统。如果 tester1.example.com 系统正在运行，则用 ssh 192.168.122.150 命令登录到该系统。

(4) 用 nmap 命令查看哪些服务可以通过防火墙。对于前面提到的 server1.example.com 系统，正确的命令是 nmap 192.168.122.50。如果在步骤(1)中设置了另一个 IP 地址，则做相应的替换。

(5) 回到原来的系统。执行下面的命令来安装并启动 telnet 服务：

```
# yum install telnet-server
# systemctl start telnet.socket
```

(6) 执行下面的命令，显示默认区域的当前设置：

```
# firewall-cmd --list-all
```

(7) 允许流量通过默认区域。不要忘记使用--permanent 开关，这样才能使修改永久生效：

```
# firewall-cmd --permanent --add-service=telnet
```

(8) 将前面的修改应用到防火墙的运行时配置：

```
# firewall-cmd --reload
```

(9) 像步骤(3)那样，回到 tester1.example.com 系统。

(10) 重复步骤(4)。你看到了什么？

认证目标 4.04　使用基于密钥的验证保护 SSH

第 2 章介绍了 SSH 客户端程序，包括 ssh、scp 和 sftp。本节的关注点是使用基于密钥的验证来保护 SSH 访问。

因为 SSH 是远程管理系统的一个重要工具，所以理解 SSH 如何加密客户端与 SSH 服务器之间的通信的基础知识是非常重要的。然后将介绍如何创建公钥/私钥对，使连接不会让用户口令处在风险中。但是，首先了解 SSH 配置命令和文件的基础知识很有帮助。

4.4.1　SSH 的配置命令

需要了解如下用于 SSH 的实用工具：

- sshd　守护进程服务，该服务必须运行，才能接收入站的 SSH 客户端请求。
- ssh-agent　这是一个程序，用来保存用于数字签名算法(Digital Signature Algorithm，DSA)、椭圆曲线 DSA(Elliptic Curve DSA，ECDSA)和 Rivest, Shamir, Adleman(RSA)验证的私钥。其思想是，在 X 会话或登录会话开始时启动 ssh-agent 命令，其他程序则作为 ssh-agent 程序的客户端启动。
- ssh-add　向验证代理 ssh-agent 添加私钥标识。

- ssh　Secure Shell 命令 ssh 是登录到远程机器的一种安全的方法,类似于 Telnet 或 rlogin。此命令的基本用法在第 2 章中已经讨论过。要用在基于密钥的验证中,需要在客户端具有私钥,在服务器具有公钥。本节稍后将创建公钥文件,如 id_rsa.pub。将该文件复制到服务器,放到已授权用户的主目录中,即~/.ssh/authorized_keys。
- ssh-keygen　此实用工具为 SSH 验证创建私钥/公钥对。ssh-keygen -t *keytype* 命令将基于 DSA、ECDSA 或 RSA 协议创建一个密钥对。
- ssh-copy-id　此脚本将公钥复制到目标远程系统中。

4.4.2　SSH 客户端配置文件

使用 SSH 配置的系统在两个不同的目录中包含配置文件。对于本地系统,基本的 SSH 配置文件存储在/etc/ssh 目录中。但是,每个用户的主目录下的~/.ssh/子目录中的文件同样重要。

这些文件配置了给定用户连接到远程系统的方式。包含了 DSA、ECDSA 和 RSA 密钥时,用户的~/.ssh/子目录中包含以下文件:

- authorized_keys　包含远程用户的一个公钥列表。在此文件中有公钥的用户可以连接到远程系统。在复制到此文件的每个公钥的末尾包含系统用户和名称。
- id_dsa　包含基于 DSA 算法的本地私钥。
- id_dsa.pub　包含用户的本地公钥,基于 DSA 算法。
- id_ecdsa　包含基于 ECDSA 算法的本地私钥。
- id_ecdsa.pub　包含用户的本地公钥,基于 ECDSA 算法。
- id_rsa　包含基于 RSA 算法的本地私钥。
- id_rsa.pub　包含用户的本地公钥,基于 RSA 算法。
- known_hosts　包含远程系统的公共主机密钥。用户第一次登录到系统时,会提示其接受远程服务器的公钥。在 RHEL 7 上,默认使用 ECDSA 协议来加密流量。远程服务器上的对应公钥存储在/etc/ssh/ssh_host_ecdsa_key.pub 文件中,被客户端添加到其本地的~/.ssh/known_hosts 文件中。

4.4.3　基本的加密通信

计算机网络中的基本加密通常需要一个私钥和一个公钥。其原理与第 10 章将介绍的 GPG 通信相同。私钥由所有者存储,公钥被发送给第三方。当正确配置密钥对时,用户可以使用自己的私钥加密消息,第三方可使用对应的公钥解密该消息。反过来也一样:第三方可使用接收方的公钥加密一个消息,而接收方可使用其私钥解密该消息。SSH 协议的工作方式类似:服务器将公钥副本发送给客户端,客户端使用此密钥解密流量并建立安全的通信渠道。

加密密钥基于随机数。数字极大(RSA 密钥通常为 2048 位或更多),所以入侵服务器系统几乎是不可能的(至少对于使用 PC 而言如此)。私钥和公钥基于这些随机数的一个相匹配的集合。

1. 私钥

私钥必须是安全的。基于密钥的验证依赖于私钥,且该私钥只能被其用户所有者访问;私钥存储在其用户所有者的主目录下的~/.ssh 子目录中。为了验证用户,服务器向客户端发送一

个 "质询"，也就是执行一个加密操作的请求，该操作需要知道私钥。当服务器收到客户端对其
质询的响应后，就能够解密消息，证明用户身份的真实性。

2. 公钥

公钥就是公共可用的密钥。公钥需要被复制到合适用户的~/.ssh/子目录下的 authorized_keys
文件中。

图 4-7 中的例子列出了与 SSH 的用法有关的目录和文件。

```
[michael@server1 ~]$ ls -l .ssh/
total 20
-rw-------. 1 michael michael 1822 Jan  7 21:43 authorized_keys
-rw-------. 1 michael michael  227 Sep 12 20:29 id_ecdsa
-rw-r--r--. 1 michael michael  186 Sep 12 20:29 id_ecdsa.pub
-rw-------. 1 michael michael 1679 Nov  7 18:24 id_rsa
-rw-r--r--. 1 michael michael  406 Nov  7 18:24 id_rsa.pub
-rw-r--r--. 1 michael michael  346 Jan  7 21:44 known_hosts
[michael@server1 ~]$
```

图 4-7 用户的.ssh/子目录中的密钥

考试提示

大多数与 SSH 基于密钥的验证有关的常见问题都和文件权限有关。如图 4-7 所示，私钥的
权限被设为 600，公钥的权限被设为 644。另外，~/.ssh 目录的权限应该是 700。

密钥就像是一个口令，用来加密通信数据。但是，密钥并不是标准的口令。试想一下要记
忆用十六进制数字表达的 1024 位数字，如下所示：

```
3081 8902 8181 00D4 596E 01DE A012 3CAD 51B7
7835 05A4 DEFC C70B 4382 A733 5D62 A51B B9D6
29EA 860B EC2B 7AB8 2E96 3A4C 71A2 D087 11D0
E149 4DD5 1E20 8382 FA58 C7DA D9B0 3865 FF6E
88C7 B672 51F5 5094 3B35 D8AA BC68 BBEB BFE3
9063 AE75 8B57 09F9 DCF8 FFA4 E32C A17F 82E9
7A4C 0E10 E62D 8A97 0845 007B 169A 0676 E7CF
5713
```

私钥是类似的，但是必须保持私钥的私有性，否则整个系统就会失败。保持私有意味着其
他人不应该能够访问服务器系统。如果 PC 是公共的，那么需要使用口令短语(口令)来保护私钥。
稍后将介绍设置口令短语的过程。不要忘记设置口令短语，否则必须创建新的密钥对，并再次
将公钥复制到所有目标系统上。

4.4.4 为基于密钥的验证建立私钥/公钥对

ssh-keygen 命令用来建立公钥/私钥对。虽然该命令默认创建一个 RSA 密钥，但是也可以用
它来创建 DSA 或 ECDSA 密钥。例如，一些用户可能需要 DSA 密钥，以遵从美国政府的一些
标准。图 4-8 显示了该命令序列的一个例子。

```
[michael@server1 ~]$ ssh-keygen
Generating public/private rsa key pair.
Enter file in which to save the key (/home/michael/.ssh/id_rsa):
Created directory '/home/michael/.ssh'.
Enter passphrase (empty for no passphrase):
Enter same passphrase again:
Your identification has been saved in /home/michael/.ssh/id_rsa.
Your public key has been saved in /home/michael/.ssh/id_rsa.pub.
The key fingerprint is:
3f:63:1e:4e:0e:82:f1:e9:2c:c3:2b:b8:d7:7e:57:06 michael@server1.example.net
The key's randomart image is:
+--[ RSA 2048]----+
|                 |
|                 |
|                 |
|        E        |
|     .  S.       |
|      + . .o     |
|  . o. + .oB     |
|. o =o...B +     |
|.o oo=o.  +      |
+-----------------+
[michael@server1 ~]$
```

图 4-8   生成 SSH 密钥对的命令

如图所示，该命令提示输入可选的口令短语来保护私钥。当确认口令短语相同后，就将私钥保存到 id_rsa 文件中，对应的公钥保存在 id_rsa.pub 文件中。对于用户 michael，两个文件都存储在/home/michael/.ssh 目录中。

如果愿意，可以使用更多的位来建立 RSA 密钥。在我们的测试中，能够相当快速地建立多达 8192 位的密钥对，即使虚拟机系统上只有一个虚拟 CPU。

开始此过程的命令如下：

```
$ ssh-keygen -b 8192
```

另外，如果需要 DSA 密钥，可以使用下面的命令。只允许使用 1024 位的 DSA 密钥。执行此命令后，过程与图 4-8 所示相同。

```
$ ssh-keygen -t dsa
```

下一步是将公钥传输到远程系统，可能是你管理的一个服务器。如果愿意通过网络传输公钥(每个连接一次)，可以使用下面的命令：

```
$ ssh-copy-id -i .ssh/id_rsa.pub michael@tester1.example.com
```

严格来说，不使用-i 选项时，ssh-copy-id 命令默认传输最新创建的公钥。前面的命令自动将本地 RSA 密钥追加到远程的~/.ssh/authorized_keys 文件的末尾。/home/michael 目录中包含该文件。当然，可以选择用 IP 地址替换主机名。

考试提示

有时，将密钥对复制到远程系统后，在尝试登录时，可能得到一个 "agent admitted failure to sign using the key" 错误，后跟口令提示。为了解决这个问题，退出控制台或 GUI，然后重新登录。大多数时候，ssh 命令将提示输入口令短语。

然后应该能够立即连接到该远程系统。在上例中，下面两个命令都是正确的命令：

```
$ ssh -l michael tester1.example.com
$ ssh michael@tester1.example.com
```

在控制台中执行时，ssh 命令使用下面的口令短语提示：

```
Enter passphrase for key '/home/michael/.ssh/id_rsa'
```

在基于 GUI 的命令行执行时，会使用一个窗口进行提示，如图 4-9 所示。

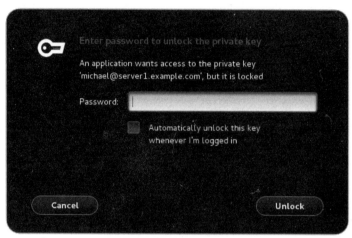

图 4-9　提示输入口令短语

认证目标 4.05　安全增强型 Linux 入门

SELinux(Security-Enhanced Linux)是由美国国家安全局开发的安全增强型 Linux，目的是提供强制访问控制级别。它的安全性能优于通过文件权限和 ACL 实现的自主访问控制。实质上，SELinux 强制在操作系统的内核中实施安全规则。当系统安全受到破坏时，SELinux 尽量控制其影响。例如，当 FTP 服务的系统账户受到危害时，SELinux 会使用此账户危害其他服务的意图更难实现。

4.5.1　SELinux 的基本功能

SELinux 安全模型基于主题、对象和动作。主题是一个进程，如正在执行的命令，或在 Apache 服务器中正在运行的应用程序。对象就是文件、设备、套接字，或者推而广之，任何可被主题访问的资源。动作就是主题对对象执行的操作。

SELinux 为对象分配不同的上下文。上下文就是一个标签，由 SELinux 安全策略用来决定是否允许在对象上执行主题的动作。

例如，Apache Web 服务器进程可以接收网页文件等对象，并把它们显示给世界各地的客户端浏览。只要这个对象文件拥有合适的 SELinux 上下文，则这个动作在 SELinux 的 RHEL 7 实现中是允许的。

SELinux 的上下文是非常严格的。换言之，如果一个黑帽黑客闯入用户的系统并接管了用户的 Web 服务器，SELinux 上下文会阻止这个黑客利用这个漏洞闯入到其他服务。

用 lz -Z 命令可以显示特定文件的上下文。例如，仔细检查这个命令的执行结果，如图 4-10 所示，它显示了作者之一的/root 目录中的安全上下文。

```
[root@server1 ~]# ls -Z
-rw-------. root root system_u:object_r:admin_home_t:s0 anaconda-ks.cfg
drwxr-xr-x. root root unconfined_u:object_r:admin_home_t:s0 backup
-rwxr--r--. root root unconfined_u:object_r:admin_home_t:s0 Ch3Lab2
-rw-r--r--. root root unconfined_u:object_r:admin_home_t:s0 Ch3Lab2testfile
-rwxr--r--. root root unconfined_u:object_r:admin_home_t:s0 Ch3Lab3
-rw-r--r--. root root unconfined_u:object_r:admin_home_t:s0 Ch3Lab3testfile
-rwxr--r--. root root unconfined_u:object_r:admin_home_t:s0 Ch3Lab4
-rw-r--r--. root root unconfined_u:object_r:admin_home_t:s0 Ch3Lab4testfile
drwxr-xr-x. root root unconfined_u:object_r:admin_home_t:s0 Desktop
drwxr-xr-x. root root unconfined_u:object_r:admin_home_t:s0 Documents
drwxr-xr-x. root root unconfined_u:object_r:admin_home_t:s0 Downloads
-rw-r--r--. root root unconfined_u:object_r:admin_home_t:s0 hosts
-rw-r--r--. root root unconfined_u:object_r:admin_home_t:s0 ifcfg-eth0
-rw-r--r--. root root unconfined_u:object_r:admin_home_t:s0 ifcfg-System_eth0
-rw-r--r--. root root system_u:object_r:admin_home_t:s0 install.log
-rw-r--r--. root root system_u:object_r:admin_home_t:s0 install.log.syslog
-rw-------. root root unconfined_u:object_r:admin_home_t:s0 ks.cfg
drwxr-xr-x. root root unconfined_u:object_r:admin_home_t:s0 Music
drwxr-xr-x. root root unconfined_u:object_r:admin_home_t:s0 Pictures
drwxr-xr-x. root root unconfined_u:object_r:admin_home_t:s0 Public
-rw-r--r--. root root system_u:object_r:net_conf_t:s0  route-System_eth0
drwxr-xr-x. root root unconfined_u:object_r:admin_home_t:s0 Templates
drwxr-xr-x. root root unconfined_u:object_r:admin_home_t:s0 Videos
[root@server1 ~]# 
```

图 4-10　不同文件的 SELinux 安全上下文

正如本章的开头曾提到的，在 RHCSA 考试中，与 SELinux 有关共有 5 个认证目标。接下来我们将讨论如何实现这些目标。

4.5.2　SELinux 的状态

RHCSA 的认证目标要求，考生必须知道如何"为 SELinux 设置强制的(或许可的)(enforcing/permissive)模式"。SELinux 可以使用 3 个模式：强制模式(enforcing)、许可模式(permissive)和禁用模式(disabled)。强制模式和禁用模式的含义不言自明。许可模式是指，所有不符合的 SELinux 规则都保存在日记中，但是此违反事件不会阻止任何动作。

假如我们想要修改 SELinux 的默认模式，则需要修改 /etc/selinux/config 文件中的 SELINUX 指令，如表 4-10 所示。下次系统启动后，这些修改就会应用于系统。

实际经验

在 RHEL 6 中，SELinux 配置变量定义在/etc/sysconfig/selinux 文件中。在 RHEL 中，/etc/sysconfig/selinux 是一个符号链接，指向/etc/selinux/config。

当 SELinux 配置为强制模式，它用两种方法保护系统的安全：目标模式(targeted mode)和

mls 模式。默认情况下是目标模式，它允许用户更加精细地自定义 SELinux 要保护的服务。与此相反，MLS 模式利用为美国国防部开发的 Bell-La Padula 模型进一步提高保护级别。该模型根据/etc/selinux/targeted/setrans.conf 文件的要求，支持 c0 和 c3 级的安全级别。虽然 c3 被认为"最高级保密"，但是可用的最高级保密可达 c1023 级。像这样细化的保密级别还没有完全开发成功，如果想进一步了解 MLS，需要安装 selinux-policy-mls RPM 程序包。

表 4-10   /etc/selinux/config 文件中的标准指令

指 示 符	说　　明
SELINUX	SELINUX 基本状态，它可以设置为 enforcing、permissive 或 disabled
SELINUXTYPE	定义保护级别。默认设置为 targeted，只限于保护选定的"目标"服务。另一个选项是 mls，它使用多级安全(Multi-Level Security，MLS)

实际经验

如果你只是想测试 SELinux，则可以把它配置为许可模式。它就会记录任何违反安全的操作，但不会阻止任何操作。用 SELinux 管理工具很容易配置 SELinux，也可以在/etc/selinux/config 文件中设置 SELINUX=permissive 指令。如果正在运行审计服务(auditd service)，则任何违反安全的操作都会记录在/var/log/audit 目录的 audit.log 文件中。请记住，Red Hat 可能会要求考生在考试期间把 SELinux 配置为强制模式。

4.5.3　在命令行配置 SELinux

虽然 SELinux 仍在不断发展，但是随着 RHEL 6 和 RHEL 7 的发布，它变得越来越有用。然而考虑到 SELinux 的复杂性，对于不是十分熟悉它的系统工程师来说，用 SELinux 管理工具 (SELinux Administration Tool)配置 SELinux 参数可能会更加高效。

为此，接下来将介绍如何在命令行接口配置和管理 SELinux。但是，由于用 GUI 工具更容易显示 SELinux 的全部功能，因此本章后面将详细介绍这些功能。

4.5.4　配置基本的 SELinux 设置

有几个重要的命令可用来检查和配置基本的 SELinux 设置。为查看 SELinux 的当前状态，执行 getenforce 命令。它返回三个选项中的一个：enforcing、permissive 和 disabled(这些选项不需要多加解释)。sestatus 命令可提供更多的信息，其输出结果类似于如下的内容：

```
SELinux status:                 enabled
SELinuxfs mount:                /sys/fs/selinux
SELinux root directory:         /etc/selinux
Loaded policy name:             targeted
Current mode:                   enforcing
Mode from config file:          enforcing
Policy MLS status:              enabled
Policy deny_unknown status:     allowed
Max kernel policy version:      28
```

用 setenforce 命令可以改变 SELinux 的当前状态，它的选项也是容易理解的：

```
# setenforce enforcing
# setenforce permissive
```

上述命令会改变/sys/fs/selinux/enforce 布尔值。作为布尔型参数，我们可以用 1 和 0 替换 enforcing 和 permissive。如果要使修改永久生效，必须修改/etc/selinux/config 文件中的 SELINUX 变量。但如果要具体修改 SELinux 各个布尔型参数，则需要不同的命令。

如果由于某些原因 SELinux 被禁用，则输出结果如下：

```
SELinux status:    disabled
```

此时 setenforce 命令不会起作用。相反，需要在/etc/selinux/config 文件设置 SELINUX=enforcing。这需要重启系统才能"重新赋予标签(relabel)"，这里 SELinux 标签需要应用于本地系统上的每个文件。

考试提示

如果 SELinux 已被禁用，则在把 SELinux 设置为强制模式之后，重新引导系统需要好几分钟才行。尽管如此，它的引导过程并没有像以前版本的 RHEL 系统那样费时。

4.5.5 为 SELinux 配置普通用户

为查看当前 SELinux 用户的状态，执行 semanage login -l 命令。根据 RHEL 7 的默认安装模式，它会输出如下结果：

```
Login Name          SELinux User      MLS/MCS Range      Service
__default__         unconfined_u      s0-s0:c0.c1023     *
root                unconfined_u      s0-s0:c0.c1023     *
system_u            system_u          s0-s0:c0.c1023     *
```

换言之，普通的"默认"用户也拥有与 root 用户相同的 SELinux 用户上下文。为了证实这一点，以普通用户身份运行 id -Z 命令。不改变其他条件，则这个命令输出以下结果，它表示此用户不受任何 SELinux 设置的限制。

```
unconfined_u:unconfined_r:unconfined_t:s0-s0:c0.c1023
```

上面的字符串定义了 SELinux 中的标签。标签由几个上下文字符串组成，字符串之间用列分开：用户上下文(以_u 结束)，角色上下文(以_r 结束)，类型上下文(以_t 结束)，机密性上下文和一个类别集。目标策略(在 RHEL 7 中是默认的 SELinux 策略)的规则常与类型(_t)上下文关联。

虽然这不属于考试要求的范围，但是普通用户必须受到 SELinux 的控制。当用户账户被破坏或者将要被破坏时，我们希望因此造成的损失会受到 SELinux 规则的限制。下面这个示例限制了添加(-a)普通用户 michael，并为这种约束定义(-s)user_u 上下文。

```
# semanage login -a -s user_u michael
```

user_u 角色不能执行第 8 章中介绍的 su 或 sudo 命令。如有必要，可以用 semanage -d michael 命令取消这个设置。由于用户角色仍然还在发展，因此必须注意出现在最新 Red Hat 文档中各种可用的用户上下文，如表 4-11 所示。

表 4-11　SELinux User Roles(用户角色)的选项

用户角色	功　能
guest_u	不可以使用 GUI，不可以网络连接，不可以访问 su 或 sudo 命令，不可以执行/home 或/tmp 中的文件
xguest_u	可以使用 GUI，仅能通过 Firefox Web 浏览器连接网络，不可以执行/home 或/tmp 中的文件
user_u	可以使用 GUI 和网络连接
staff_u	可以使用 GUI、网络连接和 sudo 命令
sysadm_u	可以使用 GUI、网络连接和 sudo 及 su 命令
unconfined_u	系统的全部访问

另一个常见的"用户"上下文是 system_u，它通常不能应用于普通用户。当把 ls -Z 命令作用于系统和配置文件时，在其输出结果中经常会看到这个角色。

当一个用户角色发生变化时，只有等到下次登录后才会生效。例如，假如在基于 GUI 的命令行中把 michael 用户的角色改为 user_u，则只有退出系统再登录到 GUI 环境此修改才会生效。当你在自己的系统上测试这个命令时，将不能启动任何管理配置工具，也不能使用 su 和 sudo 命令。

在某些网络中，我们可能希望把未来用户的角色改为 user_u。但如果不希望普通用户盲目操作管理工具，则可以用下面的命令修改这些未来默认用户的角色：

```
# semanage login -m -S targeted -s "user_u" -r s0 __default__
```

这个命令修改(-m)了目标策略存储(-S)，把 SELinux 用户设置为(-s)user_u 角色，并给默认用户设置了 MLS s0 安全级(-r)。其中的"__default__"的两侧都包含两个下划线。只要 user_u 角色对默认的 SELinux 用户有效，则普通用户就无法使用管理工具或者诸如 su 和 sudo 的命令。下面这个命令取消前面的设置：

```
# semanage login -m -S targeted -s "unconfined_u" \
-r s0-s0:c0.c1023 __default__
```

由于 unconfined_u 用户通常不受 MSL 安全的限制，因此这里需要全部的 MLS 安全级范围(s0-s0:c0.c1023)。

考试提示

MLS 模式增加了 SELinux 的复杂性。给目标默认策略设置正确的布尔型参数和文件上下文，通常会提供超出平常需要的安全设置。

4.5.6　管理 SELinux 布尔型设置

大多数 SELinux 设置都是布尔型——换言之，它们都可以用 1 和 0 值表示启动和禁用。这些参数一旦设置好，就保存在/sys/fs/selinux/booleans 目录中。一个简单示例是 selinuxuser_ping，这个参数通常置为 1，它允许用户执行 ping 命令和 traceroute 命令。很多 SELinux 设置都与特定的 RHCE 服务有关，因此将在本书后半部分讨论。

用 getsebool 可以读取这些设置的值，用 setsebool 命令可以修改它们的值。例如，下面的内容是 getsebool user_exec_content 命令的输出结果，它说明 SELinux 允许用户执行自己主目录中或/tmp 目录中的脚本：

```
user_exec_content --> on
```

这个默认设置应用于 SELinux user_u 用户。换言之，利用这个布尔型参数，这些用户可以在前面提到的目录中创建和执行脚本。这个布尔型参数可以暂时被禁用，或者在系统重新启动后保留下来。可以使用 setsebool 命令来达到上述目的。例如，下面的命令禁用刚才提到的这个布尔型参数，直到系统下次重新启动为止：

```
# setsebool user_exec_content off
```

在这个命令中可以用=0 替换 off，由于这是一个布尔型设置，替换后的效果是一样的。但为使这个布尔型设置的修改值在系统重新启动后仍然有效，必须使用-P 选项。注意，只有等该用户实际登录到相关的系统后，这个修改才会起作用。

用 getsebool -a 命令可以显示全部可用的布尔型参数列表。

想了解每个布尔型参数的更多信息执行 semanage boolean -l 命令。这个命令的输出包含了全部可用的布尔型参数的详细说明，它是一个可以用 grep 命令进行搜索的数据库。

4.5.7　显示和识别 SELinux 文件上下文

如果已经启动了 SELinux，则用 ls -Z 命令可以列出当前 SELinux 文件上下文，如前面的图 4-10 所示。作为一个示例，我们只列出与/root 目录中的 anaconda-ks.cfg 文件有关的输出结果：

```
-rw-------. root root system_u:object_r:admin_home_t:s0↵
anaconda-ks.cfg
```

输出结果中包含了普通的 ugo/rwx 所有权和权限数据，也指定了 SELinux 安全的四个元素：指定文件的用户、角色、类型和 MLS 级别。一般说来，文件的 SELinux 用户是 system_u 或 unconfined_u，而这通常不会影响访问。大多数情况下，文件与 object_r 有关，后者是文件的一个对象角色。当然在 SELinux 目标策略的未来版本中，用户和角色可能会包含更多的细分选项。

主要的文件上下文是类型。此处即为 admin_home_t。在第 1 章配置 FTP 和 HTTP 服务器时，为了与这些服务的共享文件的默认类型相匹配，我们用 chcon 命令修改了配置目录和目录中文件的类型。

例如，为给一个 FTP 服务器配置一个非标准的目录，必须使它的上下文与默认的 FTP 目录相匹配。考虑下面的命令：

```
# ls -Z /var/ftp/
drwxr-xr-x. root root system_u:object_r:public_content_t pub
```

上下文是系统用户(system_u)和系统对象(object_r)、类型为与公开用户共享(public_content_t)。如果我们给这个 FTP 服务创建了另一个目录，则需要把同样的安全上下文赋给此目录。例如，如果我们以 root 管理员身份创建/ftp 目录并且执行 ls -Zd /ftp 命令，会看到这个/ftp 目录的上下文：

```
drwxr-xr-x. root  root  unconfined_u:object_r:root_t  /ftp
```

为修改这个目录的上下文，可以使用 chcon 命令。如果它们是一些子目录，必须使用-R 选项确保可以递归地应用所有修改。这里为了修改用户和 type 上下文使之与/var/ftp 相匹配，需要执行以下命令：

```
# chcon -R -u system_u -t public_content_t /ftp
```

如果我们想支持上传到 FTP 服务器，则需要给它分配不同类型的上下文，具体来说需要指定 public_content_rw_t 选项。相应的命令如下：

```
# chcon -R -u system_u -t public_content_rw_t /ftp
```

第 1 章已经使用过 chcon 命令的另一种形式。为使用那里的内容，下面的命令将用到/var/ftp 目录上的 user、role 和上下文，并将这些修改递归地应用于/ftp 目录。

```
# chcon -R --reference /var/ftp /ftp
```

但是，如果文件系统被重新赋予标签，会发生什么？使用 chcon 做出的修改在文件系统重新赋予标签后不会保存，因为所有的文件上下文将被重置为 SELinux 策略中定义的默认值。因此，我们需要有一种方法，以修改定义了每个文件的默认文件上下文的规则。下一节将介绍这个主题。

实际经验

使用 restorecon 是修改文件上下文的首选方式，因为它将上下文设置为 SELinux 策略中配置的值。chcon 命令可以将文件上下文修改为参数中传递的任何值，但是如果上下文不同于 SELinux 策略中定义的默认值，那么文件系统被重新赋予标签后，使用 chcon 所做的修改不会保存。因此，为了避免犯错，应该使用 semanage fcontext 修改 SELinux 策略中的上下文，使用 restorecon 修改文件的上下文。

4.5.8 恢复 SELinux 文件上下文

在/etc/selinux/targeted/contexts/files/file_contexts 文件中可以配置默认的上下文。当我们操作出错并想恢复一个文件原来的 SELinux 设置，则 restorecon 命令可以根据 file_contexts 配置文件恢复这些设置。但是目录的默认参数值可能会不一样。例如，下面这个命令(-F 开关选项强制修改所有上下文，而不只是类型上下文)会给/ftp 目录分配一组不同的上下文。

```
# restorecon -F /ftp
# ls -Zd /ftp
drwxr-xr-x. root  root  system_u:object_r:default_t  ftp
```

注意，user 上下文不同于/ftp 目录刚创建时的上下文。这是由于前面提到的 file_contexts 文件的第一行的原因，这一行应用前面提到的上下文。

```
/.*     system_u:object_r:default_t:s0
```

使用 semanage fcontext -l 命令可列出 file_contexts 中的所有默认文件上下文。图 4-11 是其输出的一段节选。

```
/var/ftp(/.*)?                        all files       system_u:object_r:public_content_t:s0
/var/ftp/bin(/.*)?                    all files       system_u:object_r:bin_t:s0
/var/ftp/etc(/.*)?                    all files       system_u:object_r:etc_t:s0
/var/ftp/lib(/.*)?                    all files       system_u:object_r:lib_t:s0
/var/ftp/lib/ld[^/]*\.so(\.[^/]*)*    regular file    system_u:object_r:ld_so_t:s0
/var/games(/.*)?                      all files       system_u:object_r:games_data_t:s0
/var/imap(/.*)?                       all files       system_u:object_r:cyrus_var_lib_t:s0
/var/kerberos/krb5kdc(/.*)?           all files       system_u:object_r:krb5kdc_conf_t:s0
/var/kerberos/krb5kdc/from_master.*   all files       system_u:object_r:krb5kdc_lock_t:s0
/var/kerberos/krb5kdc/kadm5\.keytab   regular file    system_u:object_r:krb5_keytab_t:s0
/var/kerberos/krb5kdc/principal.*     all files       system_u:object_r:krb5kdc_principal_t:s0
/var/kerberos/krb5kdc/principal.*\.ok all files       system_u:object_r:krb5kdc_lock_t:s0
```

图 4-11　SELinux 上下文的定义

可以看到，SELinux 上下文定义使用了正则表达式，例如：

```
((/.*)?
```

这个正则表达式匹配/字符，后跟任意数量的字符串(.*)。?字符的意思是，括号内的整个正则表达式可被匹配 0 次或 1 次。因此，总体结果是匹配/后跟任意数量的字符，或者匹配什么都没有的情况。这个正则表达式被广泛用于匹配一个目录及其包含的所有文件。

举个例子，下面这个正则表达式可匹配/ftp 目录及其中的所有文件：

```
/ftp(/.*)?
```

通过使用这个正则表达式，可以定义一个 SELinux 策略规则，为/ftp 目录及其中的所有文件分配一个默认的类型上下文。这可以使用 semanage fcontext -a 命令完成。例如，下面的命令将默认的类型上下文 public_content_t 分配给/ftp 目录及其中的所有文件：

```
# semanage fcontext -a -t public_content_t '/ftp(/.*)?'
```

当为文件系统路径定义了新的默认策略上下文后，可以运行 restorecon 命令，将上下文设为对应的默认策略值。下面的命令以递归方式(-R)将上下文恢复为前面定义的 public_context_t 值：

```
# restorecon -RF /ftp
# ls -Zd /ftp
drwxr-xr-x. root  root  system_u:object_r:public_content_t  ftp
```

4.5.9　识别 SELinux 进程上下文

正如第 9 章将要指出，ps 命令可以显示当前正在运行的进程。在 SELinux 系统中，每个运行的进程都有上下文。为了查看当前所有运行进程的上下文，可以执行 ps -eZ 命令，它列出每个(-e)进程的 SELinux 上下文(-Z)。图 4-12 是在我们的系统上执行此命令的一段输出结果。

尽管用户和角色不会经常改变，但是进程的类型变化很大，这是为了与运行进程的目的相匹配。例如，从图的底部 Avahi 守护进程(avahi-daemon)与 avahi_t SELinux 类型匹配。你至少可以识别部分 SELinux 类型与相应的服务相匹配。

换言之，虽然 SELinux 类型各不一样，但是它们都与正在运行的进程相一致。

```
system_u:system_r:kernel_t:s0        486  ?          00:00:00 rpciod
system_u:system_r:syslogd_t:s0       499  ?          00:00:00 systemd-journal
system_u:system_r:lvm_t:s0           502  ?          00:00:00 lvmetad
system_u:system_r:udev_t:s0-s0:c0.c1023 517 ?        00:00:00 systemd-udevd
system_u:system_r:kernel_t:s0        537  ?          00:00:00 vballoon
system_u:system_r:kernel_t:s0        562  ?          00:00:00 kvm-irqfd-clean
system_u:system_r:kernel_t:s0        569  ?          00:00:00 hd-audio0
system_u:system_r:kernel_t:s0        588  ?          00:00:00 xfs-data/vda1
system_u:system_r:kernel_t:s0        591  ?          00:00:00 xfs-conv/vda1
system_u:system_r:kernel_t:s0        592  ?          00:00:00 xfs-cil/vda1
system_u:system_r:kernel_t:s0        594  ?          00:00:00 xfsaild/vda1
system_u:system_r:auditd_t:s0        600  ?          00:00:00 auditd
system_u:system_r:audisp_t:s0        608  ?          00:00:00 audispd
system_u:system_r:audisp_t:s0        613  ?          00:00:00 sedispatch
system_u:system_r:alsa_t:s0          627  ?          00:00:00 alsactl
system_u:system_r:firewalld_t:s0     629  ?          00:00:00 firewalld
system_u:system_r:avahi_t:s0         632  ?          00:00:00 avahi-daemon
system_u:system_r:syslogd_t:s0       633  ?          00:00:00 rsyslogd
system_u:system_r:tuned_t:s0         634  ?          00:00:00 tuned
system_u:system_r:abrt_t:s0-s0:c0.c1023 636 ?        00:00:00 abrtd
system_u:system_r:abrt_watch_log_t:s0 637 ?          00:00:00 abrt-watch-log
system_u:system_r:abrt_watch_log_t:s0 640 ?          00:00:00 abrt-watch-log
system_u:system_r:avahi_t:s0         650  ?          00:00:00 avahi-daemon
:
```

图 4-12　不同进程的 SELinux 安全上下文

4.5.10　诊断和处理违反 SELinux 策略的事件

如果出现一个问题且 SELinux 正在强制模式下运行，而且确信目标服务或应用程序不会存在问题，则不要禁用 SELinux！Red Hat 已简化了 SELinux 的管理和故障处理。根据 Red Hat，引起 SELinux 相关问题的两个主要原因是上下文和布尔型设置。

1. SELinux 审计

SELinux 遇到的问题都会保存在相关的日志文件，即/var/log/audit 目录中的 audit.log 文件中。这个文件很容易迷惑人，第一次看到它更是如此。现在有许多工具可用来解释这个日志文件。

首先，审计搜索命令(ausearch)命令可以帮助我们过滤某些特定类型的问题。例如，下面的命令列出所有与使用 sudo 命令有关的 SELinux 事件：

```
# ausearch -m avc -c sudo
```

这些事件也称为访问向量缓存(Access Vector Cache，AVC)(-m avc)消息，-c 选项允许我们定义通常在日志中使用的名字，如 httpd 或 su。如果已经试验过本章前面介绍的 SELinux 用户 user_u，则在 audit.log 文件中有几个消息与这个用户有关。

即使对大多数管理员而言，这个输出列表也是也显得过于冗长。但是它包含了一些标识信息，如被审计的用户 ID(显示为 auid)，用它可以确定发出攻击的用户。也许用户正需要这样的访问，也许此用户账户已受到破坏，不管哪种情况，这警告我们要更多地注意这个账户。

相反，sealert -a /var/log/audit/audit.log 命令可能会提供更容易理解的列表，图 4-13 是其中的一个片段。

```
SELinux is preventing /usr/bin/su from using the setuid capability.

*****  Plugin catchall_boolean (89.3 confidence) suggests   ******************

If you want to allow user  to use ssh chroot environment.
Then you must tell SELinux about this by enabling the 'selinuxuser_use_ssh_chroot'
 boolean.
You can read 'user_selinux' man page for more details.
Do
setsebool -P selinuxuser_use_ssh_chroot 1

*****  Plugin catchall (11.6 confidence) suggests   **************************

If you believe that su should have the setuid capability by default.
Then you should report this as a bug.
You can generate a local policy module to allow this access.
Do
allow this access for now by executing:
# grep su /var/log/audit/audit.log | audit2allow -M mypol
# semodule -i mypol.pp


Additional Information:
Source Context              user_u:user_r:user_t:s0
Target Context              user_u:user_r:user_t:s0
Target Objects               [ capability ]
Source                      su
Source Path                 /usr/bin/su
Port                        <Unknown>
Host                        <Unknown>
Source RPM Packages         sudo-1.8.6p7-11.el7.x86_64
Target RPM Packages
Policy RPM                  selinux-policy-3.12.1-153.el7_0.13.noarch
Selinux Enabled             True
Policy Type                 targeted
Enforcing Mode              Enforcing
:▮
```

图 4-13　一个 SELinux 警告

2. SELinux 标签和上下文问题

考虑图 4-13 以及到目前为止介绍的 SELinux 概念，你可能想知道出现问题的用户能否允许执行 su 命令。假如这个问题出现在第 8 章要介绍的/etc/sudoer 文件中，则 SELinux 警告消息甚至不会出现。因此必须特别注意源和目标上下文。如果两者相匹配，则文件上下文不是问题。

通过排除法表明前面提到的用户上下文就是这个问题的原因。出现问题的用户的 UID 必须出现在这个文件后面的 "Raw Audit Message" (原始审计消息)段中。如果上述用户需要访问 su 和 sudo 命令，则必须用 semanage login 命令修改此用户的角色。否则说明此用户可能正在测试 Linux。任何对 sudo 命令的访问都会记录在/var/log/secure 日记文件中。

3. SELinux 的布尔型问题

在禁用了前面提到的 user_exec_content 布尔型后，我们为由 user_u 标签控制的用户创建了一个简单的脚本 script1。在把该脚本变成可执行文件后，我们试图用/home/examprep/script1 命令执行这个脚本文件。尽管这个用户是这个文件的所有者，并且拥有可执行权限集，但这个尝试得到了以下消息：

```
-bash: /home/examprep/script1: Permission denied
```

这就得到如图 4-14 所示的一段日志。注意顶部的一段，它清楚地列明了处理这个问题需要使用的命令。作为系统管理员，我们需要决定是否允许这样的用户拥有执行自己脚本的权限。

177

如果是，则上述命令可以解决这个问题。

```
-----------------------------------------------------------------

SELinux is preventing /usr/bin/bash from execute access on the file .

***** Plugin catchall_boolean (89.3 confidence) suggests   ******************

If you want to allow user to exec content
Then you must tell SELinux about this by enabling the 'user_exec_content' boolean.
You can read 'user_selinux' man page for more details.
Do
setsebool -P user_exec_content 1

***** Plugin catchall (11.6 confidence) suggests   **************************

If you believe that bash should be allowed execute access on the  file by default.
Then you should report this as a bug.
You can generate a local policy module to allow this access.
Do
allow this access for now by executing:
# grep bash /var/log/audit/audit.log | audit2allow -M mypol
# semodule -i mypol.pp


Additional Information:
Source Context                       user_u:user_r:user_t:s0
Target Context                       unconfined_u:object_r:user_home_t:s0
Target Objects                       [ file ]
Source                               bash
:
```

图 4-14　一个 SELinux 警告和解决办法

4.5.11　GUI SELinux 管理工具

如果已经花了一些时间学习命令行的 SELinux，则本节只是一个概述。对许多用户而言，修改 SELinux 设置的最简单方法是使用 SELinux 管理工具。这个工具可以用 system-config-selinux 命令启动。如图 4-15 所示，它先显示本地系统上 SELinux 的基本状态，这些状态的信息反映在 sestatus 命令的输出列表中。

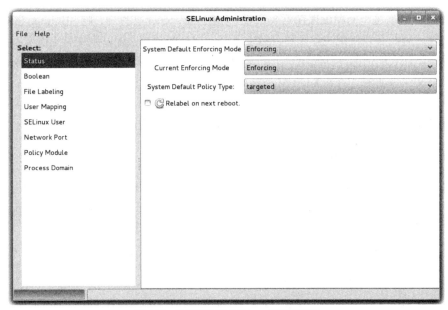

图 4-15　管理工具中 SELinux 的状态信息

正如读者所见，默认和当前的强制模式都有几个选项，我们可以把它们设置为 Enforcing、Permissive 或 Disabled。虽然，SELinux 的重点在于目标策略(Targeted policy)，但是如果安装了 selinux-policy-mls 程序包，则 MLS 也是可以使用的。通常情况下，我们不必激活 Relabel On Next Reboot 选项，除非我们已经修改了默认的策略类型。

SELinux Management Tool 窗口的左侧窗格中有许多类别，这些类别将在稍后介绍。在本书的 RHCE 部分，还要讨论这个工具，但是重点是关布尔型参数的设置。

1. SELinux 布尔型设置

在 SELinux 管理工具中，单击左侧窗格中的 Boolean，翻卷可用的模块。正如读者所见，SELinux 策略可以在许多不同的类别中修改，有些与管理功能有关，还有的与一些特定服务有关。图4-16显示了这些选项的选取情况。在这里所做的任何修改都会反映到/sys/fs/selinux/booleans 目录中的布尔型变量。对于 RHCSA 考试来说比较重要的模块类别有 cron、mount、virt 和包含一切的模块类型：unknown。这个列表比较短，相关的布尔型参数显示在表 4-12 中，它们按在 SELinux 管理工具中的顺序进行排列。

表 4-12　部分 SELinux 布尔型参数

布尔型参数	说　　明
fcron_crond	支持在作业调度中使用 fcron 规则
cron_can_relabel	允许 cron 作业修改 SELinux 文件上下文标签
mount_anyfile	允许在任何文件上使用 mount 命令
daemons_use_tty	允许服务的守护进程(daemons)根据需要使用终端
daemons_dump_core	支持把内核文件写入到顶层的根目录中
virt_use_nfs	支持在虚拟机中使用 NFS 文件系统
virt_use_comm	支持虚拟机通过串行和并行端口建立连接
virt_use_usb	支持在虚拟机中使用 USB 设备
virt_use_samba	支持在虚拟机中使用通用互联网文件系统(Common Internet File Systems，CIFS)
guest_exec_content	允许 guest_u 用户拥有脚本的执行权限
xguest_exec_content	允许 xguest_u 用户拥有脚本的执行权限
user_exec_content	允许 user_u 用户拥有脚本的执行权限
staff_exec_content	允许 staff_u 用户拥有脚本的执行权限
sysadm_exec_content	允许 sysadm_u 用户拥有脚本的执行权限

图 4-16　SELinux 管理工具中的布尔型参数

2. 文件标签(File Labeling)

我们可以修改文件的默认标签,其中部分标签已在本章前面介绍过(其他几章中将要介绍 SELinux 上下文)。图 4-17 列出其中一些标签的选项。在这个窗口中所做的任何修改都要写入 /etc/selinux/targeted/contexts/files 目录中的 file_contexts.local 文件。

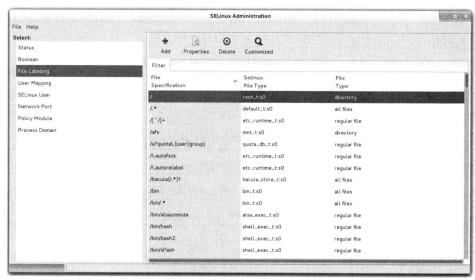

图 4-17　在 SELinux 管理工具中的文件类型

3. 用户映射

在 User Mapping(用户映射)组中,我们可以为普通用户和管理员用户设置默认参数以外的参数。这里显示的内容说明了 semanage login -l 命令的当前结果。如果无法记住 semanage 命令错综复杂的选项,则使用这个屏幕可以比较容易地建立起现有用户到不同上下文之间的映射关系。

单击 Add 按钮打开如图 4-18 所示的 Add User Mapping 窗口。此图也说明如何把名为 michael 用户重新归类为 SELinux 的 user_u 用户类型。

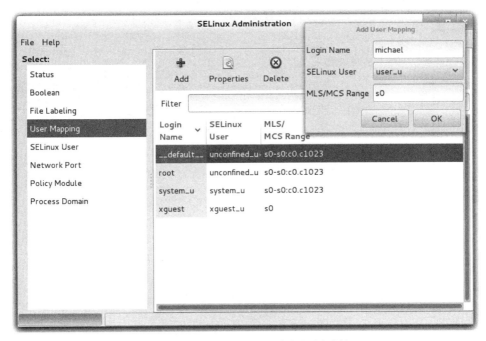

图 4-18　在 SELinux 管理工具中建立用户映射

4. SELinux 用户

SELinux User 允许我们为标准的用户定义和修改默认的角色。标准用户包括普通用户(user_u)、系统用户(system_u)和不受限制用户(unconfined_u)。

5. 网络端口

Network Port 在标准端口与服务之间建立关联。

6. 策略模块

Policy Module 定义了应用于每个模块的 SELinux 策略版本号。

7. 进程域组

Process Domain 允许我们针对单个进程域(而不是整个系统)把 SELinux 的状态改为允许模式或强制模式。

4.5.12　SELinux 故障排除浏览器

RHEL 7 包含了 SELinux 故障排除浏览器(SELinux Troubleshoot Browser)，如图 4-19 所示。它为经常遇到的问题提供帮助和建议，并使用大多数 Linux 管理员能理解的语言，通常还包含用户可以运行的能解决相关问题的命令。

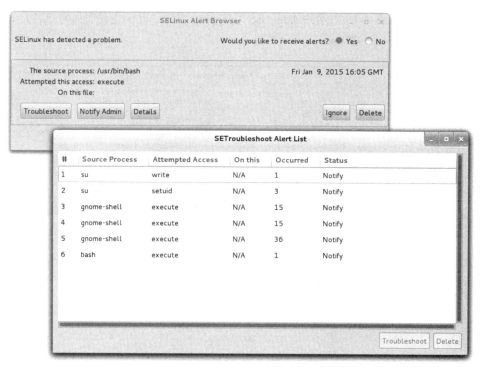

图 4-19　SELinux 故障排除浏览器中的安全警告

要在 GNOME 桌面上启动这个浏览器，选择 Applications | Sundry | SELinux Troubleshooter，或者在 GUI 的命令行中执行 sealert -b 命令。此命令由 setroubleshoot-server 程序包提供。

4.5.13　练习 4-3：测试 SELinux 用户类型

在本练习中，要把一个用户配置为 staff_u SELinux 用户类型并测试配置结果。你需要一个 GUI 工具，除 root 管理员用户外至少还需要一个普通用户。

(1) 如有必要，创建一个普通用户。即使已经有一个普通用户，在本练习中创建第二个普通用户可以减少风险。用户总是可以删除的，这将在第 8 章中讨论。为此用 useradd user1 命令创建一个用户，用 passwd user1 命令给此用户设置口令。

(2) 用 semanage login -l 命令检查当前用户的 SELinux 类型。

(3) 用 semanage login -a -s staff_u user1 命令把上述用户配置为 staff_u 用户。根据实际情况替换其中的 user1。

(4) 如果已完全登录到 GUI，则先退出。选择 System | Log out 命令，在随后出现的窗口中单击 Log Out 按钮。

(5) 以刚修改过的 staff_u 账户即 user1(或者其他在步骤(3)中配置的名字)登录到 GUI。如果没有看到 GUI 登录屏幕，按 ALT+F1 或 ALT+F7。

(6) 尝试各个管理命令。访问 su 命令了吗？sudo 命令呢？如果不知道如何使用 sudo 命令，可以在阅读第 8 章后回过头看这个练习。本书到目前为止介绍的哪些管理工具可以访问？从 GUI 命令行启动这个工具与从 GUI 菜单启动它是否有区别？

(7) 退出新建的 user1 账户，重新以普通用户身份登录到系统。

(8) 从 staff_u 列表中删除新创建的用户。如果这个用户是 user1，则执行 semanage login -d user1 命令也可以删除这个用户。

(9) 用 semanage login -l 命令验证配置是否已恢复。

故障情景与解决方案	
文件不可读，不可以写入，也不可以执行	用 ls -l 命令检查当前所有权和权限。用 chown 和 chgrp 命令应用所有权的修改。用 chmod 命令应用权限修改
访问单个用户需要的一个安全文件	为合适的文件系统配置 ACL，然后执行 setfacl 命令提供访问
服务器上的 SSH 服务无法访问	假设 SSH 已运行(这是 RHCE 证书要求的内容)，则用 firewall-cmd --list-all 命令保证防火墙支持 SSH 访问，必要时用 firewall-config 工具修改设置
在 SELinux 中没有设置强制模式	用 setenforce enforcing 命令设置强制模式。检查/etc/selinux/config 文件中的默认布尔型设置
需要恢复一个目录的默认 SELinux 文件上下文	把 restorecon -F 命令作用于目标目录。使用-R 开关选项，为目录中的所有文件和子目录递归地修改上下文
在设置 SELinux 为强制模式时出现意料不到的故障	用 sealert -a /var/log/audit/audit.log 命令或 SELinux 故障排除工具寻找此故障的更多信息，有时也包含一个推荐的解决方案
需要修改一个用户的 SELinux 选项	把 setsebool -P 命令应用于合适的布尔型设置上

4.6　认证小结

本章主要介绍 RHCSA 级安全的基本内容。在任何 Linux 系统中，安全是从文件的所有权和权限开始的。所有权可以分为用户、组和其他用户三类。根据自主访问控制模式，权限可以分为读、写和执行三个不同的权限。对于某一个用户，文件的默认权限是由其 umask 的值决定。权限可由 SUID、SGID 和粘滞位进行扩展。

ACL 给自主访问控制增加另一层安全。在一个已挂载的卷配置好后，ACL 经过配置后可以取代基本的 ugo/rwx 权限。NSFv4 共享目录也可以包含 ACL。

防火墙可以阻止通信通过，但是特定端口除外。大多数服务的标准端口都在/etc/services 文件中被定义。然而，有些服务也可能不用这个文件中的任何一个协议。默认的 RHEL 7 防火墙只支持对本地 SSH 服务器的访问。

ssh-keygen 命令创建了用口令短语保护的密钥对。使用这些密钥对，不需要将用户的口令在网络上传输，就可以在 SSH 服务器上进行验证。

SELinux 用强制访问控制提供了另一层的保护。由于存在各种不同的 SELinux 用户、对象、文件类型以及 MLS 安全级，SELinux 控制确保某一个服务存在的漏洞不会影响其他服务。

4.7　应试要点

下面是本章与认证目标有关的几个重要知识点。

基本的文件权限

- 标准的 Linux 文件权限是读、写入和执行，这些权限对于用户所有者、组所有者和其他用户则有所不同。
- 特殊权限包括 SUID、SGID 和粘滞位。
- 默认的用户权限是由 umask 的值决定的。
- 所有者和权限可以用 chown、chgrp 和 chmod 命令修改。
- 用 lsattr 命令可以显示特殊文件属性，而用 chattr 可以修改这些属性。

访问控制列表及其他

- 在用 acl 选项挂载的文件系统中，可以显示和修改文件的 ACL。在 RHEL 7 上创建的 XFS 和 ext4 文件系统默认启用此选项。
- 每个文件都有 ACL，它们由标准的所有权和权限来决定。
- 可以在文件上配置 ACL 以取代指定用户和组在选定文件上的所有权和权限。实际的 ACL 可能由屏蔽位决定。
- 仅一个文件的自定义 ACL 是不够的，选定的用户和组也需要访问包含这些文件的目录。
- 正如自定义 ACL 支持特定用户的特殊访问，它也可以拒绝对其他用户的访问。
- 在共享的 NFS 目录上可以配置 ACL。

基本的防火墙控制

- 标准的 Linux 防火墙基于 Netfilter 内核系统和 iptables 工具。
- 标准的 Linux 防火墙假定使用/etc/serivces 文件中列出的一些端口和协议。
- 默认的 RHEL 7 防火墙支持远程系统对本地 SSH 服务器的访问。
- RHEL 7 防火墙可以用 GUI firewall-config 工具来配置，也可以通过基于控制台的 firewall-cmd 命令进行配置。

使用基于密钥的验证保护 SSH

- SSH 配置命令包括 ssh-keygen 和 ssh-copy-id。
- 用户主目录中包含自己的.ssh 子目录，其中包含配置文件，且有使用口令短语保护的私有和公共的 SSH 密钥。
- 使用 ssh-keygen 命令，可用口令短语配置私钥/公钥对。
- 使用 ssh-copy-id 命令，可将公钥传输到用户在远程系统上的主目录。

安全增强型 Linux 入门

- 可以把 SELinux 配置为强制模式、许可模式和禁用模式，每个模式通过 setenforce 命令设置目标策略和 MLS 策略。默认的引导设置存储在/etc/selinux/config 文件中。
- 用 semanage login 命令可以设置 SELinux 的 user 选项。
- SELinux 标签保护不同的上下文，例如用户、角色、类型和 MLS 安全级。
- SELinux 中的布尔型参数可以用 setsebool 命令来管理，永久性修改需要用-P 选项。

- 用 chcon 命令可以修改 SELinux 上下文，用 restorecon 命令可以恢复默认值。
- sealert 命令和 SELinux 故障排除浏览器可以用来解释记录在 audit.log 文件中的故障。此文件保存在/var/log/audit 目录中。

4.8　自测题

下面的练习题用来测验对本章内容的掌握程度。由于 Red Hat 考试没有选择题，因此本书中不提供任何选择题。这些题目专门用来测试对本章的理解。Red Hat 考试注重于得到结果的过程，而不是死记一些无关紧要的内容。许多问题可能不止一个答案。

基本的文件权限

1. 用哪个命令为文件所有者配置本地目录中的名为 question1 文件的读、写入权限，但其他用户没有任何权限？

2. 用一个命令把本地系统上名为 question2 文件的所有者改为 professor，把组所有者改为 assistants。

3. 用一个命令修改名为 question3 文件的属性，只允许用户在这些文件的末尾添加数据。

访问控制列表及其他

4. 哪个命令可以读取本地文件 question4 的 ACL？假设此文件是在一个启用 ACL 支持的文件系统上。

5. 哪个命令可以设置 managers 组中的成员具有对/home/project 目录中的 project5 文件的读取权限？假设 managers 组已经具有对此目录的读和执行权限。

6. 哪个命令可以阻止 temps 组中的成员对/home/project 目录中的 secret6 文件的任何形式的访问？

基本的防火墙控制

7. 哪个 TCP/IP 端口号与 HTTP 服务有关？

8. 写出永久性允许入站 HTTP 流量通过默认 firewalld 区域的完整 firewall-cmd 命令。

使用基于密钥的验证保护 SSH

9. 哪个命令可使用 DSA 配置私钥/公钥对？

_____

10. 用户主目录中的哪个子目录包含 authorized_keys 文件？

_____

安全增强型 Linux 入门

11. 哪个命令可以把 SELinux 设置为强制模式？

_____

12. 哪个命令可以显示当前用户的 SELinux 状态？

_____

13. 哪个命令可显示所有的 SELinux 布尔型设置？

_____

4.9　实验题

　　本章中的实验题都属于配置操作。建议在测试系统上做这些实验题。假设在 KVM 这类虚拟机上做这些实验题，它们并不用于产生。

　　Red Hat 试卷采用电子形式。因此在本章及后续章节中，大多数实验题都可以从本书配书网站上读取，本章的实验题保存在 Chapter4/ 子目录中。假如到现在还没有在系统上安装一个 RHEL 7，则参考本书第 1 章的安装指示。

　　实验题的答案就在填空题的自测答案之后。

4.10　自测题答案

基本的文件权限

　　1. 配置本地目录中名为 question1 文件的读、写入权限，但是其他任何用户没有任何权限的命令是：

```
# chmod 600 question1
```

　　2. 把本地系统上 question2 文件的用户所有者修改为 professor、把组所有者修改为 assistants 的命令是：

```
# chown professor.assistants question2
```

把其中的句点(.)改为冒号(:)也可以。

　　3. 修改名为 question3 文件的属性，使得用户只可以在它的末尾添加数据的命令是：

```
# chattr +a question3
```

访问控制列表及其他

4. 读取本地文件 question4 的当前 ACL 的命令是:

```
# getfacl question4
```

5. 设置 managers 组中的成员具有对/home/project 目录中 project5 文件的读取权限的命令是:

```
# setfacl -m g:managers:r /home/project/project5
```

6. 阻止 temps 组中的成员对/home/project 目录中 secret6 文件的任何形式访问的命令是:

```
# setfacl -m g:temps:- /home/project/secret6
```

基本的防火墙控制

7. TCP/IP 中与 HTTP 服务有关的端口号是 80。

8. 永久性地允许入站 HTTP 流量通过默认 firewalld 区域的 firewall-cmd 命令是:

```
# firewall-cmd --permanent --add-service=http
```

使用基于密钥的验证保护 SSH

9. 命令是 ssh-keygen -t dsa。

10. 在 authorized_keys 文件中存储公钥的每个用户可在其主目录下的.ssh/子目录中找到该文件。

安全增强型 Linux 入门

11. 可以把 SELinux 配置为强制模式的命令是:

```
# setenforce enforcing
```

12. 显示当前用户的 SELinux 状态的命令是:

```
# semanage login -l
```

13. 显示所有 SELinux 布尔型设置的命令是:

```
# semanage boolean -l
```

4.11　实验题答案

实验题 1

实验题 1 的目的是让读者练习配置与/usr/bin/passwd 的 SUID 位相关的权限。

实验题 2

实验题 2 显示了如何让一个用户拥有的脚本可被另一个用户执行。如果由 ACL 配置的普通用户正确执行此脚本，则会在本地目录中看到一个名为 filelist 的文件。

实验题 3

在/root 管理目录上配置 ACL 是一个不安全的做法。但是，它正好可以说明系统上 ACL 的功能，以及它是如何允许选定的普通用户访问 root 管理员账户的"圣地"。正因为有此风险，所以此实验题完成后必须禁用 ACL。假如选定的用户是 michael，则一个方法是用下面的命令：

```
# setfacl -b u:michael /root
```

实验题 4

本实验题的目的是让用户了解在强制模式中禁用和重新启动 SELinux 所需要的时间和精力。如果在禁用模式与许可模式之间进行切换，也需要付出同样的时间和精力。如果必须在强制模式中重新配置 SELinux，那么在 Red Hat 考试中就会损失宝贵的时间，因为在系统重新启动并且重新赋予标签时，任何操作都无法执行。

实验题 5

在 RHEL 7 中，标准用户是 unconfined_u SELinux 用户类型。因此，他们的账户几乎没有受到任何限制。假如考试或者公司的政策要求对普通用户加上一定的限制，则可能会想到创建 __default__ 用户为 SELinux user_u 用户类型。或者，如果要求将特定用户创建为受限的类型，如 xguest_u 或 staff_u 等，多次使用 semanage login 命令即可。如果需要回顾 semanage login 命令的语法，可以执行 man semanage-login。

实验题 6

经过验证后，某个用户是一个 guest_u 类型的用户，则大多数系统管理员会希望普通用户拥有更多的权限。但 guest_u 用户很适合某些系统，例如边缘服务器，因为在这些系统上希望锁定用户账户。

实验题 7

配置为 guest_u　SELinux 用户类型的用户通常不允许执行脚本，甚至不可以执行自己主目录中的脚本。用本实验题介绍的 guest_exec_content 布尔型参数可以改变这种情形。通过简单的比较就可以判断本实验题是否成功：在有这个活动的布尔值和没有布尔值的情况下，这个脚本是否可以执行。

虽然恢复初始配置的最简单方法是使用 GUI SELinux 管理工具，但还需要知道如何使用下面的命令禁用了 michael 用户的自定义 SELinux 用户类型：

```
# semanage login -d michael
```

实验题 8

本实验题的成功可以用 ls -Zd 命令来衡量。当这个命令应用于/ftp 和/var/ftp/pub 两个目录上时，应该会得到两个相同的列表，其中都包含相应目录的 SELinux 角色、对象、类型和 MLS 选项。

然后，执行 restorecon -R /ftp 命令，并再次检查/ftp 目录的 SELinux 类型。如果发生了变化，则说明没有按照本章前面的描述，使用 semanage fcontext 命令修改默认的文件上下文。

实验题 9

每个人都会用不同的方法测试 SELinux，因此本实验题的结果是由用户本人来决定。其目的是分析一个相关的日志文件，并在命令行对它进行处理。努力识别与每个警告信息相对应的问题。虽然用户可能无法处理很多 SELinux 问题，但是至少可以在本书的第 II 部分中用户能识别这些问题，或至少能够识别与每个警告有关的用户和/或命令。

第 **5** 章

引 导 过 程

本章重点介绍从系统加电那一瞬间到登录提示符出现的时间里系统发生的事情。这称为引导过程。当 RHEL 7 正确安装后，BIOS/UEFI 指向一个特定的媒介设备。假设这个设备是本地硬盘驱动器，则此驱动器的 GUID 分区表(GUID Partition Table，GPT)或主引导记录(Master Boot Record，MBR)指向 GRUB 2 引导程序。如果在 GRUB 2 中选择了引导 RHEL 7 的一个选项后，相应的命令就指引到并初始化 Linux 内核。此内核先启动 systemd 程序，它是第一个 Linux 进程。然后 systemd 进程初始化系统，并激活合适的系统服务。当 Linux 引导到特定目标时，它启动一系列服务，包括与网络时间协议(Network Time Protocol，NTP)有关的客户端。用户可自定义此过程。

考试内幕

理解引导过程

RHCSA 考试已包含与引导过程有关的认证目标。引导过程的最基本的技术可能是掌握启动和终止引导过程的命令，如 systemctl poweroff 和 systemctl reboot:

- 正常引导、重新引导和关闭一个系统

当然，这种启动方法就是给系统加电。本章中将介绍 systemd 目标，它取代了 RHEL 6 和其他较早的 Linux 版本中传统采用的运行级。标准 RHEL 7 的引导菜单中需要掌握的是:

- 手动把系统引导到不同的目标

与此认证目标密切相关的是:

- 中断引导过程以获得对系统的访问

如果你已经熟悉 RHEL 6 中的单用户模式，则应该知道单用户模式的访问(access)是指在受限环境中对系统管理员账户进行免口令访问。在 RHEL 7 中可以实现相同的目标，在引导过程中获得对系统的访问，以恢复丢失的管理员口令或者对问题进行故障排除。

另一个与此相关的认证目标是各个不同目标的配置:

- 配置系统，使它可以自动引导到某个目标。

鉴于 Linux 是一个网络操作系统，而且大多数用户都离不开网络，因此必须掌握:

- 配置网络服务，使得它们在系统引导后自动启动。

下面的 RHCSA 认证目标与上一个认证目标有密切关系:

- 启动和停止服务，以及配置服务，使其在引导时自动启动。

除了把重点放在引导过程外，还需要掌握以下内容:

- 修改系统的引导程序

与文件系统如何挂载有关的认证目标与这些认证目标紧密相关的同时也是引导过程一部分，这将在第 6 章介绍。

网络时间服务

本章介绍了 NTP 的配置，相关的认证目标如下:

- 配置系统来使用时间服务。

认证目标 5.01 BIOS 与 UEFI

虽然按照官方的意见，这不是 Red Hat 考试的先决条件或基本要求，但是掌握好 BIOS 和 UEFI 等基本概念是所有严谨计算机用户的一个基本技能。在许多现代系统中，UEFI 已取代 BIOS，并且能做更多。但是由于 UEFI 也用同样的方法支持变换到引导媒介，因此在我们看来 它们的功能是一样的。

由于可用的 BIOS/UEFI 软件的多样性，本章只是一般性的介绍。不可能提供详细的操作步骤，指示你如何修改众多的 BIOS/UEFI 菜单。不管怎样，这样的操作步骤与 Linux 的系统管理 没有直接关系，也不属于任何 Red Hat 考试范围。但是，这些操作步骤可以帮助你从不同的 Linux 安装媒介引导系统、访问默认的虚拟设置以及执行其他操作。

5.1.1 系统的基本配置

当计算机加电后，第一件事情就是启动 BIOS/UEFI。根据保存在稳定的只读内存中的设置，BIOS/UEFI 程序执行一系列的诊断以检测并连接 CPU 和关键控制器。这就是所谓的加电自检(Power On Self Test，POST)过程。如果在此过程中听到滴滴声，可能是系统存在硬件问题，如硬盘 驱动器没有正确连接。然后 BIOS/UEFI 程序寻找图形显示卡等附加设备。在检测到图形显示 卡后，就会出现如图 5-1 所示的屏幕，它显示了其他硬件检测、测试和验证过程。

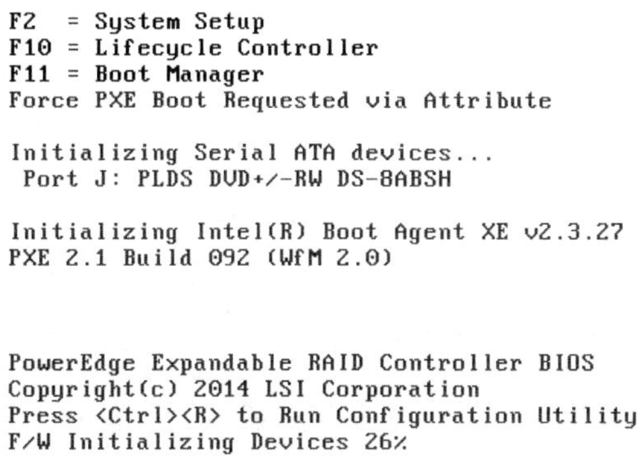

```
F2  = System Setup
F10 = Lifecycle Controller
F11 = Boot Manager
Force PXE Boot Requested via Attribute

Initializing Serial ATA devices...
 Port J: PLDS DVD+/-RW DS-8ABSH

Initializing Intel(R) Boot Agent XE v2.3.27
PXE 2.1 Build 092 (WfM 2.0)



PowerEdge Expandable RAID Controller BIOS
Copyright(c) 2014 LSI Corporation
Press <Ctrl><R> to Run Configuration Utility
F/W Initializing Devices 26%
```

图 5-1 BIOS 初始化菜单

如果用户的系统有一个 UEFI 菜单，则它可能还包括一个可信平台模块(Trusted Platform Module，TPM)。虽然它是用来增加系统安全的，但它在开源社区中引起很大的争议，因为它存在隐私问题和厂商锁定问题。许多开源领域的专业人士正努力通过欧盟的开放式可信计算(Open Trusted Computing，OpenTC)组极力缩小此类问题带来的影响。RHEL 7 利用 TPM 硬件功能提高系统的 安全。

当加电自检完成后，BIOS/UEFI 就把控制权交给引导设备(通常是第一个硬盘驱动器)上的 MBR。GRUB 2 引导程序的第一阶段通常是被复制到 MBR 或 GPT 上。它作为进入 GRUB 2 菜单 中其他信息的指针。这时应该会看到一个引导程序屏幕。

5.1.2　启动菜单

一般而言，在 Red Hat 考试期间，进入到 BIOS/UEFI 菜单的唯一原因是想从另外的媒介如 CD、软盘和 USB key 引导系统。在绝大多数情况下，我们可以跳过这个过程。

很多时候，在 POST 后我们只会看到一个黑屏。通常，BIOS/UEFI 就是按这种方式配置的。这时，我们只能根据经验猜测如何进入引导菜单或 BIOS 菜单。

很多时候，按 ESC、DEL、F1、F2 或 F12 等键就可以直接进入引导菜单。这样的引导菜单通常包含如下的菜单项：

```
    Boot Menu
1. Removable Devices
2. Hard Drive
3. CD-ROM Drive
4. USB Drive
5. Built-In LAN
```

用方向键和回车键从这个菜单或类似的菜单选择所需的引导设备。如果不行，则要用 BIOS/UEFI 菜单从目标驱动器引导系统。

5.1.3　访问 Linux 引导程序

正如第 2 章曾提到，默认的引导程序是 GRUB 2。它的第一部分(也称第一阶段)安装在默认驱动器的 MBR 或 GUID 表上。通常情况下，BIOS 会自动启动引导程序，并出现与下面类似的消息：

```
Red Hat Enterprise Linux Server, with Linux 3.10.0-123.el7.x86_64
Red Hat Enterprise Linux Server, with Linux 0-rescue-662ce234911596f1a75
...
The selected entry will be started automatically in 5s.
```

或者，如果在 5 秒钟内按下某一个键，GRUB 则会出现一个与图 5-2 相似的菜单。

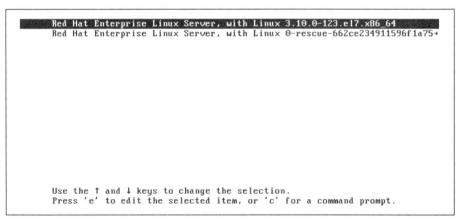

图 5-2　GRUB 菜单

如果系统安装了多个 Linux 内核或多个操作系统，则会出现多个可用选项，用 UP 和 DOWN 方向键可以选择其中一个。为从选定的选项引导 Linux，按下回车键。

在一些老式的 PC 机(21 世纪之前的那些)上，除非位于硬盘的前 1024 个柱面里，否则有些 BIOS 无法找到引导程序。因此，/boot 目录所在的分区通常是第一个可用的主分区。

RHEL 7 支持传统的 MBR 分区布局和较新的 GUID 分区表(GPT)格式。 MBR 分区方案支持每个磁盘最大为 2TB，而 GPT 则没有这种限制。但是，要从使用 GPT 分区布局的磁盘上引导 RHEL，需要系统具有 UEFI 固件接口，而不是传统的 BIOS 固件。应该检查自己的硬件供应商，看系统是否支持 UEFI。

认证目标 5.02　引导程序与 GRUB 2 程序

Red Hat 企业版 Linux(RHEL)的标准引导程序是 GRUB 2，它是统一引导加载程序版本 2(GRand Unified Bootloader version 2)的缩写符。根据 Red Hat 考试的要求，RHCSA 考试要求考生知道如何通过 GRUB 2 菜单引导到不同的目标，以及诊断并且纠正由引导程序错误引起的引导失败。RHEL 6 默认使用 GRUB 版本 1。在该版本中，相应的配置文件比较容易理解和个性化。但是，虽然 GRUB 2.0 的菜单与在 RHEL 6 中类似，但配置引导程序需要的步骤却相差很大，本章后面将看到这一点。

5.2.1　GRand 统一引导加载程序——GRUB

Red Hat 已将 GRUB 2 实现为其 Linux 发行版的唯一引导程序。通常情况下将其配置为引导到一个默认的内核。GRUB 2 会在/boot 目录中找到配置并且显示一个菜单，此菜单看起来与图 5-2 相似。我们可以利用 GRUB 2 菜单引导在 Linux 安装过程中检测到的任何操作系统，或者其他任何已经添加到合适配置文件中的操作系统。

GRUB 2 相当灵活。不仅可以从 CLI 轻松地生成配置，而且可以直接通过 GRUB 2 菜单进行编辑。在图 5-2 显示菜单中，可以按 E 键临时编辑配置文件，或按 C 键打开 GRUB 2 命令提示符。本节关注如何引导到不同的 systemd 目标。

引导到不同目标

为把一个参数通过 GRUB 2 传递给内核，在第一个 GRUB 菜单中按 E 键。这允许编辑要发送给内核的引导参数。找到以指令 linux16 开头的一行。必要时使用下方向键向下滚动。然后会看到如下的一个命令行：

```
linux16 /vmlinuz-3.10.0-123.el7.x86_64 root=/dev/mapper/rhel-root
ro rd.lvm.lv=rhel/root vconsole.font=latarcyrheb-sun16
rd.lvm.lv=rhel/swap crashkernel=auto  vconsole.keymap=uk rhgb
quiet LANG=en_GB.UTF-8
```

这里出现的许多信息，稍后将要解释。对于 RHCSA 考试，真正重要的是在该行的末尾添加更多的命令。例如，如果在这一行的末尾添加字符串 systemd.unit=emergency.target，然后按 Ctrl+X，则 Linux 就会以紧急目标模式启动，在此模式下将运行一个急救 shell。

在紧急目标模式中，输入 exit。系统将进入默认目标，通常是多用户或图形目标。如果已做某些修改或者已对分区做过修理，则下一步就是用 systemctl reboot 命令重新引导计算机。在某些情况下，在 Red Hat 考试中所做的修改必须重新引导后才可以得到验证。

实际经验

在 RHEL 7 中，shutdown、reboot 和 halt 命令是 systemctl 的符号链接。它们的效果分别与 systemctl poweroff、systemctl reboot 和 systemctl halt 命令相同。

考试提示

在 RHCSA 考试中，所做的修改必须在重新引导后依然有效。因此，应该重启系统至少一次，以确定即使在重新引导后，各个需求也能满足。

在一定程度上，systemd 目标的概念与 RHEL 6 中的运行级类似，本章稍后将详细介绍。现在，只需要知道当 RHEL 7 已设置为引导到一个 GUI 环境时，则默认它会配置为引导到图形目标。通过在内核命令行的末尾添加字符串 systemd.unit=*name*.target，可以改变这个目标。

如果在系统引导到 GUI 环境的过程中出现问题，则首先在内核命令行的末尾添加 systemd.unit=multi-user.target。如果引导成功，则 RHEL 7 会引导到文本模式，即一个命令行的基于控制台的登录。

如果需要直接访问恢复 shell，则要在内核命令行末尾添加字符串 systemd.unit=rescue.target。

在很少情况下系统会出现严重的故障，它们甚至无法引导到急救目标。这时可以使用其他两个选项：

- systemd.unit=emergency.target　除了以只读模式挂载 root 文件系统外，不挂载其他任何文件系统。
- init=/sysroot/bin/sh　启动 shell 并以只读模式挂载 root 文件系统，不需要口令。

紧急和急救目标需要使用 root 管理员口令进行登录并获得完整的 root 管理员权限。如果忘记了 root 管理员口令，需要在内核命令行的末尾添加字符串 init=/sysroot/bin/sh 或 rd.break，然后按照练习 5-2 进行操作。因为这支持完整的管理员权限，包括修改 root 管理员口令，所以使用口令保护 GRUB 2 菜单很重要。一些人能够修改引导顺序并使用可引导的 U 盘实现相同目的，所以保护 BIOS 或 UEFI 并确保系统仅在引导本地磁盘时不需要口令也非常重要。

现在已经知道了如何在引导过程中引导到不同的目标。正如 Red Hat 考试培训课程指出的，把以下明确作为 RHCSA 考试的一个要求：

手动把系统引导到不同的目标。

考试提示

Red Hat 考试是"闭卷考试"。虽然在考试中能够使用在 RHEL 安装中可找到的所有文档，但是在恢复过程或紧急过程中，不能访问 man 帮助文档或其他文档资源。因此，不借助任何文档完成本章的练习极其重要。考生应该记住引导进入紧急 shell 或者恢复 root 管理员口令的步骤；否则，不只在 RHCSA 考试中会遇到麻烦，在现实工作中履行自己作为 Linux 系统管理员的职责时也会出现问题。

5.2.2　练习 5-1：将系统引导到不同的目标

如何引导到不同的 systemd 目标是一项关键技术。本练习假设你已经按照第 2 章的要求配置了 RHEL 7，它把图形化目标设为默认目标。执行 ls -l /etc/systemd/system/default.target 命令确认这一点。如果当前系统运行在默认设置下，则此文件应该是/usr/lib/systemd/system 目录中的 graphical.target 文件的符号链接。也可以运行以下命令：

```
# systemctl get-default
```

它应当返回字符串"graphical.target"。现在开始这个练习。

(1) 使用 reboot 命令重新引导系统。

(2) 当看到以下消息时，必须按任意键进入 GRUB 菜单：

```
The selected entry will be started automatically in 5s.
```

(3) 按 E 键编辑当前菜单项。

(4) 使用下方向键向下滚动，定位到以 linux16 开头的一行。首先删除内核选项 rhgb quiet。然后，在该行末尾处输入 systemd.unit=multi-user.target，然后按 Ctrl+X 引导此内核。

(5) 注意观察引导消息。会看到什么样的登录屏幕？

(6) 登录此系统。可用使用任何现有的账户。

(7) 运行 reboot 重新启动系统。

(8) 重复步骤(2)到步骤(4)，但是向内核传递 systemd.unit=rescue.target 选项，以便把系统引导救援目标。

(9) 注意观察引导消息，会出现哪种类型的登录屏幕？挂载了哪些文件系统？

(10) 重复步骤(2)到步骤(4)，但向内核传递 systemd.unit=emergency.target 选项，以便把系统引导到紧急目标。

(11) 注意观察引导消息，会出现哪种类型的登录屏幕？需要登录吗？挂载了哪些文件系统？

(12) 重复步骤(2)到步骤(4)，但是这次在内核那一行中添加 rd.break。

(13) 注意观察引导消息，会出现哪种类型的登录屏幕？需要登录吗？root 文件系统是从硬盘挂载的吗？

(14) 运行 exit 继续引导过程。

(15) 重复步骤(2)到步骤(4)，但是传递字符串 init=/sysroot/bin/sh，把这个系统引导到紧急 shell。

(16) 注意观察引导消息，会出现哪种类型的登录屏幕？

(17) 输入 reboot 退出并重启系统。

5.2.3　练习 5-2：恢复 root 口令

如果将 RHEL 7 系统引导到救援或紧急目标，会提示输入 root 口令。如果忘了这个口令该怎么办？本练习将说明如何为 root 用户重置丢失的口令。在口令恢复过程中，很可能无法查看文档。因此，应当认真练习下面的过程，直到能够在发生危急情况时完成此过程：

(1) 使用下面的命令，将 root 口令改为一个随机字符串。此命令对你隐藏随机口令：

```
# pwmake 128 | passwd --stdin root
```

(2) 退出会话。试着作为 root 用户再次登录。使用旧口令将无法登录系统。

(3) 重新引导服务器。

(4) 看到下面的消息时，按下按键来访问 GRUB 菜单:

```
The selected entry will be started automatically in 5s.
```

(5) 按 E 键编辑当前菜单项。

(6) 使用下方向键向下滚动，找到以 linux16 开头的一行。按 Ctrl+E 或 End 键定位到该行末尾，然后输入字符串 rd.break。

(7) 按 Ctrl+X 键引导系统。

(8) rd.break 指令在正确挂载 root 文件系统之前中断引导过程。运行 ls /sysroot 命令确认这一点。如果知道 root 文件系统的内容，则该命令的输出看起来会很熟悉。

(9) 以读写模式重新挂载 root /sysroot 文件系统，将根目录改为/sysroot:

```
# mount -o remount,rw /sysroot
# chroot /sysroot
```

(10) 修改 root 口令:

```
# passwd
```

(11) 因为 SELinux 没有运行，所以 passwd 命令不保留/etc/passwd 文件的上下文。为确保用正确的 SELinux 上下文给/etc/passwd 文件添加标签，使用下面的命令，告诉 Linux 在下次引导时给所有文件重新赋予标签:

```
# touch /.autorelabel
```

(12) 输入 exit，关闭 chroot 监狱，然后再次输入 exit，以重新引导系统。

(13) SELinux 可能需要几分钟的时间来给所有文件重新赋予标签。看到登录提示后，确认能够作为 root 用户登录系统。

5.2.4　修改系统的引导程序

RHCSA 考试专门要求考生必须了解如何"修改系统的引导程序"。这意味着考生需要掌握 GRUB 2 配置文件的细节。这些配置信息保存在/etc/grub2.cfg 文件中，该文件是一个符号链接，指向在 BIOS 模式下配置的系统的/boot/grub2/grub.cfg 文件，或者使用 UEFI 引导管理器的服务器的/boot/efi/EFI/redhat/grub.cfg 文件。在本章剩余部分，我们假定所运行的是传统的基于 BIOS 的系统，或者是在 BIOS 模式下运行支持 UEFI 系统。这里将/boot/grub2/grub.cfg 作为配置文件的标准路径。

grub.cfg 文件分为头部和不同的 menuentry 节，每一节对应于系统上安装的一个内核。图 5-3 显示了该文件的一个节选。每个 menuentry 节都包含以 linux16 和 initrd16 指令开头的两行，指出了内核的路径以及在引导过程中加载的 RAM 磁盘文件系统的路径。在前一节看到，linux16 这一行特别重要。在引导过程中可以编辑这个条目，以传递额外的内核参数，或者引导进入非默认的 systemd 目标。

```
menuentry 'Red Hat Enterprise Linux Server (3.10.0-123.13.2.el7.x86_64) 7.0 (Maipo)' --class
 red --class gnu-linux --class gnu --class os --unrestricted $menuentry_id_option 'gnulinux-
3.10.0-123.el7.x86_64-advanced-d055418f-1ff6-46bf-8476-b391e82a6f51' {
        load_video
        set gfxpayload=keep
        insmod gzio
        insmod part_msdos
        insmod xfs
        set root='hd0,msdos1'
        if [ x$feature_platform_search_hint = xy ]; then
          search --no-floppy --fs-uuid --set=root --hint='hd0,msdos1'  26740bbd-3aea-44b9-94
9d-c2ed4017f193
        else
          search --no-floppy --fs-uuid --set=root 26740bbd-3aea-44b9-949d-c2ed4017f193
        fi
        linux16 /vmlinuz-3.10.0-123.13.2.el7.x86_64 root=/dev/mapper/rhel-root ro rd.lvm.lv=
rhel/root vconsole.font=latarcyrheb-sun16 rd.lvm.lv=rhel/swap crashkernel=auto  vconsole.key
map=uk rhgb quiet LANG=en_GB.UTF-8
        initrd16 /initramfs-3.10.0-123.13.2.el7.x86_64.img
}
menuentry 'Red Hat Enterprise Linux Server (3.10.0-123.el7.x86_64) 7.0 (Maipo)' --class red
--class gnu-linux --class gnu --class os --unrestricted $menuentry_id_option 'gnulinux-3.10.
0-123.el7.x86_64-advanced-d055418f-1ff6-46bf-8476-b391e82a6f51' {
        load_video
        set gfxpayload=keep
        insmod gzio
        insmod part_msdos
        insmod xfs
        set root='hd0,msdos1'
```

图 5-3　grub.cfg 文件的节选

虽然 grub.cfg 文件中的选项和指令的数量很多，但是不必惊慌。我们并不需要直接修改此文件。正确的方法是使用 grub2-mkconfig 工具，基于/etc/default/grub 配置文件和/etc/grub.d/目录中的脚本生成该文件的新版本。相对于 grub.cfg 文件，/etc/default/grub 更容易理解、更安全，也更便于编辑。修改了/etc/default/grub 文件后，运行下面的命令来生成新的 GRUB 配置文件：

```
# grub2-mkconfig -o /boot/grub2/grub.cfg
```

实际经验

不要手动编辑/etc/grub2/grub.cfg 文件。该文件是在安装或者更新内核时自动生成的，所以直接对该文件做出的修改将会丢失。使用 grub2-mkconfig 和/etc/default/grub 文件来修改 grub.cfg。

接下来对典型的/etc/default/grub 文件进行详细分析：

```
GRUB_TIMEOUT=5
GRUB_DISTRIBUTOR="$(sed 's, release .*$,,g' /etc/system-release)"
GRUB_DEFAULT=saved
GRUB_DISABLE_SUBMENU=true
GRUB_TERMINAL_OUTPUT="console"
GRUB_CMDLINE_LINUX="rd.lvm.lv=rhel/root vconsole.font=latarcyrheb-sun16 ↵
rd.lvm.lv=rhel/swap crashkernel=auto  vconsole.keymap=uk rhgb quiet"
GRUB_DISABLE_RECOVERY="true"
```

在第一行，GRUB_TIMEOUT 变量指定了等待多少秒后，GRUB 2 会自动引导默认操作系统。按任意键可中断倒数过程。如果此变量被设为 0，GRUB 2 将不显示可引导的内核列表，除非在 BIOS 初始屏幕中按下并按住一个字母数字按键。

在标准的 RHEL 安装上，GRUB_DISTRIBUTOR 变量的值返回"Red Hat Enterprise Linux

Server", 并显示在每个内核启动的条目的前面。如果愿意,可将此条目修改为你选择的任意字符串。

下一个指令是 GRUB_DEFAULT, 它与 GRUB 2 在引导时加载的默认内核有关。值"saved"告诉 GRUB 2 在/boot/grub2/grubenv 文件中寻找 saved_entry 变量。每次安装一个新的内核时,将用最新的内核的名称更新该变量。

通过使用 grub2-set-default 命令,可更新 saved_entry 变量,并告诉 GRUB 2 引导一个不同的默认内核。例如,

```
# grub2-set-default 1
```

将/etc/grub2.cfg 中的第二个菜单项设为默认内核。这可能令人感到困惑,其原因在于,GRUB 2 是从 0 开始计数的。因此, grub2-set-default 0 命令指向/etc/grub2.cfg 中的第一个可用菜单项。类似的,如果配置文件中包含更多项,则 grub2-set-default 1 命令指向第二个内核项,依此类推。

/etc/default/grub 中的下一行定义了变量 GRUB_DISABLE_SUBMENU。该变量默认被设为 true, 以便在引导时禁用任何子菜单项。然后是指令 GRUB_TERMINAL_OUTPUT, 它告诉 GRUB 2 使用文本控制台作为默认的输出终端。文件中定义的最后一个变量是 GRUB_DISABLE_RECOVERY, 它禁止生成恢复菜单项。

指令 GRUB_CMDLINE_LINUX 更值得关注,它指定了要传递给 Linux 内核的选项。例如, rd.lvm.lv 给出了包含 root 文件系统和交换分区的逻辑卷的名称。接下来的选项 vconsole.font 和 vconsole.keymap 分别列出默认字体和键盘映射。crashkernel 选项为 kdump 保留一些内存,当系统崩溃时,调用 kdump 来捕捉内核转储。最后, 在该行末尾, rhgb quiet 指令默认启用 Red Hat 图形化引导并隐藏引导消息。如果想启用冗长的引导消息,可在该行中删除 quiet 选项。

5.2.5　如何更新 GRUB

如果用户以前曾经在 MBR 上安装了另一个引导加载程序,如微软的 NTLDR 或 BOOTMGR, 只需要运行 grub2-install 命令。如果它没有自动把 GRUB 2 指针写入到 MBR 上或者存在多个可用的硬盘驱动器,则需要插入/dev/sdb 这样的硬盘驱动器。也可以在移动硬盘建立 GRUB 2, 只需要在命令中指定此设备。

当使用 grub2-mkconfig 生成 GRUB 2 配置文件时,不需要额外命令。MBR 的指针会自动读取/boot/grub2/grub.cfg 文件的最新版本。

5.2.6　GRUB 2 的命令行

grub.cfg 配置文件中的一个错误可能会导致系统无法启动。例如,如果 GRUB 2 确定错误卷为根分区(/),则 Linux 会在引导过程中挂起。/boot/grub2/grub.cfg 文件的其他配置错误也会在引导过程中引起内核恐慌。

既然我们已经分析了 GRUB 2 配置文件,就能看到此文件的错误带来的影响。如果一些文件名或分区出现错误, GRUB 2 无法找到类似 Linux 内核等关键文件。如果 GRUB 2 配置文件完全丢失,将看到下面的提示:

```
grub>
```

该菜单显示时，可按 C 键访问 GRUB 2 命令行。想要查看可用的命令列表，只要在 grub> 提示后按下 Tab 键，或者输入 help 命令。

命令补全功能也是可用的。例如，如果忘记了内核文件的名字，则输入 linux /，然后按 Tab 键，就可以看到/boot 目录中的可用文件。

使用 ls 命令，应该能够在标准 PC 机上的 BIOS/UEFI 菜单检测到全部的硬盘驱动器。举个例子，我们来找到该系统上的/boot 分区和 grub.cfg 文件。 默认情况下，/boot 目录是挂载在一个独立的分区上。首先，在 grub>命令行中运行 ls：

```
grub> ls
(proc) (hd0) (hd0,msdos1) (hd0,msdos2)
```

字符串 hd0 表示第一个硬盘，msdos1 表示第一个分区，是用 MBR 格式(msdos)创建的。如果使用新的 GPT 分区格式对服务器进行分区，GRUB 2 将识别第一个分区为 gpt1 而不是 msdos1。类似地，hd0,msdos2 表示第一个硬盘上的第二个分区。

接下来，使用这些信息找到 grub.cfg 文件：

```
grub> ls (hd0,msdos1)/grub2/grub.cfg
grub.cfg
```

如果此文件不在指定分区上，则会看到 "error: file '/grub2/grub.cfg' not found" 错误消息。如果指定分区不包含有效的文件系统，还可能看到 "error: unknown filesystem" 错误消息。

我们知道/boot 目录在(hd0,msdos1)上。为确认 grub.cfg 的位置，执行下面的命令：

```
grub> cat (hd0,msdos1)/grub2/grub.cfg
```

在输出中可看到 grub.cfg 文件的内容。按下按键滚动该文件的内容，直到回到 GRUB 2 命令行。

还有一种方法可以确定/boot 目录所在的分区。执行 search.file 命令可找到 grub.cfg：

```
grub> search.file /grub2/grub.cfg
```

GRUB 2 应该返回包含/boot 目录的分区。在本例中，就是第一个硬盘上的第一个分区：

```
hd0,msdos1
```

现在可以用 GRUB 2 配置文件中的那些命令从 grub>命令行引导 Linux。如果通常情况下顶级根目录也挂载在一个分区上，则甚至可以用下面的命令验证/etc/fstab 文件的内容：

```
grub> cat (hd0,msdos2)/etc/fstab
```

如果根文件系统包含在一个 LVM 卷上，则上面的命令将返回 "error: unknown filesystem" 消息。为解决这个问题，用下面的命令加载 LVM 模块：

```
grub> insmod lvm
```

现在，ls 命令的输出中应该也会包含逻辑卷：

```
grub> ls
(proc) (hd0) (hd0,msdos2) (hd0,msdos1) (lvm/rhel-root) (lvm/rhel-swap)
```

最后，为了输出/etc/fstab 的内容，执行下面的命令：

```
grub> cat (lvm/rhel-root)/etc/fstab
```

5.2.7　练习 5-3：使用 GRUB 2 命令行

本练习将手动引导 RHEL 7。观察/etc/grub2.cfg 文件的内容，并找出需要用到的命令。现在按以下步骤操作：

(1) 引导系统。当看到屏幕顶部出现以下行内容时，按任意键进入 GRUB 2 菜单：

```
The selected entry will be started automatically in 5s.
```

(2) 按下 C 键切换到 GRUB 命令行接口。将会看到 grub>提示符。

(3) 输入下面的命令来加载 LVM 模块：

```
grub> insmod lvm
```

(4) 列出所有分区和逻辑卷：

```
grub> ls
```

(5) 找出根分区。其名称可能类似于(lvm/rhel-root)。可能需要做几次尝试才能找出根分区(例如，试着从 GRUB 2 之前列出的所有设备中显示/etc/fstab 文件)。

```
grub> cat (lvm/rhel-root)/etc/fstab
```

(6) 将 root 变量设为包含根文件系统的设备：

```
grub> set root=(lvm/rhel-root)
```

(7) 输入 linux 命令，指定内核和根目录分区。这一行很长，但是可以使用命令补全(按 Tab 键)来快速输入。另外，此行中重要的地方仅是内核文件和顶层根目录的位置。

```
linux (hd0,msdos1)/vmlinuz-3.10.0-123.el7.x86_64↵
root=/dev/mapper/rhel-root
```

(8) 输入 initrd 命令，指定初始 RAM 磁盘命令和文件位置。同样，可以使用 Tab 键来补全文件名。

```
initrd (hd0,msdos1)/initramfs-3.10.0-123.el7.x86_64.img
```

(9) 现在输入 boot 命令。如果成功，Linux 现在可以引导选定的内核和初始的 RAM 硬盘，就如我们从 GRUB 2 配置菜单选择选项那样。

5.2.8　重新安装 GRUB 2

在一些情况中，可能需要从头重新安装 GRUB 2。如果 grub2-mkconfig 不能工作，或者由于脚本文件损坏或不正确，其生成的配置文件包含错误，就可能发生这种情况。此时，需要重新安装 grub2-tools RPM 包。在完成此操作前，显示并删除所有 GRUB 2 配置和脚本文件。这可以使用下面的命令完成：

```
# rpm -qc grub2-tools
/etc/default/grub
/etc/grub.d/00_header
/etc/grub.d/10_linux
/etc/grub.d/20_linux_xen
/etc/grub.d/20_ppc_terminfo
/etc/grub.d/30_os-prober
/etc/grub.d/40_custom
/etc/grub.d/41_custom
# rm -f /etc/default/grub
# rm -f /etc/grub.d/*
```

然后，执行下面的命令重新安装 GRUB 2：

```
# yum reinstall grub2-tools
```

第 7 章将详细介绍 rpm 和 yum 命令。

最后，重新生成 grub.cfg 配置文件。在运行传统的 BIOS 固件的机器上，grub2-mkconfig 命令如下所示：

```
# grub2-mkconfig -o /boot/grub2/grub.cfg
```

当然，如果 GRUB 2 配置文件丢失，无法引导系统并显示 GRUB 2 菜单，就可能需要求助于另一个选项：急救模式。

5.2.9　从 GRUB 2 引导的一个选项：急救模式

RHCE 考试培训课程的以前版本中的故障排除考试目标要求考生能从完全引导失败的过程中恢复系统，例如 GRUB 2 配置文件损坏或丢失。换言之，当我们从前面提到的 grub>提示符直接引导系统失败后，就需要使用一个所谓的急救模式的选项，这需要访问 DVD 安装盘或网络引导盘。

考试提示

RHCSA 和 RHCE 认证目标不再包含与急救模式有关的内容。但是，由于对不能启动系统的急救是一项重要技能，因此它可能会出现在这些考试之一的未来版本中。

为此，需要从这些选项中选择一个引导媒介。当我们看到安装屏幕出现以下选项时：

```
Install Red Hat Enterprise Linux 7.0
Test this media & install Red Hat Enterprise Linux 7.0
Troubleshooting
```

选择 Troubleshooting 选项，并按下回车键。将看到包含以下选项的屏幕：

```
Install Red Hat Enterprise Linux 7.0 in basic graphics mode
Rescue a Red Hat Enterprise Linux system
Run a memory test
Boot from local drive
Return to main menu
```

选择 Rescue a Red Hat Enterprise Linux system 选项，并按回车键。急救模式会在本地机上运行 RHEL 7 操作系统的一个最小稳定版本。实际上，它是其他 Linux 发行版(如 Knoppix、Ubuntu 甚至科学 Linux 重构发行版)上 Live DVD 可用媒介的一个文本版本。

实际经验

对于 RHEL 7 系统来说，最好使用 RHEL 7 的急救媒介。这些媒介使用一个由 Red Hat 编译的内核，并为支持它的软件进行定制。尽管如此，像 Knoppix 等发行版都是很不错的选择。

可使用急救环境来恢复无法引导的系统。如果之前使用过 RHEL 6 中的急救模式，在这里就可以如鱼得水。图 5-4 显示了大部分情况下的下一个步骤。

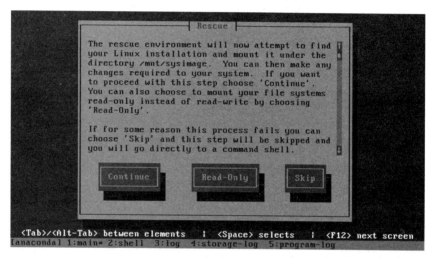

图 5-4　急救环境的选项

Continue 选项(如图 5-5 所示)将检测到的所有卷挂载为/mnt/sysimage 目录的子目录。Read-Only 选项以只读模式挂载检测到的卷。Skip 选项直接移动到命令行接口。选择 Continue。确认之后，将看到一个 shell 提示符，如图 5-6 所示。

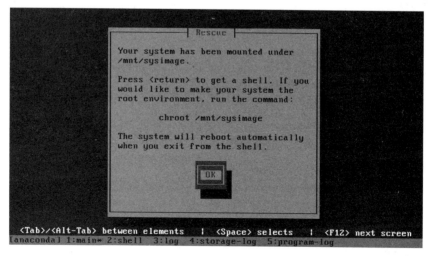

图 5-5　在急救环境中挂载根文件系统

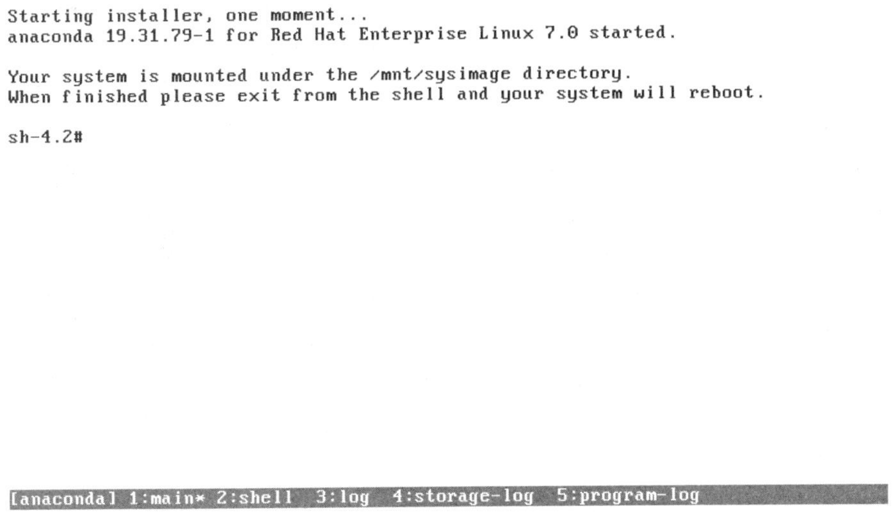

```
Starting installer, one moment...
anaconda 19.31.79-1 for Red Hat Enterprise Linux 7.0 started.

Your system is mounted under the /mnt/sysimage directory.
When finished please exit from the shell and your system will reboot.

sh-4.2#
```

```
[anaconda] 1:main* 2:shell  3:log  4:storage-log  5:program-log
```

图 5-6　急救环境的 shell

在 shell 提示接口中输入 chroot /mnt/sysimage 命令。由于系统的普通顶层根目录已挂载到 /mnt/sysimage 目录，因此 chroot 命令修改根目录，就像/mnt/sysimage 文件系统被挂载到/之下。

一定要练习本节介绍的有关 GRUB 2 的内容，这有助于你在真正遇到问题时进行恢复，Red Hat 也声称其考试都是"真实环境的任务"。但是，不要假定在 Red Hat 考试期间能够访问 CD 或 DVD。如果急救媒介不可用，则说明至少还有一种方法可以解决问题。

证书目标 5.03　GRUB 2 与登录

本节对 GRUB 2 引导程序在找到内核之后的引导过程做简单介绍。理解在此期间发生的事情有助于我们对引导过程出现的问题进行诊断。与内核相关的信息让我们更好理解这期间的每一步操作。

Linux 的加载依赖于一个临时文件系统，即所谓的初始 RAM 硬盘(Initial RAM Disk)。当引导过程完成后，则控制权就交给 systemd，即所谓的第一进程。本节将通过配置单元和目标，详细介绍 Upstart 文件的内容。

实际经验

大部分 Linux 发行版(包括 RHEL 7)都用新的 systemd 服务管理器取代了 Upstart 和 SysVinit。

本节还将介绍重新引导系统和正常关闭系统的命令。

实际经验

在 systemd 中，可将 Unix 中的理念("一切都是文件")重新表述为"一切都是单元"。单元是 systemd 的基本构成模块。

5.3.1 内核与初始 RAM 磁盘

从 GRUB 2 配置菜单选择了一个内核后，借助于初始 RAM 磁盘(Initial RAM Disk)，Linux 把引导任务交给内核。初始 RAM 磁盘实际上是一个文件系统，这可以从它在/boot 目录中的文件名(initramfs)看出。

在引导过程中，Linux 会把该临时文件系统加载到 RAM 中。然后，Linux 加载硬件驱动程序，并启动第一个进程 systemd。

接下来，systemd 为 initrd.target 激活所有系统单元，并将根文件系统挂载到/sysroot 下。最后，systemd 在新的根目录中重新启动自己，并激活默认目标的所有单元(下一节将更详细地介绍单元和目标)。

为了解更多内容，首先在 GRUB 配置文件中禁用目标内核的 quiet 指令。引导系统。观察在屏幕上快速翻卷的消息。登录后，也可以在/var/log/dmesg 文件中检查这些消息或者执行 dmesg 命令。

在 systemd 日志中可看到更多日志信息。使用 journalctl 命令显示其内容。我们实际看到的消息与本地系统的硬件和配置有关，关键消息有:

- 内核的版本号。
- SELinux 的状态(假如它已激活)。默认情况下，SELinux 第一次是以许可模式启动的，直到在引导过程快要完成时系统载入设定的策略(强制模式)为止。
- 可识别内存的大小(这个值不必与系统实际内存的大小相匹配)。
- CPU。
- 内核命令行，指定逻辑卷或根文件系统。
- 释放初始 RAM 磁盘(initramfs)占用的内存。
- 硬盘驱动器和分区(由它们的设备文件名定义，如/dev/sda 或/dev/vda1)。
- 活动的文件系统。
- 交换分区。

这个日志文件还包含一些有用的信息。当系统载入错误的内核时，在这个文件中可看到这个信息。如果 Linux 没有使用我们配置好的分区，则这个文件也有这方面的信息(间接的)。如果 SELinux 无法正确载入，我们也会从该文件末尾的消息看出来。

考试提示

记住， Red Hat 考试不是硬件考试。如果发现一个重要硬件配件(如网卡)出现了一个问题无法用 Linux 命令解决，要通知你的指导老师或监考人员。但如果他回答这不是一个硬件问题，也不要大惊小怪。

5.3.2 第一个进程、目标和单元

Linux 内核通过调用第一个进程 systemd 继续此引导过程。在 RHEL 7 中，使用 systemd 的符号链接来配置遗留的 init 进程。

单元是 systemd 的基本组成模块。最常见的是服务单元，它们的扩展名为.service，负责激活某个系统服务。执行下面的命令可显示所有服务单元的一个列表:

```
# systemctl list-units --type=service --all
```

--all 标志包含所有单元，而不只是活动的单元。还有其他类型的单元，如挂载单元和自动挂载单元，它们管理挂载点；路径单元，当文件系统路径发生变化时(如 spool 目录)，它们激活服务；套接字单元，只有当客户端建立连接时，它们才启动服务(如果使用了 xinetd 守护进程，这类似于 xinetd 根据需要启动服务)；除此之外还有其他许多单元。

目标单元是一种特殊类型的单元，用于将其他系统单元分组到一起，以及将系统切换到另一个状态。执行下面的命令可显示所有目标单元：

```
# systemctl list-units --type=target --all
```

表 5-1 说明了最重要的目标单元。

表 5-1　systemd 目标单元

目 标 单 元	说　　明
emergency.target	紧急 shell；只在只读模式下挂载/filesystem
graphical.target	多用户图形系统的默认目标
multi-user.target	非图形化多用户系统
rescue.target	紧急 shell；挂载所有文件系统

在 systemd 中，目标的功能与以前的 RHEL 发行版中的运行级相同。在 RHEL 6 中，有 7 个运行级(从 0 到 6)。Linux 服务是按运行级进行组织的。每个运行级对应一个功能级。

例如，在运行级 1 中，只允许一个用户登录到该 Linux 系统。X11 模式也称为运行级 5，如果已经安装了相应的程序包，则它把 Linux 启动到 GUI 登录屏幕。表 5-2 对 systemd 目标和 RHEL 6 中定义的运行级做了一个比较。

表 5-2　RHEL 6 的运行级和 RHEL 7 的 systemd 目标

运 行 级	systemd 目标	说　　明
0	poweroff.target	停机
1	rescue.target	单用户模式，用于维护和修理
2	multi-user.target	多用户模式，没有 NFS
3	multi-user.target	完整的多用户模式
4	multi-user.target	RHEL 6 中不使用
5	graphical.target	X11 GUI，没有网络连接
6	reboot.target	重新启动系统

执行下面的命令：

```
# ls -l /usr/lib/systemd/system/runlevel?.target
```

注意输出中的符号链接。观察 runlevel0.target、runlevel1.target 等文件如何链接到 systemd 目标，如 poweroff.target 和 rescue.target。这些链接提供了与原来的 SysV 运行级向后兼容的能力。可以用 runlevel5.target 表示 graphical.target，用 runlevel3.target 表示 multi-user.target。

目标受单元控制，并被组织为单元文件。虽然默认目标定义在/etc/systemd/system 中，但是在引导过程中可以使用 GRUB 2 菜单覆盖默认目标。

每个目标可能关联着多个 systemd 单元。每个单元可启动或停止 Linux 服务，如打印(cupsd)、调度(crond)、Apache Web 服务器(httpd)、Samba 文件服务器(smbd)等。完成配置后，引导进程将启动和停止我们选择的 systemd 单元。这些单元称为依赖项。执行下面的命令可列出默认的 graphical.target 单元的所有依赖项：

```
# systemctl list-dependencies graphical.target
```

默认目标被指定为从/etc/systemd/system/default.target 文件到 multi-user.target 或 graphical.target 的符号链接。还可以使用 systemctl 命令获取当前的默认目标或者修改当前的设置，如下所示：

```
# systemctl get-default
graphical.target
# systemctl set-default multi-user.target
rm '/etc/systemd/system/default.target'
ln -s '/usr/lib/systemd/system/multi-user.target'↵
'/etc/systemd/system/default.target'
```

从输出中可以看到，systemctl set-default multi-user.target 命令创建了/etc/systemd/system/default.target 的一个符号链接。

5.3.3　目标之间的切换

既然我们已经讨论了 RHEL 7 中各种不同的目标，现在来讨论目标之间如何切换。在 RHEL 的早期版本中，这在功能上等效于运行级的切换。首先，用下面的命令建立默认目标：

```
# systemctl get-default
graphical.target
```

RHEL 7 通常引导到 graphical.target 或 multi-user.target。在作为管理员用户登录后，可以使用 systemctl isolate 命令移动到不同的目标。例如，下面的命令将系统移动到多用户目标：

```
# systemctl isolate multi-user.target
```

执行该命令后，重新运行 systemctl get-default 命令。输出确认默认目标没有改变：

```
graphical.target
```

现在尝试其他操作。执行下面的命令后，你认为会发生什么情况？

```
# systemctl isolate poweroff.target
```

5.3.4　重新启动和正常关闭系统

重新启动和关闭系统所需的命令十分直观。如前一节所述，下面的命令分别提供了关闭和重新启动系统的方法：

```
# systemctl poweroff
```

```
# systemctl reboot
```

考虑到遗留系统，Red Hat 创建了从下面的命令到 systemctl 的符号链接。这些命令的使用与在 RHEL 的先前版本中相同。

```
# shutdown
# reboot
```

5.3.5　systemd 取代了 Upstart 和 SysVInit

systemd 是在引导时第一个启动的进程，它负责激活所有服务。systemd 取代了传统的 init 守护进程和 Upstart 系统，后者取代了 init，是 RHEL 6 中的默认 init 守护进程。Upstart 的设计和理念非常类似于原来的 SysVinit 系统，依赖于 init 脚本来激活服务，也依赖了运行级的概念(前面已经介绍过)。

与之相对，systemd 引入了许多新工具，可以实现的功能也更多，同时保留了与 SysVinit 的兼容性。systemd 的设计基于最优效率。首先，在引导时，systemd 仅激活严格需要的服务，而其他服务则根据需要启动。例如，只有向/var/spool/cups 队列发送了打印作业后，systemd 才会启动 CUPS 打印服务。另外，systemd 会并行处理服务的初始化。

其结果是，使用 systemd 后的引导过程变得更快。执行下面的命令可显示系统引导所需的时间：

```
# systemd-analyze time
Startup finished in 506ms (kernel) + 1.144s↵
(initrd) + 6.441s (userspace) = 8.092s.
```

输出显示了初始化内核所需的时间，以及加载初始 RAM 磁盘(initrd)的时间和激活 systemd 单元(userspace)的时间。总时间为 8.092 秒。但是不止如此。通过运行 systemd-analyze blame 命令，还可以显示激活每个 systemd 单元所需的详细时间。图 5-7 给出了一个例子。

```
[root@server1 ~]# systemd-analyze blame
       4.604s kdump.service
       2.610s postfix.service
       2.333s firewalld.service
       1.629s tuned.service
       1.370s network.service
       1.365s plymouth-quit-wait.service
        953ms iprupdate.service
        845ms accounts-daemon.service
        729ms avahi-daemon.service
        699ms iprinit.service
        666ms ModemManager.service
        638ms systemd-logind.service
        596ms lvm2-monitor.service
        568ms rsyslog.service
        560ms rtkit-daemon.service
        536ms nfs-lock.service
        520ms iprdump.service
        482ms NetworkManager.service
        477ms libvirtd.service
        442ms gdm.service
        412ms chronyd.service
        338ms ksmtuned.service
        324ms netcf-transaction.service
```

图 5-7　systemd 单元的初始化时间

图 5-7 中的数字与 systemdanalyze time 报告的总 userspace 时间不相等。这是因为 systemd 会同时启动多个服务。

RHCSA 考试没有要求深入理解 systemd 的所有功能,但是它的一些功能可被系统管理员利用。

一些 Linux 开发人员认为,systemd 做的工作太多,破坏了 Unix 中的程序编写理念:"只做一件事并把它做好。"但是,如今大部分主流 Linux 发行版都已经采用了 systemd。

1. 日志记录

systemd 进程包含了一个强大的日志系统。使用 journalctl 命令可以显示收集到的所有日志。默认情况下,日志文件临时存储在 RAM 中,或者/run/log/journal 目录的环形缓冲区中。执行下面的命令后,Linux 将把日志文件持久写入硬盘:

```
# mkdir /var/log/journal
# chgrp systemd-journal /var/log/journal
# chmod 2775 /var/log/journal
# systemctl restart systemd-journald.service
```

一旦启用了持久日志,就可以使用-b 开关选项显示特定一次引导中的日志消息:journalctl -b 0 显示自上次引导以来的日志消息,journalctl -b 1 显示上次引导之前的一次引导的日志消息,依此类推。journalctl 会自动聚合当前日志文件和所有轮转日志文件中的可用数据,所以我们不需要在不同的日志文件中切换。

使用-p 命令选项,可根据日志消息的优先级对其进行过滤。例如,journalctl -p warning 显示优先级为"警告"或更高的所有消息。"警告"优先级的日志消息以粗体字符显示,"错误"或更高优先级的消息则显示为红色。

2. cgroups

控制组(cgroups)是 Linux 内核的一项功能,可将进程分组到一起,并控制或限制它们的资源使用(如 CPU、内存等)。在 systemd 中,cgroups 主要用于跟踪进程,确保当一个服务停止时,属于该服务的所有进程也被终止。

在传统的 SysVinit 系统中,难以确认与进程关联的服务。事实上,服务常常启动多个进程。当停止一个 SysVinit 服务时,该服务可能无法终止所有依赖的(子)进程。此时要么手动停止所有依赖服务(使用 ps 和 kill 命令),要么接受系统中在下次重新引导之前,存在状态未知的孤立进程。

为解决这种限制,systemd 使用 cgroup 来标签与服务关联的进程。这样一来,如有必要,systemd 会使用 cgroups 来杀死组中的所有进程。

systemd-cgls 命令以树状格式显示 cgroups 的层次结构,如图 5-8 所示。在图 5-8 显示的片段中,可以看到 rsyslog.service 和 avahi-daemon.service 等 cgroups,以及它们派生的进程。注意,cgroups 和 systemd 服务单元之间存在一对一对应关系。

```
        ├─1673 pickup -l -t unix -u
        └─1674 qmgr -l -t unix -u
  ├─rsyslog.service
  │ └─633 /usr/sbin/rsyslogd -n
  ├─rhsmcertd.service
  │ └─1283 /usr/bin/rhsmcertd
  ├─NetworkManager.service
  │ └─828 /usr/sbin/NetworkManager --no-daemon
  ├─avahi-daemon.service
  │ ├─632 avahi-daemon: running [server1.local
  │ └─643 avahi-daemon: chroot helpe
  ├─crond.service
  │ └─698 /usr/sbin/crond -n
  ├─pcscd.service
  │ └─1324 /usr/sbin/pcscd --foreground --auto-exit
  ├─dbus.service
  │ └─683 /bin/dbus-daemon --system --address=systemd: --nofork --nopidfile --sy
  ├─firewalld.service
  │ └─629 /usr/bin/python -Es /usr/sbin/firewalld --nofork --nopid
  ├─iprdump.service
  │ └─746 /sbin/iprdump --daemon
  └─iprupdate.service
    └─714 /sbin/iprupdate --daemon
lines 120-142/142 (END)
```

图 5-8　cgoups 的层次结构

3. 依赖项

传统的 SysVinit 系统按顺序启动服务。与之不同，systemd 通过跟踪单元之间的全部依赖关系，并行地激活服务。systemctl list-dependencies 命令以树的形式显示单元之间的所有依赖关系，图 5-9 是其输出的一个节选。

```
default.target
├─accounts-daemon.service
├─gdm.service
├─iprdump.service
├─iprinit.service
├─iprupdate.service
├─network.service
├─rhnsd.service
├─rtkit-daemon.service
├─systemd-readahead-collect.service
├─systemd-readahead-replay.service
├─systemd-update-utmp-runlevel.service
└─multi-user.target
  ├─abrt-ccpp.service
  ├─abrt-oops.service
  ├─abrt-vmcore.service
  ├─abrt-xorg.service
  ├─abrtd.service
  ├─atd.service
  ├─auditd.service
  ├─avahi-daemon.service
  ├─brandbot.path
  ├─chronyd.service
lines 1-23
```

图 5-9　systemd 单元之间的依赖关系

可以显示任意可用单元的依赖项。必须先启动依赖单元。例如，下面的命令显示了在启动 rsyslog 服务之前必须先启动的单元：

```
# systemctl list-dependencies rsyslog.service
```

5.3.6　systemd 单元

systemd 是第一个进程，该进程使用不同的配置文件来启动其他进程。这些配置文件保存在下面的目录中：/etc/systemd/system 和/usr/lib/systemd/system。

默认配置文件存储在/usr/lib/systemd/system 目录中。存储在/etc/systemd/system 中的自定义文件可以覆盖这些文件。不要修改/usr/lib/systemd/system 目录中的文件。任何软件更新都可能覆盖这些文件。

我们已经讨论了服务和目标单元，但是还有更多单元。表 5-3 简要说明了所有可用的单元类型。

表 5-3　systemd 单元类型

单 元 类 型	说　　明
Target	一组单元。用作启动时的同步点，以定义要激活的一组单元
Service	一个服务，例如 Apache Web 服务器等守护进程
Socket	IPC 或网络套接字，用于当侦听套接字收到流量时激活服务(类似于 xinetd 守护进程根据需要激活服务)
Device	设备单元，如驱动器或分区
Mount	systemd 控制的文件系统挂载点
Automount	systemd 控制的文件系统自动挂载点
Swap	由 systemd 激活的交换分区
Path	systemd 监视的路径，用于当路径变化时激活服务
Timer	systemd 控制的计时器，用于当计时器超时时激活服务
Snapshot	用于创建 systemd 运行时状态的快照
Slice	可通过 cgroup 接口分配给一个单元的一组系统资源(如 CPU、内存等)
Scope	用于组织和管理一组系统进程的资源使用情况的单元

查看/usr/lib/systemd/system 目录的内容。每个文件都包含一个 systemd 单元的配置，其类型与文件扩展名匹配。例如，文件 graphical.target 定义了图形登录目标单元的配置，而文件 rsyslog.service 则包含了 rsyslog 服务单元的配置。

执行下面的命令可列出所有活动的 systemd 单元：

```
# systemctl list-units
```

list-units 关键字是可选的，因为它是默认选项。如果想要保护非活动单元、维护单元和失败的单元，需要添加--all 命令开关。图 5-10 显示了此命令的输出节选。

```
systemd-as...sword-plymouth.path loaded active    waiting  Forward Password Requests to Plym
systemd-ask-password-wall.path   loaded active    waiting  Forward Password Requests to Wall
session-4.scope                  loaded active    running  Session 4 of user alex
abrt-ccpp.service                loaded active    exited   Install ABRT coredump hook
abrt-oops.service                loaded active    running  ABRT kernel log watcher
abrt-vmcore.service              loaded inactive  dead     Harvest vmcores for ABRT
abrt-xorg.service                loaded active    running  ABRT Xorg log watcher
abrtd.service                    loaded active    running  ABRT Automated Bug Reporting Tool
accounts-daemon.service          loaded active    running  Accounts Service
alsa-restore.service             loaded inactive  dead     Restore Sound Card State
alsa-state.service               loaded active    running  Manage Sound Card State (restore
alsa-store.service               loaded inactive  dead     Store Sound Card State
atd.service                      loaded active    running  Job spooling tools
auditd.service                   loaded active    running  Security Auditing Service
avahi-daemon.service             loaded active    running  Avahi mDNS/DNS-SD Stack
bluetooth.service                loaded active    running  Bluetooth service
brandbot.service                 loaded inactive  dead     Flexible Branding Service
chronyd.service                  loaded active    running  NTP client/server
colord.service                   loaded active    running  Manage, Install and Generate Colo
cpupower.service                 loaded inactive  dead     Configure CPU power related setti
crond.service                    loaded active    running  Command Scheduler
cups.service                     loaded active    running  CUPS Printing Service
dbus.service                     loaded active    running  D-Bus System Message Bus
dm-event.service                 loaded inactive  dead     Device-mapper event daemon
lines 53-76/250 30%
```

图 5-10 systemd 的单元

在输出中，第一列显示了单元名称，第二列显示了该单元是否被正确加载。第三列显示了单元的状态：活动、非活动、失败或维护。第四列包含了更多细节。最后一列简单描述了该单元。

systemctl list-units 命令给出了每个单元的状态的运行时快照，下面的命令则显示了一个单元在启动时被启用还是禁用：

```
# systemctl list-unit-files
```

图 5-11 显示了该命令的输出。可以看到，单元可被"启用"(enabled)或"禁用"(disabled)。另外还有一个 static 状态，表示该单元已被启用且不能被手动修改。

```
dbus-org.freedesktop.timedate1.service    static
dbus.service                              static
debug-shell.service                       disabled
display-manager.service                   enabled
dm-event.service                          disabled
dmraid-activation.service                 enabled
dnsmasq.service                           disabled
dracut-cmdline.service                    static
dracut-initqueue.service                  static
dracut-mount.service                      static
dracut-pre-mount.service                  static
dracut-pre-pivot.service                  static
dracut-pre-trigger.service                static
dracut-pre-udev.service                   static
dracut-shutdown.service                   static
ebtables.service                          disabled
emergency.service                         static
fcoe.service                              disabled
firewalld.service                         enabled
firstboot-graphical.service               disabled
fprintd.service                           static
gdm.service                               enabled
getty@.service                            enabled
halt-local.service                        static
lines 66-89
```

图 5-11 已安装的单元文件

5.3.7　虚拟终端与登录界面

在 Linux 中的登录终端通常是虚拟终端。大多数 Linux 系统(包括 RHEL 7)都配置了 6 个标准的命令行虚拟终端。这些控制台用 1~6 数字表示。如果配置了一个 GUI 和一个登录管理器，RHEL 7 将用图形登录界面取代第一个虚拟终端。

所有这一切意味着什么呢？在 Linux 中，用 ALT+功能键可以在各个虚拟终端之间切换。例如，ALT+F2 可以切换到第 2 个虚拟终端。按下 ALT+右向方向键和 ALT+左向方向键可以在相邻的虚拟终端之间进行切换。例如，从第 2 个虚拟终端切换到第 3 个虚拟终端，按下 ALT+右向方向键。如果用户正处在 GUI 虚拟终端中，则增加一个 CTRL 键。因此在 RHEL 7 中，如果已经安装 GUI 而且当前正处于第一个虚拟终端中，要切换到第 2 个虚拟终端必须按下 CTRL+ALT+F2。

如果我们登录到一个普通的虚拟终端，则 Linux 返回一个命令行 shell。默认的 shell 定义在 /etc/passwd 文件中，这将在第 6 章介绍。当我们登录到一个 GUI 虚拟终端中，则 Linux 返回已配置的 GUI 桌面。有关 Linux GUI 的更多信息请阅读第 8 章。

在 RHEL 6 中，虚拟终端是在/etc/sysconfig/init 和/etc/init 目录的文件中配置的。因为 systemd 已经取代了 Upstart，现在它们在/etc/systemd 目录的 logind.conf 文件中定义。

虚拟终端使 Linux 的多用户功能起死回生。在工作中(或在 Red Hat 考试期间)，我们可以在一个终端上浏览 man 文档，在另一个终端中编译一个程序，在第三个终端中编辑一个配置文件等。其他通过网络连接的用户也可以在同一个时刻做相同的事情。

认证目标 5.04　按目标控制

有了 systemd，Red Hat 企业版 Linux 的服务管理可按目标进行定制。因为 systemd 包含到运行级的链接，以实现与 SysVinit 向后兼容，所以仍然可以使用 init 和 telinit 等命令引用表 5-2 中列出的运行级。但是，应该让自己熟悉目标，因为这是在引导时激活服务的标准方法。

Linux 是可以高度定制化的，因此可以定制在每个目标中启动的 systemd 单元。虽然可以使用 GUI 工具来定制 systemd 单元，但通常情况下在命令行接口配置它们速度会更快。

5.4.1　按目标定义功能

如前所述,每一个目标的基本功能都保存在/etc/systemd/systemd 和/usr/lib/systemd/system 目录下的配置文件中。例如，我们首先看默认目标，假设在 RHEL 7 系统中使用图形化登录：

```
# systemctl get-default
graphical.target
```

由于存在从/etc/systemd/system/default.target 文件到/usr/lib/system/system 中的 graphical.target 文件的符号链接，系统知道 graphical.target 是默认目标。观察这些文件。下面给出了一段节选：

```
[Unit]
Description=Graphical Interface
Documentation=man:systemd.special(7)
Requires=multi-user.target
```

```
After=multi-user.target
Conflicts=rescue.target
Wants=display-manager.service
AllowIsolate=yes
```

这意味着一个目标可以包含另一个目标。这里，graphical.target 是 multi-user.target 的一个超集。当 multi-user.target 中的所有 systemd 单元都启动后，graphical.target 会激活 display-manager.service，graphical.target 配置文件中的 Wants 指令说明了这一点。

graphical.target 启动的其他服务包含在/etc/systemd/system 或/usr/lib/systemd/system 下的 graphical.target.wants 子目录中。在 RHEL 7 的默认安装中，可以看到下面的文件：

```
# ls /etc/systemd/system/graphical.target.wants
accounts-daemon.service rtkit-daemon.service
```

它们是到 Accounts 和 RealtimeKit 服务的单元配置文件的符号链接。

5.4.2　systemd 单元的内部构造

每当系统移到一个不同的目标时，systemd 单元就被激活。因此，在引导过程中将执行与默认目标关联的单元。修改目标时将启动合适的单元；例如，当从 graphical.target 运行 systemctl isolate multi-user.target 命令时，Linux 将停止由图形目标启动的所有服务单元。

不过，我们可以直接控制 systemd 单元。例如，查看/usr/lib/systemd/system 目录下的 rsyslog.service 文件的内容，如图 5-12 所示。

```
[root@server1 ~]# cat /usr/lib/systemd/system/rsyslog.service
[Unit]
Description=System Logging Service
;Requires=syslog.socket

[Service]
Type=notify
EnvironmentFile=-/etc/sysconfig/rsyslog
ExecStart=/usr/sbin/rsyslogd -n $SYSLOGD_OPTIONS
StandardOutput=null

[Install]
WantedBy=multi-user.target
;Alias=syslog.service
[root@server1 ~]#
```

图 5-12　rsyslog.service 单元的配置文件

该配置文件以 Unit 节开头，其中包含了该服务的描述。然后是服务配置，包含了服务的类型，指向包含一些环境变量(它们配置服务行为)的文件的指针，激活服务时需要运行的主可执行文件，以及将所有标准输出从服务发送到/dev/null 的一个指令。

最后，WantedBy 指令指出，当系统在引导期间进入多用户目标时，该服务将被激活。

现在执行下面的命令：

```
# systemctl status rsyslog.service
```

如果指定了单元名称，但不包含扩展名，那么默认情况下 systemd 假定这是一个服务单元。因此，上述命令的一个简短版本如下：

```
# systemctl status rsyslog
```

该命令返回的输出如图 5-13 所示，其中包含服务单元的状态、其主进程 ID 以及最多 10 条最近日志记录行。如果一些日志记录行被截断，可使用-1 开关选项完整显示它们。

```
[root@server1 ~]# systemctl status rsyslog.service
rsyslog.service - System Logging Service
   Loaded: loaded (/usr/lib/systemd/system/rsyslog.service; enabled)
   Active: active (running) since Thu 2015-01-22 08:47:34 GMT; 8h ago
 Main PID: 634 (rsyslogd)
   CGroup: /system.slice/rsyslog.service
           └─634 /usr/sbin/rsyslogd -n

Jan 22 08:47:33 server1.example.net systemd[1]: Starting System Logging Service.
Jan 22 08:47:34 server1.example.net systemd[1]: Started System Logging Service.
```

图 5-13　显示一个服务的状态

执行下面的命令可以停止一个服务：

```
# systemctl stop rsyslog.service
```

另外，systemctl 命令可以使用表 5-4 中显示的选项。例如，下面的命令重新加载 SSH 配置文件，但是不会停止或启动服务：

```
# systemctl reload sshd.service
```

表 5-4　systemctl 服务控制命令

命　　令	说　　明
start	如果服务没有运行，就启动服务
stop	如果服务正在运行，就停止服务
restart	停止然后启动服务
reload	如果支持此命令，它将加载配置文件的当前版本。服务不会停止，此前已经连接的客户端不会被中断连接
try-restart	如果服务正在运行，就停止并重新启动该服务
condrestart	与 try-start 相同
status	显示服务的当前运行状态

5.4.3　服务配置

systemctl 命令提供了一种简单的方式为默认目标启动服务。首先，执行下面的命令：

```
# systemctl list-unit-files --type=service
```

其输出如图 5-11 所示，但是仅限于服务单元。你将看到系统中已安装服务的完整列表，以及它们在引导时的激活状态。

systemctl 命令的作用不止于此。使用该命令可以修改特定服务的引导状态。例如，下面的命令检查 Postfix 服务是否被配置为在引导时启动：

```
# systemctl list-unit-files | grep postfix.service
```

```
postfix.service                            enabled
```

下面是一个等效的命令:

```
# systemctl is-enabled postfix.service
enabled
```

这说明 Postfix 邮件服务器被配置为在默认目标中启动。如果想要确保 Postfix 服务不会在默认目标中启动,可执行下面的命令:

```
# systemctl disable postfix.service
```

再次运行 systemctl list-unit-files 命令以确认修改成功。为给默认目标再次启用该服务,可以执行相同的命令,但是将 disable 替换为 enable,如下所示:

```
# systemctl enable postfix.service
```

启用一个服务时,systemctl enable 命令会在/etc/systemd/system/multi-user.target.wants 目录中创建一个指向/usr/lib/systemd/system 中的对应单元配置文件的符号链接。如果愿意,可以在合适的 systemd 目录中创建符号链接,从而手动启用或禁用服务。但是,使用 systemctl 时出错的概率更小,所以是更好的方法。

禁用一个服务时,仍然可以使用 systemctl start 和 stop 命令手动启用和停止该服务。这意味着 systemctl disable 命令不会阻止用户不小心错误地启动一个服务。如果想要在引导时禁用一个服务单元,并确保该服务单元不能再被启动,应该使用 mask 命令,如下所示:

```
# systemctl mask postfix.service
ln -s '/dev/null' '/etc/systemd/system/postfix.service'
```

可以看到,此命令在/etc/systemd/system 中创建了一个符号链接 postfix.service,它指向/dev/null。/etc/systemd/system 中的配置文件的优先级总是高于/usr/lib/systemd/system 中的对应文件。因此,其结果是,/usr/lib/systemd/system 中的默认 postfix.service 文件将被/etc/systemd/system 中的符号链接屏蔽为/dev/null。

认证目标 5.05　时间同步

网络时间协议(Network Time Protocol,NTP)客户端的配置相当简单。因此,本节只是概括性地介绍 NTP 客户端的配置文件以及相应的命令工具。

让各个不同的系统按同一个时间运行有着充分的理由。例如,如果 Web 服务器和客户端按照不同的时间进行日志记录,就会让故障排除变得极其困难。一些服务依赖于精确的时间戳,例如,时间漂移超过 5 分钟将导致 Kerberos 客户端无法通过验证。

RHEL 7 包含两个 NTP 守护进程的 RPM: ntpd 和 chronyd。不要二者都安装。通常,建议为始终连接到网络的系统安装 ntpd,如服务器,而 chronyd 则是虚拟系统和移动系统的首选。我们将介绍默认的时间同步服务 chronyd 的配置。但是,我们首先将介绍如何配置时区。

5.5.1　时区的配置

每个系统，不管是物理的还是虚拟的都有一个硬件时钟。此时钟的时间取决于电池的续航能力。当电池逐渐耗尽时，这些硬件时钟最终都无法计时。在 RHEL 7 系统的安装过程中，通常把硬件时钟设置为本地时间而非 UTC 时间。但是，UTC(通常就是格林威治标准时间 GMT)通常是服务器上的最佳设置，它能在改变到夏令时避免出错。

每个 RHEL 7 系统都有一个时区，它在/etc/localtime 文件中配置。这是一个符号链接，指向/usr/share/zoneinfo 下的一个时区文件。例如，如果读者在加利福尼亚州，那么/etc/localtime 应该指向/usr/share/zoneinfo/America/Los_Angeles。

不必手动设置时区文件的符号链接，而是可以使用 timedatectl 实用工具。如果单独执行此命令，不使用任何参数，则它会显示当前时间设置的一个摘要，包括当前时间、时区和 NTP 状态。图 5-14 给出了一个样本输出。

```
[root@server1 ~]# timedatectl
      Local time: Thu 2015-01-22 19:38:06 GMT
  Universal time: Thu 2015-01-22 19:38:06 UTC
        RTC time: Thu 2015-01-22 19:38:06
        Timezone: Europe/London (GMT, +0000)
     NTP enabled: yes
NTP synchronized: yes
 RTC in local TZ: no
      DST active: no
 Last DST change: DST ended at
                  Sun 2014-10-26 01:59:59 BST
                  Sun 2014-10-26 01:00:00 GMT
 Next DST change: DST begins (the clock jumps one hour forward) at
                  Sun 2015-03-29 00:59:59 GMT
                  Sun 2015-03-29 02:00:00 BST
[root@server1 ~]# █
```

图 5-14　日期和时间设置

执行下面的命令可显示可用时区的列表：

```
# timedatectl list-timezones
```

要切换到不同的时区，可执行 timedatectl set-timezone 命令，如下所示：

```
# timedatectl set-timezone America/Los_Angeles
```

5.5.2　使用 chronyd 同步时间

默认的 chronyd 配置文件/etc/chrony.conf 被设置为从 NTP pool 项目连接到多个公共服务器。结合使用时，chronyd 守护进程可使时间错误减到最少。

```
server 0.rhel.pool.ntp.org iburst
server 1.rhel.pool.ntp.org iburst
server 2.rhel.pool.ntp.org iburst
server 3.rhel.pool.ntp.org iburst
```

重构发行版(如 CentOS)的用户会看到不同的主机名，如 0.centos.pool.ntp.org。此处显示的 iburst 配置选项可让 chronyd 服务启动时的初始同步变快。

要将 chronyd 配置为与另一个 NTP 服务器同步，只需要修改/etc/chrony.conf 中的 server 指令，然后重启 chronyd：

```
# systemctl restart chrnoyd
```

使用 chronyc sources -v 命令可显示当前时间来源信息。图 5-15 给出了一个例子。

```
[root@server1 ~]# chronyc sources -v
210 Number of sources = 4

  .-- Source mode  '^' = server, '=' = peer, '#' = local clock.
 / .- Source state '*' = current synced, '+' = combined , '-' = not combined,
| /   '?' = unreachable, 'x' = time may be in error, '~' = time too variable.
||                                                 .- xxxx [ yyyy ] +/- zzzz
||                                                /   xxxx = adjusted offset,
||           Log2(Polling interval) -.          |    yyyy = measured offset,
||                                    \          |    zzzz = estimated error.
||                                     |         |
MS Name/IP address           Stratum Poll Reach LastRx Last sample
===============================================================================
^* kvm1.websters-computers.c    2    6    77    33   +717us[ -992us] +/-   26ms
^+ static.132.14.76.144.clie    2    6    37    97  +3483us[+1774us] +/-   67ms
^+ ntp-ext.cosng.net            2    6    77    31  -2928us[-2928us] +/-   42ms
^+ ghost-networks.de            2    6    77    32  -1419us[-1419us] +/-   51ms
[root@server1 ~]#
```

图 5-15　NTP 服务器的统计数据

5.5.3　使用 ntpd 同步时间

ntpd 守护进程的基本配置很直观。首先，应该确保停止 chronyd 和在引导时禁用 chronyd，因为 chronyd 和 ntpd 不能同时运行在同一个机器上：

```
# systemctl stop chronyd.service
# systemctl disable chronyd.service
```

然后安装 ntp RPM 包：

```
# yum install ntp
```

默认的 ntpd 配置文件是/etc/ntp.conf。它类似于/etc/chronyd.conf 文件，包含 4 个服务器指令，指向 NTP pool 项目中的公共服务器。可以定制配置，或者使用默认设置运行 ntpd。完成对此文件的修改后，启动并启用 ntpd：

```
# systemctl start ntpd.service
# systemctl enable ntpd.service
```

要现实关于 NTP 源的信息，可执行 ntpd -p 命令。

5.6　认证小结

本章讨论了 RHEL 系统的基本启动过程。它从硬件 POST 开始，然后是 BIOS 或 UEFI 系统。一旦它找到了引导媒介，就进入 GRUB 2 引导程序的第一个阶段。GRUB 2 菜单允许我们选择和定制引导的内核。

当我们从 GRUB 2 菜单中选择了一个选项后，它就把控制权交给内核。它首先建立一个临时文件系统，也称为初始内存磁盘(Initial RAM Disk)。一旦加载了重要的驱动程序和文件系统，就可以通过 journalctl 命令查看 systemd 日志。然后内核就执行第一个进程，也即 systemd。

Linux 服务是由 systemd 目标来控制的，这些目标将其他 systemd 单元分组到一起。默认目标被配置为/etc/systemd/system 目录中的符号链接，单元配置文件就存储在此目录中和/usr/lib/systemd/system 目录中。使用 systemctl 命令可配置和查询这些 systemd 单元的状态。systemd 目标链接到其他目标和单元配置文件。systemctl 也可以用于启动、停止、重启和重新加载 systemd 单元等。

我们可能需要把本地系统配置为 NTP 客户端。RHEL 7 中默认的 NTP 服务是 chronyd。

5.7　应试要点

以下是本章与认证目标有关的几个重要知识点。

BIOS 与 UEFI

- 虽然严格来说 BIOS 和 UEFI 不属于考试内容的一部分，但是必须对它们有一个基本了解。
- 可以用 BIOS/UEFI 菜单修改启动顺序。
- 当 BIOS/UEFI 检测到一个指定的引导盘时，它就通过相应驱动器上的主引导记录(MBR) 或 GUID 分区表(GPT)把控制权交给 GRUB 2。

引导程序与 GRUB 2

- RHEL 7 使用 GRUB 2。
- GRUB 2 配置文件采用节结构组成。
- 通过 GRUB 2 菜单可以把系统引导到非默认的 systemd 目标。
- 从 GRUB 2 菜单甚至可以引导到急救 shell，它提供了 root 管理员访问，而不需要账户口令。
- GRUB 2 配置文件给每个操作系统指定了一个内核、一个根目录卷和一个初始 RAM 磁盘。
- 如果丢失了 GRUB 2 配置文件，则可以在 grub>提示符下，根据/boot 分区上的信息、Linux 内核、顶层根目录和初始 RAM 磁盘文件启动系统。

GRUB 2 与登录程序

- 通过 journalctl 命令可以分析引导过程出现的消息。
- 默认系统目标被配置为/etc/systemd/system 目录的符号链接。
- systemd 进程已经取代了 Upstart 和 SysVinit 作为第一个进程。它的配置文件存储在/etc/systemd/system 和/usr/lib/systemd/system 目录中。
- 当内核启动后，它把控制权交给 systemd，后者也称为第一进程。

按目标控制

- /etc/systemd/system 中配置的默认目标可激活/usr/lib/systemd/system 目录中的 systemd 单元。
- 目标单元可包含要激活的其他目标和单元。
- 可使用 systemctl 和 start、stop、restart、reload 等命令来控制服务。
- 在每个目标中启动的服务也可用 systemctl 和 enable/disable 命令控制。

时间同步

- timedatectl 工具可用于检查当前时间、日期、时区和 NTP 服务状态。
- RHEL 7 中的默认 NTP 服务是 chronyd。它使时间与/etc/chrony.conf 文件中配置的服务器保持同步。
- ntpd 是 chronyd 之外的一个选项，它的配置设置存储在/etc/ntp.conf 文件中。
- 不能同时运行 chronyd 和 ntpd。

5.8　自测题

下面的练习题用来测验读者对本章内容的掌握程度。由于 Red Hat 考试没有选择题，因此本书中不提供任何选择题。这些题目专门用来测试读者对本章的理解。Red Hat 考试注重于得到结果的过程，而不是死记一些无关紧要的内容。许多问题可能不止一个答案。

BIOS 与 UEFI

1. GRUB 2 引导程序的第一阶段通常位于引导驱动器的哪一部位？

引导程序与 GRUB 2

2. 当用户看到 GRUB 2 配置菜单时，用哪个命令可以修改配置？

---

3. 在 linux16 命令行中添加哪个字符串可把系统引导到紧急目标？

---

4. 如果在 GRUB 2 配置文件中看到 set root='hd0,msdos1' 指令，则/boot 目录是在哪个分区上？假设 GRUB 2 配置文件是正确配置的。

GRUB 2 与登录

5. 哪个临时文件系统可以直接由 GRUB 2 菜单载入？

---

6. 用哪个一字的命令可以读取 systemd 日志消息?

_____

7. 在哪个目录中可以找到与第一进程有关的配置文件?

_____

8. 如何从图形目标切换到多用户目标?

_____

按目标控制

9. 哪个命令可列出默认目标?

_____

10. 列出三个可在 systemctl 中运行以控制 systemd 单元的状态的命令。

_____

_____

_____

11. 哪个命令可以列出本地系统上当前可用的所有 systemd 单元的状态,包括非活动的那些单元?

_____

时间同步

13. 哪个命令可以列出当前的时间、时区和 NTP 服务的状态?

_____

14. chronyd 使用哪个配置文件?

_____

5.9　实验题

这些实验题都与安装操作有关。读者应该仅在测试系统上完成这些实验题,为此我们在第 1 章的实验题 2 建立了 KVM。

Red Hat 试卷采用电子形式。因此在本章及后续章节中,大多数实验题都可以从本书配书网站上读取,本章的实验题保存 Chapter5/子目录中。可用的文件格式有.doc、.html 和.txt。假如到现在仍然还没有在系统上安装一个 RHEL 7,则参考本书第 2 章实验题 1 的安装指示。实验题的答案就在填空题的自测题答案之后。

5.10 自测题答案

BIOS 与 UEFI

1. 要使 BIOS/UEFI 将控制权转交给 Linux，它们需要能够识别引导硬盘驱动器的主引导记录 (MBR)或 GUID 分区表(GPT)。

引导程序与 GRUB 2

2. 在 GRUB 2 菜单中可以修改配置的命令是 e。

3. 要从 GRUB 2 linux16 命令行引导到紧急目标，需要添加字符串 systemd.unit=emergency.target。

4. set root='hd0,msdos1'指令将/boot 目录记录到第一个硬盘的第一个分区上。

GRUB 2 与登录过程

5. 由 GRUB 2 菜单载入的临时文件系统就是初始 RAM 磁盘文件系统，或者以它的文件名 initramfs 表示。

6. 用于读取 systemd 日志消息的一字命令是 journalctl。

7. 在/etc/systemd/system 和/usr/lib/systemd/system 目录中可以找到与第一进程有关的配置文件。

8. 从图形目标切换到多用户目标的命令是 systemctl isolate multi-user.target。

按目标控制

9. 列出默认目标的命令是 systemctl get-default。

10. 可从 systemctl 运行的典型命令包括 start、stop、restart、reload、enable 和 disable 等。

11. systemctl list-units –all 命令(或 systemctl --all)可列出所有单元的状态，包括非活动单元。

时间同步

12. timedatectl 命令可以列出当前时间、时区和 NTP 服务的状态。

13. chronyd 配置文件是/etc/chrony.conf。

5.11 实验题答案

不错，有很多 Linux 系统在几年时间从来没有重新启动过。但是有时重新启动也是必不可少的，例如安装了较新的内核。因此在配置一个 Linux 系统时，必须确保所做的修改在重新启动后能保留下来。在 Red Hat 考试中，如果所做的修改没有在重新启动后保留下来，则不会有成绩。

实验题 1

如果操作成功，此实验题将演示如何修改默认的目标，同时也说明了 GRUB 引导程序几个选项的相对重要性。记住，可以通过 systemctl 命令来修改默认目标：

```
# systemctl set-default multi-user.target
```

也可以通过修改/etc/systemd/system/default.target 符号链接来手动修改默认目标：

```
# rm -f /etc/systemd/system/default.target
# ln -s /usr/lib/systemd/system/multi-user.target ↵
/etc/systemd/system/default.target
```

实验题 2

本实验题与练习 5-2 相同。练习 root 口令的恢复过程，直到熟悉所有步骤，不再需要文档。记住，Red Hat 考试是"闭卷的"。

实验题 3

完成此实验题后，应该已经修改了/etc/default/grub 中的 GRUB_TIMEOUT 和 GRUB_CMDLINE_LINUX 变量，如下所示：

```
GRUB_TIMEOUT=10
GRUB_CMDLINE_LINUX="rd.lvm.lv=rhel/root vconsole.font↵
=latarcyrheb-sun16 rd.lvm.lv=rhel/swap crashkernel↵
=auto  vconsole.keymap=uk rhgb"
```

注意，GRUB_CMDLINE_LINUX 中的 quiet 关键字已被删除，以便在引导时显示完整消息。

然后，执行 grub2-mkconfig 命令来生成一个新的 GRUB 配置文件：

```
# grub2-mkconfig -o /boot/grub2/grub.cfg
```

为了真正测试结果，需要重启系统。发生了什么情况呢？最后，还原做出的修改。

实验题 4

在本实验题中执行的脚本把 grub.cfg 配置文件移动到/root/backup 目录中。如果你已经对 GRUB 2 有深入的理解，则应该能够在 grub>提示符下启动系统。

否则，我们可以恢复 grub.cfg 文件，方法是引导到本章介绍的急救目标。从急救命令行提示窗口中，用下面的命令应该能够恢复原来的配置文件：

```
# chroot /mnt/sysimage
# cp /root/backup/grub.cfg /boot/grub2/
```

另一种方法是，使用 grub2-mkconfig 命令生成一个新的 grub.cfg 配置文件。

实验题 5

最多可以配置 12 个虚拟终端，这正好与键盘上的 12 个功能键相对应。如果想要设置 12 个虚拟终端(这会是 RHCSA 考试的一个很有趣的题目)，使用 man -k securetty 命令分析/etc/securetty 文件和相关的 man 帮助文档。下面的操作步骤是完成此任务的方法之一：

(1) 打开/etc/systemd/logind.conf 文件。修改下面的指令，把活动控制台限制于终端 1 和终端 2。

```
NAutoVTs=2
```

(2) 为测试结果，重启系统。

(3) 现在会怎么样？还能登录到终端 3、终端 4、终端 5 和终端 6 吗？

(4) 本实验题完成后，必须记住恢复/etc/systemd/logind.conf 文件的初始版本。

第 6 章

Linux 文件系统管理

Linux 的安装过程十分简单，至少对于那些认真对待 Red Hat 考试的人来说是这样的。

但是，大多数系统管理员必须维护现有的系统。与文件系统有关的关键技术包括添加新的分区、创建逻辑卷、挂载文件系统等。很多时候，我们希望这些文件系统在引导过程中能够自动挂载，这就需要全面理解/etc/fstab 配置文件的内容。

有些文件系统(如不常访问的那些)必须按临时方式挂载，这些属于自动挂载程序领域。

考试内幕

本章列出的某些 RHCSA 认证目标可能会有部分重叠，并且在多个小节中都有论述。这些认证目标都与文件系统管理存在某种联系，因此它们在本章必须作为一个整体来讨论。

分区管理

在真正的世界中，重要的是结果。到底用 fdisk 或 parted 中的哪个工具创建 MBR 分区并不重要。但应该知道，Red Hat 实现的 fdisk 不支持 GPT 分区，而 gdisk 和 parted 则支持。确保该专用分区符合考试的要求。

当前的 RHCSA 认证目标包含了以下几个要求：

- 给一个系统添加新的分区、逻辑卷和交换空间而不会破坏原来的内容。
- 能够在 MBR 和 GPT 磁盘上显示、创建和删除分区。

逻辑卷

分区和磁盘是逻辑卷的组成部分，相关的 RHCSA 认证目标介绍了某些必须掌握的技术。例如，下面这些认证目标要求考生需要知道从物理卷开始的整个操作过程：

- 创建和删除物理卷，把物理卷分配给卷组，创建和删除逻辑卷。

当然，除非增加其存储空间的大小，否则它无法实现其全部功能，这可以由下面的认证目标看出：

- 扩展现有的逻辑卷。

文件系统的管理

分区和逻辑卷在保存数据之前必须被格式化。为此，我们需要知道如何满足以下 RHCSA 认证目标的要求：

- 创建、挂载、卸载和使用 vfat、ext4 和 xfs 文件系统。
- 挂载和卸载 CIFS 和 NFS 网络文件系统。
- 配置系统，使得它在启动时根据 UUID 或卷标挂载文件系统。

认证目标 6.01　存储管理与分区

虽然在安装过程中创建分区、逻辑卷和 RAID 磁盘阵列相对比较容易，但并非每个管理员都有此特权。本节的重点虽然是普通分区的管理，但是这里介绍的技术同样可以应用在逻辑卷或 RAID 阵列上创建基于分区的元素。经过配置，分区、逻辑卷以及 RAID 阵列都可以称为卷。在 Linux 中，有三个工具在创建和管理分区等系统管理中仍占主导地位：fdisk、gdisk 和 parted。虽然这些工具主要用于本地硬盘，但是它们也常用于其他媒介，如连接在网络上的硬盘等。

6.1.1　系统的当前状态

用 fdisk、gdisk 或 parted 实用工具创建或修改一个分区之前，必须检查已挂载的文件系统的当前可用空间，此过程因使用 df 和 fdisk -l 命令而大大简化。图 6-1 中的例子说明了如何用 df 命令显示当前所有已挂载的文件系统的全部空间、已使用空间和可用空间。

实际经验

filesystem 与 file system 这两个术语可以互换。它们在 Linux 官方文档中都有使用。

注意 lk-blocks 这一列下的数字。在本例中(临时文件系统、tmpfs 和 devtmpfs 除外)，可分配空间加起来共约 11.5GB。假如使用一个更大的硬盘，则可以把未分配的空间当成另一个分区。各个分区可以组合起来以配置逻辑卷和 RAID 阵列上的其他空间。当我们需要将可用空间扩展为/home，/tmp 和/var 等专用目录时，上述方法就很有用。

```
[root@server1 ~]# df
Filesystem                      1K-blocks      Used Available Use% Mounted on
/dev/mapper/rhel_server1-root   10229760   3387916   6841844  34% /
devtmpfs                          499652         0    499652   0% /dev
tmpfs                             508936        92    508844   1% /dev/shm
tmpfs                             508936      7120    501816   2% /run
tmpfs                             508936         0    508936   0% /sys/fs/cgroup
/dev/mapper/rhel_server1-home    1020588     70580    950008   7% /home
/dev/vda1                         508588    121244    387344  24% /boot
```

图 6-1　df 命令显示的磁盘空间使用情况

要采用可读性更好的格式显示分区大小，可使用如图 6-2 所示的-h 命令选项。

```
[root@server1 ~]# df -h
Filesystem                      Size  Used Avail Use% Mounted on
/dev/mapper/rhel_server1-root   9.8G  3.3G  6.6G  34% /
devtmpfs                        488M     0  488M   0% /dev
tmpfs                           498M  148K  497M   1% /dev/shm
tmpfs                           498M  7.0M  491M   2% /run
tmpfs                           498M     0  498M   0% /sys/fs/cgroup
/dev/mapper/rhel_server1-home   997M   74M  924M   8% /home
/dev/vda1                       497M  119M  379M  24% /boot
[root@server1 ~]# █
```

图 6-2　采用对人更友好的格式显示 df 命令的输出

第二个命令 mount 可以显示每个系统的格式化方式和挂载选项。在本例中，我们分析 /dev/mapper/rhel_server1-home 设备代表的分区。它挂载到/home 目录上，文件类型为 xfs。它把普通用户的主目录隔离在一个专用的分区中：

```
[root@server1 ~]# mount | grep home
/dev/mapper/rhel_server1-home on /home type xfs ↵
(rw,relatime,seclabel,attr2,inode64,noquota)
```

如果对 mount 命令的输出感到困惑，可以考虑 findmnt 命令，它会以树状格式显示所有已挂载的文件系统，如图 6-3 所示。

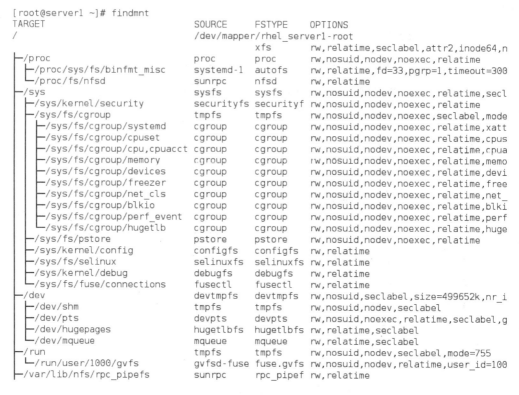

图 6-3　findmnt 命令的输出

注意输出中的"特殊文件系统",如 proc 和 sysfs,本章后面将介绍它们。

6.1.2　fdisk 实用工具

fdisk 是许多操作系统上都有的一个实用工具。在 Mac OS 中有一个功能完善的 fdisk。微软的老版本 Windows 操作系统中也有简化版本的 fdisk。

虽然 Linux 中实现的 fdisk 包含很多命令,但是一般用户只需要掌握本节介绍的命令即可。

fdisk 可用于管理使用传统的 MBR 分区方案创建的分区。在运行 UEFI 固件而不是传统 BIOS 的新系统上,可能看到一种不同的分区标准:GUID 分区表(GPT)。fdisk 对 GPT 的支持还处于试验阶段。管理 GPT 分区的首选工具是 gdisk 和 parted。

1. 启动 fdisk:帮助及其他

下面的屏幕输出说明了如何启动 fdisk 程序、如何获得 fdisk 的帮助信息以及如何退出这个程序。/dev/vda 驱动器对应于 KVM 虚拟机上的第一个虚拟驱动器。由于其他系统可能由不同的硬盘驱动设备文件来配置,因此需要使用 df 和 fdisk -l 命令从命令的输出结果找出线索。

启动 fdisk 命令后,按下 m 键显示 fdisk 的基本命令:

```
# fdisk /dev/vda
Welcome to fdisk (util-linux 2.23.2).
```

```
Changes will remain in memory only, until you decide to write them.
Be careful before using the write command.
Command (m for help): m
Command action
   a   toggle a bootable flag
   b   edit bsd disklabel
   c   toggle the dos compatibility flag
   d   delete a partition
   g   create a new empty GPT partition table
   G   create an IRIX (SGI) partition table
   l   list known partition types
   m   print this menu
   n   add a new partition
   o   create a new empty DOS partition table
   p   print the partition table
   q   quit without saving changes
   s   create a new empty Sun disklabel
   t   change a partition's system id
   u   change display/entry units
   v   verify the partition table
   w   write table to disk and exit
   x   extra functionality (experts only)

Command (m for help): q
#
```

fdisk 提供了各种类型的命令，使用 x 命令可以列出 fdisk 其他额外的功能。

2. fdisk 的应用：没有分区的新驱动器

在 Linux 系统中安装了一个新的驱动器后，通常这个驱动器还没有创建分区。fdisk 实用工具可用来在新添加到系统上的物理硬盘或虚拟硬盘上配置分区。例如，在为本书创建的基线虚拟系统中有三个驱动器：/dev/vda、/dev/vdb 和/dev/vdc。

实际经验
SATA、PATA 和 SAS SCSI 驱动器现在都由/dev/sda、/dev/sdb 这样的设备文件来表示。

如果在新增的驱动器上还没有用过 RHEL 安装程序(或其他硬盘管理程序)，则在这些驱动器上第一次应用 fdisk 命令时会出现以下消息：

```
Device does not contain a recognized partition table
Building a new DOS disklabel with disk identifier 0xcb0a51f1.
```

换言之，用 fdisk 命令打开一个驱动器后，如果我们保存修改，那么即使没有创建分区，它也会在此驱动器中自动写入一个 DOS 硬盘卷标。

如果用户想在这个新的物理硬盘上建立多于四个分区，则需要把前三个分区配置为主分区，把第四个分区配置为扩展分区。这个扩展分区的空间非常大，可以容纳其余硬盘，所有逻辑分区都必须能放到该空间中。

3. fdisk 的使用：概述

在 fdisk 命令行提示中，先用 print(p)命令分析分区表。有了这个命令，我们可以查看分区表中的当前记录。假设可用空间足够，我们还可以创建新的(n)分区。

通常情况下，分区不是主分区(p)就是逻辑分区(l)。如果没有扩展分区，还可以建立扩展分区(e)来包含逻辑分区。记住，在使用 MBR 方案格式化的驱动器上，最多只允许四个主分区，它们对应于编号 1 到编号 4。其中一个主分区可以配置为扩展分区。其他分区都是逻辑分区，用 5 或 5 以上的编号表示。通过使用扩展分区，在一个驱动器上最多可以建立 12 个逻辑分区。

如果驱动器有足够的可用空间，fdisk 命令通常从第一个可用扇区或柱面中开始分配新分区。分区的实际大小取决于硬盘的几何结构。

4. fdisk 的使用：创建一个分区

下面的屏幕截图说明了创建(n)第一个分区、然后把它设置为可引导分区(a)以及最后在硬盘中写入分区信息(w)的全部步骤(注意，虽然这里定义了一个 500MB 的分区，但是硬盘的几何结构不可能精确分配这样大小的空间)。

```
# fdisk /dev/vdb

Command (m for help): n
Command action
  p   primary partition (0 primary, 0 extended, 4 free)
  e   extended
Select (default p): p
Partition number (1-4, default 1): 1
First sector (2048-2097151, default 2048):
Using default value 2048
Last sector, +sectors or +size{K,M,G} (2048-2097151, default 2097151): +500M
Partition 1 of type Linux and of size 500 MiB is set

Command (m for help): a
Selected partition 1

Command (m for help): p
Disk /dev/vdb: 1073 MB, 1073741824 bytes, 2097152 sectors
...
  Device Boot    Start      End    Blocks   Id  System
/dev/vdb1   *     2048  1026047    512000   83  Linux

Command (m for help):
```

注意，块的数量是否与 500MB 的二进制表示一致。重复此命令可以创建所需的其他分区。

添加了新分区或者修改分区后，通常不需要重新引导系统就可以读取新的分区表信息，除非同一个驱动器上的另一个分区正在格式化或正在挂载。如果真是这样，则用 w 命令写入分区表就会出现操作失败的消息，如下所示：

```
WARNING: Re-reading the partition table failed with error 16:
```

```
Device or resource busy.
The kernel still uses the old table. The new table will be used at
the next reboot or after you run partprobe(8) or kpartx(8)
```

如果执行 partprobe /dev/vdb，内核将读取新的分区表，我们就能够使用新创建的分区。

5. fdisk 的使用：众多的分区类型

有一个与 t 命令有关的特别有趣的功能，它可以修改分区系统的标识符。当我们需要为逻辑卷、RAID 阵列甚至交换分区分配空间时，这个命令特别有用。输入 t 命令后，系统要求用户输入分区号(假如有多个分区)，然后用 L 命令显示所有可用的分区类型，如下所示(如果只有一个分区，则会自动选取这个分区)：

```
Command (m for help): t
Selected partition 1
Hex code (type L to list all codes): L
```

图 6-4 列出所有可用的分区标识符，这个列表也够长！注意，它不仅限于 Linux 分区。由于本书只讨论 Linux 操作系统，因此表 6-1 只列出与 Linux 有关的分区类型。

```
 0  Empty             24  NEC DOS           81  Minix / old Lin  bf  Solaris
 1  FAT12             27  Hidden NTFS Win   82  Linux swap / So  c1  DRDOS/sec (FAT-
 2  XENIX root        39  Plan 9            83  Linux            c4  DRDOS/sec (FAT-
 3  XENIX usr         3c  PartitionMagic    84  OS/2 hidden C:   c6  DRDOS/sec (FAT-
 4  FAT16 <32M        40  Venix 80286       85  Linux extended   c7  Syrinx
 5  Extended          41  PPC PReP Boot     86  NTFS volume set  da  Non-FS data
 6  FAT16             42  SFS               87  NTFS volume set  db  CP/M / CTOS / .
 7  HPFS/NTFS/exFAT   4d  QNX4.x            88  Linux plaintext  de  Dell Utility
 8  AIX               4e  QNX4.x 2nd part   8e  Linux LVM        df  BootIt
 9  AIX bootable      4f  QNX4.x 3rd part   93  Amoeba           e1  DOS access
 a  OS/2 Boot Manag   50  OnTrack DM        94  Amoeba BBT       e3  DOS R/O
 b  W95 FAT32         51  OnTrack DM6 Aux   9f  BSD/OS           e4  SpeedStor
 c  W95 FAT32 (LBA)   52  CP/M              a0  IBM Thinkpad hi  eb  BeOS fs
 e  W95 FAT16 (LBA)   53  OnTrack DM6 Aux   a5  FreeBSD          ee  GPT
 f  W95 Ext'd (LBA)   54  OnTrackDM6        a6  OpenBSD          ef  EFI (FAT-12/16/
10  OPUS              55  EZ-Drive          a7  NeXTSTEP         f0  Linux/PA-RISC b
11  Hidden FAT12      56  Golden Bow        a8  Darwin UFS       f1  SpeedStor
12  Compaq diagnost   5c  Priam Edisk       a9  NetBSD           f4  SpeedStor
14  Hidden FAT16 <3   61  SpeedStor         ab  Darwin boot      f2  DOS secondary
16  Hidden FAT16      63  GNU HURD or Sys   af  HFS / HFS+       fb  VMware VMFS
17  Hidden HPFS/NTF   64  Novell Netware    b7  BSDI fs          fc  VMware VMKCORE
18  AST SmartSleep    65  Novell Netware    b8  BSDI swap        fd  Linux raid auto
1b  Hidden W95 FAT3   70  DiskSecure Mult   bb  Boot Wizard hid  fe  LANstep
1c  Hidden W95 FAT3   75  PC/IX             be  Solaris boot     ff  BBT
1e  Hidden W95 FAT1   80  Old Minix
Hex code (type L to list all codes): ▊
```

图 6-4　fdisk 中的 Linux 分区类型

表 6-1　fdisk 中的 Linux 分区类型

分区标识符	说　　明
5	扩展分区。虽然不属于 Linux 分区类型，但是它是逻辑分区的先决条件，参见 85 标识符
82	Linux 交换分区
83	Linux；可用于所有标准 Linux 分区格式
85	Linux 扩展分区，不会被其他操作系统识别

(续表)

分区标识符	说　明
88	Linux 明文分区表；很少使用
8e	应用了 Linux 逻辑卷管理的分区，用作物理卷
fd	Linux RAID；用于作为 RAID 阵列组成部分的分区

如果不需要改变，则直接输入 83 标识符。然后返回到 fdisk 命令行提示接口。

6. fdisk 的使用：删除一个分区

下面这个例子删除经过配置的分区。在输出样本屏幕中首先启动 fdisk 命令，然后打印(p)出当前分区列表，再根据分区号(此处为 1)删除(d)分区，再用 w 命令把结果写入到磁盘上，最后用 q 命令退出 fdisk 程序。不需要多说，千万不要在保存有有用数据的分区上执行这个操作。

假设这个驱动器只有一个分区，则在运行完 d 命令后会自动选择该分区。

```
# fdisk /dev/vdb
Command (m for help): p

Disk /dev/vdb: 1073 MB, 1073741824 bytes, 2097152 sectors
Units = sectors of 1 * 512 = 512 bytes
Sector size (logical/physical): 512 bytes / 512 bytes
I/O size (minimum/optimal): 512 bytes / 512 bytes
Disk label type: dos
Disk identifier: 0x2e3c116d

Device    Boot    Start    End      Blocks    Id  System
/dev/vdb1         2048     1026047  512000    83  Linux
Command (m for help): d
Selected partition 1
Partition 1 is deleted
```

在删除当前分区之前可以最后一次改变主意。为防止把修改结果写入到磁盘中，按 q 命令退出 fdisk 程序。如果对所做的修改感到满意且希望将这些修改永久保存下来，则继续输入 w 命令：

```
Command (m for help): w
```

如果没有出现前面提到的错误 16 的消息，就成功了!现在面对的是一个空白的硬盘。

实际经验

如果删除一个分区，硬盘上的分区表会被修改以反映变化，但是该分区上的实际数据不会被删除。这意味着如果使用相同的布局(相同的开始/结束扇区)重新创建该分区，那么数据依然存在。有必要试试这个过程，以应对误删分区的情况。

7. fdisk 的使用：创建一个交换分区

现在我们已经掌握了如何用 fdisk 建立分区，再加一步操作就可以把这个分区设置为交换分区。当我们确定交换分区的大小后，输入 t 命令选择一个分区，然后执行 l 命令以显示分区 ID 类型，如图 6-4 所示。

此时在以下提示符中输入 82，作为 Linux 交换分区的类型：

```
Hex code (type L to list codes): 82
```

例如，也可按以下命令序列在第二个硬盘上新建一个交换分区。操作的详细信息取决于已经创建的分区。这里假设交换分区建立在第一个主分区上(/dev/vdb1)，且存储空间为 900MB。

```
Command (m for help): n
Command action
    e  extended
    p  primary partition (1-4)
Select (default p): p
Partition number (1-4, default 1): 1
First sector (2048-2097151, default 2048): 2048
Last sector, +sectors or +size{K,M,G} (2048-2097151, default 2097151): +900M
Partition 1 of type Linux and of size 900 MiB is set

Command (m for help): p

Disk /dev/vdb: 1073 MB, 1073741824 bytes, 2097152 sectors
...

   Device Boot    Start       End      Blocks    Id System
/dev/vdb1         2048     1845247     921600    83 Linux

Command (m for help): t
Selected partition 1
Hex code (type L to list all codes): 82
Changed system type of partition 'Linux' to 'Linux swap / Solaris'

Command (m for help): w
The partition table has been altered!

Calling ioctl() to re-read partition table.
Syncing disks.
```

执行 w 命令后，fdisk 实用工具才会把操作结果写入硬盘。我们可以用 q 命令取消这些修改。如果没有到遇到前面提到的错误 16 消息，则操作结果已写入到磁盘上。正如本章后面将要指出，要配置 RHEL 来使用新创建的交换分区，还需要额外操作。

6.1.3　gdisk 实用工具

如前一节所述，MBR 分区方案支持最多 15 个数据分区(3 个主分区和 12 个逻辑分区)和一个扩展分区(实际上就是逻辑分区的一个容器)。与之相对，GPT 分区方案可以包含最多 128 个分区。

MBR 的另一个局限是磁盘大小。MBR 方案使用 32 位逻辑地址，支持的磁盘驱动器最大为 2TB。而 GPT 格式使用 64 位地址，支持的磁盘驱动器最大为 800 万 TB。

虽然可以使用 fdisk，然后选择 g 命令来切换到 GPT 分区表格式，但是对于 GPT 分区，通常首选使用 gdisk 实用工具。如果熟悉 fdisk，那么 gdisk 工具也不会让你感到陌生。在使用 MBR 分区表的磁盘上启动 gdisk 时，将看到下面的警告：

```
[root@server1 ~]# gdisk /dev/vdb
...
^***********************************************************
Found invalid GPT and valid MBR; converting MBR to GPT format.
THIS OPERATION IS POTENTIALLY DESTRUCTIVE! Exit by typing 'q' if
you don't want to convert your MBR partitions to GPT format!
***********************************************************
```

按照消息的建议，按 q 键退出；否则将丢失磁盘上的数据。启动之后，gdisk 的工作方式与 fdisk 类似。输入问号(?)可获得一个命令列表：

```
Command (? for help): ?
b       back up GPT data to a file
c       change a partition's name
d       delete a partition
i       show detailed information on a partition
l       list known partition types
n       add a new partition
o       create a new empty GUID partition table (GPT)
q       quit without saving changes
r       recovery and transformation options (experts only)
s       sort partitions
t       change a partition's type code
v       verify disk
w       write table to disk and exit
x       extra functionality (experts only)
?       print this menu

Command (? for help):
```

下一个屏幕输出显示了在磁盘设备/dev/vdc 上新建(n)一个 500MB 的分区所需的步骤：

```
[root@server1 ~]# gdisk /dev/vdc
GPT fdisk (gdisk) version 0.8.6

Partition table scan:
  MBR: not present
  BSD: not present
  APM: not present
  GPT: not present

Creating new GPT entries
```

```
Command (? for help): n
Partition number (1-128, default 1): 1
First sector (34-2097118, default = 2048) or {+-}size{KMGTP}: 2048
Last sector (2048-2097118, default = 2097118) or {+-}size{KMGTP}: +500M
Current type is 'Linux filesystem'
Hex code or GUID (L to show codes, Enter = 8300):
Changed type of partition to 'Linux filesystem'

Command (? for help): w
```

与 fdisk 一样，输入 w 命令后，gdisk 工具才会把修改写入磁盘。任何时候都可以使用退出 (q)命令来退出该实用工具，而不保存任何修改。

6.1.4　parted 实用工具

parted 实用工具形式多样，正日益受到用户的欢迎。它是 Free Software Foundation 开发的一个非常好的工具。与 fdisk 一样，它也可以用来建立、查看和删除分区，但它的功能不止这些。它还可以用来改变分区大小、复制分区内容和分区中的文件系统。它是众多基于 GUI 分区管理工具的基础，这些工具包括 GParted 和 QtParted。更多信息可以浏览 www.gnu.org/software/parted。

实际经验

在某些方面使用 parted 实用工具可能会带来风险。例如，作者之一曾在现有的 RHEL 系统中意外地在 parted 命令提示符后输入 mklabel 命令，结果它删除了该系统的全部分区。就在 parted 命令的进行过程中，它就操作结果立即写入到磁盘中。幸运的是，作者已备份了这个虚拟系统，因此可以很方便恢复原来的内容。

在以下有关 parted 命令的论述中，在从一小节跳到另一小节时我们假设 parted 命令一直在运行，而且出现以下提示符：

```
(parted)
```

6.1.5　parted 的使用：启动、获得帮助和退出

下面的屏幕截图说明了如何启动 parted 实用工具、如何获得帮助以及如何退出 parted 程序。在本例中，/dev/vdb 驱动器对应于虚拟机上的第二个虚拟驱动器。你的计算机可能有其他类型的硬盘驱动器，可以用 df 和 fdisk -l 命令查看输出结果。

从图 6-5 可以看出，当 parted 命令运行后，它打开自己的命令行提示。输入 help 就可以显示它的可用命令列表。

```
(parted) help
  align-check TYPE N                         check partition N for TYPE(min|opt)
        alignment
  help [COMMAND]                             print general help, or help on
        COMMAND
  mklabel,mktable LABEL-TYPE                 create a new disklabel (partition
        table)
  mkpart PART-TYPE [FS-TYPE] START END       make a partition
  name NUMBER NAME                           name partition NUMBER as NAME
  print [devices|free|list,all|NUMBER]       display the partition table,
        available devices, free space, all found partitions, or a particular
        partition
  quit                                       exit program
  rescue START END                           rescue a lost partition near START
        and END
  rm NUMBER                                  delete partition NUMBER
  select DEVICE                              choose the device to edit
  disk_set FLAG STATE                        change the FLAG on selected device
  disk_toggle [FLAG]                         toggle the state of FLAG on selected
        device
  set NUMBER FLAG STATE                      change the FLAG on partition NUMBER
  toggle [NUMBER [FLAG]]                     toggle the state of FLAG on partition
        NUMBER
  unit UNIT                                  set the default unit to UNIT
  version                                    display the version number and
        copyright information of GNU Parted
(parted)
```

图 6-5　parted 命令选项

在 parted 接口中可以使用的命令有很多。与 fdisk 和 gdisk 相比，parted 命令在某些方面具有更多的用途，接下来就将介绍。

1. parted 的使用：概述

在 parted 命令行提示符接口中，首先使用 print 命令，它可以显示当前分区表。假设系统有足够的可用空间，可以用 mkpart 命令建立一个新分区，或生成并且格式化文件系统(mkpartfs)。有关 parted 命令选项的更多信息则使用 help 命令。例如，下面的命令提供关于 mkpart 命令的更多信息：

```
(parted) help mkpart
  mkpart PART-TYPE [FS-TYPE] START END       make a partition

        PART-TYPE is one of: primary, logical, extended
        FS-TYPE is one of: btrfs, nilfs2, ext4, ext3, ext2, fat32, fat16, hfsx,
        hfs+, hfs, jfs, swsusp, linux-swap(v1), linux-swap(v0), ntfs, reiserfs,
        hp-ufs, sun-ufs, xfs, apfs2, apfs1, asfs, amufs5, amufs4, amufs3,
        amufs2, amufs1, amufs0, amufs, affs7, affs6, affs5, affs4, affs3, affs2,
        affs1, affs0, linux-swap, linux-swap(new), linux-swap(old)
        START and END are disk locations, such as 4GB or 10%.  Negative values
        count from the end of the disk.  For example, -1s specifies exactly the
        last sector.

        'mkpart' makes a partition without creating a new file system on the
        partition.  FS-TYPE may be specified to set an appropriate partition
        ID.
```

如果认为帮助信息太多了，只需要执行命令本身，它只提示用户输入必要的信息。

2. parted 的使用：一个还没有分区的全新 PC 机(或硬盘)

对于任何真正全新的硬盘，第一步是建立分区表。例如，当在自己的 RHEL 虚拟系统中添加了一个全新硬盘后，在 parted 命令提示符接口中执行任何命令都会出现以下消息：

```
Error: /dev/vdb: unrecognised disk label
```

在该硬盘上执行任何命令之前，必须先建立一个卷标。从 parted 的可用命令列表可以看出，用 mklabel 命令可以建立硬盘的卷标。如果输入 msdos，将使用 MBR 风格的分区方案。要使用 GTP 格式，需要在命令行提示后输入 gpt：

```
(parted) mklabel
New disk label type? msdos
```

3. parted 的使用：新建分区

现在我们可以用 parted 的 mkpart 命令创建一个新分区。当然，如果选择了 MBR 分区方案，就需要指定分区类型：

```
(parted) mkpart
Partition type? primary/extended? primary
File system type? [ext2]? xfs
Start? 1MB
End? 500MB
```

在 parted 命令中，我们在扇区 2048 使用 1MB 开始分区。虽然我们也可以使用 "0MB" 作为开始点，但这会生成一个警告，因为分区无法在 1MB 边界恰当对齐并获得最佳性能。现在用 print 命令查看结果：

```
(parted) print
Model: Virtio Block Device (virtblk)
Disk /dev/vdb: 1074MB
Sector size (logical/physical): 512B/512B
Partition Table: msdos
Disk Flags:

Number  Start   End    Size   Type     File system  Flags
 1      1049kB  500MB  499MB  primary
```

如果这是我们创建的第一个分区，则文件系统类型一列为空。但为了方便本章的讨论，暂不要退出 parted。

实际经验

GUI parted 工具(GParted、QTParted)支持很多文件系统的格式化操作，尽管它们只是 parted 的前端。这些工具也可以由第三方的程序库(将在第 7 章介绍)提供。

4. parted 的使用：删除一个分区

用 parted 命令很容易删除一个分区。只需要在 parted 提示符接口中输入 rm 命令和分区号就可以删除目标分区。

当然，在删除分区之前必须：
* 保存这个分区上任何有用的数据。

- 卸载这个分区。
- 确保它没有在/etc/fstab 文件中配置，因此 Linux 不会在下次启动时挂载这个分区。
- 在启动 parted 后执行 print 命令，确定想要删除的分区及其 ID 号。

例如，为在 parted 提示符接口中删除/dev/vdb10 分区，需要执行以下命令：

```
(parted) rm 10
```

5. parted 的使用：建立一个交换分区

现在重复前面的过程建立一个交换分区。必要时可以删除前面已经建立的分区以得到更多的空间。在前一个分区之后开始创建 1MB 的新分区。还可以使用同样的命令，只是把文件类型类型改为 linux-swap。

```
(parted) mkpart
Partition type?  primary/extended? primary
File system type?  [ext2]? linux-swap
Start? 501MB
End? 1000MB
```

现在用 print 命令查看执行结果：

```
(parted) print
Model: Virtio Block Device (virtblk)
Disk /dev/vdb: 1074MB
Sector size (logical/physical): 512B/512B
Partition Table: msdos
Disk Flags:

Number  Start    End     Size    Type      File system  Flags
 1      1049kB   500MB   499MB   primary
 2      501MB    1000MB  499MB   primary
```

现在退出 parted 程序。要使用这些分区，需要运行 mkswap、swapon 和 mkfs.xfs 等命令。本章后面将介绍这些命令。

```
(parted) quit

# mkswap /dev/vdb2
# swapon /dev/vdb2
```

现在用下面的命令对新建的普通 Linux 分区进行格式化：

```
# mkfs.xfs /dev/vdb1
```

6. parted 的使用：设置不同的分区类型

用 parted 创建一个分区后，可用 set 命令修改其类型。假如硬盘上还有一个未使用的分区，用 parted 命令打开这个硬盘驱动器。例如，下面的命令打开第二个虚拟硬盘驱动器：

```
# parted /dev/vdb
```

现在执行 print 命令。现有分区的标志位(flag)列应该为空。现在用 set 命令设置这个标志位。从下面的命令可以看出,这里的标志位被设置为把第二个驱动器的第一个分区用作一个 LVM 分区:

```
(parted) set
Partition number? 1
Flag to Invert? lvm
New state? [on]/off on
```

现在用 print 命令检查结果:

```
(parted) print
Model: Virtio Block Device (virtblk)
Disk /dev/vdb: 1074MB
Sector size (logical/physical): 512B/512B
Partition Table: msdos
Disk Flags:

Number  Start   End     Size   Type     File system    Flags
1       1049kB  500MB   499MB  primary  xfs            lvm
2       501MB   1000MB  499MB  primary  linux-swap(v1)
```

配置一个 RAID 阵列上的一个分区或一个组件可以使用类似的操作步骤。它也是一个标志位, 只不过要在 Flag to Invert 提示后面把 lvm 替换为 raid。如果你一直在 RHEL 7 系统上执行上述操作, 则首先要确认结果。退出 parted 程序并执行以下命令:

```
# parted /dev/vdb print
# fdisk -l /dev/sdb
```

我们将会看到前面的 parted 命令显示的 lvm 标志位。在 fdisk 命令的输出结果中可以看到以下信息:

```
   Device  Boot  Start     End    Blocks   Id  System
/dev/vdb1          2048  976895   487424   8e  Linux LVM
```

如果已按第 2 章的要求建立起一个基线虚拟系统, 现在正是一个绝好的机会可以把分区设置为 LVM 卷的一个组件。既然有了这些工具, 那么使用 fdisk、gdisk 还是 parted 命令并不重要。可以选择使用全部可用的空间, 因此只要确保一个分区是建立在多个硬盘上, 这正好说明了逻辑卷的强大功能。

6.1.6　图形选项

如前所述, 磁盘分区可以使用很好的图形前端工具。GParted 和 QtParted 这两个选项都建立在 parted 的基础之上, 而且它们分别是为了 GNOME 和 KDE 桌面环境而设计的。由于无法通过 Red Hat 网络使用这两个工具,Red Hat 并不支持使用它们,因此它们并没有出现在 Red Hat 考试中。

在 RHEL 7 中有一个图形工具可以使用, 它就是 Disk Utility(磁盘工具), 它来自 gnome-disk-utility 程序包。安装了正确的程序包后,可在命令行接口用 gnome-disks 命令启动 Disk Utility 工具。

如图 6-6 所示的 Disk Utility 工具屏幕描述了第 2 章创建的基线虚拟机，它显示了虚拟硬盘驱动器/dev/vda 设备，以及其根分区和主分区，两个额外的驱动器和 DVD 驱动器。

它的功能包括以下选项，可以在设置菜单(齿轮图标)中单击选择它们：

- Format 在驱动器上设置 MBR 或 GPT 风格的分区格式。在分区上，将分区格式化为多种文件系统格式之一。
- Edit Partition 设置分区类型，如 Linux 交换分区或 Linux LVM。
- Edit Filesystem 设置文件系统标签；标签在 RHEL 5 中经常使用。
- Edit Mount Option 配置文件系统的挂载选项，如挂载点和文件系统类型。
- Create Disk Image 使用驱动器或分区的内容创建一个映像文件。
- Restore Disk Image 从磁盘映像恢复驱动器的内容。
- Benchmark 允许衡量读写性能。
- Unmount the Filesystem 卸载文件系统(此选项显示为"停止"图标)。
- Delete Partition 删除分区(此选项显示为减号图标)。
- Create Partition 创建新分区(此选项显示为加号图标)。

并非上述全部选项都出现在图 6-6 中。例如，除非我们在目标硬盘驱动器选择了一个"空闲"的区域，否则就不会出现 Create Partition 选项。此外，我们还发现 Disk Utility 的功能不止局限于分区方面。

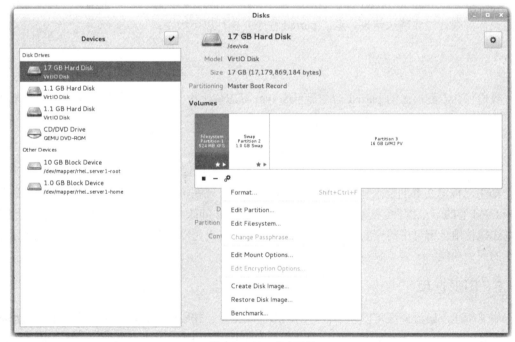

图 6-6　Disk Utility 工具

6.1.7　练习 6-1：fdisk 和 parted 命令的使用

在本练习中，我们使用 fdisk 和 parted 两个实用工具。假设系统有一个全新的硬盘，例如虚拟机上的一个驱动器。在本练习中要求分别在/dev/vdb 和/dev/vdc 驱动器上使用 fdisk 和 parted

命令，你可以随意进行必要的替换。注意，必须保存操作结果以便用于本章后面的练习。

(1) 执行 fdisk -l /dev/vdb 命令查看/dev/vdb 驱动器的当前状态(如果你的第一个磁盘驱动器具有不同的设备名称，则需要用正确的名称进行替换，如/dev/sdb)。

(2) 用 fdisk /dev/vdb 命令打开/dev/vdb 磁盘。

(3) 执行 p 命令以显示前面已经配置好的分区。

(4) 用 n 命令创建一个新分区。如果已经有可用的主分区，则用 p 命令创建一个。如果出现主分区号的选项，则使用第一个可用的分区号。

(5) 当出现类似于下面的一个提示信息要求确定新分区的第一个扇区位置时，先输入 1，看看会有什么响应。然后试试默认值之后的一个扇区看看又有什么响应。本例中指定了 10 000。

```
First sector (1845248-2097151, default 1845248): 10000
```

(6) 当出现一个类似于下面的一个提示信息要求确定新分区的最后一个扇区位置时，输入可用的数值段中间一个数值。本例中指定了 1 950 000：

```
Last sector, +sectors or +size{K,M,G} (1845248-2097151, default 2097151):
1950000
```

(7) 再次执行 p 命令查看操作结果，执行 w 命令把结果写入到磁盘上。

(8) 在/dev/vdb 磁盘上执行 parted /dev/vdb print 命令查看执行的结果。

(9) 用 parted /dev/vdc 命令打开其他可用的磁盘(/dev/vdc)。

(10) 在(parted)提示符后执行 print 命令，查看分区的当前状态。如果看到 "unrecognized disk label" (无法识别)错误消息，则执行 mklabel msdos 命令，然后执行 print 命令。

(11) 用 mkpart 命令建立新分区。按照提示进行操作。不管它是主分区还是逻辑分区(现在暂时不管扩展分区)都没有关系。输入 xfs 作为文件系统类型。分区的开始位置选择在 100M(100MB)位置，结束位置在 600M(600MB)。执行 print 命令以验证新建的分区，并且确定分区号。

(12) 运行 quit 命令以退出 parted 程序。

(13) 执行 fdisk -l /dev/vdc 命令以查看执行结果。

(14) 用 q 命令退出 fdisk。

认证目标 6.02　文件系统的格式

文件系统类型的数量可能比操作系统的数量还多。虽然 RHEL 可以使用很多格式，但是默认使用 XFS 文件类型。虽然许多用户也启动其他文件系统类型如 Btrfs，但是 Red Hat 可能并不支持这些文件系统类型。

Linux 支持多种不同的文件系统。除了一些较老的文件系统如 ext2 以外，大多数文件系统都包含了多种功能，如基于日志的事务、对大存储空间的支持、延迟分配，以及优化读写性能的复杂算法。在接下来的小节中，我们将把 Linux 文件系统大致分为两类："标准"格式和日志格式。虽然这个分类过于简单化，但它足以说明对 Linux 重要的文件系统。

本书介绍的文件系统只是能在 RHEL 系统上配置的文件系统的一小部分。Linux 内核允许设置更多文件系统。

6.2.1　标准的格式化文件系统

Linux 是 Unix 的一个克隆产品。开发 Linux 文件系统是为模仿当时可用的 Unix 文件系统的功能。第一个 Linux 操作系统使用扩展文件系统(Extended Filesystem，ext)。在 20 世纪，Red Hat 将其分区格式化为第二级扩展文件系统(ext2)。在 RHEL 5 中，Red Hat 开始使用第三级扩展文件系统(ext3)。在 RHEL 6 中，Red Hat 开始使用第四级扩展文件系统(ext4)。ext3 和 ext4 都是日志式文件系统(journaling filesystems)。

考虑到文件系统的空间不断增大，日志文件系统的容错能力也越来越强。一般来说，表 6-2 中的非日志式文件系统属于老式文件系统。当然，像 ISO 9660 和交换空间这类文件系统仍在经常使用。

表 6-2　一些标准的文件系统

文件系统类型	说　　明
ext	第一个 Linux 文件系统，只在 Linux 操作系统的早期版本中使用
ext2(第二级扩展)	是 ext3 的基础，ext3 是 RHEL 5 的默认文件系统，ext3 文件系统实际上就是带日志功能的 ext2
swap	Linux 交换文件系统与专用的交换分区相关。在安装 RHEL 时至少建立一个交换分区
MS-DOS 和 VFAT	这些文件系统允许我们读取 MS-DOS 格式的文件系统。MS-DOS 可用于读 Windows-95 之前的分区或短文件名限制下的普通 Windows 分区。VFAT 允许我们读取格式化为 FAT16 或 FAT32 文件系统的 Windows 9x/NT/2000/XP/Vista/7 分区
ISO 9660	CD-ROM 使用的标准文件系统。在其他 Unix 系统中也称为高起伏度文件系统(High Sierra File System，HSFS)
proc 和 sys	Linux 的两个虚拟文件系统。虚拟是指它不占用实际磁盘空间。文件在需要时才创建，用来提供有关内核配置和设备状态的信息
devpts	Linux 对开源组的 Unix98 PTY 的实现
tmpfs	存储在内存中的文件系统。在 RHEL 7 中用于/run 分区

6.2.2　日志式文件系统

日志式文件系统主要有两个优点。首先，在 Linux 的引导过程中，日志式文件系统的检测速度更快；其次，当文件系统发崩溃时日志式文件系统有一个日志文件，利用它可以恢复相关分区中文件的元数据。

RHEL 7 中的默认文件系统是 XFS，这是一个高度可扩展的、基于日志的文件系统。

但这并不是唯一的日志式文件系统选项。我们把 RHEL 中常用的日志式文件系统选项列在表 6-3 中。Red Hat 官方只支持这个表中的 ext3、ext4 和 XFS。在撰写本书时，Btrfs 被认为是一种"技术预览"，还没有得到 Red Hat 的完全支持。

表 6-3　部分日志文件系统

文件系统类型	说　　明
ext3	RHEL 5 默认的文件系统
ext4	RHEL 6 默认的文件系统
XFS	它是硅谷图形公司(Silicon Graphics)开发的日志式文件系统。它支持非常大的文件，并且具有 B 树索引和动态分配索引节点等功能
JFS	IBM 使用的日志文件系统，常用在 IBM 企业服务器上
Btrfs	B 树文件系统提供了与 Oracle ZFS 类似的一组功能。它提供的高级功能包括快照、存储池和压缩等
NTFS	当前微软 Windows 中的文件系统

Red Hat 把文件系统升级到 XFS，这表明了 Linux 是一个服务器操作系统。例如，XFS 格式的卷在理论上可以有最多 8EB。相比 ext4 卷的最大大小 16TB，这是极大的提升。

XFS 支持大量并发操作，确保文件有空间可用，确保实现更快的检查等。因为 XFS 从 2004 年以后就是 Linux 内核的一部分，所以是已被证明有效的技术。

6.2.3　文件系统格式化命令

有几个命令可以用来建立 Linux 文件系统。它们都是以 mkfs 命令为基础，而 mkfs 是 mkfs.ext3、mkfs.ext4 和 mkfs.xfs 等文件系统专用命令的前端。

如果我们想重新格式化一个现有的分区、逻辑卷或 RAID 阵列，则先要采取以下防范措施：

- 备份分区上任何有用的数据。
- 卸载分区。

有两种方法可以格式化一个卷(如前所述，卷是一个通称，它可以代表一个分区、一个 RAID 阵列或者一个逻辑卷)。例如，假如我们刚在/dev/sdb5 上建立了一个分区，则可以用下面的命令把它格式化为 XFS 文件系统：

```
# mkfs -t xfs /dev/sdb5
# mkfs.xfs /dev/sdb5
```

我们可以把分区、逻辑卷或 RAID 阵列格式化为其他文件系统。RHEL 7 包括以下选项：

- **mkfs.cramfs**　建立一个压缩的 ROM 文件系统。
- **mkfs.ext2**　把一个卷格式化为 ext2 文件系统。
- **mkfs.ext3**　把一个卷格式化为 RHEL 5 默认的 ext3 文件系统。
- **mkfs.ext4**　把一个卷格式化为 RHEL 6 默认的 ext4 文件系统。
- **mkfs.fat(或 mkfs.vfat、mkfs.msdos 或 mkdosfs)**　把一个分区格式化为与微软兼容的 FAT 文件系统；它不会建立可引导的文件系统(这些命令是相同的，因为它们都是 mkfs.fat 的符号链接)。
- **mkfs.xfs**　把一个卷格式化为 RHEL 7 默认的 XFS 文件系统。
- **mkswap**　建立 Linux 交换分区。

这些命令都假定用户首先已配置了一个合适的分区。例如，在一个分区上正确执行 mkswap 命令之前，必须给它配置一个 Linux 交换分区 ID 类型。如果用户已建立了一个 RAID 阵列或逻辑卷(本章后面将要介绍)，这个规则同样适用。

6.2.4　交换卷

虽然 Linux 可以使用交换文件，但交换空间通常设置在已正确格式化的分区或逻辑卷上，为查看系统当前使用的交换空间，执行 cat /proc/swaps 命令。

如前所述，交换卷要用 mkswap 命令进行格式化。但单有这个命令还不够。第一，必须用 swapon 命令启动交换卷。如果系统已识别新建的交换卷了，就会在/proc/swaps 文件中和 top 命令的输出结果看到这个交换卷。第二，我们还需要确保在/etc/fstab 文件中配置这个新建的交换卷，这将在本章后面介绍。

6.2.5　文件系统的检查命令

fsck 命令分析指定的文件系统并在必要时进行修复。例如，假设我们在/var 目录的文件中遇到一些问题，这个目录挂载在/dev/sda7 上。如果我们要对它执行 fsck 命令，首先要卸载这个文件系统。有时在卸载一个文件系统之前，我们可能还需要进入急救模式。卸载、分析然后重新挂载这个文件系统，要执行以下命令：

```
# umount /var
# fsck -t xfs /dev/sda7
# mount /dev/sda7 /var
```

fsck 命令也可以当作前端使用，这取决于文件系统的格式。例如，如果我们正在格式化一个 ext2、ext3 或 ext4 文件系统，则 fsck 命令会自动调用 e2fsck 命令。事实上，fsck.ext2、fsck.ext3、fsck.ext4 和 e2fsck 都是同一个命令的不同名称。它们的 inode 数都相同。为确认这一点，只需要在这四个文件上执行 ls -i 命令，这四个文件都是/sbin 目录的一部分。

6.2.6　练习 6-2：格式化、检查和挂载不同的文件系统

在本练习中，我们先使用文件格式和 mkfs 与 fsck 检查命令，然后用 mount 命令查看操作结果。本练习假定你已经完成了练习 6-1，或者至少有一个已卸载的没有任何数据的 Linux 分区。

(1) 用 parted /dev/vdb print 和 fdisk -l /dev/vdc 命令查看练习 6-1 讨论的硬盘格式化分区的当前状态。

(2) 用 mkfs.ext2 /dev/vdb1 命令对在第一个驱动器上创建的分区进行格式化。用 dumpe2fs -h /dev/vdb1 | grep features 命令查看这个卷的当前状态。从输出结果中看出它有什么特征？临时保存输出结果。方法之一是打开一个命令行控制台，用 fsck.ext2 /dev/vdb1 命令查看系统。

(3) 用 mount /dev/vdb1 /mnt 命令挂载刚格式化过的分区。用 mount 命令查看其结果。如果前面的挂载操作和格式化操作都正确，则会看到如下输出结果：

```
/dev/vdb1 on /mnt type ext2 (rw,relatime,seclabel)
```

(4) 用 umount /mnt 命令卸载已格式化的分区。

(5) 运行 mkfs.ext4 /dev/vdb1 命令，并再次执行前一步操作中的 dumpe2fs 命令。将现在的输出结果与分区格式化为 ext2 文件系统时的输出结果进行比较，会发现有什么不同？

(6) 重复步骤(3)和步骤(4)。看看现在的输出结果与 mount 命令的输出结果有什么不同？

(7) 现在针对练习 6-1 创建的其他分区执行 mkfs.xfs /dev/vdc1 命令。

(8) 在/mnt 目录中挂载刚格式化的分区，执行 mount 命令，能确定/dev/vdc1 分区的文件系统吗？

认证目标 6.03　基本的 Linux 文件系统和目录

在 Linux 中，任何东西都可以简化为文件。分区对应于/dev/sda1 等文件系统设备节点(system device nodes)。硬件部件对应于/dev/cdrom 等节点文件。检测到的设备被表示为/sys 目录中的文件。文件系统层次标准(Filesystem Hierarchy Standard，FHS)是 Unix 和 Linux 目录中文件的官方组织方式。与本章的其他节一样，这一节也只对 FHS 做最简单的介绍，更多信息可参考 FHS 的主页 http://refspecs.linuxfoundation.org/fhs.shtml。

6.3.1　Linux 的各个文件系统

所有现代的 Unix/Linux 操作系统中都有几个重要的目录。文件、驱动程序、内核、日志、程序、实用工具以及其他都组织在这些目录中。它们在存储媒介上的组织方式被统称为一个文件系统。 FHS 使 Linux 发行版更容易遵守常用的目录结构。

每个 FHS 都是从顶层的根目录(经常用单斜杠(/)表示)开始，表 6-4 中的其他目录都是根目录的子目录。除非单独挂载各个目录，否则就可以在包含根目录的分区上找到这些目录的文件。假如相应的程序包还没有安装，则可能不会看到表中的部分目录。表中的所有目录并非都是 FHS 官方的一部分。更重要的是，表中全部的目录并非都可以(或都必须)单独挂载。

表 6-4　基本的文件系统层次结构中的标准目录

目　　录	说　　明
/	根目录，FHS 中的顶层目录。所有其他目录都是根目录的子目录，根目录总是挂载到某个卷上
/bin	此目录包含了重要的命令行实用工具。不应该单独挂载，否则在使用一个急救硬盘时将很难访问这些实用工具。在 RHEL 7 中，它是/usr/bin 的符号链接
/boot	此目录包含了 Linux 启动文件，包括 Linux 内核在内。默认时，500MB 足够在 RHCE 或 RHCSA 考试期间保存典型的内核模块和可能需要安装的其他内核文件
/dev	任何从软盘到终端的硬件和软件设备驱动程序。不要把该目录挂载到单独一个卷上
/etc	包含绝大部分的基本配置文件。不要把此目录挂载到单独一个卷上
/home	每个用户的主目录
/lib	包含了内核和各个命令行实用工具的程序库。不要把该目录挂载到单独一个卷上。在 RHEL 7 中，它是/usr/lib64 的符号链接
/lib64	与/lib 目录一样，但包含了 64 位的库。在 RHEL 7 中，它是/usr/li b64 的符号链接
/media	包括 DVD 和 U 盘等在内的可移动媒介的挂载点
/misc	通过自动挂载程序挂载的本地目录的标准挂载点
/mnt	临时挂载的文件系统的挂载点
/net	通过自动挂载程序挂载的网络目录的标准挂载点
/opt	第三方应用程序文件的常用保存目录

(续表)

目　录	说　明
/proc	一个虚拟文件系统,列出当前正在运行的与内核有关的进程的信息,包括 IRQ 端口、I/O 地址、DMA 通道以及类似 IP 地址转发等内核配置参数。作为一个虚拟的文件系统,Linux 自动将其配置为 RAM 中的独立文件系统
/root	root 用户的主目录。不要把此目录挂载在单独一个卷上
/run	在重启后应当丢失的文件的 tmpfs 文件系统。在 RHEL 7 中,此文件系统取代了/var/run,后者现在是 /run 的符号链接
/sbin	系统管理命令。不要单独挂载此目录。在 RHEL 7 中,它是/usr/bin 的符号链接
/smb	远程共享的微软网络目录的标准挂载点,由自动挂载程序挂载
/srv	通常由非 Red Hat 发行版中的不同网络服务器所使用
/sys	类似于/proc 文件系统。用于显示关于设备、驱动程序和一些内核功能的信息
/tmp	临时文件,默认情况下,Red Hat 企业版 Linux 定期删除这个目录中的全部文件
/usr	程序和只读数据。包括了许多系统管理命令、实用工具和库
/var	保存可变数据,包括日志文件和打印队列

已挂载的目录通常被称为卷,如果使用了逻辑卷管理器(LVM),则一个卷可以跨越多个分区。然而,虽然根目录(/)是 FHS 中的顶层目录,但是 root 用户的主目录(/root)却只是一个子目录。

实际经验

在 Linux 中,文件系统(Filesystem)一词有不同的含义。例如,可以用文件系统表示 FHS 或者像 ext3 这样的格式。一个文件系统挂载点(如/var)表示一个目录,在此目录上可以挂载一个文件系统。

6.3.2　可以单独挂载的目录

如果有足够的磁盘空间,则表 6-4 中有几个目录可以单独挂载。正如第 1 章曾提到的,通常将/、/boot、/home、/opt、/srv、/tmp 和/var 等目录挂载到独立的卷上。有时候有必要将较低层的子目录挂载到独立的卷上,如 FTP 服务器的/var/ftp 目录和 Web 服务器的/var/www 目录。

但是首先有几个目录必须作为顶层根目录文件系统的一部分经常进行维护。这些目录包括 /dev、/etc 和/root。这些目录中的文件是保证 Linux 作为操作系统正常运行的关键。虽然/boot 目录也同样重要,但它属于特殊情况。该目录中的 Linux 内核、初始 RAM 磁盘和引导程序文件等文件是为了当出现其他问题时可以保护操作系统的内核。

/proc 和/sys 目录中的文件只在引导过程中填写,当系统关闭时就会消失,因此它们存储在特殊的内存虚拟文件系统中。

表 6-4 中列出的一些目录只是为了当作挂载点,换言之,这些目录通常都是空的。如果在这些目录上保存文件,当某个分区或卷(如一个网络共享空间)挂载在这些目录上时,这些文件就无法访问。典型的网络挂载点包括/media、/mnt、/net 和/smb 等目录。

认证目标 6.04　逻辑卷管理(LVM)

逻辑卷管理(Logical Volume Management，LVM)的另一个名字是逻辑卷管理器(Logical Volume Manager)。LVM 在物理设备(如磁盘和分区)和使用文件系统格式化的卷之间创建一个抽象层。

LVM 可以简化磁盘的管理。举个例子，假设/home 文件系统配置在独立的逻辑卷上。如果与/home 目录相关的卷组有额外的空间，就很容易调整该文件系统的大小。如果没有可用的空间，那么可以添加新的物理磁盘并将其存储空间分配给卷组，从而增加空间。在 LVM 中，卷组就像存储池，将多个存储设备的空间聚合起来。逻辑卷包含在卷组中，可跨越多个物理磁盘。

实际经验
LVM 是管理不同卷上可用空间的一个重要工具。

6.4.1　与 LVM 有关的定义

为使用 LVM，我们需要掌握如何配置 LVM 的分区以便使用。首先，用 fdisk、gdisk 和 parted 实用工具创建 LVM 分区类型所配置的分区。也可以使用整个磁盘设备。

当这些分区或磁盘设备可用后，需要把它们设置为物理卷(PV)。该过程初始化磁盘或分区，使其可被 LVM 使用。然后，从一个或多个物理卷创建卷组(Volume Group，VM)。卷组将物理存储组织成为一组可以管理的磁盘块(或称物理区段，Physical Extents(PE))。只要用正确的命令，就可以把这些物理区段组织成为逻辑卷(LV)。逻辑卷由逻辑区段(Logical Extent，LE)组成，这些 LE 映射到底层的 PE。然后就可以格式化和挂载 LV。对于初次接触 LVM 的新手，也许逐一解释每个定义会更好：

- **物理卷(Physical Volume，PV)**　一个物理卷就是一个分区或磁盘驱动器，被初始化为供 LVM 使用。
- **物理区段(Physical Extent，PE)**　一个物理区段是一小段均匀的磁盘空间。物理卷可以分解为许多物理区段。
- **卷组(Volume Group)**　一个卷组是一个存储池，由一个或多个物理卷组成。
- **逻辑区段(Logical Extent，LE)**　每个物理区段关联着一个逻辑区段，这些物理区段可组合成一个逻辑卷。
- **逻辑卷(Logical Volume)**　一个逻辑卷是卷组的一部分，由逻辑区段组成。逻辑卷可用文件系统格式化，并挂载到任意的目录。

下面将逐一介绍以上内容。但归纳起来，为建立一个 LV 系统需要用 pvcreate 等命令建立一个新的 PV，并用 vgcreate 命令把一个或多个 PV 的空间分配给 VG，用 lvcreare 命令把 VG 的一部分可用空间分配给 LV。

为给现有的逻辑卷增加存储空间，需要用 lvextend 等命令添加来自现有 VG 上的可用空间。如果 VG 上没有可用的空间，则要用 vgextend 等命令把未分配的 PV 空间添加到 VG 上。如果所有的 PV 都已占用，则需要用 pvcreate 命令从一个未分配的分区或硬盘建立一个新的 PV。

6.4.2　建立物理卷

第一步从一个物理分区或硬盘开始。基于本章前面的介绍，你应该能够建立分区并把它设置为 Linux LVM 标识符。第二步，为在一个正确配置的分区(如/dev/sda1)上建立一个新的 PV，在该分区上执行 pvcreate 命令：

```
# pvcreate /dev/sda1
```

如果有多个分区需要配置为一个 PV，则用相同的命令可以列出全部相关的设备文件：

```
# pvcreate /dev/sda1 /dev/sda2 /dev/sdb1 /dev/sdb2
```

6.4.3　建立卷组

从一个或多个物理卷可以创建一个卷组(VG)。在下面的命令中，可以用实际的名字替换 volumegroup：

```
# vgcreate volumegroup /dev/sda1 /dev/sda2
```

可把更多物理卷添加到任意一个卷组中。假设现在有物理卷建立在/dev/sdb1 和/dev/sdb2 分区上，则可以用下面的命令把它们添加到 volumegroup 卷组中。

```
# vgextend volumegroup /dev/sdb1 /dev/sdb2
```

6.4.4　建立逻辑卷

然而仅新建一个卷组是不够的，因为不能对它进行格式化或在其上挂载一个文件系统，因此还需要建立一个逻辑卷。下面这个命令建立一个逻辑卷，根据需要把物理区段中的存储空间块添加到这个逻辑卷中。

```
# lvcreate -l number_of_PEs volumegroup -n logvol
```

上述命令建立了一个名为/dev/volumegroup/logvol 的设备。可以把这个设备当成是一个普通磁盘分区进行格式化，然后把一个目录挂载到这个新的逻辑卷上。

但如果我们不知道每个 PE 所占用的存储空间大小，则这个命令就没有多大用处。我们可以使用 vgdisplay 命令来显示 PE 的大小，或者在初始化卷组的时候，使用 vgcreate 命令的-s 选择指定 PE 的大小。或者用-L 开关选项设置 PE 的大小(单位为 MB、GB 或其他测量单位)。例如，下面的命令建立了一个名为 flex 的大小为 200MB 的逻辑卷。

```
# lvcreate -L 200M volumegroup -n flex
```

6.4.5　逻辑卷的使用

上述操作还没有结束。除非在系统重新自动后逻辑卷被格式化和挂载，否则就无法达到最终目的。本章后面在介绍/etc/fstab 配置文件的时候会讨论此过程。

6.4.6　其他 LVM 命令

LVM 还有各种各样的命令，它们分别与物理卷、逻辑卷和卷组有关。通常这些命令保存在

/usr/sbin 目录的 pv*、lv* 和 vg* 文件中。表 6-5 列出了包含上述文件的全部物理卷命令。

表 6-5　物理卷管理命令

物理卷命令	说　明
pvchange	修改物理卷的属性。pvchange -x n /dev/sda10 命令禁用了 /dev/sda10 分区上的 PE 的分配
pvck	检测一个物理卷的元数据的一致性
pvcreate	把一个磁盘或分区初始化为一个物理卷。分区的标志必须设置为 LVM 文件类型
pvdisplay	显示当前配置的物理卷
pvmove	把卷组中的物理区段从指定物理卷移动到其他物理卷上的空闲位置，这是禁用一个物理卷的先决条件。例如 pvmove /dev/sda10
pvremove	从确认的一组卷中删除一个给定的物理卷，例如 pvremove /dev/sda10
pvresize	改变分配给一个物理卷的分区大小。如果已经扩展了 /dev/sda10 分区，则 pvresize /dev/sda10 命令就会利用扩展的空间。或者，pvresize --setphysicalvolumesize 100M /dev/sda10 命令会把此分区分配给物理卷的空间减少为给定值
pvs	显示已配置的物理卷和相应的卷组(如果已分配一个卷组)
pvscan	扫描磁盘中的物理卷

将 PV 分配给 VG 或 LV 时，需要使用控制和配置它们的命令。表 6-6 列出了大多数相关的卷组命令。

表 6-6　卷组命令

卷组命令	说　明
vgcfgbackup vgcfgrestore	备份和恢复与 LVM 有关的配置文件。默认情况下这些备份文件位于 /etc/lvm 目录中
vgconvert	类似于 pvchange，此命令允许修改卷组的配置设置。例如，vgchange -a y 启用所有本地卷组
vgck	检查卷组元数据的一致性
vgconvert	支持从 LVM1 到 LVM2 系统的转换。vgconvert -M2 VolGroup00 把 VolGroup00 转换为 LVM2 元数据格式
vcreate	把一个或多个已配置的物理卷组合一个卷组。例如，vgcreate vgroup00 /dev/sda10/dev/sda11 命令把定义在 /dev/sda10 和 /dev/sda11 上的物理卷组合成一个卷组 vgroup00
vgdisplay	显示当前配置的卷组的特性
vgexport vgimport	从可用的 LV 中导出或导入未用的卷组。例如 vgexport -a 命令导出所有未激活的卷组
vgextend	假如已经新建了一个物理卷，则 vgextend vgroup00 /dev/sda11 把 /dev/sda11 上的空间添加到 vgroup00

(续表)

卷 组 命 令	说　　　明
vgmerge	对于一个还没有使用的卷组 vgroup01，则用下面命令把它合并到 vgroup00 中：vgmerge vgroup00 vgroup01
vgmknodes	如果在使用卷组设备文件时遇到问题，可以执行这个命令
vgreduce	vgreduce vgroup00 /dev/sda11 命令可以删除 vgroup00 中的/dev/sda11 物理卷，假设 /dev/sda11 未使用
vgremove	vgremove vgroup00 命令可以删除 vgroup00，假设它还没有分配任何逻辑卷
vgrename	允许重命名逻辑卷
vgs	显示已配置的卷组的基本信息
vgscan	扫描所有设备中的卷组
vgsplit	分解一个卷组

　　要把物理卷分配给卷组或把卷组拆分为逻辑卷时，要使用控制和配置逻辑卷的命令。表 6-7 列出了与逻辑卷有关的 LVM 命令。

表 6-7　逻辑卷命令

逻辑卷命令	说　　　明
lvchange	与 pvchange 命令相似，它可以修改逻辑卷的属性。例如，lvchange -a n vgroup00/lvol00 命令禁止使用标签为 lvo100 的逻辑卷
lvconvert	在不同类型之间转换逻辑卷，如线性、镜像或快照
lvcreate	在现有的卷组中建立一个新的逻辑卷。例如，lvcreate -l 200 volume01 -n lvol01 命令从 volume01 卷组中的 200 个物理区段创建一个 lvol01 逻辑卷
lvdisplay	显示当前已配置的逻辑卷
lvextend	给逻辑卷添加空间：lvextend -L 4G /dev/volume01/lvol01 命令把 lvol01 卷的空间扩展到 4GB，假设有足够的存储空间
lvreduce	减小逻辑卷的空间大小。如果减少的区域有数据，则数据会丢失
lvremove	删除一个活动的逻辑卷：lvremove volume01/lvol01 命令删除 volume01 卷组中的 lvol01 逻辑卷
lvrename	重命名一个逻辑卷
lvresize	调整一个逻辑卷的大小。可用-L 选项指定空间大小。例如 lvresize –L +4GB volume01 /lvol01 命令把 lvol01 的大小增加 4GB
lvs	显示所有已配置的逻辑卷
lvscan	扫描所有逻辑卷

　　下面这个例子说明逻辑卷命令的用法。试试 vgscan 命令。可以用 vgdisplay 命令验证已配置的卷组。例如，图 6-7 说明 rhel_server1 卷组的配置信息。

```
[root@server1 ~]# vgdisplay
  --- Volume group ---
  VG Name               rhel_server1
  System ID
  Format                lvm2
  Metadata Areas        1
  Metadata Sequence No  3
  VG Access             read/write
  VG Status             resizable
  MAX LV                0
  Cur LV                2
  Open LV               2
  Max PV                0
  Cur PV                1
  Act PV                1
  VG Size               14.53 GiB
  PE Size               4.00 MiB
  Total PE              3720
  Alloc PE / Size       2750 / 10.74 GiB
  Free  PE / Size       970 / 3.79 GiB
  VG UUID               oYuR2x-uaUH-AZsZ-McNz-92Jh-qfYk-Ma0FDT

[root@server1 ~]#
```

图 6-7　一个卷组的配置信息

虽然系统已安装了很多 lvm*命令，但是只有四个命令是可用的：lvm、lvmconf、lvmdiskscan 和 lvmdump。其他 lvm*命令或者已经过时，或者尚未实现。使用 lvm 命令会出现 lvm>提示接口。非常有趣的是，在这个提示符接口中输入 help 命令可以提供全部可用的 LVM 命令。

lvmconf 命令可以修改相应的配置文件/etc/lvm/lvm.conf 中的默认配置参数。lvmdiskscan 命令可以扫描所有可用驱动器上的 LVM 配置的物理卷。最后，lvmdump 命令在 root 用户的主目录(/root)中生成一个配置报告文件。

6.4.7　删除逻辑卷

删除现有逻辑卷的操作十分简单，只要使用 lvremove 命令即可。这里假设所有之前挂载在此逻辑卷上的目录都已卸载。这样，基本的操作步骤就变简单了：

(1) 保存挂载在此逻辑卷上的目录中的数据。

(2) 卸载此逻辑卷上的文件系统。例如，可以使用下面的命令：

```
# umount /dev/vg_01/lv_01
```

(3) 在此逻辑卷执行 lvremove 命令，如下所示：

```
# lvremove /dev/vg_01/lv_01
```

(4) 现在我们就有了来自这个逻辑卷的逻辑区段，它们可以在其他逻辑卷任意使用。

6.4.8　调整逻辑卷的大小

如果需要增加一个现有逻辑卷的大小，则可以把一个新建的物理卷的空间添加到这个逻辑卷上，只需要正确使用 vgextend 和 lvextend 命令即可。例如，把物理区段添加到挂载在一个逻辑卷上的/home 目录对应的卷组中需要执行以下基本步骤：

(1) 备份/home 目录上的全部数据。如果操作都正确，则这步标准的预防措施是多余的，在 Red Hat 考试中你可以跳过这个步骤，但在现实中你真的原意冒这个风险吗？

(2) 扩展卷组使其包含新建立的分区(这些分区都已配置为合适的类型)。例如，要把/dev/sdd1 添加到 vg_00 卷组中，执行以下命令：

```
# vgextend vg_00 /dev/sdd1
```

(3) 用下面的命令把新建立的分区添加到此卷组中：

```
# vgdisplay vg_00
```

(4) 现在可以扩展当前逻辑卷的空间。例如，如果需要把此逻辑卷扩展到 2000MB，则要执行以下命令：

```
# lvextend -L 2000M /dev/vg_00/lv_00
```

(5) lvextend 命令可以扩展逻辑卷的空间，单位可以是 KB、MB 和 GB，甚至是 TB。例如，用下面的命令定义一个 2GB 的逻辑卷。

```
# lvextend -L 2G /dev/vg_00/lv_00
```

如果选择指定要增加的额外空间，而不是总空间，可以使用下面的语法，这里将逻辑卷增加 1GB：

```
# lvextend -L +1G /dev/vg_00/lv_00
```

(6) 用 xfs_growfs 命令调整已格式化的卷的大小(如果是 ext2/ext3/ext4 文件系统，则使用 resize2fs)。如果我们需要使用整个的扩展逻辑卷，则命令就很简单：

```
# xfs_growfs /dev/vg_00/lv_00
```

(7) 也可以用前面提到的命令重新格式此逻辑卷，这样此文件系统可以利用这个新卷的全部空间——然后从备份中恢复数据(如果已经成功地调整逻辑卷的大小，则不需要重新对它进行格式化，因为这是没必要的，而且会破坏现有的数据)。

```
# mkfs.xfs -f /dev/vg_00/lv_00
```

(8) 不管哪种情况，最后需要使用 df 命令检查新文件系统的大小：

```
# df -h
```

认证目标 6.05　文件系统的管理

在访问目录中的文件之前，这个目录必须挂载到一个已经格式化为某个可读文件系统的分区上。Linux 利用/etc/fstab 配置文件自动完成这个过程。当 Linux 处于引导过程中时，系统利用 mount 命令把定义在/etc/fstab 文件中的目录挂载到已配置的卷上。当然，我们可以直接运行这个 mount 命令和合适的选项。这正是本节要介绍的内容。

本节的其余部分重点介绍/etc/fstab 文件的选项。虽然开始时这个文件使用默认参数，这些参数是以标准的虚拟机的基本配置文件为基础，但是它也包含本地、远程和可移动系统定制的选项。

6.5.1 /etc/fstab 文件

要查看/etc/fstab 文件的内容，可运行 cat /etc/fstab 命令。从图 6-8 中可以看出，不同的文件系统由一行参数来配置。

RHEL 7 中默认使用 UUID 挂载非 LVM 文件系统。在下一节中可以看到，UUID 可以代表一个分区、一个逻辑卷或者一个 RAID 阵列。在任何情况下，每个卷都应该被格式化为配置行中规定的文件系统，此卷挂载到这一行第二列的目录上。UUID 和逻辑卷设备的优点是它们是唯一的，而/dev/sdb2 这样的设备名在重启后可能改变，具体取决于磁盘的初始化顺序。

```
[root@server1 ~]# cat /etc/fstab

#
# /etc/fstab
# Created by anaconda on Mon Feb  2 17:41:03 2015
#
# Accessible filesystems, by reference, are maintained under '/dev/disk'
# See man pages fstab(5), findfs(8), mount(8) and/or blkid(8) for more info
#
/dev/mapper/rhel_server1-root /                        xfs     defaults        1 1
UUID=c89968bc-acc5-4d60-8deb-97542cb766c6 /boot        xfs     defaults        1 2
/dev/mapper/rhel_server1-home /home          xfs     defaults        1 2
UUID=9d37eaf0-2c0b-4e57-b05f-87c2e21d3a95 swap         swap    defaults        0 0
[root@server1 ~]#
```

图 6-8 /etc/fstab 示例文件

但从某个意义上讲，UUID 已经离题了。由图 6-8 可以看出，每个文件系统都有 6 项内容，表 6-8 从左到右详细描述这些区域的内容。用/etc/mtab 可以验证分区实际挂载的方式，如图 6-9 所示。注意它们的差别，特别是使用了设备文件而不是 UUID，以及存在虚拟文件系统 (例如 tmpfs 和 sysfs)，本章后面将讨论它们。

```
[root@server1 ~]# cat /etc/mtab
rootfs / rootfs rw 0 0
proc /proc proc rw,nosuid,nodev,noexec,relatime 0 0
sysfs /sys sysfs rw,seclabel,nosuid,nodev,noexec,relatime 0 0
devtmpfs /dev devtmpfs rw,seclabel,nosuid,size=499652k,nr_inodes=124913,mode=755 0 0
securityfs /sys/kernel/security securityfs rw,nosuid,nodev,noexec,relatime 0 0
tmpfs /dev/shm tmpfs rw,seclabel,nosuid,nodev 0 0
devpts /dev/pts devpts rw,seclabel,nosuid,noexec,relatime,gid=5,mode=620,ptmxmode=000 0 0
tmpfs /run tmpfs rw,seclabel,nosuid,nodev,mode=755 0 0
tmpfs /sys/fs/cgroup tmpfs rw,seclabel,nosuid,nodev,noexec,mode=755 0 0
cgroup /sys/fs/cgroup/systemd cgroup rw,nosuid,nodev,noexec,relatime,xattr,release_agent=/usr/
lib/systemd/systemd-cgroups-agent,name=systemd 0 0
pstore /sys/fs/pstore pstore rw,nosuid,nodev,noexec,relatime 0 0
cgroup /sys/fs/cgroup/cpuset cgroup rw,nosuid,nodev,noexec,relatime,cpuset 0 0
cgroup /sys/fs/cgroup/cpu,cpuacct cgroup rw,nosuid,nodev,noexec,relatime,cpuacct,cpu 0 0
cgroup /sys/fs/cgroup/memory cgroup rw,nosuid,nodev,noexec,relatime,memory 0 0
cgroup /sys/fs/cgroup/devices cgroup rw,nosuid,nodev,noexec,relatime,devices 0 0
cgroup /sys/fs/cgroup/freezer cgroup rw,nosuid,nodev,noexec,relatime,freezer 0 0
cgroup /sys/fs/cgroup/net_cls cgroup rw,nosuid,nodev,noexec,relatime,net_cls 0 0
cgroup /sys/fs/cgroup/blkio cgroup rw,nosuid,nodev,noexec,relatime,blkio 0 0
cgroup /sys/fs/cgroup/perf_event cgroup rw,nosuid,nodev,noexec,relatime,perf_event 0 0
cgroup /sys/fs/cgroup/hugetlb cgroup rw,nosuid,nodev,noexec,relatime,hugetlb 0 0
configfs /sys/kernel/config configfs rw,relatime 0 0
/dev/mapper/rhel_server1-root / xfs rw,seclabel,relatime,attr2,inode64,noquota 0 0
selinuxfs /sys/fs/selinux selinuxfs rw,relatime 0 0
systemd-1 /proc/sys/fs/binfmt_misc autofs rw,relatime,fd=33,pgrp=1,timeout=300,minproto=5,maxp
roto=5,direct 0 0
hugetlbfs /dev/hugepages hugetlbfs rw,seclabel,relatime 0 0
debugfs /sys/kernel/debug debugfs rw,relatime 0 0
mqueue /dev/mqueue mqueue rw,seclabel,relatime 0 0
sunrpc /var/lib/nfs/rpc_pipefs rpc_pipefs rw,relatime 0 0
sunrpc /proc/fs/nfsd nfsd rw,relatime 0 0
/dev/mapper/rhel_server1-home /home xfs rw,seclabel,relatime,attr2,inode64,noquota 0 0
/dev/vda1 /boot xfs rw,seclabel,relatime,attr2,inode64,noquota 0 0
fusectl /sys/fs/fuse/connections fusectl rw,relatime 0 0
gvfsd-fuse /run/user/1000/gvfs fuse.gvfsd-fuse rw,nosuid,nodev,relatime,user_id=1000,group_id=
1000 0 0
/dev/sr0 /run/media/alex/RHEL-7.0\040Server.x86_64 iso9660 ro,nosuid,nodev,relatime,uid=1000,g
id=1000,iocharset=utf8,mode=0400,dmode=0500 0 0
[root@server1 ~]#
```

图 6-9 /etc/mtab 示例文件

当我们添加一个新分区时，可以只在第一列里添加分区或逻辑卷关联的设备文件。

表 6-8 从左到右说明/etc/fstab 文件中每一列的作用

字 段 名	说 明
Device	列出已挂载的设备；可以替换 UUID 或设备路径
Mount Point	指明挂载该文件系统的目录
Filesystem Format	说明文件系统的类型。有效的文件系统类型包括 xfs、ext2、ext3、ext4、msdos、vfat、iso9660、nfs、smb 和 swap 等
Mount Options	下一节讨论
Dump Value	0 或 1。如果使用 dump 命令备份文件系统，该字段控制着需要转储哪些文件系统
Filesystem Check Order	决定在引导过程中用 fsck 命令检查文件系统的顺序。根目录(/)文件系统必须设置为 1，其他本地文件系统必须设置为 2。可移动文件系统(如那些与 CD/DVD 驱动器有关的)必须设置为 0，它表示在 Linux 引导过程中不需要进行检查

6.5.2 /etd/fstab 文件中的通用唯一标识符

在/etc/fstab 文件中，重要的参数是 UUID，它代表通用唯一标识符(Universally Unique Identifiers)。每个格式化的卷都有一个 UUID，它是一个唯一的 128 位数字。每个 UUID 代表一个分区、逻辑卷或 RAID 阵列。

为了确定所有可用卷的 UUID，使用设备的名称作为参数来执行 blkid 命令。这个命令的输出将显示设备的 UUID。例如，要获知 rhel_server1 卷组的"root"逻辑卷的 UUID，可执行下面的命令：

```
# blkid /dev/rhel_server1/root
/dev/rhel_server1/root: UUID="2142e97a-dbec-495c-b7d9-1369270089ff" ↵
TYPE="xfs"
```

或者，对于 XFS 和 ext2/ext3/ext4 文件系统，可以分别使用 xfs_admin 和 dumpe2fs 命令。例如，下面的命令确定前面的逻辑卷的 UUID：

```
# xfs_admin -u /dev/rhel_server1/root
```

由于 UUID 并不只限于逻辑卷，把这个命令应用于分区上也可以得到同样的信息：

```
# xfs_admin -u /dev/vda1
```

当然，对于已配置且格式化的 ext 卷应用下面的命令也会得到同样结果：

```
# dumpe2fs /dev/mapper/rhel_server1-test | grep UUID
```

6.5.3 挂载命令

mount 命令可用来把本地的或网络的分区挂载到指定的目录上。挂载点并不固定，只要设置了合适的所有权和权限，就可以把一个 CD 驱动器或一个共享的网络目录挂载到任何空目录上。与 mount 命令紧密相关的是 umount(不是 unmount)命令，它把选定的卷从相应的目录上卸载。

先试试 mount 命令本身。它会显示所有当前挂载的文件系统和重要的挂载选项。例如，下面这个输出结果说明/dev/mapper/rhel_server1-root 卷以读写模式挂载到顶层根目录上,且被格式化为 xfs 文件系统:

```
/dev/mapper/rhel_server1-root on / type xfs ↵
(rw,relatime,seclabel,attr2,inode64,noquota)
```

如前所述,mount 命令与/etc/fstab 文件紧密相关。如果我们卸载了一个目录,并且修改了/etc/fstab 文件的内容,则挂载/etc/fstab 文件中当前配置的所有文件系统的最简单方法是用下面的命令:

```
# mount -a
```

然而如果一个文件系统已经挂载,则不管我们对/etc/fstab 文件如何操作,这个命令都无法修改它的状态。但如果随后重新启动系统,则系统自动使用保存在/etc/fstab 文件中的配置参数。

如果我们无法确定对/etc/fstab 文件的内容所做的可能修改,则可用 mount 命令进行测试。例如,下面这个命令以只读方式重新挂载了与/boot 目录相关的卷:

```
# mount -o remount,ro /boot
```

再次执行 mount 命令可以验证操作结果。下面的输出结果反应了作用于/home 目录的结果:

```
/dev/vda1 on /boot type xfs (ro,relatime,seclabel,attr2,inode64,noquota)
```

如果你是从头开始阅读本书的,则应该知道 mount 命令可以与访问控制表(ACL)一起使用,甚至可以作用于可下载的 CD/DVD 对应的 ISO 文件。为了复习前面的内容,下面的命令用 ACL 重新挂载前面提到的/home 目录:

```
# mount -o remount,acl /dev/vda5 /home
```

至于 ISO 文件,下面这个命令把前面提到的 RHEL 7 ISO 文件挂载到/mnt 目录上:

```
# mount -o loop rhel-server-7.0-x86_64-dvd.iso /mnt
```

6.5.4　文件系统挂载的其他选项

mount 命令的许多选项适用于/etc/fstab 文件。这个文件中一个最常见到的选项是 defaults。虽然它是适用于大多数/etc/fstab 文件系统的选项,但是 mount 还有其他选项,如表 6-9 所示。当需要使用多个选项时,要用逗号分隔。选项之间不可用空格。表 6-9 只列出部分选项。使用 man mount 命令从 mount 的帮助文档可以得到更多信息。

表 6-9　mount 命令和/etc/fstab 文件的选项

mount 选项	说　　明
async	此文件系统上的所有 I/O 采用异步方式
atime	每次访问文件时都更新它的 inode 值
auto	可使用 mount -a 命令挂载
defaults	使用默认的挂载选项:rw、suid、dev、exec、auto、nouser 和 async
dev	对访问终端或控制台等字符型设备和硬盘驱动器等块设备的访问权限

mount 选项	说　　明
exec	允许在此文件系统上运行二进制文件(编译过的程序)
noatime	每次访问文件时不更新它的 inode 值
noauto	要求显式挂载。它是 CD 和可移动设备的常用选项
nodev	挂载在此文件系统的设备是不可读的或不可编译的
noexec	在此文件系统中不可运行二进制文件(编译过的程序)
nosuid	禁止在此文件系统上使用 setuid 和 setgid 权限
nouser	只允许 root 用户挂载指定的文件系统
remount	重新挂载当前已挂载的文件系统
ro	以只读方式挂文件系统
rw	以可读/可写方式挂载文件系统
suid	允许在此文件系统的程序上使用 setuid 和 setgid
sync	此文件系统上的所有 I/O 采用同步方式
user	允许非 root 用户挂载这个文件系统。默认情况下，这个选项同时设置了 noexec、nosuid 和 nodev 选项

6.5.5　虚拟文件系统

本节介绍 RHEL 7 使用的一些虚拟文件系统，/etc/mtab 中列出了它们。最常用的虚拟文件系统如下：

- tmpfs　是一个虚拟内存文件系统，此文件系统使用 RAM 和交换空间。
- devpts　文件系统与伪终端设备有关。
- sysfs　文件系统提供系统设备的动态信息。在/sys 目录相应的子目录中，可以找到连接到本地系统的设备和驱动程序的各种信息。
- proc　文件系统特别有用，它提供了用来控制内核行为的动态可配置选项，它属于 RHCE 考试范围。有关 proc 文件系统中选项的更多信息请阅读第 12 章内容。
- cgroups　文件系统与 Linux 内核的控制组功能有关，它允许为进程或一组进程的系统资源使用设置限制。

6.5.6　在/etc/fstab 文件中添加自己的文件系统

如果需要建立一个特殊的目录，则最好把它建立在一个单独卷上。不同目录的不同卷意味着卷中的文件不能负担/boot 这样重要目录的工作。遵循/etc/fstab 文件中的标准格式固然很好，但是这需要付出额外的精力。如果在 Red Hat 考试有这样的要求，你肯定会在试卷的说明中看到。

因此在大多数情况下，利用相关的设备文件如/dev/vda6 分区、UUID 以及/dev/mapper/NewVol-NewLV 或者/dev/NewVol/NewLV 这样的 LVM 设备，足以在/etc/fstab 文件中建立一个新卷。但请确保这个设备文件能够反映刚创建的新卷、想要挂载的目录(如/special)以及已经使用的文件系统格式(如 xfs)。

6.5.7　可移动媒介和/etc/fstab 文件

通常情况下,可移动媒介不可以在引导期间自动挂载。这正是在/etc/fstab 配置文件中使用 noauto 这个选项的时候。但一般说来,RHEL 在/etc/fstab 文件中设置一个可移动媒介并不标准。

为了读取智能卡和 CD/DVD 等可移动媒介,RHEL 有时能在 GNOME 桌面环境中自动挂载这些媒介。虽然,有关细节内容不属于 Red Hat 考试培训课程的范围,但它们却是以/usr/lib/udev/rules.d 目录中的配置文件为基础。当 RHEL 检测到一个可移动硬件,则单击 Places 按钮,在弹出的菜单中选择可移动媒介这一项。如果有系统已装载了多个可移动媒介,则从 Removable Media 子菜单中选择要挂载的媒介。

如果由于某些原因无法正常工作,则可以直接使用 mount 命令。例如,下面的命令在驱动器上挂载了一个 CD/DVD 驱动器:

```
# mount -t iso9660 /dev/sr0 /mnt
```

-t 选项指定了文件系统(iso9660)的类型。设备文件/dev/sr0 代表第一个 CD/DVD 驱动器;挂载后通过/mnt 目录访问 CD/DVD 中的文件。但/dev/sr0 是什么?如何让每个人都记住这个文件名呢?

Linux 解决此问题的方法有好几个。首先给/dev/cdrom 等比较有意义的文件建立链接,这可以用 ls -l /dev/cdrom 命令验证。其次,可以试试 blkid 命令。如果可移动媒介(除 CD/DVD 以外)媒介已经连接,则在此命令的输出中可看到这个媒介,其中包含相应的设备文件。

还有一点必须记住,在删除 USB 等移动设备之前必须先要卸载这个移动媒介。否则,被认为已经写入到磁盘的数据实际上还在未写入的内存缓存中,此时这些数据都将丢失。

既然你已经看到了如何挂载可移动媒介的示例,现在就对如何在/etc/fstab 配置文件中配置这些媒介有一个更好的理解。大多数情况下,标准的 defaults 选项是不够的,因为它以读写模式挂载一个系统(甚至对于只读的 DVD 也是这样),并且在引导过程中试图自动挂载这个系统,并限制对 root 管理员用户的访问。但是它们可被修改为正确的选项。例如,为了配置一个普通用户可以挂载的 CD 驱动器,可以在/etc/fstab 文件中添加如下一行内容:

```
/dev/sr0 /cdrom auto ro,noauto,users 0 0
```

该行以只读模式挂载,在引导过程不再试图对它进行自动挂载,并且支持普通用户的访问。

必要时对于 USB keys 这样的可移动媒介也可设置类似的选项。但当存在多个 USB key 时,则可能产生较多的问题。一个 USB 可能会被当成是/dev/sdc 检测到,但是如果又安装了一个 USB key,随后它又可能被当成是/dev/sdd 检测到。但如果经过正确的配置,则每个 USB key 都拥有一个唯一的 UUID。还有一种选项:为可移动设备使用本章后面介绍的自动挂载程序,而不是使用静态挂载。

6.5.8　联网的文件系统

/etc/fstab 文件可用来实现共享目录的自动挂载。读者感兴趣的两个主要的共享服务是 NFS 和 Samba。本节只是简单介绍如何在/etc/fstab 文件中配置上述共享目录。更多信息可以阅读第

15 章和第 16 章。

一般情况下，网络目录提供的共享服务被认为不可靠。人们可能踩到电源线、可能踩到以太线缆等。如果系统使用无线网络，则不可靠性又增加一层。换言之，在/etc/fstab 文件中的设置必须考虑这些因素。因此如果网络连接出现问题或者远程 NFS 服务器出现电源故障，就应该在挂载选项中指定客户端如何反应。

根据目录的主机名或 IP 地址，以及这个目录在服务器上的完整路径建立起到共享 NFS 目录的连接。因此，为连接到 server1 系统上一个远程 NFS 服务器(该系统共享/pub 目录)，用下面的命令挂载这个共享目录(假设存在/share 目录):

```
# mount -t nfs server1.example.com:/pub /share
```

但是这种挂载办法没有指定任何选项。可以试着在/etc/fstab 文件添加以下一行内容:

```
server1:/pub  /share  nfs rsize=65536,wsize=65536,hard,udp 0 0
```

rsize 和 wsize 两个变量分别定义了在每个请求中要读取和写入的数据块的最大大小，单位为字节。hard 指令指定了客户端将无限重试失败的 NFS 请求，阻塞客户端的请求，可能一直等到 NFS 服务器变得可用为止。与之相反，soft 选项将在预定义的重新传输次数后使客户端失败，其风险则是数据的完整性遭到破坏。udp 表示通过用户数据报协议(User Datagram Protocol, UDP)建立连接。如果连接到 NFS version 4 服务器，则将第三列的 nfs 替换为 nfs4。注意，NFS version 4 需要 TCP。与之相对，Samba 共享目录使用另一组选项。以下是共享 Samba 服务器上同一目录通常所需要的配置命令:

```
//server1/pub  /share  cifs rw,username=user,password=pass, 0 0
```

如果读者觉得在/etc/fstab 文件中公开显示用户名和口令不安全，则不妨试试下面的选项:

```
//server1/pub  /share  cifs rw,credentials=/etc/secret 0 0
```

然后把/etc/secret 文件设置为: root 管理员用户只有采用以下格式输入用户名和口令才可以访问:

```
username=user
password=password
```

认证目标 6.06　自动挂载程序

对于网络挂载和便携式媒介，如果连接中断或者媒介被删除时就会出现问题。在服务器配置过程中，我们可能需要从很多远程系统挂载目录。你也可能想要暂时访问 USB key 等可移动媒介。自动挂载守护程序(automount daemon)也称为自动挂载程序(automounter)或 autofs，可以派上用场。需要时它可以自动挂载指定的文件系统，在一段固定的时间后可以自动卸载一个文件系统。

6.6.1　通过自动挂载程序进行挂载

当使用 mount 命令或/etc/fstab 挂载一个分区后，它一直处于挂载状态直到卸载它或关闭系统为止。挂载的持久性可能带来一些问题。例如，如果我们已经挂载了一个 USB Key 且已经物理删除了这个 key，但是 Linux 可能还没有机会把这个文件写入到这个磁盘中，因此数据可能会丢失。对于安全数字智能卡或其他热插拔的可移动驱动器也存在类似问题。

另一个事实是：当远程计算机发生故障或者连接中断时，挂载的 NFS 目录可能会遇到问题。由于本地系统不断地搜索挂载的目录，因此本地系统可能会变慢，甚至会被挂起来。

这正好可以用到自动挂载程序。需要时它依靠 autofs 守护程序临时挂载配置的目录。在 RHEL 中，相应的配置文件是 auto.master、auto.misc、auto.net 和 auto.smb，它们都保存在/etc 目录中。如果用户想要使用自动挂载程序，则决不要占用/misc 和/net 这两个目录。默认情况下，Red Hat 配置为自动挂载到这两个目录上。如果目录中保存有本地文件或目录，则无法挂载。稍后将分别介绍这些文件。

实际经验

除非正确配置/etc/auto.master 文件且 autofs 守护程序正常运行，则看不到/misc 和/net 目录。

自动挂载程序的默认配置参数保存在/etc/sysconfig/autofs 文件中。默认参数包括 300 秒的超时，也就是说如果在此时间内没有发生任何事情，则系统自动卸载共享目录：

```
TIMEOUT=300
```

BROWSE_MODE 参数允许本地系统从可用的挂载目录中搜索一个。下面的指令默认情况下禁用此选项：

```
BROWSE_MODE="no"
```

自动挂载程序还有其他可用的选项，它们在/etc/sysconfig/autofs 文件中都用注释表示。

/etc/auto.master 文件

标准的/etc/auto.master 文件包含很多指令和四个默认取消注释行。第一个默认指令是引用/etc/ auto.misc 文件作为/misc 目录的配置文件。/net –hosts 指令允许我们指定一个主机自动挂载一个由/etc/auto.net 配置文件确定的网络目录。

```
/misc /etc/auto.misc
/net  -hosts
+dir:/etc/auto.master.d
+auto.master
```

任何时候这些命令都指向每个服务的配置文件。需要时来自这些服务的共享目录会自动挂载到给定的目录上(/misc 和/net)。

我们也可以在其他目录上建立自动挂载程序。一个常见的选择是在/home 目录上设置自动挂载程序。这样，我们就可以把用户的主目录设置在远程服务器上，需要时自动挂载。用户在登录后就可以访问他们自己的主目录，并且根据/etc/sysconfig/autofs 文件中的 TIMEOUT 指令，当用户退出系统 300 秒后所有挂载的目录都会自动卸载。

```
# /home /etc/auto.home
```

只有当本地系统上还没有这个/home 目录时上述方式才起作用。由于 Red Hat 考试需要设置很多的普通用户，因此本地系统肯定要为普通用户创建一个/home 目录。这时我们可以使用另一个目录，这样就得到如下一行命令：

```
/shared /etc/auto.home
```

现在只要记住，对于任何通过网络访问的系统，都必须保证它的防火墙系统允许给定服务的流量通过。

/etc/auto.misc 文件

为便于管理，Red Hat 在/etc/auto.misc 文件的注释中提供了标准的自动挂载命令。详细分析这个文件是很有必要的。现在介绍这个文件的默认 RHEL 版本。前四行内容是注释，因此跳过它们。第一个指令是：

```
cd     -fstype=iso9660,ro,nosuid,nodev   :/dev/cdrom
```

在 RHEL 中，默认情况下这个指令激活的，这里假设我们已经启动了 autofs 服务。换言之，如果我们在/dev/cdrom 驱动器中有一个 CD 盘，则通过这个自动挂载程序和 ls /misc/cd 命令就可以访问 CD 中的文件，普通用户也是如此。自动挂载程序可以使用 ISO9660 文件系统访问它。这个光盘以只读式方式挂载(ro)，而且把用户 ID 权限设置为禁用状态(nosuid)，并没有使用这个文件系统上的设备文件(nodev)。

这个文件中还有其他命令示例，它们都用注释表示，随时可以使用。当然，必须先去掉前面的注释符(#)才可以使用这些命令，此外还要相应修改名字和设备。例如，在最新的 Linux 系统中，/dev/hda1 不再作为一个设备文件使用，甚至不可以作为 PATA 硬盘驱动器的设备文件。

正如其中一个注释语句所说的，"这些示例会激发用户的想象力"。这些命令的第一个允许我们从 ftp.example.org 计算机上的/pub/Linux 共享 NFS 目录设置/misc/linux 为挂载点：

```
#linux   -ro,soft,intr   ftp.example.org:/pub/linux
```

下一个命令假设文件系统保存在/dev/hda1 分区上。有了这个命令，就可以把文件系统自动挂载到/misc/boot。

```
#boot    -fstype=ext2     :/dev/hda1
```

下面三个命令作用于软盘驱动器。在大多数虚拟系统中，软盘驱动器是很容易创建和配置的。第一个指令把这个软盘设置为"auto"文件系统类型，即在/etc/filesystems 中搜索以寻找一个与这个软盘匹配的文件系统。另外两个指令假设这个软盘已格式化为 ext2 文件系统格式。

```
#floppy       -fstype=auto     :/dev/fd0
#floppy       -fstype=ext2     :/dev/fd0
#e2floppy     -fstype=ext2     :/dev/fd0
```

下一个命令指向第三个 SCSI 驱动器上的第一个分区。行首的 jaz 表示这适用于 Iomega 类型的 Jaz 驱动器：

```
#jaz       -fstype=ext2      :/dev/sdc1
```

最后这个命令是针对那些老式系统，其中将自动挂载程序应用于老式的 PATA 驱动器。当然，/dev/hdd 设备文件不再被使用，因此要作相应的替换。但是开头的 removable 指令表示这也适用于可移动硬盘驱动器。当然，这需要把文件系统格式改为 XFS 等格式。如前所述，blkid 命令可以帮助我们从 USB key 和可移动驱动器等可移动文件系统识别可用的设备文件。

```
#removable  -fstype=ext2      :/dev/hdd
```

一般说来，对可用的硬件设备需要修改上述这些行的内容。

/etc/auto.net 文件

我们可以利用/etc/auto.net 配置脚本查看和读取共享的 NFS 目录。在这个文件中可以使用 NFS 服务器的主机名或 IP 地址。默认情况下，这个文件的可执行权限已启用。

假设自动挂载程序已激活，而且可以连接到 IP 地址为 192.168.122.1 的 NFS 服务器，则用下面的命令可以查看该系统上的共享 NFS 目录：

```
# /etc/auto.net 192.168.122.1 -fstype=nfs,hard,intr,nodev,nosuid \
      /srv/ftp 192.168.122.1:/srv/ftp
```

上述输出结果提示我们，192.168.11.1 系统上的/srv/ftp 目录是通过 NFS 共享的。根据/etc/auto.master 文件中的指令，我们可以用下面的命令访问这个共享目录(假设系统已配置了正确的防火墙和 SELinux 设置)：

```
# ls /net/192.168.122.1/srv/ftp
```

/etc/auto.smb 文件

在配置共享的 Samba 或 CIFS 目录时遇到的一个问题是，在标准配置情形下它们只使用公用目录。换言之，如果我们激活/etc/auto.smb 文件，它只在不需要用户名或口令的共享目录才起作用。

如果你接受这些不安全的条件，就可以按设置/etc/auto.net 文件的相同方式设置 /etc/auto.smb 文件。第一，必须用同样的方法把它添加到/etc/auto.master 文件，即用下面的命令：

```
/smb  /etc/auto.smb
```

接下来需要专门用下面的命令重新启动这个自动挂载程序：

```
# systemctl restart autofs
```

然后用下面的命令就可以查看共享的目录。必要时对主机名或 IP 地址做相应的替换。当然，只有启动前面提到的 server1.example.com 系统上的 Samba 服务器且防火墙配置为允许通过 TCP/IP 端口访问，这个共享才会生效：

```
# /etc/auto.smb server1.example.com
```

启动自动挂载程序

当相关的文件已配置好后，就可以启动、重新启动或重新加载自动挂载程序。由于它是由 autofs 守护程序控制的，因此可用下面的命令之一停止、启动、重新启动或重新加载这个服务：

```
# systemctl stop autofs
# systemctl start autofs
# systemctl restart autofs
# systemctl reload autofs
```

利用/etc/auto.misc 文件中的默认命令，只需要通过访问配置目录就可以自动把 CD 挂载到/misc/cd 目录中。一旦将 CD 放到驱动器中，则下面的命令就起作用：

```
# ls /misc/cd
```

如果切换到/misc/cd 目录，自动挂载程序会忽略任何超时。否则根据在/etc/sysconfig/autofs 文件的 TIMEOUT 指令的设置(300 秒)，/misc/cd 会自动卸载。

6.6.2　练习 6-3：配置自动挂载程序

本练习中要测试自动挂载程序。你需要至少一个 CD 盘。理想情况下，你还要有一个 USB key 或一个安全的数字智能卡(SD)。但是首先需要确保 autofs 守护程序处于活动状态，然后修改相应的配置文件，并且重新启动 autofs。最后在这个练习中测试这个自动挂载程序。

(1) 在命令行接口中执行下面的命令以确保 autofs 守护程序在运行：

```
# systemctl start autofs
```

(2) 用文本编辑器查看/etc/auto.master 配置文件。使用默认设置就可以启动/etc/auto.misc 和 /etc/auto.net 文件中的配置选项。

(3) 用文本编辑器查看/etc/auto.misc 配置文件。这个文件必须包含以下一行内容(默认情况下这一行已经存在)。保存并退出/etc/auto.misc。

```
cd    -fstype=iso9660,ro,nosuid,nodev   :/dev/cdrom
```

(4) 现在重新加载 autofs 守护程序。由于它已经在运行，因此只需要让它重新读取相关的配置文件即可。

```
# systemctl reload autofs
```

(5) 自动挂载服务现在已运行。现在将一个 CD 或 DVD 盘插入到正确的驱动器中并执行以下命令。如果成功，则将显示 CD 或 DVD 的内容：

```
# ls /misc/cd
```

(6) 立刻执行 ls /misc 命令，则会在输出结果中看到这个 CD 目录。

(7) 至少等待 5 分钟，重复前面的命令。会出现什么现象？

故障情景与解决方案	
要为一个标准的 Linux 分区、交换空间和一个逻辑卷配置几个新的分区	用 fdisk、gdisk 或 parted 实用工具建立分区，然后用 t 或 set 命令修改分区的类型
需要根据 UUID 在引导过程中建立挂载	使用 blkid 命令识别卷的 UUID，然后在/etc/fstab 文件中使用该 UUID
需要把卷格式化为 XFS 文件系统类型	使用 mkfs.xfs 命令格式化目标卷
需要把卷格式化为 ext2、ext3 或 ext4 文件系统类型	使用 mkfs.ext2、mkfs.ext3 或 mkfs.ext4 等命令格式化目标卷
需要建立逻辑卷	使用 pvcreate 命令创建 PV；使用 vgcreate 命令将 PV 组合成 VG；使用 lvcreate 命令创建 LV；格式化该 LV 以便使用
需要添加新的文件系统，而不破坏其他文件系统	使用现有的或新安装的硬盘上的可用空间
需要扩展用 XFS 文件系统格式化的 LV 上的可用空间	使用 lvextend 命令增加 LV 上的可用空间，然后使用 xfs_growfs 命令来相应地扩展格式化的文件系统
需要配置自动挂载到网络共享文件系统	通过/etc/fstab 或自动挂载程序配置文件系统

6.7　认证小结

作为一个 Linux 系统管理员，必须掌握如何建立和管理新的文件系统卷。为建立一个新的文件系统，需要知道如何建立、管理和格式化分区，以及如何为逻辑卷创建分区。

RHEL 7 也支持逻辑卷的配置。此过程有点复杂，因为它需要把一个分区配置为一个物理卷。多个物理卷可以配置为一个卷组。然后从卷组中选择一部分配置为逻辑卷，相关的命令是 pv*、vg*和 lv*，这些命令及其他命令都要在 lvm>提示符接口中执行。

Linux 支持把分区、RAID 阵列和逻辑卷格式化为各种不同的文件系统。虽然默认的文件系统是 XFS，但是 Linux 也支持与对 Linux、微软操作系统和其他操作系统有关的普通文件系统和日志式文件系统进行格式化和检查。

分区和逻辑卷不管是否经过加密，都可以在/etc/fstab 配置文件中进行设置。系统在引导过程中读取这个配置文中的配置信息，mount 命令也使用这个文件中的信息。必要时，可移动文件系统和共享网络目录也可以用/etc/fstab 文件来配置。

/etc/fstab 文件不是设置挂载目录的唯一方法。也可以利用自动挂载程序为普通用户自动设置挂载过程。正确配置后，它允许用户通过定义在/etc/auto.master 的路径访问网络共享目录、可移动媒介及其他媒介。

6.8　应试要点

以下是本章与认证目标有关的重要知识点。

存储管理与分区

- fdisk、gdisk 和 parted 实用工具可以帮助用户建立和删除分区。
- fdisk、gdisk 和 parted 都可以用来配置逻辑卷和 RAID 阵列上的分区。
- 磁盘可采用传统的 MBR 风格的分区方案和 GPT 方案。MBR 方案支持主分区、扩展分区和逻辑分区，GPT 方案支持多达 128 个分区。

文件系统格式

- Linux 工具可以把卷设置和格式化为多个不同的文件系统。
- 标准文件系统包括 MS-DOS 和 ext2。
- 日志式文件系统能够利用日志恢复元数据，它具有更强的适应性。RHEL 7 默认的文件系统是 XFS。
- RHEL 7 支持各种 mkfs.*文件系统格式和 fsck.*文件系统检测命令。

基本的 Linux 文件系统和目录

- Linux 文件和文件系统被组织成基于 FHS 的目录。
- 有些 Linux 目录非常适合于单个文件系统的配置。

逻辑卷管理(LVM)

- LVM 是以物理卷、逻辑卷和卷组为基础的。
- 可以用 pv*、lv*和 vg*开头的命令建立和添加 LVM 系统。
- 用 vgextend 命令可以把物理卷上新分区的空间配置为 PV 分配给现有的卷组，用 lvcreate 和 lvextend 命令可以把它们添加到逻辑卷中。
- 用 xfs_growfs 命令可以把多余的空间添加到一个现有的 XFS 文件系统中。

文件系统管理

- 标准文件系统会根据/etc/fstab 文件的参数进行挂载。
- 文件系统卷现在可以由它们的 UUID 来识别，执行 blkid 命令可以显示整个 UUID 列表。
- mount 命令可以使用/etc/fstab 文件中的设置或者直接挂载文件系统卷。
- 可以在/etc/fstab 文件中的 NFS 和 Samba 服务器配置实现网络共享目录。

自动挂载程序

- 利用自动挂载程序，可以配置自动挂载的可移动媒介和网络共享目录。
- 自动挂载程序的重要配置文件是/etc 目录中的 auto.master、auto.misc 和 auto.net。

6.9 自测题

下面的练习题用来检查读者对本章内容的掌握程度。由于 Red Hat 考试没有选择题，因此本书不提供任何选择题。这些题目专门用来测试你对本章的理解。Red Hat 考试注重于得到结果的过程，而不是死记一些无关紧要的内容。许多问题可能不止一个答案。

存储管理与分区

1. 哪个 fdisk 命令可以显示所有连接硬盘上的已配置分区？

_____

2. 创建一个交换分区后，用哪个命令可以激活这个分区？

_____

文件系统格式

3. XFS 这类日志式文件系统的主要优点是什么？

_____

4. 哪个命令可以把/dev/sdb3 格式为 Red Hat 默认的文件系统格式？

_____

基本的 Linux 文件系统和目录

5. 在 RHEL 7 默认的安装模式中，哪个文件系统被挂载到与顶层根目录不同的目录上？

_____

6. 说出三个目录，它们不能单独挂载到顶层根目录所在的卷上？

_____

逻辑卷管理(LVM)

7. 如果我们建立了一个新分区，并把它设置为逻辑卷管理(LVM)类型，则用哪个命令可以把它添加为一个物理卷？

_____

8. 如果我们已经给一个逻辑卷添加了更多存储空间，则用哪个命令可以扩展底层的 XFS 文件系统，使之包含这个新增加的空间？

_____

文件系统管理

9. 为了修改一个本地文件系统的挂载选项，需要编辑哪个文件？

_____

10. 为了建立对/dev/vda6 分区的访问，需要给/etc/fstab 文件添加什么？/dev/vda6 以只读模式和默认选项挂载到/usr 目录。假设无法找到/dev/vda6 的 UUID，且文件系统的转储值为 1，文件系统的检测序号为 2。

_____

自动挂载程序

11. 假如已启动 autofs 守护程序，而且想要读取 server1.example.com 计算机上共享的 NFS 目录，要使用哪个与自动挂载程序有关的命令？

12. 说出在 RHEL 7 中与自动挂载程序默认安装有关的三个配置文件。

6.10　实验题

这些实验题都与文件系统格式有关。你应该在测试系统上完成这些实验题。这些实验题的操作可能会删除系统上的全部数据。因此第二个实验题建立了一个 KVM 系统。

Red Hat 试卷采用电子形式。基于这个理由，在本章及后续章节中，大多数实验题都可从本书配书网站上读取，本章的实验题保存在 Chapter6/子目录中。可用的文件格式有.doc、.html 和.txt。假如你到现在仍然还没有在系统上安装 RHEL 7，则参考本书第 2 章实验题 1 的安装指示。实验题的答案就在填空题的自测答案之后。

6.11　自测题答案

存储管理与分区

1. fdisk -l 命令可以显示所有连接硬盘上已配置的分区。

2. 在建立了一个交换分区之后，用 mkswap *devicename* 和 swapon devicename 命令可以初始化和激活这个卷，只需要把这里的 devicename 替换为这个卷的设备文件(如/dev/sda1 或 /dev/VolGroup00/LogVol03)。

文件系统格式

3. XFS 等日志式文件系统的主要优点是可以更快速地恢复数据。

4. mkfs.xfs /dev/sdb3 命令可以把/dev/sdb3 格式化为 Red Hat 默认的文件系统格式，回答 mkfs -t xfs /dev/sdb3 命令也是可以的。

基本的 Linux 文件系统和目录

5. /boot 文件系统是独立于/被挂载的。

6. 这个问题有很多正确答案。有些目录不适合于挂载到不同于/的目录，包括/bin、/etc、和/root(相反，有些目录实质上就是专门用来挂载目录，如/media 和/mnt)。

逻辑卷管理(LVM)

7. 如果已经建立一个新分区，并且已把它设置为逻辑卷管理文件类型，则用 pvcreate 命令可以把它添加为一个物理卷。例如，假如新分区是/dev/sdb2，则相应的命令是 pvcreate /dev/sdb2。

8. 如果已经给一个逻辑卷添加了存储空间，则用 xfs_growfs 命令可以扩展底层的 XFS 文件系统，使其包含这个新增加的空间。

文件系统管理

9. 为了修改一个本地文件系统的挂载选项，需要编辑/etc/fstab 文件。

10. 由于不知道 UUID，因此需要使用这个卷的设备文件，本例中它就是/dev/vda6。因此需要在/etc/fstab 文件中添加以下一行内容：

```
/dev/vda6 /usr   xfs    defaults,ro     1 2
```

自动挂载程序

11. 假如已启动 autofs 守护程序，而且想要读取 server1.example.com 计算机上共享的 NFS 目录，则用/etc/auto.net server1.example.com 这个与自动挂载程序有关的命令可以显示全部这些目录。

12. 自动挂载程序默认安装的配置文件包括 auto.master、auto.misc、auto.net 和 auto.smb，它们都保存在/etc 目录和/etc/sysconfig/autofs 目录中。

6.12　实验题答案

这些实验题的其中一个假设是，当题目中指定了/test1 这样的目录，则把一个卷设备挂载到这个目录或者把它添加到/etc/fstab 等配置文件中之前，要选建立这个目录，否则出现不可预料的错误。

实验题 1

(1) 分区是用 fdisk 还是 parted 实用工具创建的并不重要，只要分区类型配置正确就行。在 fdisk -l 命令的输出结果中，会看到在配置后的硬盘驱动器上有一个 Linux 分区和一个 Linux 交换分区。

(2) 如果你不知道/etc/fstab 文件中的 UUID，则运行 blkid 命令。如果给定的分区已经正常格式化(用 mkfs.xfs 和 mkswap 命令)，则在 blkid 命令的输出列表可以看到新分区的 UUID。用 mount -a 命令可以测试/etc/fstab 文件中新分区和目录的配置。然后用 mount 命令本身可以验证 /etc/fstab 文件中配置的正确性。

(3) 在 cat /proc/swap 命令的输出列表中可以验证一个新的交换分区的配置。在 top 命令的 Swap 行中以及 free -h 命令的输出中可以验证结果。

(4) 记住，所有修改在重新启动后都会保存下来。对于本操作，你可能想重新启动系统来验证这个结论。但是重新启动需要时间，如果在考试期间要执行多个任务，则在重新启动系统之前尽可能完成更多任务。

实验题 2

这里的重点是如何验证本实验题操作的结果。即使你已经配置了本实验题介绍的全部空闲分区且严格按照这里的操作步骤，也不能保证你的逻辑卷的大小正好是 900MB。其中的差别可能来自于基数 2 和基数 10 的不同。这种差异是正常的，同样的情形也出现在实验题 3 中。

记住，逻辑卷是这样得到的：首先正确配置分区，然后把它们设置为物理卷，再把物理卷组合成卷组，最后把卷组分解为逻辑卷。这个逻辑卷经过格式化然后再挂载到某个合适的目录上。在本实验题中，这个目录是/test2。利用这个格式化后的卷的 UUID 在/etc/fstab 文件中把这个逻辑卷设置一个挂载分区。

(1) 为了验证用作逻辑卷的分区是否合适，执行 fdisk -l 命令，合适的分区则出现"Linux LVM"标志。为验证一个物理卷的配置是否正确，执行 pvs 命令。在输出列表中看到它的设备以及分配给物理卷的空间大小。

(2) 为验证一个卷组的配置是否正确，执行 vgs 命令。在输出列表中，应该会看到由本实验题中可用物理卷生成的卷组和它们的可用空间。

(3) 为验证一个逻辑卷配置是否正确，执行 lvs 命令。输出列表中会看到这个逻辑卷、它的来源地——卷组以及分配给这个逻辑卷的空间大小。

(4) 为验证新格式化的逻辑卷的 UUID，执行以下命令：

```
# blkid <device_path>
```

(5) 如果/etc/fstab 文件已正确配置，则应该执行 mount -a 命令。然后会看到这个逻辑卷挂载在/test2 目录上。

(6) 与实验题 1 一样，所有修改在系统重新启动后都会保留下来。有时你需要重新启动本地系统以验证这个实验题或其他实验题的操作结果的正确性。

实验题 3

本实验题是以实验题 2 为基础，你现在应该已经知道当前逻辑卷的大小。用相应的 df 命令可以验证这个结果：df -m 命令的输出结果以 MB 为单位，它能派上用场。

本实验题的最关键命令是 lvextend 和 xfs_growfs。虽然这个命令有很多有用的开关选项，但是你真正需要的是这个逻辑卷的设备文件。与实验题 2 一样，用合适的 mount 和 df 命令可以验证此操作结果。但是，为确保在此过程中没有丢失数据，在调整逻辑卷和文件系统的大小之前可以创建一些测试文件。

实验题 4

此实验题中需要执行以下步骤：

(1) 确保已卸载前面的实验题中创建的所有分区和卷，从/etc/fstab 中删除，最后执行{lv,vg,pv}remove 移除它们。

(2) 不需要对/dev/vdb 和/dev/vdc 设备进行分区。通过使用 pvcreate /dev/vdb 和 pvcreate /dev/vdc 命令，把整个驱动器初始化为物理卷就足够了。

(3) 运行 vgcreate -s 2M vg01 /dev/vdb /dev/vdc 命令创建卷组。

(4) 使用 lvcreate -l 800 -n lv01 vg01 命令创建逻辑卷。

(5) 使用 mkfs.ext4 /dev/vg01/lv01 命令格式化文件系统。

(6) 在/etc/fstab 文件中添加正确的条目。

(7) 创建挂载点(mkdir /test4)。

如果正确配置了/etc/fstab 文件，就应该能够执行 mount -a 命令。然后就可以看到 /dev/mapper/vg01-lv01 被挂载到了/test4 目录。

实验题 5

在共享的 NFS 目录上配置自动挂载程序比我们想象的容易。首先执行 showmount -e *remote_ipaddr* 命令，确保远程计算机上共享的 NFS 目录是可用的，这里的 *remote_ipaddr* 是这个远程 NFS 服务器的 IP 地址。如果这个目录无法使用，可能是你跳过本实验题中的介绍某些步骤。有关 NFS 服务器的更多信息请参考第 16 章内容。

当然不要忘了 CD/DVD。如果自动挂载程序正在运行，而且 CD/DVD 驱动器也处于正确的位置，则 ls /misc/cd 命令应该能读取这个驱动器上的内容。这正是/etc/auto.master 和/etc/auto.misc 文件的默认配置。

对于共享的 NFS 目录，还有两个方法。方法 1 是修改下面这个被注释掉的 NFS 配置示例。当然，必须把 ftp.example.org 改为 NFS 服务器的名称或 IP 地址。把/pub/linux 改为/tmp(或者这个共享目录的名字)。

```
linux  -ro,soft,intr  ftp.example.org:/pub/linux
```

方法 2 直接利用/etc/auto.net 脚本。例如，如果远程的 NFS 服务器的 IP 地址是 192.168.122.50，则执行下面的命令：

```
# /etc/auto.net 192.168.122.50
```

在输出结果中将看到这个共享的/tmp 目录，如果是这样，则用下面的命令可以更加容易访问这个共享的目录：

```
# ls /net/192.168.122.50/tmp
```

如果你确实想掌握自动挂载程序的用法，则尝试修改/etc/auto.misc 配置文件中前面提到的指令。假设这个自动挂载程序已经运行，则可以肯定这个自动挂载程序用 systemctl reload autofs 命令重新读取合适的配置文件。

如果在前一行代码中也使用相同的第一个指令，则这个自动挂载程序用 ls /misc/linux 命令访问同一个目录。

第 7 章

程序包管理

完成安装过程并确保系统安全、管理好文件系统以及完成其他一些初始的设置任务之后，还有许多事情要做。在系统处于所期望的状态之前，基本上还需要安装或删除一些程序包。要确保安装正确的更新，就要知道如何使用 Red Hat Subscription Management(RHSM)或者与重构的发布版本相关的库让系统工作。

要完成这些任务，就要深入理解如何使用 rpm 和 yum 命令。虽然它们"只是"两个命令，但内涵却很丰富。例如 Eric Foster-Johnson 撰写的 *Red Hat RPM Guide* 一书，其实整本书都在介绍 rpm 命令。在很多情况下，鉴于 yum 命令的功能以及 RHEL 7 里提供的其他程序包管理工具，不必再那样深入理解 rpm 命令。

考试内幕

管理技能

因为管理 RPM 程序包是 Red Hat 管理员的一项基本技能，因此在 RHCSA 考试中考查 rpm、yum 及相关命令的使用是合理的。实际上，RHCE 考试完全认为掌握这些命令是必不可少的技能。RHCSA 目标包含本章介绍的两项特定要求。

● 从 RHN、远程库或本地文件系统安装和更新软件包

● 更新相应的内核程序包以确保系统可启动

第 9 章还将介绍另一个紧密相关的目标：tar 存档实用工具。在 Red Hat 引入 RPM 程序包之前，压缩存档文件是发布软件的标准方法。

下面分解一下这些技能。如果无法访问 RHN，不要灰心。在 RHEL 7 中，RHN-hosted 服务已逐步淘汰，并以 Red Hat Subscription Management 取而代之(RHSM，可以从 Red Hat Customer Portal 通过 Web 界面来访问它)。可使用 yum 命令从 RHSM 安装和更新程序包，也可使用同样的 yum 命令从远程第三方库安装和更新程序包。

认证目标 7.01　Red Hat 程序包管理器

系统管理员的主要职责之一是软件管理：安装新的应用程序，更新服务，给内核打补丁。如果没有合适的工具，就很难知道系统上有什么软件，哪些是最新的更新，哪些应用程序依赖于其他软件。更糟的是，安装完一个新软件包之后，最后发现它竟然重写了最近安装的程序包中的某个重要文件。

Red Hat 程序包管理器(Red Hat Package Manager，RPM)就是为解决这些问题而设计的。使用 RPM，可以在具体的程序包中管理软件。RPM 程序包包含软件以及用于添加、删除和更新这些文件的指令。如果使用得当，RPM 系统会先备份主要的配置文件，然后进行更新和删除操作。它还有助于确定当前安装的任何基于 RPM 应用程序的版本。

RPM 和 rpm 命令主要用于单个程序包，这与想象中的还有差距，因此 yum 命令可作为补充。连接到库后(如来自 RHSM 或者从 Scientific Linux 等第三方"重构"得到的)，就能够使用 yum 自动满足依赖。

7.1.1　程序包的含义

一般来说，RPM 程序包就是文件容器。它包含与特定程序或应用程序相关的文件组，这些特定程序或应用程序通常包括二进制文件、安装脚本以及配置和文档文件，还包含关于如何以及在何处安装和卸载这些文件的指令。

RPM 程序包名称通常包括版本、发布许可和构建它的体系结构。例如，penguin-3.4.5-26.e17.x86_ 64.rpm 程序包表示：其版本是 3.4.5，发布许可为 26.e17，x86_64 表示它适用于使用 AMD/Intel 64 位体系结构构建的计算机。

实际经验

许多 RPM 程序包包含针对特定 CPU 类型(例如，x86_64)编译的软件。通过 uname-i 或者 uname-p 命令可识别系统的 CPU 类型。更多有关处理器的信息，请参考/proc/cpuinfo 文件的内容。

7.1.2　RPM 数据库的含义

该系统的核心是 RPM 数据库，该数据库本地存储在/var/lib/rpm 目录中的每个机器上。此外，该数据库跟踪每个 RPM 中各文件的版本和位置。RPM 数据库还维护各文件的 MD5 校验和。rpm-V *package* 命令使用该校验和，可确定该 RPM 程序包中的文件是否已改变。RPM 数据库使添加、删除和升级单个程序包变得很简单，因为它知道要处理哪些文件以及将它们放在何处。

RPM 还管理程序包之间的冲突。例如，假设有一个安装配置文件的程序包，并且想要将该软件更新为新版本。调用原始配置文件/etc/*someconfig*.conf。你已经安装了程序包 X，如果还要安装更新程序包 X，RPM 程序包就会先备份原始的配置文件，然后安装新的配置文件，文件名为/etc/*someconfig*.conf.rpmnew)。

实际经验

虽然假设 RPM 更新支持保留或者保存现有配置文件，但这也不一定，特别是在 RPM 不是用 Red Hat 设计的情况下，就更不一定了。因此最好先备份所有可用的配置文件，然后更新相关的 RPM 程序包。

7.1.3　库的含义

通常将 RPM 程序包组织到库(repository)中。一般来说，这种库包含具有不同功能的程序包组。例如，Red Hat Portal 包含下列 RHEL 7 Server 库(也可以包含其他库)。

- **Red Hat Enterprise Linux Server**　主库,包含与 RHEL 7 原始安装相关的程序包和更新。
- **RHEL Server Optional**　一大组开源程序包，Red Hat 不支持该库。
- **RHN Server Supplementary**　经过许可而不是开源发布的程序包集合，如 IBM Java Runtime 和 Development Kit。
- **RHEL Extras**　包括 Docker，一个使用 Linux Containers(轻量级形式的虚拟化技术)打包和管理应用程序的平台。

- **RHN Tools**　通过 Satellite 服务器订阅 RHN 的客户端工具，也是自动安装 Kickstar 的实用工具。

与之相反，第三方 Red Hat 克隆版本的库类别有所不同，通常包含的类别有主程序包和额外包。大多数情况下，主库只包含发布的 DVD 中的程序包，而更新程序包通常在它们自己的库中配置。

每个库都在 repodata/子目录中包含一个程序包数据库。该数据库包含与每个程序包有关的信息，并允许安装请求包含所有依赖。如果订阅 RHSM，则在 /etc/yum/pluginconf.d 目录的 product-id.conf 和 subscription-manager.conf 文件中启用对这些库的访问。本章稍后将讨论这两个文件。

本章后面介绍如何使用与 yum 命令相关的配置文件来配置到库的连接。

实际经验

需要安装依赖程序包，以确保目标程序包的所有特性均可用。

7.1.4　安装 RPM 程序包

有 3 个基本命令可以安装 RPM。但如果有依赖，那么它们就不能用。例如，如果没有安装 SELinux 策略开发工具包(policycoreutilis-devel)，但试图安装 SELinux 配置 GUI(policycoreutilis-gui)，将得到下面的消息(版本号可能不同)。

```
# rpm -i policycoreutils-gui-2.2.5-11.el7.x86_64.rpm
error: Failed dependencies:
        policycoreutils-devel = 2.2.5-11.el7 is needed by↵
policycoreutils-gui-2.2.5-11.el7.x86_64
```

测试它的方法之一是用 mount/dev/cdrom/media 命令挂载 RHEL 7 DVD。然后找到 Packages/子目录里的 policycoreutils-gui 程序包。此外，可以从 Red Hat Portal 直接下载这个程序包，也可以使用 yumdownloader policycoreutils-gui 命令从配置库里得到它。该命令及其他 yum 命令将在本章稍后讨论。显然，有些 Linux GUI 桌面环境会自动挂载插入到相关驱动器的 CD/DVD 媒体。因此，可在 mount 命令的输出中看到挂载目录。

当出现依赖消息时，rpm 不会安装给定程序包。要注意依赖消息：policycoreutils-gui 需要一个具有相同版本号的 policycoreutils-devel 程序包。

实际经验

当然，可以使用--nodeps 选项让 rpm 忽略依赖，但这样会带来其他问题，除非尽快安装这些依赖。最好的方法是使用合适的 yum 命令(本章稍后介绍)。在这种情况下，yum install policycoreutils-gui 命令将自动安装其他依赖 RPM。

如果没有被依赖所终止，以下 3 个基本命令就可以安装 RPM 程序包。

```
# rpm -i packagename
# rpm -U packagename
# rpm -F packagename
```

如果还没有安装程序包，就用 rpm-i 选项进行安装。rpm-U 选项升级现有程序包；如果没有安装早期版本，则安装它。rpm-F选项只升级现有程序包，即使以前没有安装程序包，它也不安装。

我们喜欢给 rpm 命令添加-vh 选项，这些选项添加冗长模式，并使用哈希标记，这些标记有助于监控安装进程。因此，使用 rpm 安装程序包时，会运行下面的命令。

```
# rpm -ivh packagename-version.arch.rpm
```

还有一件事与正确设计的 RPM 程序包有关。当使用 rpm 命令解压缩时，它会查看是否会重写配置文件。这种情况下，rpm 命令将做出明智的决定。如前所述，如果 rpm 命令选择替换现有的配置文件，大多数情况下会显示一条警告，如下所示。

```
# rpm -U penguin-3.26.x86_64.rpm
warning: /etc/someconfig.conf saved as /etc/someconfig.conf.rpmsave
```

通常，rpm 命令的运行方式与使用-e 开关擦除程序包的方式一样。如果配置文件已经改变，也会将它(其扩展名为.rpmsave)保存在同一目录里。

现在要查看这两个文件，以确定需要进行哪些修改(如果需要)。当然，不是每个 RPM 程序包都完美无缺，因此存在一种风险——即这种更新会重写重要的自定义配置文件。这种情况下，备份就显得尤为重要。

通常，只有被安装的程序包是较新的版本时，升级程序包的 rpm 命令才有效。但有时人们希望使用较老版本的程序包。只要较老的程序包没有安全问题，多数管理员可能更熟悉较老的版本。因为较新的程序包中的故障问题在较老版本中可能不存在。因此，如果要使用 rpm-i、-U 或者-F 命令来"降级"程序包，--force 开关可能很有帮助。

实际经验

如果已经自定义程序包并使用 rpm 命令升级过它，则检查是否有一个已保存的配置文件且该文件的扩展名为.rpmnew。将它用作改变新配置文件设置的指南。但要记住，伴随这些升级，可能还有其他要求的变更。因此，应该对每个可能的生产环境测试结果。

7.1.5　卸载 RPM 程序包

rpm-e 命令可卸载程序包。但首先 RPM 会做一些检查。它先执行依赖检查以确保没有其他要卸载的程序包。如果发现有依赖程序包，rpm-e 会失败，并产生一条标识这些程序包的错误消息。正确配置 RPM 后，如果已经修改相关配置文件，RPM 会复制该文件，在文件名结尾添加扩展名.rpmsave，再擦除原始文件。然后继续完成卸载。当卸载过程完成之后，从数据库中删除这个程序包。

实际经验

对于从系统中删除哪些程序包要非常谨慎。和其他许多 Linux 实用工具一样，RPM 可能会让你自作自受。例如，如果删除包含运行内核的程序包，就会导致在下次启动时系统不可用。

7.1.6　从远程系统安装 RPM

使用 RPM 系统，甚至可以像 Internet 地址一样以 URL 格式指定程序包的位置。例如，如果想将 rpm 命令应用于 ftp.rpmdownloads.com FTP 服务器上/pub 目录里的 foo.rpm 程序包，则可用下面的命令安装这个程序包。

```
# rpm -ivh ftp://ftp.rpmdownloads.com/pub/foo.rpm
```

假设有到该远程服务器的网络连接，这个特定的 rpm 命令会匿名登录 FTP 服务器并下载该文件。但如果该命令在程序包名称中使用通配符，则会产生与"file not found"相关的错误消息。完整的程序包名称必不可少，这个名称可以是匿名的。

如果像第 1 章和第 2 章介绍的那样从 FTP 服务器安装 RHEL 7，则可以替代相关的 URL，以及程序包的确切名称。例如，根据第 1 章配置的 FTP 服务器和前面提到的 policycoreutils-gui 程序包，相应的命令如下所示。

```
# rpm -ivh ftp://192.168.122.1/pub/inst/policycoreutils-gui ↵
-2.2.5-11.el7.x86_64.rpm
```

如果 FTP 服务器要求输入用户名和口令，则可以用下面的格式包含它们：

```
ftp://username:password@hostname:port/path/to/remote/package.rpm
```

其中 username 和 password 分别是登录该系统所需的用户名和口令，port(如果需要)指定远程 FTP 服务器上使用的非标准端口。

根据前面的示例，如果用户名是 mjang，口令是 Ila451MS，就可以使用下面的命令直接从服务器安装 RPM。

```
# rpm -ivh ftp://mjang:Ila451MS@192.168.122.1/pub/inst/policycoreutils-gui ↵
-2.2.5-11.el7.x86_64.rpm
```

7.1.7　RPM 安装的安全性

特别是对于通过 Internet 下载的 RPM 程序包来说，安全是大家关注的焦点。如果"黑帽"黑客以某种方式渗透到 RHN 或第三方库，如何知道来自这些地方的程序包是真实的? 答案是使用 GNU Privacy Guard (GPG)键，它是 Pretty Good Privacy (PGP)的开源实现。如果 RPM 文件使用私有的 GPG 键签名，就可以使用对应的公共 GPG 键来验证该程序包的完整性。有效的签名可以确保程序包已由授权方签名，而非来自恶意的黑客。

如果没有导入或者安装 Red Hat 公共 GPG 键，在安装程序包时可能会看到类似下面的消息。

```
warning: vsftpd-3.0.2-9.el7.x86_64.rpm: Header V3 RSA/SHA256
Signature, key ID fd431d51: NOKEY
```

如果关注安全，这条警告足以让人警醒。在 RHEL 7 安装过程中，GPG 键保存在/etc/pki/rpm-gpg 目录中。查看该目录的内容，就会找到一些像 RPM-GPG-KEY-redhat-release 这样的文件。

要实际使用该键来验证程序包，就必须导入它。导入 GPG 键的命令非常简单，如下所示。

```
# rpm --import /etc/pki/rpm-gpg/RPM-GPG-KEY-redhat-release
```

如果没有输出，则说明 rpm 命令可能已经成功导入 GPG 键。即使该命令成功，如果重复执行，也会出现"import failed"(导入失败)消息。另外，GPG 键现在包含在 RPM 数据库中，通过 *rpm -qagpg-pubkey* 命令可以验证这一点。

在/etc/pki/rpm-gpg 目录中，通常有 5 个 GPG 键可用，如表 7-1 中所示。

本章稍后将介绍在安装新程序包时，如何从远程库自动导入这些 GPG 键。

表 7-1　验证软件更新的 GPG 键

GPG 键	说　　明
RPM-GPG-KEY-redhat-beta	为 RHEL 7 beta 构建的程序包
RPM-GPG-KEY-redhat-legacy-former	用于 2007 年 1 月之前版本(及更新)的程序包
RPM-GPG-KEY-redhat-legacy-release	用于 2007 年 1 月之后版本的程序包
RPM-GPG-KEY-redhat-legacy-rhx	与 Red Hat Exchange 相关的程序包
RPM-GPG-KEY-redhat-release	为 RHEL 7 发布的程序包

7.1.8　带内核的特殊 RPM 过程

更新后的内核合并了一些新特性，解决安全问题，这通常有助于 Linux 系统更好地运行。但内核更新可能会导致出错并且阻止系统启动，也可能导致应用程序中断，特别是在如果已经安装了专用程序包，而这些程序包又依赖内核的现有版本的情况下。

如果你发现依赖于自定义内核模块的软件，并且还没有准备好重复使用现有内核来自定义软件的步骤，就不要升级内核，不管它是来自供应商的新版本的闭源内核模块、为新内核重建的专用模块还是其他情况。例如，一些无线网卡和打印机的驱动可能与内核的某个特定版本是绑定的。有些虚拟机软件组件(不包括 KVM)可能依赖内核的某个特定版本才能安装。

如果内核 RPM 有可用的更新，有人会有运行 rpm -U *newkernel* 命令的冲动。千万别这么做！这样会重写现有内核，如果更新的内核不适用于该系统，就麻烦了(但也不是完全没有办法。如果重启系统仍然有问题，还可以使用第 5 章介绍的 rescue 模式来启动系统，然后重新安装现有内核。在 Red Hat 考试中有单独的检修和系统维护(Troubleshooting and System Maintenance)这一部分，这可能是一个有趣的测试情境)。

升级到新内核的最好方法是安装它，特别是可以使用下面的命令：

```
# rpm -ivh newkernel
```

如果连接到相应库，下面的命令将正常运行：

```
# yum install kernel
```

该命令安装新内核，以及相关文件，与当前运行内核并行运行。ls /boot 命令输出结果的一

个示例如图 7-1 所示:

```
[root@server1 ~]# ls /boot
config-3.10.0-123.13.2.el7.x86_64
config-3.10.0-123.el7.x86_64
grub2
initramfs-0-rescue-b37be8dd26f97ac4ba4a6152f5e92b44.img
initramfs-3.10.0-123.13.2.el7.x86_64.img
initramfs-3.10.0-123.el7.x86_64.img
initrd-plymouth.img
symvers-3.10.0-123.13.2.el7.x86_64.gz
symvers-3.10.0-123.el7.x86_64.gz
System.map-3.10.0-123.13.2.el7.x86_64
System.map-3.10.0-123.el7.x86_64
vmlinuz-0-rescue-b37be8dd26f97ac4ba4a6152f5e92b44
vmlinuz-3.10.0-123.13.2.el7.x86_64
vmlinuz-3.10.0-123.el7.x86_64
[root@server1 ~]#
```

图 7-1 /boot 目录中的新内核文件和现有内核文件

实际经验

通过运行 yum update kernel 命令来安装新内核也很安全。实际上在默认情况下,yum 总是被配置为安装内核程序包并将旧内核保留在原位置。该命令适用于最多同时安装 3 个内核的情况。

在/boot 目录中会看到启动进程各部分的不同文件,如表 7-2 所示。

表 7-2 /boot 目录中的文件

文　件	说　　明
config-*	内核配置设置;文本文件
grub2/	GRUB 配置文件的目录
initramfs-*	初始 RAM 磁盘文件系统,启动过程中调用以帮助加载其他内核组件的根文件系统,如块设备模块
initrd-plymouth.img	RAM 磁盘文件系统,其中包含 Plymouth 在引导时显示的图形动画文件
symvers-*	模块列表
System.map-*	变量和函数的系统名称映射,包括它们在内存中的位置
vmlinuz-*	实际 Linux 内核

GRUB 配置文件(/boot/grub2/grub.cfg)中的新内核安装过程会添加一些启动新内核的选项,同时又不会擦除现有选项。修改后的 GRUB 配置文件的示例如图 7-2 所示。

仔细阅读这两节就会发现,对于 Linux 内核和初始 RAM 磁盘文件系统来说,它们之间的唯一区别是标题中的版本号。默认情况下,系统由新安装的内核启动。因此,如果该内核无法运行,可以重启系统,访问 GRUB 菜单,然后从旧内核启动,这样可能就会运行。

```
menuentry 'Red Hat Enterprise Linux Server (3.10.0-123.13.2.el7.x86_64) 7.0 (Maipo)' --class
red --class gnu-linux --class gnu --class os --unrestricted $menuentry_id_option 'gnulinux-3.
10.0-123.el7.x86_64-advanced-d055418f-1ff6-46bf-8476-b391e82a6f51' {
        # output removed for brevity
        set root='hd0,msdos1'
        linux16 /vmlinuz-3.10.0-123.13.2.el7.x86_64 root=/dev/mapper/rhel-root ro rd.lvm.lv=r
hel/root vconsole.font=latarcyrheb-sun16 rd.lvm.lv=rhel/swap crashkernel=auto  vconsole.keyma
p=uk rhgb quiet LANG=en_GB.UTF-8
        initrd16 /initramfs-3.10.0-123.13.2.el7.x86_64.img
}
menuentry 'Red Hat Enterprise Linux Server (3.10.0-123.el7.x86_64) 7.0 (Maipo)' --class red -
-class gnu-linux --class gnu --class os --unrestricted $menuentry_id_option 'gnulinux-3.10.0-
123.el7.x86_64-advanced-d055418f-1ff6-46bf-8476-b391e82a6f51' {
        # output removed for brevity
        set root='hd0,msdos1'
        linux16 /vmlinuz-3.10.0-123.el7.x86_64 root=/dev/mapper/rhel-root ro rd.lvm.lv=rhel/r
oot vconsole.font=latarcyrheb-sun16 rd.lvm.lv=rhel/swap crashkernel=auto  vconsole.keymap=uk
rhgb quiet LANG=en_GB.UTF-8
        initrd16 /initramfs-3.10.0-123.el7.x86_64.img
}
```

图 7-2　包含辅助内核的 GRUB

认证目标 7.02　更多 rpm 命令

rpm 命令非常多。本书只能介绍一些 rpm 用来管理 RHEL 的基本方法。前面已经介绍 rpm 如何以不同方法安装和升级程序包。查询有助于详细确定安装了什么，有效性验证工具能够检查程序包和各文件的完整性。可以使用相关工具来确定不同 RPM 的目的和已安装的 RPM 的完整列表。

7.2.1　程序包查询

最简单的 RPM 查询验证是否安装了指定程序包。下面的命令验证 systemd 程序包(版本号可能不同)的安装情况：

```
# rpm -q systemd
systemd-208-11.el7.x86_64
```

使用 RPM 查询可以做更多事情，如表 7-3 所示。注意这些查询如何与-q 或--query 关联；全字开关(如--query)通常与双连接符(--)关联。

表 7-3　rpm --query 选项

rpm 查询命令	说　　明
rpm -qa	列出所有已安装的程序包
rpm -qf /path/to/file	标识与/path/to/file 相关的程序包
rpm -qc *packagename*	只列出来自 *packagename* 的配置文件
rpm -qd *packagename*	只列出来自 *packagename* 的文档文件
rpm -qi *packagename*	显示 *packagename* 的基本信息
rpm -ql *packagename*	列出来自 *packagename* 的所有文件
rpm -qR *packagename*	记录所有依赖；没有它们就无法安装 *packagename*
rpm –q –changelog *packagename*	显示 *packagename* 的变化信息

如果想要查询的是一个 RPM 程序包文件而非本地 RPM 数据库，所要做的全部就是添加 -p 开关并指定安装包文件的路径或 URL。例如，下面的命令列出了 RPM 程序包 epel-release-7-5.noarch.rpm 的所有文件。

```
# rpm -qlp epel-release-7-5.noarch.rpm
```

7.2.2　程序包签名

RPM 有一些方法可检查程序包的完整性。前面已经介绍了如何导入 GPG 键，以及当使用 rpm --checksig *pkg.rpm* 命令验证程序包时可以使用的一些方法 (-K 开关相当于--checksig)。例如，如果从第三方下载程序包(假设为 pkg-1.2.3-4.noarch.rpm 程序包)，并想依据导入的 GPG 键来检查它，则可以运行下面的命令。

```
# rpm --checksig pkg-1.2.3-4.noarch.rpm
```

如果成功，得到的输出如下所示。

```
pkg-1.2.3-4.noarch.rpm: rsa sha1 (md5) pgp md5 OK
```

这可以保证程序包是可靠的并且 RPM 文件不能被第三方修改。你可能已经意识到以下算法可用来检查程序包的完整性。

- rsa　以创建者 Rivest、Shamir 和 Adlemen 命名的一种算法，是一种公钥加密算法。
- sha1　一种 160 位消息摘要安全哈希算法；一种加密哈希函数。
- md5　Message Digest 5，一种加密哈希函数。
- pgp　PGP，GPG 在 Linux 中实现的算法。

7.2.3　文件校验

对已安装程序包的校验就是将该程序包的信息与系统中 RPM 数据库中的信息进行对比。--verify (或-v)开关校验程序包中每个文件的大小、MD5 校验和、许可、类型、所有者和分组。校验的方法有很多种。下面是一些示例：

- 校验所有文件。通常，这需要在系统上花费很长时间(当然，rpm –Va 命令也能实现同样的功能)。

```
# rpm --verify -a
```

- 依据已下载的 RPM 来校验程序包中的所有文件。

```
# rpm --verify -p vsftpd-3.0.2-9.el7.x86_64.rpm
```

- 校验与特定程序包相关的文件。

```
# rpm --verify --file /bin/ls
```

如果校验文件或程序包的完整性，将看不到输出。如果有输出，则表示文件或程序包与原始文件或程序包不同。如果出现某些变化也不需要紧张，毕竟管理员可以编辑配置文件。一共有 8 种测试，如果有变化，输出将是一个包含最多 8 个失败代码字符的字符串，这些字符会告诉你测试过程中发生了什么。

如果看到一个点(.)，则表示测试通过。下面的示例显示的是不正确组 ID 分配中的/bin/vi。

```
# rpm --verify --file /bin/vi
......G.   /bin/vi
```

表 7-4 列出了失败代码及其含义。

表 7-4　rpm --verify 代码

失　败　代　码	含　　义
5	MD5 校验和
S	文件大小
L	符号链接
T	文件修改时间
D	设备
U	用户
G	组
M	模式

下面是一个有趣的实验题：安装完某个版本的程序包之后，对同一程序包的另一个版本使用 rpm --verify –p 命令。找到这个程序包并不太难，因为 Red Hat 经常根据特性更新、安全补丁和故障修复来更新程序包。例如，为 RHEL 7 撰写这本书时，作者同时访问 sssd-client-1.11.2-65.el7.x86_64.rpm 和 sssd-client-1.11.2-28.el7.x86_64.rpm。当安装后面一个版本时，运行下面的命令：

```
# rpm --verify -p sssd-client-1.11.2-65.el7.x86_64.rpm
```

得到已变更的文件的完整列表，如图 7-3 所示。这个命令提供 sssd-client 程序包不同版本之间的变更信息。

```
[root@server1 Packages]# rpm --verify -p sssd-client-1.11.2-65.el7.x86_64.rpm
S.5....T.   /usr/lib64/krb5/plugins/authdata/sssd_pac_plugin.so
S.5....T.   /usr/lib64/krb5/plugins/libkrb5/sssd_krb5_locator_plugin.so
S.5....T.   /usr/lib64/libnss_sss.so.2
S.5....T.   /usr/lib64/security/pam_sss.so
missing     /usr/share/doc/sssd-client-1.11.2
missing   d /usr/share/doc/sssd-client-1.11.2/COPYING
missing   d /usr/share/doc/sssd-client-1.11.2/COPYING.LESSER
missing   d /usr/share/man/ca/man8/pam_sss.8.gz
missing   d /usr/share/man/es/man8/pam_sss.8.gz
S.5....T. d /usr/share/man/es/man8/sssd_krb5_locator_plugin.8.gz
S.5....T. d /usr/share/man/fr/man8/pam_sss.8.gz
S.5....T. d /usr/share/man/fr/man8/sssd_krb5_locator_plugin.8.gz
missing   d /usr/share/man/ja/man8/pam_sss.8.gz
S.5....T. d /usr/share/man/ja/man8/sssd_krb5_locator_plugin.8.gz
S.5....T. d /usr/share/man/man8/pam_sss.8.gz
S.5....T. d /usr/share/man/man8/sssd_krb5_locator_plugin.8.gz
S.5....T. d /usr/share/man/uk/man8/pam_sss.8.gz
S.5....T. d /usr/share/man/uk/man8/sssd_krb5_locator_plugin.8.gz
[root@server1 Packages]#
```

图 7-3　校验程序包之间的变更

认证目标 7.03　依赖和 yum 命令

使用 yum 命令，可以轻松地在系统中添加和删除软件包。它通过适当的方式添加、升级和删除程序包，从而维护数据库。这也使得通过单个命令来添加和删除软件变得相对简单。这个命令胜过所谓的"依赖地狱"(dependency hell)。

yum 命令最初是为 Yellow Dog Linux 开发的。这个名称基于 Yellow Dog 更新者，并经过适当修改。考虑到与依赖地狱相关的问题，Linux 用户试图找到一种解决方案。在杜克大学(Duke University)开发人员的帮助下，使它适用于 Red Hat 版本。

yum 命令的配置依赖于称为库的程序包库。通过 Red Hat Portal 配置 Red Hat 库，而第三方重构的发布版本的库使用公开的可用服务器。无论哪种情况，最重要的是知道 yum 命令的运行方式，知道如何安装和更新单个程序包及程序包组。

7.3.1　依赖地狱示例

为了更好地理解 yum 命令的需求，可以查看图 7-4。在此，不需要 kernel.spec 文件。图中列出的程序包是构建 RPM 必不可少的。虽然构建 RPM 程序包不是认证考试所必须的，但相关程序包也很好地说明了对 yum 的需求。

```
[root@server1 SPECS]# rpmbuild -ba kernel.spec
error: Failed build dependencies:
        gcc >= 3.4.2 is needed by kernel-3.10.0-123.13.2.el7.x86_64
        xmlto is needed by kernel-3.10.0-123.13.2.el7.x86_64
        hmaccalc is needed by kernel-3.10.0-123.13.2.el7.x86_64
        elfutils-devel is needed by kernel-3.10.0-123.13.2.el7.x86_64
        binutils-devel is needed by kernel-3.10.0-123.13.2.el7.x86_64
        python-devel is needed by kernel-3.10.0-123.13.2.el7.x86_64
        perl(ExtUtils::Embed) is needed by kernel-3.10.0-123.13.2.el7.x86_64
        bison is needed by kernel-3.10.0-123.13.2.el7.x86_64
        audit-libs-devel is needed by kernel-3.10.0-123.13.2.el7.x86_64
        numactl-devel is needed by kernel-3.10.0-123.13.2.el7.x86_64
[root@server1 SPECS]# 
```

图 7-4　构建 RPM 所需的程序包

可使用 rpm 命令来安装这些程序包，步骤如下：

(1) 放入 RHEL 7 DVD。将它插入驱动器，或者确保在目标虚拟机的配置中包含它。

(2) 除非已经挂载，否则使用下面的命令挂载该 DVD。当然，也可将/media 替换为其他空目录。

```
# mount /dev/cdrom /media
```

(3) 导航到挂载 DVD 的目录，也就是/media 或/media 的子目录。

(4) 在 DVD 的 Packages/子目录下可以找到 RHEL 7 DVD 上的 RPM 程序包。导航到这个子目录。

(5) 输入 rpm –ivh 命令，再输入图 7-4 中列出的程序包的名称。最好使用命令完成功能来实现。例如，如果输入：

```
# rpm -ivh gcc-
```

按 TAB 键两次，浏览以 gcc-开头的可用程序包。可以输入其他键，再按 TAB 键，完成程序包的名称。完成后，命令和结果如图 7-5 所示。实际显示的内容取决于每个程序包的当前修订级别和本地系统上已经安装的程序。

```
[root@server1 Packages]# rpm -ivh gcc-4.8.2-16.el7.x86_64.rpm xmlto-0.0.25-7.el7.x86_64.rpm
hmaccalc-0.9.13-4.el7.x86_64.rpm elfutils-devel-0.158-3.el7.x86_64.rpm binutils-devel-2.23.5
2.0.1-16.el7.x86_64.rpm python-devel-2.7.5-16.el7.x86_64.rpm perl-ExtUtils-Embed-1.30-283.el
7.noarch.rpm bison-2.7-4.el7.x86_64.rpm audit-libs-devel-2.3.3-4.el7.x86_64.rpm numactl-deve
l-2.0.9-2.el7.x86_64.rpm
error: Failed dependencies:
        cpp = 4.8.2-16.el7 is needed by gcc-4.8.2-16.el7.x86_64
        glibc-devel >= 2.2.90-12 is needed by gcc-4.8.2-16.el7.x86_64
        libmpc.so.3()(64bit) is needed by gcc-4.8.2-16.el7.x86_64
        libmpfr.so.4()(64bit) is needed by gcc-4.8.2-16.el7.x86_64
        flex is needed by xmlto-0.0.25-7.el7.x86_64
        elfutils-libelf-devel(x86-64) = 0.158-3.el7 is needed by elfutils-devel-0.158-3.el7.
x86_64
        perl-devel is needed by perl-ExtUtils-Embed-0:1.30-283.el7.noarch
        kernel-headers >= 2.6.29 is needed by audit-libs-devel-2.3.3-4.el7.x86_64
[root@server1 Packages]#
```

图 7-5　这些程序包具有依赖

(6) 在要安装的程序包列表中包含这些依赖。完成这一步之后，将会产生更多依赖，如图 7-6 所示。

```
[root@server1 Packages]# rpm -ivh gcc-4.8.2-16.el7.x86_64.rpm xmlto-0.0.25-7.el7.x86_64.rpm
hmaccalc-0.9.13-4.el7.x86_64.rpm elfutils-devel-0.158-3.el7.x86_64.rpm binutils-devel-2.23.5
2.0.1-16.el7.x86_64.rpm python-devel-2.7.5-16.el7.x86_64.rpm perl-ExtUtils-Embed-1.30-283.el
7.noarch.rpm bison-2.7-4.el7.x86_64.rpm audit-libs-devel-2.3.3-4.el7.x86_64.rpm numactl-deve
l-2.0.9-2.el7.x86_64.rpm cpp-4.8.2-16.el7.x86_64.rpm glibc-devel-2.17-55.el7.x86_64.rpm libm
pc-1.0.1-3.el7.x86_64.rpm mpfr-3.1.1-4.el7.x86_64.rpm flex-2.5.37-3.el7.x86_64.rpm elfutils-
libelf-devel-0.158-3.el7.x86_64.rpm perl-devel-5.16.3-283.el7.x86_64.rpm kernel-headers-3.10
.0-123.el7.x86_64.rpm
error: Failed dependencies:
        glibc-headers is needed by glibc-devel-2.17-55.el7.x86_64
        glibc-headers = 2.17-55.el7 is needed by glibc-devel-2.17-55.el7.x86_64
        gdbm-devel is needed by perl-devel-4:5.16.3-283.el7.x86_64
        libdb-devel is needed by perl-devel-4:5.16.3-283.el7.x86_64
        perl(ExtUtils::Installed) is needed by perl-devel-4:5.16.3-283.el7.x86_64
        perl(ExtUtils::MakeMaker) is needed by perl-devel-4:5.16.3-283.el7.x86_64
        perl(ExtUtils::ParseXS) is needed by perl-devel-4:5.16.3-283.el7.x86_64
        systemtap-sdt-devel is needed by perl-devel-4:5.16.3-283.el7.x86_64
[root@server1 Packages]#
```

图 7-6　这些程序包甚至有更多依赖

在某种程度上说，此时向安装添加更多程序包会更加困难。除了凭借经验之外，如何知道 mpfr-*程序包满足 libmpfr.so.4()(64 位)的 "Failed Dependencies" 错误消息？即使知道，包含这些程序包也是不够的。因为还有更多级别的依赖程序包，这种痛苦被称为依赖地狱。

7.3.2　从依赖地狱解脱

在 yum 之前，一些使用 rpm 命令的尝试被前面介绍的依赖所终止。的确可以使用相同的命令安装这些依赖程序包，但如果这些依赖本身又有依赖，又该怎么办呢？这可能正是 yum 命令的最大优点。

在 yum 之前，RHEL 将依赖解决方案合并到更新过程中。在 RHEL 4 中，使用 up2date 就能做到这一点。从 RHEL 5 开始，Red Hat 合并了 yum。yum 命令使用订阅的 Red Hat Portal 通道和在/etc/yum. repos.d 目录里配置的其他库。

运行下面的命令，就可安装图 7-4 中列出的程序包。

```
# yum install gcc xmlto hmaccalc elfutils-devel binutils-devel \
> python-devel perl-ExtUtils-Embed bison audit-libs-devel numactl-devel
```

如果有提示，接受安装其他依赖程序包的请求，就会自动安装所有标注的依赖(-y 开关具有相同功能)。如果连接库有更新可用，则安装每个程序包的最新可用版本。本章稍后将详细介绍 yum 命令。

但如果运行 RHEL 7 时没有连接到 Red Hat Portal，什么也不会发生。简单而言，会看到如何创建 yum 和第 1 章创建的安装服务器之间的连接。

对于 RHEL 来说，有许多第三方库可用，包括 Red Hat 不支持的一些常见应用程序。例如，作者使用了一个外部库来安装与笔记本电脑无线网卡相关联的程序包。

虽然这些库的所有者与某些 Red Hat 开发人员紧密合作，但还是有一些报告指出，其中一个库所需要的依赖对其他库不可用，从而导致不同形式的"依赖地狱"。但还是有许多常见的第三方库非常好，作者在使用这些库时从没遇到过"依赖地狱"。

实际经验

Red Hat 不包含大多数经过验证的常见程序包(这些程序包在第三方库中可用)，主要有两个原因：有些不是在开源许可下发布的，有些程序包则是 Red Hat 不支持的。

7.3.3　yum 基本配置

从依赖地狱中解脱取决于正确配置 yum。不仅要知道如何配置 yum，使之连接到 Internet 上的库，还要知道如何配置 yum，使之连接到本地网络上的库。有了这些知识，就能将 yum 连接到 Red Hat Portal 上的库，连接到第三方配置的库，连接到为特定网络配置的自定义库。但是记住，在 Red Hat 考试过程中，不能访问 Internet。

因此，必须详细了解如何配置 yum。下面首先介绍/etc/yum.conf 配置文件，然后介绍/etc/yum 和/etc/yum.repos.d 目录中的文件。运行下面的命令，可以得到 yum 配置指令及其当前值的完整列表。

```
# yum-config-manager
```

该命令要求安装 yum-utils 程序包。

7.3.4　基本 yum 配置文件：yum.conf

本节将逐行分析/etc/yum.conf 文件的默认版本。虽然在大多数情况下不会修改这个文件，但如果出现错误，至少要理解文件中的标准指令。下面是该文件默认版本的直接摘录。第一个指令是标题；[main]标题表示下面所有指令都适用于 yum：

```
[main]
```

cachedir 指令指定下载程序包缓存、程序包列表和相关数据库的位置。依据 RHEL 7 的标准 64 位体系结构，这个位置是/var/cache/yum/x86_64/7Server 目录。

```
cachedir=/var/cache/yum/$basearch/$releasever
```

keepcache 布尔指令指定 yum 是否在 cachedir 指定的目录里保存所下载的标题和程序包。这里显示的标准建议不保存缓存，这有助于确保系统与最新的可用程序包保持一致(但这是以较慢的 yum 执行速度为代价的，因为在每次执行时都需要获取元数据)。

```
keepcache=0
```

debuglevel 指令与 errorlevel 和 logfile 指令紧密相关，它们指定与调试和错误消息有关的细节。虽然没有显示 errorlevel 指令，但它和 debuglevel 都被默认设置为 2。有效范围是 0～10，对于开发人员来说，0 表示不提供信息，10 表示提供过多信息。

```
debuglevel=2
logfile=/var/log/yum.log
```

exactarch 布尔指令确保体系结构匹配实际的处理器类型，和 arch 命令定义的一样。

```
exactarch=1
```

obsoletes 布尔指令与 yum update 命令结合，支持卸载不再使用的程序包。

```
obsoletes=1
```

gpgcheck 布尔指令确保 yum 命令实际检查下载程序包的 GPG 签名。

```
gpgcheck=1
```

plugins 布尔指令提供到/usr/share/yum-plugins 目录中基于 Python 的 RHN 插件的必要链接。它还间接引用/etc/yum/pluginconf.d 目录中的插件配置文件。

```
plugins=1
```

installonly_limit 指令指定可以同时安装 installonlypkgs 选项(通常指内核)中所列的程序包的数量:

```
installonly_limit=3
```

为确保从 RHN(和其他库)下载的标题数据是最新的，metadata_expire 指令指定标题的生命周期。虽然在 yum.conf 状态的注释中默认值为 90 分钟，但 RHEL 7 上的实际默认值为 6 个小时。换句话说，如果在前 6 个小时中没有使用 yum 命令，那么下一次使用 yum 命令将会下载最新的标题信息。

```
#metadata_expire=90m
```

注释中的最后一个指令刚好是默认的；它引用库中实际配置信息的标注目录。

```
# PUT YOUR REPOS HERE OR IN separate files named file.repo
# in /etc/yum.repos.d
```

7.3.5　/etc/yum/pluginconf.d 目录中的配置文件

/etc/yum/pluginconf.d 目录中的默认文件配置 yum 和 Red Hat Portal 或本地 Satellite 服务器之间的连接。如果学习过 RHEL 重构的发布版本(如 CentOS)，就会发现该目录中有一些不同的文件。在 CentOS 中,该目录中的文件关注的是将本地系统连接到 Internet 上更好的库。但这是一本有关 Rad Hat 的书,所以在此只关注 RHEL 7 安装文件中的两个基本文件。

1. Red Hat 网络插件

如果已经通过旧版本的 Red Hat Satellite Server 订阅了 RHN,该目录中的 rhnplugin.conf 文件就特别重要。虽然这些指令看起来很简单(如下所示),但它们能够访问和检查 GPG 签名:

```
[main]
enabled = 1
gpgcheck = 1
timeout = 120
```

在注释中,这个文件表示可以为不同库配置不同设置。括号里的这些库应该匹配与实际 RHN 库相关联的那些库。

2. Red Hat 订阅管理插件

subscription-manager.conf 和 product-id.conf 文件使用 Subscription Manager 将 yum 系统连接到 Red Hat Portal。如本章稍后所述,Subscription Manager 是一个旨在替代 RHN,用于系统更新的系统。subscription-manager.conf 文件非常简单,它只有两个指令,能够启用 yum 和 Subscription Manager 插件之间的连接。

```
[main]
enabled=1
```

7.3.6　/etc/yum.repos.d 目录中的配置文件

/etc/yum.repos.d 目录中的配置文件用来连接系统和实际库。如果运行重构的发布版本(如 CentOS),就会看到连接到 Internet 上公共库的文件。 如果运行 RHEL 7,该目录可能为空,除非该系统在 Red Hat Subscription Manager 中注册。这种情况下,将在该目录中看到 redhat. repo 文件,它可以从 Red Hat Portal 获得更多更新。

/etc/yum.repos.d 目录中配置文件的一对常见元素是文件扩展名(.repo)和文档,可以使用 man yum.conf 命令看到它们。

/etc/yum.repos.d 目录里配置好的.repo 文件极为好用,使用 yum 命令可以激活程序包组的安装过程。由于在 RHEL 7 系统上/etc/yum.repos.d 目录可能为空,因此要知道如何使用安装服务器中的数据和 yum.conf 帮助页面中的信息,从头开始创建该文件。

理解重构发布版本的/etc/yum.repos.d 配置文件

如果运行重构发布版本,/etc/yum.repos.d 目录中的文件可能将本地系统连接到一个或多个远程库。示例之一是 CentOS 7,如图 7-7 所示。虽然它包含许多不同库,但可以了解为每个库配置的指令模式。

```
[base]
name=CentOS-$releasever - Base
mirrorlist=http://mirrorlist.centos.org/?release=$releasever&arch=$basearch&repo=os
#baseurl=http://mirror.centos.org/centos/$releasever/os/$basearch/
gpgcheck=1
gpgkey=file:///etc/pki/rpm-gpg/RPM-GPG-KEY-CentOS-7

#released updates
[updates]
name=CentOS-$releasever - Updates
mirrorlist=http://mirrorlist.centos.org/?release=$releasever&arch=$basearch&repo=updates
#baseurl=http://mirror.centos.org/centos/$releasever/updates/$basearch/
gpgcheck=1
gpgkey=file:///etc/pki/rpm-gpg/RPM-GPG-KEY-CentOS-7

#additional packages that may be useful
[extras]
name=CentOS-$releasever - Extras
mirrorlist=http://mirrorlist.centos.org/?release=$releasever&arch=$basearch&repo=extras
#baseurl=http://mirror.centos.org/centos/$releasever/extras/$basearch/
gpgcheck=1
gpgkey=file:///etc/pki/rpm-gpg/RPM-GPG-KEY-CentOS-7

#additional packages that extend functionality of existing packages
[centosplus]
name=CentOS-$releasever - Plus
mirrorlist=http://mirrorlist.centos.org/?release=$releasever&arch=$basearch&repo=centosplus
#baseurl=http://mirror.centos.org/centos/$releasever/centosplus/$basearch/
gpgcheck=1
enabled=0
gpgkey=file:///etc/pki/rpm-gpg/RPM-GPG-KEY-CentOS-7
```

图 7-7　在一个文件中配置的几个库

图 7-7 中有 4 节数据，每一节数据都表示一个到 CentOS 库的连接。例如，第一节包含一个或多个库的基本元素。用括号括起来的第一行提供库名称。这里[base]刚好代表 CentOS 7 发布版本使用的基本库。它不表示安装相关程序包的目录。

```
[base]
```

然而当运行 yum update 命令来更新这些远程程序包的本地数据库时，它包含 base 作为库名称，输出如下所示，表示下载现有库数据的 3.6MB 数据库耗时 1s。

```
base             | 3.6 kB  00:00:01
```

紧接着是库的名称，这只是出于文档的需要，并不影响如何阅读或下载程序包或程序包数据库。但包含 name 指令的确避免了非致命的错误消息。

```
name=CentOS-$releasever - Base
```

注意后面的 mirrorlist 指令，它指定了一个文件的 URL，该文件中包含多个 URL 的列表，这些 URL 指向最接近且包含实际程序包库副本的远程服务器。通常，这可以使用 HTTP 或 FTP 协议(甚至可使用本地指令或者 mounted Network File System 共享，如练习 7-1 所示)实现。

```
mirrorlist=http://mirrorlist.centos.org/?release=$releasever ↵
&arch=$basearch&repo=os
```

同样，可以使用 baseurl 指令在下载的文件中设置这些库：

```
#baseurl=http://mirror.centos.org/centos/$releasever/os/$basearch/
```

虽然/etc/yum.repos.d 目录的.repo 文件中配置的库默认为 enabled，但下面的指令提供了一种简单方法，可以禁用到它的连接(enabled=1，表示启用连接)。

```
enabled=0
```

如果想要禁用所下载的每个程序包的 GPG 签名，可以使用下面的命令。

```
gpgcheck=0
```

当然，如果启用 gpgcheck，任何 GPG 检查都需要 GPG 键，为此下面的指令将指定本地 /etc/pki/rpm-gpg 目录中的一个键：

```
gpgkey=file:///etc/pki/rpm-gpg/RPM-GPG-KEY-CentOS-7
```

7.3.7 创建自己的/etc/yum.repos.d 配置文件

下面介绍如何在/etc/yum.repos.d 目录中创建本地配置文件。可使用 yum 命令，这是安装像 Apache Web 服务器这样的程序包组或者本书中讨论的程序包组的最简单方法。

为此，需要在/etc/yum .repos.d 目录中建立一个扩展名为.repo 的文本文件。该文件只需要 3 行代码。其实，如果愿意接受某些非致命错误，两行就足够了。

在 RHEL 7 上，特别是在考试过程中，/etc/yum.repos.d 目录可能是空的。因此，或许不能访问示例，例如为 CentOS 提供的示例，如图 7-7 所示。第一条指导来自/etc/yum.conf 文件底部的如下注释，它确定该文件在/etc/yum.repos.d 目录中的扩展名必须为.repo。

```
# PUT YOUR REPOS HERE OR IN separate files named file.repo
# in /etc/yum.repos.d
```

另外，还要在/etc/yum.conf 文件里配置 3 行代码。如果忘记要添加哪 3 行代码，下面是一个 yum.conf 文件帮助页面中的示例，如图 7-8 所示。

```
[repository] OPTIONS
        The repository section(s) take the following form:

                Example: [repositoryid]
                name=Some name for this repository
                baseurl=url://path/to/repository/

                repositoryid Must be a unique name for each repository, one
                word.

                name A human readable string describing the repository.

                baseurl Must be a URL to the directory where the yum reposi-
                tory's `repodata' directory lives. Can be an http://, ftp:// or
                file:// URL. You can specify multiple URLs in one baseurl state-
                ment. The best way to do this is like this:
                [repositoryid]
                name=Some name for this repository
                baseurl=url://server1/path/to/repository/
                        url://server2/path/to/repository/
                        url://server3/path/to/repository/

                If you list more than one baseurl= statement in a repository you
                will find yum will ignore the earlier ones and probably act
                bizarrely. Don't do this, you've been warned.
```

图 7-8 这段代码摘自 yum.conf 文件的帮助页面，用于配置新库

如果忘记了该做什么，可以运行 man yum.conf 命令，向下滚动到帮助页面的这个部分。括号里显示的是库的标识符。除非 RHCSA 考试指定，否则在括号里包含哪个单词作为标识符都无

关紧要。

基于本章的目的，在/etc/yum.repos.d 目录中打开一个名为 whatever.repo 的新文件(在某种程度上，.repo 文件的文件名无关紧要，只要它在/etc/yum.repos.d 目录中的扩展名为.repo 即可)。在该文件中添加下面的标识符。

```
[test]
```

考试提示
在 Red Hat 考试中应该知道如何在/etc/yum.repos.d 目录中创建有效的.repo 文件。在安装其他程序包时，这会大大节省时间。

下面介绍库的 name 指令。如帮助页面中的代码清单所示，该名称应该是"human readable"。在 Linux 用语中，它还表示该名称不影响库的功能。为说明这一点，添加下面的指令。

```
name=somebody likes Linux
```

最后是 baseurl 命令，可以将它配置为指向安装服务器。按照 RHCSA 要求，还应知道如何从远程服务器安装 Linux，以及如何从远程库安装和更新程序包。要满足任何一个目标，都需要知道远程服务器或库的 URL。很显然，我们希望在考试中提供 URL。在第 1 章中，在主机系统上为虚拟机创建了 FTP 和 HTTP 安装服务器，它们对于这些系统是"远程的"。

在第 1 章创建的 FTP 和 HTTP 安装服务器也可用作远程库。为能够访问这些库，还需要包含下列 baseurl 指令之一。

```
baseurl=ftp://192.168.122.1/pub/inst
baseurl=http://192.168.122.1/inst
```

如 yum.conf 帮助页面所示，不应在单个 baseurl 指令中同时包含这两个 URL。做出选择后，保存最终文件，必须这样做。除非考试中有明确指示，否则没理由(除非为了更好的安全性)包含前面介绍的 enabled、gpgcheck 或 gpgkey 指令。当然，在现实生活中安全性非常重要，但如果只关注考试，最好让事情尽可能简单。

一旦保存文件，就运行下面的命令，首先从之前访问的库中清除出数据库，然后从/etc/yum.repos.d/*whatever*.repo 文件中新配置的库更新本地数据库缓存：

```
# yum clean all
# yum makecache
```

对于没有在 Red Hat Subscription Management 中注册的系统而言，将产生下面的输出：

```
Loaded plugins: langpacks, product-id, subscription-manager
test                                    | 3.7 kB       00:00
test/primary_db                         | 2.9 MB       00:00
Metadata Cache Created
```

现在系统已准备好安装新程序包。运行下面的命令：

```
# yum install system-config-date
```

假设像本书前面那样配置虚拟机，得到的结果将如图 7-9 所示。如果确认，yum 命令将下载并安装 system-config-date RPM 和图中显示的依赖程序包,以确保完全支持 system-config- date 程序包。

```
Dependencies Resolved

================================================================================
 Package                      Arch          Version            Repository    Size
================================================================================
Installing:
 system-config-date           noarch        1.10.6-2.el7       test          619 k
Installing for dependencies:
 system-config-date-docs      noarch        1.0.11-4.el7       test          527 k

Transaction Summary
================================================================================
Install  1 Package (+1 Dependent package)

Total download size: 1.1 M
Installed size: 3.5 M
Is this ok [y/d/N]: █
```

图 7-9　程序包的安装中可能包含依赖

7.3.8　练习 7-1:从 RHEL 7 DVD 创建 yum 库

本练习需要访问 RHEL 7 DVD。如果没有足够磁盘空间用于本练习,也可以直接在挂载的 DVD 上设置库。另外,也可以选择将内容复制到特定目录。假设现有一个可用的安装库,如第 1 章中创建的某个库。

本练习假设开始时/etc/yum.repos.d 目录中没有文件(如本章前面所述)。

(1) 如果/etc/yum.repos.d 目录中有现成文件,将它们复制到备份位置,如根用户的主目录/root。删除/etc/yum.repos.d 目录中已有的.repo 文件。

```
# cp -a /etc/yum.repos.d /root/
# rm -f /etc/yum.repos.d/*.repo
```

(2) 用下面的命令在/mnt 目录上挂载 RHEL 7 DVD(或许需要将/dev/cdrom 替换为/dev/sr0 或/dev/dvd):

```
# mount /dev/cdrom /mnt
```

另外,如果将 RHEL 7 DVD 作为 ISO 文件,则使用下面的命令挂载它:

```
# mount -o loop rhel-server-7.0-x86_64-dvd.iso /mnt
```

当然,如果愿意,可以使用类似下面这样的命令,将文件从不同的挂载点(如/mnt)复制到/opt/repos/rhel7 目录。

```
# mkdir -p /opt/repos/rhel7
# cp -a /mnt/. /opt/repos/rhel7
```

/mnt 目录前面的点(.)确保复制的是目录的内容,而非目录本身。

(3) 导航到/etc/yum.repos.d 目录。

(4) 在文件编辑器中打开新文件,将其命名为 rhel7.repo。

(5) 编辑 rhel7.repo 文件。新创建一节指令。使用合适的节标题,如[rhel]。

(6) 为库指定相应的 name 指令。

(7) 在 file:///opt/repos/rhel7/文件中包含一个 baseurl 指令集。包含一个 enabled=1 指令。

(8) 保存并关闭该文件。

(9) 假设正在运行 RHEL 7(不是重构的发布版本)，打开/etc/yum/pluginconf.d 目录中的 subscriptionmanager.conf 文件，设置 enabled=0。

(10) 运行 yum clean all 和 yum update 命令。

(11) 如果成功，则会看到如下输出。

```
Loaded plugins: langpacks, product-id
rhel                              | 3.8 kB  00:00:00
(1/2): rhel/group_gz              | 133 kB  00:00:00
(2/2): rhel/primary_db            | 3.4 MB  00:00:00
No packages marked for update
```

这就在本地/opt/repos/rhel7 目录上建立了一个库。

(12) 还原原始文件。打开/etc/yum/pluginconf.d 目录中的 subscription-manager.conf 文件，设置 enabled=1。将备份文件从/root 目录移动到/etc/yum.repos.d 目录。如果要还原原始配置，可从该目录中删除或移走 rhel7.repo 文件。再次运行 yum clean all 命令。

7.3.9　第三方库

其他第三方开发人员小组也为 RHEL 7 创建了程序包，包括为 Red Hat 不支持的某些常用软件创建的程序包。其中有两个网址是 https://fedoraproject.org/wiki/EPEL 和 http://repoforge.org。

要将第三方库添加到系统，最好在/etc/yum.repos.d 目录中创建一个自定义.repo 文件。

通过提供 RPM 程序包，一些诸如 EPEL(Extra Packages for Enterprise Linux)的库可以简化配置过程，不过 RPM 程序包中要包含一个.repo 配置文件和一个验证该包的 GPG 键。要配置第三方库，所要做的全部工作就是要安装这样一个 RPM 文件。

```
# rpm -ivh https://dl.fedoraproject.org/pub/epel/7/x86_64/e/ ↵
epel-release-7-5.noarch.rpm
```

如果想要禁用/etc/yum.repos.d 目录中的任一库，可将下面的指令添加到相应的库文件：

```
enabled=0
```

7.3.10　基本 yum 命令

如果想了解 yum 命令的更多细节，可以运行该命令本身，这样将看到下面的输出结果不断滚动，也许会滚动得很快。当然，可以使用 yum | less 命令，将输出结果以管道形式输出到 less 命令分页器。

```
# yum
Loaded plugins: langpacks, product-id, subscription-manager
You need to give some command
usage: yum [options] COMMAND

List of Commands
...
```

下面几节将介绍其中一些命令和选项的运行方式。虽然在 Red Hat 考试中不能访问 Internet，但有到本地配置库的网络连接，如前面所述，应该通过/etc/yum.repos.d 目录中的相应文件来进行配置。另外，在考试期间，yum 是管理 Red Hat 系统的一个绝佳工具。

首先是一个简单命令 yum list。它返回一个所有程序包的列表，不管它们已安装还是可用，以及它们的版本号和库如何。yum list | grep *packagename* 提供所安装的程序包的版本信息。如果想知道特定程序包的更多信息，可以运行 yum info 命令。例如，下面的命令在功能上等同于 rpm -qi samba 命令：

```
# yum info samba
```

如果已经安装了所查询的程序包，rpm –qi 命令则运行。yum info 命令不受此限制。

7.3.11　安装模式

有两个基本的安装命令。如果之前没有安装程序包，或者想将它更新到最新的稳定版本，那么可以运行 yum install *packagename* 命令。不必指定程序包的版本号或发布号，只需要指定它的名称即可。例如，如果要检查 Samba RPM 的最新版本，下面的命令将更新它，如果目标系统上没有安装它，该命令就会添加它：

```
# yum install samba
```

如果只想使系统上的程序包保持最新，可运行 yum update *packagename* 命令。例如，如果已经安装 Samba RPM，下面的命令将确保将它更新到最新版本：

```
# yum update samba
```

如果没有安装 Samba，该命令不会将它添加到已安装的程序包里。这种情况下，yum update 命令与 rpm –F 命令类似。

当然，如果 yum 命令没有用于卸载程序包的选项，则说明它并不完整。下面的命令非常简单，它卸载 Samba 程序包及全部依赖。

```
# yum remove samba
```

yum update 命令本身非常强大；如果要确保将所有安装的程序包更新到最新稳定版，可以运行下面的命令：

```
# yum update
```

yum update 命令要运行一段时间，因为它要与 Red Hat Portal 或其他库通信。它或许需要下载程序包的当前数据库及全部依赖。然后，找到有可用更新的所有程序包，将它们添加到要更新的程序包列表。然后查找所有依赖程序包，如果它们没有包含在更新列表中。

如果只想得到可用更新的列表，又该怎么办？这时可以运行 yum list updates 命令。其功能与 yum check-update 命令相当。

如果不确定要安装什么，又该怎么办？例如，如果要安装 Evince 文档阅读器，并且想让操作命令包含术语"evince"，那么可以运行 yum whatprovides "*evince*"命令。

此外，如果要搜索扩展名为.repo 的文件的所有实例，则可运行下面的命令：

```
# yum whatprovides "*.repo"
```

结果将列出扩展名为.repo 的文件中程序包的所有实例，以及相关的 RPM 程序包。通配符必不可少，因为 whatprovides 选项需要到该文件的完整路径。它接受部分文件名称；例如，yum whatprovides" /etc/init/*"命令返回与/etc/systemd 目录中文件相关的 RPM。一旦得到所需的程序包，就可以继续执行 yum install *packagename* 命令。

实际经验

许多情况下，使用 yum clean all 命令可解决与 yum 相关的一些问题。如果有 Red Hat 程序包(或第三方库)的最近更新，该命令将刷新标题的当前缓存，使标题与已配置的库重新同步，而不必等待默认 6 个小时后再自动刷新缓存。

7.3.12　安全性和 yum

GPG 数字签名可以验证 yum 更新的完整性和真实性。它与本章前面介绍的用于 RPM 程序包的系统相同。例如，查看第一次通过网络在 RHEL 7 上安装新程序包时的输出：

```
# yum install samba
```

下载完程序包之后，看到的消息如下所示：

```
Importing GPG key 0xFD431D51:
 Userid     : "Red Hat, Inc. (release key 2) <security@redhat.com>"
 Fingerprint: 567e 347a d004 4ade 55ba 8a5f 199e 2f91 fd43 1d51
 Package    : redhat-release-server-7.0-1.el7.x86_64 (@anaconda/7.0)
 From       : /etc/pki/rpm-gpg/RPM-GPG-KEY-redhat-release
Is this ok [y/N]: y
Importing GPG key 0x2FA658E0:
 Userid     : "Red Hat, Inc. (auxiliary key) <security@redhat.com>"
 Fingerprint: 43a6 e49c 4a38 f4be 9abf 2a53 4568 9c88 2fa6 58e0
 Package    : redhat-release-server-7.0-1.el7.x86_64 (@anaconda/7.0)
 From       : /etc/pki/rpm-gpg/RPM-GPG-KEY-redhat-release
Is this ok [y/N]: y
```

如果同时从其他库下载程序包，则要提供其他 GPG 键用于许可。如最后一行所示，N 是默认响应；实际上必须输入“y”才能继续下载和安装；有问题的不仅仅是 GPG 键，程序包也有问题。

你可能会发现，使用的 GPG 键与本章前面介绍的 rpm 命令的相关键来自同一目录。

7.3.13　更新和安全修复

Red Hat 在 https://rhn.redhat.com/errata 上维护勘误表的公开列表，此勘误表按照 RHEL 版本进行了分类。如果订阅 RHEL，一般通过 Red Hat Portal 可以得到受影响的程序包。所要做的就是定期运行 yum update 命令。对于使用 RHEL 源代码的第三方(如 CentOS、Scientific Linux 或 Oracle Linux)来说，该列表很有用。RHEL 的重建版本通常在 Red Hat 之后很快提供一个类似的勘误表。

7.3.14　程序包组和 yum

yum 命令可以做更多事情，它可以安装和删除组中的程序包。这些是第 2 章介绍的在 *-comps-Server.x86_64.xml 文件中定义的组。在/repodata 子目录中该文件的位置之一是 RHEL 7 DVD。在这些代码节的开头，会看到<id>和<name>XML 指令，它们列出了每个组的两个标识符。

要找到程序包组很难，但 yum 命令可使这项工作变得相对简单。使用下面的命令，可以确定配置库中的可用程序包组：

```
# yum group list
```

注意，如何将这些组划分为已安装组和可用组。所列出的有些组可能特别有意义，如 "Basic Web Server"，将在第 14 章中使用该组。如果要找到有关该组的更多信息，可以运行下面的命令：

```
# yum group info "Basic Web Server"
```

其输出如图 7-10 所示：

```
[root@server1 ~]# yum group info "Basic Web Server"
Loaded plugins: langpacks, product-id

Environment Group: Basic Web Server
 Environment-Id: web-server-environment
 Description: Server for serving static and dynamic internet content.
 Mandatory Groups:
    base
    core
    web-server
 Optional Groups:
   +backup-client
   +directory-client
    guest-agents
   +hardware-monitoring
   +java-platform
   +large-systems
   +load-balancer
   +mariadb-client
   +network-file-system-client
   +performance
   +perl-web
   +php
   +postgresql-client
   +python-web
   +remote-system-management
   +web-servlet
[root@server1 ~]#
```

图 7-10　Basic Web Server 组中的程序包

在 yum 中有两种类型的组：常规组和环境组，其中常规组中包括一些标准的 RPM 程序包，而环境组则由一些其他的组组成。图 7-10 中的 "Basic Web Server" 被标识为环境组，实际上，它是一些常规组的集合。环境组和常规组分别通过环境 ID 和组 ID 相关联，这些 ID 通过 yum group info 命令显示，它们是组的替代名称，其中不包含空格或大写字符，在 Kickstart 配置文件中经常使用它们。

若要列出所有的组，可以输入：

```
# yum group list hidden
```

输入如下命令可以得到一些有关常规组的信息：

```
# yum group info "Remote Desktop Clients"
```

注意这些程序包是如何被列为 Optional Packages 的。换句话说，它们通常没有和程序包组一起安装。因此，假设运行下面的命令：

```
# yum group install "Remote Desktop Clients"
```

什么也不会安装。如果想安装这个程序包组中的某个程序包，必须使用下面的命令明确说明要安装该程序包：

```
# yum install tigervnc
```

但可选程序包不是唯一类别。下面的命令将列出 Print Server 程序包组中的所有程序包，其输出如图 7-11 所示。

```
# yum group info "Print Server"
```

```
[root@server1 ~]# yum group info "Print Server"
Loaded plugins: langpacks, product-id

Group: Print Server
 Group-Id: print-server
 Description: Allows the system to act as a print server.
 Mandatory Packages:
   +cups
   +ghostscript-cups
 Default Packages:
   +foomatic
   +foomatic-filters
   +gutenprint
   +gutenprint-cups
   +hpijs
   +paps
[root@server1 ~]# 
```

图 7-11　Print Server 组中的程序包

这个组里的程序包可分为两类：强制程序包和默认程序包。强制程序包总是和程序包组一起安装。默认程序包通常与程序包组一起安装；但这个组里的特定程序包可以用-x 开关排除在外。例如，下面的命令安装两个强制程序包和 6 个默认程序包。

```
# yum group install "Print Server"
```

相反，下面的命令从要安装的程序包列表中排除 paps 和 gutenprint-cups 程序包：

```
# yum group install "Print Server" -x paps -x gutenprint-cups
```

运行下面的命令后，会再次显示 Print Server 程序包组中的程序包的列表：

```
# yum group info "Print Server"
```

输出结果如图 7-12 所示。将其与图 7-11 相比较，会注意到一些程序包的前面有一个等于(＝)标记，这表示相应的程序包已使用 yum group install 命令进行了安装。相反，若程序包的前面有一个减号(-)标记，则表示该程序包被排除在安装之外，如果升级或安装组，就不会安装它。类似地，加号(＋)标记表示不安装程序包，但如果安装或升级组会将它添加到系统中。如果程序包前面没有标记，就安装该程序包，但并不将其作为 yum group install 命令的一部分。

```
[root@server1 ~]# yum group info "Print Server"
Loaded plugins: langpacks, product-id

Group: Print Server
 Group-Id: print-server
 Description: Allows the system to act as a print server.
 Mandatory Packages:
   =cups
   =ghostscript-cups
 Default Packages:
   =foomatic
   =foomatic-filters
   =gutenprint
   -gutenprint-cups
   =hpijs
   -paps
[root@server1 ~]# ▮
```

图 7-12   安装 Print Server 组后的程序包

yum 命令的选项并不完整，除非有可以倒转该过程的命令。如名称所示，group remove 命令可从程序包组中卸载所有程序包。

```
# yum group remove "Print Server"
```

yum group remove 命令不可能实现排除。如果不想删除命令输出中所列的所有程序包，最好单独删除目标程序包。

7.3.15   更多 yum 命令

还有其他许多与 yum 相关的命令。其中两个对于准备 Red Hat 考试的人来说特别有用，它们是 yum-config-manager 和 yumdownloader，前者显示每个库的所有当前设置，后者下载单个 RPM 程序包。另一个相关命令是 createrepo，使用它有助于建立本地库。

1. 使用 yum-config-manager 查看所有指令

从某种程度上说，yum.conf 和相关配置文件中所列的指令只是可用指令的一小部分。要查看所有指令的完整列表，可运行 yum-config-manager 命令。将它传送到 less 命令作为分页器。它有 300 多行。图 7-13 中所示的[main]部分的摘录包含了应用到所有配置库的设置。

```
fssnap_automatic_keep = 1
fssnap_automatic_post = False
fssnap_automatic_pre = False
fssnap_devices = !*/swap,
    !*/lv_swap
fssnap_percentage = 100
gaftonmode = False
gpgcheck = True
group_command = objects
group_package_types = mandatory,
    default
groupremove_leaf_only = False
history_list_view = single-user-commands
history_record = True
history_record_packages = yum,
    rpm
http_caching = all
installonly_limit = 3
installonlypkgs = kernel,
    kernel-bigmem,
    installonlypkg(kernel-module),
    installonlypkg(vm),
    kernel-enterprise,
    kernel-smp,
    kernel-debug,
    kernel-unsupported,
    kernel-source,
    kernel-devel,
    kernel-PAE,
    kernel-PAE-debug
```

图 7-13　部分 yum 指令列表

　　与 yum 相关的许多指令没有包含在内,如 exactarchilist;有些指令无关紧要,如颜色指令。其他一些重要的指令如表 7-5 所示,但该表也不是一个完整列表。如果对该表中未显示的指令感兴趣,可在 yum.conf 文件的帮助页面中定义它。

　　yum-config-manager 也可以管理库。例如,如果知道库的 URL,可使用一个类似于下面的命令自动生成一个配置文件:

```
# yum-config-manager --add-repo="http://192.168.122.1/inst"
```

表 7-5　yum-config-manager 的配置参数

yum 中的配置指令	说　　明
alwaysprompt	提示确认程序包的安装或删除
assumeyes	默认设置为 no;如果设置为 1,yum 自动继续安装或删除程序包
cachedir	设置数据库和下载程序包文件的目录
distroverpkg	列出 yum 检查的 RPM 程序包,找出当前机器上安装的 Linux 发布版本
enablegroups	支持 yum group*命令
installonlypkgs	列出从未更新的程序包;通常包括 Linux 内核程序包
logfile	指定包含日志信息的文件的名称,通常是/var/log/yum.log
pluginconfpath	指定插件目录,通常是/etc/yum/pluginconf.d
reposdir	指定库配置文件目录
ssl*	支持将 Secure Sockets Layer (SSL)用于安全更新
tolerant	如果某个程序包出现错误,确定是否停止 yum

2. 使用 yumdownloader 下载程序包

顾名思义，yumdownloader 命令可用于从基于 yum 的库下载程序包。这个命令非常简单。例如，下面的命令查看 cups 程序包的配置库的内容：

```
# yumdownloader cups
```

RPM 程序包被下载到本地目录，或者该命令返回下面的错误消息：

```
No Match for argument cups
Nothing to download
```

有时需要指定更多细节。如果库中包含程序包的多个版本，则默认下载程序包的最新版本，但这并不一定是你想要的。例如，如果想要使用最初发布的 RHEL 7 内核，可以使用下面的命令：

```
# yumdownloader kernel-3.10.0-123.el7
```

3. 使用 createrepo 创建自己的库

RHEL 6 的早期 RHCE 目标建议用户应该知道如何"创建私有 yum 库"。虽然这一目标后来被删除，但它仍是 Red Hat 系统工程师必备的工作技能。

自定义库可以提供其他控制。希望控制安装在 Linux 系统上的程序包的企业可以创建自己的自定义库。虽然它可以基于为某个版本开发的标准库，但也可以包含其他程序包，如组织专用的自定义软件。同时，可以省略可能违反组织政策的程序包(如游戏)。限制对某些功能的选择(例如浏览器)，这样可将相关支持要求降至最低。

要创建自定义库，需要在特定目录中收集所需的程序包。createrepo 命令可以处理该目录中的所有程序包。在 repodata/子目录的 XML 文件中创建数据库。RHEL 7 DVD 的 repodata/子目录中提供了这种程序包数据库的示例。

Red Hat Portal 支持相关产品的自定义库，包括 Red Hat Satellite Server。关于库管理的更多信息，请参阅作者撰写的另一本书 *Linux Patch Management*(由 Prentice Hall 出版)。

认证目标 7.04　更多程序包管理工具

不管 Red Hat 系统是连接到 Red Hat Customer Portal 还是连接到像 CentOS 或 Scientific Linux 这样的发布版本提供的远程库，它都使用相同的基本程序包管理工具。它们都使用 rpm 命令来处理 RPM 程序包。不管源代码如何，rpm 命令都用于处理 RPM 程序包。较高级别的工具，如 yum 命令用来满足依赖，安装程序包组。这样做是可行的，因为重构的发布版本建立在与 RHEL 7 相同的源代码的基础之上并通过 RPM 发布。

这种相似性扩展到了基于 GUI 的程序包管理工具。虽然这些工具的身份在 RHEL 6 和 RHEL 7 之间有所不同，但它们仍是 rpm 和 yum 命令的前端。它们都利用在第 2 章介绍的.xml 文件中配置的程序包组。由于 Red Hat 使用 GNOME 作为默认的 GUI 桌面环境，因此相关的软件管理工具也基于该界面。

在 RHEL 7 中，基于 GUI 的程序包管理工具依赖于 PackageKit，PackageKit 是一个通用的抽象层，它为所有的 Linux 软件管理应用程序提供统一的界面。不过，PackageKit 很可能在服务器上，甚至是在为 Red Hat 考试所配置的系统上不可用。如果必须使用 PackageKit，可以通过 yum install gnome-packagekit 命令安装所需的 RPM。当然，如果你已经习惯于使用 yum 命令，或许就不需要 PackageKit。

考试提示

虽然 RHN 只是 RHCSA 目标的一部分，但还是在上下文中列出它作为选择。不管是从 RHN、"远程库或者本地文件系统"安装或者更新软件包，都可以使用 rpm 和 yum 命令。当然，如果有 Red Hat 的官方订阅版本，就最简单不过。

7.4.1　GNOME 软件更新工具

可使用 gpk-update-viewer 命令从 GUI 终端启动软件更新(Software Update)工具。也可以从 GNOME 桌面环境开始，单击 Applications | System Tools|Software Update 命令。图 7-14 中所示的工具列出了可用于更新的程序包。

这个界面非常简单，它是 yum update 命令的有效前端。注意其他信息和对变更的描述。

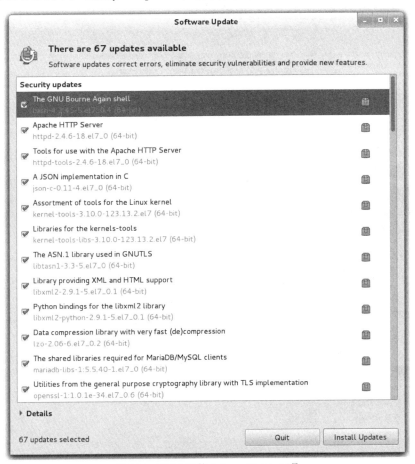

图 7-14　GNOME 的 Software Update 工具

7.4.2 自动更新

确保尽快安装最新的安全更新非常重要。为此，可打开图 7-15 所示的 Software Update Preferences 工具。可以使用 **gpk-prefs** 命令从 GUI 命令行打开该工具。可配置系统，使其按小时、按天、按周检查更新，或者根本不检查更新。找到更新后，可将系统配置为自动安装所有可用的更新、只安装安全更新或者不安装更新。

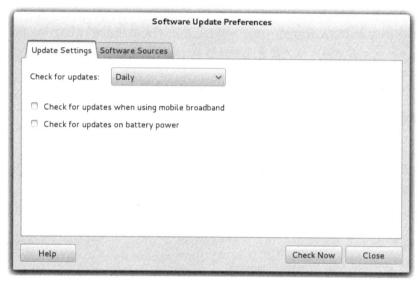

图 7-15　GNOME Software Update Preferences 工具

7.4.3　GNOME Software 工具

可通过图形工具添加、更新和删除程序包。要从 GUI 命令行启动 GNOME Software 工具，运行 **gpk-application** 命令，或者单击 Administration | System Tools | Software。打开如图 7-16 所示的工具。在这里一次可以安装多个程序包或程序包组。一旦选中(取消选中)程序包，该工具会自动计算依赖并安装(删除)它们以及选中的程序包。

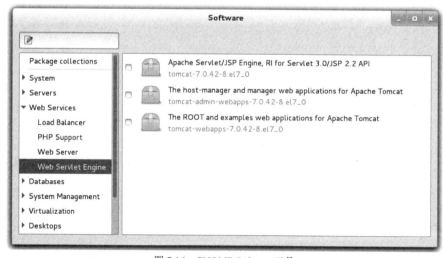

图 7-16　GNOME Software 工具

可使用 GNOME Software 工具来添加选中的程序包或程序包组。在屏幕左上角是 Package Collections 选项，它列出与前面介绍的 yum group list 命令输出中显示的相同组。

屏幕的左下角部分是对软件程序包的进一步细分。如果选择或取消选择要安装或删除的程序包或程序包组，Apply Changes 按钮就变得可单击。单击该按钮之后，该工具就使用 yum 命令来计算依赖。如果没有依赖，则立即执行安装。如果有依赖，则提供要安装或删除的程序包的完整列表，以便你进行审批。

7.4.4　练习 7-2：使用 yum 和 GNOME Software 工具安装多个程序包或程序包组

本练习需要网络连接到远程库，或者至少需要复制或挂载的 RHEL 7 DVD 作为库，并像本章前面那样配置它。如果使用 RHEL 7 的重构，则需要确保到核心库的连接是活动的，可能需要使用 ping 命令来检查该库的主机，这些主机在/etc/yum.repos.d 目录下的相应文件中定义。考虑到可能的变化，因此不可能提供确切的步骤。

(1) 运行 yum list 命令。假设有活动的网络连接和响应库，你将看到可用程序包的完整列表，包括已经那些安装的程序包。注意右列里的标签；它表示库中有可用的程序包，或者提示程序包已经安装。

(2) 在 GUI 命令行输入 gpk-application 命令。打开 GNOME Software 工具。

(3) 在辅助命令行控制台，输入 yum group list 命令。在 GNOME Software 工具中选择 Package Collections。比较每个输出中的程序包组列表。

(4) 浏览 GNOME Software 工具中的可用程序包组。例如，单击箭头 Servers 旁箭头展开它。在出现的选项下，单击 FTP Server。在该组的 RHEL 7 配置里只有两个正式程序包。选择当单击 Apply Change 按钮时要安装的程序包。

(5) 定位到 GNOME Software 工具左上角的文本框。输入常用搜索项(如 gnome)，将会显示一个长长的程序包列表。将该结果与 yum search gnome 命令的输出进行比较。

(6) 使用不常用的搜索项，如 iptables。突出显示 iptables 程序包，并在屏幕右下角浏览它。将该结果与 yum info iptables 命令的输出进行比较。

(7)再次选择 iptables 程序包并单击屏幕右下部分的 Files and Dependent Packages 按钮。将该结果与 repoquery –l iptables 和 yum deplist iptables 命令的输出进行比较。

(8) 选择某些程序包后，单击 Apply Changes 按钮。如果有依赖，将会自动安装它们。

(9) 等待安装程序包。完成安装后，关闭 GNOME Software 工具。

7.4.5　Red Hat 订阅管理器

RHCSA 考试目标要求考生能通过 Red Hat Network 安装和更新软件程序包。但在本书撰写时，RHEL 7 系统已不再支持 Red Hat Network(RHN)的使用。对 RHN 库的订阅仅可以通过旧版本的 Red Hat Satellite 的本地安装获得。新版本的 Red Hat Satellite Server 和独立的 RHEL 7 系统使用 Red Hat Customer Portal Subscription Management(RHSM)来访问 Red Hat 软件库。

记住，相关的考试目标建议考生需要知道如何通过 RHN 安装和更新程序包。这种技能在前面介绍 rpm 和 yum 命令，以及本章主要讨论的相关 GUI 工具时已经讲解过。

也许 Red Hat Satellite 或像 Spacewalk 或 Katello 这样的替代品的主要优点是，能够远程通过基于 Web 的界面来管理所有 RHEL 和重构发布系统。一旦从客户系统配置适当的连接，Satellite Server 就可以如期运行远程命令。如果你正在管理一大群系统，Red Hat Satellite 支持组中各系统的配置。例如，如果有 10 个系统配置为基于 RHEL 7 的 Web 服务器，就可以将这些系统配置为一个组，然后远程调度适用于所有这些系统的单个命令。有关 Red Hat Satellite 的更多信息，请参考最新版本的文档，可通过网址 https://access.redhat.com/documentation/获取该文档。

如果访问 RHSM，可以按照下面的步骤注册和订阅 RHEL 7 系统。

(1) 运行下面的命令，在 RHSM 中注册系统。注册信息包括有效 Red Hat 账户的账户名和口令。如果系统已经注册，则使用--force 命令选项再次注册。

```
# subscription-manager --username=USERNAME --password=PASSWORD
```

(2) 将系统订阅到 Ted Hat 产品。在下面的命令中，--auto 选项寻找最合适的订阅：

```
# subscription-manager attach --auto
```

(3) 另外，列出所有可用的订阅。请注意 pool ID。

```
# subscription-manager list --available
```

之后，使用从上个命令获取的 pool ID 将系统关联到订阅：

```
# subscription-manager attach --pool=8a85f98146f719180146fd9593b7734c
```

(4) 查看当前的设置。运行下面的命令，列出关联到系统的订阅：

```
# subscription-manager list
```

(5) 显示系统所有可用的库：

```
# subscription-manager repos
```

(6) 使用下面的命令还可将其他库用于系统：

```
# subscription-manager repos --enable=REPOID
```

(7) 如果愿意，可以使用 Subscription Manager 的 GUI 版本，通过 subscription-manager-gui 命令可以启动这个版本。另外，在 GNOME 桌面环境中，单击 Application | System Tools | Red Hat Subscription Manager 也可以启动这个版本。

7.5　认证小结

本章重点介绍了 RPM 程序包的管理。使用不同的命令选项，可以知道 rpm 工具如何安装、删除和升级程序包，以及它如何从本地和远程运行。如果内核有新版本，绝不要用 rpm 替代现有的内核，这一点非常重要。对于正确配置安装过程的较新内核版本，则不要重写，但会将内核并列放在一起。这样就能启动到任意内核。

对于 rpm 命令，本章介绍了如何查询程序包，如何检查文件属于哪个程序包，如何验证程序包签名，如何查找所安装 RPM 的当前列表。还介绍了与依赖相关的困境，这些困境促使开发人员使用 yum 命令。

在某种程度上，yum 命令是 rpm 命令的前端。如果有依赖，它会同时安装这些程序包。本章还介绍了如何使用 yum 命令配置 Red Hat 和其他要使用的库。现在甚至能够将 RHEL 7 DVD 配置为它自己的库。正如所见，yum 命令也可安装或删除程序包组，就像 RHEL 7 DVD 和其他库中程序包的 XML 数据库文件定义的一样。yum 命令与 RHSM 完全兼容。

虽然从 GUI 可以得到其他程序包管理工具，但它们都是 yum 和 rpm 命令的前端。使用 gpk-update-viewer 命令，可以启动 Software Update 工具来识别和安装可用的更新。使用 gpk-prefs 命令，可以启动 Software Update Preferences 工具，定期检查安全或者安装所有可用的更新。使用 gpk-application 命令，可以打开 GNOME Software 工具，该工具也可用于添加或删除程序包和程序包组。如果有 RHEL 订阅，可以通过 subscription-manager 命令使系统保持更新并注册到 RHSM。

7.6 应试要点

下面是本章中有关认证目标的一些关键点。

Red Hat 程序包管理器
- RPM 数据库跟踪程序包中每个文件的位置和版本号等。
- rpm –i 命令安装 RPM 程序包。
- rpm –e 命令卸载 RPM 程序包。
- rpm 命令可以直接从远程服务器安装 RPM。
- /etc/pki/rpm-gpg 目录中的 GPG 键支持 RPM 程序包验证。
- 在任何时候都应该安装内核 RPM，并且绝不要升级。
- RPM 的 Upgrade 模式用新版本的程序包取代老版本的程序包。

更多 RPM 命令
- rpm –q 命令确定系统上是否安装程序包；使用其他开关，可以列出有关程序包的更多信息，标识特定文件的程序包。
- 通过 rpm --checksig(或–K)命令可以检查程序包签名。
- rpm –V 命令可标识在安装 RPM 之前从程序包原始安装开始改变的文件。
- rpm –qa 命令列出所有当前安装的程序包。

依赖和 yum 命令
- 通过包含其他所需程序包，yum 命令有助于避免"依赖地狱"。
- 在/etc/yum.conf 文件中配置 yum 命令的行为，在/etc/yum/pluginconf.d 目录中配置插件，在/etc/yum.repos.d 目录中配置库。
- Red Hat 在 RHEL 7 的几个不同库中组织程序包。
- 可以在线访问重构的发布版本库和第三方库。

- yum 命令可安装、擦除和更新程序包。也可采用不同方式使用它实现搜索功能。
- yum 命令使用为 RPM 程序包开发的 GPG 键。
- yum 命令可安装、删除和列出程序包组。

更多的程序包管理工具
- RHEL 7 程序包管理工具建立在 PackageKit 基础上，是为 GNOME 构建的。
- 使用 GNOME Software 工具，可以安装和删除程序包和程序包组。
- PackageKit 也包含关注当前更新的工具。它可以按日程安排设置安全或所有程序包的更新。
- RHSMHed Hat Satellite 使用基于 Web 的界面，可以帮助远程管理订阅的系统。

7.7 自测题

下面的问题有助于衡量对本章内容的理解。Red Hat 考试中没有多选题，因此本书中也没有多选题。这些问题只测试对本章内容的理解，如果有其他方法能够完成任务也行。得到结果，而不是记住细枝末节，这才是 Red Hat 考试的重点。许多问题可能有多个答案。

Red Hat 程序包管理器

1. 什么命令可用来安装 penguin-3.26.x86_64.rpm 程序包，如果出现错误，会显示什么额外消息？假设这个程序包在本地目录上。

_____

2. 什么命令可以将 penguin RPM 升级为 penguin-3.27. x86_64.rpm 程序包？假设这个程序包在 ftp.remotemj02.abc 服务器上。

_____

3. 如果将 Linux 内核的较新版本下载到本地目录，并且程序包文件名为 kernel-3.10.0-123.13.2. el7.x86_64.rpm，最好用什么命令使它成为系统的一部分？

_____

4. 在所安装的系统上什么目录中包含 RPM GPG 键？

_____

更多 RPM 命令

5. 什么命令可列出所有当前已安装的 RPM？

_____

6. 什么命令可列出程序包 penguin-3.26.x86_64.rpm 中的所有文件？

_____

7. 如果从第三方下载 RPM(名为 third.i686.rpm)，如何验证相关的程序包签名？

_____

依赖和 yum 命令

8. 通常在某个目录中配置 yum 库，那么到这个目录的完整路径是什么？

9. 什么命令可搜索 yum 库，查找与/etc/passwd 文件相关联的程序包？

更多的程序包管理工具

10. 在 GNOME Software 工具中，什么命令行命令可列出所显示的程序包组？

11. 像 Software Update Preferences 工具定义的那样，为自动更新命名两个许可的时间段。

12. 控制台的什么命令可启动 RHN 上的注册进程？

7.8　实验题

Red Hat 提供电子版考试。因此，本章的大多数实验题都在本书配书网站上，其子目录为 Chapter7/。其格式可以是.doc、.html 和.txt，以反映与现实 RHEL 7 系统上电子版相关联的标准选项。如果尚未在系统上安装 RHEL 7，关于安装指南请参考第 2 章的第 1 个实验题。自测题答案之后是各实验题的答案。

7.9　自测题答案

Red Hat 程序包管理器

1. 从本地目录安装 penguin-3.26. x86_64.rpm 程序包,在出现额外错误时显示提示消息的命令是：

```
# rpm -iv penguin-3.26.x86_64.rpm
```

允许使用不改变命令功能的其他开关，如-h 表示哈希标记。这也适用于后面的问题。

2. 从 ftp.remotemj02.abc 服务器将前面提到的 penguin RPM 升级为 penguin-3.27. x86_64.rpm 程序包的命令是：

```
# rpm -Uv ftp://ftp.remotemj02.abc/penguin-3.26.x86_64.rpm
```

如果使用默认的 vsFTP 服务器，程序包可能在 pub/Packages/子目录中。换句话说，命令可能是：

```
# rpm -Uv ftp://ftp.remotemj02.abc/pub/Packages/penguin-3.26.i386.rpm
```

这个问题虽然不准确，但现实就是这样。

3. 如果将 Linux 内核的较新版本下载到本地目录，并且程序包文件名为 kernel-3.10.0-123.13.2. el7.x86_64.rpm，使其成为系统一部分的最好方法是安装它，而不是升级当前内核。内核升级会重写现有内核。内核安装允许内核并列存在；如果新内核不能正常运行，仍然可以启动到工作内核。由于已经下载所需的程序包，因此可以使用如下命令：

```
# rpm -iv kernel-3.10.0-123.13.2.el7.x86_64.rpm
```

可使用 rpm 命令的变体，如 rpm -i 和 rpm -ivh。但用 -U 或 -F 开关升级的变体是不正确的。

4. 已安装系统上包含 GPG 键的目录是/etc/pki/rpm-gpg。系统上没有"安装"RHEL 7 CD/DVD 上的 GPG 键。

更多 RPM 命令

5. 列出所有已安装 RPM 的命令是：

```
# rpm -qa
```

6. 可列出程序包 penguin-3.26.x86_64.rpm 中所有文件的命令是：

```
# rpm -ql penguin-3.26.x86_64.rpm
```

7. 如果从第三方下载名为 third.i686.rpm 的 RPM，首先要下载和安装与该库相关的 RPM-GPG-KEY 文件。然后使用下面的命令验证相关的程序包签名(注意大写字母-K); --checksig 等价于-K。

```
# rpm -K third.i386.rpm
```

依赖和 yum 命令

8. 通常在/etc/yum.repos.d 目录的文件中配置 yum 命令库。从技术角度看，也可以直接在/etc/yum.conf 文件中配置 yum 命令库。

9. yum whatprovides /etc/passwd 命令标识与该文件相关的程序包。

更多程序包管理工具

10. 这个问题有点复杂，因为 yum group list 命令也列出 GNOME Software 工具中显示的程序包组。

11. 像 Software Update Preferences 工具定义的那样，用于自动更新的许可时间段是每小时、每天和每周。

12.subscription-manager 命令可启动系统在 RHN 上的注册进程。

7.10　实验题答案

实验题 1

完成之后，运行下面的命令来验证连接：

```
# yum clean all
# yum update
```

输出应该如下所示。

```
Loaded plugins: langpacks, product-id, subscription-manager
inst                                  | 3.7 kB     00:00
inst/primary_db                       | 2.9 MB     00:00
Setting up Update Process
```

该输出验证到 FTP 服务器的成功连接。如果出现明显的不同，可以在/etc/yum.repos.d/file.repo
文件中检查如下几项内容：

- 确保文件中的节以[inst]开头。
- 检查与 baseurl 指令相关的 URL，它应该匹配第 1 章实验题 2 中定义的 FTP 服务器的 URL。
  应该能够从命令行界面用 URL 运行 lftp 或者 ftp 命令。如果不能，要么是 FTP 服务器
  没有运行，要么是防火墙阻挡了到该服务器的消息。
- 如有问题，就解决问题。然后尝试执行前面的命令。

实验题 2

检查/usr/sbin 目录中所有文件的方法之一是使用 rpm -Va | grep /usr/sbin 命令。

如果成功，可确定/usr/sbin/vsftpd 和/etc/vsftpd/vsftpd.conf 文件不同于从 RPM 安装的原始版
本。改变配置文件不是一个好主意，特别是当以某种方式自定义它时。但改变该二进制文件只
是猜想而已。

假设使用标准的 Red Hat RPM 程序包，删除和重新安装应该在 vsftpd.conf.rpmsave 文件中
保存对 vsftpd.conf 文件所做的修改。

如果确实关注安全，也可以使用其他方法。例如，有些安全专家可能将可疑系统上的所有
文件与经过验证的基准系统上的文件进行比较。

这种情况下，最简单的方法是复制或克隆基准系统，重新安装 vsftpd RPM，并按要求重新
配置它。假设基准系统是安全的，那么就可以确信新服务器也是安全的。

脚本对该实验题所做的改变是为/usr/sbin/vsftpd 二进制文件设置新的修改时间，并在
vsftpd.conf 配置文件结尾添加注释。如果重新启动这些程序包的刷新副本，就会备份当前的
vsftpd.conf 文件，并运行 rpm -e vsftpd 命令来卸载程序包。如果重新配置 RPM 程序包，至少会
看到下面的警告消息。

```
warning: /etc/vsftpd/vsftpd.conf saved as /etc/vsftpd/vsftpd.conf.rpmsave
```

然后可从安装 DVD 或者远程库重新安装原始程序包。也可以删除(或移动)已改变的文件，
并运行下面的命令强制 rpm 命令从相关程序包提供这些文件的原始副本。版本号基于 RHEL 7.0
DVD。

```
# rpm -ivh --force vsftpd-3.0.2-9.el7.x86_64.rpm
```

实验题 3

这个实验题帮助你理解 yum update 命令的功能。它是 GUI 更新工具的基本前端。 从该实验题创建的 update.txt 文件可以看到,这些消息显示了 yum 如何显示配置的库或 RHN 中所有较新的程序包,如何下载它们的标题,以及如何使用它们检查需要下载和安装的依赖。

实验题 4

这个实验题非常简单,它需要用到 Software Update Preferences 工具,可以使用 gpk-prefs 命令从 GUI 命令行启动它。

实验题 5

这个实验题无须说明,其目的是帮助理解正确安装新内核 RPM 时所发生的情况。至于其他 Linux 版本,安装(不使用升级模式)新内核会影响两个方面。

新内核作为 GRUB2 配置菜单中的新选项被添加进来。该菜单中仍将保留现有内核作为选项。重启系统,尝试运行新内核。立即再次重启系统,尝试运行另一个选项,可能是老内核。

查看/boot 目录,以前安装的所有启动文件应该都在该目录中。新内核 RPM 应该添加所有这些文件的匹配版本——只是修订号不同。

为简单起见,如果复制 GRUB2 配置文件的原始版本和/boot 目录中的文件列表,就可以使用它。如果选择保留新安装的内核,这也很好。否则,卸载新安装的内核。这是需要在 rpm -e 命令中提供修订号的情况之一。下面的代码基于删除内核和内核固件程序包,基于版本号 3.10.0-229.el7。

```
# rpm -e kernel-3.10.0-229.el7.x86_64
# rpm -e linux-firmware-20140911-0.1.git365e80c.el7
```

如果实验题中安装的内核或内核固件程序包的修订号不同,可以相应修改这些命令。

实验题 6

这个实验题用来练习 yum 命令和 GNOME Software 工具。它可为第 9 章作准备,同时也为其他章提供安装服务所需的技能。此时应该知道,由于 Remote Desktop Clients 程序包组里的所有程序包都是可选的,因此 yum groupinstall "Remote Desktop Clients"命令其实什么也没安装。需要按名称安装每个可选程序包。

要标识安装程序包的名称,可以运行 yum group info "Remote Desktop Clients"命令。确保在这两个系统上安装组里的每个程序包。最好使用 yum install *package1* *package2* ...命令,其中 *package1*、*package2* 等是 Remote Desktop Clients 程序包组中程序包的名称。

第 **8** 章

用 户 管 理

　　Linux 管理的基本任务是管理用户和组。本章将介绍管理各种 Linux 用户和组的不同方法。主要技巧包括简单登录、用户账户管理、组成员关系、组协作和网络身份验证。Linux 用户管理权限的配置能够帮助主管理员将管理责任分配给其他管理员。

　　下面介绍在影子口令套组(shadow password suite)的帮助下，如何从命令行管理这些任务。也可以使用像 User Manager 和 Authentication Configuration 这样的工具来管理这些任务。正如所料，Red Hat GUI 工具无法管理全部任务，但它强调从命令行理解用户管理的重要性。

考试内幕

　　本章将讨论一些 RHCSA 目标。简单地说，这些目标包括:

● 在多用户目标上登录和转换用户。

　　简单地说，需要知道当 RHEL 7 在多用户或图形目标上运行时，如何以一般账户的身份登录。

　　如果要转换用户，必须知道如何登出以及如何以另一个账户再登录回来，这非常简单。

● 创建、删除和修改本地用户账户

● 改变和调整本地用户账户的口令

● 创建、删除和修改本地组及组成员关系

　　可以使用某些命令，如 useradd、usermod、groupadd、groupmod 和 chage，以及 User Manager 工具来完成这些任务。虽然本章介绍这两类工具的用法，但并不保证考试过程中能够使用 User Manager。

● 创建和配置 set-GID 目录以便协作。

　　RHCT 考试时，考试目标是"为协作配置文件系统许可"。换句话说，目标现在更加具体——要求在一组用户之间设置一个或多个用于协作的目录。

● 配置系统，将现有的身份验证服务用于用户和组信息

　　在 RHEL 6 的早期 RHCSA 考试中，考试目标局限于"将系统附加到中心化 Lightweight Directory Access Protocol (LDAP)服务器"。现在的考试目标范围扩宽了，包含了类似 Kerberos、Microsoft Active Directory 或 IPA(Identity，Policy，and Audit)服务器的任何服务器。

认证目标 8.01　用户账户管理

　　你需要知道如何创建和配置用户，也就是说要知道如何配置和修改账户、使用口令以及组织组中的用户。还要知道如何配置与各用户账户相关的环境：在配置文件中和在用户设置中。

　　如果通过 Kickstart 或以文本模式安装 RHEL 7，或者避免了第 1 章介绍的 Firstboot 进程，那么默认的 Red Hat 安装只包含一个登录账户：root。虽然不需要其他账户，但设置一些一般用户账户也很重要。即使系统上只有你一个用户，至少也要创建一个非管理账户用于日常工作。然后只有在需要管理系统时才使用 root 账户。可使用各种实用工具向 Red Hat Enterprise Linux 系统添加账户，包括直接编辑口令配置文件(手动方法)、使用 useradd 命令(命令行方法)和使用 User Manager 实用工具(图形方法)。

8.1.1 不同的用户类型

Linux 用户账户有 3 种基本类型：管理根账户(root)、一般账户和服务账户。管理根账户在安装 Linux 时自动创建，它具有 Linux 系统上所有服务的管理权限。如果黑客能够控制这个账户，就能控制整个系统。

作为管理员登录时，RHEL 会建立对根用户的安全保护。以根用户身份登录，然后运行 alias 命令，得到的条目如下所示：

```
alias rm='rm -i'
```

由于这个特殊的别名，当根用户运行 rm 命令时，shell 实际上执行的是 rm –i 命令，它在 rm 命令删除文件之前会提示确认。遗憾的是，像 rm -rf *directoryname* 这样的命令可以取代这些安全设置。

一般用户也具有在 Linux 计算机上执行标准任务的必需权限。他们可以访问程序，如文字处理程序、数据库和 Web 浏览器，还可以在自己的主目录中保存文件。由于一般用户通常不具有管理权限，因此他们不会意外删除重要的操作系统配置文件。可将一般账户分配给大多数用户，但应确保该账户所具有的权限不能破坏系统。

像 Apache、Squid、邮件和打印这样的服务都有自己的个人服务账户。这些账户允许这些服务与 Linux 系统交互。通常不需要更改任何服务账户，但如果知道有人通过其中某个账户正在运行 bash shell，就要小心了：有人可能已经进入你的系统。

实际经验

要查看最近的登录，可运行 last | less 命令。如果是远程登录，则与网络之外的特定 IP 地址有关。

8.1.2 影子口令套组

20 世纪 70 年代刚刚开发 Unix 时，安全并不是特别令人关注的问题。用户和组管理所需要的一切都包含在/etc/passwd 和/etc/group 文件中。顾名思义，口令最初也包含在/etc/ passwd 文件中。问题是，这个文件"全世界都可以阅读"。在影子口令套组之前，如果有人复制这个文件，就会复制每个用户的口令。甚至该文件中经过加密的口令最终也会被解密。这就是开发影子口令套组背后的原始动力，在影子口令套组中，更多敏感信息被转移到其他文件，只有根管理用户才能读取这些信息。

影子口令套组的 4 个文件分别是/etc/passwd、/etc/group、/etc/shadow 和/etc/gshadow。这些文件的默认值由/etc/login.defs 文件驱动。

1. /etc/passwd 文件

/etc/passwd 文件包含每个用户的基本信息。在文件编辑器中打开该文件，浏览一下，可以发现文件顶部就是根管理用户的基本信息。该文件里的其他用户可能与服务有关，如邮件、ftp 和 sshd，这些用户可能是用于登录的特定用户。

在/etc/passwd 文件中有用冒号分隔的 7 列信息。/etc/passwd 文件中的每一列都包含特定的信息，如表 8-1 所示。

表 8-1　/etc/passwd 解析

字　段	示　例	目　的
Username	mj	用户以该名称登录。用户名可以包含数字、连字符(-)、点(.)或下划线(_)，但不能以连字符开头或者长度大于 32 个字符
Password	x	口令。可以是 x、星号(*)或者字母和数字的随机组合。x 指向实际口令的 /etc/shadow。星号表示禁用账户。字母和数字的随机组合表示加密口令
User ID	1000	该用户的唯一数字用户 ID(UID)。默认情况下，Red Hat 用户 ID 起始为 1000
Group ID	1000	与用户相关的主要组 ID(GID)。默认情况下，RHEL 会为每个新用户创建一个新组，其数字匹配 UID。其他一些 Linux 和 UNIX 系统将所有用户分配给默认 Users 组
User info	Michael Jang	可在该字段输入选择的任何信息。标准选项包括用户全名、电话号码、电子邮件地址和地理位置。可以保持此字段为空
Home Directory	/home/mj	默认情况下，RHEL 将新的主目录保存在/home/*username* 中
Login Shell	/bin/bash	默认情况下，RHEL 将用户分配到 bash shell。可改变此设置，将用户分配到已经安装的任何合法 shell

相对于其他 Linux 版本而言，/etc/passwd 的 RHEL 7 版本为用户账户包含了更多的安全特性。唯一能够真正登录 shell 的账户是用户账户。如果黑客破解进入某个服务账户(如邮件)，或者使用错误的/sbin/nologin shell，该用户将不会自动访问命令行。

2. /etc/group 文件

每个 Linux 用户都被分配到一个组。在 RHEL 7 中，每个用户默认有自己的私有组，用户是私有组的唯一成员，就像在/etc/group 配置文件里定义的一样。在文本编辑器中打开该文件，浏览打开的文件。文件的第一行指定根管理用户组的信息。有些服务用户包含其他用户作为该组的成员。例如，用户 qemu 是 kvm 组的成员之一，该组利用基于内核的虚拟机(Kernel-based Virtual Machine，KVM)，提供与 QEMU 竞争者权限有关的服务。

在/etc/group 文件中有用冒号分隔的 4 列信息。/etc/group 文件中的每一列都指定相关信息，如表 8-2 所示。

表 8-2　/etc/group 解析

字　段	示　例	目　的
Groupname	mj	每个用户都有自己的组，其名称与用户名相同。也可以创建唯一的组名称
Password	x	口令。可以是 x 或者是字母和数字的随机组合。x 指向实际口令的 /etc/gshadow。字母和数字的随机组合表示加密口令
Group ID	1000	与该用户相关的数字组 ID(GID)。默认情况下，RHEL 为每个新用户创建一个新组。如果要创建特殊组(如管理者)，可以分配一个标准范围之外的 GID 号；否则，Red Hat GID 和 UID 将可能杂乱无章
Group members	mj, vp, ao	列出组成员的用户名。如果某个用户名在/etc/passwd 文件中将组的 GID 列为其主要组，那么该用户名也是该组的一个成员

3. /etc/shadow 文件

/etc/shadow 文件是/etc/passwd 文件的补充。它包含 8 列信息，第一列包含的用户名列表与/etc/passwd 中已文档化的用户名列表相同。如果在每个/etc/passwd 条目的第二列中有 x，Linux 就知道要查看/etc/shadow 以得到更多信息。在文本编辑器中打开该文件，浏览打开的文件，将会看到相同的信息模式，首先是根管理用户的信息。

如表 8-3 所示，虽然在第二列中包含加密口令，但剩下的信息与管理口令的方式有关。其实第二列的前两个字符是基于口令的加密哈希的。如果是$1，口令就被混编到 Message Digest 5 (MD5)算法，这是 RHEL 5 的标准。如果是$6，口令就受 512 位安全哈希算法(SHA-512)的保护，这是 RHEL 6 和 7 的标准。

表 8-3　/etc/shadow 解析

列	字　段	描　　述
1	Username	用户名
2	Password	加密口令；在/etc/passwd 的第 2 列需要一个 x
3	Password history	口令的最后修改日期；1970 年 1 月 1 日之后的天数
4	mindays	用户必须保持该口令的最小天数
5	maxdays	最大天数，在此之后必须修改口令
6	warndays	口令过期之前提供警告的天数
7	inactive	在口令过期之后仍然接受口令的天数，但是在此期间将提示用户修改口令
8	disabled	禁用账户后，1970 年 1 月 1 日之后的天数

4. /etc/gshadow 文件

/etc/gshadow 文件是影子口令套组中的组配置文件，它包括组的管理员，管理员可以使用 gpasswd 命令添加其他的组成员。如有必要，甚至可以给组管理员配置哈希口令。设置口令后，其他用户通过使用 newgrp 命令并输入所需的口令成为组成员。表 8-4 从左到右描述了/etc/gshadow 中的列。

表 8-4　/etc/gshadow 解析

字　段	示　例	目　　的
Groupname	mj	组名称
Password	!	大多数组都有!，它表示没有口令；有些组有与/etc/shadow 文件中口令类似的哈希口令
Administrators	mj	一个用逗号分隔的组中用户的列表，使用 gpasswd 命令可以更改组的成员或组的口令
Group members	vp, ao	一个用逗号分隔的组成员的用户名列表

315

5. /etc/login.defs 文件

/etc/login.defs 文件为影子口令套组中许多参数提供基线。下面简要分析该文件默认版本中的活动指令。正如所见，这些指令在某种程度上超出了身份验证的范围。第一个配置参数按用户名指定本地传递的电子邮件目录。

```
MAIL_DIR /var/spool/mail
```

表 8-5 所示的 4 个指令与默认口令过时信息有关，文件注释中对这些指令进行了解释。

表 8-5　/etc/login.defs 口令过时指令

配 置 参 数	目　　的
PASS_MAX_DAYS	这些天之后，必须更改口令
PASS_MIN_DAYS	口令必须至少保持这些天
PASS_MIN_LEN	口令的长度必须大于等于该字符个数
PASS_WARN_AGE	在 PASS_MAX_DAYS 之前，提醒用户的天数

如前所述，一般用户和组的用户 ID(UID)和组 ID(GID)号最初为 1000。由于 Linux 支持的 UID 和 GID 数超过 40 亿(实际上达到了 2^{32-1})，因此在/etc/login.defs 文件中将 UID 和 GID 的最大号确定为 60 000 就有些不妥。但它为其他身份验证数据库——如那些与 LDAP 和 Microsoft Windows(通过 Winbind)相关的数据库——预留更高的可用数量。如指令所示，UID_MIN 指定最小 UID，UID_MAX 指定最大 UID，依此类推：

```
UID_MIN  1000
UID_MAX  60000
GID_MIN  1000
GID_MAX  60000
```

类似地，带有-r 开关的 useradd 和 groupadd 命令分别用于创建系统用户或系统组，其 ID 的范围如下所示：

```
SYS_UID_MIN 201
SYS_UID_MAX 999
SYS_GID_MIN 201
SYS_GID_MAX 999
```

通常，如果运行 useradd 命令来创建新用户，它也会自动创建主目录，这可由下面的指令确认：

```
CREATE_HOME yes
```

如本章后面所述，其他文件设置 umask 的值。但如果其他文件不存在，该指令将管理一般用户的默认 umask：

```
UMASK   077
```

在 User Private Group 方案的实现方式中，下面这条指令非常重要，在这种方案中，新用户也是他们自己私有组的成员，同时还具有相同的 UID 和 GID 编号。也就是说，在创建(或删除)新用户时，也会添加(或删除)相关联的组：

```
USERGROUPS_ENAB yes
```

下面这条指令确定用于加密口令的算法，对于 RHEL 7 来说通常是 SHA 512：

```
ENCRYPT_METHOD SHA512
```

利用本章后面介绍的 Authentication Configuration 工具可用来设置不同的加密方法。

8.1.3 命令行工具

通过命令行界面添加用户有两种基本方法。直接在文本编辑器(如 vi)里编辑/etc/passwd 文件，可以添加用户。这种方法如第 3 章中的 vipw 和 vigr 所述。另外，还可以使用自定义的文本命令来实现此目的。

考试提示
本节介绍的工具有助于创建、删除和修改本地用户账户。

1. 直接添加用户

在选择的文本编辑器里打开/etc/passwd 文件。如第 3 章所述，可以使用 vipw 命令打开该文件。但如果通过直接编辑影子口令套组的文件来添加用户，还需要做以下两件事情。

- **添加用户主目录**。例如，对于用户 donna 来说，必须添加/home/donna 主目录，并确保用户 donna 和组 donna 都有该目录的所有权。
- **填充用户主目录**。默认选项是从/etc/skel 目录复制这些文件，本章稍后会讨论。还必须确保用户 donna 和组 donna 拥有复制到/home/donna 目录的这些文件的所有权。

2. 直接将用户添加到组

每个 Linux 用户通常都被分配到一个组，至少是他自己的私有组。如第 3 章所述，/etc/group 文件里列出的 GID 号必须匹配/etc/passwd 文件中该用户显示的 GID 号。该用户是私有组的唯一成员。

当然，该用户也可以是其他组的成员。例如，如果要创建一个名为 project 的组，可以将条目添加到/etc/group 和/etc/gshadow 文件。在文本编辑器中完成这项工作的方法之一是使用 vigr 命令。例如，下面的条目适用于名为 project 的组：

```
project:x:60001:
```

使用的号码是 60001，因为它超过了前面介绍的/etc/login.defs 文件中 GID_MAX 指令的限制。这样说很武断。没有禁止更低的号码，只要它不与现有 GID 冲突就行。但如果一般用户的 UID 和 GID 号码相匹配，会更方便。当然，如果要让组可用，还必须在命令行结尾添加/etc/passwd 文件中已配置的用户。下面的示例假设这些用户已经存在：

```
project:x:60001:michael,elizabeth,stephanie,tim
```

还必须将该组添加到/etc/gshadow 文件，可以直接使用 vigr −s 命令来实现。如果要给组管理员设置口令，也可以运行 gpasswd 命令。例如，gpasswd project 命令可设置用于管理组的口令，该命令与本章稍后讨论的 newgrp 和 sg 命令有关，它自动将给定组名称的加密口令添加到/etc/gshadow 文件。

3. 在命令行添加用户

另外，可以使用 useradd 命令自动完成添加用户的过程。useradd pm 命令可将用户 pm 添加到/etc/passwd 文件。另外，useradd 命令创建/home/pm 主目录；从/etc/skel 目录添加标准文件；分配默认 shell，/bin/bash。但 useradd 具有多种功能，它包括许多命令选项，如表 8-6 所示。

表 8-6 useradd 命令选项

选 项	目 的
-u *UID*	重写默认分配的 UID。默认情况下，在 RHEL 中起始编号为 1000，该编号继续增加到内核 2.6 支持的最大用户数，这个数字是 $2^{32}-1$，超过 40 亿用户
-g *GID*	重写默认分配的 GID。默认情况下，RHEL 对每个用户使用相同的 GID 和 UID 号。如果分配 GID，它必须是 100(用户)或已经存在的数
-c *info*	输入用户的注释，如其名字
-d *dir*	重写用户的默认主目录/home/*username*
-e *YYYY-MM-DD*	设置用户账户的过期日期
-f *num*	当禁用账户时，指定口令过期之后的天数
-G *group1,group2*	依据它们在/etc/group 文件中定义的当前名称，使用户成为 *group1* 和 *group2* 的成员。*group1* 和 *group2* 之间的空格将导致错误
-s *shell*	重写用户的默认 shell——/bin/bash

4. 分配口令

创建新用户之后，可使用 passwd *username* 命令给该用户分配口令。例如，passwd pm 命令提示给用户 pm 分配一个新口令。出于安全原因，RHEL 不鼓励使用基于字典单词的口令、少于 8 个字符的口令、太简单的口令、基于回文的口令及其他类似口令。如果根用户运行 passwd 命令，这些口令都是合法的且可以接受。

5. 在命令行添加或删除组

如果需要给影子口令套组添加特定组，可以使用 groupadd 命令。通常，该命令可以与-g 开关一起使用。例如，下面的命令设置 GID 为 60001 的特定项目组。

```
# groupadd -g 60001 project
```

如果不使用-g 开关，groupadd 命令将采用下一个可用 GID 号。例如，如果在系统上配置两个一般用户，他们的 UID 号和 GID 号分别为 1000 和 1001。如果在没有指定 GID 号的情况下运行 groupadd project 命令，项目组的 GID 则被分配为 1002。创建的下一个一般用户的 UID 为 1002，GID 为 1003，这样就会引起混淆。

幸运的是，删除组的命令更加简单。如果项目组已完成其工作，就可以使用下面的命令从影子口令套组数据库中删除该组。

```
# groupdel project
```

6. 删除用户

用户账户的删除是一个非常简单的过程。最简单的删除方法是使用 userdel 命令。默认情况下，该命令不会删除用户的主目录，因此管理员可以将文件从该用户转移给接替被删除用户任务的员工。另外，userdel -r *username* 命令删除用户主目录及该主目录里保存的所有文件。

这些删除用户的方法比 GUI 方法更快，使用 GUI 方法时，要打开 Red Hat User Manager，选择用户，之后单击 Delete。虽然对于经验不丰富的用户来说 GUI 方法可能更容易一些，但使用文本命令则是更快捷的方法。

考试提示

在执行某项任务时，如果你既知道文本方法，又知道 GUI 方法，那么请使用文本方法，因为这种方法总是可以节省时间。

8.1.4　练习 8-1：使用 Red Hat User Manager 添加用户

如果 GUI 可用，用户管理命令(如 useradd 和 usermod)的一种可能选择是 Red Hat User Manager。如果可能，可以通过第 2 章介绍的 ssh–X 连接远程打开它。例如，如果已经配置了本章前面介绍的 server1.example.com 系统，就可以使用 ssh –X root@192.168.122.50 命令从远程 GUI 连接到该系统。登录后，输入 system-config-users 命令。

(1) 在 Red Hat User Manager 中，单击 Add User 按钮，或选择 File | Add User 命令。打开 Add New User 对话框，如图 8-1 所示。

图 8-1　Add New User 对话框

(2) 填写好所需的内容。除了 Full Name 之外，其他所有条目都必须填写。这些条目非常简单(参见前面每个字段的介绍)。口令至少应该有 8 个字符，最好是包含大小写字母、数字和标点符号的混合体，以使口令更加安全，从而避免遭受标准口令攻击程序的攻击。

(3) 在 Confirm Password 字段中再次输入口令。

(4) 记录与 Specify user ID manually 和 Specify group ID manually 选项相关的数字；这些是要分配给新用户的 UID 和 GID 号。完成之后，单击 OK 按钮。

(5) 如有必要，对于其他新用户可重复此过程。在进行练习 8-2 之前，确保至少创建了一个新用户。

8.1.5　练习 8-2：真假 shell

先在本地系统上创建一般用户，然后再进行该练习，否则就会出现错误，导致系统冷重启。如有必要，可先完成练习 8-1 在目标系统上新建一个一般用户。

(1) 打开/etc/passwd 文件，找到当前的一般用户，其 UID 为 1000 或以上。

(2) 标识默认 shell。它在最后一列指定，对于一般用户通常是/bin/bash。

(3) 将默认 shell 更改为/sbin/nologin，并将这些变更保存到/etc/passwd 文件中。

(4) 打开另一个虚拟控制台。按住 Ctrl+Alt+F2 键，打开另一个控制台(如果已经打开第二个虚拟控制台，可用 F3、F4、F5 或者 F6 代替 F2)，在 GUI 中，如果在基于 KVM 的 VM 中，可单击 Send Key | Ctrl+Alt+F2，转移到第二个虚拟控制台)。

(5) 尝试以修改后的用户登录。此时会出现什么情况？

(6) 返回到原始控制台。如果是 GUI，通过 Ctrl+Alt+F1 键组合就可访问。如果不是(例如，没有安装 GUI)，仍然能够作为根管理用户登录。

(7) 重新打开/etc/passwd 文件，将/bin/bash shell 恢复到目标一般用户。

8.1.6　修改账户

作为 Linux 管理员，可能要给某些用户账户添加一些限制。查看这些变更的最简单方法是使用 User Manager 工具。启动 User Manager，选择一个当前配置的用户，然后单击 Properties 打开 User Properties 对话框。

在图 8-2 所示的对话框中，单击 Account Info 选项卡，查看用户终止信息。可以限定账户的生命周期，让其在指定日期终止，或者可以通过锁定来禁用账户。

单击 Password Info 选项卡。如图 8-3 所示，可以设置与单个用户口令相关的某些特性。即使设置了一个好口令，频繁更改该口令也可以提高安全性。图 8-3 中所示的类别很简单，都是自解释性的。

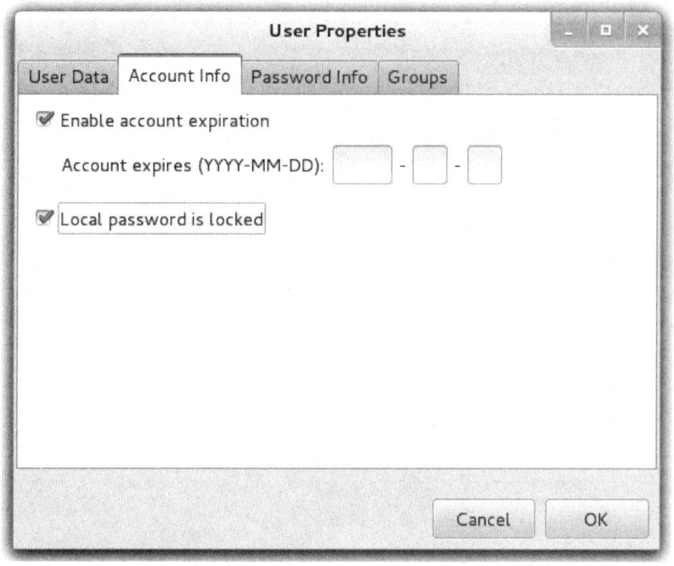

图 8-2　管理用户账户生命周期

图 8-3　配置口令信息

单击切换到 Groups 选项卡。在 Linux 中，有些用户可能属于多个组。在图 8-4 中所示的 Groups 属性选项卡中，可以将目标用户指定给其他组。例如，要在管理团队中分享文件和促进合作，可以将相应的用户分配到名为 manager 的组。同样，通过 Groups 选项卡还可将该项目团队的成员分配到项目组。

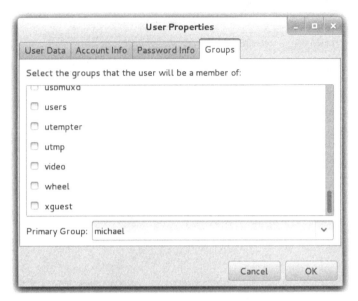

图 8-4　分配组

8.1.7　更多的用户和组管理命令

虽然 Red Hat User Manager GUI 实用工具很方便，但在命令行界面通常能够更快执行相关
管理功能。下面介绍其中一些命令，如 useradd、userdel、groupadd 和 groupdel。有 3 个主要的
用户管理命令：usermod、groupmod 和 chage。

1. usermod

usermod 命令修改/etc/passwd 中的各种设置。另外，它还能够设置账户或其他组的有效日
期。例如，下面的命令将与用户 test1 相关的账户设置为 2016 年 6 月 8 日终止。

```
# usermod -e 2016-06-08 test1
```

下面的命令将用户 test1 设置为特定(special)组的成员。

```
# usermod -G special test1
```

usermod 命令与 useradd 命令紧密相关；其实，usermod 命令可以使用表 8-6 中列出的所有
useradd 命令开关。usermod 命令还包含其他一些开关，如表 8-7 所示。

表 8-7　usermod 命令选项

选　　项	目　　　的
-a -G *group1*	附加到现有组成员关系。可以指定多个组，组之间用逗号隔开，中间不留空格
-l *newlogin*	将用户名修改为 *newlogin*，不修改主目录
-L	锁定用户口令
-U	解锁用户口令

2. groupmod

groupmod 命令相对简单，但它有两种实际用法。下面的命令将 project 组的 GID 号修改为 60002。

```
# groupmod -g 60002 project
```

相反，下面的命令将 project 组的名称修改为 secret。

```
# groupmod -n secret project
```

3. chage

chage 命令主要用于管理口令的老化信息，并将它保存在/etc/shadow 文件中。虽然有些参数也可通过 useradd 和 usermod 命令设置，但大多数开关并不相同，如表 8-8 所示。

表 8-8　chage 命令选项

选 项	目 的
-d YYYY-MM-DD	设置口令的最后修改日期；在/etc/shadow 中显示的输出为 1970 年 1 月 1 日之后的天数
-E YYYY-MM-DD	指定账户的有效日期。在/etc/shadow 中显示的输出为 1970 年 1 月 1 日之后的天数
-I *num*	在口令到期 num 天之后锁定账户；可以将它设置为-1，使账户永久可用
-l	列出所有过时信息
-m *num*	设置用户必须保持口令的最少天数
-M *num*	设置允许用户保持口令的最多天数；可设置为-1 来删除该限制
-W *num*	指定一个天数，在这个天数之后必须改变口令；届时会提示用户

考试提示

chage 命令是实现 RHCE 目标"调整本地用户账户口令过时"的好方法。

认证目标 8.02　管理控制

虽然根管理用户功能非常强大，但对于管理员来说，大部分时间都是作为一般用户执行大多数操作。限制一般用户有助于保护 Linux 系统出现意外。具有根管理口令的一般用户使用 su 命令可暂时具有根权限。su 命令可以让其他用户具有更多功能。而 sg 命令则与特定组的权限有关。

虽然 su 命令对于小型网络已经足够，但没有管理员会单独使用它。就该命令与在/etc/sudoers 文件里配置的 sudo 命令组合使用，就可以设置专业管理员，使其具有部分或全部根管理权限，或者可以另一个用户的身份执行命令。

8.2.1　作为根管理用户登录

可以防止用户直接作为根管理用户登录。对于本地访问的控制通常是在/etc/securetty 文件中，它默认包含 11 个虚拟控制台的访问指令。在第 5 章介绍的/etc/systemd/logind.conf 文件中只能启用 6 个虚拟控制台，但是也可以配置 12 个(取决于键盘上功能键的数量)。

/etc/securetty 文件中列出的虚拟控制台确定根管理用户可以登录的控制台。如果让该文件中的指令以注释形式存在，管理员就无法直接登录到根账户。他们必须登录到一般账户，使用 su 或 sudo 命令进行管理。

虽然作为根管理用户可通过 ssh 命令从远程登录，但权限也会受到控制。在这种方式中 SSH 服务器的配置是第 11 章介绍的 RHCE 技能。

8.2.2　练习 8-3：限制根管理用户登录

在此练习中，可以检验删除/etc/securetty 文件中控制台后所产生的效果。但首先要确定根管理用户可以登录到虚拟终端 1 到 6 上的标准控制台。本练习假设本地系统上有一般用户。

(1) 移到第 2 个虚拟控制台。按 Ctrl+Alt+F2 键；在 KVM VM 中，单击 Send Key | Ctrl+ Alt +F2。出现 login:提示时，以根用户身份登录。

(2) 在第 1、3、4、5 和 6 个虚拟控制台上重复该过程。除非/etc/securetty 已经改变，否则就能作为根用户登录所有这些控制台。

(3) 备份当前/etc/securetty 文件。

(4) 在文本编辑器里打开/etc/securetty 文件。让所有指令以注释形式存在并保存该文件。

(5) 登出控制台。尝试再以根管理用户登录。会出现什么情况？在其他虚拟控制台上重复该过程。又会出现什么情况？

(6) 以一般用户身份登录控制台。能运行吗？运行 su -命令设定根权限。恢复原始/etc/securetty 文件。

(7) 如果系统上没有一般用户账户，就必须在救援目标(rescue target)中重启系统，如第 5 章所述。然后依据出现的提示恢复/etc/securetty 文件。

8.2.3　登录

比/etc/securetty 文件更强大的是/etc/security/access.conf 文件，它控制所有用户的访问。虽然这个文件的默认版本完全以注释形式存在，但这些注释也提供了一些有用示例。第一个示例不允许(符号为-)所有用户(除根用户之外)访问第一个虚拟控制台(tty1)。

```
-:ALL EXCEPT root:tty1
```

在文件中向前跳转。下面这行代码略微有些复杂，它不允许所有用户的访问，除非这些用户是 wheel 组的成员，并且在 LOCAL(未联网)系统上关闭和同步用户。

```
-:ALL EXCEPT (wheel) shutdown sync:LOCAL
```

向下滚动该文件，下面的几行代码允许(符号+)根用户从 3 个特定的远程 IP 地址以及本地主机地址访问系统。

```
+ : root : 192.168.200.1 192.168.200.4 192.168.200.9
+ : root : 127.0.0.1
```

如果要防止系统被外部网络访问，这种对直接根管理访问的限制就很有用。只要 su 或 sudo 命令允许，从远程作为一般用户登录的用户也能相应提升其权限。

但要知道，该文件里的指令都是有序的。因此，如果首先出现允许访问(符号为+)的指令，那么以下指令将拒绝从所有本地或远程系统访问的其他所有用户。

```
- : ALL : ALL
```

8.2.4　su 命令的正确用法

有些情况下，如在 Red Hat 考试中，最好以根管理用户身份登录。但实际上，最好以一般用户身份登录。作为一般用户，可以使用 su 命令临时以根管理权限登录。通常该命令提示输入根管理用户的口令。完成管理任务之后，最好以根管理账户登出；exit 命令将返回该用户的一般账户。

su -命令稍有不同，因为它访问根管理账户的全部权限。如果口令通过，它将导航到根用户的主目录/root，并且像根用户已直接登录一样设置环境。

如果有另一个用户的口令，可以使用 su - *username* 命令直接登录该账户。例如，如果要登录用户 dickens 的账户，可运行 su-dickens 命令。当她成功输入她的口令，该命令将把她导航到/home/dickens 目录。

最后，su -c 命令可用来假设一个命令的管理权限。例如，下面的命令可用来修改系统上的第一个虚拟驱动器(假设成功输入根管理口令以响应提示)。

```
$ su -c '/sbin/fdisk /dev/vda'
```

8.2.5　限制访问 su

如前所述，不但可以控制直接作为根管理用户登录，还可以进一步限制管理访问。例如，可以限制允许运行 su 命令的用户。这需要两个基本步骤。

首先，需要列出能够访问 su 命令的用户，并使它们成为 wheel 组的一部分。默认情况下，/etc/group 文件中的代码如下所示：

```
wheel:x:10:
```

可使用 usermod -G wheel *username* 命令或 User Manager，将选中的用户直接添加到这一行的结尾。

其次，这需要改变可插拔身份验证模块(Pluggable Authentication Modules，PAM)的配置。如第 10 章所述，虽然 PAM 是 RHCE 目标，但在/etc/pam.d/su 文件中有一个注释指令能够实现此目的：

```
# auth    required pam_wheel.so use_uid
```

如果激活这行代码，只有 wheel 组成员的用户才能使用 su 命令。

8.2.6　sg 命令的正确用法

使用 sg 命令，可以用与特定组相关的权限执行另一个命令。这里假设已经用 gpasswd project 命令设置了 project 组的口令。sg project –c 命令允许访问名为 project 的组所拥有的文件和目录。

例如，如果/home/secret 目录由 project 组所有，下面的命令将 important.doc 文件复制到指定目录：

```
$ sg project -c 'cp important.doc /home/project'
```

8.2.7　使用 sudo 命令自定义管理员

同样也可以限制对 sudo 命令的访问。/etc/sudoers 里授权的一般用户可以通过自己的口令访问管理命令。不必给自认为比 Red Hat 认证专家知道的还多的人提供管理口令。

要在/etc/environment 文件中指定的编辑器内访问/etc/sudoers，可运行 visudo 命令。该命令将/etc/sudoers 文件锁定，以防在退出前同时编辑和检查该文件的语法。下面的指令在默认情况下是激活的，它允许根用户完全访问管理命令：

```
root    ALL=(ALL) ALL
```

可给其他用户提供管理访问。例如，如果希望用户 boris 有完全的管理访问权，可以将下面的指令添加到/etc/sudoers：

```
boris    ALL=(ALL) ALL
```

这里，boris 运行管理命令所要做的就是首先使用 sudo 命令。例如，如果 boris 运行下面的命令，在启动指定服务之前会提示输入他自己的一般用户口令。

```
$ sudo systemctl start vsftpd
Password:
```

同样，也可以允许没有口令的特殊用户管理访问。如注释所述，/etc/sudoers 中下面这个指令允许所有是 wheel 组成员的用户不需要口令就能运行管理命令：

```
%wheel    ALL=(ALL)  NOPASSWD: ALL
```

不必允许完全管理访问。例如，如果要让是%users 组成员的用户关闭本地系统，可激活下面的指令：

```
%users  localhost=/sbin/shutdown -h now
```

在许多 Linux 配置文件中，指令前面的%符号指定组。即使用户组的 GID 是 100，也可以接受一般用户成为该组的成员。例如，注释中显示的另一个指令指定一组命令，%sys 组成员的用户可以运行这些命令：

```
%sys ALL = NETWORKING, SOFTWARE, SERVICES, STORAGE, DELEGATING, ↵
PROCESSES, LOCATE, DRIVERS
```

c 每个指令都与一组命令相关联。例如，sys 组里的用户——允许他们运行 PROCESSES 指令——可以运行与下面的配置行相关的命令：

```
Cmnd_Alias PROCESSES = /bin/nice, /bin/kill, /usr/bin/kill, ↵
/usr/bin/killall
```

以类似的方式可以设置用户的 admin 组，允许这些用户使用下面的指令运行这些命令：

```
%admin ALL = PROCESSES
```

这里假设在/etc/group 和/etc/gshadow 文件里存在像 admin 这样的组。

8.2.8　其他管理用户

可以给管理用户自己的组配置各种服务。例如，从/etc/cups/cups-files.conf 文件检查下面的指令：

```
SystemGroup sys root
```

SystemGroup 列出的组成员可获得对 RHEL 7 打印服务器的管理权限。

实际经验

CUPS 不再是首字母缩写词，为避免纠纷，使用单词"UNIX"作为商标。CUPS 仍然是默认 Linux 打印服务器的名称。

认证目标 8.03　用户和 shell 配置

Red Hat Enterprise Linux 系统上的每个用户在登录系统时都有一种环境。该环境定义 Linux 查找运行程序、登录提示外观和终端类型等所在的目录。本节将介绍如何为本地用户配置默认环境。所有系统范围内的 shell 配置文件都保存在/etc 目录下。这些文件是/etc/profile.d 目录里的 bashrc、profile(配置文件)和脚本。这些文件和脚本由每个用户主目录中的隐藏文件补充，如前所述。下面开始介绍这些文件。

8.3.1　主目录和/etc/skel

创建新用户时，通常使用标准命令(如 useradd)或实用工具(如 User Manager)，将配置文件的默认设置从/etc/skel 目录复制到用户的主目录。

1. 主目录

主目录是用户登录 RHEL 系统时的起始位置。对于大多数用户来说，主目录是/home/ *username*，其中 *username* 是用户的登录名。通常，每个用户在其主目录里都有写权限，因此每个用户都可以自由读写自己的文件。

2. /etc/skel

/etc/skel 目录包含新账户的默认环境文件。useradd 命令和 Red Hat User Manager 将新用户的这些文件复制到主目录。/etc/skel 的内容可能会有所不同。虽然该目录中的标准文件是隐藏的，但管理员可以自由为新用户添加更多文件。/etc/skel 某个副本的标准文件如表 8-9 所示。

表 8-9 /etc/skel 目录中的标准文件

文　　件	用　　途
.bashrc	这个基本的 bash 配置文件包含对通用/etc/bashrc 配置文件的引用。当启动 bash shell 时可以包含要运行的命令。示例之一是别名，例如 rm='rm -i'
.bash_logout	退出 bash shell 时执行该文件，它可能包含适用于此目标的命令，例如用于清屏的命令
.bash_profile	该文件是调用 bash 登录 shell 的唯一文件，它可以配置 bash 启动环境。在用户账户 PATH 中，该文件是用于添加环境变量或修改目录的合适位置
.kde/	指定 K Desktop Environment 的设置。如果没有安装 KDE，则不添加到/etc/skel，也不复制到用户主目录
.mozilla/	包含与 Firefox Web 浏览器(由 Mozilla 项目开发)相关的选项

考试提示

Linux 包含许多以点(.)开头的隐藏文件。要列出这些文件，可以运行 ls -a 命令。例如，如果想要列出/etc/skel 目录中的所有文件，可以运行 ls -a /etc/skel 命令。

如果在 RHEL 上安装了多个软件程序包的标准设置，其他配置文件和子目录可能出现在/etc/skel 目录里。例如，某些程序包的安装可能在此目录里包含与 emacs 相关的配置文件和 z shell (zsh)。

作为系统管理员，可以编辑这些文件或者在/etc/skel 目录里存放自定义文件。创建新用户时，这些文件将被移植到新用户的主目录。

3. /etc/bashrc

/etc/bashrc 文件用于系统范围内的别名和函数。在选择的文本编辑器中打开该文件，仔细阅读文件的每一行代码。即使不理解编程命令，也会发现该文件为每个用户设置了下列 bash shell 参数：

- 它指定 umask 的值，为新建文件创建默认权限。它支持一组用于根用户和系统用户(用户 ID 在 200 以下的)的许可，还支持一组用于一般用户(实际上 RHEL 预留用户 ID 在 1000 以上的用户作为一般用户，但在/etc/bashrc 中没有反映出这一点)的许可。
- 它分配和定义提示，仅在命令提示符的光标之前可以看到它。
- 它包含/etc/profile.d/目录中*.sh 文件的设置。

这里的设置由每个用户主目录中的.bashrc 文件补充，对于登录 shell，则由/etc/profile、.bash_profile 和.bash_logout 文件补充。

4. /etc/profile 和/etc/profile.d

/etc/profile 文件用于系统范围内的环境和启动文件，当把 bash 作为登录 shell 调用时，就使用该文件。

该文件的第一部分设置搜索命令的 PATH。使用 pathmunge 命令将其他目录添加到 PATH(除非使用 Korn shell，否则忽略 ksh workaround 节)。然后它导出 PATH、USER、LOGNAME、MAIL、HOSTNAME、HISTSIZE 和 HISTCONTROL 变量，最后设置 umask 并运行/etc/profile.d 目录中的脚本。可使用 echo $variable 命令检查这些变量的当前值。

5. /etc/profile.d

/etc/profile.d 目录用来包含要在登录或交互式 shell 中(也就是说，并不是在作为 bash –c
command 运行的脚本或命令中)执行的脚本。如果执行"Server with GUI 安装，下面列出的只
是部分文件，那些扩展名为.sh 的文件则应用于默认的 bash shell。

256term.csh	colorls.csh	PackageKit.sh
256term.sh	colorls.sh	vim.csh
abrt-cosole-notifiction.sh	lang.csh	vim.sh
bash_completion.sh	lang.sh	vte.sh
colorgrep.csh	less.csh	which2.csh
colorgrep.sh	less.sh	which2.sh

大多数情况下，存在为不同 shell 环境自定义的两个版本的脚本。查看/etc/profile.d 脚本目
录中的文件，就会发现该目录中以.sh 结尾的所有脚本都是/etc/profile 配置的一部分。扩展名为
其他形式(如.csh)的脚本与 C shell 有关。

8.3.2　练习 8-4：保护系统的另一种方法

保护系统的另一种方法是改变新文件和目录的默认权限。在本练习中，将重新配置系统，
将默认文件的访问权限从其他用户或组删除。

(1) 备份/etc/bashrc 和/etc/profile 文件的当前版本。

(2) 在文本编辑器中打开/etc/bashrc 文件。文件中的两行语句设置 umask。依据它们上面的
if 语句，选择其中一行。看看是否能确定将哪个 umask 值分配给一般(非根)用户。

(3) if 语句测试用户名和组名是否相同，且 UID 大于 199。换句话说，umask 值 002 被提供
给一般用户。umask 值 022 被提供给系统用户。

(4) 改变第一个 umask 语句，排除组及其他用户的全部权限，也就是将 umask 为 002 替换成
mask 为 077。

(5) 保存并退出文件。

(6) 对于/etc/profile 文件，重复步骤(2)~(5)。

(7) 作为一般(非特权)用户登录。使用 touch 命令创建一个新的空文件。使用 ls –l 命令验证
该文件的权限。

(8) 作为根用户登录。再次使用 touch 命令创建一个新的空文件，并使用 ls –l 命令来验证
这个新文件的权限。

刚刚已经更改所有一般用户的默认 umask。虽然这是一个很好的安全选项，但会影响其他
章中使用的步骤，因此最后一步非常重要。

(9) 从第(1)步创建的备份中恢复/etc/bashrc 和/etc/profile 的初始版本。

8.3.3　用户主目录中的 shell 配置文件

如上所述，通常在创建账户时，每个用户都会从/etc/skel 目录获得所有文件的副本。其中
大多数文件都是隐藏文件，只有使用像 ls –a 这样的命令才能显示它们。随着用户开始使用自己
的账户，更多配置文件会被添加到他们的主目录中。有些用户可能主要使用默认 bash shell，而
其他用户可能拥有与 GUI 桌面环境(如 GNOME)相关的其他配置文件。

默认的 Linux shell 是 bash，直到最近，才特别将它作为相关 Red Hat 考试目标中介绍的唯一 shell。虽然 bash 不再是考试目标，但它还是 RHEL 7 的默认 shell。

8.3.4　登录、登出和用户转换

虽然对于具有一定经验的 Linux 用户来说这似乎是一个很简单的主题，但 RHCSA 主题之一就是"在多用户目标中登录和转换用户"。它包含不同章介绍的概念。如第 5 章所述，多用户目标是 multi-user.target 和 graphical.target。虚拟终端适用于所有这些目标。对于第一个 RHEL 7 版本而言，文本登录提示如下：

```
Red Hat Enterprise Linux Server 7.0 (Maipo)
Kernel 3.10.0-123.el7.x86_64 on an x86_64

server1 login:
```

主机名、RHEL 7 版本和内核可能会改变，但这与实际登录无关；你要做的就是输入用户名，按 Enter 键，在出现提示时输入口令。

从命令行登出更加简单；exit 和 logout 命令以及按 Ctrl+D 键都可以实现从命令行登出。当然，一旦登出系统，刚刚显示的登录提示就会出现。

如本章前面所述，还有一种方法可以转换用户账户。例如，如果要从当前账户转换到用户 donna 的账户，可以运行下面的命令：

```
$ su - donna
```

同样，exit、logout 和 Ctrl+D 也可用于退出用户 donna 的账户。

当然，用户可以登录和登出 GUI。虽然步骤根据桌面环境有所不同，但这些步骤与登录和登出其他操作系统一样简单。

认证目标 8.04　用户和网络身份验证

默认情况下，访问 Linux 计算机需要合法的用户名和口令。大型 Linux 系统网络存在的问题之一是，如果没有中心数据库，每个用户在每个 Linux 计算机上都需要一个账户。

考试提示

在 RHEL 6 的 RHCSA 考试目标中，唯一的网络身份验证要求是能够让客户端连接到 LDAP 服务器。RHEL 7 的相应考试目标更加通用，要求考生"配置一个系统，使其使用现有的身份验证服务来验证用户和组信息"。这可能不仅包括 LDAP 服务器，而且还可能包括其他服务，如 Kerberos、Active Directory 和 IPA。authconfig 工具支持所有这些服务，允许通过几个简单的步骤就可以配置客户端。

有些服务可用作中心身份验证数据库。Linux 系统中遗留的一个选项是 Network Information Service (NIS)。而轻型目录访问协议(Lightweight Directory Access Protocol，LDAP)则提供了更高的安全性并且现在是事实上的标准。还有其他服务，如 Winbind，它支持 Linux 系统和用户访问 Microsoft 数据库管理的网络。Linux 中另一个遗留选项是 IPA(它的免费版本为 FreeIPA), IPA (Identity, Policy, and Auditing)服务器包括认证机构, 以及 LDAP 和 Kerberos 服务, 在这些情况下, 每个网络将有一个口令和用户名数据库。

表 8-10 演示了一些可用于中心身份验证的常用选项, 以及一些协议和资源, 每个解决方案都依赖于这些协议和资源来获取用户信息并执行身份验证。

表 8-10 常用的网络身份验证服务

服 务	用户和组信息	身 份 验 证
本地文件	从 /etc/passwd 和 etc/group 获取	/etc/shadow 中的哈希口令
Network Information System(NIS) Server	Centralized /etc/passwd 和 /etc/group	Centralized /etc/shadow
Network Information System(NIS) Server 与 MIT Kerberos KDC	Centralized /etc/passwd 和 /etc/group	Kerberos
OpenLDAP, 389 Directory Server	LDAP/LDAPS 协议	LDAP/LDAPS 协议
OpenLDAP 或 389 Directory Server 与 MIT Kerberos KDC	LDAP/LDAPS 协议	Kerberos
IPA, FreeIPA	针对 389 Directory Server 的 LDAP/LDAPS 协议	Kerberos
Microsoft Active Directory	LDAP/LDAPS 协议	Kerberos

从表 8-10 中可以看出, 对于用户账户信息和身份验证可以使用不同的解决方案。例如, 在用户和组信息中, 可以将 LDAP 服务器用作数据库, 且可以通过 Kerberos Key Distribution Center(KDC)来进行身份验证。

下一节关注的是将 LDAP 作为客户端。可配置一个 RHEL 7 系统作为 LDAP 客户端, 在名称服务转换文件中设置身份验证, 并利用 Red Hat 网络身份验证工具重复该过程。下面首先介绍如何使用命令行界面配置 LDAP 客户端, 然后介绍如何使用 Red Hat Authentication Configuration 工具重复此过程。这样你就知道了两种配置 LDAP 客户端的方法。

相对于 NIS 而言, 可在不同平台上配置 LDAP 服务。当然, 可在 RHEL 7 上配置 LDAP 服务器, 但它们不属于当前的 RHCSA 或 RHCE 考试目标。还可以通过 IPA 和基于 Microsoft 的活动目录(Active Directory, AD)服务来使用 LDAP。

实际经验

LDAP 目录服务和身份验证是 Red Hat 的 RH423 课程关注的重点之一, 但新的 RH413 课程涉及用 IPA 进行身份管理。如果要建立一个中心化的 LDAP 服务器, 可以研究一下 http://directory.fedoraproject.org 上的 389 Directory Server。

8.4.1 LDAP 客户端配置

要将 RHEL 计算机配置为 LDAP 客户端, 需要 openldap-clients、openldap 和 nss-pam-ldapd RPM 程序包。openldap-clients 和 nss-pam-ldapd RPM 是 Directory Client 程序包组的可选部分。如本章前面的实验题所述, 在安装过程中选择了 "Server with GUI" 环境组的 RHEL 7 系统上, 默认已经安装了 openldap。

要配置 LDAP 客户端,需要配置各种 LDAP 配置文件,即/etc/nslcd.conf 和/etc/openldap/ldap.conf。虽然这些文件看起来非常复杂,但不必重新配置多少就能建立一个 LDAP 客户端。

1. /etc/nslcd.conf

/etc/nslcd.conf 文件的默认版本包含许多不同命令和注释。设置基本 LDAP 客户端所需的标准变更基于表 8-11 中所示的几条指令。文件中与加密有关的指令可能与安全套接层(Secure Sockets Layer,SSL)及其继承者传输层安全(Transport Layer Security,TLS)相关联。

表 8-11　/etc/nslcd.conf 中的客户端配置参数

指　　令	描　　述
uri	以格式 ldap://*hostname* 为 LDAP 服务器配置 URI。URI 模式 ldap://以明文形式(在 TCP 端口 389 上)指定 LDAP 协议的使用,而 ldaps://模式则用于 LDAP over SSL(在 TCP 端口 636 上)
base dc=example,dc=com	设置默认用于 LDAP 搜索的 base 识别名,以获取用户和组对象(这里是 dc=example, dc=com)
ssl start_tls	如果 StartTLS 用于在 TCP 端口 389 上协商加密通信,则需要该指令。另外,也可在关闭 StartTLS(ssl　off)的情况下,通过 ldaps: //URI 模式使用 LDAP over SSL 来提供加密通信
tls_cacertdir/etc/openldap/cacerts	指定存储 Certification Authority(CA)证书的目录。当使用 SSL 或 TLS 进行加密时需要使用该指令
nss_init groups_ignoreusers root	阻止在 LDAP 服务器中对特定用户进行组查找

nslcd.conf 文件将可插拔身份验证模块(Pluggable Authentication Moudles)应用于 LDAP 身份验证。RHEL 6 中的/etc/pam_ldap.conf 文件的作用几乎也是如此,它们之间的差异不会影响 LDAP 客户端的成功配置。

文件结尾包含相关指令,其中包含如下指令。首先是统一资源定位符(Uniform Resource Identifier),表示为 uri,它将客户端重定向到 LDAP 服务器的实际 IP 地址。

```
uri ldap://127.0.0.1/
```

如果通过 LDAP over SSL 使用安全通信,可能会将 ldap 更改为 ldaps;当配置 LDAP 服务器时,这些协议分别默认为 TCP/IP 端口 389 和 636。如果防火墙阻断这些端口,LDAP 服务器将无法运行。当然,如果使用 LDAP over SSL,就必须使用 ldaps://模式指定 URI,或者必须将下面的指令修改为 ssl yes:

```
ssl no
```

还可以通过另一种方法来获得与 LDAP 服务器的加密通信,就是使用 StartTLS,StartTLS 通过 TCP 端口 389 发送安全通信。这种情况下,将设置 ssl start_ltls 指令并输入 ldap://方案的 URI。

当然,如果要启用安全连接,LDAP 还需要访问相应的证书。虽然 TLS 是 SSL 的继承者,但它通常与 SSL 指令结合使用。下面的指令通过这些证书指定目录。

```
tls_cacertdir /etc/openldap/cacerts
```

最后，必须在引导时启动和激活 nslcd 服务：

```
systemctl enable nslcd
systemctl start nscld
```

2. /etc/openldap/ldap.conf

还需要指定文件中的 URI、BASE 和 TLS_CACERTDIR 变量，就像在/etc/nslcd.conf 配置文件中一样。除了前面介绍的参数，在该文件中甚至还将看到第 4 个指令。

```
URI ldap://127.0.0.1
SASL_NOCANON    on
BASE dc=example,dc=com
TLS_CACERTDIR /etc/openldap/cacerts
```

如果 LDAP 服务器不在本地系统上，基本的识别名不是 dc=example,dc=com，则相应替换它们。单个用户可以在其主目录中的隐藏文件.ldaprc 中替换该文件。

8.4.2   Name Service Switch 文件

Name Service Switch(命名服务转换)文件/etc/nsswitch.conf 控制计算机如何搜索关键文件，如口令数据库。可将它配置为查找 LDAP 和其他服务器数据库。例如，当 LDAP 客户端查找计算机主机名时，它可能从/etc/nsswitch.conf 文件中下面的条目开始。

```
hosts: files ldap dns
```

这一行代码告诉计算机按下面的顺序来搜索名称数据库：
(1) 首先搜索本地文件/etc/hosts 中的主机名和 IP 地址数据库。
(2) 通过查询 LDAP 服务器来搜索主机名。
(3) 如果这些数据库都没有包含所需的主机名，则指向 DNS 服务器。

可配置/etc/nsswitch.conf 配置文件，以通过 LDAP 服务器查找所需的数据库。例如，如果要设置网络的中心用户名和口令数据库，则在/etc/nsswitch.conf 文件中至少需要配置以下命令：

```
passwd:    files  ldap
shadow:    files  ldap
group:     files  ldap
```

也可以配置其他身份验证数据库；NIS 与 nis 指令关联；可以通过基于 LDAP 的 AD 服务来配置 Microsoft 身份验证，也可以使用 winbind 指令将 Linux 主机连接到 AD 域来进行配置。另一个重要的客户端身份验证服务是 sssd，下一节中将介绍该服务。

8.4.3   System Security Service Daemon

System Security Service Daemon(系统安全服务守护进程,SSSD)提供了缓存和离线身份验证服务，甚至在远程 LDAP 服务器不可用的情况下允许用户进行身份验证。可使用 SSSD 替代 nss-pam-ldapd 守护进程。SSSD 附带了几个相关的 RPM 程序包，如用于从 Active Directory 服务器获取身份数据的 sssd-ad。通过安装 sssd 元 RPM 程序包，可以安装这些相关的程序包及其依赖项。

```
yum -y install sssd
```

同样，对于 nss-pam-ldapd，SSSD 提供了到 NSS 和 PAM 的接口。不过，SSSD 还有更强大的功能，它可以通过 Kerberos、Active Directory 和 IPA 对用户进行身份验证。

可在/etc/sssd/sssd.conf 中找到 SSSD 配置文件。如果你的系统中没有该文件，可以通过 authconfig(Red Hat Authentication Configuration 工具，下一节中将介绍该工具)生成。如下所示是一个 LDAP 客户端的示例配置文件：

```
id_provider = ldap
auth_provider = ldap
chpass_provider = ldap
ldap_uri = ldap://127.0.0.1
ldap_id_use_start_tls = True
ldap_tls_cacertdir = /etc/openldap/cacerts
[sssd]
services = nss, pam
config_file_version = 1
domains = default
```

该文件的前三行告诉 SSSD 使用 LDAP 进行用户信息、身份验证和修改口令的操作。之后，代码中指定了 LDAP URI，这类似于/etc/nslcd.conf 中的 uri 指令。接下来的两行代码分别启用了用于加密的 TLS 和用于存储 CA 证书的目录。之后，代码指示 SSSD 与 NSS 和 PAM 一起工作。最后，至少必须配置一个默认的 SSSD 域。当在网络上有多个可用的身份验证方法时，域名可用于标识不同的用户数据库信息。

当使用 SSSD 获取远程用户和身份验证信息时，/etc/nsswitch.conf 中的各项应该看起来如下所示：

```
passwd:    files  sss
shadow:    files  sss
group:     files  sss
```

不过，/etc/nsswitch.conf 中的 ldap 指令会告知系统使用 nslcd 守护进程来查看用户信息，但会使用 sssd 关键字替代 sss 关键字。当然，必须在根目录下启动和激活 SSSD 守护进程：

```
# systemctl enable sssd
# systemctl start sssd
```

8.4.4　Red Hat 网络身份验证工具

如前几节所述，对于 LDAP 客户端的配置需要编辑一些文件。如果不是特别熟悉所有配置选项，在配置过程中极易犯错。因此，使用 Red Hat Authentication Configuration 工具配置客户端无疑是更简单的。在 RHEL 7 中，可通过 system-config-authentication 命令或 authconfig-gtk 在 GUI 中打开它，也可以使用 authconfig-tui 命令或 CLI 工具 authconfig 在控制台中启动它。GUI 和 TUI 工具都由 authconfig-gtk RPM 程序包提供。在 GUI 中打开它时的界面如图 8-4 所示。

图 8-4　Authentication Configuration 选项

1. LDAP 客户端

Authentication Configuration 工具已经有所改变。默认情况下，它被设置为只查看本地身份验证数据库。但如果单击下拉文本框，就会看到其他 5 个选项。虽然 LDAP 是用于身份验证服务和用户信息最常用的协议之一，但对其他选项的配置情况也应该熟悉。选择 LDAP 之后，对话框就会变为如图 8-5 所示。它默认为 Kerberos Password Authentication Method。

图 8-5　LDAP Authentication Configuration 选项

注意图 8-5 中的警告，该警告提示我们若要使用 Kerberos 作为口令身份验证方法，就必须安装 pam_krb5 LDAP 程序包。如果 Kerberos 不可用于身份验证，单击 Authentication Method 文本框并选择 LDAP Password。对话框会再次改变，并提示如下警告：

```
You must provide ldaps:// server address or use TLS for LDAP authentication.
```

如果使用 LDAPS 或 StartTLS 加密流量，警告信息就会消失。这种情况下，将会看到如图 8-6 所示的对话框。

图 8-6　带有 TLS 加密的 LDAP 身份验证

下面的选项可能不同。

(1) LDAP Search Base DN 文本框通常包含 LDAP 服务器的域名以及一个或多个 Organizational Units(ou)。例如，如果本地系统域是 example.com，用户是 ou=People 下的用户，文本框将包含以下内容：

```
ou=People,dc=example,dc=com
```

(2) LDAP Server 文本框应该包含该服务器的 URI。如果 LDAP 服务器在本地计算机上，可使用 127.0.0.1 作为 IP 地址。但这不可能，特别是在考试中。对于标准的 LDAP 通信，则以 ldap:// 作为 URI 的前缀。对于基于 SSL 的 LDAP 通信，则以 ldaps://作为 URI 的前缀。另外，如果使用 StartTLS，则以 ldap://作为 URI 的前缀并选中 Use TLS to Encrypt Connections 复选框。

(3) 如果配置安全的 LDAP，需要包含 Certificate Authority (CA)证书，单击 Download CA Certificate 按钮。这会打开一个对话框，在这个对话框中指定 CA Certificate 的 URL。

(4) 现在选择 Advanced Options 选项卡，如图 8-7 所示。该选项卡与 LDAP 客户端的配置并不相关。在一些配置中，你可能希望选中 Create home directories on the first login 复选框。这样，在用户首次登录时若没有主目录就会启用 pam_mkhomedir PAM 模块自动创建主目录。

完成所需变更之后，单击 OK 按钮；可能需要等待几秒钟时间，因为 Authentication Configuration 工具要将这些变更写入指定的配置文件。

图 8-7　Advanced Options 选项卡

2. IPA 客户端

IPA(及其免费版本 FreeIPA)是一个身份管理套组，其中包括一个 LDAP 389 Directory Server、一个 MIT Kerberos KDC、一个 Dogtag 认证授权、一个 NTP 服务和一个可选的 DNS 服务。虽然对 IPA 服务器的配置的讲解超出了本书和 RHCSA 考试的范围，但设置 IPA 客户端相对很容易。

首先要安装 ipa-client RPM 程序包。这也会安装必需的依赖程序包，如 krb5-workstation 和 sssd：

```
# yum install ipa-client
```

然后启动 authconfig-gtk，如图 8-8 所示。

图 8-8　IPA Authentication Configuration 选项

以下配置选项都非常简单：

- IPA Domain 是一个 DNS 域。对于 IPA 客户端，这个域应该对应于 IPA Identity Management 服务的域。例如，如果客户端是 serverl.example.com，那么相应的域应该为 exmple.com。
- IPA Realm 是一个 Kerberos realm，通常被指定为一个大写字母的域，如 EXAMPLE.COM。
- IPA Server 文本框应该包含服务器的 IP 地址或 FQDN。

完成所有设置后，单击 Join Domain。此时，需要提供一个 IPA 服务器账户的用户名和口令，且该账户需要具有为系统添加新客户端的权限。

实际经验
如果想要配置 IPA 服务器，请参考 www.freeipa.org 上的 FreeIPA 项目。

认证目标 8.05　特定组

过去，一般用户的 Linux 组允许其成员共享文件。Red Hat 改变了这一点，它给每个用户分配唯一的 UID 和 GID 号。如果一般用户都是同一主组(primary group)的成员，也就意味着该组里的每个用户都能访问其他所有组成员的主目录。人们通常不希望这样。有些用户可能不希望与其他用户共享其主目录里的文件。

另一方面，RHEL 在/etc/passwd 中给每个用户分配一个唯一的用户 ID 和组 ID，这也就是所谓的用户私有组(user private group)方案。这样用户只能访问自己的主组，而不必担心其他用户读取其主目录里的文件。

8.5.1　标准组和 Red Hat 组

在 RHEL 中，每个用户默认都有自己的特定私有组。如前所述，UID 和 GID 编号通常从 1000 开始，为其分配的匹配号码一般以升序顺序增加。另外，可以设置专用用户的特定组，最好使用更高的 GID。例如，管理员可以为会计部门配置一个 accgrp 组，其 GID 可能为 70000。

8.5.2　共享目录

大多数人都在组里工作，他们可能想要共享文件。这些组里的人可能有很多正当的理由对其他人隐藏他们的信息。要支持这种组，可以设置共享目录，将对该目录的访问限制为该组的成员。

假设要为会计组设置一个共享目录/home/accshared。为此可使用下面的基本步骤：

(1) 创建共享目录。

```
# mkdir /home/accshared
```

(2) 为会计创建一个组，将该组命名为 accgrp。给它分配一个组 ID，这个组 ID 不能影响现有组或用户 ID。方法之一是给/etc/group 文件添加一行代码(如下所示)，或者是使用 User Manager。替换为所需的用户名。

```
accgrp:x:70000:robertc,alanm,victorb,roberta,alano,charliew
```

(3) 为新的共享目录设置适当的所有权。下面的命令防止指定用户控制该目录，并将组所有权分配给 accgrp。

```
# chown nobody.accgrp /home/accshared
# chmod 2770 /home/accshared
```

只要用户是 accgrp 组中的成员，就可以在/home/accshared 目录中创建文件，也可以将文件复制到该目录。在该目录中生成或者复制到该目录中的所有文件都归 accgrp 组所有。

分配给/home/accshared 目录的 2770 权限可以使这一点成为可能。下面分开介绍这个数字。第 1 个数字 2 是设置组 ID 位(set group ID bit)，也称为 SGID 位。在目录中设置 SGID 位时，在该目录中创建的所有文件自动将其组所有权设置为与目录的组所有者相同。另外，会重新分配从其他目录复制的文件的组所有权，这里将该所有权重新分配给名为 accgrp 的组。下面是为/home/ accshared 目录设置 SGID 位的另一种方法。

```
chmod g+s /home/accshared
```

余下的数字是所有有经验的 Linux 或者 Unix 用户都知道的常识。770 设置拥有该目录的用户和组的读、写和执行权限。其他用户没有该目录的权限。但由于该目录的用户所有者是名为

nobody 的非权限用户,因此该目录的组所有者就至关重要。这里 accgrp 组中的成员对该目录里创建的文件都有读、写和执行权限。

8.5.3　练习 8-5:使用 SGID 位控制组所有权

在本练习中,将在用户组共享的目录里创建一些新文件。同时还将介绍设置 SGID 位之前和之后的区别。

(1) 添加 3 个用户,分别命名为 test1、test2 和 test3。当提示输入口令时指定口令。检查/etc/passwd 和/etc/group 文件,以验证已创建的各用户的私有组:

```
# useradd test1; echo changeme | passwd --stdin test1
# useradd test2; echo changeme | passwd --stdin test2
# useradd test3; echo changeme | passwd --stdin test3
```

(2) 编辑/etc/group 文件,并添加一个组 tg1。让 test1 和 test2 账户成为该组的成员。可以直接将下面的代码行添加到/etc/group 或者使用 Red Hat User Manager:

```
tg1:x:99999:test1,test2
```

在继续之前,确保分配给组 tg1 的组 ID(这里是 99999)没有使用。确保将下面的代码行添加到/etc/gshadow。不需要指定组口令。

```
tg1:!::test1,test2
```

(3) 创建 tg1 组要使用的目录:

```
# mkdir  /home/testshared
```

(4) 改变共享目录的用户和组所有权:

```
# chown  nobody.tg1  /home/testshared
```

(5) 以用户 test1 身份登录,确保将登录导航到/home/test1 目录。运行 umask 命令以确定从该账户创建的文件有相应权限(对于像 test1 这样的一般用户而言,umask 命令的输出应该是 0002)。如果主目录或 umask 输出有问题,那么在本章前面的用户设置中可能有错误。如果是这样,在另外的 VM 上重复步骤(1)~(5)。

(6) 运行 cd /home/testshared 命令。使用下列命令试着创建一个文件。会出现什么情况?

```
$ date >> test.txt
$ touch abcd
```

(7) 现在作为根用户,在 testshared 目录上设置组的写权限:

```
# chmod 770 /home/testshared
```

(8) 再次以用户 test1 身份登录,导航回/home/testshared 目录,尝试在新目录里创建文件。到目前为止,一切正常。

```
$ cd /home/testshared
$ date >> test.txt
```

```
$ ls -l test.txt
```

(9) 删除其他用户在/home/testshared 目录中新文件上的所有权限：

```
# chmod o-rwx /home/testshared/*
```

(10) 现在使用下面的命令，检查新文件的所有权。你认为 tg1 组里的其他用户可以访问该文件吗？如果不相信，可以自己以用户 test2 的身份登录。

```
$ ls -l
```

(11) 对于根账户来说，在该目录上设置 SGID 位：

```
# chmod g+s /home/testshared
```

(如果考虑到效率问题，可能知道 chmod 2770 /home/testshared 命令结合了该命令及前面 chmod 命令的效果)。

(12) 转换回 test1 账户，导航回/home/testshared 目录，再创建一个文件。删除其他用户在新建文件上的权限。检查新建文件的所有权。现在用户 test2 可以访问该文件吗？你可以自己从 test2 账户登录看一下。

```
$ date >> testb.txt
$ chmod o-rwx /home/testshared/testb.txt
$ ls -l
```

(13) 现在作为 test2 账户登录，进入/home/testshared 目录，尝试访问 testb.txt 文件。再创建一个不同的文件，并使用 ls –l 命令来检查权限和所有权(为此，可以从 test1 账户访问该文件)。

(14) 转换到 test3 账户，检查该用户能否在该目录里创建文件，能否浏览该目录里的文件。

8.6 认证小结

可使用影子口令套组文件管理用户和组。可以使用命令(如 useradd 和 groupadd)直接修改这些文件，也可以使用 User Manager 工具来修改它们。配置用户的方法基于/etc/login.defs 文件。所有变量或系统范围内的设置可以在/etc/bashrc 或/etc/profile 中定义。在用户主目录的文件中可以修改它们。

有一些方法可以限制管理权限的使用。在/etc/securetty 和/etc/security/access.conf 等文件里可以控制登录，借助于 PAM 可以限制对 su 命令的访问。可以为/etc/sudoers 文件中的 sudo 命令配置部分和完全管理权限。

通过 LDAP 服务，可以使用中心网络账户管理。通过/etc/nslcd.conf、/etc/openldap/ldap.conf 和/etc/nsswitch.conf 文件，可以将 RHEL 7 系统配置为 LDAP 客户端。

默认情况下，Red Hat Enterprise Linux 会给每个新用户分配唯一的用户和组 ID 号，这也就是所谓的用户私有组(user private group)模式，这种模式支持为特定用户组配置特定组。通过 SGID 位，可在专用目录里为组用户配置读写权限。

8.7　应试要点

下面是本章中有关认证目标的一些关键点。

用户账户管理

- 安装系统后，系统可能只有一个登录账户：root。最好创建一个或多个一般账户来完成日常操作。
- 在/etc/passwd、/etc/shadow、/etc/group 和/etc/gshadow 文件中配置影子口令套组。
- 管理员可通过直接编辑影子口令套组中的文件添加用户和组账户，或者使用 useradd 和 groupadd 等命令来完成，添加账户的方法由/etc/login.defs 文件定义。
- 使用 Red Hat User Manager 工具也可添加账户，也可以使用该工具或相关命令(如 chage 和 usermod)来修改其他账户参数。

管理控制

- /etc/securetty 文件可控制根用户登录。
- /etc/security/access.conf 文件控制一般登录。
- /etc/pam.d/su 文件控制对 su 命令的访问。
- 可在/etc/sudoers 文件中配置自定义管理权限。

用户和 shell 配置

- 新登录账户的主目录从/etc/skel 目录填充。
- 每个用户在登录系统时都有一种环境，这取决于/etc/bashrc、/etc/profile 以及/etc/profile.d 中的脚本。
- 所有用户在其主目录里都有隐藏的 shell 配置文件。

用户和网络身份验证

- 对于 LAN 上的 Linux 和 Unix 系统，LDAP 允许配置一个集中受管理的用户名和口令数据库。
- 在/etc/openldap/ldap.conf 和/etc/nslcd.conf(对于 nslcd 守护进程)或/etc/sssd/sssd.conf(对于 SSSD)文件中配置 LDAP 客户端。
- 需要改变/etc/nsswitch.conf 文件，以让系统查找远程身份验证数据库(如 LDAP)。
- Red Hat 包含 authconfig-gtk 和 authconfig-tui，这是两个 GUI 和控制台工具，有助于将系统配置为 LDAP 或 IPA 客户端。

特定组

- Red Hat 的用户私有组方案为用户配置自己唯一的用户和组 ID 号。
- 如果有相应的 SGID 权限，就可以为特定用户组配置共享目录。

- 设置 SGID 位非常简单，可使用 chown 设置 nobody 作为用户所有者，将组名设置为组所有者。然后在共享目录上运行 chmod 2770 命令。

8.8 自测题

下面的问题有助于衡量对本章内容的理解。Red Hat 考试中没有多选题，因此本书中也没有多选题。这些问题只测试对本章内容的理解，如果有其他方法能够完成任务也行。得到结果，而不是记住细枝末节，这才是 Red Hat 考试的重点。许多问题可能不止一个答案。

用户账户管理

1. 在 Red Hat 版本中，对于一般用户来说，标准的最小用户 ID 号是什么？

2. 在基于 GUI 的文本控制台中，哪个命令可启动 Red Hat User Manager？

管理控制

3. 哪个文件控制根用户可以登录的本地控制台？

4. 哪个文件控制用户可以以根用户或者其他用户权限运行的命令？

5. 当一般用户使用 sudo 命令运行管理命令时，需要什么口令？

用户和 shell 配置

6. 如果要将文件添加到每个新用户账户，应该使用什么目录？

7. 与 bash shell 相关的系统范围内的配置文件是什么？

用户和网络身份验证

8. 如果用户对象包含在名为 People 的 Organizational Unit 中，后者它又包含在另一个名为 Global 的 Oranizational Unit 中，是 LDAP 域 dc=example，dc=org 的一部分，那么 LDAP Search Base DN 是什么？

9. 到指向用于身份验证的 LDAP 数据库的文件的完整路径是什么?

特定组

10. 什么命令在/home/developer 目录上设置 SGID 位?

---

11. 什么命令在/home/developer 目录上设置 developer 组的所有权?

---

12. 什么命令将用户 alpha 添加到 developer 组?这个问题假设 alpha 用户和 developer 组已经存在,并且 alpha 除了属于自己的组之外不属于其他任何组。

8.9 实验题

Red Hat 提供电子版考试。因此,本章的大多数实验题都在本书配书网站上,其子目录为 Chapter8/。它们可以是.doc、.html 和.txt 格式,以反映与现实 RHEL 7 系统上电子版相关联的标准选项。如果尚未在系统上安装 RHEL 7,关于安装指南参考请第 2 章的第 1 个实验题。自测题答案之后是各实验题答案。

8.10 自测题答案

用户账户管理

1. 在 Red Hat 版本中对于一般用户来说,最小的用户 ID 号是 1000。

2. 在基于 GUI 的文本控制台中,启动 Red Hat User Manager 的命令是 authconfig-gtk 或 system-config-users。

管理工具

3. 控制根用户登录的本地控制台的文件是/etc/securetty。

4. 控制用户可以根用户或者其他用户权限运行的命令的文件是/etc/sudoers。

5. 当一般用户使用 sudo 命令运行管理命令时,需要一般口令,除非在/etc/sudoers 中指定了 NOPASSWD 指令。

用户和 shell 配置

6. 要将文件自动添加到每个新用户账户,可以使用/etc/skel 目录。

7. 与 bash shell 相关的系统范围内的配置文件是/etc/bashrc、/etc/profile 以及/etc/profile.d/中的脚本。

用户和网络身份验证

8. LDAP Search Base DN 是 ou=People，ou=Global，dc=example，dc=org。
9. 到指向用于身份验证的 LDAP 数据库的文件的完整路径是/etc/nsswitch.conf。

特定组

10. 在/home/developer 目录上设置 SGID 位的命令是 chmod g+s /home/developer。类似 chmod 2770 /home/developer 等的数字选项并不正确，因为它们不仅设置 SGID 位。
11. 在/home/developer 目录上设置 developer 组的所有权的命令是 chgrp developer /home/developer。
12. 将用户 alpha 添加到 developer 组的命令是 usermod -aG developer alpha。

8.11　实验题答案

实验题 1

虽然有许多方法可以创建新用户和组，但其结果都是一样的。

(1) ls -l /home 命令的输出包含下列结果，但日期是今天的日期：

```
drwx------.  4 newguy   newguy   4096 Jan 19 12:13 newguy
drwx------.  4 intern   intern   4096 Jan 19 12:13 intern
```

(2) 运行 ls -la /etc/skel 命令。输出中包含许多隐藏文件，这些文件归用户 root 和组 root 所有。

(3) 运行 ls -la /home/newguy 和 ls -la /home/intern 命令。输出中包含的隐藏文件与/etc/skel 文件中的相同，但这些文件归与每个主目录相关的用户所有。

(4) /etc/passwd 和/etc/shadow 文件的结尾应包含这两个用户的条目。如果给这些用户设置口令，应该在/etc/shadow 的第 2 列中以加密格式表示。

(5) 在/etc/group 文件的中间应该有下列条目。如果在代码行的结尾包含了其他用户也是可以接受的。

```
users:x:100:newguy
```

(6) 下面的代码行应该接近或者在/etc/group 文件结尾；第 4 列中用户的顺序无关紧要。

```
peons:x:123456:newguy,intern
```

实验题 2

限制根用户登录第 6 个虚拟控制台的最简单方法是在/etc/securetty 文件中设置它。该文件中唯一活动的指令是：

```
vc/6
```

```
tty6
```

当然，在 Linux 中还有其他方法。为此，可按 CTRL+ALT+F1 键，尝试作为根用户登录。按 Ctrl+Alt+F2 键，通过虚拟终端 6 重复该过程。

实验题 3

使用实验题 1 第一部分的答案作为参考，验证/home/senioradm 目录及里面文件的所有权和权限。关于 sudo 权限，在/etc/sudoers 文件中应该能够看到下面的代码行：

```
senioradm    ALL=(ALL)       ALL
```

要测试结果，可以用户 senioradm 的身份登录，先运行 sudo，再运行管理命令。例如，可尝试运行下面的命令：

```
# sudo firewall-config
```

除非在最后几分钟运行 sudo 命令，否则该动作将提示输入口令。输入为用户 senioradm 创建的口令，打开 Firewall Configuration 工具。

实验题 4

使用实验题 1 第一部分的答案作为参考，验证/home/junioradm 目录及里面文件的所有权和权限。关于 sudo 权限，在/etc/sudoers 文件中应该看到下面的代码行：

```
junioradm    ALL=/usr/sbin/fdisk
```

接下来可试着运行 fdisk 命令：

```
$ sudo /usr/sbin/fdisk -l
```

将提示输入口令。输入为用户 junioradm 创建的口令。除非口令相同，否则根口令将无效。如果成功，将在输出中看到所连接的驱动器的分区列表。

实验题 5

使用实验题 1 的答案作为参考，验证/home/infouser 目录及里面文件的所有权和权限。如果成功，该目录将包含 info-*/子目录。另外，/etc/skel 目录也包含 info-*/子目录，该子目录里的文件与/usr/share/doc/info-*目录中的文件相同。当然，只有将 info-*/子目录的内容从/usr/share/doc 目录复制到/etc/skel 目录才能生效。

实验题 6

这个过程非常简单，主要包含以下几步：

(1) 如果需要，为 mike、rick、terri 和 maryam 创建账户。可以使用 useradd 命令，直接编辑/etc/passwd 文件，或者通过 User Manager 完成。

(2) 为这些用户建立一个组。在/etc/group 中配置一个组 ID，其范围应该在一般用户范围之外。

```
galley:x:88888:mike,rick,terri,maryam
```

(3) 创建/home/galley 目录。使用下面的命令，为它提供相应的所有权和权限：

```
# mkdir /home/galley
# chown nobody.galley
# chmod 2770 /home/galley
```

第 **9** 章

RHCSA 级系统管理任务

　　本章作为与 RHCSA 考试相关的最后一章,将介绍其他章节没有介绍的功能性系统管理任务。本章首先讨论进程管理,然后介绍存档文件的使用。

　　而且,本章还将有助于自动化重复性的系统管理任务。其中许多管理任务在你醒着时发生,而更多则是在你睡觉时发生。本章将介绍如何安排一次性执行的任务和定期执行的任务,cron 和 at 守护进程就能完成上述任务。这里 "at" 不是前置词,而是一种用于监控一次性预定工作的服务。同样,cron 是一种监控定期预定工作的服务。

　　在检修时,系统日志通常能够提供解决大多数问题的线索。本章关注的是本地日志记录。

考试内幕

系统管理

Linux 管理员管理系统的方法有很多。本章将介绍下列满足 RHCSA 目标的方法。这些目标首先包含基本的命令技能:

- 使用 tar、star、gzip 和 bzip2 命令存档、压缩、解包和解压缩文件。

下面这些其他目标与系统管理紧密相关:

- 标识 CPU/内存集中进程;使用 renice 和 kill 进程调整进程优先权。
- 使用 at 和 cron 安排任务。

最后,将介绍 systemd 日志和 rsyslog 将日志信息记录在哪里。相关的 RHCSA 目标是:

- 定位和解释系统日志文件和 journal。

认证目标 9.01　基本的系统管理命令

　　RHCSA 目标中的一些系统管理命令前面几章没有介绍。它们与系统资源管理和存档文件有关。系统资源管理让用户知道哪些进程正在运行,允许用户检查正在使用的资源,允许用户终止或重启这些进程。存档命令支持将一组文件合并到一个存档文件中,并对它们进行压缩。

9.1.1　系统资源管理命令

　　Linux 有许多命令可以确定正在占用系统的进程,其中最基本的命令是 ps,它提供当前正在运行的进程的快照。使用 top 命令可对这些进程进行排序,该命令可以按资源利用率的顺序显示正在运行的 Linux 任务。使用 top 命令可以标识那些使用最多 CPU 和 RAM 内存的进程。命令 nice 和 renice 可调整进程优先权,但有时调整进程优先权还远远不够,可能还需要使用像 kill 和 killall 这样的命令相应地给进程发送一个终止信号。如果要监控系统使用情况,可以使用 sar 和 iostat 命令。

考试提示

与系统资源管理相关的目标是 "标识 CPU/内存集中进程,使用 renice 调整进程优先权,以及终止进程"。

1. 使用 ps 命令管理进程

重要的是要知道 Linux 计算机上正在运行的是什么。为此，ps 命令有许多有用的开关。在试着诊断问题时，通常要得到正在运行的进程的最完整列表，然后查找指定程序。例如，如果 Firefox Web 浏览器突然崩溃，你可能希望终止所有相关进程。之后，ps aux | grep firefox 命令可能有助于确定需要终止的进程。

实际经验

pgrep 命令也十分有用，因为它结合了 ps 和 grep 命令的功能。这种情况下，pgrep –a firefox 命令在功能上等同于 ps aux | grep firefox。

只有 ps 命令本身通常还不够。它的任务是标识当前终端上正在运行的进程。通常该命令通常只返回与当前 shell 相关的进程和 ps 命令进程本身。

要确定与用户名相关的进程，可以使用 ps –u *username* 命令。有时有些特殊用户可能有各种原因导致的问题，因此如果怀疑某个用户(如 mjang)，使用下面的命令可以帮助检查当前与该用户相关的所有进程：

```
$ ps -u mjang
```

作为管理员，可能因为各种原因选择关注特定账户，例如由 top 命令显示的活动，该内容将在下一节中介绍。另外，你可能想使用下面的命令审计所有当前正在运行的进程：

```
$ ps aux
```

ps aux 命令的输出是更加完整的当前正在运行进程的数据库，这些进程按其 PID 顺序排列。a 选项列出所有正在运行的进程，u 以面向用户的格式显示输出，x 提出标准限制——列出的进程必须与终端或控制台相关，相关示例如图 9-1 所示。虽然输出可能包含数百个甚至更多进程，但使用 grep 命令可以将输出重定向到某个文件供进一步分析。表 9-1 描述了图 9-1 中显示的输出列。

```
USER       PID %CPU %MEM    VSZ   RSS TTY       STAT START   TIME COMMAND
root         1  0.0  0.3 134996  6924 ?         Ss   Feb16   0:18 /usr/lib/system
d/systemd --switched-root --system --deserialize 23
root         2  0.0  0.0      0     0 ?         S    Feb16   0:00 [kthreadd]
root         3  0.0  0.0      0     0 ?         S    Feb16   0:00 [ksoftirqd/0]
root         5  0.0  0.0      0     0 ?         S<   Feb16   0:00 [kworker/0:0H]
root         7  0.0  0.0      0     0 ?         S    Feb16   0:00 [migration/0]
root         8  0.0  0.0      0     0 ?         S    Feb16   0:00 [rcu_bh]
root         9  0.0  0.0      0     0 ?         S    Feb16   0:00 [rcuob/0]
root        10  0.0  0.0      0     0 ?         R    Feb16   0:11 [rcu_sched]
root        11  0.0  0.0      0     0 ?         S    Feb16   0:20 [rcuos/0]
root        12  0.0  0.0      0     0 ?         S    Feb16   0:06 [watchdog/0]
root        13  0.0  0.0      0     0 ?         S<   Feb16   0:00 [khelper]
root        14  0.0  0.0      0     0 ?         S    Feb16   0:00 [kdevtmpfs]
root        15  0.0  0.0      0     0 ?         S<   Feb16   0:00 [netns]
root        16  0.0  0.0      0     0 ?         S<   Feb16   0:00 [writeback]
root        17  0.0  0.0      0     0 ?         S<   Feb16   0:00 [kintegrityd]
root        18  0.0  0.0      0     0 ?         S<   Feb16   0:00 [bioset]
root        19  0.0  0.0      0     0 ?         S<   Feb16   0:00 [kblockd]
root        20  0.0  0.0      0     0 ?         S    Feb16   0:00 [khubd]
root        21  0.0  0.0      0     0 ?         S<   Feb16   0:00 [md]
:
```

图 9-1　ps aux 命令的输出

表 9-1　ps aux 命令的输出列

列　标　题	描　　述
USER	与进程相关的用户名
PID	进程标识符
%CPU	CPU 使用率，在进程的整个生命期间运行所花时间的百分比
%MEM	当前 RAM 使用率
VSZ	进程的虚拟内在大小(以 KiB 计)
RSS	进程使用的物理内存，不包括交换空间，以 KiB 计
TTY	相关终端控制台
STAT	进程状态
START	进程的开始时间；如果只是看到日期，则表示进程启动已超过 24h
TIME	使用的累计 CPU 时间
COMMAND	与进程相关的命令，包括它的所有参数

　　另外，ps aux 命令在 aux 开关前面不包括大家熟悉的短横线。这里该命令使用和不使用破折号都会运行(略有不同)。包括破折号的有效命令选项也就是我们熟知的 UNIX 或 POSIX 样式，相反，不包括破折号的命令选项是 BSD 样式。下面的选项包括每个进程的当前环境变量。

```
$ ps eux
```

　　可按树型格式来组织进程。特别是第一个进程(其 PID 为 1)是 systemd。这个进程是树的根基，可以使用 pstree 命令显示它。有些情况下，不需要用前面介绍的标准 kill 命令来终止进程。这种情况下，查找树的进程的"父(parent)进程"，可使用下面的命令标识进程的父进程(PPID)。

```
$ ps axl
```

　　1 开关以长格式显示输出，并且它与 u 开关不兼容。可查看图 9-2 中所示所有正在运行的进程的 PID 和 PPID。

```
F   UID   PID  PPID PRI  NI    VSZ   RSS WCHAN  STAT TTY      TIME COMMAND
4    0     1     0  20    0 134996  6924 ep_pol Ss   ?        0:19 /usr/lib/system
d/systemd --switched-root --system --deserialize 23
1    0     2     2  20    0      0     0 kthrea S    ?        0:00 [kthreadd]
1    0     3     2  20    0      0     0 smpboo S    ?        0:00 [ksoftirqd/0]
1    0     5     2   0  -20      0     0 worker S<   ?        0:00 [kworker/0:0H]
1    0     7     2 -100   -      0     0 smpboo S    ?        0:00 [migration/0]
1    0     8     2  20    0      0     0 rcu_gp S    ?        0:00 [rcu_bh]
1    0     9     2  20    0      0     0 rcu_no S    ?        0:00 [rcuob/0]
1    0    10     2  20    0      0     0 -      R    ?        0:11 [rcu_sched]
1    0    11     2  20    0      0     0 rcu_no S    ?        0:20 [rcuos/0]
5    0    12     2 -100   -      0     0 smpboo S    ?        0:06 [watchdog/0]
1    0    13     2   0  -20      0     0 rescue S<   ?        0:00 [khelper]
5    0    14     2   0  -20      0     0 devtmp S    ?        0:00 [kdevtmpfs]
1    0    15     2   0  -20      0     0 rescue S<   ?        0:00 [netns]
1    0    16     2   0  -20      0     0 rescue S<   ?        0:00 [writeback]
1    0    17     2   0  -20      0     0 rescue S<   ?        0:00 [kintegrityd]
1    0    18     2   0  -20      0     0 rescue S<   ?        0:00 [bioset]
1    0    19     2   0  -20      0     0 rescue S<   ?        0:00 [kblockd]
1    0    20     2  20    0      0     0 hub_th S    ?        0:00 [khubd]
1    0    21     2   0  -20      0     0 rescue S<   ?        0:00 [md]
:
```

图 9-2　ps axl 命令的输出

使用-Z 开关(大写字母 Z)，ps 命令也可以标识与进程相关的 SELinux 上下文。例如，下面的命令在输出开头包含每个进程的 SELinux 上下文。如果阅读过第 4 章，就应该很熟悉上下文。例如，可使用下面的摘录，对比 vsFTP 服务器进程的上下文：

```
system_u:system_r:ftpd_t:s0-s0:c0.c1023 2059 ? Ss 0:00 ↵
/usr/sbin/vsftpd /etc/vsftpd/vsftpd.conf
```

可以与实际守护进程的上下文进行对比。对象角色使用实际守护进程，可以使用/usr/sbin 子目录里的其他守护进程进行检查。vsftpd 守护进程使用与 etc_t 类型相关的配置文件。相反，vsftpd 守护进程只能使用 ftpd_exec_t 类型执行：

```
-rwxr-xr-x. root root system_u:object_r:ftpd_exec_t:s0 /usr/sbin/vsftpd
```

不同守护进程及其对应进程的角色应以同样的方式匹配和对照。如果没有，守护进程将无法运行，问题可能会被存档到第 4 章介绍的/var/log/audit 目录里的审计日志中。

2. 使用 top 任务浏览器查看负载

top 命令首先按 CPU 负载和 RAM 内存使用率对活动进程进行排序。图 9-3 是当前系统状态的简要情况，首先是当前启动时间，然后是连接的用户数、活动任务和休眠任务、CPU 负载等。输出其实是一个任务浏览器。

```
top - 21:19:27 up 26 days, 26 min,  5 users,  load average: 0.75, 0.24, 0.17
Tasks: 169 total,   2 running, 167 sleeping,   0 stopped,   0 zombie
%Cpu(s):  3.7 us,  0.3 sy,  0.0 ni, 95.7 id,  0.0 wa,  0.0 hi,  0.0 si,  0.3 st
KiB Mem:  2279972 total,  2100720 used,   179252 free,    2612 buffers
KiB Swap: 1679356 total,        0 used,  1679356 free.  873464 cached Mem

  PID USER      PR  NI    VIRT    RES    SHR S %CPU %MEM     TIME+ COMMAND
 2831 alex      20   0 1809068 467208  39644 S  4.0 20.5  70:33.07 gnome-shell
 3240 root      20   0  123648   1572   1092 R  0.3  0.1   0:00.29 top
    1 root      20   0  134996   6924   3752 S  0.0  0.3   0:19.12 systemd
    2 root      20   0       0      0      0 S  0.0  0.0   0:00.21 kthreadd
    3 root      20   0       0      0      0 S  0.0  0.0   0:00.29 ksoftirqd/0
    5 root       0 -20       0      0      0 S  0.0  0.0   0:00.00 kworker/0:0H
    7 root      rt   0       0      0      0 S  0.0  0.0   0:00.00 migration/0
    8 root      20   0       0      0      0 S  0.0  0.0   0:00.00 rcu_bh
    9 root      20   0       0      0      0 S  0.0  0.0   0:00.00 rcuob/0
   10 root      20   0       0      0      0 S  0.0  0.0   0:11.42 rcu_sched
   11 root      20   0       0      0      0 R  0.0  0.0   0:20.25 rcuos/0
   12 root      rt   0       0      0      0 S  0.0  0.0   0:06.64 watchdog/0
   13 root       0 -20       0      0      0 S  0.0  0.0   0:00.00 khelper
   14 root      20   0       0      0      0 S  0.0  0.0   0:00.00 kdevtmpfs
   15 root       0 -20       0      0      0 S  0.0  0.0   0:00.00 netns
   16 root       0 -20       0      0      0 S  0.0  0.0   0:00.00 writeback
   17 root       0 -20       0      0      0 S  0.0  0.0   0:00.00 kintegrityd
```

图 9-3 top 命令的输出

默认排序字段是 CPU 使用率。换句话说，占用 CPU 资源最多的进程排在第一个。可以使用左右方向键(<，>)更改排序字段。大多数列与图 9-2 中的类似，其详细情况如表 9-1 所述，其他列如表 9-2 所述。

表 9-2　top 命令输出的其他列

列　标　题	描　　述
PR	任务的优先权；更多信息请参阅 nice 和 renice 命令
NI	任务的 nice 值，用来调整优先权
VIRT	任务使用的虚拟内存((以 KiB 计)
RES	进程使用的物理内存，不包括交换空间，以 KiB 计(与 ps aux 命令输出中的 RSS 类似)
SHR	任务使用的共享内存(以 KiB 计)
S	进程状态(与 ps aux 命令输出中的 STAT 相同)
%CUP	CUP 使用率，自最后一个 top 屏幕更新以来运行所花时间的百分比

　　top 和 ps 命令存在的一个问题是它们以快照形式及时显示系统上进程的状态，但这还不够。进程可能短暂甚至是定期加载系统。得到有关系统上整个加载信息的方法之一是使用 sysstat 程序包中的两个命令：sar 和 iostat。与/etc/cron.d/sysstat 脚本相关的 sa1 和 sa2 命令记录系统的活动信息，这一内容将在稍后介绍。

3. 使用 sar 命令报告系统活动

　　其实 sar 命令可用来提供系统活动报告。例如，图 9-4 显示 sar –A 命令的输出。正如所见，输出显示不同时间点的 CPU 度量指标，默认设置为每 10 分钟测量一次 CPU 负载。系统上有 8 个逻辑上的 CPU(4 个内核启用了超线程技术)，将单独和作为整体测量它们。图中显示的较大的空闲数是一个好征兆，它表示 CPU 没有过载，但图中显示负载时间不超过 1 小时。

```
Linux 3.10.0-123.el7.x86_64 (Maui)     14/03/15      _x86_64_      (8 CPU)

21:05:31        LINUX RESTART

21:10:01        CPU      %usr     %nice      %sys   %iowait    %steal      %irq     %soft    %guest    %gnice     %idle
21:20:01        all      0.10      0.31      0.26      0.06      0.00      0.00      0.00      0.24      0.00     99.02
21:20:01          0      0.12      0.04      0.16      0.04      0.00      0.00      0.00      0.34      0.00     99.30
21:20:01          1      0.12      0.03      0.12      0.10      0.00      0.00      0.00      0.35      0.00     99.27
21:20:01          2      0.14      0.08      0.13      0.03      0.00      0.00      0.00      0.21      0.00     99.41
21:20:01          3      0.16      0.05      0.09      0.01      0.00      0.00      0.00      0.22      0.00     99.47
21:20:01          4      0.01      0.68      0.64      0.00      0.00      0.00      0.00      0.15      0.00     98.52
21:20:01          5      0.04      1.44      0.79      0.01      0.00      0.00      0.00      0.01      0.00     97.72
21:20:01          6      0.06      0.08      0.05      0.01      0.00      0.00      0.00      0.39      0.00     99.41
21:20:01          7      0.14      0.13      0.09      0.30      0.00      0.00      0.00      0.26      0.00     99.08
21:30:01        all      0.01      0.00      0.02      0.03      0.00      0.00      0.00      0.03      0.00     99.90
21:30:01          0      0.01      0.00      0.03      0.03      0.00      0.00      0.00      0.10      0.00     99.83
21:30:01          1      0.01      0.00      0.03      0.09      0.00      0.00      0.00      0.03      0.00     99.85
21:30:01          2      0.01      0.00      0.05      0.01      0.00      0.00      0.00      0.11      0.00     99.82
21:30:01          3      0.02      0.00      0.02      0.00      0.00      0.00      0.00      0.02      0.00     99.95
21:30:01          4      0.01      0.00      0.02      0.01      0.00      0.00      0.00      0.01      0.00     99.96
21:30:01          5      0.01      0.00      0.01      0.01      0.00      0.00      0.00      0.01      0.00     99.97
21:30:01          6      0.00      0.00      0.01      0.01      0.00      0.00      0.00      0.00      0.00     99.98
21:30:01          7      0.04      0.00      0.02      0.08      0.00      0.00      0.00      0.00      0.00     99.87
:
```

图 9-4　sar -A 命令的输出

　　与 sar 命令输出相关的 10 分钟间隔由/etc/cron.d 目录中的常规任务驱动。来自这些报告的输出被收集到/var/log/sa 目录的日志文件中。文件名与该月的天数相关联；例如，在注释目录的 sa15 文件中可以找到该月第 15 天的系统活动报告状态。然而，依据/etc/sysconfig/sysstat 文件中下面的默认设置，这些报告通常至少保存最近 28 天的数据：

```
HISTORY=28
```

4. 使用 iostat 统计 CPU 和存储设备

与 sar 命令相比，iostat 命令报告系统更多常见的输入/输出统计信息，不仅是 CPU，还包括连接的存储设备，如本地驱动器和挂载的共享 NFS 目录。图 9-5 显示的是在 server1.example.com 上系统启动后 CPU 和存储设备的信息。

sar 和 iostat 命令可定期捕获统计信息。例如，下面的命令每隔 5 秒统计 CUP 和存储设备，并在 1 分钟后停止(一共报告 12 次):

```
# iostat 5 12
```

```
[root@server1 ~]# iostat
Linux 3.10.0-123.13.2.el7.x86_64 (server1.example.com)  14/03/15      _x86_64_
(1 CPU)

avg-cpu:  %user   %nice %system %iowait  %steal   %idle
           0.88    0.01    0.18    0.00    0.02   98.92

Device:           tps    kB_read/s    kB_wrtn/s    kB_read    kB_wrtn
vda              0.85         1.99         4.56    1051023    2405632
dm-0             0.85         1.84         4.56     970234    2403513
dm-1             0.00         0.00         0.00       1464          0

[root@server1 ~]# █
```

图 9-5　CPU 和存储设备统计信息

5. sar 的变体：sa1 和 sa2

sa1 和 sa2 命令通常用来收集系统活动报告数据。在/etc/cron.d/sysstat 脚本中，sa1 命令每 10 分钟收集一次系统活动数据。在同一 cron 文件中，sa2 命令在/var/log/sa 目录中写入日常报告。如该脚本所示，每天在午夜前的 7 分钟开始处理报告。

6. nice 和 renice 命令

nice 和 renice 命令用来管理不同进程的优先权。nice 命令可使用不同优先权启动进程，renice 命令用于改变当前正在运行的进程的优先权。

Linux 中的进程优先权指定的数值似乎很难理解。nice 数字的可用范围为-20～19。进程的默认 nice 数值继承自父进程且通常为 0。优先权为 19 的进程将一直等待，直到系统几乎完全空闲，该进程才占用资源。相反，优先权为-20 的进程优先于其他所有进程。实际上，这对于几乎所有进程来说都是合理的，因为"实时"任务的优先权高于 nice 数值为-20 的进程的优先权。不过，这一内容超出了 RHCSA 考试的范围，所以现在可以忽略实时进程的存在，为便于讨论，在此假定所有普通进程的 nice 数值的范围为-20～19。

nice 命令先于其他命令。例如，如果有 intensive 脚本要在晚上运行，可选用下面的命令启动它。

```
$ nice -n 19 ./intensivescript
```

上面的命令使用最低可能优先权启动指定脚本。如果在晚上(或者在系统没有被其他程序加载时)启动，将会运行脚本，直到安排执行其他作业(例如/etc/cron.*目录里的脚本)为止。因为这些脚本定期运行，所以它们通常优先于某些用户配置的程序。

有时程序会占用太多资源。如果要让程序继续运行,在终止相关进程之前,可以先使用 renice 命令降低该进程的优先权。通常,标识占用太多资源的进程的最简单方法是使用 top 命令。可以使用该命令标识出占用太多资源的进程的 PID 号,该 PID 号在输出的左边一列。

如果目标进程的 PID 号是 1234,下面的命令将该进程的 nice 数值修改为 10,给该进程提供比默认 0 更低的优先权。

```
# renice -n 10 1234
```

如果想要降低进程的 nice 级别,必须以根用户身份运行 renice 命令。即使该命令的输出引用了"优先权",它其实只是列出了该进程老的和新的"nice"数值。

```
1234: old priority 0, new priority, 10
```

新的 nice 数值显示在 top 命令的输出中,在 NI 列下面。

7. 终止进程的命令

有时重新调整进程的优先权还不够。有些进程可能占用整个系统。大多数情况下,可以使用 kill 和 killall 命令终止这些进程。很多情况下,还可以从 top 任务浏览器直接终止进程。

如果进程占用太多内存或 CPU,可能会减慢系统上运行的其他进程。如图 9-6 所示,Firefox 严重占用所标记系统的 CPU。如果这样降低了系统运行速度,可在 top 任务浏览器中按下 k。

```
top - 13:57:44 up 10 min,  3 users,  load average: 0.29, 0.32, 0.25
Tasks: 257 total,   1 running, 256 sleeping,   0 stopped,   0 zombie
%Cpu(s):  9.6 us,  1.6 sy,  0.0 ni, 88.7 id,  0.0 wa,  0.0 hi,  0.0 si,  0.0 st
KiB Mem:  16153912 total,  3167324 used, 12986588 free,    1212 buffers
KiB Swap: 16383316 total,        0 used, 16383316 free.   915604 cached Mem
PID to signal/kill [default pid = 4537]
  PID USER      PR  NI    VIRT    RES    SHR S  %CPU %MEM     TIME+ COMMAND
 4537 alex      20   0 2357456 613972  57400 S  85.5  3.8   0:27.09 firefox
 3375 alex       9 -11 1147288  24136  17980 S   4.3  0.1   0:06.18 pulseaudio
 2867 root      20   0  213992  24264  12312 S   1.3  0.2   0:18.29 Xorg
 3443 alex      20   0 1800404 110844  34464 S   1.3  0.7   0:27.82 gnome-shell
 3762 alex      20   0  622768  21156  12856 S   0.7  0.1   0:00.82 gnome-term+
 2846 qemu      20   0 5688400 691360   7468 S   0.3  4.3   0:41.09 qemu-kvm
 3471 alex      20   0  461276   5672   3468 S   0.3  0.0   0:00.39 ibus-daemon
    1 root      20   0  134836   6900   3776 S   0.0  0.0   0:01.31 systemd
    2 root      20   0       0      0      0 S   0.0  0.0   0:00.00 kthreadd
    3 root      20   0       0      0      0 S   0.0  0.0   0:00.00 ksoftirqd/0
    5 root       0 -20       0      0      0 S   0.0  0.0   0:00.00 kworker/0:+
    7 root      rt   0       0      0      0 S   0.0  0.0   0:00.04 migration/0
    8 root      20   0       0      0      0 S   0.0  0.0   0:00.00 rcu_bh
    9 root      20   0       0      0      0 S   0.0  0.0   0:00.00 rcuob/0
   10 root      20   0       0      0      0 S   0.0  0.0   0:00.00 rcuob/1
   11 root      20   0       0      0      0 S   0.0  0.0   0:00.00 rcuob/2
   12 root      20   0       0      0      0 S   0.0  0.0   0:00.00 rcuob/3
```

图 9-6　带有繁重 Firefox 负载的 top 任务浏览器

如图 9-6 所示,k 命令显示 PID To Signal/Kill:提示。在这里输入 Firefox 进程的 PID 号或者接受默认的 PID 号 4537(正好就是 Firefox 的 PID 号)。该命令将默认的信号(SIGTERM)应用于 PID 号所对应的进程。

当然,可以将 kill 命令直接应用于 PID 号。例如,下面的命令与前面 top 任务浏览器中描述的步骤相同。

```
# kill 4537
```

进程所有者可以从自己的账户运行 kill 命令。因此，用户 alex 可从自己的一般账户运行 kill 4537 命令，因为他具有与其用户名相关的进程的管理权限。

kill 命令可向不同进程发送许多不同信号。运行 kill –l 命令或者输入 man 7 signal 可得到完整列表。表 9-3 中列出了一些最常用的信号。

表 9-3　常用的 POSIX 信号

信 号 名 称	信 号 编 号	描　　　　述
SIGHUP	1	重新加载配置
SIGINT	2	键盘中断(Ctrl＋C)，导致程序终止
SIGKILL	9	立即终止程序
SIGQUIT	15	类似于 SIGKILL，但程序可以忽略或处理信号，以释放现有的资源并执行一个干净的终止操作
SIGCONT	18	恢复挂起的进程
SIGSTOP	19	暂时挂起进程的执行

在/etc/init.d 目录中出现 systemd 和脚本之前，kill -1 命令通常用来向服务守护进程发送一个配置重载信号。例如，如果与 Apache Web 服务器相关的主进程的 PID 号是 2059，下面的命令在功能上与 systemctl reload httpd 命令相同：

```
# kill -1 2059
```

如果没有开关-1 (并且 dash 号为 1)，kill 命令在正常情况下将终止给定进程。这种情况下，将终止 Apache Web 服务器。但有时进程会陷入循环。在多数情况下，kill 命令本身就不能工作，进程会继续运行，此时应该考虑两件事情。

首先，可以尝试 kill -9 命令，它试图通过发送一个 SIGTERM 信号"不干净地"终止进程。如果成功，其他相关进程可能仍然保持运行。

有时有许多进程以相同的名称运行。例如，如第 14 章所述，Apache Web 服务器可启动几个同时运行的进程，但最好每次只终止一个进程。下面的命令将终止当前正在运行的所有服务器进程，这里假设不会出现其他问题。

```
# killall httpd
```

9.1.2　存档文件和压缩

Linux 有许多命令可用来存档文件组。有些存档文件经过重新处理，可打包到 RPM 等程序包中。其他存档文件只用作备份。无论哪种情况，存档文件都能提供极大方便，特别是经过压缩之后。为此，本节将介绍 RHCSA 目标中提及的那些存档和压缩命令。这些"基本工具"包括 gzip、bzip2、tar 和 star 命令。

1. gzip 和 bzip2 命令

gzip 和 bzip2 命令在功能上类似，它们使用不同的算法压缩和解压缩文件。gzip 命令使用

DEFLATE 算法，而 bzip2 命令使用 Burrows-Wheeler 块排序算法。虽然它们都很有用，但 bzip2 命令的压缩率更高一些。例如，下面两个命令都可用来压缩名为 big.doc 的大型文档文件：

```
# gzip big.doc
# bzip2 big.doc
```

上面的命令给文件添加.gz 或.bz2 后缀，并将它们压缩到相关算法。如果使用–d 开关，可以使用相同的命令倒转此过程：

```
# gzip -d big.doc.gz
# bzip2 -d big.doc.bz2
```

作为替代，还可以使用 gunzip 和 bunzip2 命令实现相同的目的。

2. tar 命令

tar 命令最初用于将数据存档到磁带驱动器。但今天它通常用于收集(特别是从目录收集)系列文件，并将这些文件放在一个存档文件中。例如，下面的命令从 home.tar.gz 文件中的/home 目录备份信息：

```
# tar czvf home.tar.gz /home
```

和 ps 命令一样，这是少数几个在开关之前不需破折号(–)的命令之一。这个特殊命令以冗余模式(v)创建(c)存档文件，压缩(z)它，最后是文件名(f)。还可以使用下面的命令从该文件提取(x)信息：

```
# tar xzvf home.tar.gz /home
```

指定的压缩(z)与 gzip 命令相关；如果要使用 bzip2 压缩，可以替换为 j 开关。tar 命令可以存储并提取访问控制列表设置，也可以使用--selinux 选项存储并提取 SELinux 属性。

如果在创建 tar 存档文件时没有使用--selinux 选项，可弥补这一点。可以使用如第 4 章介绍的 restorecon 命令恢复存档文件的 SELinux 上下文。

3. star 命令

star 命令之所以流行是因为它最先提供了对 SELinux 系统中存档文件的支持。由于通常不安装 star 命令，因此需要自己安装它，安装方法之一是使用下面的命令。

```
# yum install star
```

遗憾的是，star 命令的运行方式与 tar 命令不完全相同。如果必须要使用 star 命令，最好有相关的实践经验。例如，下面的命令从 current /home 目录创建一个存档文件和所有的 SELinux 上下文：

```
# star -xattr -H=exustar -c -f=home.star /home/
```

–xattr 开关保存与 SELinux 相关的扩展属性。–H=exustar 开关以 exustar 格式记录存档文件，如果指定了-acl 选项，该开关允许存储 ACL。–c 创建一个新的存档文件，–f 指定存档文件的名称。

创建存档文件之后，可使用下面的命令对它进行解包，提取存档文件：

```
# star -x -f=home.star
```

如有必要，可使用前面提到的 gzip 或 bzip2 命令或者带有-z 或-bz 命令行选项的 star 命令压缩存档文件。star –x 命令可以从使用各种压缩模式配置的存档文件中检测和恢复文件。例如，依据 gzip 压缩的存档文件，如果 star 命令对该存档文件进行解包，将提示下面的日志消息：

```
star: WARNING: Archive is 'gzip' compressed, trying to use the -z option.
```

认证目标 9.02　系统管理自动化：cron 和 at

cron 系统其实是一个智能闹钟。闹钟响起时，Linux 会自动运行选择的命令。可以将闹钟设置为按各种定期时间间隔运行。许多 cron 工作被安排到午夜运行，那时用户活动相对较少。当然，时间是可以调整的。at 系统则让用户能够在将来指定的时间运行所选择的命令一次。

考试提示
因为 cron 系统总是检查变更，因此不必每次出现变更时都重启 cron。

RHEL 7 默认安装了 cron 守护进程并在 cron 中合并了 anacron 系统。cron 守护进程定期开始工作。anacron 系统帮助 cron 守护进程在夜间已经断电的系统上运行，这样，即使系统断点一段时间，也可以确保重要的工作一直运行。

用户将 cron 系统配置为检查工作任务的/var/ spool/cron 目录。另外，它基于/etc/cron.hourly 目录里的 0anacron 脚本，合并/etc/anacrontab 文件中定义的任务。它还检查/etc/crontab 文件和/etc/cron.d 目录中描述的计算机的调度任务。

9.2.1　系统 crontab 和组件

/etc/crontab 文件的格式比较特别。每行可以是空白、一个注释(以#开头)、一个变量或者一个命令行。通常会忽略空白行和注释。在一些 Linux 发布版本中，该文件包含一系列任务的时间安排。在 RHEL 7 中，默认 crontab 文件只包含其他相关配置文件的格式。

用户运行定期命令。运行定期命令的人——不管是你还是守护进程——都受各种环境变量的限制。要查看当前用户的环境变量，可运行 env 命令。如果该用户是你的账户，RHEL 中的一些标准变量就包括 HOME(匹配主目录)和 SHELL(匹配默认 shell)；还包含作为用户名的 LOGNAME。

/etc/crontab 和其他 cron 文件(如/etc/cron.d 和/etc/cron.daily)中的其他变量可被设置为如下格式：

```
Variable=Value
```

有些变量已经设置好了。例如，如果你的用户名是 michael，MAIL 是/var/spool/mail/michael，LANG 是 en_US.UTF-8，PATH 是 shell 查找命令的路径。在不同 cron 配置文件中可以将这些变量设置为不同的值，例如，默认的/etc/crontab 文件包含下列变量：

```
SHELL=/bin/bash
PATH=/sbin:/bin:/usr/sbin:/usr/bin
MAILTO=root
```

注意，PATH 和 MAILTO 的值与标准环境变量的值不同。cron 配置文件中的 PATH 变量可能不同于与 shell 相关的 PATH 变量。其实这两个变量是相互独立的。因此，需要为每个 cron 配置文件中的每个命令指定确切路径(如果在 crontab PATH 中未指定的话)。

实际经验

MAILTO 变量有助于管理一些 Linux 系统。对于一个作业发送给 stdout 或 stderr 的任何输出，cron 守护进程将通过电子邮件把这些输出发送给收件人。仅需添加一行代码，例如 MAILTO=me@example.net，就可将 cron 作业的所有输出都发送到该电子邮件地址。

/etc/crontab 中代码行的格式目前在注释中有详细说明，如图 9-7 所示。表 9-4 详细说明了各列的含义。

```
SHELL=/bin/bash
PATH=/sbin:/bin:/usr/sbin:/usr/bin
MAILTO=root

# For details see man 4 crontabs

# Example of job definition:
# .---------------- minute (0 - 59)
# |  .------------- hour (0 - 23)
# |  |  .---------- day of month (1 - 31)
# |  |  |  .------- month (1 - 12) OR jan,feb,mar,apr ...
# |  |  |  |  .---- day of week (0 - 6) (Sunday=0 or 7) OR sun,mon,tue,wed,thu,f
ri,sat
# |  |  |  |  |
# *  *  *  *  * user-name  command to be executed
```

图 9-7　crontab 的格式

表 9-4　cron 配置文件中的列

字　　段	值
minute	0～59
hour	基于 24h 时钟；例如，23 = 11 P.M.
day of month	1～31
month	1～12 或者 Jan、Feb、Mar 等
day of week	0～7；其中 0 和 7 都是周日；或者 Sun、Mon、Tue 等
command	要执行的命令，在系统的 cron 作业文件中，该字段放在用户名之后，以作为该用户运行命令

如果在任何列中看到星号(*)，cron 守护进程将为该列所有可能的值运行命令。例如，在 minute 字段中如果出现*，则表示在指定的小时内，每分钟都运行该命令一次。考虑如下示例：

```
1 5 3 4 * ls
```

这行代码每逢 4 月 3 日上午 5:01 运行 ls 命令。day of week 列中的星号表示，不管是星期几，crontab 在指定时间都将运行 ls 命令。

与 cron 守护进程相关的条目非常灵活。例如，hour 字段的 7–10 条目，将在上午 7:00、8:00、9:00 和 10:00 运行指定的命令。minute 字段里的条目(如 0,5,10,15,20,25,30,35,40,45,50,55)将每隔 5 分钟运行一次指定的命令。不过，还有许多数字。minute 字段里的*/5 条目将产生相同的结果，cron 守护进程还识别月和星期的缩写。

实际命令是第 6 个字段。可以使用百分比符号(%)建立新代码行。第一个百分比符号后的所有文本都作为标准输入被发送给命令。这对于格式化标准输入非常有用。cron 文件的示例如下所示：

```
# crontab -l
# Sample crontab file
#
# Force /bin/bash to be my shell for all of my scripts.
SHELL=/bin/bash
# Run 15 minutes past Midnight every Saturday
15 0 * * sat   $HOME/scripts/scary.script
# Do routine cleanup on the first of every Month at 4:30 AM
30 4 1 * *     /usr/scripts/removecores >> /tmp/core.tmp 2>>&1
# Mail a message at 10:45 AM every Friday
45 10 * * Fri  mail -s "Project Update" employees@example.com
%Can I have a status
update on your project?%%Your Boss.%
# Every other hour check for alert messages
0 */2 * * * /usr/scripts/check.alerts
```

9.2.2　按小时执行的 cron 工作任务

下面介绍一些示例 cron 文件。这里讨论的文件和脚本仅限于 server1.example.com 系统上看到的。其他许多程序包可添加自己的 cron 工作任务。依据/etc/cron.d 目录里的 0hourly 脚本，与 cron 守护进程相关的某些工作任务需要每小时运行，它包含的变量与刚刚介绍的/etc/crontab 文件的相同。对于每小时运行的任务来说，它仅包含一行代码：

```
01 * * * * root run-parts /etc/cron.hourly
```

参考 9.2.1 节中提供的信息，应该能够理解这一行代码。run-parts 命令加载后面目录里的每个脚本；作为根用户执行该目录里的脚本。当然，前 5 列指定时间；在一小时后的一分钟、每小时、每天、每月、一周的每天运行这些脚本。

/etc/cron.hourly 目录中最令人感兴趣的脚本是 0anacron，它查看/var/spool/anacron/cron.daily 文件的内容，看看 anacron 命令在当天里是否已运行。如果没有，且如果系统未在电源上(例如，在与主电源断开连接的笔记本电脑上)运行，则执行/usr/sbin/anacron –s 命令，它运行/etc/anacrontab 配置文件里定义的脚本。

前面描述的系统状态脚本保存在/etc/cron.d/sysstat 文件里。该文件里有两个活动命令。第一个是 sa1，它每 10 分钟运行一次，表示为*/10。该命令可每小时、每天等运行一次：

```
*/10 * * * * root /usr/lib64/sa/sa1 1 1
```

第二个命令是 sa2，它在每天第 23 小时之后的 53 分钟运行。换句话说，直到晚上 11:53 之

后才收集系统活动报告:

```
53 23 * * * root /usr/lib64/sa/sa2 -A
```

9.2.3　定期的 anacron 工作任务

前面介绍的/etc/cron.hourly 目录中的 0anacron 脚本在系统启动之后执行 anacron 命令,此命令执行/etc/anacrontab 文件中定义的 3 个脚本。这包含 3 个大家熟悉的环境变量,如下所示:

```
SHELL=/bin/sh
PATH=/sbin:/bin:/usr/sbin:/usr/bin
MAILTO=root
```

SHELL 指令看起来有点不一样,但 ls –l /bin/sh 命令应该确认到/bin/bash 命令的软链接,它启动默认的 bash shell。下面的指令表示在指定时间之后的随机时间(最长 45 分钟)运行脚本。

```
RANDOM_DELAY=45
```

使用下面的指令,anacron 工作任务只在上午 3 点至晚上 10:59 之间的几个小时运行。

```
START_HOURS_RANGE=3-22
```

虽然/etc/anacrontab 的格式与定期 cron 工作任务脚本中列出的格式类似,但也有区别。每行数据的顺序由下面的注释指定:

```
#period in days   delay in minutes   job-identifier   command
```

period in days 是 1、7 或@monthly,因为每月的天数是变化的。delay in minutes 与 RANDOM_DELAY 指令相关。因为/etc/anacrontab 文件通过/etc/cron.d/0hourly 脚本执行,因此时钟在系统启动之后,从每小时后的一分钟开始。delay in minutes 在 RANDOM_DELAY 指令之前出现。

换句话说,依据下面的代码行,/etc/cron.daily 目录中的脚本可能从 anacron 命令运行之后的 5~50 分钟内运行,或者在每小时之后的 6~51 分钟运行。

```
1  5  cron.daily      nice run-parts /etc/cron.daily
```

更多示例可查看/etc/cron.daily 目录中的更多脚本。在此探讨以下 3 个主要脚本:
- logrotate　用于循环日志文件
- mlocate　用于更新 locate 文件数据库
- man-db.cron　用于创建或更新 mandb 数据库

9.2.4　为用户建立 cron 工作任务

每个用户都可以使用 crontab 命令为自己的账户创建和管理 cron 工作任务。有 4 个开关与 crontab 命令相关:
- –u user　允许根用户编辑另一个指定用户的 crontab。
- –l　列出 crontab 文件中的当前条目。
- –r　删除 cron 条目。

- **-e**　编辑现有 crontab 条目。默认情况下，crontab 使用 vi，除非通过 EDITOR 环境变量指定了另一个编辑器。

要在自己的账户上建立 cron 条目，首先要使用 crontab -e 命令。通常会在 vi 编辑器中打开一个文件，在其中可以添加相应的变量和命令，就像在其他 cron 工作任务文件里一样。

保存 cron 工作任务之后，可使用 crontab -l 命令确认所发生的变化，也可以通过读取与用户名相关的/var/spool/cron 目录中文件的内容来确认所发生的变化。使用 crontab -r 命令可以删除用户当前所有的 cron 工作任务。

9.2.5　练习 9-1：创建 cron 工作任务

在本练习中，将 crontab 修改为：在一月份每个星期一的凌晨 1:05 读取文本文件。为此，要通过下面几个步骤完成：

(1) 以一般用户的身份登录。

(2) 创建一个 ~/bin 目录。添加一个名为 taxrem.sh 的文件，它从主目录读取文本文件。为此，可使用 taxrem.sh 文件中的命令，如下所示：

```
#!/bin/bash
cat /home/michael/reminder.txt
```

确保向主目录中的 reminder.txt 文件添加相应的代码行，例如"Don't forget to do your taxes!"。确保可以使用 chmod +x ~/bin/taxrem.sh 命令执行 taxrem 文件。

(3) 使用 crontab -e 命令打开账户的 crontab。

(4) 向 crontab 添加相应命令。依据前面介绍的条件，它将读取下面的内容：

```
5 13 * 1 1 /home/michael/bin/taxrem.sh
```

(5) 不要忘记在 crontab 的开头执行类似 MAILTO=user@example.com 的指令。

(6) 保存并退出。运行 crontab -l 并确认在/var/spool/cron 目录中存在用户 cron 文件。该文件的名称与用户名相同。

9.2.6　使用 at 系统运行工作任务

与 cron 一样，at 守护进程也支持工作任务处理。但可将 at 工作任务设置为运行一次。cron 系统中的工作任务必须被设置为定期运行。at 守护进程的运行方式与打印进程类似；工作任务被并发(spool)到/var/spool/at 目录里，然后在指定的时间运行。

可使用 at 守护进程运行命令或选择的脚本。本节假设用户 michael 已经在他的主目录中创建了一个名为 797.sh 的脚本，以处理某些飞机销售数据库处理。

可以从命令行运行 at *time* 命令，启动一项按指定时间运行的工作任务。这里的"时间"可以是现在；按指定的分钟、小时或者天；或者按选择的时间。表 9-5 列举了一些示例。

表 9-5　at 命令的示例

时　间　段	示　　例	工作任务的开始时间
Minutes	at now + 10 minutes	10 分钟内
Hours	at now + 2 hours	2 小时内
Days	at now + 1 day	24 小时内
Weeks	at now + 1 week	7 天内
n/a	at teatime	下午 4:00
n/a	at 3:00 12/21/16	2016 年 12 月 21 日上午 3:00

可使用表 9-5 中所示的示例命令打开 at 工作任务。这将打开另一个命令行界面，在其中可以指定所选择的命令。对于本示例来说，假设要离开，并想在一小时内启动工作任务。从指定的条件来看，可运行下面的命令：

```
$ at now + 1 hour
at> /home/michael/797.sh
at> Ctrl-D
```

Ctrl-D 命令退出 at shell，返回原始命令行界面。作为一种替代方法，也可以使用输入重定向，如下所示：

```
$ at now + 1 hour < /home/michael/797.sh
```

如上所示，atq 命令检查当前 at 工作任务的状态，其输出中将列出所有未决的工作任务：

```
$ atq
1       2016-12-21 03:00 a michael
```

如果工作任务出现问题，可以使用 atrm 命令删除它。例如，可使用下面的命令删除指定的工作任务(标记为 job 1)：

```
$ atrm 1
```

9.2.7　安全的 cron 和 at

你可能不希望每个人能够在半夜运行工作任务。你也可能出于安全的原因希望对该权限进行限制。

可在/etc/cron.allow 和/etc/cron.deny 文件中配置用户。如果这两个文件都不存在，cron 的使用将被限制为根管理用户。如果/etc/cron.allow 文件存在，只有在该文件中命名的用户才能使用 cron。如果没有/etc/cron.allow 文件，那么只有在/etc/cron.deny 中命名的用户不能使用 cron。

这些文件的格式是每个用户一行；如果/etc/cron.deny 文件中包含下列条目，并且/etc/cron.allow 文件不存在，那么用户 elizabeth 和 nancy 将无法建立自己的 cron 脚本：

```
elizabeth
nancy
```

但是，如果/etc/cron.allow 文件存在，并有相同的用户列表，它将拥有优先权。这种情况下，用户 elizabeth 和 nancy 都能建立自己的 cron 脚本，可能的范围如表 9-6 所示。

表 9-6　cron.allow 和 cron.deny 的安全结果

	/etc/cron.deny 存在	/etc/cron.deny 不存在
/etc/cron.allow 存在	只有/etc/cron.allow 中列出的用户才能运行 crontab –e；忽略/etc/cron.deny 中的内容	只有/etc/cron.allow 中列出的用户才能运行 crontab – e
/etc/cron.allow 不存在	/etc/cron.deny 中列出的所有用户都不能使用 crontab–e	只有根用户能够运行 crontab –e

at 系统的用户安全几乎也是如此。对应的安全配置文件是/etc/at.allow 和/etc/at.deny，可能的范围如表 9-7 所示。

表 9-7　at.allow 和 at.deny 的安全效果

	/etc/at.deny 存在	/etc/at.deny 不存在
/etc/at.allow 存在	只有/etc/at.allow 中列出的用户才能运行 at 命令，忽略/etc/at.deny 的内容	只有/etc/at.allow 中列出的用户才能运行 at 命令
/etc/at.allow 不存在	/etc/at.deny 中列出的所有用户都不能运行 at 命令	只有根用户才能运行 at 命令

如果特别关注安全，最好在/etc/cron.allow 和/etc/at.allow 文件中只包含所需要的用户。否则，服务账户里的安全漏洞会使黑客能从相关账户运行 cron 或 at 脚本。

认证目标 9.03　本地日志文件分析

维护系统安全的一个重要部分就是监控系统上发生的活动。如果知道通常会发生什么，例如知道用户何时登录系统，就可以使用日志文件来发现异常活动。Red Hat Enterprise Linux 具有新的系统监控实用工具，如果出现问题，这些实用程序有助于标识非法活动。

RHEL 7 具有两个日志系统：一个传统的日志服务 rsyslog，以及一个增强型日志守护进程 systemd-journald。在第 5 章简要讨论了 systemd 日志。由于它的架构，systemd 可以截获和保存所有的引导消息和 syslog 消息，以及服务发送给标准错误和标准输出的输出结果。它所完成的工作比传统的 syslog 服务器所完成的工作要多。默认情况下，systemd 日志临时存储在 /run/log/journal 目录下，采用 RAM tmpfs 文件系统。

它 rsyslogd 服务记录所有进程活动。将 rsyslog 配置为多个系统的日志服务器，这将是第 17 章将要介绍的 RHCE 技能。

rsyslog 守护进程包含内核和从 RHEL 7 开始使用的系统日志服务功能。可以使用生成的日志文件跟踪系统上的活动。rsyslog 将输出记录到文件的方法基于/etc/rsyslog.conf 文件中定义的配置以及/etc/rsyslog.d 目录中的文件。

许多情况下，许多服务——如 SELinux、Apache 和 Samba——都有自己的日志文件，这些文件在它们自己的配置文件里定义。详细情况请参考与这些服务相关的章节。

9.3.1　系统日志配置文件

可以通过/etc/rsyslog.conf 配置文件来配置日志记录的内容。如图 9-8 所示,它包含不同功能的一系列规则:authpriv、cron、kern、mail、news、user 和 uucp。

```
#### RULES ####

# Log all kernel messages to the console.
# Logging much else clutters up the screen.
#kern.*                                                /dev/console

# Log anything (except mail) of level info or higher.
# Don't log private authentication messages!
*.info;mail.none;authpriv.none;cron.none              /var/log/messages

# The authpriv file has restricted access.
authpriv.*                                            /var/log/secure

# Log all the mail messages in one place.
mail.*                                                -/var/log/maillog

# Log cron stuff
cron.*                                                /var/log/cron

# Everybody gets emergency messages
*.emerg                                               :omusrmsg:*

# Save news errors of level crit and higher in a special file.
uucp,news.crit                                        /var/log/spooler

# Save boot messages also to boot.log
local7.*                                              /var/log/boot.log
:
```

图 9-8　rsyslog.conf 配置文件

每个功能都与几个称为优先权的不同日志级别相关。这些日志优先权按升序排列依次是debug、info、notice、warn、err、crit、alert、emerg。还有一个常用的 none 优先权,它不记录指定功能的消息;例如,authpriv.none 指令省略所有身份验证消息。

对于每种功能和优先权而言,都将日志信息发送到指定的日志文件。例如,考虑下面从/etc/syslog.conf 摘录的代码行:

```
*.info;mail.none;authpriv.none;cron.none /var/log/messages
```

这行代码将来自所有给定功能的日志信息发送到/var/log/messages 文件。除了与 mail、authpriv(身份验证)和 cron 服务相关的日志消息外,这包含了 info 及更高级别的所有功能消息。

在/etc/syslog.conf 中可使用星号作为通配符。例如,以*.*开头的代码行告诉 rsyslogd 守护进程记录所有活动。以 authpriv.*开头的代码行表示要记录来自 authpriv 功能的所有消息。

默认情况下,rsyslogd 日志记录所给定或更高优先权的所有消息。也就是说,cron.err 行将包含 cron 守护进程在 err、crit、alert 和 emerg 级别的所有日志消息。

来自 rsyslogd 守护进程的大多数消息被写入/var/log 目录的文件中。应该定期扫描这些日志,查找可能指明安全漏洞的模式,也可以建立 cron 工作任务来查找这些模式。

9.3.2　日志文件管理

日志很容易变得很大且很难阅读。默认情况下，logrotate 实用工具使用/etc/logrotate.conf 文件里的指令每周创建一个新的日志文件，它也会使用来自/etc/logrotate.d 目录中文件的指令。如图 9-9 所示，该文件中的指令非常简单，很容易通过注释来解释。

```
# see "man logrotate" for details
# rotate log files weekly
weekly

# keep 4 weeks worth of backlogs
rotate 4

# create new (empty) log files after rotating old ones
create

# use date as a suffix of the rotated file
dateext

# uncomment this if you want your log files compressed
#compress

# RPM packages drop log rotation information into this directory
include /etc/logrotate.d

# no packages own wtmp and btmp -- we'll rotate them here
/var/log/wtmp {
    monthly
    create 0664 root utmp
        minsize 1M
    rotate 1
}

/var/log/btmp {
    missingok
    monthly
    create 0600 root utmp
    rotate 1
}

# system-specific logs may be also be configured here.
```

图 9-9　/etc/logrotate.conf 文件中配置的日志循环

特别是，默认设置每周循环日志文件，并保存过去 4 周的日志。在循环过程中创建新的日志文件，老文件将循环的日期作为后缀。wtmp 和 btmp 日志有不同的规定，这些规定都与用户登录记录有关。

9.3.3　各种日志文件

各种日志文件及其功能如表 9-8 所示。这些文件是依据前面介绍的/etc/rsyslog.conf 文件的配置以及/etc/rsyslog.d 目录中服务配置文件的配置而创建的。有些日志文件(如/var/log/httpd 中的文件)是由应用程序直接创建的。显示的所有文件都位于/var/log 目录。如果没有安装、激活或使用注明的服务，相关日志文件就不会出现。相反，依据其他已安装的服务，可以看到这里没有显示的日志文件。

表 9-8　标准的 Red Hat 日志文件

日 志 文 件	描　　述
anaconda/*	包含至少 5 个日志文件：anaconda.log 用于保存一般安装消息；anaconda.packaging.log 用于保存包安装消息；anaconda.program.log 用于调用外部程序；anaconda.storage.log 用于保存存储设备配置消息和分区消息；anaconda.ifcfg.log 用于保存网络适配器初始化消息；有时，syslog 用于保存内核消息；anaconda.xlog 用于保存 GUI 服务器首次启动时的消息
audit/	包含 audit.log 文件，它收集来自内核审计子系统的消息
boot.log	与启动和关闭进程的服务相关联
btmp	列出失败的登录尝试，使用 utmpdump btmp 命令可阅读
cron	收集来自 cron 守护进程运行的脚本的信息
cups/	打印机访问、页面和错误日志的目录
dmesg	包含基本的启动消息
gdm/	与通过 GNOME Display Manager 启动相关的消息的目录，包括登录失败
httpd/	与 Apache Web 服务器相关的日志文件的目录
lastlog	列出登录记录，使用 lastlog 命令可阅读
maillog	收集与电子邮件服务器相关的日志消息
messages	包含来自像/etc/rsyslog.conf 中定义的其他服务的内核日志和消息
pm-powersave.log	与电源管理有关的日志消息
ppp/	Point to Point Protocol 日志的目录，通常与电话调制解调器相关
rhsm/	Red Hat Subscription Manager 插件中日志的目录
sa/	系统活动报告的目录
samba/	Samba 服务器访问和服务日志的目录
secure	身份验证和访问消息
spooler	显示可能包含重要消息的日志文件
sssd/	与 System Security Services 守护进程相关的消息的目录
tallylog	支持 pam_tally，它在用户登录尝试超过限定的次数之后锁定用户
up2date	包含来自 Red Hat Update Agent 的日志消息
wtmp	以二进制格式列出登录，可使用 utmpdump 命令阅读
xferlog	从本地 FTP 服务器添加与文件传输相关的消息
Xorg.0.log	记录 X Window System 的设置消息，可能包含配置问题
yum.log	使用 yum 命令安装、更新和擦除的日志包

9.3.4　服务专用日志

　　如前所述，许多服务控制它们自己的日志文件。例如，vsFTP 服务器的日志文件在/etc/vsftpd 目录的 vsftpd.conf 文件中配置。从该文件可以看出，下面的指令在/var/log/xferlog 文件中记录上载和下载日志：

```
xferlog_enable=YES
```

其他服务的日志可能更复杂。例如，配置单独日志文件，用于在/var/log/httpd 目录里记录 Apache Web 服务器的访问和错误。

9.3.5　练习 9-2：学习日志文件

在本练习中，将检查本地系统上的日志文件，以标识出现的不同问题。

(1) 重启 Linux 计算机，以根用户身份登录，使用一次错误口令。

(2) 使用正确口令，以根用户身份登录。

(3) 在控制台中导航到/var/log 目录，打开文件secure。导航到靠近文件结尾的"Failed password"消息。关闭文件。

(4) 查看/var/log 目录里的其他日志。参考表 9-8，查找与硬件相关的消息。其中有哪些日志文件？这些文件有用吗？

(5) 大多数(而不是全部)日志文件是文本文件。尝试作为文本文件阅读/var/log 目录里的 lastlog 文件。会出现什么情况？运行 lastlog 命令。现在在阅读/var/log/lastlog 文件的内容吗？从相关帮助页面能确定它们吗？

9.3.6　查看 systemd journal 日志条目

除了初始化系统和管理服务外，systemd 还可以实现强大的日志系统。默认情况下，日志以二进制的格式保存在/run/log/journal 目录的一个环形缓冲区中，并且它们不能持久化系统的重启。第 5 章简要介绍了 journalctl 命令并解释了启用持久化日志的方式。本节将回顾 journalctl 命令的一些基本功能并说明如何执行高级搜索。

system journal 胜过 rsyslog 的一个主要优势在于，它不仅可以存储内核和 syslog 消息，还可以存储服务发送给标准输出或标准错误的其他任何输出。你不必知道守护进程是在何处发送它的日志，因为 systemd 会捕获所有这些消息并将其记录到 journal 中。由于 journal 已被索引，因此使用不同的选项可以很容易地找到它。

默认情况下，journalctl 命令会按时间的先后顺序以分页格式显示 journal 中的所有消息。它以黑体显示 err 和 crit 安全级别的所有消息，以红色字体显示 alert 和 emerg 代码行。-f 是一个非常有用的开关，它的工作方式类似与 tail –f 命令，显示最后 10 个日志条目，并且连续打印出追加到 journal 后的任何新日志条目。

可通过几种方式来过滤 journalctl 的输出。使用-p 开关可以显示其优先级别等于或高于所指定的优先级别的消息。例如，下面的命令仅显示优先级别为 err 或以上的条目：

```
# journalctl -p err
```

--since 和--until 命令开关可将输出限定为一个特定的时间范围，通过下面的示例可以明白这一点：

```
# journalctl --since yesterday
# journalctl --until "2015-03-28 11:59:59"
# journalctl --since 04:00 --until 10:59
```

使用-n 选项，通过查看最近的 journal 条目也可以过滤输出。例如，运行下面的命令，可以显示 journal 中最后的 20 行代码：

```
# journalctl -n 20
```

不仅如此，另外，systemd journal 中的每个条目都有一组元数据，可使用-o verbose 开关显示这些元数据。图 9-10 给出了当输出冗长时 journal 条目的显示情况。

```
Sun 2015-03-08 22:01:03.074289 GMT [s=6b28fd9c29aa4618ba499fc63109198e;i=31c97;b
=7afe9ed7d1c04a00ad954c9cb7cbff99;m=220188bce86;t=5115ade9c68dd;x=825a08f554ea90
65]
    _TRANSPORT=syslog
    PRIORITY=3
    SYSLOG_FACILITY=3
    SYSLOG_IDENTIFIER=nslcd
    SYSLOG_PID=11103
    _PID=11103
    _UID=65
    _GID=55
    _COMM=nslcd
    _EXE=/usr/sbin/nslcd
    _CMDLINE=/usr/sbin/nslcd
    _CAP_EFFECTIVE=0
    _SYSTEMD_CGROUP=/system.slice/nslcd.service
    _SYSTEMD_UNIT=nslcd.service
    _SYSTEMD_SLICE=system.slice
    _SELINUX_CONTEXT=system_u:system_r:nslcd_t:s0
    _BOOT_ID=7afe9ed7d1c04a00ad954c9cb7cbff99
    _MACHINE_ID=b37be8dd26f97ac4ba4a6152f5e92b44
    _HOSTNAME=server1.example.com
    MESSAGE=[7721c9] <group/member="alex"> no available LDAP server found: Serve
r is unavailable: Transport endpoint is not connected
    _SOURCE_REALTIME_TIMESTAMP=1426456863074289
```

图 9-10 包含元数据的 journal 条目

journalctl 命令使用图 9-10 中所列的任何字段都可以对输出进行过滤。例如，下面的命令显示与用户 ID 1000 相关联的所有日志条目：

```
# journalctl _UID=1000
```

同样，下面的示例显示与 nslcd 守护进程相关联的所有 journal 条目：

```
# journalctl _COMM=nslcd
```

可在同一行上指定多个过滤条件。在使用 journalctl 命令进行实际操作时，你会发现 systemd journal 相当健壮和灵活，可以混合使用不同的选项来对它进行查询。

故障情景与解决方案	
crontab 文件中的脚本无法执行	检查/var/log/cron。确保该脚本具有可执行权限
一般用户无法访问 crontab 命令或 at 提示	检查/etc 目录中的 cron.allow 和 cron.deny 文件，确保用户可以运行 crontab 命令。同样，要检查 at.allow 和 at.deny 文件，保证用户具有调度 at 工作任务的权限
日志文件没有包含足够的信息	修改/etc/rsyslog.conf。关注所需的功能，如 authpriv、mail 或 cron，修改优先权以包含更详细的信息。请查看 systemd journal 中的日志条目

9.4 认证小结

RHEL 7 包含了多种系统管理命令，可以帮助监控和管理系统上使用的资源。这些命令包括 ps、top、kill、nice 和 renice。另外，使用正确的命令还可以创建存档文件。但需要特定命令来备份具有专用属性的文件，例如，基于 ACL 和 SELinux 的文件。

cron 和 at 守护进程可定期管理系统上运行的工作任务。使用相关配置文件，对这些守护进程的访问可以仅限于某些用户。虽然 cron 配置文件遵循/etc/crontab 中规定的特定格式，但这些配置指令已经与 anacron 系统集成在一起，该系统支持对定期断电系统上的工作任务的管理。

RHEL 7 包括两个登录系统：systemd journal 和 rsyslog 守护进程，它们在/etc/rsyslog.conf 文件中配置，主要用于本地系统。日志条目通常由/run/log/journal 目录中的 systemd 收集，而 rsyslog 将日志文件永久存储在/var/log 目录中。rsyslog 守护进程还支持创建日志服务器，该服务器可收集来自各种系统的日志文件信息。

9.5 应试要点

下面是第 9 章认证目标的一些主要知识点。

基本的系统管理命令

- ps 命令可以标识当前正在运行的进程。
- top 命令启动任务浏览器，该浏览器标识过度占用系统负载的进程。
- sar 和相关命令提供系统活动报告。
- iostat 命令可提供 CPU 和存储设备统计信息。
- nice 和 renice 命令用来重新排列进程的优先权。
- kill 和 killall 命令可用来终止当前正在运行的进程，甚至是守护进程(使用各种信号)。
- 使用 gzip、bzip2、tar 和 star 命令可创建、提取和压缩存档文件。

系统管理自动化：cron 和 at

- cron 系统允许用户安排工作任务的时间表，使其按给定时间间隔运行。
- at 系统允许用户配置工作任务，让它在给定时间运行一次。
- crontab 命令用来处理 cron 文件。crontab –e 用于编辑 cron 文件；crontab –l 用于列举 cron 文件；crontab -r 用于删除 cron 文件。
- /etc/cron.allow 和/etc/cron.deny 文件用于控制对 cron 工作任务调度程序的访问；/etc/at.allow 和/etc/at.deny 文件用于以同样的方式控制对 at 工作任务调度程序的访问。

本地日志文件分析

- Red Hat Enterprise Linux 包含 rsyslog 守护进程，它监控系统的内核消息及其他进程活动，在/etc/rsyslog.conf 中配置它们。
- 可使用/var/log 目录中生成的日志文件来跟踪系统上的活动。

- 通过服务配置文件可以创建和配置其他日志文件。
- 日志文件可定期循环，并可在/etc/logrotate.conf 文件里配置。
- systemd journal 记录/run/log/journal 目录中环形缓冲区内的所有的根、内核和服务消息。
- journalctl 命令可显示和过滤 journal 条目。

9.6　自测题

下面的问题有助于衡量对本章内容的理解。Red Hat 考试中没有多选题，因此本书中也没有多选题。这些问题只测试对本章内容的理解。如果有其他方法能够完成任务也行。得到结果，而不是记住细枝末节，这才是 Red Hat 考试的重点。

基本的系统管理命令

1. 什么命令标识当前终端控制台中所有正在运行的进程？

2. 使用 nice 命令可为进程设置的最高优先权编号是多少？

3. 什么命令可用来在存档现有目录的文件的同时保存其 SELinux 上下文？

4. 你希望创建一个/etc 目录的存档文件。需要运行什么命令才可以为该目录创建一个压缩的 bzip2 存档文件。假定该存档文件的名为/tmp/etc.tar.bz2。

系统管理自动化：cron 和 at

5. 要安排一项维护工作任务 maintenance.pl，在每个月第一天的凌晨 4:00 从主目录运行。你已经运行 crontab –e 命令来打开自己的 crontab 文件。假设已经添加相应的 PATH 和 SHELL 指令。需要添加什么指令以便在指定的时间运行指定的工作任务？

6. 如果在 crontab –l 命令的输出中看到下面的条目：

```
42 4 1 * * root run-parts /etc/cron.monthly
```

Linux 下一次在/etc/cron.monthly 目录中运行这些工作任务是什么时候？

7. 如果用户 tim 和 stephanie 同时都在/etc/cron.allow 和/etc/cron.deny 文件中被列出，用户 donna 和 elizabeth 只在/etc/cron.allow 文件中被列出，那么允许其中哪些用户运行 crontab –e 命令？

8. 可使用什么文件来配置日志文件的循环？

本地日志文件分析

9. 当内核出现严重问题时，/etc/rsyslog.conf 文件中的什么条目将通知已登录用户？

10. /var/log 目录中的有些文件与安装过程中发生的情况有关。这些日志文件名称共享的第一个单词是什么？

11. 什么命令可显示其优先权等于或高于 alert 的所有 systemd journal 条目？

12. 如何显示自 2015 年 3 月 16 日登录以来与 htpd 守护进程相关的 systemd journal 条目？

9.7　实验题

有些实验题可能严重影响系统，因此只能在测试机器上做这些练习。为此需要使用第 1 章第 2 个实验题建立的 KVM。

Red Hat 以电子版方式考试，因此本章的大多数实验题都在本书配书网站上，其子目录为 Chapter9/。它可以是.doc、.html 和.txt 格式的文件。如果没有在系统上安装 RHEL 7，关于安装指南可参考第 2 章的第 1 个实验题。自测题答案之后是各实验题的答案。

9.8　自测题答案

基本的系统管理命令

1. 这个问题有一定欺骗性，因为 ps 命令本身就能标识当前控制台中正在运行的进程。

2. nice 命令能够使用的最高优先权编号是-20。记住，进程的优先权编号与感觉相反。

3. 在存档文件中保存 SELinux 上下文的 tar 命令选项是--selinux。

4. 创建/etc 目录的压缩 bzip2 存档文件的命令是：

```
# tar cvfj /tmp/etc.tar.bz2 /etc
```

系统管理自动化：cron 和 at

5. 在指定时间从主目录运行 maintenance.pl 脚本的指令如下所示：

```
0 4 1 * * ~/maintenance.pl
```

6. 基于/etc/crontab 中指定的条目，下一次 Linux 运行/etc/cron.monthly 目录中工作任务的时间是下个月第一天的凌晨 4:42。

7. 如果用户名同时存在于/etc/cron.allow 和/etc/cron.deny 文件中,则忽略/etc/cron.deny 中列出的用户。因此,列出的 4 个用户都允许运行各种 crontab 命令。

8. 与日志文件循环相关的配置文件是/etc/logrotate.conf。其他服务专用的配置文件可以在/etc/logrotate.d 目录中创建。

本地日志文件分析

9. 在/etc/rsyslog.conf 文件中有个注释过的条目可以满足该问题的要求。当内核出现严重问题时,激活它并将优先权改为 crit 来通知你(及所有人)。

```
kern.crit        /dev/console
```

当然,这说明还有其他可行的方法也能够满足这里的要求。

10. 与安装过程最相关的/var/log 中的日志文件都以 anaconda 开头。

11. 显示其优先权等于或高于 alert 的所有 systemd journal 条目的命令是 journalctl –p alert。

12. 要显示自 2015 年 3 月 16 日登录以来与 htpd 守护进程相关的 systemd journal 条目,可以运行命令 journalctl_COMM=httpd –since 2015-03-16。

9.9　实验题答案

实验题 1

可采用下列步骤修改登录消息(至少还有另一种与/etc/cron.d 目录有关的方法)。

(1) 作为根用户登录。

(2) 运行 crontab –e 命令。

(3) 添加相应的环境变量,至少添加下列变量:

```
SHELL=/bin/bash
```

(4) 在相应的时间将下面的命令添加到文件,重写/etc/motd:

```
0 7  * * * /bin/echo 'Coffee time' > /etc/motd
0 13 * * * /bin/echo 'Want some ice cream?' > /etc/motd
0 18 * * * /bin/echo 'Shouldn\'t you be doing something else?' > /etc/motd
```

(5) 保存文件。只要 cron 守护进程是活动的(默认如此),指定次数之后登录控制台的下一位用户将看到成功登录的消息。如果想要立即测试结果,可运行 date 命令。例如,下面的命令:

```
# date 06120659
```

将日期设置为 6 月 12 日的上午 6:59,正好在 cron 守护进程执行列表中的第一个命令之前(当然,可以替换成今天的日期,并等待一分钟,之后从另一个控制台登录系统)。

实验题 2

要将一个 at 工作任务设置为从现在开始 5 分钟后开始运行,可以使用 at 命令。首先看看 at>提示。

rpm –qa 命令的输出中显示当前安装的 RPM。由于在 at>提示中没有定义 PATH，因此应该包含完整路径。在/root/rpms.txt 文件中创建当前已安装 RPM 列表的方法之一是使用下面的命令，这是从现在开始 5 分钟的一次性工作任务：

```
# at now + 5 min
at> /bin/rpm -qa > /root/rpms.txt
at> Ctrl+d
#
```

在这 5 分钟里，在根用户的主目录/root 中应该能够看到 rpms.txt 文件。如果等待 5 分钟时间太长(在 RHCSA 考试中可能就是 5 分钟)，可以先做实验题 3，然后回来看这个问题。别忘了将另一个 at 工作任务设置为 24 小时运行。

实验题 3

设置实验要求(lab requirement)中指定的 cron 工作任务的方法之一如下所示：
(1) 作为根用户登录。
(2) 实验要求不允许使用 crontab –e 命令编辑根 crontab 文件。因此，使用下面的命令在/etc/cron.d 目录中创建一个系统 crontab：

```
# cat > /etc/cron.d/etc-backup << EOF
```

(3) 输入下面的命令，设置 cron 工作任务：

```
5 2 * * 6 root /usr/bin/tar --selinux -czf /tmp/etc-backup-\$(/bin/date ↵
+\%m\%d).tar.gz /etc > /dev/null
```

(4) 不要忘记对 crontab 条目中的%字符进行转义；否则，它们会被解释为换行符。
(5) 输入 EOF 序列：

```
EOF
```

(6) 要测试该工作任务，修改 crontab 条目，让它从现在开始运行几分钟。之后，将目录改为/tmp 并使用下面的命令提取所生成的存档文件：

```
# tar --selinux -xzf etc-backup-$(date +%m%d).tar.gz
```

(7) 运行下面的命令，确认已保存 SELinux 上下文：

```
# ls -lRZ /tmp/etc
```

实验题 4

本实验题没有什么神秘的解决方案，其目的是查看主要日志文件的内容，看看里面有什么。
如果查看/var/log 中的 anaconda.*文件，并将它们与其他文件进行比较，就会获得关于如何诊断安装问题的一些看法。后续几章，将介绍一些与特定服务有关的日志文件；其中许多文件位于子目录里，如/var/log/samba 和/var/log/httpd。
失败的登录非常明显地显示在/var/log/secure 文件中。在 utmpdump btmp 命令的输出中能够得到一些暗示。

查看/var/log/cron 文件，将看到标准 cron 工作任务的运行时间。大多数文件应该(默认)由来自/etc/cron.d/0hourly 配置文件的标准 hourly 工作任务 run-parts /etc/cron.hourly 填充。如果重启，将看到 anacron 服务，并且应该能够搜索同名的工作任务。

/var/log/dmesg 包含当前启动的内核，如果没有升级内核，该内核和与/var/log/anaconda/syslog 相关的内核一样。在/var/log/dmesg 文件结尾，会看到挂载到 XFS 格式的文件系统，以及当前挂载的交换分区。例如，下面的代码显示基于 KVM 的虚拟驱动器分区:

```
XFS (vda1): Mounting Filesystem
Adding 1023996k swap on /dev/mapper/rhel-swap.
Priority:-1 extents:1 across:1023996k
XFS (vda1): Ending clean mount
SELinux: initialized (dev vda1, type xfs), uses xattr
```

正如所见，/var/log/maillog 文件不包含与 mail 客户相关的任何信息，而只包含与服务器有关的信息。

Red Hat 在 RHEL 7 中包含了 GUI 配置工具。它让自动配置硬件图形非常可靠，但如果在配置过程中遇到了麻烦，可以查看/var/log/Xorg.0.log。

第 **10** 章

安 全 入 门

从本书 RHCE 部分的第 1 章开始，就已经开始讨论安全。许多管理员和企业都转向 Linux，因为他们相信 Linux 更安全。由于大多数 Linux 软件都是经过开源许可发布的，因此所有人都可以使用其源代码。有些人认为这样为试图侵入系统的黑客提供了便利。

但 Linux 开发人员坚信协作更加重要。依据开源榜样 Eric Raymond 所说，"Linus 的法则就是给予足够多的关注，所有的错误都是肤浅的"。其中有些关注来自美国国家安全局(National Security Agency，NSA)，该机构对 Linux 贡献了许多代码，包括 SELinux 的基础部分。

NSA 还提出了其他许多为 Red Hat 所接受的概念，这些概念已经被集成到分层安全策略之中，包括系统防火墙、程序包包装器和服务安全等。这些安全策略既包括基于用户的安全，也包括基于主机的安全，还包括访问控制，如所有权、许可和 SELinux(前面几章已经讨论过其中许多层)。本章还将讨论这些安全层的基础，因为它们适用于 RHCE 目标。

本章将介绍 RHEL 提供的用于管理安全的一些工具。首先介绍一些基础知识，然后详细分析防火墙、可插拔身份验证模块(Pluggable Authentication Modules，PAM)和 TCP 包装器等。

书中并不只有本章关注安全。严格来说，本章只讨论两个 RHCE 目标。但本章讨论的主题与 Linux 系统上的安全有关，这些主题有助于理解与本书中与每个服务相关的安全选项。

认证目标 10.01　Linux 安全层

最好的计算机安全是分层。如果一层出现漏洞，例如穿透防火墙、危及安全的用户账户或者搞乱服务的缓存溢出，几乎总有其他安全措施能够防止进一步损害，至少可以将损害降到最低限度。

考试内幕

本章是本书关注 RHCE 要求的第一章。如 RHCE 目标所述，安全从使用 firewalld 基于区域的(zone-based)防火墙而开发的包过滤和 NAT 开始。相关目标包括以下内容。

● 使用 firewalld 和相关机制，如富规则、区域和自定义规则，来实现包过滤和配置网络地址转换(Network Address Translation，NAT)

但如本章开头所述，安全是 RHCE 目标包含的所有服务需要关注的问题。本章只是介绍有关安全的基础知识，其中包括以下几种方法：

● 为服务配置基于主机和基于用户的安全

虽然基于主机的安全从基于区域的防火墙开始，但基于主机和基于用户的安全措施可能涉及 TCP 包装器和可插拔身份验证模块。

这些选项从 bastion 主机开始，将与单个 Linux 系统相关的功能减少到最小。最好的防御是与其他 Linux 开发人员合作，这样就能与最新的安全更新保持同步。在防火墙和 SELinux 的背后是与单个服务相关的安全选项。通常将单独选项(如 chroot jails)配置为服务的一部分，许多选项建立在 NSA 的建议基础之上。

虽然与 bastion 系统有关的章节是 RHCE 级服务安全措施的引子，但它们也合并与 RHCSA 考试相关的安全选项，这些选项在前面几章介绍过。

10.1.1　bastion 系统

如果正确配置，bastion 系统可将安全漏洞带来的风险降到最低。这里它基于的是最小化安装，所包含的软件比在第 1 章和第 2 章配置的系统上安装的软件少。bastion 系统通常配置两个服务：一个服务定义系统的功能，它可能是 Web 服务器、文件服务器、身份验证服务器等；另一个服务支持远程访问，例如 SSH 或者通过 SSH 的 VNC(VNC over SSH)。

在虚拟化之前，通常限制使用 bastion 系统。只有最富有的企业才能够让每个服务专用不同的物理系统。如果需要冗余，费用只会更高。

通过虚拟化，小公司也能使用 bastion 系统，需要的只是标准的最小化安装。作为这个网络的管理员，使用少量 Kickstart 文件就可以很方便地创建一整组 bastion 系统。然后可以自定义每个系统，使其专用于一个服务器。

结构完好的 bastion 系统必须遵循两条原则。

- 如果不需要某个软件，则卸载它。
- 如果需要某个软件但不使用它，就不要激活。

一般来说，如果没有安装相关服务，黑客就无法利用安全漏洞。如果因为要测试而不得不安装服务，不要激活该服务，这样可以将风险降到最低。当然，为各 bastion 系统配置的防火墙应该只允许专用服务和远程访问方法的流量通过。

10.1.2　使用安全更新的最佳防御

最好的防御来自安全更新。可使用 Software Update(软件更新)工具查看可用的更新。可使用 gpk-update-viewer 命令在 GUI 中启动该工具。如第 7 章所述，可以使用 Software Updates Preferences 工具设置自动安全更新，可使用 gpk-prefs 命令在 GUI 中启动该工具。

其实安全通常是一种赛跑。如果发现漏洞，开源社区里负责安全的开发人员会发布一条问题公告，之后再创建更新。在该更新可用并已经安装之前，所有受影响的服务都是脆弱的。

作为 Linux 专家，任务是要搞清楚这些漏洞。如果要维护像 Apache、vsFTP 和 Samba 这样的服务器，就要监控来自这些开发人员的信息反馈，安全新闻包括从留言板更新到 RSS 反馈的各种形式。Red Hat 通常也会同步关注这些问题。但是，如果已经订阅服务开发人员维护的论坛，最好从该论坛了解问题和计划的解决方案。在某种程度上，这是服务特有的安全领域。

可使用标准格式系统 CVE 来跟踪信息安全漏洞，CVE 由 MITRE 公司(http://cve.mitre.org)维护。在其 Errata 安全建议中，Red Hat 总是引用相应的 CVE 标识符。你应该熟悉 CVE 格式，并访问 Red Hat CVE 数据库和勘误声明站点 https://access.redhat.com/security/cve 及 https://rhn.redhat.com/errata 来了解更新信息。

10.1.3　服务特有的安全

大多数主要服务都有可配置的安全级别。许多情况下，可以配置服务来限制来自主机、网络、用户和组的访问。正如 RHCE 目标所列出的，需要知道如何为每个由协议列出的服务配置基于主机和基于用户的安全。也可以使用 SELinux 选项，它们有助于确保这些服务的安全。后续章节将详细讨论这些选项，本章只是简要介绍一下服务特有的安全选项。

1. HTTP/HTTPS 服务特有的安全

虽然还有其他选项，但 Linux 上 HTTP 和 HTTPS 协议的主要服务是 Apache Web 服务器。其实，Apache 是 Internet 上的主流 Web 服务器。毫无疑问，Apache 配置文件非常复杂，但必须这样，因为 Internet 上的安全挑战更加严峻。第 14 章将详细介绍应对这些挑战的一些选项。

Apache 包含许多可选的软件组件。除了绝对需要的组件，不要再安装其他组件。如果在通用网关接口(Common Gateway Interface，CGI)脚本中有安全漏洞，而你没有安装对 CGI 脚本的支持，那么这个安全问题就对你没有影响。但 RHCE 指定目标来部署"基本的 CGI 应用程序"，因此你没有这么幸运。

幸运的是，Apache 有多种方法来限制访问。可以在服务器或单个虚拟主机上创建限制。在一般和安全的 Web 站点上也可以创建不同的限制。另外，Apache 支持使用安全证书。

2. DNS 服务特有的安全

域名服务(Domain Name Service，DNS)服务器是黑客的主要攻击目标之一。注意，RHEL 7 包含 bind-chroot 程序包，它在一个单独的子目录里配置必需的文件、设备和库。这个子目录限制突破 DNS 安全的用户，称为 chroot jail。它限制黑客突破服务就能够导航的目录。换句话说，侵入 RHEL 7 DNS 服务器的黑客无法"逃出"配置为 chroot jail 的子目录。

由于不希望参加 RHCE 考试的考生创建主/从 DNS 服务器，因此在某种程度上限制了挑战和风险。第 13 章将详细介绍如何限制访问由主机配置的 DNS 服务器。

3. NFS 服务特有的安全

下面介绍网络文件系统(Network File System，NFS)版本 4，现在可以建立 Kerberos 身份验证来支持基于用户的安全。但 Kerberos 和 LDAP 服务器的配置超出了 RHCE 目标的范围，对于 RHCE 考试，需要使用 Kerberos 来控制对 NFS 共享的访问。第 16 章将重点介绍基于主机的安全选项。

4. SMB 服务特有的安全

在 RHCE 目标中列出的 SMB 表示服务器消息块(Server Message Block)协议。这个网络协议最初由 IBM 开发，后来经过 Microsoft 修改作为其操作系统的网络协议。虽然 Microsoft 现在将它称为通用 Internet 文件系统(Common Internet File System，CIFS)，但该网络协议的 Linux 实现方式仍然称为 Samba。

可以通过 Microsoft Active Directory 利用 Samba 来进行身份验证，从而实现 RHEL 7。Samba 支持将用户和组映射到 Linux 身份验证数据库。Samba 还支持全局和共享目录级别上基于用户和基于主机的安全，这一内容将在第 15 章讨论。

RHEL 7 的标准 Samba 版本是 4.1。Samba 4 发布后，它也可以作为域控制器(Domain Controller)与 Microsoft Active Directory 兼容。不过，对这种配置的讨论已经超出了 RHCE 考试的范围。

5. SMTP 服务特有的安全

RHEL 通过简单邮件传输协议(Simple Mail Transport Protocol，SMTP)支持两种不同的电子邮件通信服务：Postfix 和 Sendmail。这两种服务都是在开源许可下发布的。

RHEL 7 的默认 SMTP 电子邮件服务是 Postfix，不过可以配置这两种服务之一，以满足相关的 RHCE 目标。无论哪种情况，服务通常只侦听本地主机地址，它是安全的一个级别。其他安全级别可能基于主机、用户名等，更多信息请参阅第 13 章。

6. SSH 服务特有的安全

甚至是在 RHEL 7 的最小化安装中都会默认安装 SSH 服务。它可用作远程管理工具。但也有一些风险与最小化 SSH 服务器相关联，例如，远程登录根账户不必得到允许。用户可进一步管理安全。

10.1.4 基于主机的安全

基于主机的安全指访问限制，不仅限制系统主机名访问，而且限制完全限定域名和 IP 地址访问。与基于主机的安全相关的语法可能有所变化。例如，虽然每个系统都识别特定 IP 地址(如192.168.122.50)，但对一定 IP 地址范围内的通配符或 Classless Inter-Domain Routing (CIDR)符号的使用，可能会随服务而改变。依据该服务，可以对指定范围内的网络地址使用下面一个或者多个选项：

```
192.168.122.0/255.255.255.0
192.168.122.0/24
192.168.122.*
192.168.122.
192.168.122
```

注意，其中有些选项在某些网络服务上会导致语法错误。下面这些选项可以或者不可以表示 example.com 网络上的所有系统。

```
*.example.com
.example.com
example.com
```

10.1.5 基于用户的安全

基于用户的安全包括用户和组。通常将允许或拒绝访问服务的用户和组集合到一个列表中。这个列表每行包含一个用户，就像在/etc/cron.allow 文件中一样，或者可能在紧跟指令的列表中，例如：

```
valid users = michael donna @book
```

有时用户列表的语法很严谨；有些情况下，逗号之后或行结尾的多余空格会导致身份验证失败。组通常包含在用户列表中，它前面有一个特殊符号，如@或者+。

有时，可使用 smbpasswd 命令，在单独的身份验证数据库(如与 Samba 服务器有关的数据库)中配置允许访问系统的用户。

10.1.6 控制台安全

如第 5 章所述，控制台安全在/etc/securetty 文件里规定。这样有助于规范本地控制台对根用户和一般用户的访问。

但控制台访问不仅是本地的。从控制台安全全局的角度看，需要能够配置对远程控制台访问的限制。两个主要选项分别是 SSH 和 Telnet，其中 SSH 前面已介绍过。虽然第 2 章介绍过 telnet 命令的用法，但到 Telnet 服务器的通信本质上是不安全的。用户名、口令和其他针对 Telnet 服务器的往来通信都以纯文本形式传输，这也就意味着网络协议分析器(如 Wireshark)可以阅读用户名、口令和其他重要信息。

虽然 Telnet 服务器可使用基于 Kerberos 的选项，但从成本方面看，大多数安全专家还是建议尽量避免将 Telnet 用于远程控制台，这与 NSA 的建议是一致的。

10.1.7 美国国家安全局的建议

NSA 对 Linux(特别是 Red Hat Enterprise Linux)非常感兴趣。NSA 不仅花时间开发 SELinux，而且创建指南来帮助管理员创建更安全的 RHEL 配置("超级秘密"NSA 已在开源许可下发布 SELinux 代码供所有人查看)。他们认识到了 Linux 在计算机网络基础设施中的重要性。RHEL 观察者可能会注意到 RHEL 5、RHEL 6 和 RHEL 7 之间的变化如何遵循 NSA 的建议。

NSA 提出了以下 5 条基本原则，用于保护一般操作系统(特别是 RHEL)的安全。

- **在可能情况下加密传输数据** NSA 对加密的建议包括通过私有和安全网络所进行的通信。SSH 的用法以及第 11 章介绍的安全选项是该过程中很好的步骤。
- **最简化软件，以便最小化漏洞** NSA 建议"避免软件漏洞最简单的方法是避免安装该软件"。NSA 特别注意能够通过网络通信的软件，包括 Linux GUI。RHEL 7 最小化安装包括的程序包远远少于 RHEL 5 的最小化安装。
- **在单独系统上运行不同的网络服务** 这与本章前面介绍的 bastion 服务器的概念是一致的。虚拟机技术(如 KVM)提供的灵活性使其实现变得更加简单。
- **配置安全工具，提高系统健壮性** RHCSA 和 RHCE 目标也很好地包含了这一点，它使用基于区域的防火墙、SELinux 和相应的日志收集服务。
- **使用最低优先权原则** 原则上应该给用户提供完成任务所需要的最低优先权。这不仅意味着要将对根管理账户的访问降到最低，而且要谨慎使用 sudo 命令优先权。SELinux 选项也可能有用，如第 4 章介绍的用于约束的 user_u 角色。

10.1.8 PolicyKit

PolicyKit 是另一种更安全的机制，用来保护不同的管理工具。一般账户在 GUI 中启动管理工具时，大多数工具都将通过一个窗口提示输入根管理口令，如图 10-1 所示。

图 10-1 在 GUI 中访问管理工具需要输入根口令

图 10-2 显示的窗口与它略有不同，但功能是相同的。如窗口所示，需要超级用户的身份验证，这里仍然必须输入根管理口令。

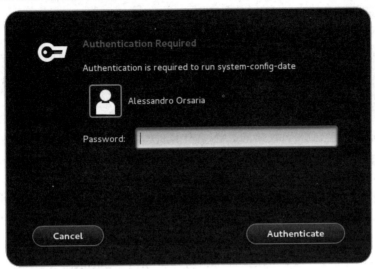

图 10-2　PolicyKit 可以限制对管理工具的访问

PolicyKit 将其策略文件存储在/usr/share/polkit-1/actions 目录中。与 system-config-date 工具对应的文件是 org. fedoraproject.config.date.policy。

这些策略文件以 XML 格式配置，用户个人可以进一步修改它们以支持细粒度的控制。虽然 PolicyKit 提供了文本程序可以使用的 API，但一般情况下，该 API 用于授权运行 GUI 工具。

另一个提供细粒度控制的工具是第 8 章介绍过的/etc/sudoers 文件。

认证目标 10.02　防火墙和网络地址转换

一般来说，防火墙位于内部 LAN 和外部不安全的网络(如 Internet)之间。可以配置防火墙，让它检查流进或流出 LAN 的每个网络包。配置好相关规则后，就可以过滤掉可能对 LAN 上的系统造成安全威胁的包。

然而，如果要遵循 NSA 的建议，就要在每个系统上都配置防火墙。

虽然在 LAN 上的每个系统中都可以实现网络地址传输(Network Address Translation)，但它通常最适用于 LAN 和外部网络之间的网关或路由器上的系统。

10.2.1　定义

基于 firewalld 服务的防火墙阅读每个网络数据包的标题。依据标题中包含的信息，可以配置 firewalld 规则来过滤每个包。要理解包过滤如何工作，必须先理解如何通过网络发送信息。

消息在通过网络发送之前，会被分解为更小的单元(称为包)。管理信息——包括数据类型、源地址和目标地址，以及被添加给每个包的标题的源端口和目标端口。这些包通过网络到达目的地 Linux 主机。防火墙检查每个标题中的字段。按照现有规则，防火墙对包会采取下列 5 个动作之一。

- 允许包进入系统。
- 如果当前系统是网络间的网关或路由器，则将包转发到其他系统。
- 对流量进行限速
- 拒绝包，并给原始 IP 地址发送一条消息。
- 丢包，并且不发送任何类型的消息。

不管结果如何，决定都会被记录为系统日志或者为已审核的子系统。如果有大量具有重要价值的包被拒绝或丢掉，日志文件就很有用。

RHEL 7 提供了将系统配置为防火墙的所有方法，包括用于 IPv4 和 IPv6 网络的方法。

NAT 可以隐藏连接到外部网络的 LAN 内计算机的 IP 地址。NAT 用连接到外部网络的防火墙接口的 IP 地址取代内部源地址。该内部源地址以及其他标识连接的信息存储在防火墙连接表中，以标识是哪台主机发出的请求。

当防火墙接收到响应(如 Web 页面的内容)时，则倒转该进程。包通过防火墙传输，但在连接表中标识目标主机。在发送包之前，防火墙要相应修改每个包的标题。

这种方法很有用，理由如下：隐藏内部 IP 地址使黑客很难知道使用哪个 IP 地址才能侵入内部网络。NAT 支持具有私有 IP 地址的系统与外部网络(如 Internet)之间连接，这也是 IPv4 寻址存在如此长时间的原因。在 Linux 领域，该进程被称为 IP 伪装(IP masquerading)。

IP 伪装通常是指"源 NAT"，但它也指 NAT 在相反方向上工作的另一种形式，即端口转发或目标 NAT。端口转发可以隐藏服务的内部端口和 IP 地址。例如，假定有一个内部服务器，IP 地址为 192.168.122.50，在 TCP 端口 8080 上正在运行一个 Web 服务。通过端口转发，可以让客户端连接到不同的 IP 地址和端口(如端口 80 上的公共 IP)上，将流量转发给内部网络上的主机和端口。

10.2.2 firewalld 命令的结构

第 4 章介绍了有关 firewalld 的一些基本概念。本节将探讨它的一些高级特性，如区域配置(zone configuration)和富规则(rich rule)。

正如所知，firewalld 基于区域。区域(zone)定义了网络连接的信任级别。定义区域的基本元素如表 10-1 所示。

表 10-1　firewalld 区域的元素

区 域 元 素	说　　明
接口	与区域相关的网络接口
源	与区域相关的源 IP 地址
服务	允许通过区域的入站服务，如 http
端口	允许通过区域的目标 TCP 或 UDP 端口，如 8080/tcp
伪装	指定是否启用源网络地址转换(伪装)
转发端口	端口转发规则(将发送给本地端口的流量映射到同一台或另外一台主机上的其他端口上)
ICMP 阻塞	用于阻塞 ICMP 消息
富规则	一些高级的防火墙规则

输入下面的命令，可列出所有 firewalld 区域：

```
# firewall-cmd --get-zones
block dmz drop external home internal public trusted work
```

所对应的这些区域已在第 4 章的表 4-8 中介绍过。可以花几分钟回顾一下该表中的内容。

要显示与区域相关的设置，使用--list-all 命令开关。例如，以下显示了公共区域的所有配置设置：

```
# firewall-cmd --list-all --zone=public
public (default, active)
  interfaces: eth0
  sources:
  services: dhcpv6-client ssh
  ports:
  masquerade: no
  forward-ports:
  icmp-blocks:
  rich-rules:
```

从输出中可以看到，公共区域与接口 eth0 相关联。不管是否禁用伪装(masquerading)功能，DHCPv6 和 SSH 服务的流入流量都可以通过区域。注意上面输出中的第一行，公共区域被标记为 default 和 active。

活动区域(active zone)至少与 firewalld 中的一个网络接口或源 IP 地址相关联。第 4 章已介绍了有关默认区域(default zone)的概念：仅有一个区域可以被标记为 default 区域，并且这种特殊的状态意味着添加到系统的任何网络接口都会被自动地分配给该区域。

另外，默认区域的作用类似于"查漏补缺"。它的具体作用与 firewalld 将流入的包分配给区域的方式相关，所遵循的原则如下：

- 如果包的源地址同区域相关联的源地址相匹配，则按照该区域的规则来处理包。
- 如果包来自于同区域相关联的网络接口，则按照该区域的规则来处理包。
- 否则，按照默认区域的规则来处理包。

一旦流入的包与区域相匹配，firewalld 就按照该区域的规则来处理它。例如，基于前面列出的 firewall-cmd 输出，将使用 firewalld 公共区域的设置来处理到达接口 eth0 的流入包。按照该区域的规则，仅允许属于 DHCPv6 或 SSH 协议的流量通过。

与区域配置相关的最常见 firewall-cmd 选项如表 10-2 所示。其中一些选项与非默认区域的--zone 命令开关相关。

表 10-2　firewall-cmd 区域配置选项

命 令 选 项	说　明
--get-default-zone	列出默认的区域
--set-default-zone=ZONE	将默认区域设置为 Zone
--get-zones	列出所有区域

(续表)

命 令 选 项	说　明
--get-active-zones	仅列出活动区域，也就是说，列出 firewalld 中至少与一个源接口或地址相关联的区域
--list-all-zones	列出所有区域的设置
--list-all [--zone=ZONE]	列出特定 ZONE 或默认区域的所有设置
--add-source=NETWORK [--zone=ZONE]	将源网络绑定到 ZONE 或默认区域
--change-source=NETWORK [--zone=ZONE]	将当前分配给区域的源网络修改为不同的 ZONE 或默认的区域
--remove-source=NETWORK [--zone=ZONE]	从 ZONE 或默认区域中删除源网络
--add-interface=INTERFACE [--zone=ZONE]	将接口添加到 ZONE 或默认区域
--change-interface=INTERFACE [--zone=ZONE]	将当前分配给区域的接口修改为不同的 ZONE 或默认的区域
--remove-interface=INTERFACE [--zone=ZONE]	从 ZONE 或默认的区域中删除接口

如下示例说明了如何将默认区域设置为"工作(work)"区域：

```
# firewall-cmd --get-default-zone
public
# firewall-cmd --get-active-zones
public
  interfaces: virbr0 virbr1 wlp4s0
# firewall-cmd --set-default-zone=work
# firewall-cmd --get-default-zone
work
# firewall-cmd -get-active-zones
work
  interfaces: virbr0 virbr1 wlp4s0
```

请注意观察，在进行变动后，分配给"公共"区域的所有接口是如何被移到"工作"区域的。另外要注意，在系统重启后，--set-default-zone 选项做了一个永久性的变动。该选项是 firewalld 中不需要--permanent 开关的少数几个选项之一，这一点将在稍后介绍。

下例将 virbr1 接口与 dmz 区域相关联，并将源 IP 范围 192.168.99.0/24 添加到"公共"区域：

```
# firewall-cmd --change-interface=virbr1 --zone dmz
success
# firewall-cmd --add-source 192.168.99.0/24 --zone=public
success
# firewall-cmd --get-active-zones
dmz
  interfaces: virbr1
work
```

```
  interfaces: virbr0 wlp4s0
public
  sources: 192.168.99.0/24
```

考试提示

当运行 firewall-cmd 对配置进行变更时，不要忘了--permanent 命令选项；否则，所做的任何变动都不能使重启生效。

在前面的示例中对公共区域所做的配置变更并不会使重启生效。如第 4 章所述，要使配置变更永久，大多数 firewall-cmd 动作需要--permanent 选项。将新设置保存到永久配置后，运行 firewall-cmd –reload，将其立即应用到运行时配置中。

服务和端口配置

要配置有效的 firewalld 区域，需要赋予该区域允许或阻塞流量的能力。为此，可以对服务和端口配置进行相应的变更。在深入讨论细节之前，请先查看表 10-3，其中列出了一些服务和端口配置选项。

表 10-3　firewall-cmd 服务和端口配置选项

命 令 选 项	说　　明
--get-services	列出所有预定义的服务
--list-services [--zone=ZONE]	列出指定的 ZONE 或默认的区域所允许的全部服务
--add-service=SERVICE [--zone=ZONE]	允许所指定的 SERVICE 的流量通过 ZONE 或默认区域
--remove-service=SERVICE [--zone=ZONE]	从 ZONE 或默认的区域中删除 SERVICE
--list-ports [--zone=ZONE]	列出允许通过 ZONE 或默认区域的 TCP 和 UDP 目标端口
--add-port=PORT/PROTOCOL [--zone=ZONE]	允许所指定的 PORT/PROTOCOL 的流量通过 ZONE 或默认区域
--remove-port=PORT/PROTOCOL [--zone=ZONE]	从 ZONE 或默认区域中删除 PORT/PROTOCOL

有两种允许流量通过 firewalld 的常见方式：将预定义的服务或者将端口和协议的组合(如 8080/tcp)添加给某个区域。默认情况下，除了一个区域外其他区域都包含一个隐式的"拒绝所有流量(deny all traffic)"规则。这个例外的区域就是"受信任的"区域，该区域默认所有流量都可以通过。因此，除了"受信任的"区域外，必须显式地允许对服务或端口进行配置；否则，所对应的流量会被防火墙阻塞。

实际经验

在产品服务器上对 firewalld 进行配置变更可能非常危险，可能导致管理员无法访问主机。为避免这个问题，可在 firewall-cmd 命令中包含--timeout=SECONDS 选项，这样做可以仅在指定的秒数内应用配置变更。

默认情况下，是通过运行下面的命令来定义防火墙服务：

```
# firewall-cmd --get-services
amanda-client bacula bacula-client dhcp dhcpv6 dhcpv6-client dns ftp
high-availability http https imaps ipp ipp-client ipsec kerberos kpasswd
ldap ldaps libvirt libvirt-tls mdns mountd ms-wbt mysql nfs ntp openvpn
pmcd pmproxy pmwebapi pmwebapis pop3s postgresql proxy-dhcp radius rpc-bind
samba samba-client smtp ssh telnet tftp tftp-client transmission-client
vnc-server wbem-https
```

这些服务在/usr/lib/firewalld/services/目录下的 XML 文件中配置。可以将这些服务添加到 /etc/firewalld/services/目录中。

为说明其工作方式,可查看图 10-3。注意,http.xml 文件的内容中包含一个 XML 声明、一个<service>代码块,以及三个附加的元素:服务的短名称、描述以及对应于服务的协议和端口(在本示例中是 TCP/80)。

```
[root@server1 ~]# cat /usr/lib/firewalld/services/http.xml
<?xml version="1.0" encoding="utf-8"?>
<service>
  <short>WWW (HTTP)</short>
  <description>HTTP is the protocol used to serve Web pages. If you plan to make
 your Web server publicly available, enable this option. This option is not requ
ired for viewing pages locally or developing Web pages.</description>
  <port protocol="tcp" port="80"/>
</service>
[root@server1 ~]# ▮
```

图 10-3　http 服务的 firewalld 配置

回顾一下与默认区域相关的服务。如果将默认区域设置为一个不同的区域,可以运行 firewall-cmd --set-default-zone=public 命令恢复变更。接下来,使用如下命令列出与该区域相关的服务:

```
# firewall-cmd --list-services
dhcpv6-client ftp http ssh
```

如果在物理工作站上完成了第 1 章和第 2 章哪个的实验题,应该可以在与默认区域相关联的服务列表中看到 FTP 和 HTTP 协议。如果丢失了服务,可以使用如下命令将它永久性地添加到区域配置中:

```
# firewall-cmd --permanent --add-service=ftp
# firewall-cmd --reload
```

也可以使用端口/协议对来指定允许通过某个区域的流量。例如,假定你有一个正在非标准端口(如 TCP 端口 81)上运行的 Web 服务。要通过默认的 firewalld 区域连接到该端口,可运行如下命令:

```
# firewall-cmd --permanent --add-port=81/tcp
# firewall-cmd --reload
```

下面的命令确认所做的变更:

```
# firewall-cmd --list-ports
81/tcp
```

要将一个新服务或端口添加到一个不同的区域上，所使用的命令的语法都相同。只是需要使用--zone 命令开关来指定目标区域。

在非标准的端口上运行服务时，可能需要变更默认的 SELinux 端口标签配置。这对于 TCP 端口 81 上运行的 Web 服务而言并不是必需的，但对于其他情况下的服务而言可能是必需的，相关内容详见第 11 章。

富规则

允许流量通过防火墙最常见的方法是将服务和端口添加到区域中。但在某些情况下可能需要灵活创建一些更复杂的规则。例如，可能想允许某子网中除了某一台指定主机外的所有 IP 地址建立连接。使用富规则，可以满足这种类型的需求并设置能够匹配逻辑更加复杂的防火墙规则。不仅如此，还可以对入站连接的访问进行限速并将任何尝试建立连接的行为记录到 syslog 或审核服务中。

与富规则相关联的最常用选项是 firewall-cmd，如表 10-4 所列。富规则做两件事情：指定包必须匹配规则的条件；如果包匹配，则指定动作。

表 10-4　firewall-cmd 富规则配置选项

命 令 选 项	说　　明
--list-rich-rules [--zone=ZONE]	列出所指定 ZONE 或默认区域的所有富规则
--add-rich-rule='RULE' [--zone=ZONE]	为所指定的 ZONE 或默认区域添加富规则
--remove-rich-rule='RULE' [--zone=ZONE]	从所指定的 ZONE 或默认区域中删除富规则
--query-rich-rule='RULE' [--zone=ZONE]	检查是否已为所指定的 ZONE 或默认区域添加了富规则

富规则使用的基本格式如下：

```
rule [family=<rule_family>]
[source address=<address> [invert=true]]
[destination address=<address> [invert=true]]
service|port|protocol|icmp-block|masquerade|forward-port
[log] [audit] [accept|reject|drop]
```

下面逐项分析此命令。第一项是 rule 关键字，之后是一个可选的 family 类型。规则中包含以下两个 family 选项：

- family="ipv4"　将规则的动作限制为 IPv4 包
- family="ipv6"　将规则的动作限制为 IPv6 包

如果没有 family 关键字，则说明规则对于 IPv4 和 Ipv6 包都适用。

下面的两个可选项是源地址和目标地址，可以使用如下格式指定它们：

- source address=*address[/mask]* [invert=true]　匹配 address/mask 范围内的所有源 IP 地址。如果添加 invert=true，可将富规则应用于除指定地址外的其他所有地址。
- destination address=*address[/mask]* [invert=true]　匹配 address/mask 范围内的所有目标 IP 地址。如果添加 invert=true，可以将富规则应用于除指定地址外的其他所有地址。

包模式可能更复杂。在 TCP/IP 中，大多数包使用 TCP(Transport Control Protocol，传输控

制协议)、UDP(User Datagram Protocol，用户数据报协议)或者 ICMP(Internet Control Message Protocol，Internet 控制消息协议)等协议进行传输。相关的包模式如下所列:

- service name=*service_name*　为指定的服务检查所有的包。
- port=*port_number* protocol=tcp|udp　为指定的端口号和协议检查所有的包。
- icmp-block name=*icmptype_name*　为指定的 ICMP 类型检查所有的包。要显示所支持的 ICMP 类型的列表，运行命令 firewall-cmd --get-icmptypes。

masquerade 和 forward-port 选项将在本章的下一节中介绍。

富规则发现包模式匹配之后，还需要知道如何处理包，富规则选项的最后一部分决定如何处理所匹配的包。以下是 5 个基本选项:

- drop　丢包。不向源主机发送消息。
- reject　丢包。向源主机发送一条 ICMP 错误消息。
- accept　允许包通过防火墙。
- Log　将包记录到系统日志中。
- Adit　将包记录到审核系统中。

limit value=*rate/duration* 指令限制在某个时间间隔内记录的连接数和包数。例如，limit value=5/m 指定每分钟最多记录或接受 5 个日志消息，limit value=10/h 将每小时最多记录和接受的日志消息数量设置为 10 个，等等。有关 firewalld 富语言的语法知识，请参阅 firewalld.richlanguage 帮助页面。

10.2.3　练习 10-1: 配置富规则

本练习中将创建一个富规则，允许网络中除 tester1.example.com 主机外来自所有其他主机的 Web 通信流量。对于出现 ICMP 错误消息的主机，该规则将拒绝访问。另外，主机 oustider1.example.org 可以连接到 Web 服务器，并且将它的所有连接都记录到系统日志中，其限速为每分钟两个消息。对所有的流量都使用默认的区域(公共区域)。将 192.168.100.0/24 网络段分配给 dmz 区域。

本练习假定已经安装了虚拟机并且在物理工作站上配置了默认的 Apache 服务器，如第 1 章和第 2 章的实验题中所述。

(1) 在你的物理主机上，确保 Apache 服务器正在运行，并且导航到 URL: http://127.0.0.1 可以访问 Apache 主页面。

```
# systemctl status httpd
# elinks --dump http://127.0.0.1
```

(2) 检查默认的区域是否设置为公共区域。

```
# firewall-cmd --get-default-zone
# firewall-cmd --set-default-zone=public
```

(3) 列出与默认区域相关的设置。在接口列表中应该可以看到两个虚拟网桥: virbr0 和 virbr1。

```
# firewall-cmd --list-all
```

(4) 确认 virbr1 与 192.168.100.0/24 网络相关联，并将该接口移到 dmz 区域。

```
# ip addr show virbr1
# firewall-cmd --permanent --change-interface=virbr1 --zone=dmz
```

(5) 如果 HTTP 不被允许通过默认区域，就将它添加到 firewalld 配置中。

```
# firewall-cmd --permanent --add-service=http
```

(6) 创建一条富规则，拒绝来自 server1.example.com (192.168.122.50)的 Web 连接：

```
# firewall-cmd --permanent--add-rich-rule='rule family=ipv4 source ↵
address=192.168.122.50 service name=http reject'
```

(7) 创建一条富规则，记录所有来自 outsider1.example.org (192.168.100.100)的连接，并将日志限速为每分钟两条消息。

```
# firewall-cmd --permanent --zone=dmz --add-rich-rule='rule ↵
family=ipv4 source address=192.168.100.100 service name=http log limit ↵
value=2/m'
```

(8) 重新加载防火墙配置，将所做的永久性变更应用到运行时配置中。

```
# firewall-cmd --reload
```

(9) 测试 server1 并将 ELinks 浏览器指向 192.168.122.1。这时可以连接主机吗？

```
# elinks --dump http://192.168.122.1
```

(10) 测试 outsider1 并将 ELinks 浏览器指向 192.168.100.1。这时可以连接主机吗？在/var/log/messages 中能够看到试图进行连接的记录吗？

```
# elinks --dump http://192.168.100.1
```

(11) 将 firewalld 配置恢复为初始设置。

10.2.4　NSA 的更多建议

简单的防火墙通常最安全。在考试中，最好让所有事情(包括防火墙)尽可能简单。但 NSA 提出了更多建议。有关于默认规则的建议，有对 ping 命令的限制，以及阻止可疑 IP 地址组。对于这些建议，作者再添加几条，以降低对系统的风险。虽然这些建议超出了 RHCE 目标的建议，但要认真阅读本节。如果不熟悉 firewall-cmd 命令，本节将很有帮助。虽然在 Firewall Configuration 工具中使用 Rich Rules 选项也可以实现这些变更，但没有使用 firewall-cmd 高效。

考试提示
变更基于 firewalld 的防火墙只是建议。但通常要求"实现包过滤"，因此分析多种示例也很有用。

可以在系统(如第 2 章创建的 server1.example.com VM)上测试这些建议。

1. 规范 ping 命令

有一种对各种 Internet 系统的早期攻击与 ping 命令有关。从 Linux 开始，就可使用–f 开关对其他系统进行洪泛攻击。如果黑客使用多个系统,它每秒可能传输数以千计的包。防止系统受这些攻击或限制这些攻击所造成的影响非常重要,因为这些攻击可以阻止其他人访问 Web 站点。

实际经验

ping 命令的–f开关只用来指出网络上的主要风险之一。在大多数 Linux 发布版本中,仅有根用户可以指定 - f 开关。在许多情况下,在其他人的系统上运行该命令是非法的。例如,有一篇文章指出这种攻击可能违反英国《警察和司法法》(Police and Justice Act),最高可处以 10 年监禁。其他国家也有类似的法律。

默认防火墙中潜在的一条令人讨厌的规则是所有的 ICMP 流量默认都可以通过。ICMP 消息的传输是双向的。如果在远程系统上运行 ping 命令,远程系统将用 ICMP Echo Reply 包响应。因此,要限制 ICMP 消息,可使用下面的规则来过滤 ICMP Echo Requests:

```
# firewall-cmd --add-icmp-block=echo-request
```

将上面的规则添加到 server1.example.com VM 中,并估量通过 ping –f 命令从物理主机到 server1 所发送和接收的包的数量。接着,在删除 ICMP 块后完成同样的工作并比较结果。

2. 阻止可疑 IP 地址

想要侵入系统的黑客会隐藏其源 IP 地址。由于没有人会在公共 Internet 上使用私有或试验性 IPv4 地址,因此将隐藏这些地址。下面添加到 firewalld 的代码将截获来自指定 IPv4 网络地址块的包。

```
# firewall-cmd --add-rich-rule='rule family=ipv4 source↵
address=10.0.0.0/8 drop'
# firewall-cmd --add-rich-rule='rule family=ipv4 source↵
address=172.16.0.0/12 drop'
# firewall-cmd --add-rich-rule='rule family=ipv4 source↵
address=192.168.0.0/16 drop'
# firewall-cmd --add-rich-rule='rule family=ipv4 source↵
address=169.254.0.0/16 drop'
```

3. 规范对 SSH 的访问

由于 SSH 是管理远程系统的一种重要方法,因此采取其他措施来保护这些服务非常重要。当然,为 SSH 通信建立非标准端口是可行的,但这种措施只是分层安全策略的一部分。但像 nmap 这样的工具可以检测这种非标准端口上 SSH 的使用情况。因此通常最好建立如第 11 章所述的 SSH 服务器配置,以及如下所示的防火墙规则。下面显示的富规则允许所有的 SSH 流量通过,但将流入的连接限制为每分钟 3 个:

```
# firewall-cmd --add-rich-rule='rule service name=ssh accept↵
limit value=3/m'
```

10.2.5 确保防火墙始终运行

使用--permanent 选项保存所需的变更,确保 firewalld 按新规则运行。不要忘记使用如下命

令重新加载配置:

```
# firewall-cmd --reload
```

为了避免启动旧的 iptables 防火墙(RHEL 6 中默认的防火墙),将对应的服务单元屏蔽起来是个好主意,如下所示:

```
# systemctl mask iptables
# systemctl mask ip6tables
```

这些命令将 iptables 和 ip6tables 服务单元链接到/dev/null,从而阻止系统管理员无意间启动这些服务。

考试提示
理解如何保护 Red Hat Enterprise Linux 系统防止非授权访问非常重要。

10.2.6 IP 伪装

Red Hat Enterprise Linux 支持多种 NAT,称为 IP 伪装(IP masqueradng)。IP 伪装支持多台内部主机使用一个公共 IP 地址访问 Internet,它可将多个内部 IP 地址映射到一个合法的外部 IP 地址。由于现在所有公共 IPv4 地址块已经分配完毕,因此这种方法很有用。IPv4 地址通常可从第三方获取,但成本很高。成本也是使用 IP 伪装的原因之一。另一方面,IPv6 网络上的系统可能不需要伪装,因为许多发出请求的用户能够相对容易地获得他们自己的公共 IPv6 地址的子网。但即使是 IPv6 网络,伪装也有助于保持系统安全。

考试提示
RHCE 目标指定使用 firewalld 来配置网络地址转换。

IP 伪装过程很简单。它在网关或路由器上实现,在那里系统有两个或多个网卡,一个网卡连接外部网络(如 Internet);另一个(及其他)网卡连接 LAN。连接到外部网络的网卡可通过外部设备(如 cable "调制解调器" 或 Digital Subscriber Line (DSL)适配器)连接。假设配置如下:

- 公共 IP 地址被分配给直接连接外部网络的网卡。
- LAN 上的网卡获得与单个私有网络相关的 IP 地址。
- 网关或路由器系统上的一个网卡获得相同私有网络上的 IP 地址。
- 在路由器或者网关系统上启用 IP 转发,本章稍后将讨论这个问题。
- LAN 上的每个系统都将路由器或网关系统上的私有 IP 地址配置为默认网关地址。

当 LAN 上的计算机想获得 Internet 上的 Web 页面时,它就会向防火墙发送包。防火墙就会用防火墙的公共 IP 地址取代每个包的源 IP 地址,然后给包分配一个新的端口号。防火墙缓存最初的源 IP 地址和端口号。

当包从 Internet 进入防火墙时,它应该包含一个端口号。如果防火墙能够匹配相关规则和分配给前面流出包(outgoing packet)的端口号,则倒转该过程。防火墙用内部计算机的私有 IP 地址代替目的地 IP 地址和端口号,然后将包转发给 LAN 上的原始客户。

在实际中,下面的命令启用伪装。该命令假设直接连接到 Internet 的区域是 "dmz":

```
# firewall-cmd --permanent --zone=dmz --add-masquerade
```

也可以使用富规则来启用伪装。这样可以控制应该伪装的是哪个源 IP 地址:

```
# firewall-cmd --permanent --zone=dmz --add-rich-rule='rule family-ipv4↵
source address=192.168.0.0/24 masquerade'
```

大多数情况下,不需要私有 IP 网络地址,因为大多数通过伪装保护的 LAN 都在单个私有 IP 网络上配置。

实际经验

在"外部"区域中,默认是启用伪装的。当把面向 Internet 的网卡分配给这样的区域时,会自动伪装所有连接到 Internet 的内部客户端。

10.2.7 IP 转发

IP 转发通常被称为路由选择(routing)。路由选择对于 Internet 或者 IP 网络操作非常重要。路由器连接和利用多个网络之间的通信。如果设置一台计算机查找外部网络上的站点,就需要网关地址。这个地址对应 LAN 上路由器的 IP 地址。

路由器查看每个包的目的地 IP 地址。如果该 IP 地址是其 LAN 中的一个地址,路由器就将包直接路由给相应的计算机。否则,它就将包发送给靠近最终目的地的另一个网关。要将 Red Hat Enterprise Linux 系统用作路由器,应该在/etc/sysctl.conf 配置文件中启用 IP 转发,其方法就是添加如下代码行:

```
net.ipv4.ip_forward = 1
```

这些设置在下一次重启后生效。这样就可以使用下面的命令启用 sysctl.conf 中的新设置:

```
# sysctl -p
```

在运行 KVM hypervisor 的物理主机上,通常默认是启用 IP 转发功能的,可使用如下命令来验证这一点:

```
# sysctl net.ipv4.ip_forward
```

10.2.8 Red Hat Firewall Configuration 工具

第 4 章讨论过与 RHCSA 目标有关的 Red Hat Firewall Configuration 工具的基本功能。本节将解释如何使用 Firewall Configuration 工具实现与 firewalld 相关的 RHCE 目标。

使用 firewall-config 命令或者选择 Applications | Sundry | Firewall 命令可启动 Firewall Configuration 工具。该工具有许多功能,如图 10-4 所示。通常如果选择了运行时配置模式,可以立即实现所有变更,但这些变更并不能持久保存到系统重启后。大多数情况下,可能希望选择 Permanent 模式,通过选择 Options | Reload Firewalld 命令可以立即应用所保存的配置。

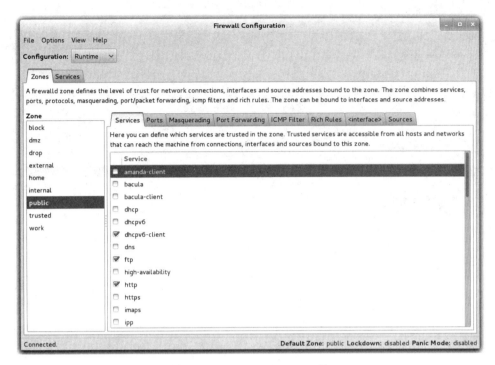

图 10-4　Firewall Configuration 工具

1. 默认的区域和接口

在 Firewall Configuration 工具中，左边的窗格列出了区域，其中黑体显示的是默认区域。可以使用 firewall-cmd 命令完成的事情都可以在该工具中实现。例如，可以给区域分配接口，选择能够通过区域的服务和端口，启用伪装等。

要将接口绑定到区域上，单击 Interface 选项卡，打开如图 10-5 所示的窗口。路由器有两个或两个以上网卡。在该界面上，信任内部网络系统的管理员可以单击 Add 按钮，将内部接口分配给"受信任的"区域。但这样做会有风险，因为威胁可能来自网络内部，也可能来自网络外部。

大多数情况下，网关或路由器系统有两个或两个以上的 Ethernet 设备。假定你正在配置的系统包含 3 个设备：eth0、eth1 和 eth2，其中 eth0 连接到外部网络，eth1 连接到 DMZ，eth2 连接到内部网络。如果信任本地网络上的任何系统，就可以将设备 eth2 分配给受信任的区域。

有时，所列出的设备可能采用了不同的命名约定。例如，可以将无线适配器命名为 wlan0，甚至是 ath0。其他情况下，也可能命名为 wlp4s0，其中 p4 和 s0 分别表示 PCI 总线和插槽号。因此，知道系统上与每个网络设备相关的设备文件是非常重要的。

在 Firewall Configuration 工具中，可以将源 IP 地址绑定到区域中。为此，选择 Source 选项卡并单击 Add 按钮，所打开的 Address 窗口如图 10-6 所示。之后，输入源 IP 地址的范围，如 192.168.200.0/16。

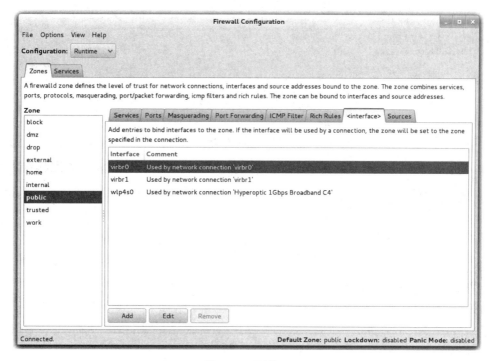

图 10-5　区域接口

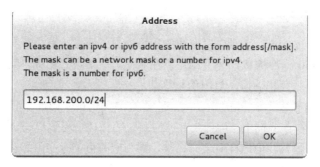

图 10-6　分配给区域的源 IP 地址范围

同样，也可从相应的选项卡中启用服务和端口。进行相关的配置后，与所选服务和端口相匹配的流量就可以通过接口，源 IP 地址就会绑定到区域。

2. 伪装

在 Firewall Configuration 工具中，选择一个区域并单击 Masquerading 选项卡，打开如图 10-7 所示的窗口。在大多数情况下，应该为流出 Internet 的流量设置伪装。这有以下 3 个好处:

- 对外部网络隐藏内部系统的 IP 地址身份。
- 只需要一个公共 IP 地址。
- 在配置的网络设备上设置 IP 转发。

管理员可以选择在自己选择的区域上设置伪装。选择的区域应该是连接到外部网络(如 Internet)的区域。

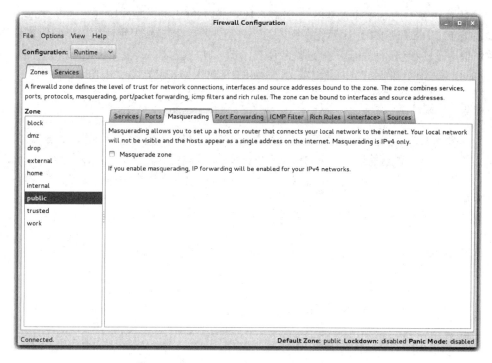

图 10-7　使用 Firewall Configuration 工具进行伪装

3. 端口转发

在 Firewall Configuration 工具中，选中一个区域并选择 Port Forwarding 选项卡。通常，这种形式的转发只与伪装结合运行。按照这些规则，端口转发可用于设置指定网络接口上一个端口到远程系统上端口的通信，就像由其 IP 地址定义的一样，示例如图 10-8 所示。

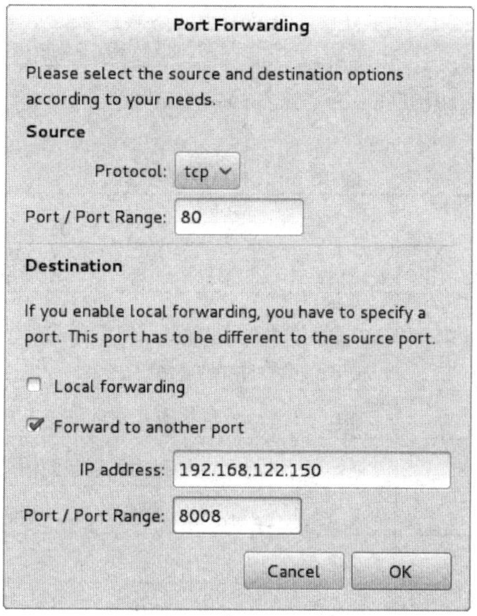

图 10-8　Firewall Configuration 工具中的端口转发

图 10-8 中显示的选项将公共区域中发往 TCP 端口 80 上的流量重定向到远程目的地,其中 IP 地址为 192.168.122.150。该远程系统上的端口是 8008。端口转发也称为"目的地 NAT",因为它的作用是转换包的目的地 IP 地址和服务端口。通常,端口转发用于使某个内部服务对于 Internet 上的其他机器是可见的,而隐藏了在内部主机上运行的所有其他服务。

4. ICMP 过滤器

在 Firewall Configuration 工具中,选择区域并单击 ICMP Filter 选项卡,打开的窗口如图 10-9 所示。如前所述,列出的选项与不同消息有关,而这些消息又与 ICMP 协议有关。这不仅限于 ping 命令相关的包。表 10-5 进一步描述了这些选项。如果激活该表中的过滤器,过滤器就会阻塞这类包。

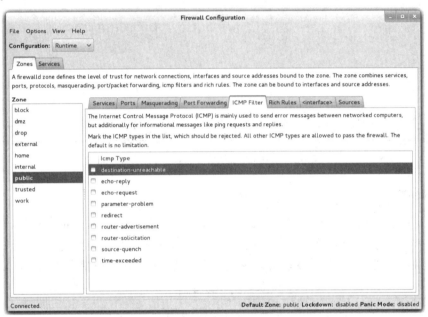

图 10-9　Firewall Configuration 工具中的 ICMP 过滤器

表 10-5　ICMP 过滤器选项

过 滤 器	说　　明
Destination Unreachable	路由器生成的消息,告知目的地地址不可达
Echo Reply	Echo Request 的常规响应消息
Echo Request	由 ping 命令生成的消息
Parameter Problem	没有被其他 ICMP 消息定义的错误消息
Redirect	通知源主机通过其他路由发送包的消息
Router Advertisement	多播到其他路由器的周期性消息,通告分配给某接口的 IP 地址
Router Solicitation	对路由器通告的请求
Source Quench	响应主机,以减慢包的传输
Time Exceeded	包中的"Time To Live"超时之时所显示的错误消息

5. 富规则

选择一个区域并单击 Rich Rules 选项卡，之后单击 Add 按钮，打开如图 10-10 所示的 Rich Rule 窗口。

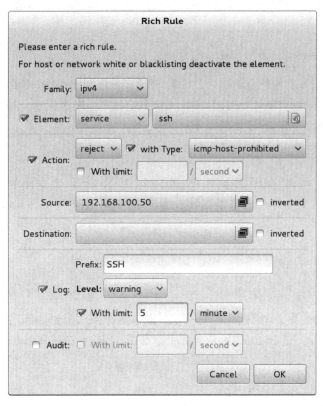

图 10-10　利用富规则

针对本节的目的创建了一个新规则，如图 10-10 所示，以阻塞来自主机 192.168.100.50 的所有 SSH 连接。连接尝试将被拒绝，并显示一个 ICMP Host Prohibited 消息，且这些被拒绝的尝试会被记录到/var/log/messages，其前缀为 SSH。日志消息被限制为最多每分钟 5 个。

认证目标 10.03　TCP 包装器

顾名思义，TCP 包装器保护使用 TCP 协议通信的服务。它最初用来保护通过 Extended Internet Super-Server 守护进程 (xinted)配置的服务。但 TCP 包装器保护不再限于这些服务，其保护可动态和静态地应用于链接到相关的库包装器文件 libwrap.so.0 的所有服务。

TCP 包装器保护服务的方式在/etc/hosts.allow 和/etc/hosts.deny 配置文件里定义。

10.3.1 服务由 TCP 包装器保护吗?

strings 命令可用来标识由 TCP 包装器保护的守护进程。该命令通过列出与二进制文件中的可打印字符序列来做到这一点。与 TCP 包装器相关的字符串是 hosts_access。守护进程保存在 /usr/sbin 目录里,因此扫描这些目录里的守护进程,查找 host_access 字符串的最快捷方法是使用下面的命令:

```
# strings -f /usr/sbin/* | grep hosts_access
```

输出取决于已安装的程序包。示例之一是 SSH 守护进程/usr/sbin/sshd。

也可以使用共享的库依赖命令 ldd,来确认到 TCP 包装器库 libwrap.0.so 的链接。要标识 sshd 守护进程的这些依赖,可运行下面的命令:

```
# ldd /usr/sbin/sshd
```

但这样不方便,因为它返回许多库文件的文件。作为 Linux 命令行专家,应该知道如何将输出以管道形式输送到 grep 命令,以查看它是否与 TCP 包装器库文件 libwrap.so.0 相关联:

```
# ldd /usr/sbin/sshd | grep libwrap.so.0
```

从输出可以确认这一点:

```
libwrap.so.0 => /lib64/libwrap.so.0 (0x00007f13b94380000)
```

使用 TCP 包装器配置文件可以帮助保护 SSH 服务。这种保护超出了标准的基于区域的 firewalld、SSH 服务器配置文件、SELinux 等所包含的所有设置。但这种过度保护在分层安全策略中非常重要。

10.3.2 TCP 包装器配置文件

当系统接收到对链接到 libwrap.so.0 库服务的网络请求时,会将请求传递给 TCP 包装器,该系统记录请求,然后检查其访问规则。如果对特定主机或 IP 地址没有限制,TCP 包装器就将控制传回给服务。

主文件是/etc 目录中的 hosts.allow 和 hosts.deny。它们的原则非常简单:hosts.allow 里列出的用户和客户允许访问,hosts.deny 里列出的用户和客户被拒绝访问。由于用户和/或客户可能同时出现在这两个文件里,因此 TCP 包装器将采取如下步骤。

(1) 搜索/etc/hosts.allow,如果 TCP 包装器找到匹配,则同意访问。不需要进行其他搜索。

(2) 搜索/etc/hosts.deny,如果 TCP 包装器找到匹配,则拒绝访问。

(3) 如果这两个文件里都没有主机,则自动允许客户访问。

在/etc/hosts.allow 和/etc/hosts.deny 文件里可以使用相同的访问控制语言。各文件里命令的基本格式如下所示:

```
daemon_list : client_list
```

最简单的格式是:

```
ALL : ALL
```

400

它指定所有服务，并将该规则应用于所有 IP 地址上的所有主机。如果在/etc/hosts.deny 里设置这一行代码，将禁止访问所有服务。当然，由于在/etc/hosts.allow 之后阅读它，因此该文件里的服务是允许的。

当然，可以创建比只禁止从所有系统访问所有守护进程更合适的过滤器。例如，/etc/hosts.allow 中的下面这行代码允许 IP 地址为 192.168.122.50 的客户通过 Secure Shell 连接到本地系统。

```
sshd : 192.168.122.50
```

/etc/hosts.deny 里的相同代码将阻止该 IP 地址的计算机使用 SSH 连接。如果两个文件里都有这行代码，则/etc/hosts.allow 优先，该 IP 地址里的用户能够通过 SSH 连接，假设其他安全设置(如基于区域的防火墙)允许访问。有多种方法可以指定客户，如表 10-6 所示。

表 10-6　/etc/hosts.allow 和/etc/hosts.deny 里的示例客户列表

客　　户	说　　明
.example.com	域名。由于该域名以点开头，因此它指定 example.com 域上的所有客户
172.16.	IP 地址。由于该 IP 地址以点结束，因此它指定 IP 地址为 172.16.*x.y* 的所有客户
172.16.72.0/255.255.254.0	包含子网掩码的 IP 网络地址
172.16.72.0/23	包含子网掩码的 IP 网络地址，但使用 CIDR 符号
ALL	所有客户，所有守护进程

如表 10-6 所示，有两种不同类型的通配符。ALL 可用来表示任何客户或服务，点(.)为所有主机指定特定域名或 IP 网络地址。

可用逗号创建多个服务和地址。使用 EXCEPT 操作符很容易生成异常。下面的示例是/etc/hosts.allow 文件的摘录：

```
ALL : .example.com
sshd : 192.168.122.0/24 EXCEPT 192.168.122.150
vsftpd : 192.168.100.100
```

文件中的第一行将 ALL 服务开放给 example.com 域里的所有计算机，接下来的一行将 SSH 服务开放给 192.168.122.0/24 网络上的所有计算机，除了 IP 地址为 192.168.122.150 的计算机。然后将 vsFTP 服务开放给 IP 地址为 192.168.100.100 的计算机。可将本地主机 IP 地址网络添加到/etc/hosts.allow 文件中指定的域，如下所示：

```
sshd : 127. 192.168.122.0/24 EXCEPT 192.168.122.150
vsftpd : 127. 192.168.100.100
```

否则，依据/etc/hosts.deny 文件中的其他指令，可能会拒绝从本地系统连接。

下面的配置包含 hosts.deny 文件，它构建控制访问列表：

```
ALL EXCEPT vsftpd : .example.org
sshd : ALL EXCEPT 192.168.122.150
ALL : ALL
```

hosts.deny 文件中的第一行拒绝到 example.org 域中计算机的所有服务(除 vsFTP 之外)。第二行表示只允许 IP 地址为 192.168.122.100 的计算机访问本地 SSH 服务器。最后一行是普遍拒绝——拒绝其他所有计算机访问由 TCP 包装器控制的所有服务。

10.3.3　练习 10-2：配置 TCP 包装器

本练习将使用 TCP 包装器控制对网络资源的访问。由于这些控制在默认情况下是启用的，因此不必修改已经安装的服务。

(1) 使用地址 localhost 连接到本地 vsFTP 服务器。首先要做如下几件事情：

A. 从 vsftpd RPM 安装 Very Secure FTP 守护进程。

B. 从 lftp RPM 安装 lftp 客户端。

C. 使用 systemctl start vsftpd 命令激活 vsFTP 服务。

D. 使用 systemctl enable vsftpd 命令配置要在根目录下启动的服务。

E. 允许 FTP 协议通过 firewalld。

(2) 编辑/etc/hosts.deny，并添加下面的代码行(别忘记写文件)。

```
ALL : ALL
```

(3) 试着运行 lftp 127.0.0.1 会出现什么情况？在登录到 FTP 服务器上后，运行诸如 ls 这样的命令会出现什么情况？

(4) 编辑/etc/hosts.allow，并添加下面的代码行。

```
vsftpd : 127.0.0.1
```

(5) 现在，试着运行 lftp 127.0.0.1 会出现什么情况？ls 命令会从 FTP 服务器返回输出吗？

(6) 完成操作后撤消所做的所有变更。

认证目标 10.04　可插拔身份验证模块

RHEL 使用可插拔身份验证模块(Pluggable Authentication Modules，PAM)系统作为安全的另一层，该模块主要用于管理工具和相关命令。PAM 包含一组动态可加载的库模块，这些模块控制单个应用程序如何验证用户。可修改 PAM 配置文件，为不同管理实用工具自定义安全要求。大多数 PAM 配置文件都保存在/etc/pam.d 目录里。

PAM 模块还标准化了用户身份验证过程。例如，在登录时登录程序使用 PAM 要求输入用户名和口令。打开/etc/ pam.d/login 文件，先看第一行：

```
auth [user_unknown=ignore success=ok ignore=ignore default=bad] ↵
pam_securetty.so
```

这一行代码表示根用户只能从/etc/securetty 文件里定义的安全终端登录，忽略未知用户。

/etc/pam.d 目录中所显示的配置文件的名称通常与启动管理实用工具的命令相同。这些实用工具是"PAM 知道的"。也就是说，可以改变应用程序(如控制台登录程序)验证用户的方式。这里只修改/etc/pam.d 目录里相应的配置文件。

10.4.1 配置文件

下面介绍典型/etc/pam.d 目录里的配置文件,如图 10-11 所示。根据安装的包,文件列表可能有所不同。

```
[root@server1 ~]# \ls /etc/pam.d
atd                      login                 smtp
authconfig               newrole               smtp.postfix
authconfig-gtk           other                 sshd
authconfig-tui           passwd                su
chfn                     password-auth         subscription-manager
chsh                     password-auth-ac      subscription-manager-gui
config-util              pluto                 sudo
crond                    polkit-1              sudo-i
cups                     postlogin             su-l
fingerprint-auth         postlogin-ac          system-auth
fingerprint-auth-ac      ppp                   system-auth-ac
gdm-autologin            remote                system-config-authentication
gdm-fingerprint          rhn_register          system-config-language
gdm-launch-environment   runuser               systemd-user
gdm-password             runuser-l             vlock
gdm-pin                  setup                 vmtoolsd
gdm-smartcard            smartcard-auth        vsftpd
liveinst                 smartcard-auth-ac     xserver
[root@server1 ~]# █
```

图 10-11 /etc/pam.d 目录中的 PAM 配置文件

如前所述,/etc/pam.d 目录里的大多数文件名是描述性的。下面介绍其中一些文件。大多数情况下,它们指 PAM 模块。这些模块在/usr/lib64/security 目录中。/usr/share/doc/pam-*versionnumber* 目录的 txts/和 html/子目录中有对每个模块的详细描述。例如,README.pam_securetty 文件中详细描述了 pam_securetty.so 模块的功能。

也可参考/usr/share/doc/pam-*versionnumber*/html 目录中的 Linux-PAM System Administrators' Guide 的 HTML 版本,第一个文件是 Linux-PAM_SAG.html。

10.4.2 控制标记

PAM 系统提供了 4 种不同类型的服务。这些服务与 4 种不同类型的 PAM 规则相关。

- **身份验证管理(auth)** 验证用户身份。例如,PAM auth 规则验证用户是否提供了有效的用户名和口令凭证。
- **账户管理(account)** 依据账户策略允许或拒绝访问。例如,PAM account 规则可依据时间、口令有效期限或者受限用户的列表来拒绝访问。
- **口令管理(password)** 管理口令变更的策略。例如,PAM password 规则可以强制用户试图变更口令时需要输入的口令的最小长度。
- **会话管理(session)** 将设置应用于应用程序会话。例如,PAM session 规则可设置登录控制台的默认设置。

图 10-12 所示的代码是示例 PAM 配置文件/etc/pam.d/login。所有 PAM 配置文件中每行代码的格式都如下所示:

```
type control_flag module_name [arguments]
```

```
#%PAM-1.0
auth    [user_unknown=ignore success=ok ignore=ignore default=bad] pam_securetty.so
auth       substack    system-auth
auth       include     postlogin
account    required    pam_nologin.so
account    include     system-auth
password   include     system-auth
# pam_selinux.so close should be the first session rule
session    required    pam_selinux.so close
session    required    pam_loginuid.so
session    optional    pam_console.so
# pam_selinux.so open should only be followed by sessions to be executed in the
user context
session    required    pam_selinux.so open
session    required    pam_namespace.so
session    optional    pam_keyinit.so force revoke
session    include     system-auth
session    include     postlogin
-session   optional    pam_ck_connector.so
~
~
~
~
"/etc/pam.d/login" 18L, 796C
```

图 10-12　PAM /etc/pam.d/login 配置文件

如上所述，　type 可以是 auth、account、password 或 session。control_flag 确定如果模块成功或失败 PAM 该怎么办。module_name 指定实际 PAM 模块文件的名称。最后，可以指定每个模块的选项。

需要特别解释一下 control_flag 字段。它确定模块标记成功或失败时 PAM 应该如何反应。表 10-7 描述了 5 个最常用的控制标记。

表 10-7　PAM 控制标记

control_flag	说　明
required	如果模块成功运行，PAM 继续执行下一个这种类型的规则。如果失败，PAM 接着执行配置文件中的下一个规则——但最终结果会失败
requisite	如果模块失败，PAM 不会检查任何其他规则并且停止执行
sufficient	如果模块正常运行，PAM 就不再继续执行这种类型的其他规则且结果会成功。相反，如果检查失败，PAM 就会继续执行剩下的规则
optional	PAM 忽略该规则的成功或失败
include	包括所注明的配置文件中相同 type 的所有指令；例如，如果指令是 password include system-auth，它将包括 PAM system-auth 文件中的所有口令指令

要知道控制标记的工作方式，可以看一下/etc/pam.d/runuser 配置文件中的规则：

```
auth   sufficient   pam_rootok.so
```

第一个 auth 命令检查 pam_rootok.so 模块。也就是说，如果根用户运行 runuser 命令，该规则将通过并且会执行 runuser 命令。因为 control_flag 是 sufficient，所以，如果该文件中还有其他 auth 命令，则会忽略这些命令。

```
session    optional    pam_keyinit.so ignore
```

第二行的目的在于,当退出 runuser 进程时,清除该进程的会话密钥环。在本例中,control_flag 是 optional,这意味着该规则的结果不会影响其他 session 规则。

```
session    required    pam_limits.so
```

当调用 runuser 应用程序的实例时,第三行用于设置在/etc/security/limits.conf 中定义的资源限制。因为 control_flag 是 required,所以如果不设置限制就会导致命令会话失败。

```
session    required    pam_unix.so
```

与最后一个 session 类型相关的模块(pam_unix.so)记录每个命令会话在开始和结束时的用户名和服务类型。

10.4.3 PAM 文件的格式

本节的内容较为复杂。首先介绍图 10-12 所示的/etc/pam.d/login 配置文件。另外,由于该文件包含对/etc/pam.d/system-auth 配置文件(见图 10-13)的引用,因此本节需要在这两个文件之间来回跳跃。

```
#%PAM-1.0
# This file is auto-generated.
# User changes will be destroyed the next time authconfig is run.
auth        required     pam_env.so
auth        sufficient   pam_unix.so nullok try_first_pass
auth        requisite    pam_succeed_if.so uid >= 1000 quiet_success
auth        required     pam_deny.so

account     required     pam_unix.so
account     sufficient   pam_localuser.so
account     sufficient   pam_succeed_if.so uid < 1000 quiet
account     required     pam_permit.so

password    requisite    pam_pwquality.so try_first_pass local_users_only retry
=3 authtok_type=
password    sufficient   pam_unix.so sha512 shadow nullok try_first_pass use_au
thtok
password    required     pam_deny.so

session     optional     pam_keyinit.so revoke
session     required     pam_limits.so
-session    optional     pam_systemd.so
session     [success=1 default=ignore] pam_succeed_if.so service in crond quiet
use_uid
session     required     pam_unix.so
~
"/etc/pam.d/system-auth" 22L, 974C
```

图 10-13   PAM /etc/pam.d/system-auth 配置文件

你不必记住本节中的内容,而是应该通过本节内容的学习更加熟悉 PAM 配置文件。在阅读本节时,可以通过阅读相应的帮助页面来了解每个 PAM 模块。rpm -qd pam 命令提供了系统中所安装的 PAM 模块的帮助页面的完整列表。

用户打开文本控制台登录之后,Linux 逐行遍历/etc/pam.d/login 配置文件。如前所述,/etc/pam.d/login 文件中的第一行将根用户访问限制为/etc/securetty 文件中定义的安全终端。

```
auth [user_unknown=ignore success=ok ignore=ignore default=bad] ↵
pam_securetty.so
```

下一行包含来自 system-auth PAM 配置文件的 auth 命令：

```
auth   substack    system-auth
```

就本示例而言，可假定 substack 控制标记等同于 include 指令。如图 10-13 所示的 system-auth 配置文件包含 4 条 auth 命令。在你的系统中，可能会看到其他行——例如，如果你的机器配置为 LDAP 或 Kerberos 客户端，配置将引用其他 PAM 模块，如 pam_ldap 或 pam_krb5。

```
auth        required      pam_env.so
auth        sufficient    pam_unix.so nullok try_first_pass
auth        requisite     pam_succeed_if.so uid >= 1000 quiet_success
auth        required      pam_deny.so
```

上面的命令行依次设置环境变量、根据 local /etc/passwd 和/etc/shadow 数据库(pam_unix.so)检查口令身份验证。与第二个模块相关的 sufficient 标记表示如果输入有效口令，则身份验证成功并且不再执行 auth 部分的其他规则。

考试提示

如果/etc/nologin 文件存在，则不允许一般用户登录本地控制台。尝试登录本地控制台的任何一般用户都会将/etc/nologin 的内容作为消息。该行为由 pam_nologin.so 模块控制。

如果 pam_unix.so 模块运行失败，PAM 将执行下一条规则，如果用户账户的 ID 是 1000 和 1000 以上，就禁止登录。如果 PAM 执行到最后一条规则，就会拒绝用户访问(pam_deny.so)。

现在回头介绍/etc/pam.d/login 文件。下一行包含 postlogin 文件中的指令，postlogin 文件不包含任何 auth 规则。接下来的一行调用 pam_login.so 模块的 account 类型。在退出/etc/nologin 文件时，该模块不允许用户登录：

```
account required    pam_nologin.so
```

下面的规则包含/etc/pam.d/system-auth 配置文件中的 account 规则：

```
account   include    system-auth
```

下面是默认的/etc/pam.d/system-auth 中的 account 类型规则代码行：

```
account   required     pam_unix.so
account   sufficient   pam_localuser.so
account   sufficient   pam_succeed_if.so uid < 1000 quiet
account   required     pam_permit.so
```

第一行指向/usr/lib64/security 目录里的 pam_unix.so 模块，它在/etc/shadow 中检查账户是否有效且没有过期。基于 pam_localuser.so 模块和 sufficient 控制类型，如果用户名已显示在/etc/passwd 中，就不再执行其他指令。pam_succeed_if.so 模块不允许服务用户(用户 ID 小于 1000)登录，pam_permit.so 模块总是返回成功。

下面介绍/etc/pam.d/login 文件。下一行是 password 指令，它包含/etc/pam.d/system-auth 文件中的其他口令规则：

```
password  include     system-auth
```

下面是默认的/etc/pam.d/system-auth 中的 password 类型规则：

```
password  requisite   pam_pwquality.so try_first_pass ↵
local_users_only retry=3 authok_type=
password  sufficient  pam_unix.so sha512 shadow nullok try_first_pass ↵
use_authok
password  required    pam_deny.so
```

这个输出中的第一个规则执行口令强度检查，允许使用 PAM(try_first_pass) 应用程序所收集的口令，这种口令检查仅针对本地用户，而且最多只能变更口令三次。

下一个规则使用 SHA512 加密哈希更新口令，支持第 8 章介绍的影子口令套组(Shadow Password Suite)，允许使用空的(0 长度)口令，并迫使该模块将新口令设置为前面的模块(use_authok)所提供的值。

password required pam_deny.so 指令不太重要；如/usr/share/doc/pam-*versionlevel*/txt 目录中的 README.pam_ deny 文件所述，这个模块总是会失败。

最后，在/etc/pam.d/login 文件中有 6 个 session 命令。下面一次性介绍它们中的 3 个：

```
session  required   pam_selinux.so open
session  required   pam_namespace.so
session  optional   pam_keyinit.so force revoke
```

第 1 行 (pam_selinux.so open)设置一些 SELinux 安全上下文。第二行(pam_namespace.so)为用户登录创建单独的名称空间。第 3 行初始化登录会话(pam_keyring.so)的密钥环。

```
session  include    system-auth
session  include    postlogin
-session  optional   pam_ck_connector.so
```

上面 3 条规则中的最后一条将登录会话注册到 ConsoleKit 守护进程中。注意该规则前面的减号：它告知 PAM，如果模块缺失，不要将任何错误消息发送给系统日志。上面的前两条规则包含 system-auth 和 postlogin 文件中的如下 session 类型行：

```
session  optional   pam_keyinit.so revoke
session  required   pam_limits.so
-session  optional   pam_systemd.so
session  [success=1 default=ignore] pam_succeed_if.so service in ↵
crond quiet use_uid
session  required   pam_unix.so
```

上面规则中的第一条规则等同于主文件/etc/pam.d/login 中的代码行，用于撤消正在调用的进程的会话密钥环。第 2 条规则通过/etc/security/limits.conf 对单个用户资源设置限制(pam_limits.so)。第 3 条规则将用户会话注册到 systemd 登录管理器中。对于 cron 任务，第 4 条规则将跳过下一条规则(success＝1)。最后一条规则在用户登录时记录结果。

最后， postlogin 文件中包含的如下 3 个规则通过不同的选项调用 pam_lastlogin.so 模块，这取决于所请求的服务是否为图像登录、su 命令或者其他进程。pam_lastlogin.so 模块显示用户登录的失败次数，该模块也常用于记录在/var/log/lastlog 中最后一次登录的日期。

```
session  [success=1 default=ignore] pam_succeed_if.so ↵
```

```
service !~ gdm* service !~ su* quiet
session    [default=1]  pam_lastlog.so nowtmp showfailed
session    optional     pam_lastlog.so silent noupdate showfailed
```

10.4.4   练习 10-3：配置 PAM 以限制根访问

在本练习中，将体验 Red Hat Enterprise Linux 7 的某些 PAM 安全特性。

(1) 使用下面的命令，备份/etc/securetty。

```
# cp /etc/securetty /etc/securetty.bak
```

(2) 编辑/etc/securetty，移除从 tty3 到 tty11 的这些行。保存变更并退出。

(3) 按下 Alt+F3 键(如果运行的是 X Window，则按下 Ctrl+Alt+F3 键)，切换到虚拟控制台 3。尝试作为根用户登录。会出现什么情况？

(4) 作为一般用户，重复步骤(3)。又会出现什么情况？知道是为什么吗？

(5) 按 Alt+F2 键，切换到虚拟控制台 2，尝试以根用户登录。

(6) 查看/var/log/secure 中的消息。知道在虚拟控制台 3 中作为根用户登录的位置吗？

(7) 使用下面的命令恢复原始的/etc/securetty 文件。

```
# mv /etc/securetty.bak /etc/securetty
```

需要记住，/etc/securetty 文件控制一些可以作为根用户从中登录 Linux 的控制台。因此，所做的变更不会影响一般(非根)用户。

10.4.5   PAM 和基于用户的安全

本节将介绍如何配置 PAM 来限制访问指定用户。这种安全特性的关键是 pam_listfile.so 模块，该模块在/usr/lib64/security 目录中。如果已经安装了 vsFTP 服务器，/etc/pam.d/vsftpd 文件就包含该模块的示例。

首先，vsftpd 文件中的如下代码行在会话关闭时将初始化和清除任何现有密钥环。

```
session optional pam_keyinit.so  force revoke
```

PAM 限制用户访问的方式如下面的规则所示：

```
auth required pam_listfile.so item=user sense=deny ↵
file=/etc/vsftpd/ftpusers onerr=succeed
```

为便于理解，下面将该规则分解成几个部分。前面已经介绍了该规则的前 3 个部分。显示的选项与 pam_listfile.so 模块相关，如 pam_listfile 帮助页面和表 10-8 所述。

表 10-8   pam_listfile.so 模块的选项

pam_listfile 选项	说　　明
item	该选项可用于限制对终端(tty)、用户(user)和组(group)等的访问
sense	如果指定 file 中有此条目，则有用。例如，如果用户在/etc/special 中，并且 sense=allow，那么该命令将允许用户使用指定工具
file	文件的路径，其中列出了用户、组等，如 file=/etc/special
onerr	如果有问题，告诉模块怎么办。选项是 onerr=succeed 或 onerr=fail

因此，对于指定规则(onerr=succeed)来说奇怪的是，错误会返回成功(item=user)。如果用户在指定列表((file=/etc/vsftpd/ftpusers)中，则允许该用户(sense=allow)访问指定工具。

考试提示

确保理解 Red Hat Enterprise Linux 如何通过/etc/pam.d 配置文件处理用户授权。测试这些文件时，要确保先备份 PAM 中的所有文件，然后进行变更，因为对 PAM 配置文件所做的任何错误变更，都将使系统完全失效(PAM 就是安全)。

10.4.6 练习 10-4：使用 PAM 限制用户访问

可使用 PAM 系统来限制访问所有的一般用户。在本练习中，通过将使用 pam_nologin.so 模块来限制访问。该模块应该与默认的/etc/pam.d/login 安全配置文件相结合，特别是与下面的代码行协同工作：

```
account   required  pam_nologin.so
```

(1) 查找/etc/nologin 文件。如果不存在，则使用下面的消息创建一个：

```
I'm sorry, access is limited to the root user
```

(2) 使用命令(如 Ctrl+Alt+F2)访问另一个终端。尝试作为一般用户登录。会看到什么情况？

(3) 作为根用户登录，将看到相同的消息；但作为根用户，将允许访问。

(4) 检查/var/log/secure 文件。系统拒绝一般用户登录吗？对于根用户来说，相关消息是什么？

故障情景与解决方案	
你只有一个公共的 IP 地址,但要给 LAN 上所有系统提供 Internet 访问。LAN 上的每个计算机都有自己的私有 IP 地址	使用 firewalld 实现 IP 伪装。确保激活 IP 转发
已经在公司网络上安装了 SSH 服务器,并想将访问限制为某些部门。每个部门都有自己的子网	使用 tcp_wrappers 程序包里的/etc/hosts.deny 文件,阻止 SSH 访问未知子网。另一种更好的方法是使用 /etc/hosts.allow 来支持访问所期望的部门,然后使用 /etc/hosts.deny 来拒绝访问其他部门。类似选项也可能基于 firewalld 富规则
想要限制对服务(如 SSH)的访问,只让特定用户访问它	在/etc/pam.d 里的相应 Pluggable Authentication Module 配置文件中添加规则行,以使用 pam_listfile.so 模块
想修改本地防火墙设置,以防御诸如 ping 命令 floods 的 ICMP 攻击	修改防火墙,使其拒绝某些类型的 ICMP 包

认证目标 10.05 保护文件和有关 GPG2 的更多信息

由于安全在当前网络上非常重要，因此应该知道如何加密文件以便安全传输。文件加密和签名服务的计算机标准是 Pretty Good Privacy(PGP)。PGP 的开源实现方式被称为 GNU Privacy Guard(GPG)。而为 RHEL 7 发布的版本更先进、功能更强大，称为 GPG 版本 2(GPG2)。第 7 章可能已经使用 GPG2 来验证 PAM 程序包的真实性，本节将进一步介绍这些检验，将生成私有和公有密钥,并使用这些密钥来加密和解密所选的文件。

虽然 GPG 不是 RHCE 的目标,但这个安全主题与本书讨论的其他安全目标是一致的。我们相信 RHCE 考试将来一定会包含这个极好的主题。

10.5.1　GPG2 命令

RHEL 7 中包含的 GPG2 是一种实现加密和身份验证的更加模块化的方法。甚至有一种相关程序包可用于智能卡身份验证,但这不是新 gpg2 命令的重点。表 10-9 简要介绍了几种可用的 GPG 命令。

表 10-9　GPG2 命令

命　　令	描　　述
gpg	到 gpg2 命令的符号连接
gpg2	GPG2 加密和信令工具
gpg-agent	GPG2 密钥管理守护进程
gpgconf	提供访问并修改~/.gnupg 中的配置文件
gpg-connect-agent	与活动的 GPG2 代理通信的实用工具
gpg-error	解释 GPG2 错误号的命令
gpgsplit	将 GPG2 消息分解为包的命令
gpgv	到 gpg2v 命令的符号链接
gpgv2	验证 GPG 签名的命令;需要签名文件
gpg-zip	加密文件或将文件签名到存档文件的命令

表 10-9 只是描述与 RHEL 7 GPG2 程序包相关的功能,本节关注的重点是文件的加密和解密。

10.5.2　当前的 GPG2 配置

虽然 gpgconf 命令的帮助页面建议它只用于修改与配置文件相关的目录,但该命令的功能不止如此。它本身默认使用--list-components 开关,指定到相关可执行文件的完整路径。它使用--check-programs 开关,确保所有相关程序均可执行,也可用于检查 GPG2 配置文件的语法。一个典型选项在当前用户主目录的.gnupg/子目录中,另一个典型选项在/etc/gnupg 目录中。

10.5.3　GPG2 加密选项

GPG2 密钥的生成包含选择 3 种不同的加密算法,如下所示。每种算法都包含一个公钥和一个私钥。公钥可分配给其他人,用于加密文件和消息;所有者使用私钥,它是解密文件或消息的唯一方法。

- **RSA**　以开发人员 Rivest、Shamir 和 Adelman 名字命名的密钥。虽然典型 RSA 密钥的长度为 1024 或 2048 位,但还可以更长。更短的密钥(512 位)已经被破解。它适合在公共领域使用。
- **DSA**　数字签名算法(Digital Signature Algorithm)。它归美国国家科学和技术研究院(National Institute of Science and Technology)所有,已经在全球免费使用。这是美国政

府标准，使用安全哈希算法(Secure Hash Algorithm，SHA)版本 SHA-1 和 SHA-2 作为消息摘要哈希函数。SHA-1 正在被逐步淘汰；SHA-2 包含 6 个哈希函数，消息摘要达 512 位，称为 SHA-512。RHEL 7 的影子口令套组也使用这种哈希。

- ElGamal　由 Taher Elgamal 开发，这种基于概率的加密算法与 DSA 算法相结合用在 GPG 中，其中的 ElGamal 密钥对用于加密，而 DSA 密钥对用于签名。ElGamal 是第一个基于 Diffie-Hellman 密钥交换方法的加密模式。

10.5.4　生成 GPG2 密钥

gpg --gen-key 命令可使用不同类型的加密模式设置密钥对。在运行该命令之前，先回答下列问题。

- 加密密钥的位数。通常最大位数是 4096，而复杂的加密密钥需要的开发时间较长。
- 密钥的预期生命周期。特别是如果设置的密钥位数较少，则应该假设黑客能够在数月或数周内破解密钥。
- 名称、电子邮件地址和注释。虽然名称和电子邮件地址不必是真实的，但其他人会将它们看作公钥的一部分。
- 口令短语。好的口令短语应该包含空格、大小写字母、数字和标点符号。

如上所述，gpg--gen-key 命令将提示 4 种不同加密方案中的一种。如与选项 3 和选项 4 相关的(sign only)标签所示，这些选项只用于数字签名，不用于加密。

```
Please select what kind of key you want:
   (1) RSA and RSA (default)
   (2) DSA and Elgamal
   (3) DSA (sign only)
   (4) RSA (sign only)
Your selection?
```

这 4 个选项遵循相同的步骤。例如，如果选择选项 2，将出现下面的输出：

```
DSA keys may be between 1024 and 3072 bits long.
What keysize do you want? (2048)
```

默认为 2048 位，如果按 Enter 键将选择它。然后，该命令提示密钥的生命周期：

```
Requested keysize is 2048 bits
Please specify how long the key should be valid.
     0 = key does not expire
   <n> = key expires in n days
   <n>w = key expires in n weeks
   <n>m = key expires in n months
   <n>y = key expires in n years
Key is valid for? (0) 2m
```

这里选择两个月。命令响应两个月之后的日期和时间，并提示确认密钥信息。

```
Key expires at Sat 27 Apr 2015 11:14:17 AM BST
Is this correct? (y/N) y
```

此时，gpg 命令提示确认密钥信息。这里请求的 User ID 与标准 Linux 身份验证数据库中的 UID 没有关系。本示例中，用黑体字响应提示，如下所示：

```
Real name: Michael Jang
Email address: michael@example.com
Comment: DSA and Elgamal key
You selected this USER-ID:
    "Michael Jang (DSA and Elgamal key) <michael@example.com>"

Change (N)ame, (C)omment, (E)mail or (O)kay/(Q)uit? o
```

现在，系统提示口令短语。此时 gpg 命令开始运行。如果密钥较大，可能会暂停几分钟，提示创建随机字节消息。可能需要运行其他程序来模拟该过程。完成之后，显示的消息如下所示：

```
gpg: key D385AFDD marked as ultimately trusted
public and secret key created and signed.
```

为确保已经写入公钥和私钥，可运行下面的命令：

```
$ gpg --list-key
```

输出应该包含最新密钥，以及从用户主目录的.gnupg/子目录中创建的其他密钥。对于给定的选项，如果它是本地账户上的唯一密钥对，将看到如下输出：

```
/home/michael/.gnupg/pubring.gpg
--------------------------------
pub   2048D/9F688440 2015-04-28 [expires: 2015-06-27]
uid   Michael Jang (DSA and ElGamal) <michael@example.com>
sub   2048g/306A91C0 2015-04-28 [expires: 2015-06-27]
```

10.5.5　使用 GPG2 密钥加密文件

现在可将公钥发送给远程系统。要启动该进程，需要先导出公钥。对于刚刚创建的密钥对，可以使用下面的命令(用你自己的名称替换 Michael Jang)：

```
$ gpg --export Michael Jang > gpg.pub
```

现在将该密钥复制到远程系统。传输媒介——如电子邮件、U 盘或 scp 命令——并不重要。来自用户 michael 的账户的特定命令将 gpg.pub 密钥复制到 tester1.example.com 系统上用户 michael 的主目录。如果愿意，可以替换 IP 地址。

```
$ scp gpg.pub tester1.example.com:
```

下面来看远程系统，这里是 tester1.example.com。登录到用户 michael 的账户(或复制 gpg.pub 密钥的账户主目录)。连接到系统后，首先使用下面的命令检查现有的 GPG 密钥：

```
$ gpg --list-key
```

如果系统没有以前的 GPG 密钥，列表应该是空的，命令的输出中什么也不会出现。现在使用下面的命令将 gpg.pub 文件导入到本地 GPG 密钥列表：

```
$ gpg --import gpg.pub
```

再次运行 gpg --list–key 命令确认导入。

现在在远程系统上就可使用 gpg 命令加密文件。下面的示例加密本地 keepthis.secret 文件：

```
$ gpg --out underthe.radar --recipient 'Michael Jang' ↵
--encrypt keepthis.secret
```

这里的用户名是 Michael Jang。如果导入私钥，gpg --list–key 命令的输出中显示的用户名就可能不同，可替换为合适的用户名。

将 underthe.radar 文件复制到原始系统 server1.example.com 时，可以使用下面的命令，用私钥启动解密过程：

```
$ gpg --out keepthis.secret --decrypt underthe.radar
```

在控制台中，将提示输入前面创建的口令短语，其屏幕如图 10-14 所示。

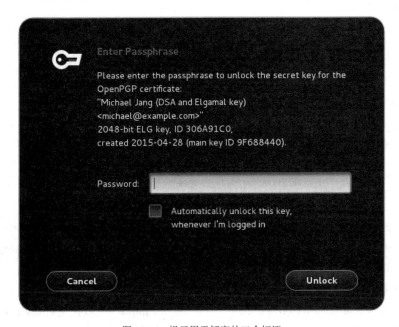

图 10-14　提示用于解密的口令短语

10.6　认证小结

为保护网络上的数据、服务和系统，Linux 提供了安全层。如果没有安装服务，黑客就无法用它侵入系统。已经安装服务的那些系统应该保持更新。这些服务受防火墙以及基于主机和基于用户的安全选项保护。许多服务包含自己的安全层。RHEL 7 采纳了 NSA 的一些建议，包括 SELinux。

基于区域的防火墙可以调整和保护网关及单个系统。firewalld 守护进程可用于设置包转发和私有网络伪装。可以使用 firewall-cmd 命令通过 CLI 直接配置这些选项，也可以借助 Firewall Configuration 工具设置它们。

　　/etc/hosts.allow 和/etc/hosts.deny 文件里的相应设置可以保护链接到 TCP Wrapper(包装器)库的那些守护进程。如果有冲突，就先阅读/etc/hosts.allow 文件。用户或主机可以通过 TCP 包装器进行调整。

　　对于许多管理工具，PAM 都支持基于用户的安全。可通过/etc/pam.d 目录里的文件单独配置它们。这些文件引用/usr/lib64/security 目录里的模块。

　　Linux 支持使用 GPG 加密。RHEL 7 中包含的 GPG2 用于加密，它还包含像 gpg 这样的命令，用于设置使用 RSA、DSA 功 ElGamal 方案的私钥/公钥对。

10.7　应试要点

　　下面是第 10 章认证目标的一些主要知识点。

Linux 安全层

- bastion 系统更安全，因为它们只配置了单个服务。通过虚拟化，bastion 系统现在是小型组织的实际选择。
- 通过 Software Updates Preference 工具，至少可选择自动进行安全更新。
- 许多服务在其配置文件中包含自己的安全选项。
- 通过域名或 IP 地址可以配置基于主机的安全。
- 基于用户的安全包含指定用户和组。
- PolicyKit 可调整从 GNOME 桌面环境运行的管理工具的安全。

防火墙和网络地址转换

- firewalld 配置命令是 firewall-cmd。
- 使用 firewalld，可将接口和源 IP 范围分配给不同的区域，并且可以控制允许通过区域的流量。
- 使用 firewalld，还可对外部网络(如 Internet)伪装某个网络的 IP 地址。
- 还可以使用 Firewall Configuration 工具配置 firewalld，可以使用 firewall-config 命令可启动该工具。

TCP 包装器

- strings -f /usr/sbin/*命令可标识由 TCP 包装器调整的服务。
- 允许/etc/hosts.allow 里列出的客户和用户访问；拒绝/etc/hosts.deny 中列出的客户和用户访问。
- 记住，要使用/etc/hosts.allow 和/etc/hosts.deny(通常在/usr/sbin 目录)中的守护进程的实际可执行名称，如 vsftpd。

可插拔身份验证模块

- RHEL 7 使用可插拔身份验证模块(Pluggable Authentication Modules，PAM)系统为身份验证服务提供了一个通用的应用程序编程接口。
- /etc/pam.d 目录中的配置文件调用 PAM 模块。这些配置文件通常以它们控制的服务或命令命名。
- 有 4 种主要类型的 PAM 规则：身份验证、账户、口令和会话管理规则。
- PAM 配置文件包含的行列出 type、control_flag 和到实际模块的路径，后跟可选参数。
- /usr/share/doc/pam-*versionnumber*/txts 目录中和帮助页面中有 PAM 模块的相关文档。

保护文件和有关 GPG2 的更多信息

- GPG 是 PGP 的开源实现方式。
- RHEL 7 中包含 GPG 的版本 2，称为 GPG2。
- GPG2 加密和签名可使用 DSA、RSA 和 ElGamal 密钥。
- 使用 gpg--gen–key 命令可创建 GPG2 密钥，gpg--list–key 命令可列出 GPG2 密钥。

10.8 自测题

下面的问题有助于衡量对本章内容的理解。Red Hat 考试中没有多选题，因此本书中也没有多选题。这些问题只测试对本章的理解，如果有其他方法能够完成任务也行。得到结果，而不是记住细枝末节，才是 Red Hat 考试的重点。许多问题可能不止一个答案。

Linux 安全层

1. 什么安全选项最适合于系统当前不需要的服务？

_____

防火墙和网络地址转换

2. 考虑一个使用默认 firewalld 设置的系统，在该系统输入下面的命令：

```
# firewall-cmd --zone=dmz --add-source=192.168.77.77
# firewall-cmd --zone=dmz --remove-service=ssh
```

输入命令后且在重启系统之前，当 IP 地址为 192.168.77.77 的客户试图连接到该系统时，将产生怎样的结果？

_____

3. 什么目录中包含了定义 firewalld 服务的配置文件？

_____

4. 假设正在建立一个小型办公室,让少量用户能够访问 Internet,但又没有足够多的专用 IPv4 地址分配给网络上的每个系统。该怎么办？

_____

5. 什么 firewall-cmd 开关用来设置伪装？

6. 什么 firewall-cmd 命令将富规则添加到默认区域，仅允许来自 192.168.122.50 主机的 HTTP 连接？

7. 什么 firewall-cmd 命令选项用于实现永久性的配置变更？

TCP 包装器

8. 使用 TCP 包装器配置文件，如何将 FTP 访问限制为 192.168.170.0 网络上的客户？提示：安装后，vsFTP 守护进程位于/usr/sbin/vsftpd 目录中。

9. 如果允许/etc/hosts.allow 中的服务而又在/etc/hosts.deny 中禁止它，服务会出现什么情况？

可插拔身份验证模块

10. 4 种基本的 PAM 规则类型是什么？

11. 要通过添加模块来编辑 PAM 配置文件。如果模块成功，哪个控制标记可以立即终止身份验证进程？

保护文件和有关 GPG2 的更多信息

12. 什么命令列出当前本地账户上加载的 GPG 公钥？

10.9 实验题

有些实验题可能严重影响系统，只能在测试机器上做这些练习，为此需要使用第 1 章中第 2 个实验题建立的 KVM。Red Hat 提供电子版考试。因此，本章的大多数实验题都在本书配书网站上，其子目录为 Chapter10/。它可以是.doc、.html 和.txt 格式的文件。如果尚未在系统上安装 RHEL 7，关于安装指南可参考第 2 章的第 1 个实验题。自测题答案之后是各实验题的答案。

10.10　自测题答案

Linux 安全层

1. 最适合系统当前不需要的服务的安全选项是不安装该服务。

防火墙和网络地址转换

2. 依据给定的命令，来自 192.168.77.77 系统的所有到 SSH 服务的连接尝试都会被拒绝。

3. firewalld 服务的配置保存在/usr/lib/firewalld/services/和/etc/firewalld/services/目录中。

4. 要建立一个小型办公室，并让少量用户能够访问 Internet，所需要的全部就是一个专用 IP 地址。其他地址可以在私有网络上。伪装可以使其成为可能。

5. 设置伪装的 firewall-cmds 命令开关是--add-masquerade。

6. 下面的富规则允许来自 192.168.122.50 的 HTTP 流量进入默认区域。

```
# firewall-cmd --add-rich-rule='rule family=ipv4 source ↵
address=192.168.122.50 service name=http accept'
```

7. firewall-cmd 的--permanent 选项可实现永久性的配置变更。不要忘记使用 firewall-cmd --reload 命令将所保存的配置加载到运行时配置中。

TCP 包装器

8. 要将 FTP 访问限制为 192.168.170.0 网络上的客户，最好允许访问/etc/hosts.allow 中的网络，拒绝它访问/etc/hosts.deny 中的其他网络。由于/usr/sbin 是根用户路径，可以直接引用 vsftpd 守护进程，并将下面的指令添加到/etc/hosts.allow：

```
vsftpd : 192.168.170.0/255.255.255.0
```

然后将下面的指令添加到/etc/hosts.deny：

```
vsftpd : ALL
```

9. 如果允许/etc/hosts.allow 里的服务而又在/etc/hosts.deny 里禁止它，将允许该服务。

可插拔身份验证模块

10. 4 种基本的 PAM 规则类型是 auth、account、password 和 session。include 类型引用不同文件中的一个或多个其他的 PAM 类型。

11. 如果模块成功，sufficient 控制标记将立即终止身份验证进程。

保护文件和有关 GPG2 的更多信息

12. gpg--list--key 命令列出当前加载的公钥，使用 gpg2 --list--key 命令也行。

10.11　实验题答案

实验题 1

验证这个实验题非常简单。如果正常运行，应该能够在 tester1.example.com 系统使用下面的命令进行确认：

```
$ gpg --list-keys
```

它应该包含刚刚导入该系统的 GPG2 公钥。当然，如果已经进行加密、文件传输和解密，在本地文本编辑器中也应该能够阅读解密后的文本文件。

实验题 2

这个实验题几乎不需要说明，因为它有助于思考如何让系统更加安全。如本章所述，首先是最小化安装。RHEL 7 的最小化安装恰好包含 SSH 服务器，可用于远程管理访问。

虽然 RHEL 7 大大减少了标准服务的安装数量，但大多数用户还是发现有些服务是不需要的。例如，对于安装在虚拟机上的 RHEL 7 系统来说，管理员实际需要多少蓝牙(Bluetooth)服务？

实验题 3

如果要将 RHEL 计算机设置为安全的 Web 服务器，其实相当简单，请参阅第 14 章相关内容。但本章介绍的防火墙配置是该过程的一部分。为此，要设置防火墙来阻止几乎所有基本端口，包括 TCP/IP 端口 80 和 443，它们允许外部计算机访问本地的一般 Web 服务和安全 Web 服务。开放端口包含用于 SSH 通信的端口 22。

设置它的最简单方法是使用 Red Hat Firewall Configuration 工具，可以使用 firewall-config 命令启动该工具。启动 Firewall Configuration 工具后，可采取下列步骤，这些步骤在基于 GUI 和基于控制台版本的工具中略有不同。

(1) 将 Configuration 模式设置为 Permanent。

(2) 选择"公共"区域。单击<interface>选项卡，确保在该区域中列出了系统网络接口。

(3) 选择 Services 选项卡，激活 http 服务。这会允许从本地计算机之外访问本地的一般 Web 站点。激活 http 选项。确保 ssh 选项是活动的。

(4) 单击 Options | Reload Firewalld，将变更应用到运行时配置中。

(5) 输入下面的命令检查最后的防火墙：

```
# firewall-cmd --list-all
```

(6) 如第 14 章介绍的那样配置完 Web 服务之后，用户就能够从远程系统访问一般的和安全的 Web 服务。

实验题 4

下面的步骤演示通过两种不同的方法将访问限制为 IP 地址 192.168.122.150 上的系统。这两种方法都可行。这些方法以两种方式保护 vsFTP：通过 TCP 包装器和使用相应的防火墙命令。

在现实中，可以在分层安全策略中使用这两种方法。这些步骤假设要在 server1.example.com 系统上完成该实验题。

(1) 确保已安装 vsftpd RPM。

(2) 启动 FTP 服务。使用 systemctl start vsftpd 命令。

(3) 备份/etc/hosts.deny 配置文件的当前版本。在文本编辑器中打开文件，添加代码行 vsftpd：ALL EXCEPT 192.168.122.150。

(4) 尝试从 IP 地址为 192.168.122.150 的计算机访问 FTP 服务。会出现什么情况？从 LAN 上的不同计算机再尝试一下。

(5) 恢复前面的/etc/hosts.deny 文件。

(6) 使用下面的命令，针对除 192.168.122.150 之外的所有 IP 地址阻止 FTP 服务：

```
# firewall-cmd --permanent --add-rich-rule='rule family=ipv4 source ↵
address=192.168.122.150 service name=ftp drop'
# firewall-cmd --permanent --add-service=ftp
```

(7) 使用 firewall-cmd --reload 命令将永久性配置应用到运行时配置。

(8) 尝试从 IP 地址为 192.168.122.150 的计算机访问 FTP 服务器。会出现什么情况？从 LAN 上的不同计算机再尝试一下。

(9) 删除所添加的防火墙规则。

(10) 对端口 22 上的 SSH 服务重复执行这些命令。

实验题 5

要确认 TCP 包装器可用来帮助保护 SSH 服务，可运行下面的命令：

```
# ldd /usr/sbin/sshd | grep libwrap
```

输出——包含对 libwrap.so.0 库的引用——确认到 TCP 包装器库的链接。通常最安全的方法是在/etc/hosts.deny 文件中包含下列条目，从而拒绝访问所有服务：

```
ALL : ALL
```

然后可在/etc/hosts.allow 文件中添加下面代码行，设置对 SSH 服务的访问：

```
sshd : 192.168.122.50
```

虽然在大多数情况下，使用 IP 地址的完全限定域名(server1.example.com)也可行，但使用 IP 地址通常更合适。通过 IP 地址进行限制不依赖于到 DNS 服务器的连接，也不依赖于反向 DNS 解析的精确性。

当然，这不是限制访问一个系统上 SSH 的唯一方法。在/etc/hosts.deny 文件中使用下面的指令同样可行：

```
sshd : ALL EXCEPT 192.168.122.50
```

也可以使用基于区域其他安全选项来设置它，如 firewalld。

实验题 6

在运行该实验题之前，需要激活一个 SELinux 布尔变量 ftp_home_dir，在 SELinux Administration 工具中它列为"确定 ftpd 是否可以读写用户主目录里的文件"。因此确定了这个主要的布尔变量之后，就能按照描述设置 vsFTP。

本实验题的描述应该指向/etc/pam.d/vsftpd 配置文件，该文件中的模型命令行如下所示：

```
auth required  pam_listfile.so item=user sense=deny ↵
file=/etc/vsftpd/ftpusers onerr=succeed
```

它指向/etc/vsftpd/ftpusers 文件，"拒绝"访问用户列表。本实验题的条件假设需要一个允许访问的用户列表，因此该文件中最好包含相同类型的另一行。例如，

```
auth required  pam_listfile.so item=user sense=allow ↵
file=/etc/vsftpd/testusers onerr=succeed
```

它允许/etc/vsftpd/testusers 文件中列出的所有用户。onerr=succeed 指令表示如果代码行中有错误，vsFTP 服务器仍会运行。例如，如果/etc/vsftpd 目录中没有 testusers 文件，该行中的指令也能运行，从而满足 auth 模块类型的条件。

可尝试在设置和不设置布尔型变量 ftp_home_dir 两种情况下完成该实验题，这样可以完整演示 SELinux 的性能，为学习第 11 章奠定基础。

第 11 章

系统服务和 SELinux

本章简要介绍与 RHCE 目标有关的内容，这些目标关注工作中完成的常见任务。这些任务与 RHCE 级别服务的详细配置有关。

RHEL 7 在/etc/sysconfig 目录中保存基本的系统配置文件，各种服务和 cron 作业会调用这些文件。此过程需要配置 SELinux，因为它包含可用于各种服务的许多自定义选项。

可在一个服务上测试这些工具，所有 bastion 系统都安装这个服务——SSH。由于它是所有系统的通用服务，因此全球所有黑帽黑客都想找出 SSH 的漏洞。所以本章也将介绍如何让 SSH 服务更安全。本章将用到第 1 章和第 2 章创建的 3 个虚拟机。

本章还将介绍 SELinux 使用的布尔值选项，用它们来保护各种服务。虽然 SELinux 常常让人感到挫败，但理解了支持所需功能的选项之后，就比较容易使用它了。

另外，本章还介绍一些应该遵循的基本过程，这些过程使服务可操作、可从远程系统访问以及下次重启系统时能够运行。

考试内幕

本书此后几章将重复本节包含的任务。

- 安装服务所需的程序包

不管是安装 Samba 文件服务器还是 DNS 缓存名称服务器，都要使用 rpm 和 yum 命令，以及第 7 章介绍的 Package Management 工具。为节省时间，可以使用这些命令来安装第 12～17 章介绍的服务。

- 将服务配置为系统启动时启动
- 将 SELinux 配置为支持该服务
- 配置 SELinux 端口标签，以允许服务使用非标准端口

虽然单个服务的详细配置是各章要介绍的内容，但将服务配置为启动过程中启动所需的步骤所使用的命令却都是相同的，如 systemctl。另外，配置 SELinux 来支持服务需要访问和配置类似的选项。

如本章开头建议的那样，这里重点关注的是 SSH 服务。

- 配置基于密钥的身份验证

RHCSA 和 RHCE 认证考试中都包含基于密钥的身份验证这个目标，第 4 章已经做过介绍。可以回顾该章中的"使用基于密钥的身份验证保护 SSH"一节。因为 SSH 安全性非常重要，本章还将讨论以下任务：

- 配置文档中描述的其他选项

认证目标 11.01　Red Hat 系统配置

本节将简要介绍如何在 Red Hat 系统上配置服务的基本信息。与服务相关的实际进程是守护进程。这些守护进程是可执行文件，通常保存在/usr/sbin 目录里。Red Hat 在/etc/sysconfig 目录里配置自定义参数及其他设置。cron 作业或 systemd 单元会引用这些文件。

11.1.1　服务管理

如本书所述，服务由 systemd 服务单元配置文件控制。如第 4 章所述，可以使用 systemctl 来启动(start)、停止(stop)和重新启动(restart)服务。在许多情况下，可以使用 systemctl 和修改后的配置文件重新加载(reload)服务，而不会断开当前已连接的用户。

虽然实际的守护进程保存在/usr/sbin 目录，但 systemd 单元文件能够做更多事情。它们用/lib/systemd/system 目录下的单元文件中配置的参数调用守护进程，这些单元文件会调用服务特有的配置文件。

RHEL 7 与 RHEL 早期版本中的 init 脚本系统保持兼容。传统的 init 脚本仍然保存在/etc/rc.d/init.d 目录中，由/etc/rc.d/rcX.d 子目录中的符号链接引用。/usr/sbin 目录中的传统的 service 命令是 systemctl 命令的包装器。也就是说，下面这些命令的功能是相同的。

```
# systemctl restart sshd
# service sshd restart
```

11.1.2　系统服务

cron 作业和 systemd 单元通常使用/etc/sysconfig 目录中的文件。这些文件随着/lib/systemd/system 目录包含的单元配置文件的变化而变化。由于它们包含每个守护进程的基本配置选项，因此驱动每个服务的基本操作。

大多数情况下，每个文件都支持使用开关，如相关帮助页面所述。例如，/etc/sysconfig/httpd 文件可设置用于启动 Apache Web 服务器的自定义选项。在该文件中，OPTIONS 指令将开关传递给/usr/sbin/httpd 守护进程，和在 httpd 帮助页面里定义的一样。

11.1.3　配置过程简介

通常，在 Linux 上配置网络服务器服务时，可采取下列步骤。你自己执行的步骤可能有些变化，例如，有时你可能会先修改 SELinux 选项。有时需要在本地或远程测试服务，以确保下次重启系统时自动启动服务。

(1) 使用 rpm 或 yum 这样的命令安装服务。有些情况下，需要安装其他程序包。

(2) 编辑服务配置文件。通常需要修改和自定义几个配置文件，例如在/etc/postfix 目录中设置 Postfix 电子邮件服务器。

(3) 修改 SELinux 布尔值。如本章后面所述，大多数服务都有多个 SELinux 布尔值。例如，需要修改不同的 SELinux 布尔值，以允许 Samba 文件服务器以读/写模式或者以只读模式共享文件。

(4) 启动服务。还需要确保系统下次启动时服务也能启动，本章稍后讨论这个问题。

(5) 在本地测试服务。确保从本地系统上的相应客户端运行它。

(6) 依据 firewalld 策略、TCP 包装器和服务特定的配置文件等，设置合适的防火墙策略。配置对预期用户和系统的访问。

(7) 远程测试服务。如果相应端口是开放的，那么服务应该运行良好，就像在本例连接时一样。设置合适的权限后，未获得权限的用户或系统将无法访问该服务。

11.1.4　可用配置工具

一般来说，从命令行界面配置各种服务效率最高，了解服务的管理员能够在几分钟内设置好基本操作，但是再能干的管理员也不是什么都会。因此，Red Hat 开发了许多配置工具。如果正确使用这些工具，就能修改相应的配置文件。有些配置工具与各服务一起安装，有些需要单独安装。大多数工具可使用 system-config-*命令从 GUI 命令行界面访问。

本书使用的工具如表 11-1 所示。

表 11-1　Red Hat 配置工具

工　　具	命　　令	功　　能
Add/Remove Software	gpk-application	yum 命令的前端，管理当前软件配置
Authentication Configuration	authconfig*, system-config-authentication	用户/组数据库和客户端身份验证的配置
Date/Time Properties	system-config-date	管理当前时区、NTP 客户端
Firewall Configuration	firewall-config	配置基于 firewalld 的防火墙、伪装和转发
Language Selection	system-config-language	GUI 内的语言选择
Network Connections	nm-connection-editor	详细的网络设备配置工具
Network Management	nmtui	控制台的网络设备/DNS 客户端配置
Printer Configuration	system-config-printer	管理 CUPS 打印服务器
SELinux Management	system-config-selinux	配置 SELinux 布尔值、标签和用户等
Software Update	gpk-update-viewer	查看和安装已安装程序包的可用更新
User Manager	system-config-users	用户和组的管理和配置

认证目标 11.02　安全增强型 Linux

安全增强型 Linux(Security-Enhanced Linux，SELinux)提供多个安全层。SELinux 由美国国家安全局开发，它让侵入系统的黑帽黑客很难使用或访问任何文件或服务。SELinux 给每个对象(如文件、设备或网络套接字)分配不同的上下文。对象的上下文指出了一个进程(在 SELinux 中称为主体)可以执行的动作。

基本的 SELinux 选项如第 4 章所述，它也是 RHCSA 认证的要求之一。对于 RHCE 来说，关注 SELinux 与各种服务有关。特别是，需要知道如何配置 SELinux，以支持 Apache Web 服务器、DNS(Domain Name System，域名系统)服务、MariaDB 数据库管理系统、Samba 文件服务器、SMTP(Simple Mail Transport Protocol，简单邮件传输协议)服务、Secure Shell (SSH)守护进程和 NTP(Network Time Protocol，网络时间协议)服务。

本章及后面几章将介绍每种服务的要求。由于每种服务的 SELinux 配置都使用相同的命令和工具，因此本章统一介绍。

本节讨论的主要命令和工具包括 getsebool、setsebool、chcon、restorecon、ls –Z 和 SELinux 管理工具。虽然这些工具与第 4 章使用的工具是相同的，但关注点不同。getsebool 和 setsebool 命令设置/sys/fs/selinux/booleans 目录中文件的布尔值选项。布尔值值是二进制选项 1 或 0，表示是和否。

11.2.1　SELinux 布尔值目录中的选项

为服务配置 SELinux 时，通常需要修改/sys 虚拟文件系统中的布尔值设置。浏览 /sys/fs/selinux/booleans 目录中的文件，它们的文件名称具有描述性。

例如，http_enable_homedirs 布尔值允许或拒绝通过 Apache 服务器访问用户主目录。默认为禁用。换句话说，如果在第 14 章配置 Apache 服务器，让它提供用户主目录中的文件而又不改变 SELinux，那么 Web 服务器就无法访问文件。

对于 RHEL 系统管理员来说，像这样的问题常常让人感到气馁。他们全心全力配置服务、测试配置、检查文档，他们认为一切正常，但服务还是不像他们想象的那样运行。解决方案是使用 SELinux 来配置服务。

例如，运行下面的命令。

```
$ cat /sys/fs/selinux/booleans/httpd_enable_homedirs
```

在默认情况下，输出应该如下所示。

```
0 0
```

是两个 0。假设一个布尔值表示当前设置，另一个表示永久设置。实际上，数字并不反映差别，至少对 RHEL 7 来说是这样。但差别的确存在。因此，查看布尔值当前状态的最好方法是使用 getsebool 命令。例如，命令

```
$ getsebool httpd_enable_homedirs
```

输出如下所示。

```
httpd_enable_homedirs --> off
```

在最后一行，如果当前设置是 0，只有等重启系统之后下面的命令才激活 httpd_enable_homedirs 布尔值。

```
# setsebool httpd_enable_homedirs 1
```

从第 4 章可以知道，从命令行使变更持久化的方法是使用 setsebool –P 命令，在这里也就是：

```
# setsebool -P httpd_enable_homedirs 1
```

考试提示

本地文档描述了许多与服务有关的 SELinux 布尔值；如果要查看相关帮助页面列表，可运行 man –k selinux 命令。

11.2.2　SELinux 布尔值的服务类别

在/sys/fs/selinux/booleans 目录里大约有 300 个伪文件。由于/selinux/booleans 目录里的文件名具有描述性，因此可以使用数据库过滤器命令(如 grep)对这些布尔值进行分类。依据本书讨论

的一些服务，可使用下面的过滤命令。

```
$ ls /sys/fs/selinux/booleans | grep http
$ ls /sys/fs/selinux/booleans | grep samba
$ ls /sys/fs/selinux/booleans | grep nfs
```

可以详细研究布尔值的每种类别。如果要简要描述可用布尔值的当前状态，可运行 semanage boolean -l 命令。semanage 命令是 policycoreutils-python 程序包的一部分。

11.2.3　使用 SELinux 管理工具配置布尔值

GUI 工具的好处之一是可查看"概况"。使用 SELinux 管理工具，可以查看活动的布尔值，快速确定是否将 SELinux 设置为允许与服务相关的少数或多个选项。如第 4 章所述，可使用 system-config-selinux 命令在 GUI 桌面环境中启动 SELinux 管理工具。在左边窗格中，单击 Boolean 项，在窗口右边打开对布尔值组的访问。注意图 11-1 中添加的 http 过滤器，它过滤与 Apache Web 服务器相关的所有布尔值的系统。

图 11-1　使用 SELinux 管理工具过滤布尔值

将该列表与前面介绍的 ls /sys/fs/selinux/booleans | grep http 命令的输出进行比较，找出不同之处。在 GUI 工具中会看到更多 Apache 相关的布尔值，因为 SELinux 管理工具中的过滤器使用 SELinux 布尔值的名称和描述进行过滤。

SELinux 管理工具窗口左边的窗格里显示了许多类别，下面几节将介绍它们。这里关注的主要是 Boolean 类别，而大多数 SELinux 策略都是可以在这里定制的。

有些情况下，布尔值与 SELinux 文件上下文的要求有关。例如，只有相关文件和目录都标记为 public_content_rw_t，httpd_anon_write 布尔值才会运行。要设置这种类型，如在 /var/www/html/files 目录(及子目录)，可运行下面的命令。

```
# chcon -R -t public_content_rw_t /var/www/html/files
```

11.2.4　布尔值设置

下面讨论的布尔值设置属于多个类别，它们都基于 RHCE 目标中定义的服务。SELinux 设置并不孤立。例如，如果启用 httpd_enable_homedirs 布尔值，还必须配置/etc/httpd/conf.d/userdir.conf 文件以支持访问用户主目录。只有将 SELinux 和 Apache 都配置为支持该服务之后，用户才能通过 Apache 服务器连接到其主目录。

由于当前没有与 NTP(网络时间协议)服务相关的 SELinux 布尔值，因此下面的列表中没有单独列出 NTP 布尔值。

1. 一般和安全的 HTTP 服务

有许多 SELinux 指令可用于保护 Apache Web 服务器的安全，如下所述。大多数指令非常简单，无须解释。在/sys/fs/selinux/booleans 目录它们按布尔值的文件名排序显示。虽然这些布尔值适用于所有 Web 服务，但 Red Hat 还是假设使用 Apache Web 服务器。如果布尔值是活动的，这些描述指定配置。

- httpd_anon_write　允许 Web 服务写入标签为 public_content_rw_t 类型的文件。
- httpd_builtin_scripting　允许访问脚本，通常与 PHP 相关。默认启用。
- httpd_can_check_spam　支持将 SpamAssassin 用于基于 Web 的电子邮件应用程序。
- httpd_can_network_connect　允许 Apache 脚本和模块通过网络访问外部系统；通常禁用，以便将对其他系统的风险降到最低。
- httpd_can_network_connect_cobbler　允许 Apache 脚本和模块访问外部 Cobbler 安装服务器；如果不需要连接到除 Cobbler 以外的任何服务，就应该禁用 httpd_can_network_connect 布尔值。
- httpd_can_network_connect_db　允许连接到数据库服务器端口；比 httpd_can_network_connect 更具体。
- httpd_can_network_memcache　启用通过网络对内存缓存服务器的访问。
- httpd_can_network_relay　支持使用 HTTP 服务作为转发或反向代理。
- httpd_can_sendmail　允许 Apache 发送电子邮件。
- httpd_dbus_avahi　支持通过 D-bus 消息系统访问 avahi 服务。默认禁用。
- httpd_enable_cgi　允许运行通用网关接口(Common Gateway Interface，CGI)脚本。默认为允许，需要将脚本标记为 httpd_sys_script_exec_t 文件类型。
- httpd_enable_ftp_server　允许 Apache 侦听 FTP 端口(通常为端口 21)，以及作为 FTP 服务器。
- httpd_enable_homedirs　允许 Apache 通过 UserDir 指令提供用户主目录中的内容。
- httpd_execmem　支持用 Java 或 Mono 编写的程序，这些程序需要可执行和可写的内存地址。
- httpd_mod_auth_ntlm_winbind　允许访问 Microsoft NT LAN Manager(NTLM)和 Winbind 身份验证数据库；对于 Apache，需要安装和激活 mod_auth_ntlm_winbind 模块。

- httpd_mod_auth_pam　支持用于用户身份验证的 PAM 访问；对于 Apache 需要安装和激活 mod_auth_pam 模块。
- httpd_read_user_content　允许 Apache Web 服务器读取用户主目录里的所有文件。
- httpd_setrlimit　允许改变 Apache 文件描述符限制。
- httpd_ssi_exec　支持可执行的 Server Side Includes (SSI)。
- httpd_sys_script_anon_write　允许 HTTP 脚本写入标签为 public_content_rw_t 类型的文件。
- httpd_tmp_exec　让 Apache 从/tmp 目录运行可执行文件。
- httpd_tty_comm　支持访问终端；如果 TLS 证书的私钥是用口令保护的，那么 Apache 需要使用指令来提示输入口令。
- httpd_unified　启用对所有 httpd_*_t 标签文件的访问，不管这些文件是只读、可写还是可执行的。默认为禁用。
- httpd_use_cifs　支持从 Apache 访问标签为 cifs_t 文件类型的共享 Samba 文件和目录。
- httpd_use_fuse　支持从 Apache 访问 FUSE 文件系统，如 GlusterFS 卷。
- httpd_use_gpg　允许 Apache 使用 GPG 加密。
- httpd_use_nfs　支持从 Apache 访问标签为 nfs_t 文件类型的共享 NFS 文件和目录。
- httpd_use_openstack　允许 Apache 访问 OpenStack 端口。

2. 名称服务

名称服务守护进程(named)建立在 Berkeley Internet Name Domain (BIND)软件基础之上，它是一种默认的 RHEL 7 DNS 服务。如果维护权威 DNS 区域，最好激活 named_write_master_zones 布尔值。本地 DNS 软件可重写主区文件。

通常，它不适用于 RHCE，因为目标要求只需要将 DNS 配置为缓存名称服务器。按照定义，这些服务器不可能是指定域的权威，因此 DNS 服务器没有主区文件，上面介绍的 DNS 布尔值也不适用。

RHEL 包含未绑定的 DNS 解析程序，可以安装这个小服务来代替 BIND，提供一个高速缓存域名服务器。

3. MariaDB

有两个 SELinux 布尔值仅与 MariaDB 数据库服务有关。通常不需要修改这两个布尔值的默认值。

- mysql_connect_any　允许 MariaDB/MySQL 连接到所有端口。默认是禁用的。
- selinuxuser_mysql_connect_enabled　允许 SELinux 用户使用 Unix 域套接字连接到一个本地 MariaDB/MySQL 服务器。默认情况下禁用。

4. NFS

一些基本的 SELinux 布尔值与 NFS 服务器有关，允许与 NFS 服务器共享目录。默认情况下启用这些布尔值。

- nfs_export_all_ro　允许用只读许可导出共享的 NFS 目录。默认是启用的。
- nfs_export_all_rw　允许用读/写许可导出共享的 NFS 目录。默认是启用的。
- use_nfs_home_dirs　支持从远程 NFS 系统访问主目录。默认是禁用的。
- virt_use_nfs　允许从虚拟来宾访问 NFS 挂载的文件系统。

5. Samba

默认情况下通常没有启用 Samba 布尔值。因此在大多数配置中，需要激活一个或多个 SELinux 布尔值，以匹配对 Samba 配置文件的更改。这些布尔值包括：

- samba_create_home_dirs　允许 Samba 通过 pam_mkhomedir.so PAM 模块创建新的主目录，例如为从其他系统连接的用户创建主目录。
- samba_domain_controller　允许将本地 Samba 服务器配置为 Microsoft Windows 样式网络上的本地域控制器。
- samba_enable_home_dirs　支持共享用户主目录。
- samba_export_all_ro　允许以只读模式共享文件和目录。
- samba_export_all_rw　允许以读/写模式共享文件和目录。
- samba_run_unconfined　允许 Samba 运行/var/lib/samba/scripts 目录中保存的脚本。
- samba_share_fusefs　支持共享 FUSE 文件系统(fusefs)下挂载的文件系统。
- samba_share_nfs　支持 NFS 下挂载的文件系统。
- smbd_anon_write　允许 Samba 修改使用 public_content_rw_t 和 public_content_r_t SELinux 上下文配置的公共目录中的文件。
- use_samba_home_dirs　允许在本地主目录上使用远程 Samba 服务器。
- virt_use_samba　允许虚拟机从 Samba 使用共享文件。

6. SMTP

与 SMTP 服务相关的两个 SELinux 布尔值都与默认 Postfix 服务器一起工作。httpd_can_sendmail 布尔值前面介绍过，另一个 Postfix 布尔值 postfix_local_write_mail_spool 在默认情况下是启用的：

- postfix_local_write_mail_spool　允许 Postfix 写入本地邮件 spool 目录。

7. SSH

下面是与 SSH 连接有关的 SELinux 布尔值。所有这些布尔值在默认情况下都是禁用的：
- ssh_chroot_rw_homedirs　允许支持 chroot 的 SSH 服务在用户主目录中读写文件。
- allow_ssh_keysign　允许基于主机的身份验证；不需要用户名或基于公共/私有口令短语的身份验证。
- ssh_sysadm_login　支持配置为 sysadm_r 角色的用户访问。这不包括 root 管理员用户；通常在验证管理员权限之前，作为普通用户使用口令短语登录更加安全。

11.2.5　SELinux 文件上下文

chcon 命令所做的变更不是永久的。虽然它们能够在一次重启后仍存在，但不能在重新赋予标签(relabel)后仍保留下来。当禁用 SELinux 然后再次启用它时,才会出现系统 SELinux 重新标签。restorecon 命令对目标目录重新赋予标签。配置的 SELinux 上下文保存在/etc/selinux/targeted/contexts/files 目录里。

该目录默认包含以下 3 个重要文件。

- file_contexts 整个系统的基准文件上下文。
- file_contexts.homedirs /home 目录和所有子目录的文件上下文。
- media 可移动设备的文件上下文,安装之后可挂载这些可移动设备。

如果要修改文件系统上下文,以便在重新赋予标签后仍存在,那么可以使用 semanage 命令。例如,如果需要为虚拟 Web 站点设置/www 目录,下面的命令可确保即使是在重新赋予标签之后,文件上下文也适用于该目录(及其子目录)。

```
# semanage fcontext -a -t httpd_sys_content_t "/www(/.*)?"
```

上面的命令在/etc/selinux/targeted/contexts/files 目录中的 file_contexts.local 文件中添加一条文件上下文规则。第 4 章讨论过正则表达式(/.*)?的含义。

虽然 semanage 命令管理许多 SELinux 策略,但这里关注的是 fcontext 选项表示的文件上下文。可用的命令开关如表 11-2 所示。

表 11-2 semanage fcontext 的命令开关

开　　关	描　　述
-a	添加
-d	删除
-D	删除全部
-f	文件类型
-l	列举
-m	修改
-n	无标题
-r	范围
-s	SELinux 用户名;用于用户角色
-t	SELinux 文件类型

11.2.6 SELinux 端口标签

SELinux 策略控制着进程能够在特定对象(如文件、设备或网络套接字)上执行的每个动作。打开一个 TCP 套接字并侦听一个网络端口就是能够通过 SELinux 策略控制和限制的动作之一。

如果前一节介绍的某个服务被配置为侦听一个非标准端口,那么默认情况下 SELinux 目标策略会拒绝此动作。事实上,SELinux 不只使用标签来控制对文件或设备的访问,还控制对网络端口的访问。

通过运行 semanage 命令,可列出所有 SELinux 端口标签:

```
# semanage port -l
```

针对特定字符串进行过滤可帮助确定允许服务侦听的端口。如下例所示，SSH 被限制为侦听端口 22：

```
# semanage port -l | grep ssh
ssh_port_t              tcp        22
```

类似地，http_port_t 标签管理着 Apache 能侦听的端口，而 http_cache_port_t 则能识别 Web 代理允许的端口：

```
# semanage port -l | grep http
http_cache_port_t       tcp        8080, 8118, 8123, 10001-10010
http_cache_port_T       udp        3130
http_port_t             tcp        80, 81, 443, 488, 8008, 8009, 8443, 9000
```

如果需要修改标签来允许服务侦听非标准端口，需要使用 semanage 命令。在下例中，SELinux 策略被修改为允许 Apache 侦听端口 444：

```
# semanage port -a -t http_port_t -p tcp 444
```

不用说，使用 SELinux 管理工具可得到相同的结果，如图 11-2 所示。

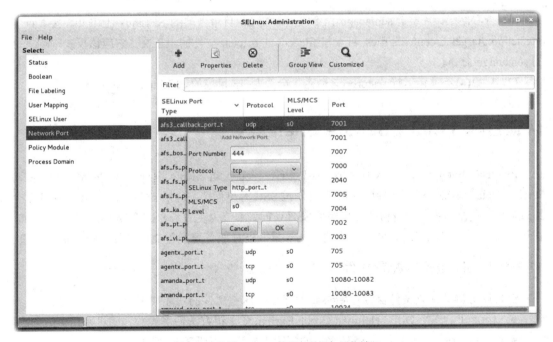

图 11-2　使用 SELinux 管理工具添加网络端口

11.2.7　练习 11-1：使用合适的 SELinux 上下文配置新目录

在本练习中，将使用匹配 FTP 服务器标准目录的 SELinux 上下文建立一个新目录/ftp。本练习阐明如何用 chcon 命令完成任务，以及 restorecon 和 semanage 命令的效果。

(1) 创建/ftp 目录。使用 ls –Zd /ftp 命令标识该目录上的 SELinux 上下文。与/var/ftp 目录上的上下文进行对比。

(2) 改变/ftp 目录上的上下文，以匹配/var/ftp 目录上的上下文。最有效的方法是使用下面的命令。

```
# chcon -R --reference /var/ftp /ftp
```

不需要使用–R 开关，我们包含它是为了帮助你逐步适应改变上下文的思想。

(3) 运行 ls –Zd /ftp 命令，查看该目录上经过改变的上下文。现在它应该匹配/var/ftp 目录上的上下文。

(4) 运行下面的命令，看看给 SELinux 重新赋予标签时会出现什么情况。

```
# restorecon -Rv /ftp
```

该命令对/ftp 目录的上下文有什么影响？

(5) 为让对/ftp 目录的变更变成永久变更，需要使用 semanage 命令和 fcontext 选项。由于没有 chcon –reference 命令开关的对等物，因此下面的命令依据/var/ftp 目录的默认设置指定用户角色和文件类型。

```
# semanage fcontext -a -s system_u -t public_content_t "/ftp(/.*)?"
```

(6) 查看结果。首先，semanage 命令没有改变/ftp 目录当前的 SELinux 上下文。接着查看/etc/selinux/targeted/contexts/files 目录里 file_contexts.local 文件的上下文。它应该反映刚刚执行的 semanage 命令。

(7) 从第(4)步重新运行 restorecon 命令。会改变/ftp 目录的 SELinux 上下文吗？

认证目标 11.03　Secure Shell 服务器

Red Hat Enterprise Linux 使用 openssh-server、openssh-clients 和 openssh RPM，默认安装 Secure Shell(SSH)服务器程序包。第 2 章介绍过 SSH 客户程序，包括 ssh、scp 和 sftp。第 4 章介绍过如何使用基于密钥的身份验证来保护 SSH 访问。本节关注的是 SSH 服务器。这个安全的守护进程 sshd 侦听 TCP 端口 22 上所有进入的流量。SSH 服务器配置文件保存在/etc/ssh 目录里。

11.3.1　SSH 服务器配置文件

SSH 服务器的配置文件保存在/etc/ssh 目录中。这些文件的功能如下。

● moduli　支持 Diffie-Hellman Group Exchange 密钥方法使用素数和随机密钥生成器。
● ssh_config　包含本地 SSH 客户的配置，如第 2 章所述。
● sshd_config　指定 SSH 服务器的配置；本章稍后将详细讨论。
● ssh_host_ecdsa_key　包含本地系统基于 ECDSA 算法的主机私钥。
● ssh_host_ecdsa_key.pub　包含本地系统基于 ECDSA 算法的主机公钥。
● ssh_host_rsa_key　包含本地系统基于 RSA 算法的主机私钥。
● ssh_host_rsa_key.pub　包含本地系统基于 RSA 算法的主机公钥。

11.3.2　配置 SSH 服务器

对于基本操作来说不需要过多配置 SSH 服务器。安装前面介绍的程序包，激活服务，确保下次重启系统时它是活动的。如第 1 章所述，在默认 RHEL 7 防火墙中，标准 SSH 端口(TCP 22)是开放的。

但 RHCE 目标指定应该准备"配置文档中描述的其他选项"。由于该目标具有通用特性，本节将介绍 SSH 服务器配置文件默认版本中的每个活动和注释的选项。

SSH 服务器配置文件是/etc/ssh/sshd_config。注释中的命令通常是默认的。因此，如果要为 SSH 服务设置非标准端口，应该将下面以注释形式存在的指令

```
#Port 22
```

修改为

```
Port 2222
```

假设防火墙和 SELinux 允许通过该端口访问，那么就能够使用 ssh -p 2222 server1.example.com 命令从远程系统连接。如果 SSH 服务器不同，则替换 server1.example.com。

虽然下一个注释行(#AddressFamily any)指出 SSH 服务器使用 IPv4 和 IPv6 地址，但是通过使用 inet 和 inet6 关键字(分别对应于 IPv4 和 IPv6)，能够限制访问一种类型的地址：

```
AddressFamily inet
AddressFamily inet6
```

使用下面 ListenAddress 指令显示的默认设置侦听所有本地 IPv4 和 IPv6 地址上的 SSH 通信。

```
#ListenAddress 0.0.0.0
#ListenAddress ::
```

可以将 SSH 限制为侦听某个网卡上的 IPv4 或 IPv6 地址。这有助于将对 SSH 服务器的访问限制为某些网络。

下一条注释指令配置 SSH 版本。如前所述，SSH 版本 1 被认为是不安全的。默认使用版本 2：

```
#Protocol 2
```

由于没有使用 SSH 版本 1，因此不需要激活下面的指令(这行指令设置版本 1 的主机密钥)。

```
#HostKey /etc/ssh/ssh_host_key
```

标准的 RSA 和 ECDSA 密钥在下面几行。ECDSA 被认为比标准的 DSA 协议更加安全。通常没有理由改变密钥的位置。

```
HostKey /etc/ssh/ssh_host_rsa_key
#HostKey /etc/ssh/ssh_host_dsa_key
HostKey /etc/ssh/ssh_host_ecdsa_key
```

后面以注释形式存在的指令与 SSH 版本 1 密钥有关。每小时都将重新生成这些服务器密钥，其位数为 1024，但还是不安全。

```
#KeyRegenerationInterval 1h
#ServerKeyBits 1024
```

接下来的一行指定了多久重新协商会话密钥。默认设置是在 cipher 的默认数据(default)被传输后重新协商，没有时间限制(none)。

```
#RekeyLimit default none
```

在接下来的几行中，第一条未注释指令将所有日志消息发送给合适的日志设施。基于/etc/rsyslog.conf 文件中的配置，所有与 AUTHPRIV 设施有关的消息被记录到/var/log/secure 文件中。信息级别为 INFO 及更高：

```
#SyslogFacility AUTH
SyslogFacility AUTHPRIV
#LogLevel INFO
```

为了限制拒绝服务(denial-of-service，DOS)攻击，默认的 LoginGraceTime 为两分钟，如下所示。换句话说，如果登录过程在此时间内没有完成，SSH 服务器将自动从远程客户端断开连接。

```
#LoginGraceTime 2m
```

下面的指令说明 root 管理员用户可以使用 SSH 登录。

```
#PermitRootLogin yes
```

通过 SSH 的直接根登录其实并不安全。如果从笔记本电脑系统上的管理员账户创建基于私钥/公钥的口令短语身份验证，也存在风险。控制笔记本电脑系统的黑帽黑客可能使用管理员权限连接远程服务器。因此，通常建议将这条指令改为：

```
PermitRootLogin no
```

作为一般用户登录的管理员可以恰当使用 su 或 sudo 命令来取得管理员权限(这样风险较小)。但在参加 RHCE 考试时，如果不要求这样，就不要改变它。其实这可以算作考试中的一个错误。

更安全的是保留下面的指令，特别是与私钥和公钥相关的指令。

```
#StrictModes yes
```

这条指令首先检查用户主目录和 SSH 密钥上是否设置了合适的权限，然后才授权登录。

如下面的指令所示，每个连接身份验证尝试的默认次数是 6 次。可以减少次数来进一步保证安全，但是其缺点是，日志中会有更多合法用户由于输错口令而产生的误报消息：

```
#MaxAuthTries 6
```

下面的指令建议在以连接上开放最多 10 个 SSH 会话。

```
#MaxSesssions 10
```

下面的指令只与 SSH 版本 1 一起使用。幸运的是，没有激活 SSH 的那个版本。

```
#RSAAuthentication yes
```

另一方面，如果在标准 SSH 版本 2 上设置基于私钥/公钥的身份验证，那么下面的指令非常重要。

```
#PubkeyAuthentication yes
```

下面的指令确认在系统上使用 authorized_keys 文件来确认用于身份验证的公钥。

```
#AuthorizedKeysFile .ssh/authorized_keys
```

只有当身份验证过程中使用了认证机构时，下面的指令才会应用：

```
#AuthorizedPrincipalsFile none
```

下面两个指令通常被忽略。

```
#AuthorizedKeysCommand none
#AuthorizedKeysCommandRunAs nobody
```

通常不使用下面的 Rhosts 指令，因为它适用于 SSH 版本 1 和不安全的 Remote Shell (RSH)。

```
#RhostsRSAAuthentication no
```

虽然下面的指令支持使用/etc/hosts.equiv 文件来限制连接的主机，但通常不鼓励这么做。但它是 SSH 基于主机安全的一种方法，另一种方法是第 10 章介绍的 TCP 包装器。

```
#HostbasedAuthentication no
```

如第 4 章所述，.ssh/known_hosts 文件保存来自远程系统的公钥，并依据下面的默认设置读取它。

```
#IgnoreUserKnownHosts no
```

下面的指令有助于管理员从 RSH 转换到 SSH，它们使用.rhosts 和.shosts 文件。但由于默认不使用它，因此下面的选项是明智的。

```
#IgnoreRhosts yes
```

对于没有使用私有/公有口令短语的系统和用户来说，需要基于口令的身份验证，默认激活它。

```
#PasswordAuthentication yes
```

一般不允许使用空口令，因为存在安全风险。

```
#PermitEmptyPasswords no
```

质询-响应身份验证通常与远程终端相关的一次性口令相关联。虽然也可以使用 PAM，但它在 SSH 上通常是禁用的。

```
ChallengeResponseAuthentication no
```

如果使用 SSH 版本 1 为本地网络设置 Kerberos 系统,就可以设置下面这些选项。前两个非常简单,因为它们启用用户的 Kerberos 验证,设置另一个 Kerberos 或本地口令身份验证。

```
#KerberosAuthentication no
#KerberosOrLocalPasswd yes
#KerberosTicketCleanup yes
#KerberosGetAFSToken no
```

借助 SSH 版本 2,为 Kerberos 身份验证使用了通用安全服务应用程序编程接口(Generic Security Services Application Programming Interface,GSSAPI)。

```
GSSAPIAuthentication = yes
```

下面的指令登出之后销毁 GSSAPI 证书。

```
GSSAPICleanupCredentials = yes
```

主机名检测通常非常严格。

```
GSSAPIStrictAcceptorCheck = yes
```

而且允许 GSSAPI 密钥交换:

```
GSSAPIKeyExchange = yes
```

支持通过 PAM 模块进行身份验证:

```
UsePAM yes
```

使用下面的设置,ssh-agent 命令可用来将私钥转发给其他远程系统。

```
#AllowAgentForwarding yes
```

通过下面的配置,可以通过 SSH 连接转发 TCP 通信。

```
#AllowTCPForwarding yes
```

通常禁用 GatewayPorts 指令,使远程主机不能连接转发端口。

```
#GatewayPorts no
```

对于需要通过 X 转发远程访问 GUI 工具的用户来说,下面的指令非常重要。

```
X11Forwarding yes
```

例如,当你在远程工作时,就可以通过 SSH,从家里或者办公室的 Red Hat 系统连接到并打开 GUI 工具。使用的命令如下所示:

```
# ssh -X michael@Maui.example.com
```

下面的指令能够避免本地和远程 GUI 显示器之间的冲突。默认设置就足够了,除非使用了 10 个以上的 X11 显示器。

```
#X11DisplayOffset 10
```

通常不需要改变下列默认设置，它们与 GUI 显示器如何绑定 SSH 服务器有关。

```
#X11UseLocalhost yes
```

当 SSH 用户远程登录时，下面的设置表示它们能够看见/etc/motd 文件的内容。依据第 9 章配置的 cron 脚本，消息可能不同。

```
#PrintMotd yes
```

对于管理员来说，这是一种有用的设置，因为它存档最后登录系统的日期和时间。

```
#PrintLastLog yes
```

TCPKeepAlive 指令启用 TCP keepalive 消息，以避免当网络连接、SSH 服务器或者其他已连接的 SSH 客户端中断时，会话无限挂起。

```
#TCPKeepAlive yes
```

通常不启用以下选项，因为它与 X11Forwarding 不兼容。

```
#UseLogin no
```

与下列指令有关的权限分离在身份验证成功后建立单独进程，该进程具有已通过身份验证的用户的权限：

```
UsePrivilegeSeparation sandbox
```

下面的指令不替代文件以前的默认 AuthorizedKeysFile 设置：

```
#PermitUserEnvironment no
```

压缩通常有助于加快 SSH 连接上的通信。默认是推迟压缩，直到口令被接受，或者私钥/公钥对匹配以验证用户为止。

```
#Compression delayed
```

有时重要的是让 SSH 服务器确保用户还要传输数据。这也是客户端与敏感系统(如银行账户)断开连接的原因，但对于管理连接来说，下面的选项禁用这些检查。

```
#ClientAliveInterval 0
```

如果将 ClientAliveInterval 设置为某个数字，下面的指令指定客户端自动断开连接之前能够发送的消息数量。

```
#ClientAliveCountMax 3
```

下面补丁级别的选项只适用于 SSH 版本 1。

```
#ShowPatchLevel no
```

为将欺骗的风险降至最低，下面的选项依据 DNS 服务器或/etc/hosts 文件检查远程主机名。

```
#UseDNS yes
```

这里列出的 PID 文件包含正在运行的 SSH 服务器进程的进程 ID 号。

```
#PidFile /var/run/sshd.pid
```

当黑帽黑客试图侵入 SSH 服务器时,他将尝试创建一批连接来同时尝试登录。下面的指令限制 SSH 服务器能够处理的未验证连接的数量。对于管理系统上的 SSH 服务器来说,可能要考虑减少连接数量。

```
#MaxStartups 10
```

如果激活下面的指令,将支持设备转发。

```
#PermitTunnel no
```

下面的指令似乎很好,但实际很难应用。指定的目录都应该在目录树里包含所有命令和配置文件,因为 SSH 会话将针对指定目录执行 choot 操作:

```
#ChrootDirectory none
```

下面的指令指定要在 SSH 协议 banner 中添加的其他文件并设置默认 banner:

```
#VersionAddendum none
#Banner none
```

下面的指令允许客户端设置一些环境变量。两种 Red Hat Enterprise Linux 系统之间的细节通常不太重要。

```
AcceptEnv LANG LC_CTYPE LC_NUMERIC LC_TIME LC_COLLATE LC_MONETARY LC_MESSAGES
AcceptEnv LC_PAPER LC_NAME LC_ADDRESS LC_TELEPHONE LC_MEASUREMENT
AcceptEnv LC_IDENTIFICATION LC_ALL LANGUAGE
AcceptEnv XMODIFIERS
```

最后一个指令支持使用 SSH 加密来保护 SFTP 文件传输的安全。

```
Subsystem sftp   /usr/libexec/openssh/sftp-server
```

11.3.3 练习 11-2:在非标准端口上运行 SSH 服务器

本练习将配置 OpenSSH 服务器来侦听 TCP 端口 2222。为完成这个目标,不只要修改 SELinux 策略,还要修改 SSH 服务和防火墙配置。

(1) 基于当前 SELinux 策略,显示允许 SSH 服务侦听的端口:

```
# semanage port -l | grep ssh
```

(2) 运行下面的命令,允许 OpenSSH 侦听 TCP 端口 2222:

```
# semanage port -a -t ssh_port_t -p tcp 2222
```

(3) 打开/etc/ssh/sshd_config 文件,将

```
#Port 22
```

修改为

```
Port 2222
```

(4) 不要忘了允许 TCP 端口 2222 通过防火墙的默认区域，如下所示：

```
# firewall-cmd --permanent --add-port 2222/tcp
# firewall-cmd --reload
```

(5) 重新加载 SSH 服务来应用修改：

```
# systemctl reload sshd
```

(6) 如果成功完成了前面的步骤，那么运行如下所示的命令，应该能够从远程系统登录：

```
$ ssh -p 2222 alex@192.168.122.50
```

(7) 最后，还原 SSH 配置的最初设置。

11.3.4　SSH 基于用户的安全

可在/etc/ssh/sshd_config 文件里配置基于用户的安全。为此要添加指令，这些指令限制允许通过 SSH 访问系统的用户，主要是 AllowUsers 指令。也可以使用指令限制用户，例如

```
AllowUsers michael donna
```

同样，可以使用下面的指令限制各用户访问某些主机，它结合基于用户和基于主机的安全这两个方面。

```
AllowUsers michael@192.168.122.50 donna@192.168.122.150
```

如果访问来自远程网络，伪装防火墙可能将路由器的 IP 地址分配给远程系统。此时将不能阻止远程网络上的单个系统。

/etc/ssh/sshd_config 文件中包含的相关指令还有 AllowGroups、DenyUsers 和 DenyGroups。

如果要将对 SSH 的访问限制为极少数用户，则使用 AllowUsers 指令是最简单的方法。对于第一个 AllowUsers 指令来说，只有用户 michael 和 donna 才能连接该 SSH 服务器。不需要相应的 DenyUsers 或 DenyGroups 指令，在这些环境下，即使是根用户也无法通过 SSH 连接。

虽然 SSH 服务器会给其他用户提示输入口令，但即使远程用户输入正确的口令，访问也会被拒绝。/var/log/secure 日志文件将反映这一点，如下面的消息所示。

```
User alex from 192.168.122.150 not allowed because not listed in AllowUsers.
```

11.3.5　SSH 基于主机的安全

虽然有许多方法可通过 SSH 配置文件配置基于主机的安全，但过程都很复杂，都需要改变服务器和客户端，并且会冒一些我们认为没有必要的风险。当然也可以通过基于本地 firewalld 区域的防火墙设置基于主机的安全。

对于基于主机的 SSH 安全，最简单的方法是基于 TCP 包装器，如第 10 章所述。为此，本章在/etc/hosts.allow 中包含下面的指令，它接受来自该网络地址的 SSH 连接。

```
sshd : 127. 192.168.122.
```

要确保将访问限制为该网络上的系统，还需要在/etc/hosts.deny 中包含下面的行。

```
sshd : ALL
```

当然，在/etc/hosts.deny 中包含 ALL :ALL 会更安全，但这样就会中断与用其他方法配置的服务的通信。另外，合适的防火墙规则已经保护其他端口，在 Red Hat 考试中应避免使用该选项。

认证目标 11.04 安全和配置检查表

安装、配置和保护服务所需的许多步骤都是重复性的，本节将总结这些步骤。如果愿意，可将本节作为第 12～17 章的准备。它将帮助安装所需要的服务，确保这些服务是活动的，确保可以通过配置相应开放端口的防火墙访问这些服务。

11.4.1 安装服务器服务

RHCE 目标直接包含 8 种不同服务，本节将讨论安装这些服务的不同方法。如果已经阅读过第 7 章，这里可能只是回顾和复习，但本节也提供了一个机会，为第 12 章～第 17 章中的测试准备一个系统，如 server1.example.com 虚拟机。

本节将介绍后面几章所需的服务器服务上下文中的诸如 rpm 和 yum 的命令。如果喜欢使用 GNOME 软件工具，可参考第 7 章。通常可以使用其中任意选项来安装所需的服务。

1. 使用 rpm 命令安装 vsFTP 服务器

一般来说，安装一个服务通常需要安装多个 RPM 程序包。与 vsFTP 服务器相关的 RPM 程序包是个例外。为此，如果在/media 目录上挂载 RHEL 7 DVD，就可以使用下面的命令安装 vsFTP 服务器(版本号可能不同)。

```
# rpm -ivh /media/Packages/vsftpd-3.0.2-9.el7.x86_64.rpm
```

2. 使用 yum 命令安装服务器服务

如第 7 章所述，yum 命令可用来安装带有依赖的程序包。有时依赖很简单，例如，对于第 13 章配置的 DNS 服务，你可能更熟悉 BIND 而不是 Unbound DNS 服务。
安装带有依赖的 bind 程序包的一种方法是使用下面的命令。

```
# yum install bind
```

也可以使用 yum install 命令安装程序包,按照这种方法将自动标识并安装所有依赖程序包。

3. 使用 yum 命令安装服务器程序包组

如第 7 章所述，可将 RHEL 7 程序包组成组。每个组都有名称，这些名称使用 yum group list 命令标识。RHCE 考试的相关组如表 11-3 所示。

表 11-3　与 RHCE 相关的服务器程序包组

程 序 包 组	描　　　述
File and Storage Server(文件和存储服务器)	Samba、NFS 和 iSCSI 存储服务器的程序包组
E-mail Server(电子邮件服务器)	支持 SMTP 和 Internet Message Access Protocol(IMAP)服务的程序包；默认服务是 Postfix 和 Dovecot。sendmail 服务器是该组中的可选程序包
Network Infrastructure Server(网络基础设施服务器)	DNS、 rsyslog、Samba、FTP 和其他服务的环境组；该组里的所有程序包都是可选的
Network File System Client(网络文件系统客户端)	包含自动挂载程序、Samba 和 NFS 的客户端
Web Server(Web 服务器)	包含基本的 Apache Web 服务器程序包
MariaDB Database Server(MariaDB 数据库服务器)	只包含一个强制程序包 mariadb-server

使用 group list 开关可以标识各组中不同的程序包和子组；例如，下面的命令列出了 Basic Web Server 环境组的子组。

```
# yum group info "Basic Web Server"
```

RHEL 7 的输出如图 11-3 所示。

```
[root@server1 ~]# yum group info "Basic Web Server"
Loaded plugins: langpacks, product-id

Environment Group: Basic Web Server
 Environment-Id: web-server-environment
 Description: Server for serving static and dynamic internet content.
 Mandatory Groups:
    base
    core
    web-server
 Optional Groups:
   +backup-client
   +directory-client
    guest-agents
   +hardware-monitoring
   +java-platform
   +large-systems
   +load-balancer
   +mariadb-client
   +network-file-system-client
   +performance
   +perl-web
   +php
   +postgresql-client
   +python-web
   +remote-system-management
   +web-servlet
```

图 11-3　Basic Web Server 环境组中的程序包

在图中可看到每个子组中包含的程序包。例如，下面的命令列出了 web-server 组中的程序包：

```
# yum group info web-server
```

其输出如图 11-4 所示。注意，程序包分为 3 类：强制、默认和可选。如果运行下面的命令：

```
# yum group install "Web Server"
```

将只安装强制和默认类别的程序包和组。在大多数情况下这不是问题。但有时候需要安装可选的程序包。虽然可使用 group install 开关安装可选程序包，但更简单的方法是按名称单独安装所需的程序包。

```
[root@server1 ~]# yum group info web-server
Loaded plugins: langpacks, product-id

Group: Web Server
 Group-Id: web-server
 Description: Allows the system to act as a web server, and run Perl and Python
web applications.
 Mandatory Packages:
    httpd
 Default Packages:
  =crypto-utils
   httpd-manual
   mod_fcgid
   mod_ssl
 Optional Packages:
  certmonger
  libmemcached
  memcached
  mod_auth_kerb
  mod_nss
  mod_revocator
  mod_security
  mod_security_crs
  perl-CGI
  perl-CGI-Session
  python-memcached
  squid
[root@server1 ~]#
```

图 11-4　Web Server 程序包组中的程序包

同样，可使用下面的命令安装第 15 章讨论的 Samba 文件服务器和第 16 章讨论的 NFS：

```
# yum groupinstall "File and Storage Server"
```

对于第 13 章，Network Infrastructure Server 程序包组包含与记录日志和 DNS 相关的程序包。但由于组里所有程序包都是可选的，yum group install 命令将不会安装该组的任何包。幸运的是，即使是在最小化 RHEL 7 安装中，也已经默认安装 rsyslog 程序包。但你可能需要安装 DNS 来满足 RHCE 目标。为第 13 章设置 DNS 缓存服务的方法之一是使用下面的命令安装 Unbound DNS 解析器：

```
# yum install unbound
```

对于许多服务器服务来说，应该确保已安装相应的客户端程序包。在这方面，可以使用 Network 文件系统客户端程序包组；下面的命令安装自动挂载程序、Samba 和 NFS 的客户端。

```
# yum group install "Network File System Client"
```

一种不同类型的网络服务器与 iSCSI 存储有关。有两个程序包组很有趣——前面提到的 File and Storage Server 和 iSCSI Storage Client。

最后，有两个程序包没有包含在标准程序包组里。它们设置到远程用户目录的 NTP 服务器和身份验证。如果没有安装，就需要安装它们。方法之一是使用下面的命令。

```
# yum install ntp sssd
```

我们关注的是命令行安装方法，因为它们通常最快。当然，也可以使用第 7 章介绍的 GUI Add/Remove Software 工具安装程序包。

11.4.2　基本配置

虽然当前的 RHCE 目标比以前更具体，但最好还是让变更尽量简单。如目标所述，会要求"为基本操作配置服务"。基本操作更简单，也更安全。如果做更少的工作就能配置服务，需要的时间就更少，可以以将更多时间来完成考试，就能够完成更多任务。

下几章将介绍与基本配置相关的详细情况。

11.4.3　确保服务在重启之后仍然有效

在第 5 章已经看到，在系统引导过程中服务何时启动、何时不启动。最简单的方法与 systemctl 命令有关，例如 systemctl list-unit-files --type=service 命令列出所有服务单元，以及它们在系统引导时是否激活。对于下面几章讨论的服务来说，安装相应的程序包之后，需要使用下面的命令确保在系统引导过程中启动它们。

```
# systemctl enable httpd
# systemctl enable iscsi
# systemctl enable mariadb
# systemctl enable nfs-server
# systemctl enable nmb
# systemctl enable ntpd
# systemctl enable rsyslog
# systemctl enable smb
# systemctl enable sshd
# systemctl enable target
# systemctl enable unbound
```

这个列表并不完整。在实际考试中，只安装要求你安装的服务。

当然，在考试中有可能要求你确保在系统引导过程中不启动服务。在生产环境中，很少在单个系统上安装这么多服务，因为这样存在安全风险。

11.4.4　通过安全层审查访问

检查服务的第一个地方就是从本地系统开始。例如，如果能够从本地系统连接到 Apache 服务器，就说明已经为 Apache 建立了基本配置。

如果在本地或者远程连接时遇到问题，这些问题可能与 SELinux 或者各种基于用户和主机的防火墙有关。对于超出 SELinux 范围之外的问题，可使用第 2 章安装的网络命令工具：telnet、elinks 和 nmap。

1. 检修 SELinux 问题

如果配置正确但服务不运行，这就是 SELinux 问题，通常发生在以下两个方面：

- **布尔值设置**　例如，为使 Apache 服务器能够访问用户主目录，可启用 SELinux 布尔值 httpd_enable_homedirs。
- **SELinux 文件上下文**　确保文件和目录的上下文应该匹配默认目录的上下文。假设在 /virtual/host 目录上设置了一个虚拟 Web 主机。运行 ls -Z /virtual/host 命令。在输出中看到的文件上下文应该匹配 ls -Z /var/www/html 命令的输出中的上下文。

下一步就是测试来自远程系统的连接。最好用多种方法测试连接。

2. 对基于区域的防火墙问题进行故障排除

如果系统允许服务器通信通过默认区域，就能够在 firewall-cmd --list-all 命令的输出中看到这一点。要查看所有区域的配置，可运行 firewall-cmd --list-all-zones 命令。

虽然可以使用第 4 章和第 10 章介绍的防火墙配置工具，但是仍然需要知道如何在命令行配置防火墙。

如果在防火墙中没有打开端口或服务器，那么连接服务的尝试就会被拒绝。例如，对于 SSH 服务器，可能得到如下所示的消息：

```
ssh: connect to host server1.example.com port 22: No route to host
```

为验证是否可以连接到远程服务，可以使用 telnet 或 nmap 命令。例如，运行下面的命令来验证与服务器 192.168.122.50 的 HTTP 端口的连接：

```
$ telnet 192.168.122.50 80
```

如果可以成功连接到服务器，就会看到下面的响应：

```
Escape character is '^]'
```

类似地，可使用 nmap 来验证到 TCP 端口 80 上的 HTTP 服务的连接，如下所示：

```
$ nmap -p 80 192.168.122.50
```

如果成功连接到服务，将看到下面的输出：

```
PORT    STATE SERVICE
80/tcp open  http
```

11.4.5　练习 11-3：练习对网络连接问题进行故障排除

本练习将探索当网络和 firewalld 配置不当时，对正在运行的服务所产生的影响。假设在 server1.example.com 上运行着 SSH 服务。

(1) 在另一个主机上运行 ping 192.168.122.50 命令来测试到服务器的连接。

(2) 在 server1 上运行下面的命令：

```
# systemctl stop network
```

再次运行 ping 命令。输出是什么?

(3) 使用 systemctl start network 恢复网络连接。

(4) 在客户端,使用 telnet 或 nmap 命令来检查 SSH 服务器端口上的连接:

```
$ telnet 192.168.122.50 22
```

如果成功,将看到下面的输出:

```
Escape character is '^]'
```

输入 quit 命令。应该看到 OpenSSH 服务器的一条错误消息,之后是下面的消息:

```
Connection closed by foreign host.
```

使用下面的命令阻止连接到 server1 上的 SSH 服务:

```
# firewall-cmd --remove-service=ssh
```

(5) 再次尝试 ping 和 telnet 命令。输出是什么?

(6) 运行 firewall-cmd --reload,恢复防火墙的连接设置。

(7) 阻止客户端的 IP 地址(假设为 192.168.122.1),如下所示:

```
# firewall-cmd --add-rich-rule='rule family=ipv4 source ↵
address=192.168.122.1 drop'
```

(8) 再次尝试 ping 和 telnet 命令。输出是什么?

一般来说,如果 telnet 或 nmap 命令没有连接到指定端口,则可能发生了下面的某个防火墙问题:

- firewalld 基于区域的防火墙可能阻止了期望端口。
- firewalld 基于区域的防火墙可能限制了对客户端的访问。
- 本章讨论的 TCP 包装器系统也可能限制了服务对特定客户端和用户的访问。
- 一些服务器的配置文件也基于用户、IP 地址和主机名限制访问。

对 TCP 包装器防火墙问题进行故障排除

与之相对,如果使用 TCP 包装器保护服务,错误消息的行为就有区别。本节将配置 server1.example.com 系统上的/etc/hosts.allow 和/etc/hosts.deny 文件,以只允许 192.168.122.0/24 网络上的.example.com 系统的访问。这意味着拒绝其他系统的访问,例如 IP 地址 192.168.100.100 上的 outsider1.example.org。

此时,如果我们使用 ssh 命令访问 server1.example.com 系统,就会收到下面的错误消息:

```
ssh_exchange_identification: Connection closed by remote host
```

与之相对,相同系统的 telnet server1.example.com 22 命令会返回下面的消息并暂停:

```
Trying 192.168.122.50
Connected to server1.example.com.
Escape character is '^]'
```

在一小段时间中，看起来好像系统要建立连接，但是之后 TCP 包装器的阻止操作将返回下面的消息：

```
Connection closed by foreign host.
```

11.4.6　练习 11-4：查看 firewalld 和 TCP 包装器的不同效果

本练习假设有一个运行中的 vsFTP 服务器，类似于第 1 章配置的那个。在 server1.example.com 系统上配置这个 vsFTP 服务器。确保 firewalld 阻止标准 FTP 端口 TCP 21 上的流量，然后检查来自被阻止系统 outsider1.example.org 的连接。为方便查看，第 1 章和第 2 章配置的这些系统分别在 IP 地址 192.168.122.50 和 192.168.100.100 上。

接下来，在防火墙上打开 TCP 端口 21。另外，使用 TCP 包装器限制访问。

本练习很复杂，每个步骤都需要几个命令或动作。有时候需要用到的命令被暗示了出来。

(1) 安装 vsFTP 服务器，如本章所述。使用 systemctl start vsftpd 命令确保该服务器是活动的。

(2) 使用 firewall-config 命令启动防火墙配置工具。确保在默认区域的服务列表中，FTP 未被激活。确保应用了修改，然后从防火墙配置工具退出。

(3) 试着使用 lftp localhost 命令从本地系统连接到 vsFTP 服务器。应该是能够连接的，这可以通过在 lftp localhost:/>提示符后使用 ls 命令确认。使用 quit 命令退出 vsFTP 服务器。

(4) 移动到 outsider1.example.org 系统。通过 SSH 连接到该系统是可以接受的；事实上，在考试(和实践)中，这可能是唯一一种能够连接到该系统的方法。

(5) 试着用 ping 192.168.122.50 命令针对运行 vsFTP 服务器的系统执行 ping 操作。记住按 Ctrl+C 来停止此过程。试着用 lftp 192.168.122.50 命令连接到 vsFTP 服务器。发生了什么？试着用 telnet 192.168.122.50 21 命令连接到系统。发生了什么？

(6) 返回 server1.example.com 系统。再次打开防火墙配置工具，这一次让 FTP 成为受信任服务。不要忘记在退出防火墙配置工具之前应用修改。

(7) 打开/etc/hosts.allow 文件，添加下面的条目：

```
vsftpd : localhost 127. 192.168.122.50
```

(8) 打开/etc/hosts.deny 文件，添加下面的条目：

```
vsftpd : ALL
```

(9) 与步骤(4)相同，返回到 outsider1.example.com 系统。重复步骤(5)。在每次尝试连接后发生了什么？

(10) 返回 server1.example.com 系统。打开/etc/hosts.allow 和/etc/hosts.deny 文件，然后删除在步骤(7)和(8)中添加的条目。

(11) 再次移动到 outsider1.example.org 系统。重复步骤(5)。两个命令都应该成功建立连接。在两种情况下，使用 quit 命令都能够退出。

(12) 通过/var/log/secure 文件的内容查看连接。查看该文件中发起连接的 IP 地址。使用此信息来配置 firewalld，以便拒绝访问除一个 IP 地址之外的所有 IP 地址。

故障情景与解决方案	
要限制 SSH 访问两个用户	使用 AllowUsers 指令，在 SSH 服务器配置文件/etc/ssh/sshd_config 里指定所需的用户名
要求限制 SSH 访问 192.168.122.0/24 网络上的系统	使用 TCP 包装器。配置 /etc/hosts.allow，允许从给定网络上的系统访问 sshd 守护进程。配置/etc/hosts.deny，限制从 ALL 系统访问 sshd
需要确保 SELinux 用户和文件类型在重新赋予标签之后仍存在	使用 semanage fcontext － a 命令为所需目录指定所需用户和文件类型
需要在非标准网络端口上运行 Apache	使用 semanage port -a 修改端口定义。不要忘记配置服务来运行在不同的端口上以及检查防火墙规则
只能在本地访问服务器	检查 firewalld 规则和 TCP 包装器的安全选项；确保服务允许远程访问
已正确配置服务器，但仍然无法访问	检查 SELinu 布尔值和文件标签类型

11.5　认证小结

本章重点讨论了配置、保护和访问各种服务所需的一般步骤。守护进程由/lib/systemd/system 目录里的单元文件以及/etc/sysconfig 目录中的配置文件控制。不同 SELinux 布尔值可控制对不同服务器服务的访问。

SSH 服务器的配置文件保存在/etc/ssh 目录中。sshd_config 配置文件包含一系列可用于配置该服务的选项。

要配置服务，先要安装正确的程序包，并确保下次系统重启时服务是活动的。还需要导航各种可用安全选项，包括 SELinux、基于区域的防火墙以及/etc/hosts.allow 和/etc/hosts.deny 文件中基于 TCP 包装器的安全。

11.6　应试要点

下面是第 11 章认证目标的一些主要知识点。

Red Hat 系统配置

- 基于/lib/systemd/system 和/etc/systemd/system 目录中的单元配置文件，可使用 systemctl 启动系统服务。
- 系统服务使用/etc/sysconfig 目录中的基本配置文件，这些文件通常包含服务守护进程的基本参数。
- 配置网络服务器时，需要关注 SELinux 布尔值、基于区域的防火墙和 TCP 包装器等。
- 应该在本地和远程测试服务。

安全增强型 Linux

- 单个服务通常受多个 SELinux 布尔值保护。
- SELinux 布尔值保存在/sys/fs/selinux/booleans 目录里，并使用具有描述性的文件名。
- 使用 setsebool –P 命令或 SELinux 管理工具可更改 SELinux 布尔值。从命令行确保使用 –P 开关，否则重启后变更不会存在。
- 使用 chcon 命令可修改 SELinux 文件上下文。但这些变更在重新赋予标签后不会存在，除非使用 semanage fcontext –a 命令使新的上下文规则永久生效。变更存档在/etc/selinux/targeted/contexts/files 目录的 file_contexts.local 文件里。
- 可使用 semanage port -a 命令修改 SELinux 端口标签，以允许服务侦听非标准网络端口。

Secure Shell 程序包

- /etc/ssh 目录中的 SSH 服务器配置文件包括客户端和服务器配置文件，以及用 RSA 和 ECDSA 格式加密的公共和私有主机密钥对。
- SSH 服务器配置文件 sshd_config 可设置基于用户的安全。
- sshd_config 中的 AllowUsers 指令指定了允许哪些用户通过 SSH 登录。
- 设置基于主机的 SSH 安全的最简单方法是通过 TCP 包装器设置。

安全和配置检查表

- 需要使用像 rpm 和 yum 这样的命令安装许多服务，以便为 RHCE 考试做好准备。
- 确保服务在重启之后存在的方法之一是使用 systemctl 命令。本章提供了与 RHCE 服务有关的命令的完整列表。
- 需要通过安全层配置对服务的访问，包括 SELinux、基于区域的防火墙和 TCP 包装器。

11.7　自测题

下面的问题有助于衡量对本章内容的理解。Red Hat 考试中没有多选题，因此本书中也没有多选题。这些问题只衡量对本章的理解，如果有其他方法能够完成任务也行。得到结果，而不是记住细枝末节，这才是 Red Hat 考试的重点。许多问题可能不止一个答案。

Red Hat 系统配置

1. 什么目录包含的配置文件指定了各种服务守护进程的启动选项？

_____

2. 什么命令可在不停止服务的情况下重新加载 SSH 服务器的配置？

_____

安全增强型 Linux

3. 什么目录包含与 SELinux 相关的布尔值选项？指出其完整路径。

_____

4. 什么帮助页面包含与 NFS 守护进程相关的 SELinux 选项？

_____

5. 什么命令恢复给定目录上的默认 SELinux 文件上下文？

_____

6. 运行 semanage fcontext –a 命令会修改什么文件？提示：它在/etc/selinux/targeted/contexts/files 目录里。

_____

7. 什么命令列出了 MariaDB(MySQL)服务的当前 SELinux 端口标签配置？

_____

Secure Shell 服务器

8. 什么目录包含 OpenSSH 服务器配置文件和主机密钥？

_____

9. 什么指令在相关配置文件里指定本地 SSH 服务器的端口号？

_____

10. 什么指令在 SSH 服务器配置文件里指定允许的用户的列表？

_____

安全和配置检查表

11. 什么命令显示可用环境组列表？

_____

12. 什么命令可以让 abcd 服务在重启之后仍存在？

_____

11.8　实验题

这些实验题包含配置练习。应该在测试计算机上做这些练习。这里假定在基于 KVM 的虚拟机上运行这些练习。

Red Hat 提供电子版考试，因此本章和后面章节的大多数实验题都在本书配书网站上，其子目录为 Chapter11/。如果还没有在系统上安装 RHEL 7，请参考第 1 章的安装指示。

自测题答案之后是各实验题答案。

11.9　自测题答案

Red Hat 系统配置

1. 这个问题具有欺骗性：/etc/sysconfig 目录中的文件，以及/lib/systemd/system 和/etc/systemd/system 目录中的单元文件可指定各种服务守护进程在启动时的选项。

2. 重新加载 SSH 服务的配置的命令是：

```
# systemctl reload sshd
```

安全增强型 Linux

3. 与 SELinux 布尔值相关的目录是/sys/fs/selinux/booleans。

4. nfsd_selinux 帮助页面包含该服务的一些 SELinux 布尔值。

5. 恢复给定目录的默认文件上下文的命令是 restorecon。

6. 该命令修改的文件的名称是 file_contexts.local。

7. 下面是一个可以接受的答案：

```
# semanage port -l | grep mysql
```

Secure Shell 服务器

8. OpenSSH 服务器配置文件和主机密钥保存在/etc/ssh 目录中。

9. 指令是 Port。

10. 指令是 AllowUsers。

安全和配置检查表

11. 列出所有可用环境组的命令是 yum group list。

12. 假设 abcd 服务也与/lib/systemd/system 目录中的一个服务单元关联，使它在重启之后仍能够存在的命令是 systemctl enable abcd。

11.10　实验题答案

实验题 1

这个实验题让你理解使用/etc/sysconfig 文件能干什么，以及它如何改变守护进程的启动方式。还将说明风险；错误的变更——例如实验题中做出的变更——将导致服务无法运行。

实验题 2

虽然本书在第一部分介绍了基于 SSH 密钥的身份验证，但是这其实也是 RHCE 考试的要求。如果忘记了如何配置基于密钥的身份验证，请回顾第 4 章。本实验题有 3 种方式衡量实验题是否成功：

- 客户端的/home/hawaii/.ssh 目录里有 id_rsa 文件和 id_rsa.pub 文件。
- 不需要口令就能连接到远程系统。当提示时可输入"I love Linux!"口令短语(不带引号)。
- 在/home/hawaii/.ssh 目录的远程 authorized_keys 文件中能够看到用户的 id_rsa.pub 文件的内容。

对于基于 SSH 密钥的身份验证来说，不安全的权限是导致失败最常见的原因之一。~/.ssh 目录应该具有八进制权限 0700，而私钥和 authorized_keys 文件的权限位应该是 0600。

实验题 3

和实验题 2 类似，有 3 种方式衡量实验题成功。

- 客户端的 /home/tonga/.ssh directory 目录里有 id_ecdsa 文件和 id_ecdsa.pub 文件。
- 不需要口令就能连接到远程系统。当提示时可输入"I love Linux!"口令短语(不带引号)。
- 在/home/hawaii/.ssh 目录的远程 authorized_keys 文件中能够看到客户端的 id_ecdsa.pub 文件的内容。

实验题 4

完成该实验题的最简单方法是将下面的指令添加到/etc/ssh/sshd_config 文件。

```
AllowUsers hawaii
```

进行变更之后别忘记重新加载或重启 SSH 服务，否则其他用户仍然可访问。

客户端的用户 tonga 使用口令短语仍能访问 SSH 服务器上的 hawaii 账户，因为对用户 hawaii 账户的连接是允许的。对于 AllowUsers 指令来说，远程账户的身份无关紧要。

如果对/etc/ssh/sshd_config 文件所做的变更太多，想重新开始，可移动该文件，并运行 yum reinstall openssh-server 命令，建立该配置文件的全新副本。如果将来想从其他账户连接，则禁用 AllowUsers hawaii 指令。

对了，需要激活 PermitRootLogin no 指令来阻止 SSH 登录根账户吗？

实验题 5

从客户端到服务器的正常 SSH 连接可确认本实验成功。如果只是要确定，可从客户端运行 ssh -p 8122 命令。如果没有在服务器上禁用 AllowUsers 指令，将能够连接到 hawaii 账户。

另外，本实验题还让你体会建立模糊端口需要付出的努力。虽然 nmap 命令可检测端口 8122 上的侦听应用程序，但它是模糊的；相关输出如下所示。

```
PORT       STATE     SERVICE
8122/tcp   open      unknown
```

进入客户端系统，尝试连接 SSH 服务器。记住，需要在 SSH 服务器的防火墙中打开端口 8122。

虽然使用端口 8022 重复此实验题看起来与使用端口 8122 相似，但是在把端口 8022 添加到 ssh_port_t 标签时有一个小问题：

```
# semanage port -a -t ssh_port_t -p tcp 8022
ValueError: Port tcp/8022 already defined
```

之所以出现这个问题,是因为端口 8022 已被另外一个服务使用:

```
# semanage port -l | grep 8022
oa_system_port_t      tcp      8022
oa_system_port_t      udp      8022
```

如果不重新编译策略,就没有哪种方法能够轻松地把端口 8022 添加到 ssh_port_t 类型中。实验题完成之后,恢复 SSH 客户端和服务器上的原始端口号。

实验题 6

确定本实验成功很简单。在指定目录上运行 ls −Zd 命令,/virtual/web 和 /var/www 目录的 SELinux 上下文应该匹配下面的上下文。

```
system_u:object_r:httpd_sys_content_t:s0
```

/virtual/web/cgi-bin 和 /var/www/cgi-bin 目录的上下文也应该匹配。

```
system_u:object_r:httpd_sys_script_exec_t:s0
```

不用说,所做的所有变更在 SELinux 重新赋予标签之后应该都会存在,否则工作怎么能得到好评?如果在正确的目录上运行 semanage fcontext −a 命令,将在 /etc/selinux/targeted/contexts/files 目录的 file_contexts.local 文件里看到这些上下文。

```
/virtual/web(/.*)?     system_u:object_r:httpd_sys_content_t:s0
/virtual/web/cgi-bin(/.*)?   system_u:object_r:httpd_sys_script_exec_t:s0
```

第 12 章

RHCE 管理任务

　　系统维护自动化既是 RHCSA 考试的目标也是 RHCE 考试的目标。对于 RHCE 来说，需要知道如何为此目的创建 shell 脚本。下面将介绍一些 RHEL 7 上使用的示例脚本，它们能够自动化系统维护。可按日程表自动执行这些脚本：每小时、每天甚至每周。

　　Linux 系统使用报表与 sar 命令相关，它被配置为一个 cron 作业。当确定了使用率最高的系统资源后，就可以调优系统。此过程从 Linux 内核开始，它是高度可自定义的。使用/proc/sys 目录里配置的不同运行时参数，可以调整内核来满足应用程序需要。

　　RHCE 目标还包括许多特定网络选项。你要知道如何设置静态路由和配置 IPv6。还要学习如何配置网络成组，以及从多个网络接口提供带宽聚合和链接冗余。最后，应该知道如何把系统设置为一个 Kerberos 客户端。

考试内幕

　　本章直接讨论 7 个 RHCE 目标，第一个目标是系统管理的基础：

- 使用 shell 脚本使系统管理任务自动化

shell 脚本将一系列命令组合到一个可执行文件中。自动化脚本通常定期运行，cron 守护进程正好可用于此目的。

　　创建系统使用报表是所有计算机从业人员应该掌握的一项重要技能。RHEL 7 为这类报表包含了 sysstat 程序包。相关的目标为：

- 生成和交付系统使用(处理器、内存、硬盘和网络)报表

由于这不是传统的网络服务，所以不需要配置防火墙。目前没有与 SELinux 相关的布尔值。

　　有些 Linux 调整任务可通过内核运行时参数完成。/proc/sys 目录里的虚拟文件和 sysctl 命令使其成为可能，对应的目标是：

- 使用/proc/sys 和 sysctl 修改和设置内核运行时参数

本章还将讨论 RHCE 目标中的一些网络任务。下面的目标提到的静态路由的配置是企业网络管理的一项关键任务：

- 路由 IP 流量和创建静态路由

因为现在 IPv4 地址快不够用了，所以 RHEL 7 的 RHCE 考试包含了一个相关目标：

- 配置 IPv6 地址，执行基本的 IPv6 故障排除

在企业网络中，聚合多个网络接口来提高故障恢复能力或吞吐量是常见的做法。在 RHEL 7 中，可以通过接口绑定或网络成组来聚合多个网络接口，如下面的目标所述：

- 使用网络成组或绑定，在两个 Red Hat Enterprise Linux 系统之间配置聚合网络链接

本章的最后一个目标是学习如何将 RHEL 7 系统配置为一个 Kerberos 客户端。Kerberos 在不安全的网络上提供了安全的身份验证服务。对于 RHCE 考试，必须能够：

- 配置一个系统，以便能够使用 Kerberos 进行身份验证

为了针对这些要求做好准备，需要学习配置 Kerberos 密钥分发中心(Key Distribution Center, KDC)。关于 Kerberos 的详细背景介绍，请参考 Red Hat System-Level Authentication Guide，网址为 https://access.redhat.com/Documentation/en-US/Red_Hat_Enterprise_Linux/7。

认证目标 12.01　系统维护自动化

如第 9 章所述，RHEL 7 包含标准的系统维护脚本，它们都由/etc/crontab 和/etc/anacrontab 配置文件以及/etc/cron.*目录中的各个文件调度。本章将分析一些脚本和相关的 bash 内部命令。掌握这些信息之后，就能够创建基本的管理脚本。

12.1.1　标准的管理脚本

首先介绍/etc/cron.daily 目录中的脚本。首先看 rhsmd，这是 Red Hat Subscription Manager 的一部分，记录关于系统当前授权状态的信息。该脚本包含两行。通常，以#开头的行是注释行。第一行以#!开头，后跟/bin/sh，这是 bash 脚本标准的第一行。在 RHEL 7 中，因为/bin/sh 是/bin/bash 的符号链接，所以告诉 RHEL 7 用 bash shell 解释后面的命令：

```
#!/bin/sh
```

实际经验

有些 Linux 版本(不是 Red Hat)将/bin/sh 命令链接到其他 shell，而不是 bash shell。除非在脚本里指定#!/bin/bash，否则可能无法将它传输到其他版本。

第二行运行 rhsmd 命令，将所有结果(-s)记录到 syslog：

```
/usr/libexec/rhsmd -s
```

接着检查/etc/cron.daily 目录的内容。略微有些复杂的脚本是 logrotate。图 12-1 显示了这个脚本的内容。

```
[root@server1 ~]# cat /etc/cron.daily/logrotate
#!/bin/sh

/usr/sbin/logrotate /etc/logrotate.conf
EXITVALUE=$?
if [ $EXITVALUE != 0 ]; then
    /usr/bin/logger -t logrotate "ALERT exited abnormally with [$EXITVALUE]"
fi
exit 0
[root@server1 ~]# ▊
```

图 12-1　logrotate 脚本

该脚本以#!开头，后跟将解析脚本剩余内容的程序解释器的路径：

```
#!/bin/sh
```

脚本的下一行将自动执行。如第 9 章所述，根据/etc/logrotate.conf 文件的定义，logrotate 命令将轮转日志：

```
/usr/sbin/logrotate /etc/logrotate.conf
```

下面的行将上一条命令返回的退出值分配给名为 EXITVALUE 的变量。

```
EXITVALUE=$?
```

如果 logrotate 命令成功，EXITVALUE 将被设为 0。

接下来的 if 命令启动一个条件语句。!=字符序列表示"不等于"。因此，如果 EXITVALUE 的值不是 0，那么下面的 if 条件就是 true：

```
if [ $EXITVALUE != 0 ]; then
```

因此，如果 EXITVALUE 不是 0，bash 就执行 if 条件语句里的命令，告诉管理员 logrotate 脚本或相关日志文件存在问题。

```
/usr/bin/logger -t logrotate "ALERT exited abnormally with [$EXITVALUE]"
```

后面的 fi 命令结束条件语句。最后一个指令返回 0，表示成功。

```
exit 0
```

对脚本做了简要介绍之后，我们来看一些 bash 变量和命令。

12.1.2 bash 变量

在 bash 中可以使用变量存储数据。为变量名称使用大写字母比较常见。变量名称不能以数字开头。

下面的例子说明了如何在命令行为变量赋值：

```
# today=4
```

在为变量赋值时，注意不要在等号(=)前后添加空格。要显示变量的值，可使用 echo 命令，并在变量前面添加一个美元符号：

```
# echo $today
4
```

也可以使用大括号包围变量名来防止出现含义模糊的表达式。例如，如果没有大括号，下面的变量将检索变量$todayth 的值，而不是$today 的值：

```
# echo "Today is the ${today}th of June"
Today is the 4th of June
```

可以把变量用作算术表达式的一部分。在 bash 中，算术表达式采用$((expression))语法，例如：

```
# tomorrow=$(($today + 1))
# echo "Tomorrow is the ${tomorrow}th of June"
Tomorrow is the 5th of June
```

不止如此，变量还可以存储命令的输出。有两种方法：使用$(command)语法，或者使用反引号`command`，例如：

```
# day=$(date +%d)
# month=`date +%b`
# echo "The current date is $month, $day"
The current date is Jun, 29
```

12.1.3　bash 命令

脚本中包含各种命令结构。有些命令组在条件满足时才会执行。有些命令组被组织成循环，只要条件满足就会一直运行。这些命令结构也称为条件和控制结构。常见的命令包括 for、if 和 test。循环结束可用 done 或 fi 关键字标记。有些命令只在其他命令的上下文中存在，后面几节将介绍它们。

1. 测试操作符 if

if 操作符主要用来检查条件是否满足，如某个文件是否存在。例如，下面的命令检查 /etc/sysconfig/network 文件是否存在而且是一般文件：

```
if [ ! -f /etc/sysconfig/network ]; then
```

感叹号(!)是"否"操作符，对测试结果取反。–f 检查其后的文件名是不是当前已经存在的一般文件。测试操作符在 bash shell 脚本中很常用，其中有些如表 12-1 所示。

表 12-1　bash 脚本的测试操作符

操 作 符	描　　述
STRING1 = *STRING2*	如果两个字符串相同，则为 true
STRING1 != *STRING2*	如果两个字符串不相同，则为 true
INTEGER1 -eq *INTEGER2*	如果两个整数相等，则为 true
INTEGER1 -ne *INTEGER2*	如果两个整数不相等，则为 true
INTEGER1 -ge *INTEGER2*	如果 *INTEGER1* 大于或等于 *INTEGER2*，则为 true
INTEGER1 -gt *INTEGER2*	如果 *INTEGER1* 大于 *INTEGER2*，则为 true
INTEGER1 -le *INTEGER2*	如果 *INTEGER1* 小于或等于 *INTEGER2*，则为 true
INTEGER1 -lt *INTEGER2*	如果 *INTEGER1* 小于 *INTEGER2*，则为 true
-d *FILE*	如果 *FILE* 是一个目录，则为 true
-e *FILE*	如果 *FILE* 存在，则为 true
-f *FILE*	如果 *FILE* 存在且是一般文件，则为 true
-r *FILE*	如果 *FILE* 存在且被授予读权限，则为 true
-w *FILE*	如果 *FILE* 存在且被授予写权限，则为 true
-x *FILE*	如果 *FILE* 存在且被授予执行权限，则为 true

if 操作符通常与 then 合用，还有可能用到 else 操作符。例如，看下面的代码块：

```
if [ -e /etc/fstab];
then
    cp /etc/fstab /etc/fstab.bak
else
    echo "Don't reboot, /etc/fstab is missing!"
fi
```

在这段代码中，如果/etc/fstab 文件存在(开关为–e)，则运行与 then 操作符相关的命令。如果该文件丢失，则运行所注明的消息。

2. 示例：0anacron 脚本

第 9 章介绍了 0anacron 脚本的用途，这里将详细进行分析。在/etc/cron.hourly 目录中能够找到这个脚本。图 12-2 显示了该脚本的内容。

```
[root@server1 ~]# cat /etc/cron.hourly/0anacron
#!/bin/sh
# Check whether 0anacron was run today already
if test -r /var/spool/anacron/cron.daily; then
    day=`cat /var/spool/anacron/cron.daily`
fi
if [ `date +%Y%m%d` = "$day" ]; then
    exit 0;
fi

# Do not run jobs when on battery power
if test -x /usr/bin/on_ac_power; then
    /usr/bin/on_ac_power >/dev/null 2>&1
    if test $? -eq 1; then
    exit 0
    fi
fi
/usr/sbin/anacron -s
[root@server1 ~]# ▉
```

图 12-2　0anacron 脚本

脚本以#!行开头，告诉 Linux 这是一个 bash 脚本。之后就是下面的 if 代码块：

```
if test -r /var/spool/anacron/cron.daily; then
    day=`cat /var/spool/anacron/cron.daily`
fi
```

在 if 内有时候会使用 test 操作符作为一个条件。例如，下面的代码行

```
if test -r /var/spool/anacron/cron.daily;
```

在功能上等效于

```
if [ -r /var/spool/anacron/cron.daily ];
```

if 代码块确认/var/spool/anacron/cron.daily 文件是否存在且可读。如果测试成功，cron.daily 文件的内容将被保存到 day 变量中。事实上，cron.daily 文件包含 anacron 上一次被运行的日期(采用 YYYYMMDD 格式)。

接下来的代码行包含另一个 if 代码块：

```
if [ `date +%Y%m%d` = "$day" ]; then
    exit 0
fi
```

这段代码比较两个字符串：date 命令以 YYYYMMDD 格式返回的当前日期(注意反引号，它将 date 命令的输出替换为测试比较的第一个操作数)，以及 day 变量的内容。day 变量的名称被放到了双引号内，这是一种很好的做法，可防止被括住的字符串内的特殊字符(除美元符号以外)被 bash 解释。

　　如果两个日期相等，脚本将立即退出，值 0 表示没有错误。换句话说，如果 anacron 在今天已经运行过，/var/spool/anacron/cron.daily 文件的内容将包含今天的日期。此时，脚本不会再次运行，并用值 0 退出。

　　下一段代码包含两个嵌套的 if 代码块：

```
if test -x /usr/bin/on_ac_power; then
    /usr/bin/on_ac_power >/dev/null 2>&1
    if test $? -eq 1; then
    exit 0
    fi
fi
```

　　第一条 if 指令检查/usr/bin/on_ac_power 文件是否存在且可执行。如果是，就运行该程序，并将标准输出和标准错误重定向到/dev/null，从而抑制该程序的所有输出。如 on_ac_power 的帮助页面所述，如果系统使用交流电，该命令返回退出代码 0，否则返回 1。

　　脚本接下来检查最后一条命令的退出代码($?)。如果为 1(即系统没有使用交流电)，则脚本用值 0 退出。

　　最后，如果前面所有测试均通过，脚本将运行 anacron 命令：

```
/usr/bin/anacron -s
```

anacron 将从/etc/anacrontab 中读取一个作业列表并按顺序(-s)执行它们。

3. for 循环

for 循环为列表中指定的所有项目执行一系列命令。它很简单，有许多不同的形式。在下例中，变量 n 取列表 1,2,3 中的值，所以 for 循环中的命令执行了三次：

```
for n in 1 2 3; do
    echo "I love Linux #$n"
done
```

上面代码的输出为：

```
I love Linux #1
I love Linux #2
I love Linux #3
```

/etc/cron.daily 目录中的 certwatch 脚本是另一个例子。如果在自己的系统上找不到这个脚本，需要安装 crypto-utils 程序包。

下面用变量的值替换了 for 循环中的列表：

```
for c in $certs; do
  # Check whether a warning message is needed, then issue one if so.
  /usr/bin/certwatch $CERTWATCH_OPTS -q "$c" &&
    /usr/bin/certwatch $CERTWATCH_OPTS "$c" | /usr/bin/sendmail -oem↵
  -oi -t 2>/dev/null
done
```

$certs 变量包含 Apache Web 服务器使用的所有证书文件的列表。for 循环遍历每个证书，检查其是否即将过期。如果是，就发送警告。

注意两个 certwatch 命令之间的&&操作符。它告诉 bash，只有第一个命令成功(即返回状态 0)以后才执行第二个命令。

下面显示了一个更加复杂的例子。对 getent passwd 命令返回的系统中的所有用户执行 for 循环：

```
for username in $(getent passwd | cut -f 1 -d ":"); do
    usergroups=$(groups $username | cut -f 2 -d ":")
    echo "User $username is a member of the following groups: $usergroups"
done
```

在第一行，getent passwd 命令返回系统中的所有用户。这可能包括/etc/passwd 中本地定义的用户，以及在集中目录服务(如 LDAP)中定义的用户。该命令的输出被截断到第一列(-f 1)，由一个分隔字符(-d ":")限定。这就给出了一个用户名列表，可被 for 循环遍历并在每次迭代中赋给 username 变量。

然后，前面的代码段以每个用户名作为参数执行 groups 命令。该命令返回用户所属的组，格式如下：

```
user : group1 group2 ...
```

cut -f 1 -d ":"命令提取输出中列分隔符之后的所有内容，然后将结果保存到 usergroups 变量中。最后用 echo 命令显示结果。

4. 脚本参数

可使用参数向脚本传递信息，就像普通命令一样。在 bash 脚本中，第一个命令参数保存在特殊变量$1 中，第二个命令参数保存在$2 中，依此类推。参数总数保存在$#特殊变量中。例如，考虑下面的脚本：

```
#!/bin/bash
echo "The number of arguments is $#"
if [ $# -ge 1 ]; then
    echo "The first argument is $1"
fi
```

使用 chmod +x args.sh 命令将这段代码保存在名为 arg.sh 的文件中，并使其成为可执行文件。然后运行下面的程序：

```
# ./args.sh orange
```

应该看到下面的输出：

```
The number of arguments is 1
The first argument is orange
```

在练习 12-1 中，将把前面学到的知识付诸实践。

12.1.4　练习12-1：创建脚本

本实验题将创建一个名为 get-shell.sh 的脚本。该脚本用一个用户名作为参数，使用下面的格式显示该用户的默认 shell：

```
# ./get-shell.sh mike
mike's default shell is /bin/bash
```

如果没有提供参数，脚本必须显示当前用户的默认 shell。如果提供了多个参数，脚本必须输出如下错误消息，并用值 1 退出：

```
Error: too many arguments
```

如果作为参数提供的用户并不存在，脚本必须显示如下错误消息，并用值 2 退出：

```
Error: cannot retrieve information for user <user>
```

(1) 创建文件 get-shell.sh，并为该文件分配执行权限：

```
$ touch get-shell.sh
$ chmod +x get-shell.sh
```

(2) 使用喜欢的编辑器打开该文件。首先在脚本中输入如下代码：

```
#!/bin/sh
```

(3) 添加下面的代码，检查参数的数目($#)是否大于1。如果是，显示一条错误消息，并用值 1 退出：

```
if [ $# -gt 1 ]; then
    echo "Error: too many arguments"
    exit 1
fi
```

(4) 添加下面的代码。如果没有传递参数，脚本将把当前用户的名称($USER)保存到 username 变量中。否则，username 变量将采用第一个参数的值($1)。为表达这种逻辑，我们使用了 if-then-else 结构：

```
if [ $# -eq 0 ]; then
    username=$USER
else
    username=$1
fi
```

(5) 获取用户信息。可以使用 getent passwd 命令查询用户数据库。该命令从本地的 /etc/passwd 文件和任何配置好的目录系统中返回用户信息：

```
userinfo=$(getent passwd $username)
```

(6) 检查上面命令的退出值。任何非 0 退出值都意味着发生了错误。如果是这种情况，立即退出程序，退出状态为 2：

```
if [ $? -ne 0 ]; then
    echo "Error: cannot retrieve information for user $username"
    exit 2
fi
```

(7) 从 userinfo 变量中提取用户的 shell。这是/etc/passwd 的第 7 个字段(-f7)，在该文件中用列字符(-d ":")分隔每个字段：

```
usershell=$(echo $userinfo | cut -f 7 -d ":")
```

(8) 输出结果。作为一种好的实践做法，使用值 0 退出，以说明没有发生错误：

```
echo "$username's shell is $usershell"
exit 0
```

(9) 保存修改。使用不同的参数执行脚本，以测试每种可能条件：

```
$ ./get-shell.sh alex
alex's shell is /bin/bash
$ ./get-shell.sh mike
mike's shell is /bin/bash
$ ./get-shell.sh daemon
daemon's shell is /sbin/nologin
$ ./get-shell.sh mikes
Error: cannot retrieve information for user mikes
$ ./get-shell.sh alex mike
Error: too many arguments
```

认证目标 12.02　设置系统使用报表

　　作为管理员，知道什么时候系统超载会有所帮助。为了知道系统什么时候超载，RHEL 7 包含了 sysstat 程序包。另外，也有与测试系统使用情况相关的其他命令——尤其是 top。当然，可以用 df 和 fdisk 命令确定当前硬盘的使用情况。一旦系统使用报表完成了，就可以审查结果，这可以帮助你确定什么时候系统超载使用。

　　当然，为完成相关的 RHCE 目标，还有其他重要的命令可以帮助你"准备和交付报表"，报表所报告的可以是 CPU、RAM、硬盘驱动器和网络上的负载。它们收集 top、df 和 fdisk 之类的命令产生的数据，而与 sysstat 程序包有关的命令会在每个指定的组件上收集这些数据。性能数据被收集到日志文件中。然后，实际上，设计 sadf 命令的目的是使用日志数据来为生成这些报表做准备。当这些报表写入一个适当的文本文件或数据库文件后，就可以交付它们来进行评估和处理。

12.2.1　系统使用命令

　　Linux 已经可以利用基本的系统使用命令。例如，top 命令提供了 3 个重要条目的当前视图：CPU、RAM 和进程。请看一下 top 命令的输出结果，如图 12-3 所示。当前 CPU、RAM 和交换空间使用情况显示在图的上方，当前正在运行的进程显示在下面的数据栏中。占用大量 CPU 和

RAM 的进程会首先显示。默认情况下，这个视图每 3 秒刷新一次。

```
top - 18:48:03 up 4 days, 22:01,  2 users,  load average: 0.34, 0.10, 0.06
Tasks: 164 total,   2 running, 162 sleeping,   0 stopped,   0 zombie
%Cpu(s):  7.0 us,  0.3 sy,  0.0 ni, 92.7 id,  0.0 wa,  0.0 hi,  0.0 si,  0.0 st
KiB Mem:  2279980 total,  1332628 used,   947352 free,      824 buffers
KiB Swap: 1679356 total,        0 used,  1679356 free.    483256 cached Mem

  PID USER      PR  NI    VIRT    RES    SHR S  %CPU %MEM     TIME+ COMMAND
 3791 alex      20   0 1694336 355552  38596 S   6.0 15.6  29:15.84 gnome-shell
  753 root      20   0  196608  44980  11284 S   0.7  2.0   2:47.81 Xorg
    1 root      20   0  137248   7056   3848 S   0.0  0.3   0:06.92 systemd
    2 root      20   0       0      0      0 S   0.0  0.0   0:00.05 kthreadd
    3 root      20   0       0      0      0 S   0.0  0.0   0:00.07 ksoftirqd/0
    5 root       0 -20       0      0      0 S   0.0  0.0   0:00.00 kworker/0:0H
    6 root      20   0       0      0      0 S   0.0  0.0   0:00.00 kworker/u2:0
    7 root      rt   0       0      0      0 S   0.0  0.0   0:00.00 migration/0
    8 root      20   0       0      0      0 S   0.0  0.0   0:00.00 rcu_bh
    9 root      20   0       0      0      0 S   0.0  0.0   0:00.00 rcuob/0
   10 root      20   0       0      0      0 S   0.0  0.0   0:02.40 rcu_sched
   11 root      20   0       0      0      0 R   0.0  0.0   0:03.34 rcuos/0
   12 root      rt   0       0      0      0 S   0.0  0.0   0:01.06 watchdog/0
   13 root       0 -20       0      0      0 S   0.0  0.0   0:00.00 khelper
   14 root      20   0       0      0      0 S   0.0  0.0   0:00.00 kdevtmpfs
   15 root       0 -20       0      0      0 S   0.0  0.0   0:00.00 netns
   16 root       0 -20       0      0      0 S   0.0  0.0   0:00.00 writeback
   17 root       0 -20       0      0      0 S   0.0  0.0   0:00.00 kintegrityd
```

图 12-3　top 命令显示的系统使用情况

还有 dstat 命令，它是 dstat 程序包的一部分。如图 12-4 所示，输出结果列出了大量的统计数据，每秒刷新一次。添加在这里且与 top 命令相关的一个条目是网络流量，它可以帮助你查看当前网络的使用情况。

```
[root@server1 ~]# dstat
You did not select any stats, using -cdngy by default.
----total-cpu-usage---- -dsk/total- -net/total- ---paging-- ---system--
usr sys idl wai hiq siq| read  writ| recv  send|  in   out | int   csw
  1   0  99   0   0   0|3019B  989B|   0     0 |   0     0 |   5    11
 42   1  57   0   0   0|   0     0 |   0     0 |   0     0 | 519   667
 43   1  56   0   0   0| 120k    0 | 104B    0 |   0     0 | 519   919
 88   3   9   0   0   0|   0     0 |  66B  163B|   0     0 |1003  1841
 77   2  21   0   0   0|   0  1956k| 104B    0 |   0     0 | 918  1641
 73   2  24   0   0   0|  24k    0 |2346B 1862B|   0     0 | 885  1145
 17   2  81   0   0   0|   0     0 | 104B    0 |   0     0 | 345  1050
 27   2  71   0   0   0|   0     0 |   0     0 |   0     0 | 442   827
 47   1  52   0   0   0|   0     0 | 104B    0 |   0     0 | 587   874
 22   1  77   0   0   0|   0     0 |   0     0 |   0     0 | 285   335
 26   0  74   0   0   0|   0     0 | 104B    0 |   0     0 | 322   376
 92   3   5   0   0   0|  84k   68k|2092B 1224B|   0     0 |1037  1414
 95   4   0   0   0   1|1288k  452k| 237k   10k|   0     0 |1203  1508
 95   4   1   0   0   0|8192B    0 | 163k   15k|   0     0 |1214  1595
 40   3  56   1   0   0| 128k    0 | 190B  173B|   0     0 | 666  1279
 38   2  60   0   0   0|   0     0 |3917B 6707B|   0     0 | 649  1112
 39   1  60   0   0   0|   0    27k| 146B  156B|   0     0 | 637  1099
 57   3  40   0   0   0|   0     0 |   0     0 |   0     0 | 772  1274
 41   1  58   0   0   0|   0     0 | 104B    0 |   0     0 | 604   966
 39   2  59   0   0   0|   0     0 |   0     0 |   0     0 | 565   902
```

图 12-4　dstat 命令显示的系统使用情况

当然，这些是实时数据，你不可能一直盯着。所以就需要使用系统活动报告(System Activity Report)工具 sar。

12.2.2　系统活动报表工具

为设置系统活动报表工具，请安装 sysstat 程序包。该程序包包含一个 systemd 服务，以及一个定期运行的 crod 作业，该作业在/etc/cron.d/sysstat 文件中定义。程序包中还包含一系列相关命令，下面就将介绍。

sysstat 的命令使用/etc/sysconfig 目录下 sysstat 和 sysstat.ioconf 文件中显示的参数。sysstat 文件相对简单，下面的指令指出日志文件应该保存 28 天：

```
HISTORY=28
```

下面的指令指出日志文件超过 31 天应该进行压缩：

```
COMPRESSAFTER=31
```

当然，这意味着日志文件在被压缩之前会擦除。不过，可以根据需要修改变量。/etc/sysconfig 下的 sysstat.ioconf 文件可以帮助收集来自大量存储设备的活动数据。它帮助 sysstat 程序包中的一些命令从磁盘设备收集数据。虽然 sysstat.ioconf 文件很大，但是除非有新的磁盘存储硬件，否则不需要修改文件。Red Hat 考试不是硬件考试。

12.2.3　收集系统状态生成日志

sysstat 程序包包含一个定时 cron 作业。该作业保存在/etc/cron.d 目录下，收集系统使用信息并将信息传送给/var/log/sa 目录下的日志文件。请检查一下/etc/cron.d 目录中的 sysstat 文件。第一行内容表示该作业由 root 管理员用户每 10 分钟运行一次。

```
*/10 * * * * root /usr/lib64/sa/sa1 1 1
```

sa1 命令中后面的 1 和 1 分别指定该命令应该在作业启动一秒后运行一次。执行这条命令后的信息保存在/var/log/sa 目录下命名为 sa*dd* 的文件中，这里的 *dd* 表示该月中的第几天。

下面一行的内容比表面看起来功能强大。每天在午夜前 7 分钟，拥有 root 管理员用户特权的 sa2 命令完成一个关于绝大多数系统活动的报表。

```
53 23 * * * root /usr/lib64/sa/sa2 -A
```

-A 选项与 sar 命令有关。从下面来自 sar 联机帮助页的摘录可以看出，本质上是要收集有关系统使用的每一个合理的位：

```
-A     This is equivalent to specifying -bBdqrRSuvwWy
-I SUM -I XALL -n ALL -u ALL -P ALL.
```

12.2.4　准备系统状态报表

本节不会呈现报表，只是简单地对 sadf 命令进行分析，以及了解如何使用它从/var/log/sa 目录下的日志文件过滤信息。命名为 sa10(该月中的第 10 天)的二进制日志文件可以用 sadf 命令以多种方式处理。一些更重要的 sadf 选项列在表 12-2 中。

表 12-2　sadf 命令的选项

选　项	说　明
-d	以关系数据库可用的形式显示内容
-e hh:mm:ss	以 24 小时制的形式列出报表的终止时间
-p	以 awk 命令可使用的形式显示内容，不与-d 或-x 同时使用
-s hh:mm:ss	以 24 小时制的形式列出报表的起始时间
-x	以 XML 的形式显示内容，不与-d 或-p 同时使用

例如，下面的命令设置了一个该月中第 10 天从起始到终止的数据报表：

```
# sadf -s 00:00:01 -e 23:59:59 /var/log/sa/sa10 > activity10
```

数据被重定向到 activity10 文件以便进行后续处理。sysstat 程序包的处理能力来自于它与
sar 命令交互的方式。但是只有 sar 命令的部分选项可以作用于 sadf。如 sadf 帮助页面中指出的，
下面的命令基于来自/var/log/sa/sa21 文件的"内存、交换空间和网络统计数据"，以可被数据库处
理的格式准备了一个报表：

```
# sadf -d /var/log/sa/sa21 -- -r -n DEV
```

-d 与 sadf 命令有关，双短线(--)指出的选项与 sar 命令有关。-r 开关选项报告内存使用情况，
-n DEV 报告网络设备统计数据。

在工作或 Red Hat 考试中，sadf 帮助页面是创建报表时一个非常好用的命令选项参考工具。
和许多其他的命令一样，这可以在 EXAMPLES 部分找到。

当然，还有其他重要的 sar 命令开关选项。表 12-3 显示了那些可能在你准备有关"处理器、
内存、磁盘和网络"使用的报表时派上用场的选项。

表 12-3　sar 命令的系统使用选项

开 关 选 项	说　明
-d	列出块设备活动情况，通常使用-p 选项指定公共驱动设备文件名称，如 sda 和 sdb
-n DEV	报告网络设备统计数据
-P *cpu*	列出每个处理器(或核)的统计数据，例如：-P 0 指定第一个 CPU
-r	报告内存使用的统计数据
-S	显示交换空间使用的统计数据
-u	生成一个 CPU 使用报表，包括在用户和系统级别执行的应用程序的类别、空闲时间等
-W	报告交换统计数据

根据列在表 12-3 中的选项，可以修改之前的 sadf 命令来满足列在相关 RHCE 目标中的 4
个要求：

```
# sadf -d /var/log/sa/sa21 -- -u -r -dp -n DEV
```

换句话说,sadf 命令指定该月中第 21 天数据库(-d)可用的输出结果,该数据库来自/var/log/sa 目录下的数据库文件。双短线(--)指定 sar 命令开关选项,-u 表示 CPU 使用情况,-r 表示 RAM 使用情况,块设备活动(-d)用更加熟悉的块设备名称(如 sda)表示(-p),-n DEV 表示来自网络设备的统计数据。

认证目标 12.03　内核运行时参数

像 RHCE 目标中定义的一样,内核运行时参数与/proc/sys 目录中的文件和 sysctl 命令有关。最相关的是/etc/sysctl.conf 配置文件,因为 sysctl 命令在引导过程中使用该文件将参数添加到/proc/sys 目录中的各个文件。因此本节首先介绍 sysctl.conf 文件。

12.3.1　sysctl 与/etc/sysctl.conf 如何一起运行

可以用两步来启用 IPv4 转发。首先,在配置中添加下面的布尔指令来激活 IPv4 转发。

```
net.ipv4.ip_forward = 1
```

然后使用下面的命令使系统重读配置文件。

```
# sysctl -p
```

下面详细介绍该过程。首先,内核运行时参数保存在/proc/sys 目录的各个文件里。net.ipv4.ip_forward 变量的内容存储在 net/ipv4/子目录下的 ip_forward 文件中。也就是说,IPv4 转发保存在/proc/sys/net/ipv4 目录的 ip_forward 文件里。

因为该文件只包含 0 或者 1,因此它是一个布尔变量。因此,net.ipv4.ip_forward 变量的值为 1 则激活 IPv4 转发。

如果要添加 IPv6 转发呢?虽然在/etc/sysctl.conf 文件中没有配置,但可以添加该特性。可在/proc/sys/net/ipv6/conf/all 目录里名为 forwarding 的文件里设置 IPv6 转发。也就是说,要在重新启动时设置 IPv6 转发,可在/etc/sysctl.conf 中包含下面的指令。

```
net.ipv6.conf.all.forwarding=1
```

类似指令适用于与/proc/sys 目录中文件相关的其他设置。下面介绍/proc/sys/net/ipv4 目录中的 icmp_*指令。大家可能知道 Internet Control Message Protocol (ICMP)通常与 ping 命令相关。其实,ping 命令是请求回复。因此 icmp_echo_ignore_all 和 icmp_echo_ignore_broadcasts 与直接 ping 命令相关,也与广播地址相关的 ping 命令有关。

也就是说,如果将下面的指令添加到/etc/sysctl.conf 文件:

```
net.ipv4.icmp_echo_ignore_all = 1
net.ipv4.icmp_echo_ignore_broadcasts = 1
```

本地系统不会响应直接 ping 命令,也不会响应来自 ping 对网络广播地址的请求。

12.3.2　/etc/sysctl.conf 文件中的设置

/etc/sysctl.conf 文件中的设置是配置的一小部分。在 RHEL 7 中，/etc/sysctl.conf 只包含注释，默认配置被移动到了/usr/lib/sysctl.d 目录下的文件中。仔细看看这些文件。完全可以想见，RHEL 7 在这些文件中包含选项是有理由的，RHCE 考试中很可能会出现这些设置。上面已经介绍了用于 IPv4 转发的第一个指令。下一个指令包含在/usr/lib/sysctl.d 目录下的 50-default.conf 文件中。如果是活动的话，它将通过反向路径转发检查，确保从外部网络进来的包确实是外部的。

```
net.ipv4.conf.default.rp_filter = 1
```

通常禁用下面的指令，以防止使用源路由的潜在攻击：

```
net.ipv4.conf.default.accept_source_route = 0
```

开发人员可出于开发的目的修改 sysrq 指令的值。通常，应该保留默认设置。

```
kernel.sysrq = 16
```

如果 Linux 内核崩溃，此选项包含内核核心转储文件的 PID 号，这将有助于确定崩溃原因。

```
kernel.core_uses_pid = 1
```

白帽黑客使系统过载的另一种标准方法是 SYN 包泛洪。这与所谓的"ping of death"类似。下面的设置避免过载：

```
net.ipv4.tcp_syncookies = 1
```

网桥是交换机的一种较早的术语，可在不同的网络段之间转发流量。下面的指令包含在/usr/lib/sysctl.d 目录下的 00-system.conf 文件中，禁止在这种网桥上使用 iptables、ip6tables 和 arptables 命令：

```
net.bridge.bridge-nf-call-ip6tables = 0
net.bridge.bridge-nf-call-iptables = 0
net.bridge.bridge-nf-call-arptables = 0
```

这些网桥通常与 KVM 主机上的虚拟网络相关。

12.3.3　练习 12-2：禁止响应 ping 命令

本练习将使用内核参数来禁止对 ping 命令的响应。虽然本练习可在任意两个连接的系统上运行，但本练习假设配置 server1.example.com 系统，并从 tester1.example.com 系统测试结果。

(1) 在 server1.example.com 系统上，使用下面的命令查看与响应 ping 消息相关的当前设置。

```
# cat /proc/sys/net/ipv4/icmp_echo_ignore_all
```

(2) 假设输出为 0，尝试运行 ping localhost 命令。会出现什么情况？不要忘记按 Ctrl+C 键退出输出流。如果输出为 1，则跳到步骤(5)。

(3) 确认来自远程系统(如 tester1.example.com)的结果。在有些情况下，可能没有物理访问该系统，因此可使用相应的 ssh 命令连接。从远程系统运行 ping server1.example.com 或 ping 192.168.122.50 命令。

(4) 返回 server1.example.com 系统。使用下面的命令修改步骤(1)中的内核设置。

```
# echo "1" > /proc/sys/net/ipv4/icmp_echo_ignore_all
```

重复步骤(1)中的命令来进行确认。再次运行 ping localhost 命令。又会出现什么情况？

(5) 将原始 0 设置恢复为 icmp_echo_ignore_all 选项。

12.04　IP 路由

RHCE 目标指出，考生需要知道如何"路由 IP 流量和创建静态路由"。这实际上是两个任务。首先，设置到外部网络的默认路由是网络配置的一个标准部分。但还有一个相关的任务：当系统有两个或更多个网络设备时，设置到特定网络的一个静态路由。

12.4.1　配置默认路由

默认路由是当目的地地址没有其他任何更加具体的路由时，网络数据包采取的路径。当 DHCP 服务器正在工作且被配置为使用 IP 地址提供默认网关时，就使用 DHCP 服务器收到的 IP 地址来分配默认路由。在第 3 章讨论的 ip route 命令的输出中通常能够很明显地看出这一点。下面显示了一个使用 DHCP 服务器的系统的这种输出：

```
default via 192.168.122.1 dev eth0  proto static  metric 1024
192.168.122.0/24 dev eth0  proto kernel  scope link  src ↵
192.168.122.50
```

可以看到，默认路由通过的网关地址为 192.168.122.1。类似地，在静态配置的网络系统的配置文件中使用 GATEWAY 指令配置其默认路由。这些配置文件存储在/etc/sysconfig/network-scripts 目录中，名为 ifcfg-eth0 等。

但是还有其他情况，如在临时网络中，默认路由不是由 DHCP 服务器提供的。有可能必须替换 DHCP 服务器，设置静态 IP 地址信息。这种情况下，可使用 ip route 命令临时添加一个默认路由。例如，下面的命令将恢复前面显示的默认路由：

```
# ip route add default via 192.168.122.1 dev eth0
```

为确保默认路由在重启后依然有效,需要确保系统将该默认网关 IP 地址配置为静态网络配置的一部分，或者为该网络使用的 DHCP 服务器可以分配该网关 IP 地址。图 12-5 显示了使用 Network Manager 工具配置默认网关的 IPv4 地址的方式。另外，通过直接修改 ifcfg-eth*x* 配置文件，可以确保添加的默认路由在重启后依然有效。

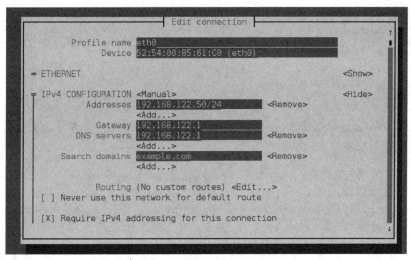

图 12-5　静态网络配置的默认网关

一些系统中可能有多个网络设备。此时需要配置一个静态路由。

12.4.2　配置静态路由

配置特殊路由的一种方式是使用网络管理器连接编辑器工具。如第 3 章所述，可在 GUI 控制台中使用 nm-connectioneditor 命令启动该工具。选择一个现有的有线或者无线网络设备，然后单击 Edit。在 IPv4 或 IPv6 选项卡下，使用 Routes 按钮添加静态路由。单击后可看到图 12-6 所示的窗口。

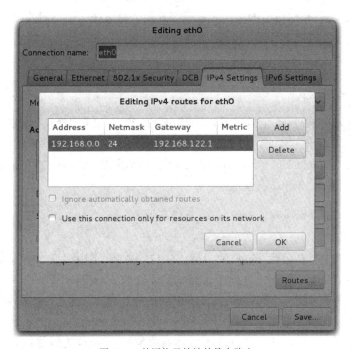

图 12-6　某网络目的地的静态路由

保存配置以后，网络管理器会在/etc/sysconfig/network-scripts 目录下创建一个 route-eth0 文件。该文件的完整内容如下：

```
ADDRESS0=192.168.0.0
NETMASK0=255.255.255.0
GATEWAY0=192.168.122.1
```

重启 NetworkManager 服务以后，将把新的路由添加到路由表中。基于前面配置的路由表，ip route 命令的输出如下：

```
default via 192.168.122.1 dev eth0  proto static  metric 1024
192.168.0.0/24 via 192.168.122.1 dev eth0  proto static  metric 1
192.168.122.0/24 dev eth0  proto kernel  scope link  src ↵192.168.122.50
```

考试提示

dummy 接口是一类特殊的虚拟接口，不与系统上的任何网络适配器关联。当无法访问物理网络或者系统离线时，可以使用 dummy 接口来练习特定的网络情景。

12.4.3　练习 12-3：静态路由

在本练习中将创建一个 dummy 接口来练习静态路由的配置。dummy 接口是一个虚拟接口，不与主机上的任何适配器关联。本练习假定将在 server1.example.com 系统上配置 dummy 接口，而把静态路由添加到物理主机系统上。

(1) 在 server1.example.com 上，运行下面的命令来添加一个 dummy 接口。检查 IP 段 192.168.123.0/24 还没有在网络中使用。如果已经使用，就选择一个不同的网络段：

```
# modprobe dummy
# ip link set name eth2 dev dummy0
# ip address add 192.168.123.123/24 dev eth2
# ip link set eth2 up
```

(2) 在 server1.example.com 上运行 ping 192.168.123.123。如果已经正确设置了 dummy 接口，ping 请求应该收到回复。不要忘记按 Ctrl+C 退出输出流。

(3) 在 server1.example.com 上运行 ip route 命令。将看到 192.168.123.0/24 的有效路由，因为此网络段与 dummy 接口 eth2 直接连接：

```
192.168.123.0/24 dev eth2  proto kernel  scope link  src ↵
192.168.123.123
```

(4) 在物理主机上重新运行 ping 192.168.123.123 命令。因为你的物理主机可能没有通过 server1 到 192.168.123.0/24 的路由，所以 ping 命令不会收到响应。

(5) 在物理主机上添加一个到 192.168.123.0/24 的静态路由。为此，打开网络管理器连接编辑器工具。选择 virbr0 网桥设备，然后单击 Edit。在 Ipv4 Settings 选项卡下，单击 Routes 按钮来添加一个静态路由。设置 192.168.123.0 作为网络地址，24 作为网络掩码，192.168.122.50 (server1 的 IP 地址)作为网关。

(6) 重启网络管理器，如下所示：

```
# systemctl restart NetworkManager
```

(7) 通过运行 **ip route** 命令，确认在路由表中安装了到 192.168.123.0/24 的路由。

(8) 再次在物理主机上运行 **ping 192.168.123.123** 命令。发生了什么？

(9) 在物理主机上删除静态路由。

(10) 在 server1 上删除 dummy 接口：

```
# ip link delete eth2
```

12.05　IPv6 简介

IPv6 网络连接是 RHCE 考试的特别挑战之一。虽然当前的大部分网络都是用 IPv4 地址配置的，但是一些地区已经用完了公共的 IPv4 地址。

IPv6 是在 20 世纪 90 年代晚期引入的，目的是取代 IPv4，因为 40 亿个(2^{32})IPv4 地址仍然不够用。IPv6 支持更多的地址，最多可到 2^{128} 或 $3.4×10^{38}$ 个地址。

12.5.1　基本的 IPv6 地址

第 3 章介绍了 IPv4 地址的"点分十进制"表示法，其中用十进制数字表示的每个小节代表 32 位地址中的 8 位(例如 192.168.122.50)。IPv6 地址包含 128 位，采用十六进制表示法表示。也就是说，IPv6 地址可能包含以下"数位"：

```
0, 1, 2, 3, 4, 5, 6, 7, 8, 9, a, b, c, d, e, f
```

IPv6 地址常被组织为 8 组，每组包含 4 个十六进制数字，称为半字节，其格式如下所示：

```
2001:0db8:3dab:0001:0000:0000:0000:0072
```

可以用下面的方法进一步简化 IPv6 地址：

- 删除半字节中的所有前导 0。例如，可以将 0db8 写作 db8，0072 写作 72，0000 写作 0 等。
- 将任意的 0000 半字节序列写作一对冒号(::)。例如，可以将 0000:0000:0000 缩写为一对冒号。但是，为避免模糊性，在一个 IPv6 地址中只能应用此规则一次。

因此，我们能够用精简许多的形式重写前面的地址：

```
2001:db8:3dab:1::72
```

与 IPv4 类似，IPv6 地址包含两个部分：主机和网络地址。IPv6 地址的主机部分称为"接口标识符"。在 IPv6 中，通常以前缀表示法指定子网掩码(如/48)。

例如，假设 IPv6 地址 2001:db8:3dab:1::72 的网络前缀为/64。也就是说，该 IPv6 地址的网络部分包括该地址的前 64 位。在本例中，网络前缀为 2001:db8:3dab:1。接口标识符包括后 64 位，由十六进制数字 72 表示。

IPv6 地址分为几类。地址格式有三种：

- **单播**　单播地址与一个网络适配器关联。
- **任播**　任播地址可同时分配给多个主机。可用于负载平衡和冗余。任播地址按照与单播地址相同的方式进行组织。
- **多播**　多播地址用于同时向多个目的地发送消息。

有了这种多样的地址格式，就不再需要 IPv4 风格的广播地址。如果想发送一个消息到多个系统，可使用 IPv6 多播地址。

IPv6 地址也被组织成几个不同的段，如表 12-4 所示。IPv4 中的默认路由(0.0.0.0/0)在 IPv6 中显示为::/0。

表 12-4　IPv6 的地址类型

IPv6 地址类型	地　址　段	说　　明
全局单播	2000::3	用于主机到主机通信
任播	与单播相同	分配给任意数量的主机
多播	ff00::8	用于一对多和多对多通信
链接本地地址	fe80::/10	保留用于链接-本地通信
唯一本地地址	fcoo::/7	与 IPv4 中的 RFC 1918 专用地址等效

有必要解释一下链接本地地址段。IPv6 网络中的每个接口都被自动配置一个链接本地地址。这些地址是不可路由的，因为这种通信被局限在本地网络段。各种 IPv6 操作中都需要链接本地地址。

即使还没有在 RHEL 7 服务器中配置 IPv6，每个网络接口也会被自动分配一个链接本地地址，如下面的输出所示：

```
# ip addr show eth0
2: eth0: <BROADCAST,MULTICAST,UP,LOWER_UP> mtu 1500 qdisc pfifo_fast ↵
state UP qlen 1000
    link/ether 52:54:00:85:61:c0 brd ff:ff:ff:ff:ff:ff
    inet 192.168.122.50/24 brd 192.168.122.255 scope global eth0
      valid_lft forever preferred_lft forever
    inet6 fe80::5054:ff:fe85:61c0/64 scope link
      valid_lft forever preferred_lft forever
```

为识别链接本地地址，可寻找以 fe80 开头的地址。注意 "scope link" 条目。可以看到，接口 eth0 具有如下 IPv6 link-local 地址：fe80::5054:ff:fe85:61c0/64。

12.5.2　故障排除工具

我们在第 3 章介绍的大部分网络工具在 IPv4 和 IPv6 地址上都能顺利运行。不过，有两个明显的例外：ping 和 traceroute 命令。在 IPv6 网络上，需要使用 ping6 和 traceroute6 命令。

ping6 命令的工作方式与 ping 相似。即使在配置一个 IPv6 地址之前，也可以对 server1.example.com 系统的链接本地地址运行 ping6 命令：

```
# ping6 -I virbr0 fe80::5054:ff:fe85:61c0
```

因为链接本地地址是不可路由的，所以在 ping 远程的连接本地地址时，必须在 ping6 命令中指定出站接口(-I)。

12.5.3　配置 IPv6 地址

与 IPv4 网络一样，可以使用网络管理器的命令行工具 nmcli、基于文本的图形工具 nmtui 或网络管理器连接编辑器来配置 IPv6 地址。

使用 nm-connection-editor 命令在 GUI 中启动网络管理器连接编辑器。

选择第一个以太网设备(在我们的系统中是 eth0)的连接配置文件，单击 Edit。然后单击 IPv6 Settings 选项卡，将打开如图 12-7 所示的窗口。

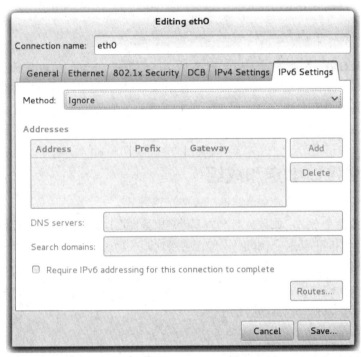

图 12-7　在网络管理器连接编辑器中编辑 IPv6 地址

单击 Method 下拉文本框，选择 Manual。现在就可以添加系统的 IP 地址信息。例如，在 server1.example.com 上，我们添加了如下设置：

- IP Address　2001:db8:3dab:2
- Prefix　64
- Gateway Address　2001:db8:3dab:1

类似地，在我们的物理系统上，我们将 IPv6 地址 2001:db8:3dab:1 与 virbr0 接口关联在一起。可使用下面的命令确认配置：

```
# ip addr show eth0
2: eth0: <BROADCAST,MULTICAST,UP,LOWER_UP> mtu 1500 qdisc pfifo_fast ↵
state UP qlen 1000
    link/ether 52:54:00:85:61:c0 brd ff:ff:ff:ff:ff:ff
```

```
    inet 192.168.122.50/24 brd 192.168.122.255 scope global eth0
       valid_lft forever preferred_lft forever
    inet6 2001:db8:3dab::2/64 scope global
       valid_lft forever preferred_lft forever
    inet6 fe80::5054:ff:fe85:61c0/64 scope link
       valid_lft forever preferred_lft forever
```

配置保存在/etc/sysconfig/network-scripts 目录下的 ifcfg-eth0 文件中。打开该文件。注意网络管理器连接编辑器添加了如下的配置行：

```
IPV6_AUTOCONF=no
IPV6ADDR=2001:db8:3dab::2/64
IPV6_DEFAULTGW=2001:db8:3dab::1
IPV6_DEFROUTE=yes
IPV6_FAILURE_FATAL=no
```

IPV6_AUTOCONF 指令禁用了自动配置的 IPv6 地址。接下来的变量 IPV6ADDR 和 IPV6_DEFAULTGW 分别设置接口和默认网关的 IP 地址。IPV6_DEFROUTE 在路由表中安装默认路由。最后，如果启用了 IPV6_FAILURE_FATAL 指令，那么即使 IPv4 配置成功，IPv6 的配置失败也将导致接口不能使用。

12.06　网络接口绑定和成组

在关键任务数据中心中，通常在把一个 Linux 服务器连接到网络时，会把该服务器的两个以太网接口连接到不同的接入交换机。一般还会将这两个物理端口聚合为一个"逻辑"网络接口("绑定"或"成组"接口)。这种配置提供了完全冗余，因为一个地方的失败不会影响服务器与网络其余部分通信的能力。另外，在一些配置中，服务器可以主动地通过两个网络接口发送和接收数据包，从而使可用网络带宽加倍。

RHEL 7 提供了两种建立这种配置的方法：

- **接口绑定**：RHEL 6 中的标准成组方法，在 RHEL 7 中仍然可用。
- **网络成组**：RHEL 7 中引入。

在撰写本书时，这两种方法提供了类似的功能，但是网络成组比传统的绑定驱动程序实现的设计模块化程度更高，扩展性也更好。对于 RHCE 考试(和日常工作)，这两种配置方法都应该熟悉。

为了练习接口绑定和成组，首先要有两个以太网接口。为此，关闭 server1.example.com 虚拟机，再添加一个以太网适配器。具体方法是，启动虚拟机管理器，打开虚拟机控制台和详细信息窗口，再单击 virtual hardware details 按钮。然后，单击 Add Hardware，选择一个网络设备，如图 12-8 所示。设置 virtio 作为设备模型，然后单击 Finish。启动虚拟机，然后运行 ip link show 命令以确认系统识别了新的虚拟适配器。应该看到系统上安装了一个回环适配器和两个以太网适配器，如下面的输出所示：

```
# ip link show
```

```
1: lo: <LOOPBACK,UP,LOWER_UP> mtu 65536 qdisc noqueue state UNKNOWN mode DEFAULT
   link/loopback 00:00:00:00:00:00 brd 00:00:00:00:00:00
2: eth0: <BROADCAST,MULTICAST,UP,LOWER_UP> mtu 1500 qdisc pfifo_fast ↵
state UP mode DEFAULT qlen 1000
   link/ether 52:54:00:b6:0d:ce brd ff:ff:ff:ff:ff:ff
3: eth1: <BROADCAST,MULTICAST,UP,LOWER_UP> mtu 1500 qdisc pfifo_fast ↵
state UP mode DEFAULT qlen 1000
   link/ether 52:54:00:a1:48:6c brd ff:ff:ff:ff:ff:ff
```

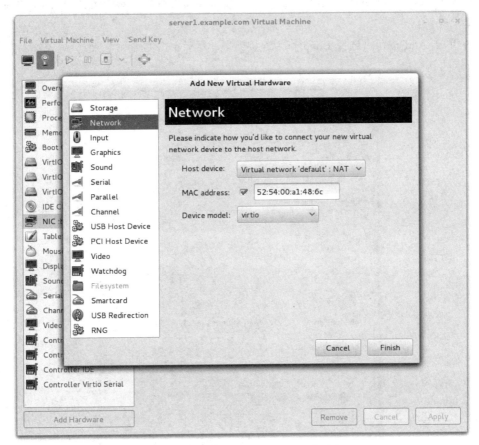

图 12-8　在虚拟机中添加一个新的网络设备

实际经验

第 3 章提到，RHEL 7 尝试根据网络接口的物理位置对其命名(如将板载网络接口命名为
"eno*X*"或"em*X*")。如果在系统上使用 virtio 类型配置了虚拟适配器，如本章所述，那么 RHEL
7 将回归传统的接口枚举方法，即 eth0、eth1 等。如果想要强制系统使用传统的 ethX 命名风格，
可以应用 KB 文章 283233 中描述的过程，地址为：https://access.redhat.com/solutions/283233。

12.6.1　配置接口绑定

有几种方法可配置接口绑定：命令行 nmcli 程序、基于文本的 nmtui 工具以及图形化的网络管理器连接编辑器。另外，如果知道/etc/sysconfig/networkscripts/中的网络配置文件的语法，也可以通过直接编辑几个文件来创建新的配置。

本节将介绍如何使用网络管理器连接编辑器，在 server1.example.com 上配置绑定接口。其目标是将 eth0 和 eth1 这两个接口("从属"接口)聚合为一个名为"bond0"的逻辑接口("主"接口)。

(1) 在 GUI 中使用命令 nm-connection-editor 启动网络管理器连接编辑器程序。

(2) 删除 eth0 接口的任何现有配置。在网络管理器连接编辑器中选择该接口，然后单击 Delete。

(3) 单击 Add 按钮，选择 Bond 作为连接类型，然后单击 Create 按钮确认。这将打开如图 12-9 所示的新窗口：

图 12-9 打开新窗口

(4) 下一步是在绑定配置中添加从属接口 eth0。单击 Add 按钮，选择 Ethernet 作为连接类型，然后单击 Create。

(5) Editing bond0 slave 1 窗口将会显示。将 Connection name 设为 eth0，将 Device MAC address 设为下拉菜单中 eth0 接口的地址，如图 12-10 所示。单击 Save。

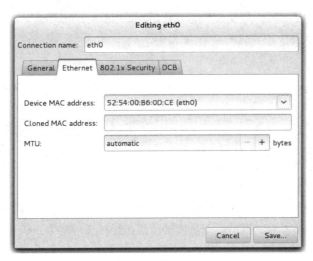

图 12-10　设置方式

(6) 进入 General 选项卡,选择 Automatically connect to this network when it is available 选项。单击 Save。这将确保在引导时激活设备。

(7) 为另一个从属接口 eth1 重复步骤(4)、(5)和(6)。

(8) 回到第一幅图的主窗口,选择 Active-backup 作为故障转移模式。表 12-5 讨论了绑定驱动程序的可用模式。

(9) (可选)可在 Primary 字段中设置主接口的名称。

(10) 保留此窗口中其他设置的默认值。

(11) 进入 IPv4 Settings 选项卡。使用第 1 章的表 1-2 中的设置来配置系统的 IP 地址、网络掩码和网关。

(12) 单击 Save。

表 12-5　绑定模式

绑 定 模 式	说　　明
轮询(round-robin)	以轮询模式在从属接口之间传输数据包。提供了负载平衡和容错能力。需要网络交换机的支持(例如在思科设备上配置一个"端口信道")
活动备份(active-backup)	只有一个从属接口是活动的。如果此活动接口失败,另一个从属接口应当变为活动接口。提供了容错能力,不需要任何特殊的交换机支持
排他(XOR)	使用 XOR 哈希策略从属接口之间传输数据包。提供了基于流的负载平衡和容错能力
广播(broadcast)	数据包被传输到所有从属接口。很少使用
802.3ad	使用 IEEE 802.3ad 链接聚合,所以网络交换机必须支持这种聚合。提供了负载平衡和容错能力
适配器传输负载平衡(adaptive transmit load balancing)	基于接口的当前负载向接口传输数据包。提供了负载平衡和容错能力
自适应负载平衡(adaptive load balancing)	与适配器传输负载平衡类似,但是通过 ARP 协商提供了入站负载平衡

477

当配置完成后,应该已经将 bond0 接口配置为 active-backup 模式,并有两个从属接口:eth0 和 eth1。下面的命令确认了当前的 IP 配置设置:

```
# ip addr show bond0
4: bond0: <BROADCAST,MULTICAST,MASTER,UP,LOWER_UP> mtu 1500 qdisc noqueue ↵
 state UNKNOWN
    link/ether 52:54:00:b6:0d:ce brd ff:ff:ff:ff:ff:ff
    inet 192.168.122.50/24 brd 192.168.122.255 scope global dynamic bond0
      valid_lft 3367sec preferred_lft 3367sec
    inet6 fe80::5054:ff:feb6:dce/64 scope link
      valid_lft forever preferred_lft forever
```

为从链接层的角度显示 bond0 接口及其从属接口的状态,运行 cat /proc/net/bonding/bond0 命令。输出如图 12-11 所示,指出两个从属接口都已经打开,其中 eth0 接口是活动从属接口。

```
[root@server1 ~]# cat /proc/net/bonding/bond0
Ethernet Channel Bonding Driver: v3.7.1 (April 27, 2011)

Bonding Mode: fault-tolerance (active-backup)
Primary Slave: None
Currently Active Slave: eth0
MII Status: up
MII Polling Interval (ms): 1
Up Delay (ms): 0
Down Delay (ms): 0

Slave Interface: eth0
MII Status: up
Speed: Unknown
Duplex: Unknown
Link Failure Count: 0
Permanent HW addr: 52:54:00:b6:0d:ce
Slave queue ID: 0

Slave Interface: eth1
MII Status: up
Speed: Unknown
Duplex: Unknown
Link Failure Count: 0
Permanent HW addr: 52:54:00:a1:48:6c
Slave queue ID: 0
[root@server1 ~]# ▮
```

图 12-11　显示 bond0 接口的状态

12.6.2　练习 12-4:测试绑定故障转移

本练习将测试绑定故障转移。我们假定你已经按照前一节的介绍,配置了一个 active-backup 绑定接口,且该接口有两从属接口。

(1) 在物理主机上对 server1.example.com 连续运行 ping 命令,确认 IP 连接正常:

```
# ping 192.168.122.50
```

(2) 使用 ifdown eth0 命令关闭 server1 上的活动接口。server1 还响应 ping 请求吗?

(3) 使用下面的命令确认活动从属接口的状态:

```
# cat /proc/net/bonding/bond0
```

(4) 使用 ifup eth0 命令重新打开 eth0 接口。server1 还响应 ping 请求吗?哪个接口是绑定主接口的活动接口?

(5) 为 eth1 接口重复步骤(2)～(4)。只要有一个从属接口是活动的，IP 连接就应该始终是连通的。

(6) 关闭 eth0 和 eth1 接口。会发生什么？

12.6.3　配置接口成组

网络成组是 RHEL 7 中新增的一种链接聚合方法。在功能上，它与接口绑定类似。但是，其体系结构也有显著不同。绑定是在 Linux 内核中实现的，而接口成组则依赖于一个非常小的内核驱动程序。其他代码作为一个用户服务守护进程(teamd)的一部分运行在用户空间中。这种方法是一种模块化程度更高、更容易扩展的设计，方便了引入新功能。

为创建新的成组接口，启动网络管理器连接编辑器，单击 Add 按钮，选择 Team 作为连接类型。单击 Create 按钮后，将显示如图 12-12 所示的一个窗口。

图 12-12　显示一个窗口

从这里开始，基本配置与绑定接口类似。因此，可以参考前一节介绍的细节。

建立了新的成组接口后，可以使用下面的命令确认其状态：

```
# teamdctl team0 state
setup:
  runner: roundrobin
ports:
  eth0
    link watches:
      link summary: up
```

```
    instance[link_watch_0]:
      name: ethtool
      link: up
  eth1
    link watches:
      link summary: up
      instance[link_watch_0]:
        name: ethtool
        link: up
```

12.07　使用 Kerberos 进行身份验证

使用 Kerberos 配置且经过 Kerberos 身份验证的两个系统可使用对称密钥进行加密通信。这个密钥由 KDC 授予。虽然 RHCE 考试没有关于 Kerberos KDC 配置的认证目标，但是要练习本节和第 16 章介绍的配置，需要使用 KDC。接下来首先介绍 Kerberos 的基础知识，然后练习配置 KDC 和一个简单的客户端。

12.7.1　Kerberos 简介

Kerberos 是一种网络身份验证协议，支持联网系统的安全身份验证，最初由麻省理工学院(Massachusetts Institute of Technology，MIT)开发。RHEL 7 包含 MIT 开发的 Kerberos 5 客户端和软件程序包。

Kerberos 不是 LDAP 那样的目录服务。换句话说，要使有效的客户端通过 Kerberos 服务器的身份验证，它还需要连接到一个网络身份验证数据库，如 LDAP、NIS 或者/etc/passwd 文件中的用户数据库。目录服务包含用户和组标识符、用户的主目录以及默认的 shell 信息。Kerberos 并没有被设计为存储这些信息，而是被设计为提供身份验证服务。

Kerberos 网络(也称为领域)中的每个参与者都通过一个主体标识。用户的主体具有如下形式：*username/instance@REALM*。instance 部分是可选的，通常用来限定用户类型。realm 指定了 Kerberos 域的范围，通常通过大写的 DNS 域名表示。例如，DNS 域 example.com 的 Kerberos 领域通常为 EXAMPLE.COM。

根据这些规则，用户 mike、alex 和 root(实例为 admin)的 Kerberos 主体如下：

```
mike@EXAMPLE.COM
alex@EXAMPLE.COM
root/admin@EXAMPLE.COM
```

Kerberos 主体不仅限于用户。可以创建主体来标识一个计算机主机或服务。例如，可以用如下格式表示一个主机主体：host/*hostname@REALM*。例如，server1.example.com 的主机主体由以下字符串表示：

```
host/server1.example.com@EXAMPLE.COM
```

类似地，可以用如下格式建立一个 Kerberos 服务主体：*service/hostname@REALM*。例如，可以为主机 server1.example.com 上的 NFS 和 FTP 服务建立下面的主体：

```
nfs/server1.example.com@EXAMPLE.COM
ftp/server1.example.com@EXAMPLE.COM
```

在基于 Kerberos 的网络中，当用户输入用户名和口令后，登录程序会将用户名转换为一个 Kerberos 主体，并把此信息发送给 KDC，KDC 由一个身份验证服务器(AS)和一个票证授予服务器(Ticket-Granting Server，TGS)组成。然后，KDC 确认用户的访问权限，并向客户端发送一个特殊消息，称为票证授予票证(Ticket-Granting Ticket，TGT)，此消息用属于该用户的主体的口令加密。如果用户向登录程序提供了正确的口令，那么客户端就能解密 TGT 消息并成功地通过身份验证。

确认身份验证后，Kerberos 客户端会获得一个在有限时间(通常为 24 小时)内有效的票证。除了最大票证生存期，TGT 还包含主体名称、加密通信的会话密钥和一个时间戳。

当一个账户有了有效的 TGT 后，就能够通过提供相同的 TGT 向其他网络服务进行身份验证，在该 TGT 的生存期内就不需要重新输入身份验证凭据。这种功能叫做单点登录(Single Sign-On，SSO)。

12.7.2　Kerberos 服务器和客户端的先决条件

Kerberos 依赖于精确的时间戳。如果服务器和客户端上的时间相差超过 5 分钟，就会导致身份验证失败。为避免这种问题，在生产网络中，通常所有的主机通过 NTP(网络时间协议)来保持时间同步。

Kerberos 还依赖于一个名称解析服务。可使其使用一个本地的 DNS 服务器，或者网络上每个主机的完整/etc/hosts 文件。

在本书中，我们设置了一个名为 maui.example.com 的物理工作站。此主机运行虚拟机 server1.example.com、tester1.example.com 和 outsider1.example.com。此实验题环境的/etc/hosts 文件如图 12-13 所示。

```
127.0.0.1    localhost localhost.localdomain localhost4 localhost4.localdomain4
::1          localhost localhost.localdomain localhost6 localhost6.localdomain6
192.168.122.1    maui.example.com maui
192.168.122.50   server1.example.com server1
192.168.122.150 tester1.example.com tester1
192.168.100.100 outsider1.example.com outsider1
```

图 12-13　/etc/hosts 文件的内容

12.7.3　练习 12-5：安装 Kerberos KDC

在本练习中，我们将显示如何设置 KDC。虽然这不是 RHCE 的要求，但是在练习 12-6 和本章末尾的实验题中需要使用 KDC。可以把 KDC 安装到一个运行第 1 章部署的虚拟机的工作站上，或者安装到一个专用的虚拟机上。

(1) 安装 krb5-server 和 krb5-workstation RPM 程序包：

```
# yum install -y krb5-server krb5-workstation
```

(2) 编辑/etc/krb5.conf 文件。取消注释 default_realm = EXAMPLE.COM，以及[realms]节的 4 行。使用服务器的完全限定域名(在本例中为 maui.example.com)替换 kdc 和 admin_server 的默认值。结果如下所示：

```
[logging]
 default = FILE:/var/log/krb5libs.log
 kdc = FILE:/var/log/krb5kdc.log
 admin_server = FILE:/var/log/kadmind.log

[libdefaults]
 dns_lookup_realm = false
 ticket_lifetime = 24h
 renew_lifetime = 7d
 forwardable = true
 rdns = false
 default_realm = EXAMPLE.COM
 default_ccache_name = KEYRING:persistent:%{uid}

[realms]
 EXAMPLE.COM = {
  kdc = maui.example.com
  admin_server = maui.example.com
  }

[domain_realm]
.example.com = EXAMPLE.COM
example.com = EXAMPLE.COM
```

(3) 查看/var/kerberos/krb5kdc/kdc.conf 文件的内容。默认情况下，此文件是为 Kerberos 领域 EXAMPLE.COM 配置的，如下所示。除非想要配置一个不同于默认领域名称的领域，否则不需要修改此文件。

```
[kdcdefaults]
 kdc_ports = 88
 kdc_tcp_ports = 88

[realms]
 EXAMPLE.COM = {
  #master_key_type = aes256-cts
  acl_file = /var/kerberos/krb5kdc/kadm5.acl
  dict_file = /usr/share/dict/words
  admin_keytab = /var/kerberos/krb5kdc/kadm5.keytab
  supported_enctypes = aes256-cts:normal aes128-cts:normal des3-hmac-sha1:normal
 arcfour-hmac:normal camellia256-cts:normal camellia128-cts:normal des-hmac-sha1
:normal des-cbc-md5:normal des-cbc-crc:normal
  }
```

(4) 运行下面的命令，创建一个新的 Kerberos 数据库。在看到提示后输出一个主密钥(口令)，KDC 将使用它来加密数据库：

```
# kdb5_util create -s
Loading random data
Initializing database '/var/kerberos/krb5kdc/principal' for realm ↵
 'EXAMPLE.COM',
master key name 'K/M@EXAMPLE.COM'
You will be prompted for the database Master Password.
It is important that you NOT FORGET this password.
Enter KDC database master key:
Re-enter KDC database master key to verify:
```

-s 选项将主密钥保存到一个 stash 文件中，这样就不必在每次启动 Kerberos 服务时手动输入主密钥。

(5) 启动 Kerberos 服务，并使其在引导时启用。

```
# systemctl start krb5kdc kadmin
```

```
# systemctl enable krb5kdc kadmin
```

(6) 允许通过防火墙的默认区域连接到 Kerberos 服务器：

```
# firewall-cmd --permanent --add-service=kerberos
# firewall-cmd --reload
```

(7) 运行 kadmin.local 命令来管理 KDC，并创建、列举或删除主体，如下例所示：

```
# kadmin.local
Authenticating as principal root/admin@EXAMPLE.COM with password
kadmin.local: listprincs
K/M@EXAMPLE.COM
kadmin/admin@EXAMPLE.COM
kadmin/changepw@EXAMPLE.COM
kadmin/maui.example.com@EXAMPLE.COM
krbtgt/EXAMPLE.COM@EXAMPLE.COM

kadmin.local: addprinc mike
Enter password for principal "mike@EXAMPLE.COM":
Re-enter password for principal "mike@EXAMPLE.COM":
Principal "mike@EXAMPLE.COM" created.

kadmin.local: addprinc alex
Enter password for principal "alex@EXAMPLE.COM":
Re-enter password for principal "alex@EXAMPLE.COM":
Principal "alex@EXAMPLE.COM" created.

kadmin.local: delprinc alex
Are you sure you want to delete the principal "alex@EXAMPLE.COM"? ↵
 (yes/no): yes
Principal "alex@EXAMPLE.COM" deleted.
Make sure that you have removed this principal from all ACLs before ↵
 reusing.
kadmin.local
```

12.7.4　设置 Kerberos 客户端

出于考试和工作的目的，最好让解决方案尽量简单。Authentication Configuration 工具有助于做到这一点。要想知道该工具能在配置 Kerberos 客户端方面有哪些帮助，可以备份/etc/sssd 目录里的文件，以及/etc/nsswitch.conf 配置文件。该文件与 System Security Services Daemon 有关。

1. 图形化 Authentication Configuration 工具

打开 Authentication Configuration 工具 GUI 版本的方法之一是使用 authconfig-gtk 命令。这将打开 Authentication Configuration 工具，其中包含两个标签，如图 12-14 所示。虽然也支持其他身份验证数据库，但重点关注的是 LDAP。第 8 章介绍过 Identity And Authentication 标签下的 LDAP 部分的选项。

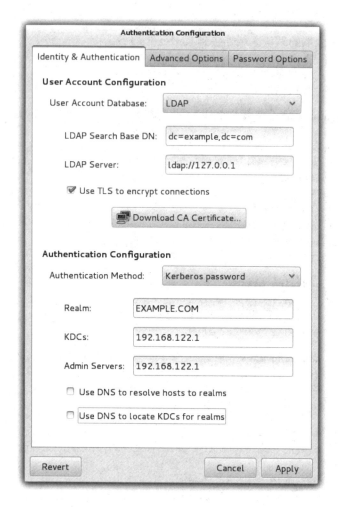

图 12-14　使用图形化 Authentication Configuration 工具配置基于 Kerberos 的客户端

　　本节关注的是该标签的另一半。对于基于 Kerberos 的客户端来说，可将 Kerberos Password 作为 Authentication Method。其他选项有以下几个。

- Realm　按照习惯，Kerberos 领域与网络的域名相同(大写字母)。
- KDC　KDC 是 Kerberos 密钥分发中心(Key Distribution Center)。这里的条目对应于 Fully Qualified Domain Name (FQDN)或者实际 Kerberos 服务器的 IP 地址。
- Admin Servers　与 KDC 相关的管理服务器通常位于同一个系统上。kadmind 守护进程运行在 Kerberos 管理服务器上。
- Use DNS to Resolve Hosts to Realms　如果本地网络存在可信的 DNS 服务器，则可允许本地系统使用 DNS 服务器来查找领域。如果激活该选项，Realm 文本框将被清空。
- Use DNS to Locate KDCs for Realms　如果本地网络存在可信的 DNS 服务器，则可允许本地系统使用 DNS 服务器来查找 KDC 和管理服务器。如果激活该选项，KDC 和 Admin Servers 文本框将被清空。

本节中选择的是默认选项，如图 12-11 所示。单击 Apply 按钮。几分钟后，将关闭

Authentication Configuration 窗口并修改前面提到的配置文件。

2. 控制台身份验证配置工具

要启动文本模式的 Authentication Configuration 工具，可以运行 authconfig-tui 命令。如图 12-15 所示，至少对于身份验证来说，不需要激活 LDAP。

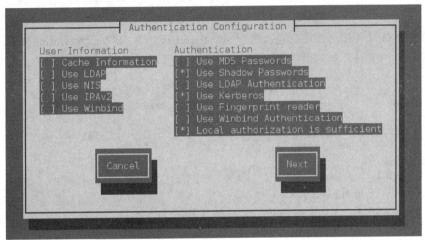

图 12-15　使用控制台 Authentication Configuration 工具配置基于 Kerberos 的客户端

单击 Next 按钮之后，工具显示 Kerberos Settings 屏幕，如图 12-16 所示，这里显示的默认选项与图 12-14 中图形化版本所显示的选项是相同的。

还需要对配置文件进行一些修改，如下所述。

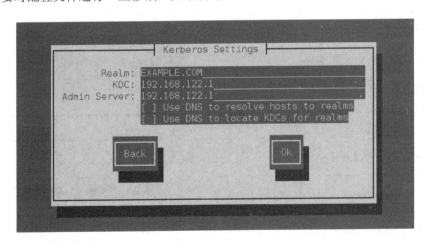

图 12-16　指定 Kerberos 客户端设置

12.7.5　练习 12-6：配置 Kerberos 身份验证

本练习将设置一个用户，使其具有关联的 Kerberos 主体来进行身份验证。我们假定你的物理系统上已经安装了 KDC 且在侦听 IP 地址 192.168.122.1。现在需要在虚拟机 server1.example.com 上设置一个用户，向 KDC 进行身份验证。执行下面的步骤：

(1) 在 Kerberos 客户端 server1.example.com 上安装 RPM 程序包 krb5-workstation 和 pam_krb5：

```
# yum -y install krb5-workstation pam_krb5
```

(2) 在 server1.example.com 上添加一个新用户来测试 Kerberos 身份验证。例如：

```
# useradd mike
```

(3) 在一个 GNOME 终端上，运行命令 authconfig-tui，并设置 server1.example.com 来使用 Kerberos 进行身份验证，如前面的图 12-11 和图 12-12 所示。或者，可以运行下面的命令：

```
# authconfig --update --enablekrb5 --krb5kdc=192.168.122.1 \
> --krb5adminserver=192.168.122.1 --krb5realm=EXAMPLE.COM
```

(4) 在 KDC 上，运行 kadmin.local，并为用户 mike 添加一个主体：

```
# kadmin.local
Authenticating as principal root/admin@EXAMPLE.COM with password
kadmin.local: addprinc mike
Enter password for principal "mike@EXAMPLE.COM":
Re-enter password for principal "mike@EXAMPLE.COM":
Principal "mike@EXAMPLE.COM" created.
```

(5) 作为 mike 用户通过 SSH 登录到 server1，以测试身份验证。

(6) 如果成功，则 klist 命令将显示用户 mike 的 TGT：

```
[mike@server1 ~]$ klist
Ticket cache: KEYRING:persistent:1001:krb_ccache_0YxfosR
Default principal: mike@EXAMPLE.COM

Valid starting     Expires            Service principal
12/08/15 17:42:53  13/08/15 17:42:53  krbtgt/EXAMPLE.COM@EXAMPLE.COM
```

故障情景与解决方案	
需要建立各种系统资源的系统使用报表	首先看 sadf 命令的帮助页面；为期望的资源使用 sar 命令相关的选项
要求在系统上创建 IPv6 转发	在/etc/sysctl.conf 中包含 net.ipv6.conf.all.forwarding=1 设置，并使用 sysctl - p 命令激活它
需要建立通过设备 eth1 的特殊静态路由	使用连接编辑器工具创建特殊路由、给定网络地址、子网掩码和所需的网关 IP 地址
系统上需要有网络冗余	添加第二个网络接口。使用绑定或成组驱动程序将两个接口聚合起来
需要将系统设置为 Kerberos 客户端	使用 GUI Authentication Configuration 工具；领域应该是域的大写字母形式。还需要 KDC 和 Kerberos 管理服务器的 FQDN(它们可能相同)

12.8　认证小结

　　Linux 管理员需要定期配置脚本。不同/etc/cron.*目录里通常都有示例脚本。通常 bash 脚本以#!/bin/sh 行开头，用于设置解释器。管理脚本可以使用 Linux 名，以及内部的 bash 命令，如 for、if、do 和 test。

　　RHCE 需要能够监控自己管理的系统的性能。这是 sysstat 服务的作用。df、top 和 dstat 能够显示 CPU、RAM、硬盘和网络使用数据，而 sadf 命令则能够用来帮助准备实际报表。sadf 帮助页面中提供了该命令如何收集 RAM 和网络数据的一个例子，然后就可以使用相关的 sar 命令开关来添加 CPU 和硬盘使用数据。

　　内核运行时参数位于/proc/sys 目录，对这些文件的更改只是暂时的。对于更永久的变更来说，还要设置/etc/sysctl.conf 文件中的选项。可以使用 sysctl –p 命令实现对该文件的更改。许多标准选项与网络有关。

　　RHCE 目标包含几个特定网络选项的要求。在连接编辑器工具的帮助下，可以在/etc/sysconfig/network-scripts 目录的文件中配置静态 IP 路由。使用该工具还可以配置 IPv6 地址，以及绑定和成组接口。

　　使用 authconfig-gtk 命令可以配置 Kerberos 客户端。如本章所述，要练习 Kerberos，需要配置 KDC。

12.9　应试要点

　　下面是第 12 章认证目标的一些主要知识点。

系统维护自动化

- 标准管理脚本能够为自定义脚本提供模型，这些脚本可使系统管理任务自动化。
- 脚本中的各种命令操作符包括 do、for、if 和 test。
- bash 管理脚本以#!/bin/sh 或#!/bin/bash 开头。

设置系统使用报表

- RHEL 7 通过 sysstat 程序包提供了几种系统使用情况命令。
- sal 命令定期将数据收集到/var/log/sa 目录中。
- 使用 sadf 命令和 sar 命令开关可创建系统状态报表。
- sadf 帮助页面中提供了系统状态报表命令的一个示例。

内核运行时参数

- 内核运行时参数位于/proc/sys 目录。
- 许多内核运行时参数与网络选项有关，如 IP 转发和安全。
- 在/etc/sysctl.conf 文件的帮助下，可永久配置内核运行时参数。

IP 路由

- 默认路由的配置需要一个网关 IP 地址。
- 通过使用连接编辑器工具或者其对应的文本工具 nmtui，可配置不同网络的静态路由。

IPv6 简介

- IPv6 地址有 128 位，被组织成为 16 位的半字节。
- IPv6 地址的三种不同类型为单播、任播和多播。
- IPv6 地址可被限制为本地网络段(链接本地)或可路由。

网络接口绑定和成组

- 网络绑定和成组提供了链接冗余，而且通过各种配置模式，如轮询和活动备份，还可以提供更高的网络吞吐量。

使用 Kerberos 进行身份验证

- 要使用 Kerberos 进行身份验证，需要使用密钥分发中心(KDC)。
- 要配置 Kerberos 客户端，可以使用 authconfig-gtk 命令。

12.10 自测题

下面的问题有助于衡量对本章内容的理解。Red Hat 考试中没有多选题，因此本书中也没有多选题。这些问题只测试你对本章的理解。如果有其他方法能够完成任务也行。得到结果，而不是记住细枝末节，这才是 Red Hat 考试的重点。

系统维护自动化

1. 什么退出代码与脚本中的成功有关?

_____

2. 编写一个 bash test 命令，检查某个文件是否存在且可执行。

_____

3. 编写一个 bash for 语句，遍历系统中的所有用户。

_____

设置系统使用报表

4. 哪个目录包含一个记录系统活动的 cron 作业? 假设安装了合适的程序包。

_____

5. 在 RHEL 7 系统上,在什么地方可以找到一个创建系统使用报表的示例命令?在什么地方以找到该报告的其他开关?

内核运行时参数

6. 与 net.ipv4.ip_forward 参数相关的/proc 文件的完整路径是什么?

IP 地址

7. 与静态路由关联的配置参数是什么?

IPv6 简介

8. IPv6 地址 2001:0db8:00aa:0000:04ba:0000:0000:00cd 最简短的表示是什么?

9. 使用什么命令可用于对一个 IPv6 地址执行 ping 操作?

网络接口绑定和成组

10. 运行什么命令可以检查 bond0 接口及其从属接口的状态?

使用 Kerberos 进行身份验证

11. server1.example.com 系统的标准 Kerberos 领域是什么?

10. 运行什么命令可以列出当前用户的 Kerberos 票证?

12.11　实验题

有些实验题包含配置练习。只能在测试计算机上做这些练习,假设在虚拟机(如 KVM)上运行这些练习。Red Hat 提供电子版考试,因此本章的大多数实验题都在本书配书网站上,其子目录为 Chapter12/。如果还没有在系统上安装 RHEL 7,关于安装指南请参考第 1 章。自测题答案之后是各实验题答案。

12.12　自测题答案

系统维护自动化

1. 脚本中与成功相关的退出号是 0。

2. 检查某个文件是否存在且可执行的 bash test 命令如下：

```
test -x /path/to/file
```

3. 遍历系统中所有用户名的 for 语句如下：

```
for username in $(getent passwd | cut -f 1 -d ":")
```

设置系统使用报表

4. 包含标准 sysstat 作业的目录是/etc/cron.d。

5. 在 RHEL 7 系统上，在 sadf 帮助页面中可找到关于系统使用报表的一个命令示例。其他开关可在 sar 帮助页面中找到。

内核运行时参数

6. 与 net.ipv4.ip_forward 参数相关的文件的完整路径是/proc/sys/net/ipv4/ip_forward。

IP 路由

7. 与静态路由关联的配置参数是网络地址、子网掩码和网关地址。

IPv6 简介

8. IPv6 地址 2001:0db8:00aa:0000:04ba:0000:0000:00cd 的最简短表示是 2001:db8:aa:0:4ba::cd。

9. 可以使用 ping6 命令针对一个 IPv6 地址执行 ping 操作。如果这是链接本地地址，还需要使用-I 开关指定出站接口。

网络接口绑定和成组

10. 为了检查 bond0 接口及其从属接口的状态，可运行下面的命令：

```
# cat /proc/net/bonding/bond0
```

使用 Kerberos 进行身份验证

11. server1.example.com 系统的标准 Kerberos 领域是 EXAMPLE.COM。

12. 列出当前用户的 Kerberos 票证的命令是 klist。

12.13　实验题答案

实验题 1

这个实验题很容易成功。创建这个脚本最简单的方法是先完成基本需求，然后添加其他功能。例如，下面的脚本采用 MMDDHHSS 格式将当前日期保存在$TODAY 变量中。然后，运行 tar 命令，将作为一个参数传入的目录备份到作为第二个参数传入的目录下的 backup-MMDDHHSS.tar 文件中：

```
#!/bin/bash
TODAY=$(date +%m%d%H%S)
tar cf "$2/backup-$TODAY.tar" "$1"
```

下一步是添加其他非核心功能。需要测试参数的数量是否不等于 2：

```
if [ $# -ne 2 ]; then
    echo "Usage: backup.sh <source> <destination>"
    exit 1
fi
```

还需要添加另一个测试，确认传入脚本的参数是普通目录：

```
if [ ! -d "$1" ]; then
    echo "Error: directory $1 does not exist"
    exit 2
fi
```

还需要一个测试来检查第二个参数是不是目录。如果测试失败，则脚本必须创建该目录：

```
if [ ! -d "$2" ]; then
    mkdir -p "$2"
fi
```

注意，如果第二个参数是一个文件，而不是目录，那么脚本将返回一个错误。但是，这不是本练习要求你考虑的错误条件。

将所有代码块放到一起，就会得到一个可以工作的脚本。使用不同的参数测试该脚本，确认所有异常条件都能够被识别和成功处理。

实验题 2

如果理解此实验题的要求，答案应该很简单。虽然也有其他方法，不过 sadf 命令的帮助页面上提供了一个满足给定要求的合适命令：

```
# sadf -d /var/log/sa/sa21 -- -r -n DEV
```

当然，要将这些信息保存到指定文件中，必须重定向输出：

```
# sadf -d /var/log/sa/sa21 -- -r -n DEV > sysstat_report.txt
```

实验题 3

此实验题以实验题 2 为基础。如果记不住指定 CPU 和硬盘使用情况信息的额外命令选项，可以查看 sar 命令的帮助页面。如帮助页面所述，-u 开关用于报告 CPU 使用，而-d 开关用于报告块设备的活动。如果将-p 开关与-d 开关结合起来，就有助于用户读取输出。

但是还有一个要求：sadf 命令中的-p 开关使输出采用 awk 命令实用工具可以使用的格式。下面是满足实验题要求的一种方法：

```
# sadf -p /var/log/sa/sa21 -- -u -r -dp -n DEV > morestat_report.txt
```

实验题 4

如果成功完成此实验题，/etc/sysctl.conf 文件(或/etc/sysctl.d 目录中的一个文件)应该包含如下条目：

```
net.ipv4.icmp_echo_ignore_all = 1
```

这将确保新设置在重启之后仍然有效。也可能已经将相关文件/proc/sys/net/ipv4/icmp_echo_ignore_all 设置为 1，或者运行 sysctl –p 命令在重启系统之前实现变更。

当然，对于本地系统和远程系统来说，都可以使用 ping 命令确认成功。如果要恢复原始配置，可返回 server1.example.com 系统，然后从/etc/sysctl.conf 文件中删除 net.ipv4.icmp_echo_ignore_all 选项。

实验题 5

如果使用 Network Connections 工具创建特定路由，就应该在/etc/sysconfig/network-scripts 目录里创建特定文件。如果指定的网络适配器是 eth0，那么该特定文件应该是 route-eth0。考虑到第 1 章介绍的 outsider1.example.org 网络使用的参数，该文件应该包含如下 3 行。

```
ADDRESS0=192.168.100.0
NETMASK0=255.255.255.0
GATEWAY0=192.168.122.1
```

当然，如果 outsider1.example.org 系统在其他不同的网络上，route-eth0 文件的内容会有相应变化。

实验题 6

为完成此实验题，需要使用网络管理器连接编辑器，将要求的 IPv6 地址添加到接口中。网络前缀为/64。并不需要设置 IPv6 默认网关，因为题目中的所有 IPv6 地址都在同一个子网中。

然后，使用 ping6 命令测试主机之间的连接。例如，在 server1 和 tester1 上运行下面的命令针对物理主机执行 ping 操作：

```
# ping6 2001:db8:7a::1
```

实验题 7

首先关闭 tester1。使用 virtio 设备模型添加一个新的网络适配器，然后启动机器。使用 ip link

show 命令可确认新适配器在系统上可用。

使用网络管理器连接编辑器工具创建 team0 适配器。在创建新接口之前，确保删除 eth0 上的现有配置。

本实验题的成功意味着如下几点：

- 具有完整的网络连接，运行 ping 命令确认其他主机可达演示了这一点。
- team0 接口打开，且聚合了 eth0 和 eth1。通过运行 teamdctl team0 state 命令可确认这一点。
- 如果使用 ifdown 命令禁用 eth0 或 eth1 接口，系统仍然具有网络连接。

第 13 章

网络服务：DNS、SMTP、iSCSI 和 NTP

本章介绍 4 种系统服务：域名服务(DNS)、简单邮件传输协议(SMTP)、互联网小型计算机系统接口(iSCSI)和网络时间协议(NTP)服务。

对于 DNS，RHCE 目标要求配置一个高速缓存域名服务器。因此，本书中不介绍如何配置主或从属 DNS 服务器。

接下来将介绍 SMTP 电子邮件服务。Linux 提供了许多方法来处理传入和传出的电子邮件。RHEL 7 包含了两个 SMTP 服务：sendmail 和 Postfix。我们重点介绍 Postfix，因为这是 RHEL 7 的默认邮件传输代理。Postfix 最早是在 20 世纪 90 年代末开发的，用作 sendmail 的一种备选服务。Postfix 是模块化的，相对容易配置。

本章还将介绍如何配置存储设备，并通过 iSCSI 协议持久挂载该存储设备。这种存储设备称为 iSCSI 目标，而客户端则称为 iSCSI 发起程序。

最后，第 5 章介绍了默认的 NTP 服务器，本章则要介绍如何配置 NTP 对等服务器。

考试内幕

域名服务

与 DNS 有关的 RHCE 目标如下：

● 配置一个高速缓存域名服务器

● 对 DNS 客户端的问题进行故障排除

本章将介绍如何使用 dig 和 host 命令来对 DNS 客户端的问题进行故障排除。

SMTP 服务

在 RHCE 考试中与电子邮件服务相关的目标相对简单：

● 配置系统，将所有邮件转发到一个集中式邮件服务器

此目标的关键是配置一个 null 客户端，也就是一个只能转发电子邮件到远程服务器的系统。但是，为了在实验环境中进行测试，我们还需要将另一个系统配置为接收传入的电子邮件。我们还将介绍邮件传输代理(Mail Transfer Agents，MTA)的一些更一般的配置，虽然这不是 RHCE 考试的具体要求(但包含在 RHEL 6 的 RHCE 目标中)。

iSCSI 目标和客户端

本章将介绍 iSCSI 目标和客户端(发起程序)的配置，这是如下认证目标的要求：

● 将系统配置为 iSCSI 的目标，或者可持久挂载一个 iSCSI 目标的发起程序

网络时间服务

最后要介绍的网络时间服务在 RHCSA 目标中已经部分涵盖，该服务基于 NTP 协议。RHCSA 中的关注点是 "配置一个系统来使用时间服务"，而 RHCE 目标则要求深入理解 NTP 服务器的配置：

● 使用其他 NTP 对等服务器同步时间

另外，还需要满足适用于所有网络服务的基本 RHCE 目标，这在第 11 章讨论过。

认证目标 13.01　域名服务简介

DNS 是一个服务，它可以将人类可读的域名(如 www.mheducation.com)转换为 IP 地址(如 192.0.2.101)，反之亦然。DNS 是一个分布式数据库，每一个服务器都可以独自管辖一个(或更多的)域。与 RHEL 有关的 DNS 服务是 Berkeley Internet 名字域(Berkeley Internet Name Domain，BIND)。由于没有一个单独的 DNS 服务器大到可以为整个 Internet 维护数据库，因此每一个服务器都可以将请求提交给其他 DNS 服务器。

RHEL 7 包含另一个 DNS 服务 Unbound。Unbound 程序包没有包含 BIND 的全部功能，但是如果只是需要一个安全的高速缓存 DNS 解析器，则该程序包很简单，配置起来也很容易。本章将介绍 BIND 和 Unbound 的配置。使用其中任何一个都可以满足 RHCE 考试中与 DNS 配置有关的目标。

13.1.1　BIND 名称服务器

RHEL 7 上的默认 DNS 服务基于 named 守护进程，该守护进程基于 BIND 9.9 软件程序包(由因特网系统协会[Internet Systemds Consortium]开发)。该程序包包含 rndc 命令，可用于管理 DNS 操作。

DNS 程序包选项

为将一个系统配置为 BIND DNS 服务器，首先应安装与 DNS 名称服务器程序包组关联的 RPM，如下所示：

- bind　包含基本的域名服务器软件和扩展文档。
- bind-chroot　添加目录，该目录将 BIND 孤立在一个所谓的 chroot 监狱中，它能够在 DNS 被破坏时限制访问。
- bind-dyndb-ldap　为 BIND 提供了 LDAP 后端插件。
- bind-libs　添加 bind 和 bind-utils RPM 使用的库文件。
- bind-libs-lit　为客户端实用工具包含了 BIND 库的一个精简版本。
- bind-license　包含 BIND 的许可文件。
- bind-utils　包含 dig 和 host 之类的工具，用于查询 DNS 服务器和检索关于主机名和域的信息。

到目前为止，你应该已经了解如何使用 yum 之类的命令从第 7 章讨论过的软件库中安装这些程序包。

实际经验

RHEL 7 也支持 dnsmasq 程序包安装，该程序包也可用来在一个小网络内设置集成了 DHCP 服务的转发 DNS 服务器。

13.1.2　不同类型的 DNS 服务器

虽然可以获得其他类型的 DNS 服务器，但是基本类型的 DNS 服务器有以下 4 种：

- 主 DNS 服务器，负责一个或更多的域，包括该域的主机记录。
- 从属 DNS 服务器，它依赖于主 DNS 服务器的数据，可用来代替主 DNS 服务器。
- 高速缓存 DNS 服务器像代理服务器一样存储最近的请求。如果配置成有转发功能的服务器，它会将请求提交给其他的 DNS 服务器，这些请求不在当前高速缓存中。
- 转发 DNS 服务器会将所有请求提交给其他 DNS 服务器。

如前所述，对于 RHCE 考试，需要知道的就是如何配置一个高速缓存 DNS 服务器。

这些服务器都可以配置成只允许内部网络或仅允许本地系统访问。或者，它们也可以配置成公共 DNS 服务器——可以允许整个 Internet 访问。但是这些访问也伴随着风险，因为企业的 DNS 服务器遭受攻击后，会使客户的 Web 浏览器无法访问这些企业的网址，这是拒绝服务的一种不同形式。

认证目标 13.02   DNS 服务器的最低配置

可以直接编辑相关的配置文件来配置 DNS 服务器。在本节中，将会简单复习一下由 BIND 和 Unbound 软件程序包安装的配置文件。然后会学习如何配置高速缓存域名服务器，以及一个可向指定的 DNS 服务器转发信息的域名服务器。

13.2.1   BIND 配置文件

DNS 配置文件可帮助你将 Linux 系统配置成一个主机名和 IP 地址的数据库。这个数据库是高速缓存的，列在本地数据库中，或者请求可以转发给不同系统。支持 DNS 作为服务器使用的配置文件在表 13-1 中介绍。虽然这个表包含标准/var/named 数据库文件的引用，但是这些文件的修改不影响高速缓存或转发 DNS 服务器的配置。

表 13-1   DNS 服务器配置文件

DNS 配置文件	说　　明
/etc/sysconfig/named	指定在启动时传递给 named 守护进程的选项
/etc/named.conf	DNS 主配置文件。包含区域文件的位置。可以用 include 指令从其他文件中获取数据，这些文件通常保存在/etc/named 目录下
/etc/named.rfc1912.zones	为本地主机名和地址添加适当的区域
/var/named/named.empty	包含一个区域文件模板
/var/named/named.localhost	列出本地主机的区域文件
/var/named/named.loopback	列出回环地址的区域文件

如果已经安装了 bind-chroot 程序包，那么在/var/named/chroot 目录下包含一个目录和文件树，用于在受限的 chroot 监狱中运行 BIND。如果想在 chroot 监狱中运行 BIND，就需要把配置文件和 DNS 区域移动到/var/named/chroot/etc 和/var/named/chroot/var/named 目录中，然后启用 named-chroot 服务单元。

在接下来的内容中，会尝试使用/etc/named.conf 文件。应该首先将其备份。请注意文件的所有权和 SELinux 上下文，如下面的输出所示：

```
# ls -Z /etc/named.conf
-rw-r-----. root named system_u:object_r:named_conf_t:s0 /etc/named.conf
```

如果备份恢复得很杂乱，甚至由根用户恢复也很杂乱，那么组所有权和/或 SELinux 上下文就会丢失。因此，如果在启动或重启命名服务时失败，那么请检查一下/etc/named.conf 文件的所有权和 SELinux 上下文。如有必要，可对该文件执行下面的命令：

```
# chgrp named /etc/named.conf
# restorecon -F /etc/named.conf
```

另外，在测试完 DNS 的配置后，在高速缓存中会保留一些信息。这是高速缓存 DNS 服务器的属性。如果这个缓存在 DNS 配置文件改变后仍然存在，那么可能会影响结果。因此，在每一次配置文件修改后都应该用下面的命令刷新 DNS 高速缓存：

```
# rndc flush
```

13.2.2 BIND 高速缓存域名服务器

当需要访问一个网页(如 www.mcgraw-hill.com)时，解析主机名的请求会发送给配置的 DNS 服务器。相应的响应是相关的 IP 地址。这个请求也被称为域名查询。对于外部 DNS 服务器的请求，相应的响应会花费一定的时间。这时，高速缓存域名服务器会提供适当的帮助，因为重复的请求会存储在本地。

考试提示

为高速缓存域名服务器设置的/etc/named.conf 的默认版本只允许本地主机系统访问。需要作一点修改才能为本地网络开启该服务器。

当配置一个高速缓存域名服务器时，第一步是查看/etc/named.conf 配置文件的默认版本。这个文件默认版本中的指令用来设置高速缓存域名服务器。这个文件的一部分显示在图 13-1 中。

- options 指令包含几个基本的 DNS 指令，包括下面的指令：
  - listen-on port(和 listen-on-v6 port)指令指定要侦听的端口号(针对 IPv4 和 IPv6)。为了把这个指令扩展到本地网络中使用，需要包含本地网络接口的 IP 地址。例如，如想让服务器响应本地 IPv4 地址 192.168.122.50 的查询，需要修改指令为(不要忘了在每个 IP 地址的分号后跟一个空格)：

    ```
    listen-on port 53 { 127.0.0.1; 192.168.122.50; };
    ```

    如果 IPv6 网络在本地网络上可用，那么需要为 listen-on-v6 指令配置类似的 IPv6 地址。如果 IPv6 网络不可用，则默认的 listen-on-v6 指令就足够了。
  - directory 指令指定 DNS 服务器在哪里寻找数据文件。应当意识到，如果安装了 bind-chroot RPM，那么这些文件路径是相对于/var/named/chroot 路径的。

```
options {
        listen-on port 53 { 127.0.0.1; };
        listen-on-v6 port 53 { ::1; };
        directory        "/var/named";
        dump-file        "/var/named/data/cache_dump.db";
        statistics-file "/var/named/data/named_stats.txt";
        memstatistics-file "/var/named/data/named_mem_stats.txt";
        allow-query      { localhost; };

        /*
         - If you are building an AUTHORITATIVE DNS server, do NOT enable recursion.
         - If you are building a RECURSIVE (caching) DNS server, you need to enable
           recursion.
         - If your recursive DNS server has a public IP address, you MUST enable access
           control to limit queries to your legitimate users. Failing to do so will
           cause your server to become part of large scale DNS amplification
           attacks. Implementing BCP38 within your network would greatly
           reduce such attack surface
        */
        recursion yes;

        dnssec-enable yes;
        dnssec-validation yes;
        dnssec-lookaside auto;

        /* Path to ISC DLV key */
        bindkeys-file "/etc/named.iscdlv.key";

        managed-keys-directory "/var/named/dynamic";

        pid-file "/run/named/named.pid";
        session-keyfile "/run/named/session.key";
};

logging {
        channel default_debug {
                file "data/named.run";
                severity dynamic;
        };
};

zone "." IN {
        type hint;
        file "named.ca";
};

include "/etc/named.rfc1912.zones";
include "/etc/named.root.key";
```

图 13-1　高速缓存域名服务器的/etc/named.conf 配置文件

- dump-file 指定当发出 rndc dumpdb 命令时，BIND 在哪个文件中转储当前 DNS 数据库的高速缓存。

- statistics-file 指定当发出 rndc stats 命令时，在哪个文件中写入统计数据。

- memstatistics-file 指定当 BIND 退出时，在什么位置保存内存使用统计数据。

- allow-query 列出允许从服务器获取信息的 IP 地址。默认情况下，只允许本地系统访问。为扩展到另一个网络，如 192.168.122.0/24，需要修改指令为：

```
allow-query { 127.0.0.1; 192.168.122.0/24; };
```

- recursion 指令启用递归查询。递归查询会向权威域名服务器上请求域，并总是会给客户端提供回复。这是希望高速缓存域名服务器具有的行为。如图 13-1 中 named.conf 文件中的注释所显示的，如果服务器具有公共 IP 地址，就必须使用

allow-query 指令将访问限制到合法的客户端。

- 　自 BIND 版本 9.5 起，软件已经包含了对 DNS 安全扩展(DNS Security Extension，DNSSEC)的支持，指令为 dnssec-*。DNSSEC 通过验证从其他域名服务器收到的响应的完整性和真实性，保护高速缓存域名服务器不受欺骗和缓存投毒攻击。下面的指令用指定的 bindkeys-file 启用、检验(检查真实性)和查询 DNSSEC 安全：

```
dnssec-enable yes;
dnssec-validation yes;
dnssec-lookaside auto;
bindkeys-file "/etc/named.iscdlv.key";
managed-keys-directory "/var/named/dynamic";
```

- logging 指令指定了几个参数，channel 指令指定了输出的方法，在这里是在 named.run 文件(保存在/var/named/data 目录下)中启用的 default_debug，只记录 dynamic 问题。
- zone "."指令为 Internet 指定根区，根 DNS 服务器在/var/named/named.ca 文件中指定。
- 最后，include 指令包含本地主机设置，在/etc/named.rfc1912.zones 文件中说明，还包含了 DNSSEC 安全协议的密钥，存储在/etc/named.root.key 文件中。

创建一个高速缓存 DNS 服务器不用进行任何修改，只需要安装前面提到的 bind-*程序包，然后用下面的命令启动 named 服务：

```
# systemctl start named
```

接下来，执行 rndc status 命令。如果成功，则会看到如图 13-2 所示的结果。rndc 命令是域名服务器控制实用工具。

```
[root@server1 ~]# rndc status
version: 9.9.4-RedHat-9.9.4-14.el7_0.1 <id:8f9657aa>
CPUs found: 1
worker threads: 1
UDP listeners per interface: 1
number of zones: 101
debug level: 0
xfers running: 0
xfers deferred: 0
soa queries in progress: 0
query logging is OFF
recursive clients: 0/0/1000
tcp clients: 0/100
server is up and running
[root@server1 ~]#
```

图 13-2　一个运行的 DNS 服务器的状态

1. 启动 named

使用 systemctl start named 命令启动 DNS 服务器以后，使用 journalctl -u named 命令查看 systemd 日志。如果有问题，可以在这个文件中看到错误消息。日志通常会显示出错的文件。然后可以用 rndc stop 或 systemctl stop named 命令终止服务，然后检查可应用的配置文件。

一旦服务器重新配置好，请确保下次启动 Linux 时 DNS 可以启动。在其他章节曾经指出过，下面的命令确保下次在默认目标中启动 Linux 时 named 守护进程可以启动：

```
# systemctl enable named
```

2. 转发域名服务器

这种类型的 DNS 服务器比较简单。它只需要/etc/named.conf 配置文件中的一条命令。如你所看到的，它比较简单。我们已经将它设置为可以提交给本地网络上的其他 DNS 服务器：

```
options {
    listen-on port 53 { 127.0.0.1; };
    listen-on-v6 port 53 { ::1; };
    directory "/var/named";
    forward only;
    forwarders {
        192.168.122.1;
        192.168.0.1;
    };
};
```

按照上述语句配置后，任何访问本地域名服务器的查询都会转发给语句中所示的 IP 地址的 DNS 服务器。在家庭实验中，通常是 Internet 服务提供商的域名服务器。

如果想开启服务器以便可以处理外部查询，需要再做几处修改。所做的修改类似于之前对高速缓存域名服务器配置的修改。例如，如果本地网卡的地址为 192.168. 122.50，需要将 listen-on 指令修改为：

```
listen-on port 53 { 127.0.0.1; 192.168.122.50; };
```

也应该包含与本地主机系统和本地网络地址有关的 allow-query 指令(之前提到的)：

```
allow-query    { localhost; 192.168.122.0/24; };
```

不要忘记在本地防火墙上启用 DNS 服务：

```
# firewall-cmd --permanent --add-service=dns
# firewall-cmd --reload
```

3. 从高速缓存域名服务器转发

如前面所提到的，/etc/named.conf 文件默认版本中配置的高速缓存域名服务器启用了递归查询。否则，对于它不是权威服务器的区域，它不会从 DNS 请求中返回任何数据。

不过，可以将高速缓存和刚才提到的转发域名服务器的几个方面综合起来考虑。不在本地高速缓存中的请求会转发到用 forwarders 指令指定的域名服务器中。图 13-3 显示了/etc/named.conf 文件的相关摘录，文件中已经包含了转发指令。

```
//
// named.conf
//
// Provided by Red Hat bind package to configure the ISC BIND named(8) DNS
// server as a caching only nameserver (as a localhost DNS resolver only).
//
// See /usr/share/doc/bind*/sample/ for example named configuration files.
//

options {
        listen-on port 53 { 127.0.0.1; 192.168.122.50; };
        listen-on-v6 port 53 { ::1; };
        directory       "/var/named";
        dump-file       "/var/named/data/cache_dump.db";
        statistics-file "/var/named/data/named_stats.txt";
        memstatistics-file "/var/named/data/named_mem_stats.txt";
        allow-query     { localhost; };

        forwarders {
                192.168.122.1;
                192.168.0.1;
        };
```

图 13-3　转发给指定 DNS 服务器的一个高速缓存域名服务器

4. BIND 命令

　　named-checkconf 和 rndc 是与 BIND 服务有关的两个有用的命令。named-checkconf 命令检查/etc/named.conf 文件的语法错误。如果没有发现错误，它就使用状态 0 退出；否则将在屏幕上显示发生错误的配置代码行。

　　rndc 命令参数比较简单。单独执行 rndc 命令。输出结果会引导你完成几个选项的设置。我所使用的选项比较简单：rndc status、rndc flush、rndc reload 和 rndc stop。如果 DNS 服务器正确运行，rndc status 命令应该显示图 13-2 所示的结果。rndc flush 命令刷新服务器缓存。rndc reload 命令会重新读取对配置文件或 DNS 区域文件所做的任何修改。最后，rndc stop 命令终止 DNS 服务器的运行。

13.2.3　使用 Unbound 作为高速缓存域名服务器

　　如果不需要功能完备的域名服务器(如 BIND)，那么可以选择 Unbound DNS 解析器。这是一个很小的程序包，提供了高速缓存和转发域名服务器。

考试提示

　　Red Hat 考试是基于实验题的，所以重要的是结果，而不是如何得到结果。因此，除非实验问题明确要求安装 BIND 或 Unbound，否则可以自由选用二者之一来建立高速缓存域名服务器。

　　Unbound 项目最初是由 VeriSign 赞助的。现在该软件由 NLnet Labs 维护，并使用 BSD 协议分发。Unbound 的开发考虑到了安全性和模块性，所以可代替 BIND 作为本地 DNS 解析器。

　　为安装 Unbound，运行下面的命令：

```
# yum install unbound
```

默认配置文件是/etc/unbound/unbound.conf。虽然该文件包含超过 500 行，但其中有许多是注释和示例。man unbound.conf 命令提供了额外的信息和一些配置示例。

要设置高速缓存/转发域名服务器，只需要在 unbound.conf 文件中启用三个指令。首先，应该指定 Unbound 在哪些接口上侦听：

```
interface: 0.0.0.0
```

如果不在配置文件中包含 interface 指令，Unbound 只会侦听本地主机接口。interface 指令类似于 BIND 中的 listen-on port 和 listen-on-v6 port 配置选项。可以指定本地接口的 IP 地址，也可以指定 0.0.0.0 来绑定到所有 IPv4 接口。如果 Unbound 侦听本地主机以外的接口，则要在本地防火墙中启用 DNS 服务。

接下来，指定允许哪些客户端发送查询给服务器：

```
access-control: 192.168.122.0/24 allow
```

access-control 指令的功能与 BIND 中的 allow-query 相同。unbound.conf 文件提供了有效配置行的几个注释掉的例子：

```
# access-control: 0.0.0.0/0 refuse
# access-control: 127.0.0.0/8 allow
# access-control: ::0/0 refuse
# access-control: ::1 allow
# access-control: ::ffff:127.0.0.1 allow
```

由于没有使用 access-control 指令，Unbound 只允许来自本地主机的客户端查询。

另外，可以选择配置转发，将 DNS 请求发送给另一个域名服务器。与 BIND 配置类似，需要使用 name "."定义一个区域，将所有查询转发给一个域名服务器：

```
forward-zone:
    name: "."
    forward-addr: 192.168.0.1
```

最后，使用 unbound-checkconf 命令检查配置的语法。使用下面的命令启动并启用 unbound 服务：

```
# systemctl start unbound
# systemctl enable unbound
```

13.2.4　DNS 客户端故障排除

在配置完 DNS 解析器后，请用诸如 host mheducation.com localhost 的命令检查一下结果。输出结果会证明本地系统作为 DNS 服务器使用，然后会提供主机 IP 地址和邮箱服务器主机名的简单视图：

```
Using domain server:
Name: localhost
Address: 127.0.0.1#53
```

```
Aliases:

mheducation.com has address 204.74.99.100
mheducation.com mail is handled by 20 ↵
mheducation-com.mail.protection.outlook.com.
```

可以使用 dig 或 host 命令检查你的设置。例如，执行 dig @127.0.0.1 www.mheducation.com
命令，会看到如图 13-4 所示的输出。

```
; <<>> DiG 9.9.4-RedHat-9.9.4-14.el7_0.1 <<>> @127.0.0.1 www.mheducation.com
; (1 server found)
;; global options: +cmd
;; Got answer:
;; ->>HEADER<<- opcode: QUERY, status: NOERROR, id: 53296
;; flags: qr rd ra; QUERY: 1, ANSWER: 4, AUTHORITY: 4, ADDITIONAL: 1

;; OPT PSEUDOSECTION:
; EDNS: version: 0, flags:; udp: 4096
;; QUESTION SECTION:
;www.mheducation.com.            IN      A

;; ANSWER SECTION:
www.mheducation.com.    600     IN      CNAME   ecom-prod-ext-460002190.us-east
1.elb.amazonaws.com.
ecom-prod-ext-460002190.us-east-1.elb.amazonaws.com. 60 IN A 52.1.15.205
ecom-prod-ext-460002190.us-east-1.elb.amazonaws.com. 60 IN A 54.175.172.124
ecom-prod-ext-460002190.us-east-1.elb.amazonaws.com. 60 IN A 52.0.232.222

;; AUTHORITY SECTION:
us-east-1.elb.amazonaws.com. 299 IN     NS      ns-1119.awsdns-11.org.
us-east-1.elb.amazonaws.com. 299 IN     NS      ns-934.awsdns-52.net.
us-east-1.elb.amazonaws.com. 299 IN     NS      ns-235.awsdns-29.com.
us-east-1.elb.amazonaws.com. 299 IN     NS      ns-1793.awsdns-32.co.uk.

;; Query time: 4901 msec
;; SERVER: 127.0.0.1#53(127.0.0.1)
;; WHEN: Mon Nov 30 00:25:17 GMT 2015
;; MSG SIZE  rcvd: 295
```

图 13-4　用 dig 命令测试本地 DNS 服务器

图中所示的 dig 命令会要求本地 DNS 服务器寻找 www.mheducation.com 的 “A 记录”。A
记录将主机名映射到 IP 地址。假定 www.mheducation.com 的 IP 地址信息没有存储在本地，那
么本地 DNS 服务器会联系列在 named.conf 文件中的一个转发 DNS 系统。如果这些系统崩溃了
或者不可访问，那么本地 DNS 服务器会继续把请求转发给列在 named.ca 文件中的某个域名服
务器。就像那些域名服务器是 Internet 的根域名服务器，请求将被传递给另一个 DNS 服务器，
该服务器是 mheducation.com 域的 authoritativeDNS 服务器。因此，在你看到结果前可能会花费
几秒的时间。

在图 13-4 的响应部分，看来 www.mheducation.com 实际上是一个别名(CNAME)，指向了
另一个主机名。借助于-t 开关，dig 命令可以查询所有类型的 DNS 资源记录。例如，为了识
别 mheducation.com 域的邮件服务器，可使用下面的命令请求 MX(mail exchange，邮件交换)
记录：

```
# dig -t MX mheducation.com
```

注意，有不同类型的 DNS 资源记录。表 13-2 总结了最常见的那些类型。

表 13-2　最常见的 DNS 资源记录

DNS 资源记录	说　　明
A	将主机名映射到一个 IPv4 地址
AAAA	将主机名映射到一个 IPv6 地址
PTR	将 IP 地址映射到一个主机名
CNAME	别名,将主机名映射到另一个主机名
NS	返回某 DNS 区域的权威域名服务器
MX	返回 DNS 区域的邮件服务器
SOA	返回关于 DNS 区域的信息

13.2.5　练习 13-1:设置自己的 BIND DNS 服务器

按照前面的示例文件,使用 BIND 域名服务器设置一个本地高速缓存 DNS 服务器。只允许本地系统访问。

(1) 安装 bind RPM 程序包。

(2) 基于目前为止本章所讨论的,请审查/etc/named.conf 文件的内容。不要进行任何修改。

(3) 执行下面的命令启动 DNS 服务器:

```
# systemctl start named
```

(4) 为确保 DNS 服务器正在运行,请执行 rndc status 命令。输出应该类似于图 13-2 所示的结果。将此输出与 systemctl status named 命令的输出进行比较。

(5) 用 rndc flush 命令刷新本地高速缓存。

(6) 测试 DNS 服务器。尝试使用 dig @127.0.0.1 www.mheducation.com 命令。

(7) 使用 systemctl stop named 命令停止 BIND 服务。

13.2.6　练习 13-2:设置自己的 Unbound DNS 服务器

本练习的要求与前一个练习相同。但是,这里将使用 Unbound 域名服务器,而不是 BIND。

(1) 安装 unbound RPM 程序包。

(2) 审查/etc/unbound/unbound.conf 配置文件。不要进行任何修改。

(3) 执行下面的命令启动 DNS 服务器:

```
# systemctl start unbound
```

(4) 测试 DNS 服务器。尝试使用 dig @127.0.0.1 www.mheducation.com 命令。

认证目标 13.03　各种电子邮件代理

对于电子邮件新手管理员来说,Postfix 配置文件看起来似乎很神秘。不要被配置文件的大小所迷惑,我们只需要做一些更改以满足与 RHCE 目标相关的需求。本节将介绍 SMTP 服务如何适合电子邮件服务层次结构。

13.3.1 定义和协议

邮件服务器有 4 个主要组件，如表 13-3 所示。在 Linux 计算机上，可为各种传出服务(例如转发、中继、与其他 MTA 的智能主机通信、别名和联机目录)配置邮件传输代理(MTA)，例如 Postfix 或 sendmail。其他 MTA(例如 Dovecot)只能依据它服务的协议——POP3(Post Office Protocol，版本 3)和 IMAP4 (Internet Message Access Protocol，版本 4)——处理传入的电子邮件服务。

表 13-3 邮件服务器组件

缩　　写	含　　义	示　　例
MTA	邮件传输代理	Postfix, sendmail, Dovecot
MUA	邮件用户代理	mutt, Evolution, mail, Thunderbird
MDA	邮件分发代理	procmail
MSA	邮件提交代理	Postfix, sendmail

电子邮件系统严重依赖名称解析。虽然在小型网络上可通过/etc/hosts 处理名称解析，但需要访问 Internet 的所有邮件系统都需要有权访问完整功能的 DNS 服务器。对于垃圾邮件保护和其他方面来说，重要的是确保要发送电子邮件的系统具有有效的反向 DNS 记录(PTR)，并且使用该 IP 地址进行实际传输。

但这只是电子邮件工作原理的一个组成部分，即从传输到分发。电子邮件消息开头是邮件用户代理(MUA)，即用于发送和接收电子邮件的客户系统，例如 mutt、Evolution 或者 Thunderbird。在 Mail Submission Agent(MSA)的帮助下，这种邮件通常被发送到 MTA，例如 Postfix 或 sendmail。Mail Delivery Agent(MDA)(例如 Procmail)在本地运行，将电子邮件从服务器传递到收件箱文件夹。Procmail 还可用于过滤电子邮件。Red Hat 也支持其他 MTA 服务，例如 Dovecot，以激活 POP3 和/或 IMAP(或安全组合 POP3 和 IMAP)来接收电子邮件。

简单邮件传输协议(SMTP)是目前最重要的服务协议之一。许多与 Internet 连接的网络都依赖电子邮件，并依赖 SMTP 来传递它。与 POP3 和 IMAP 一样，SMTP 是协议，是一组传输数据的规则，各种邮件传输代理都使用这样的规则。

13.3.2 相关邮件服务器程序包

与 Postfix 相关的程序包是"E-mail 服务器"程序包组的一部分。主要程序包如表 13-4 所示，你可以使用 rpm 或 yum 命令安装它们，但不需要安装表中的所有程序包。

安装之后，默认的 E-mail 服务器程序包组将包含 Postfix 和 Dovecot 服务器的软件程序包和 Spamassassin 过滤器。对于 RHCE 考试来说，不需要所有这些程序包，而只需要 Postfix。如果系统上没有默认安装 Postfix，则使用 rpm 或 yum 命令安装 Postfix。

表 13-4　邮件服务器程序包

RPM 程序包	描　　述
cyrus-imapd-*	安装 Cyrus IMAP 企业电子邮件系统
cyrus-sasl	添加 Simple Authentication and Security Layer (SASL)的 Cyrus 实现方式
dovecot	支持 IMAP 和 POP 传入电子邮件协议
dovecot-mysql, dovecot-pgsql, dovecot-pigeonhole	包含 Dovecot 的数据库后端和相应插件
mailman	支持电子邮件讨论列表
postfix	RHEL 7 上的默认邮件服务器。它是 sendmail 的备选服务
sendmail	安装名称相同并且最普及的开源邮件服务器
sendmail-cf	添加许多模板，可使用这些模板来生成 sendmail 配置文件；需要处理许多 sendmail 配置文件
spamassassin	包含同名的反垃圾邮件程序包

13.3.3　使用 alternatives 命令选择电子邮件系统

alternatives 命令及--config 开关支持选择不同服务，例如 Postfix 和 sendmail:

```
# alternatives --config mta
```

该命令产生的输出如下所示，它允许你从安装的 SMTP 电子邮件服务器中进行选择。其他 SMTP 服务(如果已经安装)则将包含在下面的列表中:

```
There are 2 programs which provide 'mta'.

  Selection    Command
-----------------------------------------------
*+ 1          /usr/sbin/sendmail.postfix
   2          /usr/sbin/sendmail.sendmail

Enter to keep the current selection[+], or type selection number:
```

上面的输出假定系统上安装了 Postfix 和 sendmail。

alternatives 命令本身不会停止或启动服务。如果没有停止原始邮件服务，守护进程将仍会运行。重要的是，在系统上只能运行一个 SMTP 服务，sendmail 和 Postfix 之间交互会导致错误。

本章假定运行了 Postfix 邮件传输代理。使用下面的命令可确认 Postfix 是默认 MTA:

```
# alternatives --list | grep mta
mta      auto    /usr/sbin/sendmail.postfix
```

13.3.4　一般用户安全

默认情况下，允许所有用户使用本地配置的 SMTP 服务，不需要口令。在本章后面将为

Postfix 改变这种情况。

有些情况下，可能要设置本地用户，让他们有权访问这种服务。如果不希望这种用户使用一般账户登录服务器，方法之一是让这种用户没有登录 shell。例如，下面的命令可以在本地系统上建立一个名为 tempworker 的用户，这个用户没有登录 shell：

```
# useradd tempworker -s /sbin/nologin
```

然后用户 tempworker 可以建立自己的电子邮件管理器——例如 Evolution、Thunderbird 甚至 Outlook Express 来连接网络化的 Postfix 或 sendmail SMTP 服务。该用户打开到服务器的 SSH 会话的所有尝试都会被拒绝。

当然，访问仅限于配置用户，不管其账户有没有配置登录 shell。这种配置依赖于简单身份验证和安全层(Simple Authentication and Security Layer，SASL)。对于 RHEL 7 来说，其实现基于/etc/sasl2 目录中配置的 cyrus-sasl 程序包。Postfix 的配置文件(smtpd.conf)使用下面的指令返回引用相同的身份验证方案：

```
pwcheck_method:saslauthd
```

/etc/sysconfig/saslauthd 配置文件使用下面的指令确认检查口令的标准机制：

```
MECH=pam
```

它引用第 10 章介绍的可插拔身份验证模块(PAM)。换句话说，在本地系统上配置的用户由/etc/pam.d 目录里的相关文件控制，也就是由 smtp.postfix 和 smtp.sendmail 控制，它们分别对应于 Postfix 和 sendmail。还需要对 Postfix 做一些改变，让它能够实际地读取身份验证数据库。

13.3.5　邮件日志记录

大多数与 SMTP 服务相关的日志消息都保存在/var/log/maillog 文件中，其中的消息与下列几项有关：

- 重启 Postfix
- 成功和失败的用户连接
- 发送和拒绝电子邮件消息

13.3.6　常见的安全问题

默认情况下，SMTP 服务使用端口 25。如果在防火墙上打开端口 25，外部用户就可以访问该服务器。使用下面的命令可在默认区域上打开该端口：

```
# firewall-cmd --permanent --add-service=smtp
# firewall-cmd --reload
```

要创建一条自定义规则，只允许从 192.168.122.0/24 网络上的系统访问，可以使用下面的命令添加一条富规则：

```
# firewall-cmd --permanent --add-rich-rule='rule family=ipv4↵
source address=192.168.122.0/24 service name=smtp accept'
```

通常对于 SMTP 服务来说,SELinux 不是问题。只有一个 SELinux 布尔值适用于 Postfix 服务,即 allow_postfix_local_write_mail_spool,它默认是活动的。顾名思义,它允许 Postfix 服务将电子邮件文件写入/var/spool/postfix 目录中的用户后台打印。

13.3.7　测试电子邮件服务器

除了本章后面介绍的 telnet 命令之外,测试电子邮件的合适方法是使用电子邮件客户端。有 GUI 电子邮件客户端可用当然方便,但如第 2 章所述,只有文本客户端(例如 mutt)可用。

13.3.8　练习 13-3:为电子邮件创建用户

本练习将在本地系统上创建 3 个用户,它们可以访问本地 SMTP 服务器,但需要执行其他配置来设置这些用户在 Postfix SMTP 服务上的访问权或限制。这 3 个用户分别是 mailer1、mailer2 和 mailer3。

(1) 检查 useradd 命令。确定与默认登录 shell 相关联的开关。

(2) 检查/etc/passwd 文件的内容。找到不允许登录的 shell,应该是:

```
/sbin/nologin
```

(3) 运行命令 useradd mailer1 -s /sbin/nologin 以添加新用户。确保给该用户分配口令。

(4) 在/etc/passwd 中查看结果。

(5) 为其他两个用户重复步骤(3)。

(6) 尝试作为一般用户登录某个新账户。这应该会失败。在/var/log/secure 文件中查看相关消息。

(7) 保存新用户。

认证目标 13.04　配置 Postfix

Postfix 邮件服务器是管理网络和系统上电子邮件流的方法之一。标准配置文件存储在/etc/postfix 目录里,postconf 命令可以测试这些配置。安装之后,Postfix 只接受来自本地系统的电子邮件。要将 Postfix 设置为接受传入的电子邮件并通过智能主机转发电子邮件,需要对配置做一些变更,这些变更相对简单。

为便于讨论,将 Postfix 安装到一个物理主机系统上。将另一个 Postfix 服务器安装到 server1.example.com,并配置为把电子邮件转发给运行在物理主机上的集中式邮件服务器。访问测试在第 1 章和第 2 章配置的虚拟机上执行,它们表示不同的外部网络。

Postfix 配置文件的详情包含基于用户和基于主机的安全选项。如果知道如何配置 Postfix 用于基本操作,只是想知道如何满足 Postfix 的 SMTP 目标,可以跳到讲述将 Postfix 配置为 null 客户端的小节。

13.4.1　配置文件

配置文件存储在/etc/postfix 目录里。主要配置文件 main.cf 在某种程度上比 sendmail 配置文件 sendmail.cf 更简单,但它仍然很复杂,包含近 700 行代码。

除了.cf 文件之外，所有变更都必须通过使用 postmap 命令写入数据库。例如，如果给访问文件添加限制，可使用下面的命令将它写入二进制文件 access.db：

```
# postmap /etc/postfix/access
```

许多情况下，/etc/postfix 目录里文件的内容是相关帮助页面的注释版本。下面几节没有介绍 main.cf 和 master.cf 文件，稍后会介绍它们。这里也不讨论 header_checks 文件，因为它只是消息过滤器。

修改 Postfix 配置文件之后，通常最好使用下面的命令将它们重新加载到守护进程中：

```
# systemctl reload postfix
```

1. Postfix 访问文件

可以配置访问文件来限制用户、主机等。它包含相关帮助页面的注释副本，使用 man 5 access 命令也可以调用它。该文件中包含限制时，可以用下面的模式配置限制：

```
pattern action
```

有许多方法可以设置模式。如 man 5 access 帮助页面所示，可使用下面这样的模式来限制用户：

```
username@example.com
```

这些模式可以配置个人 IP 地址、网络地址和域，如下例所示。请注意语法，特别是 192.168.100 的结尾没有点，以及 example.org 表达式的开头也没有点。这些表达式包含 192.168.100.0 /24 网络和*.example.org 域上的所有系统。

```
192.168.122.50
server1.example.com
192.168.100
example.org
```

当然，这些模式如果没有操作就没有意义，典型操作包括 REJECT 和 OK。下面的/etc/postfix/访问文件中活动行的示例遵循模式操作格式：

```
192.168.122.50 OK
server1.example.com OK
192.168.100 REJECT
example.org REJECT
```

考试提示

为 Postfix 配置基于主机和基于用户安全的方法之一是使用/etc/postfix 目录里的访问文件。配置基于主机安全的另一种方法是使用富防火墙规则，如第 10 章所述。虽然还有更复杂的方法能够配置基于用户的安全，但 RHCE 目标建议 "为基本操作配置服务"。

2. Postfix canonical 和 generic 文件

/etc/postfix 目录中名为 canonical 和 generic 的文件的作用就像别名文件。换句话说，当用户从一个地方移动到另一个地方，或者公司从一个域移动到另一个域时，canonical 文件可以帮助完成这种转换。不同之处是，canonical 文件适用于从其他系统传入的电子邮件，而 generic 文件适用于发送到其他系统的电子邮件。

和访问文件类似，这些文件里的选项也遵循某种模式：

```
pattern result
```

最简单的迭代如下所示，它将发送到本地用户的电子邮件转发到一般电子邮件地址：

```
michael michael@example.com
```

对于使用不同域的公司来说，下面的代码行将发送到 michael@example.org 的电子邮件转发到 michael@example.com。它以同样的方式转发其他 example.org 电子邮件地址。

```
@example.org @example.com
```

不要忘记使用 postmap canonical 和 postmap generic 命令将最终文件处理到数据库中。如果修改/etc/postfix 目录里的 relocated、transport 或者 virtual 文件，也可将 postmap 命令应用于这些文件。

3. Postfix relocated 文件

/etc/postfix/relocated 文件包含外部网络用户(例如离开当前组织的用户)的信息，其格式与前面提到的该目录里的 canonical 和 generic 文件类似。例如，下面的条目可能影响从本地公司网络到个人电子邮件地址的转发：

```
john.doe@example.com john.doe@example.net
```

4. Postfix transport 文件

/etc/postfix/transport 文件在需要转发邮件的一些情况下很有用，如从智能主机转发邮件。例如，下面的条目将发送到 example.com 域的电子邮件转发到 server1.example.com 系统上的 SMTP 服务器，例如 Postfix：

```
example.com smtp:server1.example.com
```

5. Postfix virtual 文件

/etc/postfix/virtual 文件可以将通常形式的电子邮件(如elizabeth@example.com)转发给本地系统上的用户账户。例如，如果用户 elizabeth 实际上是系统管理员，则下面的条目将发送到指定电子邮件地址的邮件转发给 root 管理员用户：

```
elizabeth@example.com root
```

13.4.2　main.cf 配置文件

备份该文件并在文本编辑器中打开它，在该文件中需要配置一些选项以便让它运行。正确配置之后，这些变更将限制访问本地系统和网络。本节还将基于该文件的默认版本，介绍其他活动指令的功能。

首先是 queue_directory 里的 Postfix 队列，它包含要发送的电子邮件和已经接收的电子邮件：

```
queue_directory = /var/spool/postfix
```

下面的目录是标准目录。它描述了大多数 Postfix 命令的位置。

```
command_directory = /usr/sbin
```

Postfix 包含许多可执行文件，可用于 master.cf 文件中的配置。daemon_directory 指令指定这些文件的位置：

```
daemon_directory = /usr/libexec/postfix
```

Postfix 在如下目录中包含可写入数据文件；它通常包含 master.lock 文件，该文件带有 Postfix 守护进程的 PID：

```
data_directory = /var/lib/postfix
```

和在 main.cf 文件注释中定义的一样，有些文件和目录归 root 管理员用户所有，其他文件和目录归指定的 mail_owner 所有。在/etc/groups 文件中，可以确认有一个名为 postfix 的专用组，以及一个包含 postfix 用户的 mail 组。

```
mail_owner = postfix
```

Postfix 在本地系统上可以"开箱即用"，但如果要在网络上运行，还需要做一些工作。为此，需要激活和修改下面的 myhostname 指令，让它指向本地系统的完全限定域名，也就是 hostname 命令返回的域名。除非此名称与系统的 Internet 主机名不同，否则不需要将该条目：

```
#myhostname = host.domain.tld
```

修改为完全限定域名，如：

```
myhostname = server1.example.com
```

实际经验

在某个域的权威 DNS 服务器上可配置一条 MX 记录，以指定接收该域电子邮件的 SMTP 服务器的主机名。

需要使用 mydomain 指令为整个域名配置一个 SMTP 服务器。为此，应该将下面的注释：

```
#mydomain = domain.tld
```

修改为映射本地网络的域名：

```
mydomain = example.com
```

通常可以取消注释下面的 myorigin 指令，以便将来自这个 Postfix 服务器的电子邮件地址标记为原始域。这里原始域是 example.com：

```
myorigin = $mydomain
```

默认情况下,下面的活动指令将 Postfix 服务的作用范围限制为本地系统。

```
#inet_interfaces = all
inet_interfaces = localhost
```

对于处理整个域的传入电子邮件的电子邮件服务器,通常会修改此活动指令,以便 Postfix 侦听所有活动的网络接口:

```
inet_interfaces = all
#inet_interfaces = localhost
```

通常,Postfix 依据下面的 inet_protocols 指令同时侦听 IPv4 和 IPv6 网络:

```
inet_protocols = all
```

mydestination 指令指定 Postfix 服务器提供服务的系统。按照前面的设置,下面的默认指令表示接受的邮件将被发送到本地系统的 FQDN(server1.example.com)、example.com 网络上的 localhost 地址和 localhost 系统:

```
mydestination = $myhostname, localhost.$mydomain, localhost
```

对于为本地网络配置的 Postfix 服务器来说,应该添加本地域的名称,这个名称已经分配给 mydomain 指令:

```
mydestination = $mydomain, $myhostname, localhost.$mydomain, localhost
```

RHCE 目标要求配置一个 null 客户端,也就是一个把所有电子邮件转发给集中式邮件服务器的系统。这种情况下,应将 mydestination 指令留空,以表明本地 Postfix 系统不是任何电子邮件域的最终目的地:

```
mydestination =
```

另外,还要将 mynetworks 指令设置为指向该 Postfix 服务器信任的客户端 IP 地址。默认以注释形式存在的指令不指向为本书定义的 example.com 网络:

```
#mynetworks = 168.100.189.0/28, 127.0.0.0/8
```

因此对于像 server1.example.com 这样的系统来说,应该将该指令修改为:

```
mynetworks = 192.168.122.0/24, 127.0.0.0/8
```

考试提示
在 Postfix 中,基于主机的安全限制通过/etc/postfix/main.cf 文件中的 mynetworks 指令进行配置。

如果配置一个 null 客户端,则应该将此指令设为本地主机的 IP 地址:

```
mynetworks = 127.0.0.0/8
```

对 main.cf 文件(以及/etc/postfix 目录里的其他任何文件)所做的变更完成并进行保存之后,就可以查看当前的 Postfix 参数。为此,可运行下面的命令:

```
# postconf
```

当然，大多数参数是默认值。要查看由 main.cf 文件定义的参数，可以运行下面的命令：

```
# postconf -n
```

输出如图 13-5 所示。

```
[root@Maui postfix]# postconf -n
alias_database = hash:/etc/aliases
alias_maps = hash:/etc/aliases
command_directory = /usr/sbin
config_directory = /etc/postfix
daemon_directory = /usr/libexec/postfix
data_directory = /var/lib/postfix
debug_peer_level = 2
debugger_command = PATH=/bin:/usr/bin:/usr/local/bin:/usr/X11R6/bin ddd $daemon_
directory/$process_name $process_id & sleep 5
html_directory = no
inet_interfaces = localhost
inet_protocols = all
mail_owner = postfix
mailq_path = /usr/bin/mailq.postfix
manpage_directory = /usr/share/man
mydestination = $myhostname, localhost.$mydomain, localhost
mydomain = example.com
myhostname = maui.example.com
mynetworks = 192.168.122.0/24, 127.0.0.0/8
newaliases_path = /usr/bin/newaliases.postfix
queue_directory = /var/spool/postfix
readme_directory = /usr/share/doc/postfix-2.10.1/README_FILES
sample_directory = /usr/share/doc/postfix-2.10.1/samples
sendmail_path = /usr/sbin/sendmail.postfix
setgid_group = postdrop
unknown_local_recipient_reject_code = 550
[root@Maui postfix]#
```

图 13-5　基于/etc/postfix/main.cf 的自定义 Postfix 设置

postconf -n 输出的一个设置对于身份验证非常重要，特别是将下面的指令添加到 main.cf 文件时，Postfix 需要授权的用户名和口令才能访问：

```
smtpd_sender_restrictions = permit_sasl_authenticated, reject
```

另外，Postfix 在基本守护进程中还包含语法检查程序。可运行下面的命令，检查main.cf 文件中是否存在严重错误：

```
# postfix check
```

13.4.3　/etc/aliases 配置文件

/etc/postfix/main.cf文件的另一个指令包括来自/etc/aliases 文件的数据库哈希，当重启 Postfix 系统时，它被处理到/etc/aliases.db 文件中。

```
alias_maps = hash:/etc/aliases
```

/etc/aliases文件通常配置为重定向发送给系统账户(如 root 管理员用户)的电子邮件。正如该文件结尾所示，可将发送到 root 管理员账户的电子邮件消息重定向到一般用户账户：

```
# root    marc
```

虽然该文件中有许多其他指令可用，但它们超出了与 RHCE 目标相关的基本配置。完成改动后，可以(并且应该)使用 newaliases 命令将它处理到相应的数据库中。

13.4.4　测试当前的 Postfix 配置

如前几章所述，telnet 命令是在本地系统上查看服务当前状态的优秀方法之一。根据 Postfix 的默认配置，这种服务的活动版本应该侦听端口 25。这种情况下，telnet localhost 25 命令将返回如下的消息：

```
Trying 127.0.0.1...
Connected to localhost.
Escape character is '^]'.
220 server1.example.com ESMTP Postfix
```

如果在本地系统上启用 IPv6 联网，那么一般 IPv6 环回地址(::1)将取代 IPv4 环回地址(127.0.0.1)。可使用 quit 命令退出此连接，但此时不要退出。输入 EHLO localhost 命令并按 Enter 键；EHLO 是增强的 HELO 命令，它返回 STMP 服务器的基本参数。

```
EHLO localhost
250-maui.example.com
250-PIPELINING
250-SIZE 10240000
250-VRFY
250-ETRN
250-ENHANCEDSTATUSCODES
250-8BITMIME
250 DSN
```

对于我们的目标来说，最重要的信息是丢失了什么内容。在该服务器上不需要身份验证。在 Postfix 上正确配置身份验证之后，在输出中还将看到下面的代码行：

```
250-AUTH GSSAPI
```

13.4.5　配置 Postfix 身份验证

当在 Postfix 中配置身份验证时，就能应用用户限制。但由于在标准 main.cf 配置文件中没有提示，因此必须参考 Postfix 文档来寻找线索。如第 3 章所述，大多数程序包都在/usr/share/doc 目录中包含某种级别的文档。幸运的是，该目录中的 Postfix 文档非常广泛。对于 RHEL 7 来说，在 postfix-2.10.1/子目录中就能找到该文档。

该目录的 README-Postfix-SASL-RedHat.txt 文件包含一些指令，需要将这些指令添加到 main.cf 文件以便设置身份验证。关键的摘录如图 13-6 所示。

```
Quick Start to Authenticate with SASL and PAM:
----------------------------------------------

If you don't need the details and are an experienced system
administrator you can just do this, otherwise read on.

1) Edit /etc/postfix/main.cf and set this:

smtpd_sasl_auth_enable = yes
smtpd_sasl_security_options = noanonymous
broken_sasl_auth_clients = yes

smtpd_recipient_restrictions =
  permit_sasl_authenticated,
  permit_mynetworks,
  reject_unauth_destination

2) Turn on saslauthd:

   /sbin/chkconfig --level 345 saslauthd on
   /sbin/service saslauthd start

3) Edit /etc/sysconfig/saslauthd and set this:

   MECH=pam

4) Restart Postfix:

   /sbin/service postfix restart
```

图 13-6　设置 Postfix 身份验证的指示

对于列出的第一步来说，将列出的 4 条指令复制到 main.cf 文件结尾处就足够了。第一行为 Postfix 连接启用 SASL 身份验证：

```
smtpd_sasl_auth_enable = yes
```

接着禁用匿名身份验证：

```
smtpd_sasl_security_options = noanonymous
```

接下来的指令允许来自非标准和已弃用客户端(例如 Microsoft Outlook Express)的身份验证：

```
broken_sasl_auth_clients = yes
```

下一行允许经过验证的用户，并且允许从使用 mynetworks 指令配置的网络访问，但是拒绝除 Postfix 服务器之外的目的地：

```
smtpd_recipient_restrictions = permit_sasl_authenticated,
  permit_mynetworks, reject_unauth_destination
```

13.4.6　将 Postfix 配置为域的 SMTP 服务器

前面在对 main.cf 文件的介绍中已经描述过将 Postfix 设置为接受从其他系统传入的电子邮件所需的指令。该节全面介绍了这个文件。本节只总结性介绍配置 Postfix 来接受其他系统的传入电子邮件的最低要求。给定在 192.168.122.0/24 网络中的 maui.example.com 系统上配置的 Postfix 服务器，可对/etc/postfix 目录中的 main.cf 文件做表 13-5 所示的修改。

517

表 13-5 将 Postfix 配置为 example.com 的 SMTP 服务器

Postfix 参 数	说 明
myhostname = maui.example.com	指定系统的主机名
mydomain = example.com	设置本地域名
myorigin = $mydomain	指定本地电子邮件看起来从哪个域发出
mydestination = $myhostname, localhost .$mydomain, localhost, $mydomain	列出此机器是哪个域的目的地
inet_interfaces = all	告诉 Postfix 侦听所有接口
mynetworks = 192.168.122.0/24, 127.0.0.0/8	列出受信任 SMTP 客户端的 IP 段

其中每个选项都取代/etc/postfix/main.cf默认文件中的一条注释或者一个活动指令。例如,至少应该让下面的指令以注释形式存在:

```
#inet_interfaces = localhost
```

13.4.7 将 Postfix 配置为 null 客户端

本节介绍配置 Postfix 的最低要求。用 RHCE 目的表述来说,就是"将所有电子邮件转发给一个集中式邮件服务器"。智能主机具有一般 SMTP 服务器的几乎所有功能,唯一不具备的功能是通过另一个 SMTP 服务器转发所有电子邮件。可使用 relayhost 指令指定智能主机的位置。例如,如果远程智能主机是 outsider1.example.org,则可将下面的指令添加到/etc/postfix/main.cf 文件:

```
relayhost = outsider1.example.org
```

null 客户端配置比智能主机的局限更多。与智能主机配置类似,所有电子邮件被转发到一个集中式邮件服务器。另外,不接受电子邮件消息来进行本地递送。表 13-6 中显示了对应的配置设置。

表 13-6 将 Postfix 配置为一个 null 客户端

Postfix 参 数	说 明
myhostname = server1.example.com	指定了系统的主机名
mydomain = example.com	设置本地 Internet 域名
myorigin = server1.example.com	告诉 Postfix 电子邮件必须从 server1.example.com 域发送
mydestination =	将系统配置为一个 null 客户端(换句话说,作为一个不是任何域的目的地的机器)
local_transport = error: local mail delivery is disabled	禁止电子邮件递送到本地系统
inet_interfaces = localhost	指示 Postfix 只侦听 localhost 接口
relayhost = maui.example.com	将所有电子邮件转发给主机 maui.example.com
mynetworks = 127.0.0.0/8	列出受信任 SMTP 客户端的 IP 段

认证目标 13.05　iSCSI 目标和发起程序

与本节相关的 RHCE 目标是"将系统配置为一个 iSCSI 目标，或者持久挂载 iSCSI 目标的发起程序"。iSCSI 发起程序是一个客户端。iSCSI 目标是服务器上的共享存储，通过 TCP 端口 3260 与客户端通信。

iSCSI 协议封装了 SCSI 命令，并通过 IP 网络发送 SCSI 命令。配置了服务器和客户端之后，就能够访问 iSCSI 目标上的存储 LUN；该 LUN 看起来与客户端上的又一个 SCSI 硬盘没什么区别。

13.5.1　设置 iSCSI 目标

如今，许多存储阵列都支持 iSCSI 协议。但是，对于 RHCE 考试，需要学习如何把一个 Linux 服务器配置为一个 iSCSI 目标(即 iSCSI 存储服务器)。当然，延迟和响应时间可能比企业级 iSCSI 存储阵列慢，但是这依赖于许多因素，包括磁盘类型和网络吞吐量。

实际经验

在 iSCSI 生产部署中，可考虑在 iSCSI 结构的所有目标、发起程序和以太网交换机上启用巨型帧(jumbo frame)。巨型帧是具有较大 MTU(通常 9000 个字节)的以太网帧，因此通常要比默认的 1500 字节 MTU 提供更好的吞吐量。为了在 RHEL 7 的网卡上启用巨型帧，需要在 /etc/sysconfig/network-scripts 目录下的对应 ifcfg-*配置文件中添加 MTU=9000 指令。

设置 iSCSI 目标的一种方式是使用 targetcli 程序包。使用下面的命令进行安装：

```
# yum install targetcli
```

该程序包中的 targetcli 命令启动一个用户友好的配置 shell，引导用户完成部署 iSCSI 目标的所有步骤。在启动了 targetcli shell 以后，输入 ls 命令，将看到如图 13-7 所示的输出。

```
[root@server1 ~]# targetcli
targetcli shell version 2.1.fb34
Copyright 2011-2013 by Datera, Inc and others.
For help on commands, type 'help'.

/> ls
o- / ......................................................................... [...]
  o- backstores ............................................................. [...]
  | o- block ..................................................... [Storage Objects: 0]
  | o- fileio .................................................... [Storage Objects: 0]
  | o- pscsi ..................................................... [Storage Objects: 0]
  | o- ramdisk ................................................... [Storage Objects: 0]
  o- iscsi ............................................................. [Targets: 0]
  o- loopback ......................................................... [Targets: 0]
/> █
```

图 13-7　targetcli 管理 shell

在 targetcli shell 中，可以使用 cd 命令导航到不同的配置节，就像在文件系统中一样。ls 命令显示当前节的内容，help 命令则提供一个有用的上下文帮助屏幕。与在普通 shell 中一样，可以使用 Tab 键来补全已经输入一部分的命令或参数。

1. 配置 backstore

从图 13-7 中可看出，第一步是配置 backstore，这是一个后备存储设备，后面将被导出到 iSCSI 客户端。如果按照第 1 章的说明建立了虚拟机，那么本地磁盘上应该有足够的可用空间来创建一个新逻辑卷，专门用作 iSCSI backstore 区域。

例如，登录到 server1.example.com，在安装操作系统期间默认创建的 rhel_server1 卷组上新建一个大小为 1GB 的逻辑卷(如果你的卷组名称不同，则相应地进行替换):

```
# lvcreate -L 1G -n backstore rhel_server1
  Logical volume "backstore" created
```

对于 backstore 设备，可使用任何块设备，如逻辑卷、磁盘分区甚至整个磁盘。但是不止如此。如图 13-7 所示，targetcli 不只支持将块设备用作后备存储，还支持映像文件(fileio)、直通模式下的物理 SCSI 磁盘(pscsi)和临时的内存文件系统(ramdisk)。对于本节的介绍，我们将使用块设备。

准备好要配置的块设备后，回到 targetcli shell，创建一个块存储对象:

```
/> cd backstores/block
/backstores/block> create disk1 /dev/rhel_server1/backstore
Created block storage object device1 using /dev/rhel_server1/backstore
```

这条 create 命令告诉 targetcli 使用/dev/rhel_server1/backstore 卷作为块存储对象，其名称为 disk1。

2. 设置 iSCSI 限定名

在 targetcli shell 中，导航到/iscsi 路径:

```
/backstores/block> cd /iscsi
/iscsi>
```

输入 help 命令，显示可用选项的一个列表。下一步是创建 iSCSI 限定名(iSCSI Qualified Name，IQN)。这是一个唯一字符串，标识了一个 iSCSI 发起程序或目标，例如:

```
iqn.2015-01.com.example:server1-disk1
```

IQN 必须遵守特定的格式。必须以"iqn."字符串开头，后跟组织注册其公共域的年份和月份(YYYY-MM)。接下来是组织的反向域名，后跟可选的列分隔字符串。

回到 targetcli shell，开始创建 IQN:

```
/iscsi> create iqn.2015-01.com.example:server1-disk1
Created target iqn.2015-01.com.example:server1-disk1.
Created TPG 1.
/iscsi>
```

在上述命令的输出中可看到，targetcli 创建了目标的 IQN，还创建了一个新实体 TPG 1。

TPG 是目标门户组(target portal group)，其作用是将配置的多个部分链接起来，下一节就将看到这一点。

3. 配置目标门户组

如果完成了到目前为止所介绍的配置步骤，那么在 targetcli shell 中输入 ls 命令，将看到图 13-8 所示的输出。

```
/iscsi> ls
o- iscsi ..................................................... [Targets: 1]
  o- iqn.2015-01.com.example:server1-disk1 ..................... [TPGs: 1]
    o- tpg1 ..................................... [no-gen-acls, no-auth]
      o- acls ..................................................... [ACLs: 0]
      o- luns ..................................................... [LUNs: 0]
      o- portals ................................................. [Portals: 0]
/iscsi>
```

图 13-8　在 targetcli shell 中配置 TPG

在图中可以看到，targetcli shell 在 IQN 和 TPG 行下包含新的菜单项。按照图 13-8 所示的顺序，我们将执行下面的步骤：

(1) 配置一个访问控制列表(ACL)，只允许特定客户端访问目标。

(2) 为当前 backstore 设备创建一个逻辑单元号(LUN)。

(3) 定义一个门户，即一个 IP 地址，可能还包含一个自定义端口，让 iSCSI 目标侦听连接。

为配置 ACL，并限制对特定 iSCSI 发起程序的 IQN 访问，可输入下面的命令：

```
/iscsi> cd iqn.2015-01.com.example:server1-disk1/tpg1/acls
/iscsi/iqn.20...sk1/tpg1/acls> create iqn.2015-01.com.example:tester1
Created Node ACL for iqn.2015-01.com.example:tester1
/iscsi/iqn.20...sk1/tpg1/acls>
```

接下来导航到 LUN 节，为前面创建的 backstore 设备关联一个 LUN 号：

```
/iscsi/iqn.20...sk1/tpg1/acls> cd ../luns
/iscsi/iqn.20...sk1/tpg1/luns> create /backstores/block/disk1 0
Created LUN 0.
Created LUN 0->0 mapping in node ACL iqn.2015-01.com.example:tester1
/iscsi/iqn.20...sk1/tpg1/luns>
```

最后，导航到门户节，创建一个新的 iSCSI 门户来侦听本地 IP 地址(在本例中为192.168.122.50)。如果没有指定 TCP 端口，默认情况下 targetcli 将使用 TCP 端口 3260：

```
/iscsi/iqn.20...sk1/tpg1/luns> cd ../portals
/iscsi/iqn.20...tpg1/portals> create 192.168.122.50
Using default IP port 3260
Created network portal 192.168.122.50:3260
/iscsi/iqn.20...tpg1/portals>
```

这样就完成了 TPG 的配置。输入 ls /，显示 iSCSI 目标服务的完整配置，如图 13-9 所示。然后输入 exit，关闭 targetcli shell。配置将自动保存。

```
/iscsi/iqn.20.../tpg1/portals> ls /
o- / ................................................................ [...]
  o- backstores .................................................... [...]
  | o- block ............................................ [Storage Objects: 1]
  | | o- disk1 ..... [/dev/rhel_server1/backstore (1.0GiB) write-thru activated]
  | o- fileio .......................................... [Storage Objects: 0]
  | o- pscsi ........................................... [Storage Objects: 0]
  | o- ramdisk ......................................... [Storage Objects: 0]
  o- iscsi ...................................................... [Targets: 1]
  | o- iqn.2015-01.com.example:server1-disk1 .................... [TPGs: 1]
  |   o- tpg1 ........................................ [no-gen-acls, no-auth]
  |     o- acls ............................................... [ACLs: 1]
  |     | o- iqn.2015-01.com.example:tester1 ............ [Mapped LUNs: 1]
  |     |   o- mapped_lun0 ........................... [lun0 block/disk1 (rw)]
  |     o- luns ............................................... [LUNs: 1]
  |     | o- lun0 ............... [block/disk1 (/dev/rhel_server1/backstore)]
  |     o- portals .......................................... [Portals: 1]
  |       o- 192.168.122.50:3260 ................................... [OK]
  o- loopback ................................................... [Targets: 0]
/iscsi/iqn.20.../tpg1/portals> █
```

图 13-9　iSCSI 目标的配置

所有系统服务都必须配置为在引导时启动。iSCSI 目标服务也不例外，所以必须确保将其配置为下次机器启动时该服务也启动。这可以通过运行下面的命令实现：

```
# systemctl enable target
# systemctl start target
```

不要忘记允许连接通过本地防火墙。默认情况下，iSCSI 目标服务使用 TCP 端口 3260：

```
# firewall-cmd --permanent --add-port=3260/tcp
# firewall-cmd --reload
```

13.5.2　连接到远程 iSCSI 存储

本节将配置 tester1.example.com 虚拟机，以挂载上一节定义的 iSCSI 目标所导出的 LUN。为设置 iSCSI 客户端，需要安装 iscsi-initiator-utils 程序包及其依赖：

```
# yum install iscsi-initiator-utils
```

实际经验

iscsi-initiator-utils 程序包实现了一个软件 iSCSI 发起程序。但是，如今大多数网络适配器都在硬件中提供了 iSCSI 发起功能。硬件 iSCSI 发起功能的配置依赖于网卡的制造商，因此在不同的网卡供应商和模型之间存在区别。

接下来在/etc/iscsi/initiatorname.iscsi 文件中配置发起程序的 IQN。编辑该文件的内容，输入一个自定义的 IQN：

```
InitiatorName=iqn.2015-01.com.example:tester1
```

如果在 iSCSI 目标上配置了 ACL，那么客户端的 IQN 必须匹配 ACL 中定义的 IQN；否则客户端将无法获得目标的访问权。

接下来，在客户端上启用 iscsi 服务，确保它在下一次引导时启动：

```
# systemctl start iscsi
# systemctl enable iscsi
```

使用 iscsiadm 实用工具发现可用的 iSCSI 目标。一种方法是使用下面的命令：

```
# iscsiadm -m discoverydb -t st -p 192.168.122.50 -D
```

为了进行解释，此 iscsiadm 命令查询 iSCSI 目标。它工作在发现数据库(discoverydb)模式(-m)下，其中发现类型(-t)请求将命令 sendtargets(或 st)发送到 iSCSI 目标，以发现(-D)共享存储 LUN，这个 iSCSI 目标在一个门户(-p)上定义，侦听列出的 IP 地址。

如果成功，将看到如下所示的输出：

```
192.168.122.50:3260,1 iqn.2015-01.com.example:server1-disk1
```

要使用刚才发现的目标，需要运行下面的命令：

```
# iscsiadm -m node -T iqn.2015-01.com.example:server1-disk1 -l
```

考试提示

要设置 iSCSI 客户端，需要访问作为服务器运行的 iSCSI 目标。通常情况下，该服务器上的 TCP 端口 3260 应该打开，这样就能够使用本章介绍的 iscsiadm 命令进行访问。

此命令工作在节点模式(-m)下，以登录(-l)到目标 IQN(-T) iqn.2015-01.com.example:server1-disk1。如果成功，那么运行 fdisk -l 命令可看到额外的磁盘存储设备。

然后就能够管理共享存储，就像它是本地系统的一个新硬盘一样。硬盘设备文件将显示在 /var/log/messages 文件中，包含如下所示的信息，指向设备文件/dev/sdc：

```
Sep 25 20:22:15 tester1 kernel sd 6:0:0:0: [sdc] Attached SCSI disk
```

然后就可以根据第 6 章讨论的技术，在新的/dev/sdc 驱动器上创建分区等，就像它是一个本地驱动器一样。当然，相关的 RHCE 目标中提到的"持久挂载"要求确保在系统下次重启时，iSCSI 服务也会启动。

为了确保实际进行了挂载，还需要设置一个分区并实际挂载到/etc/fstab 文件。实践中，iSCSI 驱动器的实际设备文件可能在每次重启时发生变化。因此，应该使用第 6 章介绍的全局唯一标识符(UUID)来配置这种挂载。

认证目标 13.06　网络时间服务

第 5 章讨论过将 NTP 配置为客户端和默认的服务器。这里将介绍如何把 NTP 配置为可以使用 NTP 对等服务器同步时间的服务器。你需要知道如何保护 NTP，就像保护其他网络服务(如 Samba 和 NFS)一样。

为了允许 NTP 可以用作服务器，需要允许通过 UDP 123 端口访问。这可通过把 ntp 服务添加到相关的 firewalld 区域来实现。

NTP 服务器配置文件

如第 5 章的讨论，时间配置依赖于/etc/localtime 符号链接指向的时区，以及/etc/ntp.conf 文件(或者如果使用了 chronyd，则为/etc/chrony.conf 文件)中配置的 NTP 服务器。现在就来配置 NTP 服务器。我们重点介绍 ntpd，因为这是始终连接到网络的系统的标准 NTP 守护进程。

默认的/etc/ntp.conf 文件以 driftfile 指令开始，它监视本地系统时钟的错误：

```
driftfile /var/lib/ntp/drift
```

restrict 指令也可帮助保护 NTP 服务器。此指令可作用于 IPv4 和 IPv6 网络，如下所示：

```
restrict default nomodify notrap nopeer noquery
restrict 127.0.0.1
restrict ::1
```

restrict 指令选项的说明如下：
- **default**　适用于来自其他系统的默认连接，可以被其他 restrict 指令进一步限制。
- **nomodify**　拒绝试图修改本地 NTP 服务器配置的请求。
- **notrap**　拒绝控制消息陷阱服务，可以移除这个选项来启用远程日志。
- **nopeer**　阻止来自潜在对等 NTP 服务器的访问。
- **noquery**　忽略查询。

但是当这些约束条件组合起来时，只会对 NTP 客户端有益。为设置 NTP 服务器，尤其是一个可以"使用其他 NTP 对等服务器同步时间"的服务器，至少应该从 restrict 列表中移除 nopeer 指令。一些 NTP 服务器可能需要与你的服务器同步，这时也需要将 noquery 从列表中移除。

下面两条约束指令只允许本地 NTP 服务器访问本地系统。你应该能够识别这里默认的 IPv4 和 IPv6 的回环地址：

```
restrict 127.0.0.1
restrict ::1
```

当然，当为其他客户端设置 NTP 服务器时，你可能也希望放宽这个限制条件。下面的注释包含了以所要求的形式表示的网络地址。因此，为给 192.168.122.0/24 网络设置一个 NTP 服务器，需要修改 restrict 指令为：

```
restrict 192.168.122.0 mask 255.255.255.0 notrap nomodify
```

对于"默认配置的 NTP 服务器"，不需要进行附加的修改。当然，本地 NTP 服务器也应该配置为可以控制 NTP 服务器的客户端。请将下面的主机名替换成你的网络上真正的 NTP 服务器的主机名：

```
server 0.rhel.pool.ntp.org iburst
server 1.rhel.pool.ntp.org iburst
server 2.rhel.pool.ntp.org iburst
server 3.rhel.pool.ntp.org iburst
```

为重复 RHCE 目标中的引用，其他的引用是针对对等服务器的。相关的指令是 peer。

为在 NTP 服务器上测试该指令，可以将这台计算机设为另一个主机的 peer，如下所示：

```
peer server1.example.com
```

或者，可以被给定 NTP 对等服务器的主机名，该对等服务器可能是公司网络上的，也可能是考试中配置好的网络上的。

NTP 的安全约束

如刚刚介绍过的，来自/etc/ntp.conf 配置文件的 restrict 指令可以用来限制对本地 NTP 服务器的访问。但是这时需要假定 123 端口开启。安全约束也同样适用于配置的防火墙。请意识到 NTP 需要一个适当的防火墙规则来开启 UDP(非 TCP)123 端口。这可以通过把 ntp 服务添加到合适的防火墙区域来配置，如下所示：

```
# firewall-cmd --permanent --add-service=ntp
# firewall-cmd --reload
```

为测试 NTP 服务器的连接，可使用 ntpq -p *hostname* 命令。这条命令会寻找列在/etc/ ntp.conf 文件中的对等服务器。如果服务器是可运行的，那么在执行 ntpq -p localhost 命令后可看到类似于图 13-10 所示的输出结果。

主机名或 IP 地址前面的*符号表示当前 NTP 对等服务器用作一个主引用，而+符号表示可接受其他对等服务器进行同步。当然，如果 ntpq 命令来自一个远程系统(该系统使用本地主机名或 IP 地址)，那么可以证实该远程 NTP 服务器是可以运行的。

```
[root@server1 ~]# ntpq -p
     remote           refid      st t when poll reach   delay   offset  jitter
==============================================================================
+time2.mediainve 131.188.3.220    2 u   21   64    3   26.719   1.814  12.969
+stz-bg.com      192.53.103.104   2 u   19   64    3   54.418   6.646  28.389
*ntp2.litnet.lt  .GPS.            1 u   18   64    3   48.583   2.647  22.977
+betelgeuse.retr 193.62.22.90     2 u   17   64    3    2.299   0.548  25.659
[root@server1 ~]# █
```

图 13-10　执行 ntpq -p 命令验证的 NTP 服务器状态

考试提示

由于 NTP 是基于 UDP 的服务，因此 telnet 命令不会确认该服务的运行情况。需要使用像 ntpq -p 和 nmap -sU -p123 这样的命令来检查 NTP 服务的本地状态。

故障情景与解决方案	
需要为本地网络配置一个高速缓存 DNS 服务器	使用默认的 named.conf 文件；修改 listen-on 和 allow-query 指令
需要配置一个高速缓存 DNS 服务器来转发请求到其他地方	使用 named.conf 文件，配置为一个高速缓存域名服务器；添加一个 forwarders 指令指向预期的 DNS 服务器
要求为 192.168.0.0/24 网络配置 SMTP 服务器	使用默认的 Postfix 服务器；修改/etc/postfix/main.cf 中的 myhostname、mydomain、myorigin、mydestination、inet_interfaces 和 mynetworks 指令
要求将 Postfix 值为 null 客户端	将 relayhost 设置为要把电子邮件转发到的远程服务器；修改 mydestination 和 local_transport；使用 inet_interfaces 和 mynetworks 指令限制对服务器的访问
要求允许 user1、user2 和 user3 访问 SMTP 服务器	使用/sbin/nologin 默认 shell 创建指定用户
需要设置一个 NTP 服务器作为对等服务器	修改 ntp.conf 文件，用 peer 指令指定一个对等 NTP 服务器的主机或 IP 地址。添加一个不带 nopeer 选项的 restrict 指令，以允许访问指定主机

13.7　认证小结

DNS 提供了域名和 IP 地址的数据库，它可以帮助各种网络(包括 Internet)上的主机将主机名转换为 IP 地址。它是一个分布式数据库，在这个数据库中，每个管理员都对自己的区域负责，例如 mheducation.com。默认的 DNS 服务器使用基于 BIND 的 named 守护进程。另外也可以使用 Unbound 解析器。

有 4 种基本类型的 DNS 服务器：主、从属(或次要)、高速缓存和转发 DNS 服务器。RHCE 目标对主 DNS 服务器和从属 DNS 服务器没有要求。默认的/etc/named.conf 文件建立在一个高速缓存 DNS 服务器配置中。转发域名服务器使用 named.conf 文件中的 forward only 和 forwarders 指令。另外，应该配置 listen-on 和 allow-query 指令来支持本地系统和预期网络的访问。为了测试 DNS 服务器，可使用 rndc status、dig 和 host 之类的命令。

Red Hat 包含两个与 SMTP 协议相关的服务器：Postfix 和 sendmail。Postfix 是默认服务器，配置起来也要比 sendmail 简单一些。各种 Postfix 配置文件保存在/etc/postfix 目录里。在访问文件里可配置用户和主机限制。其他一些文件与转发或重命名电子邮件账户或域相关。需要修改/etc/postfix/main.cf 文件中的一些 Postfix 配置指令，这些指令包括 myhostname、mydomain、myorigin、mydestination、inet_interfaces 和 mynetworks。relayhost 指令可帮助配置转发到智能主机。如果需要配置 null 客户端，还需要设置 local_transport 指令，以避免将电子邮件递送到本地系统。

iSCSI 协议模拟了 IP 网络上的 SCSI 总线。在 targetcli 命令 shell 中，可以交互地将一个 Linux 主机配置为 iSCSI 目标，以便将本地存储导出到远程 iSCSI 发起程序中。iSCSI 发起程序可以使用 iscsiadm 命令发现并登录到远程目标。

　　最后，为了给网络配置一个 NTP 服务器，需要修改/etc/ntp.conf 文件。应该修改 restrict 指令来指定网络地址。为了支持 RHCE 目标中提到的对等服务器，还需要一个不包含 noquery 和 nopeer(最重要的)选项的 restrict 指令。然后，为把其他系统设置为对等服务器，将使用 peer *hostname* 格式。

13.8　应试要点

下面是第 13 章中介绍的认证目标的一些主要知识点。

域名服务简介

- DNS 基于 BIND，使用 named 守护进程。
- 关键程序包包括 bind-chroot，它通过支持 chroot 监狱中的 DNS 增强了安全性能；还有 bind-utils，它包含命令实用工具，如 dig 和 host。
- 4 个基本类型的 DNS 服务器为：主、从属(次要)、高速缓存和转发服务器。RHCE 目标对高速缓存 DNS 服务提出了具体要求。

DNS 服务器的最低配置

- 关键的 DNS 配置文件包括/etc/named.conf 文件和/var/named 目录中的文件。
- 默认的/etc/named.conf 文件用来为高速缓存域名服务器进行设置，只允许本地系统访问。修改 listen-on 和 allow-query 指令可以允许网络上的 DNS 客户端访问。
- 转发域名服务器需要 forward only 或 forwarders 指令，这些指令指定远程 DNS 服务器的 IP 地址。
- Unbound 可代替 BIND 设置一个安全的高速缓存和转发域名服务器。

各种电子邮件代理

- Postfix 是 RHEL 7 中的默认邮件传输代理。
- 邮件服务器日志信息保存在/var/log/maillog 文件中。

配置 Postfix

- 通过/etc/postfix 目录里的配置文件更容易配置 Postfix 服务器。主配置文件是 main.cf 文件。
- 可在/etc/aliase 中配置电子邮件别名。
- 可在 canonical、generic 和 relocated 等文件中设置各种类型的电子邮件转发，这些文件都位于/etc/postfix 目录里。
- relayhost 命令可用来建立到智能主机的连接。
- 要将 Postfix 设置为 null 客户端，需要使用 local_transport 指令阻止电子邮件递送到本地系统。
- 使用 telnet localhost 25 命令可从本地系统测试标准的 Postfix 配置。

iSCSI 目标和发起程序

- 通过激活目标服务并运行 targetcli 管理 shell，可配置 iSCSI 目标。
- 为设置 iSCSI 目标，需要定义 backstore 设备、设置 IQN、定义 LUN、创建门户并(可选)定义 ACL。
- 为配置 iSCSI 客户端，需要 iscsi-initiator-utils 程序包，可使用该程序包和 iscsiadm 命令发现并登录到 iSCSI 目标。
- 为了确保 iSCSI 连接在重启后依然存在，需要激活 iscsi 服务。

网络时间服务

- 默认的 NTP 配置文件/etc/ntp.conf 可以设置一个客户端，该客户端只允许本地系统访问。
- 默认的 ntp.conf 文件中的标准 restrict 指令可以开放对指定网络上的系统的访问。还需要允许 NTP 流量通过本地防火墙。
- RHCE 目标建议可以连接到对等服务器，这种连接可以使用 peer 指令配置。

13.9   自测题

下面的问题有助于你理解本章介绍的内容。Red Hat 考试中没有多选题，因此本书中也没有给出多选题。这些问题只测试你对本章内容的理解，如果有其他方法能够完成任务也行。得到结果，而不是记住细枝末节，这才是 Red Hat 考试的重点。许多问题可能不止一个答案。

域名服务简介

1. 列出两种在 RHEL 7 上提供 DNS 服务的程序包。

_____

DNS 服务器的最低配置

2. 为配置 DNS 通过 53 端口进行通信，应该对防火墙进行什么修改来支持其他客户端访问本地 DNS 服务器？

_____

3. 什么文件包含 BIND DNS 高速缓存域名服务器的基本模板？

_____

4. 什么命令可以确保下次在默认目标启动 Linux 时，BIND DNS 服务也会启动？

_____

各种电子邮件代理

5. 列出 RHEL 7 上支持的 MTA 的两个示例。

_____

6. 什么命令可用来在安装的 Postfix 和 sendmail 服务之间实现切换？

配置 Postfix

7. 如何修改/etc/postfix/main.cf 中的如下指令，将 Postfix 开放给所有系统？

```
inet_interfaces = localhost
```

8. 如果使用/etc/aliases 转发电子邮件，什么命令将这些文件处理到 Postfix 的相应数据库文件中？

9. main.cf 文件中的什么指令可用来指定 Postfix 服务器服务的域？

iSCSI 目标和发起程序

10. 在恰当配置的 iSCSI 目标上，什么服务应该在重启时运行？

11. 什么命令实用工具可用于配置 iSCSI 目标？

网络时间服务

12. 输入一条适用于/etc/ntp.conf 的指令，这条指令只允许 IP 地址为 192.168.0.0/24 的网络访问。

13.10　实验题

有些实验题包含配置练习。只能在测试计算机上做这些练习。假设在虚拟机(例如 KVM)上运行这些练习。本章假设你将修改这些虚拟主机的物理主机系统的配置。

Red Hat 提供电子版考试。因此，本章的大多数实验题都在本书配套网站上，其子目录为 Chapter13/。如果尚未在系统上安装 RHEL 6，关于安装指南请参考第 1 章。自测题答案之后是各实验题的答案。

13.11　自测题答案

域名服务简介

1. BIND 和 Unbound 软件程序包在 RHEL 7 上提供了 DNS 服务。

DNS 服务器的最低配置

2. 为了支持其他客户端访问本地 DNS 服务器，请在必要的 firewalld 区域中启用 dns 服务，确保 TCP 和 UDP 流量能够在端口 53 通过防火墙。

3. 默认的/etc/named.conf 文件包含 DNS 高速缓存域名服务器的基本模板。

4. 确保 BIND DNS 服务在下次启动 Linux 时启动的命令是：

```
# systemctl enable named
```

各种电子邮件代理

5. RHEL 7 上支持的 MTA 的两个示例是 Postfix 和 sendmail。

6. 可在安装的 Postfix 和 sendmail MTA 之间实现切换的命令是 alternatives --config mta。

配置 Postfix

7. 最简单的解决方案是将该指令修改为：

```
inet_interfaces = all
```

8. 转发电子邮件地址通常存储在/etc/aliases 中。请确保将这些文件处理到相应的数据库中；对于/etc/aliases 来说，使用 newaliases 命令来更新数据库。

9. main.cf 文件中可用来指定 Postfix 服务器服务的域的指令是 mydestination。

iSCSI 目标和发起程序

10. 在恰当配置的 iSCSI 目标上，target 服务应该在重启时运行。

11. targetcli 命令 shell 可用于配置 iSCSI 目标。

网络时间服务

12. 根据指定的条件，/etc/ntp.conf 文件中限制访问的一条指令是：

```
restrict 192.168.122.0 mask 255.255.255.0
```

13.12　实验题答案

实验题 1

在这个实验题中，可以使用/etc/named.conf 配置文件中的现有配置。所需要做的是：

(1) 安装 bind RPM 程序包。

(2) 修改 listen-on port 53 指令来包含本地 IP 地址；例如，如果本地 IP 地址为 192.168.122.150，则指令将如下：

```
listen-on port 53 { 127.0.0.1; 192.168.122.150; };
```

(3) 修改 allow-query 指令来包含本地 IP 网络地址：

```
allow-query { localhost; 192.168.122.0/24; };
```

(4) 保存对/etc/named.conf 所做的修改。

(5) 启动 named 服务：

```
# systemctl start named
```

(6) 修改本地客户端指向本地 DNS 高速缓存域名服务器；用本地系统的 IP 地址替换 nameserver 指令(保存在/etc/resolv/conf 下)中的 IP 地址。例如，如果本地计算机的 IP 地址为 192.168.122.150，指令将为：

```
nameserver 192.168.122.50
```

(7) 测试新的本地 DNS 服务器。请尝试使用 dig www.mheducation.com 之类的命令。

(8) 将客户端系统指向 DNS 服务器。向那些远程客户端系统上的/etc/resolv.conf 中添加前面提到的 nameserver 指令：

```
nameserver 192.168.122.50
```

(9) 为确保下次 Linux 启动时 DNS 服务能启动，请执行下面的命令：

```
# systemctl enable named
```

(10) 请开启本地系统防火墙的 TCP 和 UDP 53 端口。最简单的方法是使用 firewall-cmd 实用工具：

```
# firewall-cmd --permanent --add-service=dns
# firewall-cmd --reload
```

实验题 2

和实验题 1 一样，本实验题主要研究/etc/named.conf 文件的配置。名义上，默认的高速缓存 DNS 服务器已经包含了转发属性。但是为了设置一个特定的转发服务器，应该在 options 节中添加 forwarders 条目，如下所示：

```
forwarders { 192.168.122.1; };
```

至于这个实验题的其他要求，可以使用 rndc flush 命令刷新当前的高速缓存，然后用 rndc reload 命令重新加载配置文件。

实验题 3

对于实验题 3、4 和 5 来说，都将使用电子邮件客户端 mutt。要将电子邮件发送给用户 michael @localhost，可以采取如下步骤：

(1) 运行 mutt michael@localhost 命令，将出现 To:michael@localhost 消息。

(2) 按下 ENTER 键，出现 Subject:提示时，输入相应的测试主题名称，并按下 ENTER 键。

(3) 在 vi 编辑器中将出现空白屏幕。使用适用于该编辑器的命令，得到的屏幕如图 13-11 所示。

图 13-11　mutt 电子邮件客户端

(4) 从如图 13-11 所示的屏幕中，按下 Y 键以发送指定的消息。

另外，可以在/var/spool/mail 目录的用户名文件中验证电子邮件接收。通常，使用 mail 或 mutt 命令可查看用户账户里的电子邮件。

在 Postfix 中，要在/etc/postfix/main.cf 文件中禁用仅限本地的访问，可将 inet_interfaces 指令修改为接受所有连接：

```
inet_interfaces = all
```

但如果要满足实验题要求，还要保留该指令的默认值：

```
inet_interfaces = localhost
```

通常，如果要检验 SMTP 服务器上的身份验证，可使用 telnet localhost 25 命令从本地系统连接。看到如下消息时：

```
220 maui.example.com ESMTP Postfix
```

请输入下面的命令：

```
EHLO localhost
```

要检验用户账户接收的电子邮件，可登录该账户，或者至少检验与/var/mail 目录中的用户名相关联的时间戳。要确保将发送给 root 管理员用户的电子邮件转发给一般用户账户，可以给/etc/aliases 文件添加下面的行：

```
root:  michael
```

这里所有标准的用户账户都是可接受的。当然，要实现这种更改，还必须运行 newaliases

命令，它将此文件处理到/etc/aliases.db 文件中。

实验题 4

如果要允许不仅从 localhost 访问，需要将/etc/postfix/main.cf 中的 inet_interfaces 指令修改为：

```
inet_interfaces = all
```

下一步就是限制访问特定网络(这里是 example.com)。虽然/etc/postfix 文件中有选项，但限制访问特定网络的最有效方法是使用相应的防火墙富规则，例如，下面的自定义规则将对 TCP 端口 25 的访问限制为给定 IP 网络地址上的系统。显示的网络基于 example.com 的原始定义配置，这里是 192.168.122.0/24 网络：

```
# firewall-cmd --permanent --add-rich-rule='rule family=ipv4↵
 source address=192.168.122.0/24 service name=smtp accept'
```

另外还要在/etc/postfix/access 文件中使用规则设置此网络，如下所示：

```
192.168.122 OK
```

Postfix 运行后，从远程系统使用相应的 telnet 命令就能确认结果。例如，如果在 IP 地址为 192.168.122.50 的系统上配置 Postfix，命令则是：

```
# telnet 192.168.122.50 25
```

Postfix 中智能主机的配置基于 relayhost 指令。对于此实验题中给定的参数，如果物理主机位于系统 maui.example.com 上，main.cf 文件中的指令则是

```
relayhost = maui.example.com
```

如果将 server1.example.com 系统上的 Postfix 配置为智能主机，那么将可靠传输发送到转发主机的电子邮件，并记录到相应的/var/log/maillog 文件中。

实验题 5

将 Postfix 配置为 null 客户端很简单，表 13-6 中做了相应的总结。

至少应该配置 myorigin、mydestination、local_transport 和 relayhost 指令。其他指令(如 myhostname、mydomain 和 mynetwork)应该已经有了合适的默认值。

使用 postconf -n 命令确认设置，然后启动服务。不要忘记将 Postfix 配置为在计算机下次启动时自动启动。

实验题 6

这是一个很长的实验题，但是与本章的"iSCSI 目标和发起程序"小节中的配置示例非常类似。请参考该节中所做的深入讨论。

实验题 7

在这个实验题中，将设置一个 NTP 服务器作为另一个 NTP 服务器的对等服务器。可以用 peer 指令，在/etc/ntp.conf 配置文件中配置。例如，如果一个普通的 NTP 服务器配置在 IP 地址 192.168.122.50 上，那么可以用下面的指令在 192.168.122.150 服务器上设置一个对等服务器：

```
peer 192.168.122.50
```

要记住，除非 nopeer 选项已经从 ntp.conf 文件的 restrict 指令中移除，否则 NTP 对等服务器不能工作。

第 **14** 章

Apache Web 服务器

AT&T 在 20 世纪 60 年代末和 70 年代初开发了 Unix，当时在许多主要大学中都免费分发它。当 AT&T 开始掌管 Unix 之后，许多大学的开发人员都试图复制这种操作系统，终于在 20 世纪 90 年代开发并发布了其中一个副本：Linux。

许多大学也在开发能够演进到 Internet 的网络，经过最近的改进，这使 Linux 成为与 Internet 最友好的网络操作系统。Linux 中可用的广泛网络服务不仅使其成为所在领域的佼佼者，而且还创建了一种今天最强大、最有用的 Internet 平台。

Apache 是目前 Internet 上最受欢迎的 Web 服务器。根据 Netcraft(www.netcraft.com)的调查近 50%的 Internet 网站使用 Apache。Apache 包含在 RHEL 7 里。

本章介绍一些基本概念，这些概念与在基本配置级别使用 Apache Web 服务器有关。

考试内幕

本章直接讨论 5 个 RHCE 目标。虽然这些目标指定 HTTP(超文本传输协议)和 HTTPS(超文本传输安全协议)协议，但也必须介绍 Apache Web 服务器，它是目前 RHEL 7 上唯一支持的 Web 服务器。这些目标是:

● 配置虚拟主机

虚拟主机是 Apache 的支柱，它支持在同一台服务器上配置多个网站。

● 配置私有目录

Apache Web 服务器上的私有目录只能服务某组用户或主机。

● 配置分组管理的内容

有时用户组必须共同维护网站的内容。由于可在单个用户的主目录里为他们配置私有目录，因此也可在共享目录里为用户组配置目录。

● 部署基本的 CGI 应用程序

如果不知道通用网关接口(Common Gateway Interface，CGI)，也不要担心，但网页上的动态内容常常依赖一些脚本，例如与 CGI 相关的那些脚本。

● 配置 TLS 安全性

前面的章节讨论了 TLS。TLS(及其前身 SSL)是一套用于加密网络通信的协议。它最初是在 20 世纪 90 年代中期开发的，为 Netscape Navigator Web 浏览器提供基于证书的身份验证和安全通信。因此，毫无疑问，今天 TLS 在确保 Apache Web 服务器的安全通信方面仍然扮演着重要角色。

另外，对所有网络服务都有标准要求，如第 10 章和第 11 章所述。为此需要安装服务，让它与 SELinux 一起运行，确保它在系统引导时启动，为基本操作配置服务，并设置基于用户和基于主机的安全。

认证目标 14.01 Apache Web 服务器

基于 HTTP 守护程序(httpd)，Apache 使用通常的 HTTP 协议及其安全协议 HTTPS，提供对各类型内容的简单安全访问。

Apache 是从由国家超级计算应用中心(National Center for Supercomputing Applications，NCSA)创建的服务器代码中开发出来的，它包含许多补丁，因此也称为"补丁"服务器。Apache

Web 服务器不断引领 Web 潮流，是现在最稳定、最安全、最健壮和最可靠的 Web 服务器之一，它一直由 Apache Software Foundation(www.apache.org)开发。

对于完整的 Apache 文档副本，请确保在安装过程中包含 httpd-manual RPM，它在/var/www/manual 目录中提供 Apache 手册的完整 HTML 副本。将浏览器指向 http://localhost/manual，可以从本地服务器上导航到该手册。

14.1.1　Apache 2.4

得益于其可靠性和稳定性，RHEL 7 包含 Apache 2.4 的更新版。RHEL 6 也包含 Apache 2.2 的较早版本。但无论如何，RHEL 7 包含的 Apache 2.4 具备所有支持最新网页所需的更新，具有最好的安全措施来防御与 Internet 相关的风险。

14.1.2　LAMP 栈

Apache 作为 Web 服务器的功能之一是能够方便地与其他软件组件集成。最常见的版本是 LAMP 栈，代表其组件 Linux、Apache、MySQL 和 3 种脚本语言之一(Perl、Python 或 PHP)。

在 RHEL 7 的 RHCE 目标中，要求安装 MariaDB，这是 MySQL 数据库管理系统的一个社区开发分支。第 17 章将讨论 MariaDB 的安装和配置。

14.1.3　安装

Apache 所需的 RPM 程序包包含于 Web Server 程序包组之内。这里安装 Apache 的最简单方法是使用下面的命令：

```
# yum install httpd
```

还需要其他程序包。如果要安装与 Web Server 程序包组相关的强制和默认程序包，使用下面的命令可能更简单：

```
# yum group install "Web Server"
```

还有一个环境组 Basic Web Server，默认安装 Web 服务器组，还包括一些可选的组，比如 MariaDB 和 PostgreSQL 客户机，Perl 和 PHP 扩展、Java 等等。如果不记得可用组的名称，可运行 yum grouplist 命令。

启动 Linux 服务的标准方法是使用 systemctl 实用工具。也可以使用下面的命令停止和启动 Apache，以及适度地重新加载配置文件：

```
# apachectl stop
# apachectl start
# apachectl graceful
```

默认的 Red Hat Apache 包支持基本操作，不需要任何配置。Apache 运行之后，先启动 Web 浏览器，并输入 URL 为 http://localhost。例如，图 14-1 显示的是 elinks Web 浏览器中基于默认配置的 Apache 默认主页。

该网页基于/etc/httpd/conf.d/welcome.conf 文件的内容，如果默认网站没有 index.html 文件，它就显示/usr/share/httpd/noindex/index.html 文件。

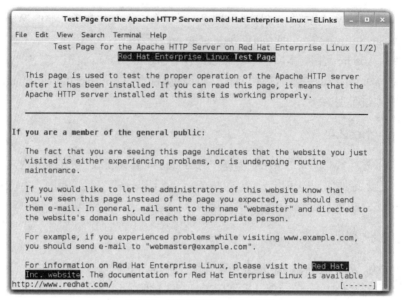

图 14-1　默认安装的 Apache 主页

14.1.4　练习14-1：安装 Apache 服务器

本练习将安装通常与 Apache 服务器相关的所有程序包。然后配置系统,确保下次启动 Linux 时 Apache 是激活的。麻烦的是必须从命令行界面完成所有操作。假设已经完成第 7 章讨论的步骤,已注册 Red Hat Network 或者将系统连接到 RHEL 7(或重新构建 DVD)媒介作为储存库。

(1) 如果在 GUI 中,请打开命令行控制台。按下 ALT+F2 键,以根用户身份登录。

(2) 运行下面的命令以查看可用的组,在可用的环境组列表结尾将看到"Basic Web Server"。

```
# yum group info
```

(3) 检查哪些组包含在"Basic 的 Web 服务器"环境组中。web-server 应在强制组的列表中。

```
# yum group info "Basic Web Server"
```

(4) 使用下面的命令,显示 web-server 组包含的包:

```
# yum group info web-server
```

(5) 使用下面的命令,可安装"Web Server"程序包组里的所有默认程序包:

```
# yum group install web-server
```

如果只安装 httpd RPM 程序包,就可能没有安装其他重要的程序包,包括 mod_ssl,它用于 RHCE 目录里引证的安全网站。

(6) 运行下面的命令,看看 Apache 是否已经配置为在任何运行级别启动:

```
# systemctl is-enabled httpd
```

(7) 现在使用下面的命令来确保下次 Linux 正常启动时,Apache 在默认目标启动:

```
# systemctl enable httpd
```

(8) 使用下面的命令启动 Apache 服务：

```
# systemctl start httpd
```

(9) 如果在第 2 章中没有这么做，可先安装基于文本的 Web 浏览器。RHEL 7 标准浏览器是 Elinks，可以使用下面的命令安装它：

```
# yum install elinks
```

(10) 现在使用下面的命令启动 ELinks 浏览器，并指向本地系统：

```
# elinks http://localhost
```

(11) 查看结果。看到 Apache 测试页面了吗？

(12) 退出 ELinks 浏览器。按下 Q 键，出现 Exit ELinks 文本菜单时，按下 Y 键退出 Elinks。

(13) 备份默认的 httpd.conf 配置文件，逻辑位置是你的主目录。

(14) 运行 rpm -q httpd-manual 命令，确定安装 Apache 文档。由于该程序包是 Web Server 程序包组的默认部分，应该不会得到程序包"未安装"消息。但是，如果显示该消息，可使用 yum httpd-manual 命令安装该程序包。

(15) 把 ELinks 浏览器指向下面的 URL，来浏览文档：

```
# elinks http://localhost/manual
```

14.1.5　Apache 配置文件

Apache Web 服务器有两个主要的配置文件，分别是/etc/httpd/conf 目录里的 httpd.conf 文件和/etc/httpd/conf.d 目录里的 ssl.conf 文件，这两个文件的默认版创建通用 Web 服务器服务。所有配置文件都在 3 个目录里：/etc/httpd/conf、/etc/httpd/conf.d 和/etc/httpd/conf.modules.d，如图 14-2 所示。

```
[root@server1 ~]# ls /etc/httpd/conf
httpd.conf  magic
[root@server1 ~]# ls /etc/httpd/conf.d
autoindex.conf  manual.conf  ssl.conf      welcome.conf
fcgid.conf      README       userdir.conf
[root@server1 ~]# ls /etc/httpd/conf.modules.d
00-base.conf   00-lua.conf   00-proxy.conf   00-systemd.conf  10-fcgid.conf
00-dav.conf    00-mpm.conf   00-ssl.conf     01-cgi.conf
[root@server1 ~]#
```

图 14-2　Apache 配置文件

Apache 可以与其他许多软件一起运行，例如 Python、PHP、Squid Proxy 服务器等。如果安装，就可以在/etc/httpd/conf.d 目录里找到相关配置文件。

要配置一般和安全的 Web 服务器，就需要深入理解 httpd.conf 和 ssl.conf 配置文件。

14.1.6　分析默认的 Apache 配置

Apache 包含一组充分注释的默认配置文件。本节将介绍 httpd.conf 配置文件中的一些主要指令，可在常用的文本编辑器里或者使用命令分页器(例如 less)浏览该文件。开始分析之前，请记住使用下面的指令让主要的 Apache 配置文件合并/etc/httpd/conf.d 目录里的文件：

```
IncludeOptional conf.d/*.conf
```

httpd.conf 文件还通过以下指令包括外部模块的配置:

```
Include conf.modules.d/*.conf
```

IncludeOptional 和 Include 之间的差异是，如果指定的路径不匹配任何文件，前者不会产生错误。

在 httpd.conf 中有一些基本结构。首先是在"容器"里配置目录、文件和模块。容器开头是要配置的目录、文件或模块的名称，它们包含在尖括号(< >)里，例如:

```
<Directory "/var/www/html">
<Files "^\.ht*">
<IfModule mime_magic_module>
```

容器结尾是包含在括号(<>)里的表达式，以正斜杠(/)开头。容器的结尾如下所示:

```
</Directory>
</Files>
</IfModule>
```

Apache 包含大量 Apache 可以理解的指令——命令，这些指令(命令)与英语有相似性，例如 ExecCGI 指令支持可执行的 CGI 脚本。

这只是概述，细节通常很复杂，下一节将简要分析这些细节。如果已经安装 httpd-manual RPM，请运行 Apache 服务器，并导航到 http://localhost/manual。

14.1.7　主要的 Apache 配置文件

本节介绍默认 Apache 配置文件 httpd.conf。建议在测试系统(例如 server1.example.com)上进行，这里只讨论该文件中的默认活动指令。如果想了解更多信息和选项，可阅读注释。

在练习 14-1 中安装 Apache 和 httpd-manual RPM 之后，请参考 http://localhost/manual/mod/quickreference.html，它提供每条指令的详细信息。下面 2 个表总结这些默认指令，表 14-1 显示文件开头的指令。

表 14-1　全局环境指令

指　　令	描　　述
ServerRoot	设置配置文件的默认目录；配置中引用的相对路径是相对于 ServerRoot 目录的路径
Listen	指定用于侦听请求的端口和可能的 IP 地址(对于多主机系统)
Include	添加其他配置文件的内容
User	指定 Apache 在本地系统上运行的用户名
Group	指定 Apache 在本地系统上运行的组名

这两个表中的指令都是按照 httpd.conf 默认版本中显示的顺序排列的。如果要试验每个指令的不同值，请保存变更，然后使用 systemctl restart httpd 重启 Apache 守护程序或者使用 systemctl reload httpd 重读 Apache 配置文件。

表 14-2 指定与主服务器配置部分相关的指令。

表 14-2　主要的服务器配置指令

指　令	描　述
ServerAdmin	设置管理电子邮件地址；可能显示在(或者链接到)默认错误页面上
AllowOverride	支持从.htaccess 文件中重写前面的指令
Require	给所有用户或特定的用户/组授予或拒绝对目录的访问
DocumentRoot	指定网站文件的根目录
Options	指定与 Web 目录相关的特性，例如 ExecCGI、FollowSymLinks、Includes、Indexes、MultiViews 和 SymLinksIfOwnerMatch
DirectoryIndex	指定导航到目录时查找的文件；默认设置为 index.html
ErrorLog	相对于 ServerRoot 定位错误日志文件
LogLevel	指定日志消息的级别
LogFormat	设置日志文件里包含的信息
CustomLog	采用现有日志格式创建自定义日志文件，使用与 ServerRoot 相关的位置
ScriptAlias	类似于 Alias；将 Web 路径映射到 DocumentRoot 之外的文件系统位置；除了 Alias 之外，它还告诉 Apache，指定的目录包含 CGI 脚本
TypesConfig	定位 mime.types，它指定与扩展名相关的文件类型
AddType	将文件名扩展名映射到指定内容类型
AddOutputFilter	将文件名扩展名映射到指定过滤器
AddDefaultCharset	设置默认字符集
MIMEMagicFile	通常使用文件/etc/httpd/conf/magic，确定文件的 MIME 类型
EnableSendfile	使用 sendfile 系统调用，把静态文件发送给客户端，以获得更好的性能

14.1.8　简单 Web 服务器的基本 Apache 配置

如表 14-2 所述，Apache 在由 DocumentRoot 指令指定的目录中查找网页。在默认 httpd.conf 文件中，该指令指向/var/www/html 目录，也就是说，启动和运行 Web 服务器就是将网页移动到/var/www/html 目录。

默认的 DirectoryIndex 指令查找该目录里的 index.html 网页。标准的 RHEL 7 index.html 页面位于/usr/share/doc/HTML/en-US 目录里，将该文件复制到/var/www/html 目录，然后使用浏览器(例如 ELinks)导航到 http://localhost。

配置文件和日志文件的基本位置由 ServerRoot 指令确定。httpd.conf 文件的默认值是：

```
ServerRoot "/etc/httpd"
```

图 14-2 确定主要的 Apache 配置文件保存在 ServerRoot 的 conf/、conf.d/和 conf.d.modules/ 子目录里。运行 ls -l /etc/httpd 命令，查看软链接的目录，可以看到从/etc/httpd/logs 目录到包含实际日志文件的目录/var/log/httpd 的链接。

14.1.9　Apache 日志文件

如前所述，虽然在/etc/httpd/logs 目录里配置 Apache 日志文件，但是这些文件实际上存储在/var/log/httpd 目录里。实际上，/etc/httpd/logs 是/var/log/httpd 的符号链接。Apache 的标准日志记录信息可存储在两个基准日志文件里，也可以配置自定义日志文件。这些日志文件可能有不同名称，取决于如何配置虚拟主机、如何配置安全的网站和如何循环日志。

根据标准的 Apache 配置文件，访问尝试记录到 access_log 文件中，错误记录到 error_log 文件中。标准的安全日志文件包括 ssl_access_log、ssl_error_log 和 ssl_request_log。

通常为不同网站建立不同的日志文件，因此可以为网站的安全版本创建不同的日志文件。选择日志循环频率时，考虑网站上的通信量非常重要。

有一些标准的 Apache 日志文件格式，更多信息可查看图 14-3 里的 LogFormat 指令。3 种不同格式分别是：common、combined (类似于 common，还包括用于转到网站的 Web 页面、用户的 Web 浏览器类型和版本)和 combinedio(与 combined 一样，再加上服务器和客户端收发的字节记录)。前两个 LogFormat 行包含许多百分比符号，后面是小写字母。这些指令确定记录到日志的内容。

```
# LogLevel: Control the number of messages logged to the error_log.
# Possible values include: debug, info, notice, warn, error, crit,
# alert, emerg.
#
LogLevel warn

<IfModule log_config_module>
    #
    # The following directives define some format nicknames for use with
    # a CustomLog directive (see below).
    #
    LogFormat "%h %l %u %t \"%r\" %>s %b \"%{Referer}i\" \"%{User-Agent}i\"" combined
    LogFormat "%h %l %u %t \"%r\" %>s %b" common

    <IfModule logio_module>
      # You need to enable mod_logio.c to use %I and %O
      LogFormat "%h %l %u %t \"%r\" %>s %b \"%{Referer}i\" \"%{User-Agent}i\" %I %O" com
binedio
    </IfModule>

    #
    # The location and format of the access logfile (Common Logfile Format).
    # If you do not define any access logfiles within a <VirtualHost>
    # container, they will be logged here.  Contrariwise, if you *do*
    # define per-<VirtualHost> access logfiles, transactions will be
    # logged therein and *not* in this file.
    #
    #CustomLog "logs/access_log" common
```

图 14-3　特殊日志格式

可使用 CustomLog 指令选择日志文件的位置(例如 logs/special_access_log)和所需的日志文件格式(例如 common)。关于日志文件及其格式的更多信息，请参考 http://localhost/manual/logs.html。

实际经验

有些 Web 日志分析程序对日志文件格式有特殊要求。例如，常见的开源工具 AWStats (高级 Web Stats)要求使用 combined 日志格式。AWStats 是图形化显示站点活动的强大工具，可以在 EPEL (Extra Packages for Enterprise Linux)库上安装它。

认证目标 14.02　标准的 Apache 安全配置

可以为 Apache Web 服务器配置几个安全层。基于 firewall-cmd 命令的防火墙可以限制访问特定主机。基于 Apache 配置文件中规则的安全选项也可用于限制访问特定用户、组和主机。当然，安全 Apache 网站可进行加密通信。如果有问题，SELinux 还可以限制风险。

14.2.1　端口和防火墙

使用 Listen 和 VirtualHost 指令，Apache Web 服务器可指定与 HTTP 和 HTTPS 协议相关的标准通信端口 80 和 443。要允许通过指定端口实现外部通信，可以在 Firewall Configuration 工具中将这两个端口设置为可信服务。

当然，对于在非标准端口上配置 HTTP 和 HTTPS 的系统来说，必须相应地调整相关 firewall-cmd 规则。

如果仅是无差别地打开这些端口，它将允许来自所有系统的通信量，但最好创建自定义规则来限制访问一个或多个系统或网络。例如，下面的自定义规则允许通过端口 80 访问每个系统(除了 IP 地址为 192.168.122.150 的网络之外)：

```
firewall-cmd --permanent --add-rich-rule='rule family=ipv4 source \
address=192.168.122.150 service name=http reject'
firewall-cmd --reload
```

端口 443 也需要类似规则，当然，这取决于任务要求，也可能是 RHCE 考试的要求。

14.2.2　Apache 和 SELinux

下面介绍与 Apache 相关的 SELinux 设置。SELinux 设置大多属于两类：布尔值设置和文件标签。首先介绍文件标签。

1. Apache 和 SELinux 文件标签

Apache 配置文件的默认文件标签是 consistent，如 ls -Z /etc/httpd 和 ls -Z /var/www 命令的输出所示。单个文件使用相同的上下文作为其目录。文件上下文中的不同之处如表 14-3 所示。

表 14-3　Apache Web 服务器的 SELinux 文件上下文

目　　录	SELinux 上下文类型
/etc/httpd、/etc/httpd/conf、/etc/httpd/conf.d、/etc/httpd/conf.modules.d、etc/httpd/run	httpd_config_t
/usr/lib64/httpd/modules	httpd_modules_t
/var/log/httpd	httpd_log_t
/var/www、/var/www/html	httpd_sys_content_t
/var/www/cgi-bin	httpd_sys_script_exec_t
n/a	httpd_sys_content_rw_t
n/a	httpd_sys_content_ra_t

前 5 个只是标准目录的默认 SELinux 上下文。对于脚本阅读或者将数据附加到 Web 窗体的网站来说，可以考虑后两个上下文，它们支持 read/write(rw)和 read/append(ra)访问。

表 14-3 列出的上下文是最常见的。为了获得与 Apache Web 服务器相关的所有文件上下文的完整列表和相应的 SELinux 标签规则，可以运行以下命令：

```
# semanage fcontext -l | grep httpd_
```

2. 创建特定 Web 目录

在许多情况下，可以为每个虚拟网站创建专用目录，最好在它们自己的目录树中隔离每个网站的文件,但使用 SELinux 就无法创建特定 Web 目录。必须确保新目录至少匹配默认/var/www 目录的 SELinux 上下文。

运行 e ls -Z /var/www 命令，指定 SELinux 上下文。对于/var/www 的大多数子目录来说，上下文的默认类型是 http_sys_content_t。对于新创建的/www 目录来说，可以使用下面的命令创建新的 SELinux 规则，更改 SELinux 上下文。-R 应用递归变更，因此新的上下文应用于这些文件和子目录。

```
# semanage fcontext -a -t httpd_sys_content_t '/www(/.*)?'
# restorecon -R /www
```

第一个命令在/etc/selinux/targeted/contexts/files 目录里创建一个 file_contexts.local 文件。如果还有 cgi-bin/子目录，也要使用下面的命令为该子目录创建相应上下文：

```
# semanage fcontext -a -t httpd_sys_script_exec_t '/www/cgi-bin(/.*)?'
```

3. Apache 和 SELinux 布尔值设置

布尔值设置非常广泛,为便于显示,在 SELinux Administration 工具中隔离它们,如图 14-4 所示。默认只启用一小部分 SELinux 布尔值设置,如表 14-4 所示。

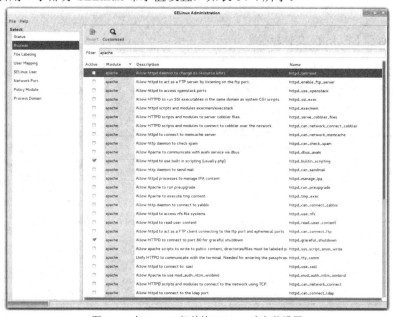

图 14-4　与 Apache 相关的 SELinux 布尔值设置

表 14-4　默认激活并与 Apache 相关的 SELinux 布尔值设置

激活的布尔值	描　述
httpd_builtin_scripting	支持使用脚本，例如 PHP
httpd_enable_cgi	允许 HTTP 服务执行 GCI 脚本，标记为 httpd_sys_script_exec_t 类型
httpd_graceful_shutdown	允许 Apache 连接到端口 80，执行优雅的关闭操作

除其他许多 SELinux 选项之外，还要注意选项 httpd_enable_homedirs，它支持访问来自用户主目录的文件。其他脚本和与其他服务交互有关，特别是 httpd_enable_ftp_server、httpd_use_cifs和 httpd_use_nfs。这些选项允许 Apache 充当 FTP 服务器，以及允许它读取共享的 Samba / NFS目录。

图 14-4 中这些及其他未激活的与 SELinux Apache 相关选项的用法如表 14-5 所示。所有描述都基于这样一个观点，即"如果激活布尔值，会出现什么情况？"出于多样性考虑，可能交替使用术语 HTTP 和 Apache，但严格来说，Apache 只是 HTTP 和 HTTPS 服务的一个选项。

表 14-5　默认未激活并与 Apache 相关的 SELinux 布尔值设置

未激活的布尔值	描　述
httpd_anon_write	允许 Web 服务器写入标记为 public_content_rw_t 文件类型的文件
httpd_can_check_spam	操作基于 Web 的电子邮件应用程序检查垃圾邮件
httpd_can_network_connect	允许 Apache 脚本/模块建立 TCP 网络连接
httpd_can_network_connect_cobbler	允许 Apache 脚本/模块通过网络连接到 Cobbler
httpd_can_network_connect_db	允许 Apache 脚本/模块通过网络连接到数据库服务器
httpd_can_network_memcache	允许 HTTP 连接到内存缓存服务器
httpd_can_network_relay	支持使用 HTTP 服务作为前向或逆向代理
httpd_can_sendmail	允许 Apache 发送邮件
httpd_enable_homedirs	给 Apache 授予访问用户主目录里的文件的权限；这些文件必须用 httpd_sys_content_t SELinux 类型标记
httpd_execmem	支持 HTTP 模块访问可执行的内存区操作，一些 Java 应用程序可能需要这个许可
httpd_mod_auth_ntlm_winbind	如果加载了 mod_auth_ntlm_winbind 模块，就支持 Microsoft Active Directory 的身份验证
httpd_mod_auth_pam	如果加载了 mod_auth_pam 模块，就允许访问 PAM 身份验证模块
httpd_setrlimit	允许 Apache 修改它的资源限制，如文件描述符的最大数量
httpd_ssi_exec	允许 Apache 在一个页面中执行 Server Side Include(SSI)脚本
httpd_tmp_exec	支持在 / tmp 目录中执行脚本
httpd_tty_comm	支持访问终端；如果 TLS 证书的私钥是通过口令保护的，Apache 就需要提示输入口令
httpd_use_cifs	当标记为 cifs_t 文件类型时，允许 Apache 访问共享的 Samba 目录
httpd_use_fuse	允许 Apache 访问 FUSE 文件系统，比如 GlusterFS 卷
httpd_use_gpg	授予 Apache 运行 gpg 的权限

(续表)

未激活的布尔值	描　　述
httpd_use_nfs	当标记为 nfs_t 文件类型时，允许 Apache 访问共享的 NFS 目录
httpd_use_openstack	允许 Apache 访问 OpenStack 端口
httpd_sys_script_anon_write	配置将脚本访问写入标记为 public_content_rw_t 文件类型的文件

14.2.3　模块管理

Apache Web 服务器包含许多模块化功能。例如，如果没有 mod_ssl 程序包，就不可能创建受 SSL 保护的网站，因为该程序包包含 mod_ssl.so 模块和 ssl.conf 配置文件。

许多其他类似系统都被组织到模块中。LoadModule 指令可将许多加载的模块包含在标准 Apache 配置文件中。可用模块的完整列表位于/usr/lib64/httpd/modules 目录里。但不使用这些现有模块，除非使用/etc/httpd/conf.modules.d 目录下相应 Apache 配置文件中的 LoadModule 指令加载它们。

14.2.4　Apache 的安全性

前面已经介绍(并且可能已经测试过)Apache 安全选项，这些选项与基于区域的防火墙及 SELinux 相关。下面介绍主 Apache 配置文件 httpd.conf 中现有的安全选项。可以修改该文件来保护整个服务器，或者逐个目录地配置安全。目录控制服务器的安全访问，以及连接到服务器上网站的用户。

要介绍 Apache 安全的基础，首先介绍 ServerTokens 指令:

```
ServerTokens OS
```

这一行看起来很简单，它限制了 Apache 在 "Server" 响应标题中发送的信息。如果导航到不存在的页面上，有时会显示这些信息，还可以使用以下命令，获取 Apache 发送给客户的 HTTP 标题信息:

```
$ curl --head http://localhost
```

编辑 httpd.conf 文件，并在顶部添加一个 ServerTokens OS 命令行。然后，运行 systemctl reload httpd，重新加载服务器配置，在浏览器中打开默认的网页，就应看到下面的 Server 标题信息:

```
Server: Apache/2.4.6 (Red Hat Enterprise Linux)
```

将该输出与 ServerTokens Full 行的输出进行对比:

```
Server: Apache/2.4.6 (Red Hat) OpenSSL/1.0.1e-fips mod_auth_kerb/5.4
mod_fcgid/2.3.9 mod_wsgi/3.4 Python/2.7.5
```

换言之，使用一个选项，外部人员就能看到是否已经加载模块(例如 FastCGI)及其版本号。由于不是所有人都完全按时更新其软件，因此当黑客看到存在安全危险的版本时，服务器将面临其他风险。因此，建议设置 ServerTokens Prod，限制发送给客户的服务器信息量。

接着看看根文件系统中所有文件和目录的默认访问设置：

```
<Directory />
    AllowOverride None
    Require all denied
</Directory>
```

这会配置很严格的权限。**Require all denied** 行拒绝所有用户访问根文件系统中的所有内容。**AllowOverride None** 这一行禁用所有 .htaccess 文件。.htaccess 文件放到 Web 目录中，包含可以覆盖默认 Web 服务器设置的指令。

但对 .htaccess 文件也要合理使用。例如，在共享的主机环境中，该文件置于子目录 /www/html/customer023 中时，它可以覆盖默认的服务器设置，允许通过身份验证的用户访问，这些改变只适用于该目录及其子目录。

将下面的命令添加到所需的 \<Directory\>容器，就可以限制访问所有内容，除非显式允许访问的域或 IP 地址：

```
Order Allow,Deny
Allow from example.com
Deny from all
```

下面的\<Directory\>容器示例限制访问 /var/www，这是网站文件和 CGI 脚本的默认位置：

```
<Directory "/var/www">
    AllowOverride None
    # Allow open access:
    Require all granted
</Directory>
```

Require all granted 指令授予无条件访问 /var/www 内容的权限。下一个\< Directory\>块控制 /var/www/html 目录的访问，该目录对应于由 DocumentRoot 指令引用的相同路径 (以下指令被众多注释分开，但它们都是在同一个容器中)：

```
<Directory "/var/www/html">
    Options Indexes FollowSymLinks
    AllowOverride None
    Require all granted
</Directory>
```

Options 指令有两个功能；如果在指定的目录里没有 index.html 文件，Indexes 设置就允许读者查看 Web 服务器上的文件列表。FollowSymLinks 选项支持使用符号链接。

但请等一下！默认情况下，/var/www/html 目录里没有文件。根据上面的描述，可导航到需要的系统，将看到如图 14-5 所示的屏幕。由于 /var/www/html 目录里没有文件，因此输出中也没有文件。

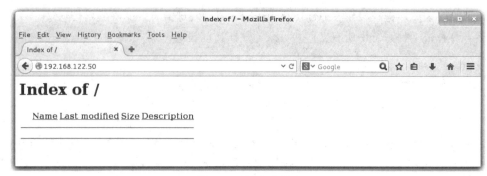

图 14-5　浏览文件索引

但如果导航到与 Apache 服务器相关的默认网页，将看到如图 14-6 所示的页面。关于其工作方式的更多信息，请参考练习 14-2。

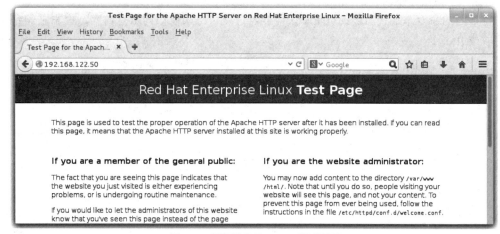

图 14-6　浏览默认的 Apache 测试页面

最后，Listen 指令定义服务器的 IP 地址和 TCP/IP 端口。例如，接下来显示的默认值表示服务器将与每台计算机一起运行，该计算机为标准 TCP/IP 端口 80 上的计算机请求来自任何 IP 地址的网页：

```
Listen 80
```

如果本地系统上有多个 IP 地址可用，则可使用 Listen 指令来限制访问某个特定 IP 地址。例如，如果系统有两块网卡，其 IP 地址分别是 192.168.0.200/24 和 192.168.122.1/24，那么下面的指令将限制访问 192.168.122.0/24 网络上的系统：

```
Listen 192.168.122.1:80
```

考试提示

RHCE 目标建议需要准备配置一般 HTTP 和安全的 HTTPS 网站。

对于安全的网站来说，在/etc/httpd/conf.d 目录的 ssl.conf 文件里还有一个 Listen 指令。借助练习 14-2 中描述的指令，这个文件里的数据会自动合并到整个 Apache 配置中。它包括下列指令，这个指令指向 TCP/IP 的默认安全 HTTP(HTTPS)端口 443：

```
Listen 443 https
```

14.2.5　练习 14-2：Apache Welcome 和 noindex.html 故事

本练习将介绍与 Apache Web 服务器相关的标准测试页面背后的故事，如图 14-6 所示。本练习假设已经安装 httpd 程序包，并且 Apache 服务也正在运行。你将看到当到该网页的路径中断时会出现的情况，以及/var/www/html 目录里一批测试文件的索引。

(1) 打开/etc/httpd/conf 目录里的 httpd.conf 文件。找到下面的代码行：

```
IncludeOptional conf.d/*.conf
```

IncludeOptional conf.d/*.conf 指令在 Apache 配置中包含/etc/ httpd/conf.d 目录中*.conf 文件的内容。退出 httpd.conf 文件。

(2) 导航到/etc/httpd/conf.d 目录，打开 welcome.conf 文件。

(3) 找到并记下 Alias 指令的参数。

(4) 注意 ErrorDocument 页面。依据前面提到的 Alias 指令，它指向/.noindex.html 文件。也就是说，能够在/usr/share/httpd/noindex 目录里找到 index.html 文件。

(5) 下面介绍/usr/share/httpd/noindex/index.html 文件。在 ELinks 浏览器里打开它，运行 elinks /usr/share/httpd/noindex/index.html 命令，你应该很熟悉出现的网页。

(6) 退出浏览器，将 welcome.conf 文件从/etc/httpd/conf.d 目录移动到备份位置。

(7) 使用 systemctl reload httpd 命令重启 Apache 配置。

(8) 使用 elinks http://127.0.0.1 命令导航到 localhost 系统。你将会看到什么情况？

(9) 打开另一个终端，导航到/var/www/html 目录，运行 touch test{1,2,3,4}命令。

(10) 在原始终端中重新加载浏览器。在 ELinks 中，按下 CTRL+R 键重新加载浏览器。你会看到什么情况？

(11) 退出浏览器。将 welcome.conf 文件恢复到/etc/httpd/conf.d 目录。

14.2.6　练习 14-3：创建一组文件

本练习将创建一系列文件，与访问 Web 服务器的其他用户共享。过程很简单；可以配置相应的防火墙规则，创建 DocumentRoot 的子目录，在其中填充一些文件，创建相应的安全上下文，再激活 Apache。

(1) 确保防火墙不会阻止对端口 80 和 443 的访问。做到这一点的方法之一是使用 firewall-cmd-list-all 命令，该命令显示默认区域启用的所有服务。也可以使用 firewall-config GUI 工具。

(2) 创建 DocumentRoot 的子目录，默认为/var/www/html。在本练习中创建/var/www/html/help 目录。

(3) 从/var/www/manual 目录复制文件：

```
# cp -a /usr/share/httpd/manual/* /var/www/html/help/
```

(4) 使用下面的命令运行 Apache 服务：

```
# systemctl status httpd
```

(5) 确保下次启动系统时启动 Apache：

```
# systemctl enable httpd
```

(6) 使用 ls –Zd /var/www/html 和 ls -Z /var/www/html/help 命令查看共享目录和复制文件的安全上下文。如果不符合这里显示的上下文，可使用下面的命令设置它们：

```
# restorecon -R /var/www/html/help
```

(7) 在本地服务器上启动 ELinks 浏览器，指向 help/子目录：

```
# elinks http://127.0.0.1/help
```

(8) 进入远程系统，并尝试访问相同的 Web 目录。例如，如果本地系统的 IP 地址是 192.168.122.50，请导航到 http://192.168.122.50/help。如有可能，请从通常的 GUI 浏览器上再尝试一次。

14.2.7　基于主机的安全

可以添加 Order、allow 和 deny 指令来规范基于主机名或者 IP 地址的访问。默认情况下，下面的标准命令序列允许访问。它首先读取 deny 指令：

```
Order deny,allow
```

考试提示

如果设置 Order allow,deny，默认就会拒绝访问，只有与 allow 指令相关的主机名或者 IP 地址才能访问。

可以拒绝(deny)或接受(allow)来自各种形式的主机名或者 IP 地址。例如，下面的指令拒绝来自 osborne.com 域里所有计算机的访问：

```
Deny from mheducation.com
```

如果 DNS 服务不可靠，最好使用 IP 地址。下面的示例指令使用一个 IP 地址；同样，可以在 partial、netmask 或者 CIDR(Classless InterDomain Routing)符号中创建 192.168.122.0 子网，如下所示：

```
Deny from 192.168.122.66
Allow from 192.168.122
Deny from 192.168.122.0/255.255.255.0
Allow from 192.168.122.0/24
```

14.2.8　基于用户的安全

可以限制访问 Apache 服务器上配置的网站，让授权用户使用口令进行访问，这些口令可以不同于一般的身份验证数据库。

例如，要为练习 14-3 中描述的网站配置基于用户的安全，就需要在/var/www/html/help 目录上创建<Directory>容器，在该容器中还要包含下面几个命令：

- 要创建基本身份验证，需要 AuthType Basic 指令。
- 要描述请求用户的站点，需要包含 AuthName "*some comment*"指令。
- 要引用名为/etc/httpd/testpass 的 Web 服务器口令数据库，需要 AuthUserFile/etc/httpd/webpass 指令。
- 要将站点限制为一个名为 engineer1 的用户，可以添加 Require user engineer1 指令。
- 要将站点限制为/etc/httpd/webgroups 中定义的组，需要添加 AuthGroupFile/etc/httpd/webgroups 指令。还需要一个指令 Require group *design*，其中 *design* 是 webgroup 中指定的组名称。

下面是添加到<Virtual Host>容器之后的代码示例：

```
<Directory "/var/www/html/help">
    AuthType Basic
    AuthName "Password Protected Test"
    AuthUserFile /etc/httpd/webpass
    Require user engineer1
</Directory>
```

正确配置之后，下次在普通 Web 浏览器中访问 http://server1.example.com/help 网站时，将提示输入用户名和口令，如图 14-7 所示。为了进行身份验证，还需要为 Apache 创建一个本地口令数据库。下一节和练习 14-4 将讨论这个话题。

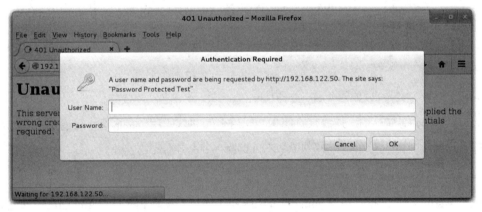

图 14-7　网站的口令保护

认证目标 14.03　专用 Apache 目录

本节介绍专用 Apache 目录的一些选项。最好使用.htaccess 文件来创建某些目录的专用安全。如上所述，可以创建基于用户和组的口令保护，这对应 RHCE 目标里的"私有目录"。私有目录的示例之一是 conf.d/userdir.conf 文件里包含的主目录示例。如果使用正确的选项，这些目录也可由组成员管理。

修改 Apache 配置文件之后，可能需要测试结果。为此，可以运行 systemctl restart httpd 命令。同样，要让 Apache 重新加载配置文件，而不断开当前连接的用户，可以运行 systemctl reload httpd 命令，与该命令功能相当的命令是 apachectl graceful。

14.3.1　通过.htaccess 文件控制

考虑到与 httpd.conf 文件相关的复杂性，可以查看.htaccess 文件，你会发现"哦，这个更复杂"。但是如果使用得当，.htaccess 文件可简化适用于目录或者虚拟主机的指令列表，因为它可用来重写继承的权限。为此，需要在目标<Directory>容器中包含下面的命令：

```
AllowOverride Options
```

然后可以配置.htaccess 文件，重写前面设置的目录选项。.htaccess 文件可保存在任何 Web 目录中，并标记 httpd_sys_content_t SELinux 上下文。

14.3.2　受口令保护的访问

要为网站配置口令，需要创建一个单独的用户名和口令数据库。与 useradd 和 passwd 命令用于一般用户一样，htpasswd 命令也可用于为 Apache 创建用户和口令。

例如，要在/etc/httpd 目录里创建名为 webpass 的数据库，可以使用下面的命令：

```
# htpasswd -c /etc/httpd/webpass engineer1
```

-c 选项创建指定文件，第一个用户是 engineer1。将会提示输入用户 engineer1 的口令。webpass 数据库中的用户不需要一般 Linux 账户。请注意 ServerRoot 目录(/etc/httpd)的用法，这在配置虚拟主机时也会非常有用。

如果要给该身份验证数据库添加多个用户，可以去掉-c 选项。例如，下面的命令为用户 drafter1 创建另一个账户：

```
# htpasswd /etc/httpd/webpass drafter1
```

要为多个用户设置访问，还需要创建组文件。例如，要将用户 engineer1 和 drafter1 建立为组 design，可以将下面的行添加到/etc/httpd/grouppass 文件：

```
design: engineer1 drafter1
```

这里 AuthUserFile 指令与/etc/httpd/webpass 身份验证数据库相关联，AuthGroupFile 指令与组数据库相关联。

14.3.3　主目录访问

默认的/etc/httpd/conf.d/userdir.conf 文件包含注释的建议，它们可激活对用户主目录的访问。Apache 的一个有用选项是访问用户的主目录。将下面的指令从

```
UserDir disabled
#UserDir public_html
```

修改为：

```
#UserDir disabled
UserDir public_html
```

就能访问用户的主目录。

任何人都能访问用户放入其~/public_html 目录里的网页。例如，用户 michael 可以创建/home/michael/public_html 目录，并添加他选择的网页。

但这需要一点安全妥协，需要让所有用户都可执行 michael 的主目录。这也是所谓的 701 权限，可使用下面的命令配置它：

```
# chmod 701 /home/michael
```

同样，还需要使用下面的命令，让所有用户都可执行 public_html 子目录：

```
# chmod 701 /home/michael/public_html
```

但这样暗含安全风险，即使黑客无法直接读取指定目录的内容，但如果他们通过最终网站看到脚本，他们也能够像登录用户那样执行该脚本。

支持访问控制列表(Access Control List)的文件系统有另一个选项。可以在指定目录上专门为名为 apache 的用户创建 ACL。对于用户 michael 及其主目录来说，可以使用下面的命令：

```
# setfacl -m u:apache:x /home/michael
# setfacl -m u:apache:x /home/michael/public_html
```

不管是直接设置权限还是通过 ACL 设置权限，作为 Web 服务器的下一个逻辑步骤是将 index.html 文件添加到该目录，它可以是文本文件。下面以注释形式存在的节是一种好方法，有助于让共享的主目录更加安全。

另外，必须将 SELinux 配置为 "允许 HTTPD 读取主目录"，这与 httpd_enable_homedirs 布尔值相关。可以通过 SELinux Administration 工具或者使用 setsebool -P htttpd_enable_homedirs 1 命令激活该选项。

此时，指向用户 michael 的目录的 Web 服务器可以读取 public.html 子目录里的 index.html 文件。图 14-8 显示结果，其中指定的文本是 index.html 的唯一内容。注意用户的 public_html 目录可以在 URL http://servername/ ~user 上访问，其中 user 是对应的用户名。

图 14-8　查看用户 michael 的 index.html 文件

当然，其他设置包含在 userdir.conf 文件里。如果激活以下面的代码开头的容器，就支持对所有用户主目录的 public_html 子目录的其他级别访问。

```
<Directory "/home/*/public_html">
```

AllowOverride 指令允许用户设置.htaccess 文件，覆盖与文档类型相关的默认服务器设置(FileInfo)，支持与授权指令相关的访问(AuthConfig)，支持受指令(例如 Allow、Deny 和 Order)保护的访问，覆盖默认的目录索引设置。

```
AllowOverride FileInfo AuthConfig Limit Indexes
```

依据内容协商(MultiViews)、当前目录中的文件列表(Indexes)和激活与相同所有者相关的符号链接的选项(SymLinksIfOwnerMatch)，Options 指令配置特定目录中的内容，同时激活不允许脚本的选项(IncludesNoExec)。虽然在用户目录中允许脚本是一种不好的安全实践，但它适用于这样一些用户，这些用户很可能是 Red Hat 考试中测试系统的开发人员。这里可以删除 IncludesNoExec 选项。

```
Options MultiViews Indexes SymLinksIfOwnerMatch IncludesNoExec
```

Require 指令仅限制对所列出 HTTP 方法的访问:

```
Require method GET POST OPTIONS
```

可以将这些指令与口令保护结合起来。一种可能性是需要用户的用户名和口令，而该用户的主目录是共享的，但如前所述，htpasswd 生成的身份验证数据库与阴影口令套组无关。如果想对 LDAP 目录实现身份验证和授权，就可以使用 Apache 模块 mod_authnz_ldap。然而这超出了 RHCE 考试的范围。

14.3.4　组管理的目录

可将第 8 章介绍的组目录的功能与刚刚介绍的 public_html/子目录结合起来。但创建组来管理共享 Web 内容所需的步骤略有不同。特别是如果要创建一个组管理的目录，最好将组作为用户。私有用户的标准 Apache 配置指令可用于私有组。从概念上说，需要采取如下步骤:

(1) 创建一般用户。

(2) 给该用户设置更高的 UID 和 GID 号，超过与现有本地和网络用户相关的 UID 和 GID 号。

(3) 配置该用户的主目录，将用户 nobody 作为所有者。将该用户的登录 shell 设置为/sbin/nologin。

(4) 创建 public_html 子目录。

(5) 修改组主目录的权限，确保相关子目录与第 8 章介绍的组需求以及 Apache Web 服务器的需求相一致。例如，如果新的组目录是/home/design，则可以运行下面的命令:

```
# chmod -R 2771 /home/design
```

当然，如第 8 章所述，可将名为 apache 的用户的可执行 ACL 替换为所有用户的执行位。这里，可以运行下面的命令:

```
# chmod -R 2770 /home/design
# setfacl -m u:apache:x /home/design
```

```
# setfacl -m u:apache:x /home/design/public_html
```

(6) 以新组的用户成员登录。在 public_html 子目录里创建新文件,检查该文件的所有权,以及 chmod 命令里包含的超级组 ID(Super Group ID,SGID)位,组所有者应该是在 public_html 子目录里创建的所有文件的所有者。

(7) 在与 UserDir 指令相关的 httpd.conf 文件里实现本章前面介绍的变更。

(8) 让 Apache Web 服务器重新读取该文件。

你将有机会在本章的实验题中创建它。

14.3.5　练习14-4:Web 目录的口令保护

本练习将在 DocumentRoot 的子目录上为一般用户账户配置口令保护,这需要用到 AuthType Basic、AuthName 和 AuthUserFile 指令。使用标准的 Apache 网站就能完成该操作;下一节将主要介绍虚拟主机。

(1) 从/etc/httpd/conf 目录备份主要配置文件 httpd.conf,在文本编辑器中打开该文件。

(2) 向下导航到<Directory "/var/www/html">行。为 DocumentRoot 子目录创建新的容器,选项之一是/var/www/html/chapter 目录。在 stanza 中,第一个和最后一个指令是

```
<Directory "/var/www/html/chapter">
</Directory>
```

(3) 添加下面的指令:AuthType Basic 用来创建基本的身份验证,AuthName "Password Protected Test"指令用来配置你将在稍后看到的注释,AuthUserFile/etc/httpd/testpass 指令用来指向口令文件。在 Require user *testuser* 中用一般用户名替换 *testuser*。

```
<Directory "/var/www/html/chapter">
    AuthType Basic
    AuthName "Password Protected Test"
    AuthUserFile /etc/httpd/testpass
    Require user testuser
</Directory>
```

(4) 使用下面的命令之一,检查变更的语法。

```
# httpd -t
# httpd -S
```

(5) 假设语法检查完成,再让 Apache 重新读取配置文件:

```
# systemctl reload httpd
```

(6) 将相应的 index.html 文件添加到/var/www/html/chapter 目录。也可以使用文本编辑器输入简单的行,例如"test was successful"。不需要 HTML 编码。

(7) 给/etc/httpd/testpass 文件创建合适的口令。在系统里,使用下面的命令在指定文件中为用户 michael 和 alex 创建一个 Web 口令:

```
# htpasswd -c /etc/httpd/testpass michael
# htpasswd /etc/httpd/testpass alex
```

如果要添加其他用户，可去掉-c 选项。

(8) 最好从另一个系统测试结果(换句话说，确保防火墙允许来自至少一个远程系统的访问)。

(9) 现在应该可以看到请求用户名和口令，以及与 AuthName 指令相关的注释。输入刚刚添加到/etc/httpd/testpass 的用户名和口令，查看结果。

(10) 关闭浏览器，还原以前的配置。

认证目标 14.04　一般虚拟主机和安全虚拟主机

也许 Apache 最有用的功能就是能够在单个 IP 地址上处理多个网站。在没有更多新的 IPv4 地址可用的情况下，这一点非常重要。为此，可以在/etc/httpd/conf.d 目录的各个配置文件中为一般网站配置虚拟主机。按照这种方法，可以在同一台 Apache 服务器的相同 IP 地址上配置多个域名，例如 www.example.com 和 www.mheducation.com。这称为基于名称的虚拟主机。

相反，可为每个虚拟主机配置不同的 IP 地址。这称为"基于 IP 的"虚拟主机。这两种方法都是有效的，但基于名称的虚拟主机通常是首选，因为它可以显著降低公共 IP 需求。

实际经验

example.com、example.org 和 example.net 域名无法注册，通常由 Internet Engineering Task Force (IETF)官方保留用作文档。其他许多 example.* 域也由相应权威机构保留。

同样，可以创建通过 HTTPS 协议访问的多个安全网站。虽然细节略有不同，但与一般虚拟主机和安全虚拟主机相关的基本指令都是一样的。

如果使用基于 ELinks 文本的浏览器来测试指向本章创建的一般和安全虚拟网站的连接，还要记住以下几点：

- 确保客户系统的/etc/hosts 文件包含 IP 地址及指定的完全限定域名(FQDN)。复制具有不同 FQDN 的 IP 地址是正常的(如果本地网络上有 DNS 服务器，可以跳过这一步)。
- 打开/etc/elinks.conf 配置文件，让该文件中的第一条指令设为 0，禁用认证验证。
- 要访问一般网站，请确保在 FQDN 前面包含协议，例如 http://vhost1.example.com 或 https://vhost2.example.com。

考试提示

要为使用虚拟主机在 Apache Web 服务器上创建多个网站做好准备，最好在不同的配置文件中创建单独的 VirtualHost 容器。

VirtualHost 容器的优点是能够复制几乎相同的容器，以便在 Apache 服务器上创建多个网站，但这受到硬件性能的限制。需要的只是一个 IP 地址。可使用原始 VirtualHost 容器的副本创建下一个虚拟主机。对于基于名称的虚拟主机，必须修改 ServerName。大多数管理员将修改 DocumentRoot，但也不一定非要这样做。下面几节将介绍一般虚拟主机和安全虚拟主机如何运行。

14.4.1　标准虚拟主机

在 RHEL 6 中，默认的 httpd.conf 包括样本指令，可以用来创建一个或多个虚拟主机。现在就不是这样了，所以如果忘记了创建新虚拟主机的语法，就可以查看 Apache 文档：http://localhost/manual/vhosts。

如前所述，IncludeOptional conf.d / *.conf 指令自动包括该目录的 *.conf 文件的内容。有鉴于此，可以创建和编辑/etc/httpd/conf.d 目录中的 vhost-dummy.conf 文件。

然后，添加一个< Directory >容器，授予访问网站的内容文件的权限。下面的示例假设新的主机名为 dummy-host.example.com，网站的内容位于目录//srv/dummy-host/www 下：

```
<Directory "/srv/dummy-host/www">
    Require all granted
</Directory>
```

接下来，为虚拟主机配置添加一个容器：

```
<VirtualHost *:80>
    ServerAdmin webmaster@dummy-host.example.com
    DocumentRoot /srv/dummy-host/www
    ServerName dummy-host.example.com
    ServerAlias www.dummy-host.example.com
    ErrorLog logs/dummy-host.example.com-error_log
    CustomLog logs/dummy-host.example.com-access_log common
</VirtualHost>
```

端口 80 是服务网页的默认端口。可用<VirtualHost 192.168.122.50:80>替换第一行。但一般需要保留该指令，以支持将相同的 IP 地址用于不同网站。

如果仔细阅读 httpd.conf 文件主要部分的前两节的描述，你就会发现认识所有这些指令，但每个指令都指向非标准文件和目录。这些指令的作用如下所示：

- ServerAdmin 定义的电子邮件地址包含在返回客户端的每条错误消息中。
- 网页可保存在 DocumentRoot 目录里。确保创建的 DocumentRoot 目录的 SELinux 安全上下文与默认/var/www 目录(及其子目录)的上下文保持一致。应用 restorecon 和 semanage fcontext -a 命令，让安全上下文匹配。注意，SELinux 策略已经用 httpd_sys_content_t 类型标记/srv/*/www 中的文件。
- 根据 ServerName 指令，Apache 知道对 http://dummy-host.example.com 的请求必须使用在<VirtualHost>块中声明的配置。
- ServerAlias 指定额外的虚拟主机可以访问的名字。
- ErrorLog 和 CustomLog 指令指定相关日志目录，它与 ServerRoot 有关。在/etc/httpd/logs 目录里就能找到这些文件。通常，该目录软链接到/var/logs/httpd。

可以给每个虚拟主机节添加多个指令，以便为与主要配置文件相关的虚拟主机自定义设置。本章稍后将使用一些自定义指令在虚拟主机中创建 CGI 脚本。

很容易配置虚拟主机网站。替换为你选择的 IP 域名、目录、文件和电子邮件地址。如果 DocumentRoot 目录不存在，就创建它。最后，使用下面的节创建两个虚拟主机：

```
<Directory "/srv/vhost1.example.com/www">
    Require all granted
</Directory>
<VirtualHost *:80>
    ServerAdmin webmaster@vhost1.example.com
    DocumentRoot /srv/vhost1.example.com/www
    ServerName vhost1.example.com
    ErrorLog logs/vhost1.example.com-error_log
    CustomLog logs/vhost1.example.com-access_log common
</VirtualHost>

<Directory "/srv/vhost2.example.com/www">
    Require all granted
</Directory>
<VirtualHost *:80>
    ServerAdmin webmaster@vhost2.example.com
    DocumentRoot /srv/vhost2.example.com/www
    ServerName vhost2.example.com
    ErrorLog logs/vhost2.example.com-error_log
    CustomLog logs/vhost2.example.com-access_log common
</VirtualHost>
```

不要忘记使用前述的虚拟主机域名(dummy-host.example.com、 vhost1.example.com 和 vhost2.example.com)的 IP 地址来设置/ etc / hosts 文件或本地网络的 DNS 服务器。

请确保 SELinux 上下文是适当的。可以使用下面的命令测试配置变更的语法:

```
# httpd -t
```

Apache 将验证配置或者标识特定问题。在默认配置上运行该命令时,将得到如下消息:

```
Syntax OK
```

如果创建多个虚拟主机,也可以使用下面的某条命令检查它们:

```
# httpd -S
# httpd -D DUMP_VHOSTS
```

输出将列出默认的和单独的虚拟主机。例如,你将看到来自 server1.example.com RHEL 7 系统的输出:

```
VirtualHost configuration:
*:443          is a NameVirtualHost
  default server server1.example.com (/etc/httpd/conf.d/ssl.conf:56)
  port 443 namevhost server1.example.com (/etc/httpd/conf.d/ssl.conf:56)
wildcard NameVirtualHosts and _default_ servers:
*:80           is a NameVirtualHost
  default server vhost1.example.com (/etc/httpd/conf.d/vhost1.conf:1)
  port 80 namevhost vhost1.example.com (/etc/httpd/conf.d/vhost1.conf:1)
  port 80 namevhost vhost2.example.com (/etc/httpd/conf.d/vhost2.conf:1)
```

14.4.2 安全虚拟主机

如果要配置符合HTTPS协议的安全Web服务器，Red Hat 为此提供不同配置文件：/etc/httpd/conf.d 目录里的 ssl.conf。如果这个文件不可用，就需要安装 mod_ssl 包。在编辑该文件之前，先备份它。

ssl.conf中的第一个指令确保服务器侦听 TCP 端口 443：

```
Listen 443 https
```

如标题所示，该配置文件包含许多其他的 SSL/TLS 指令，通常不需要修改这些指令：

```
SSLPassPhraseDialog exec:/usr/libexec/httpd-ssl-pass-dialog
SSLSessionCache          shmcb:/run/httpd/sslcache(512000)
SSLSessionCacheTimeout  300
SSLRandomSeed startup file:/dev/urandom  256
SSLRandomSeed connect builtin
SSLCryptoDevice builtin
```

现在可以使用下面的指令创建虚拟主机。默认的 ssl.conf 文件也有默认虚拟主机容器，但它不完整，利用所有注释都很难理解。图 14-9 显示的是修订后的 ssl.conf 配置文件的样本，它关注的是 vhost1.example.com 系统的虚拟主机容器。可以直接编辑 ssl.conf 文件，但作为最佳实践，建议在/etc/httpd/conf.d 中为每个虚拟主机使用一个单独的配置文件。

```
<VirtualHost *:443>
    ServerAdmin webmaster@vhost1.example.com
    DocumentRoot /srv/vhost1.example.com/www
    ServerName vhost1.example.com

    ErrorLog logs/vhost1_ssl_error_log
    TransferLog logs/vhost1_ssl_access_log
    LogLevel warn

    SSLEngine on
    SSLProtocol all -SSLv2
    SSLCipherSuite HIGH:MEDIUM:!aNULL:!MD5
    SSLCertificateFile /etc/pki/tls/certs/localhost.crt
    SSLCertificateKeyFile /etc/pki/tls/private/localhost.key

    <Files ~ "\.(cgi|shtml|phtml|php3?)$">
        SSLOptions +StdEnvVars
    </Files>
    <Directory "/var/www/cgi-bin">
        SSLOptions +StdEnvVars
    </Directory>

    BrowserMatch "MSIE [2-5]" \
            nokeepalive ssl-unclean-shutdown \
            downgrade-1.0 force-response-1.0

    CustomLog logs/ssl_request_log \
            "%t %h %{SSL_PROTOCOL}x %{SSL_CIPHER}x \"%r\" %b"

</VirtualHost>
```

图 14-9 vhost1.example.com 的安全虚拟主机容器

在 ssl.conf 文件的默认版本中，检查<VirtualHost_default_:443>容器。将它与前面标准虚拟主机配置中的<VirtualHost *:80>容器进行对比就会发现，需要做一些修改。首先，应该用星号

(*)取代 VirtualHost 容器中的_default_:

```
<VirtualHost *:443>
```

别忘了把 https 服务添加到防火墙的默认区域:

```
# firewall-cmd --permanent --add-service=https
# firewall-cmd --reload
```

在 ssl.conf 文件中，还应该包含 ServerAdmin、DocumentRoot 和 ServerName 指令。有些示例指令与上一节中创建的虚拟主机一致，这些指令包括:

```
ServerAdmin webmaster@vhost1.example.com
DocumentRoot /srv/vhost1.example.com/www
ServerName vhost1.example.com
```

虽然 DocumentRoot 指令可以设置给任何目录，但如果只用于组织目的，最好在专用目录里保留与每个虚拟主机相关的文件。

可以修改标准的错误日志指令。其实，如果要在不同文件里创建每个安全网站的日志信息，可以修改这些指令，如下所示。依据来自 httpd.conf 文件的 ServerRoot 指令，在/var/log/httpd 目录里可以找到这些日志文件。

```
ErrorLog logs/vhost1_ssl_error_log
TransferLog logs/vhost1_ssl_access_log
LogLevel warn
CustomLog logs/vhost1_ssl_request_log \
        "%t %h %{SSL_PROTOCOL}x %{SSL_CIPHER}x \"%r\" %b"
```

文件里的 TLS 指令基于 localhost 系统的默认证书，后面将介绍如何配置新的 TLS 证书。下面 5 个指令依次激活 SSL/TLS、禁用不安全的 SSL 版本 2、支持多种加密口令、指向默认 TLS 证书和 TLS 密钥文件。

```
SSLEngine on
SSLProtocol all -SSLv2
SSLCipherSuite HIGH:MEDIUM:!aNULL:!MD5
SSLCertificateFile /etc/pki/tls/certs/localhost.crt
SSLCertificateKeyFile /etc/pki/tls/private/localhost.key
```

下面这个节与某些文件有关，这些文件包含与动态内容相关的扩展名。对这些文件及标准 CGI 目录里的所有文件来说，都可以使用标准的 SSL 环境变量:

```
<Files ~ "\.(cgi|shtml|phtml|php3?)$">
    SSLOptions +StdEnvVars
</Files>
<Directory "/var/www/cgi-bin">
    SSLOptions +StdEnvVars
</Directory>
```

下面这个容器处理一些情况，这些情况与运行 Microsoft Internet Explorer 旧版本浏览器的客户端有关：

```
BrowserMatch "MSIE [2-5]" \
        nokeepalive ssl-unclean-shutdown \
        downgrade-1.0 force-response-1.0
```

当然，虚拟主机容器以下面的指令结尾：

```
</VirtualHost>
```

不需要将上述所有指令只用于一个基于 TLS 的新虚拟主机。下面显示了最小配置。这包括 DocumentRoot、ServerName、启用 TLS 和配置证书路径的指令：

```
<VirtualHost *:443>
    DocumentRoot /srv/vhost1.example.com/www
    ServerName vhost1.example.com
    SSLEngine on
    SSLCertificateFile /etc/pki/tls/certs/vhost1.example.com.crt
    SSLCertificateKeyFile /etc/pki/tls/private/vhost1.example.com.key
</VirtualHost>
```

当使用不信任的证书配置 Apache 时，访问该站点的一般 GUI 客户将得到关于安全 Web 主机的警告，如图 14-10 所示。接下来讨论如何生成一个由证书颁发机构签署的证书请求。

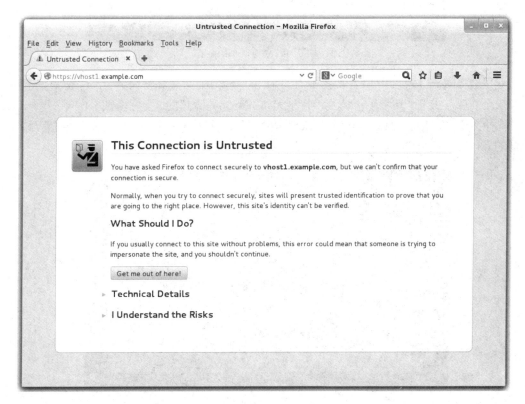

图 14-10　关于安全主机的警告

14.4.3　创建新的 TLS 证书

虽然 ssl.conf 配置文件里列出的默认 TLS 证书可用于基本配置,但你可能还要创建自定义、自我签名的证书,或者使用从证书权威机构(CA)购买的实际证书,例如 VeriSign 和 Thawte。导航到/etc/pki/tls/certs 目录,请注意该目录里名为 Makefile 的文件。make 命令可使用该文件里的代码为每个虚拟主机创建新证书。另外,也可以使用 genkey 命令为指定的 FQDN 自动生成私钥和"自签名证书",如图 14-11 所示。

```
# genkey vhost2.example.com
```

genkey 命令很方便,因为当该过程完成后,它自动将密钥写入/etc/pki/tls/private 目录,将证书写入/etc/pki/tls/certs 目录。

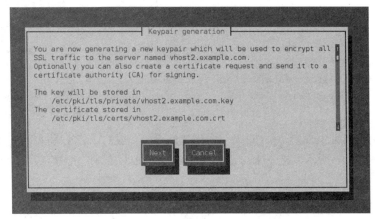

图 14-11　自我签名证书的提示

这里选择 Next 按钮继续。在如图 14-12 所示的步骤中,可选择密钥大小,这取决于可用时间和安全需要。在生产环境中,默认大小为 2048 位通常是合适的。但在考试中,应选择一个较小的大小来节省时间。Linux 随机数生成器可能需要执行其他活动,此时是撇开该过程做其他事情的最佳时间。

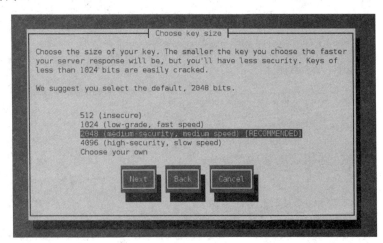

图 14-12　选择 SSL 证书的密钥大小

如果没有其他事情要做，同时又要加速该过程，可运行/etc/cron.daily 目录里的某些脚本。运行第 3 章介绍的 find 命令，在开放终端中单击一段时间。

生成密钥后，将提示问题，询问是否生成发送到 CA 的 Certificate Request(CSR)。除非运行自己的内部 CA 或准备购买合法证书，否则就选择 No 按钮继续，将提示使用口令短语加密密钥，如图 14-13 所示。

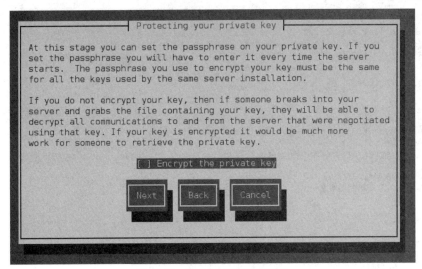

图 14-13　受口令短语保护的选项

如果安全更重要，可选择 Encrypt the private key 选项。如果速度更重要，可取消选择该选项。做出选择之后，选择 Next 按钮继续。如果没有选择 Encrypt the private key 选项，马上就会看到证书详情，如图 14-14 所示。适当修改它，然后选择 Next 按钮继续。

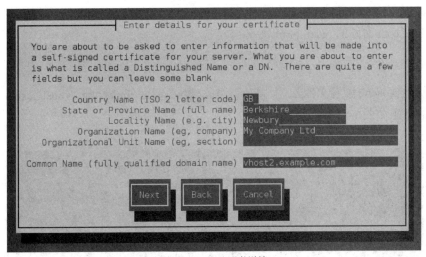

图 14-14　SSL 证书详情

如果成功，得到的输出将如图 14-15 所示。

```
[root@server1 conf.d]# genkey vhost2.example.com
/usr/bin/keyutil -c makecert -g 2048 -s "CN=vhost2.example.com, O=My Company Ltd, L=Newb
ury, ST=Berkshire, C=GB" -v 1 -a -z /etc/pki/tls/.rand.23390 -o /etc/pki/tls/certs/vhost
2.example.com.crt -k /etc/pki/tls/private/vhost2.example.com.key
cmdstr: makecert

cmd_CreateNewCert
command:  makecert
keysize = 2048 bits
subject = CN=vhost2.example.com, O=My Company Ltd, L=Newbury, ST=Berkshire, C=GB
valid for 1 months
random seed from /etc/pki/tls/.rand.23390
output will be written to /etc/pki/tls/certs/vhost2.example.com.crt
output key written to /etc/pki/tls/private/vhost2.example.com.key


Generating key. This may take a few moments...


Made a key
Opened tmprequest for writing
/usr/bin/keyutil Copying the cert pointer
Created a certificate
Wrote 1682 bytes of encoded data to /etc/pki/tls/private/vhost2.example.com.key
Wrote the key to:
/etc/pki/tls/private/vhost2.example.com.key
[root@server1 conf.d]#
```

图 14-15　SSL 证书命令的输出

14.4.4　测试页面

可能需要创建一些 index.html 文件来测试各种情况下的虚拟主机，要测试各种预先生产的配置，甚至是在考试过程中也需要进行各种测试。幸运的是，Red Hat 考试不测试 HTML 知识，你可以使用 Apache 的默认网站。可以使用文本编辑器或者 HTML 专用的编辑器修改此默认网站或其他网站。

甚至可以保存一个简单的文本文件作为 index.html。在本章中将下面的文本放入一般 vhost1.example.com 网站的 index.html 文件：

```
Test web page for Virtual Host 1
```

相应修改 Apache 配置文件之后，重启该服务，然后运行 elinks http://vhost1.example.com 命令，得到的结果如图 14-16 所示。

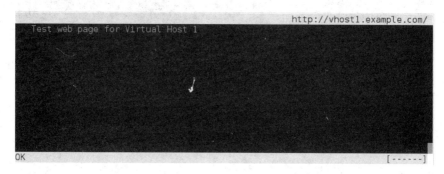

图 14-16　测试网页

14.4.5 语法检查程序

在许多情况下，apachectl restart 和 systemctl restart httpd 命令可显示语法问题。但这只是在许多情况下有效，而在有些情况下，你可能想重启 Apache，使用客户浏览器继续测试结果，但又会感到很困惑，因为 Apache 由于语法错误而无法启动。为了将这个问题的风险降到最低，下面的命令可以检查编辑 Apache 配置文件时你做了什么：

```
# httpd -S
```

还可以检查 systemd 日志捕获的日志消息：

```
# journalctl -u httpd
```

如果没有问题，就能够启动本地 Web 服务器，并使用浏览器请求从客户进行连接。

14.4.6 Apache 故障检修

正确安装 Apache 程序包之后，默认配置通常会创建运行系统。使用 httpd –t 命令可检查基本语法，但如果创建真实的网站，可能还需要测试页面。进行修改之前，先备份 Apache 配置文件，如果出错，始终可以再启动。

Apache 错误主要有以下几类：

- **关于无法绑定地址的错误消息** 另一个网络进程可能正在使用默认的 http 端口(80)。另外，Apache 配置为侦听错误的 IP 地址。
- **网络寻址或路由错误** 再次检查网络设置。关于网络配置的更多信息，请参考第 3 章关于网络配置和故障检修的相关部分。
- **Apache 没有运行** 运行 systemctl restart httpd，检查/var/log/httpd 目录里的 error_log。
- **重启之后 Apache 无法运行** 运行 systemctl is-enabled httpd。要确保 Apache (httpd)在启动过程中在相应运行级别启动，可使用命令：

```
# systemctl enable httpd
```

实际经验

管理 Apache 是所有 Linux 系统管理员的必备技能，你应该能够快速安装、配置和故障检修 Apache，也应该能够创建和自定义虚拟网站。

14.4.7 练习 14-5：创建虚拟 Web 服务器

本练习将使用虚拟网站创建 Web 服务器。使用这种方法及不同目录可以在同一 Apache 服务器上创建其他虚拟网站。

(1) 为虚拟公司 LuvLinex 添加一个虚拟网站及 URL www.example.com。如果需要，可使用 http://localhost/manual/vhosts 中的示例配置作为提示。在/etc/httpd/conf.d 目录的 vhost-luvlinex.conf 文件中保存配置。

(2) 将 DocumentRoot 指令分配给/luvlinex 目录(也要记得在系统上创建该目录)。

(3) 在<Directory>块内授权 Require all granted 指令处理的文件的访问权限。

(4) 在文本编辑器里打开/luvlinex/index.html 文件，以文本格式添加一行代码，例如：

```
This is the placeholder for the LuvLinex Website.
```

(5) 保存该文件。

(6) 如果在此系统上激活 SELinux，就必须修改上下文类型，将 restorecon 命令应用于 DocumentRoot 目录：

```
# semanage fcontext -a -t httpd_sys_content_t "/luvlinex(/.*)?"
# restorecon -R /luvlinex
```

(7) 如果运行 DNS 服务，请更新相关数据库。否则，请将/etc/hosts 更新为 www.example.com 及相应的 IP 地址。

(8) 如果要检查语法，可运行 httpd -t 和 httpd -D DUMP_VHOSTS 命令。

(9) 记得重启 Apache 服务；正确的方法是使用 systemctl restart httpd 命令。

(10) 务必配置本地防火墙，授权连接到 HTTP 服务。

```
# firewall-cmd --list-all
# firewall-cmd --permanent --add-service=http
# firewall-cmd --reload
```

(11) 导航到远程系统。如有可能，请更新远程/etc/hosts。打开选择的浏览器。测试对所配置网站(www.example.com)的访问。

(12) 关闭远程系统上的浏览器。还原原始的 httpd.conf 配置文件。

认证目标 14.05　部署基本 CGI 应用程序

当你看到 RHCE 目标"部署基本 CGI 应用程序"时，其实这个要求比想象中要容易。实际上，可以从 Apache 文档中找到所需的步骤，从 httpd-manual 程序包中可以找到这些文档。安装之后，请导航到 http://localhost/manual 页面，将看到 Apache 文档。选择 CGI：Dynamic content 以获得详细指导，下面几节将介绍这个问题。

14.5.1　Apache CGI 文件的配置变更

要允许 Apache 读取 CGI 文件，conf.modules.d/00-cgi.conf 文件就要包含 LoadModule cgi_module 指令。为了控制哪些目录包含脚本，Apache 包含了 ScriptAlias 指令。例如，下面的 ScriptAlias 指令将 URL 路径/cgi-bin/链接到默认的/var/www/cgi-bin 目录：

```
ScriptAlias /cgi-bin/ "/var/www/cgi-bin"
```

使用该 ScriptAlias 指令，如果网站是 server1.example.com，那么在 http://server1.example.com/cgi-bin/ URL 中就能够找到这些脚本。

同样，可以在除/var/www/cgi-bin 之外的目录里创建 CGI 脚本，并相应修改引用。/var/www/cgi-bin 的默认<Directory>块配置如下：

```
<Directory "/var/www/cgi-bin">
    AllowOverride None
```

```
    Options None
    Require all granted
</Directory>
```

如 httpd-manual 程序包中现有的 Apache Web 服务器文档所示，还需要修改它们以允许 Apache
服务器实际执行这些 ScriptAlias 指令外部的 CGI 脚本：

```
<Directory "/home/*/public_html">
    AllowOverride None
    Options ExecCGI
    AddHandler cgi-script .pl
    Require all granted
</Directory>
```

作为安全措施，AllowOverride None 命令防止一般用户使用.htaccess 文件修改该目录里的
配置设置。Options ExecCGI 行支持指定目录里的可执行脚本。AddHandler 指令将 CGI 脚本与扩
展名为.pl 的文件关联起来。Require all granted 命令允许所有用户访问该目录。

如果前面配置的某个虚拟主机需要 CGI 脚本，还需要创建不同的 ScriptAlias 和对应的<Directory>
容器。对于前面介绍的 vhost1.example.com 站点来说，添加下面的指令：

```
ScriptAlias /cgi-bin/ /srv/vhost1.example.com/cgi-bin/
<Directory "/srv/vhost1.example.com/cgi-bin">
    Options none
    Require all granted
</Directory>
```

14.5.2　在 Perl 中设置简单的 CGI 脚本

Apache 文档包含关于如何用 Perl 编程语言设置简单 CGI 脚本的相关指导。先要安装 httpd-
manual 程序包，并且确保本地 httpd 服务是有效的。在浏览器中导航到 http://localhost/manual，
在 How-To/Tutorials 部分下面，单击 CGI:Dynamic Content，向下滚动到"Writing a CGI Program"
部分。

在这个部分中，Apache 文档建议采用一个名为 first.pl 的简单 Perl 脚本，其代码如下：

```
#!/usr/bin/perl
print "Content-type: text/html\n\n";
print "Hello, World!";
```

在/srv/vhost1.example.com/cgi-bin 目录中创建这个文件。第一行类似于许多脚本里的#!/bin/bash；
这里 perl 是命令解释符。声明内容类型，后面是两个回车键(符号为\n)，最后一行打印通常用于
介绍性程序脚本的表述。CGI 脚本必须由 apahe 用户执行，具有 755 权限，也就是说，在保存
first.pl 文件之后，可以使用下面的命令应用指定的权限：

```
# chmod 755 first.pl
```

在脚本上运行 ls -Z 命令。在/var/www/cgi-bin 目录里，它应该继承与该目录相关的 httpd_sys_
script_exec_t SELinux 文件类型。如果需要，可以用 restorecon 命令将该文件类型应用于文件和目
录，如果脚本目录在非/var/www/cgi-bin 的自定义目录中设置，就使用 semanage fcontext -a 命令

确保在 SELinux 重新标记之后文件类型仍然可用：

```
# semanage fcontext -a -t httpd_sys_script_exec_t \
'/srv/vhost1.example.com/cgi-bin(/.*)?'
```

14.5.3　连接网站

配置 CGI 脚本之后，就能够从客户浏览器访问该脚本。本练习假设已经在 server1.example.com 系统上配置 first.pl Perl 脚本，然后能够通过 elinks http://vhost1.example.com/cgi-bin/first.pl 命令从远程系统查看结果。如果成功，浏览器主窗口中将出现下面的单词：

```
Hello, world!
```

有时会出现错误消息，例如 "Internal Server Error"，最可能的原因是对于名为 apache 的用户，Perl 脚本没有可执行权限。通过给该 Perl 脚本提供 755 权限就能解决这个问题。

故障情景与解决方案

需要配置一个网站	安装 Apache，配置/var/www/html 目录里的相应文件
需要配置多个网站	对于 Apache，使用在/etc/httpd/conf.d 目录的各个文件中配置 <VirtualHost>容器
需要配置一个安全网站	在/etc/httpd/conf.d 目录的 ssl.conf 文件里配置一个虚拟主机
需要 www.example.org 网站的专用 SSL 证书	运行 genkey www.example.org 命令
重启之后 Apache 服务没有运行	使用 systemctl enabled httpd 命令确保 httpd 服务在默认目标上启动。如果成功，检查/var/log/httpd 目录里 error_log 文件的内容
Apache 里的 CGI 脚本没有运行	在 Apache 配置文件中，确保 ScriptAlias 指向相应目录；ScriptAlias 指向适当的目录；如果没有配置 ScriptAlias，就确保给脚本目录激活 ExecCGI 选项，使用 AddHandler 指令指定适当的脚本扩展名；确保脚本可由 Apache 执行，匹配/var/www/cgi-bin 目录中的默认 SELinux 上下文

14.6　认证小结

Apache 是目前最受欢迎的 Web 服务器。可以从 "Web Server" 程序包组安装主要程序包。httpd-manual 程序包包含本地可浏览的手册，它有助于完成其他 Apache 配置任务，即使是在考试过程中也是如此。主要配置文件包括/etc/httpd/conf 目录里的 httpd.conf 和/etc/httpd/conf.d 目录里的 ssl.conf。在这两个指定配置文件中的示例节的帮助下，可以为一个系统上的多个网站创建虚拟的一般和安全主机，即使只有一个 IP 地址可用。相关日志文件通常保存在/var/log/httpd 目录里。

允许通过端口 80 和 443 访问 Apache，允许通过 firewall-cmd 命令访问某些或所有系统。Apache 文件和目录与一些不同的 SELinux 上下文相关。不同的 Apache 功能由各种不同的 SELinux 布尔值设置确定。

Listen VirtualHost 指令将到 Apache Web 服务器的通信量引导到端口 80 和 443，以及指定的虚拟主机。在 Apache 配置文件里使用 htpasswd 命令及 Require、Allow 和 Deny 等指令，可以创建基于主机和基于用户的安全。

如果有正确的安全选项，使用用户和组托管的目录是可能的。其实，有一个注释容器可以激活用户主目录里的内容。组托管的目录在某种程度上说更复杂，它合并基于 Apache 的用户目录和第 8 章介绍的共享组目录。同样是出于安全考虑，可以使用诸如 genkey www.example.org 的命令为特定主机(例如 www.example.org)创建新证书。

在 Apache 网站上配置 CGI 内容比预想的要容易，其实 Apache 文档里包含与该过程相关的详细信息，包括可用来确认最终配置工作的 Perl 脚本。

14.7　应试要点

下面是第 14 章中介绍的认证目标的一些主要知识点。

Apache Web 服务器

- Red Hat Enterprise Linux 包含 Apache Web 服务器，它在 Internet 网站上的使用量比其他所有 Web 服务器之和还多。
- 可以作为"Web Server"程序包组的一部分来安装 Apache 和相关程序包。
- Apache 配置文件包括/etc/httpd/conf 目录里的 httpd.conf 和/etc/httpd/conf.d 目录里的 ssl.conf。
- Apache 日志信息通常保存在/var/log/httpd 目录里。

标准的 Apache 安全配置

- 可以通过 firewall-cmd 规则以及各种 SELinux 布尔值和上下文来保护 Apache 的安全。
- Apache 通过 Listen 和 NameVirtualHost 指令指定活动端口，从而支持安全。
- Apache 支持基于主机的安全(通过 IP 地址或域名)。
- 在 htpasswd 命令的帮助下，Apache 支持基于用户的安全(通过口令)。

专用 Apache 目录

- Apache 使访问 public_html/子目录里的用户主目录变得更容易。
- 可以和在用户主目录里一样配置组托管的目录。

一般虚拟主机和安全虚拟主机

- 可以在服务器上配置多个网站，即使只有一个 IP 地址。可以使用虚拟主机完成该操作。

- RHEL 配置支持为一般和安全网站配置虚拟主机,通常在/etc/httpd/conf/httpd.conf 目录的配置文件中设置。
- RHEL 配置在/etc/httpd/conf.d/ssl.conf 文件中包括默认的安全虚拟主机。
- 可以使用 genkey 命令创建 SSL 证书。

部署基本的 CGI 应用程序

- CGI 内容的使用取决于配置选项,例如 ScriptAlias、ExecCGI 和 AddHandler cgi-script。
- 标准 CGI 脚本必须能由 Apache 用户执行。如有必要,httpd-manual 程序包的 Apache 手册中有示例指导。

14.8　自测题

下面的问题有助于你理解本章介绍的内容。Red Hat 考试中没有多选题,因此本书中也没有给出多选题。这些问题只测试你对本章内容的理解。如果有其他方法能够完成任务也行。得到结果,而不是记住细枝末节,这才是 Red Hat 考试的重点。许多问题可能不止一个答案。

Apache Web 服务器

1. 为配置文件和日志文件指定基本目录的 Apache 指令是什么?

_____

2. 修改 httpd.conf 之后,什么命令可让 Apache 重新读取该文件,同时又不会断开当前已经连接的用户?

_____

3. 什么指令指定与 Apache 相关的 TCP/IP 端口?

_____

标准的 Apache 安全配置

4. 什么命令创建/etc/httpd/passwords 文件并为用户 elizabeth 配置口令?

_____

5. 如果看到下面限制访问虚拟主机容器的指令,那么允许哪些计算机访问?

```
Order Allow,Deny
Allow from 192.168.0.0/24
```

_____

6. 如果要允许访问一般网站和安全网站,在防火墙(FirewallD)中需要打开哪个标准服务?

_____

专用 Apache 目录

7. 哪些一般权限对通过 Apache 共享的主目录有作用?

8. 哪些一般权限对通过 Apache 共享的组目录有作用?

一般虚拟主机和安全虚拟主机

9. RHEL 提供什么文件帮助配置虚拟主机作为安全的服务器?

10. 如果要创建基于名称的虚拟主机,那么 3 个虚拟服务器需要多少 IP 地址?

11. 要验证一个或多个虚拟主机的配置,httpd 命令需要使用什么开关?

部署基本的 CGI 应用程序

12. Options 指令的哪些选项支持 Apache 配置文件中的动态 CGI 内容?

14.9　实验题

有些实验题包含配置练习,只能在测试计算机上做这些练习。假设在虚拟机(例如 KVM)上运行这些练习。本章假设你将修改这些虚拟主机的物理主机系统的配置。

Red Hat 提供电子版考试,因此本章的大多数实验题都在本书配书网站上,其子目录为 Chapter14/。如果尚未在系统上安装 RHEL 7,关于安装指南请参考第 1 章。自测题答案之后是各实验题的答案。

14.10　自测题答案

Apache Web 服务器

1. ServerRoot 指令设置 Apache 服务器的默认目录。没有另外配置的所有文件和目录(或者配置为相对目录的文件和目录)都与 ServerRoot 命令有关。

2. 有 3 种基本方法让 Apache 重新读取配置文件,而又无须重启服务。可以使用命令 apachectl graceful 或 systemctl reload httpd,让 Apache 保持运行并重新读取配置文件。使用 kill -HUP $(cat /run/httpd/httpd.pid)命令也是可接受的答案。

3. Listen 指令指定与 Apache 相关的 TCP 端口。

标准的 Apache 安全配置

4. 创建/etc/httpd/passwords 文件并为用户 elizabeth 配置口令的命令是 htpasswd -c /etc/httpd/ passwords elizabeth。如果/etc/httpd/passwords 已经存在,只需要使用 htpasswd /etc/httpd/ passwords elizabeth。

5. 如本章所述,Order Allow, Deny 指令默认拒绝访问所有系统,除了显式允许访问的那些系统之外。这些访问仅限于 192.168.0.0/24 网络上的计算机。

6. 如果要允许访问一般网站和安全网站,在防火墙中需要打开的标准服务是 http 和 https。

专用 Apache 目录

7. 相关权限是 701,是其他用户的可执行权限。由于指定"regular permissions",因此 ACL 不是选项。

8. 相关权限是 2771,它结合 SGID 权限、共享组目录的 rwx 权限和其他用户的可执行权限。由于指定"regular permissions",因此 ACL 不是选项。

一般虚拟主机和安全虚拟主机

9. 与虚拟主机安全服务器相关的文件是/etc/httpd/conf.d 目录里的 ssl.conf 文件。

10. 不管配置多少个虚拟站点,对于基于名称的虚拟服务器来说,只需要一个 IP 地址。

11. 要检查虚拟主机的配置,可以与 httpd 命令结合使用下面两个开关选项之一:httpd -S 检查配置文件,包括虚拟主机设置。同样,httpd -D DUMP_VHOSTS 也关注虚拟主机配置,因此也是此题的答案之一。

部署基本的 CGI 应用程序

12. 在包含 CGI 脚本(例如 Perl 程序)的 Apache 配置目录中通常使用的指令是 Options ExecCGI。

14.11　实验题答案

实验题 1

首先,确保安装 Apache Web 服务器。如果 rpm -q httpd 命令告诉你没有安装它,那么也就没有安装 Web Server 程序包组。安装该程序包组的最有效方法是使用 yum groupinstall "Web Server"命令(如果要查找相应的程序包组名称,可运行 yum group list hidden 命令)。这里假设正确连接到储存库,如第 7 章所述。

要让 Apache 启动,可运行 systemctl start httpd 命令。为了让它在下次启动系统时能够启动,可运行 systemctl enable httpd 命令。

安装 Apache 之后,就能够通过 http://localhost 从浏览器访问它。从默认 Apache 配置文件中,可以验证 DocumentRoot 指向/var/www/html 目录。然后可以将 index.html 文件从/usr/share/ doc/HTML/en-US 目录复制到/var/www/html 目录。再次导航到 http://localhost,测试结果。如果

没有复制与默认主页相关的其他文件，显示将缺少一些图标，但对于本实验题这并不是问题。

实验题 2

这是一个富含信息的实验题。完成该实验题之后，在不能使用本书和 Internet 的情况下，例如在 Red Hat 考试过程中，就能够参考这些 Apache 配置提示。

当然，你应该事先学习这些技巧。如果忘记一到两个命令的语法，这些文件能够救急。

实验题 3

本实验题要求创建两个虚拟主机。还有其他方法可以创建不同的虚拟主机，本实验题的答案只是一种方法。重要的是，你至少知道一种方法来创建虚拟主机。这种方法的步骤如下：

(1) 系统的 ServerRoot 指令设置 Apache 服务器的默认目录。没有另外配置的所有文件和目录(或者配置为相对目录的文件和目录)都与 ServerRoot 命令有关。不要改变这一点。

(2) 在/etc/httpd/conf.d 目录中，创建两个文件 vhost-big.conf 和 vhost-small.conf，用于两个虚拟主机的配置。

(3) 给单独的 VirtualHost 容器添加设置，这些设置适用于 big.example.com 虚拟主机。

(4) 将 ServerAdmin 分配给网站管理员的电子邮件地址。

(5) 为 big.example.com 配置唯一的 DocumentRoot 目录。

(6) 给 big.example.com 设置第一个 ServerName。

(7) 添加 ErrorLog 和 CustomLog 指令，在/etc/httpd/logs 目录(它链接到/var/logs/httpd 目录)中给它们设置唯一文件名。利用默认 ServerRoot，可以使用相对路径，例如：

```
ErrorLog logs/big.example.com-error.log
CustomLog logs/big.example.com-access.log combined
```

(8) 确保关闭 VirtualHost 容器(在容器的结尾使用</VirtualHost>指令)。

(9) 添加一个<Directory >容器，授权访问配置为 DocumentRoot 的目录：

```
<Directory "/srv/vhost-big/www">
    Require all granted
</Directory>
```

(10) 为第二个网站重复该过程，确保将第二个 ServerName 设置给 small.example.com。

(11) 关闭并保存修改后的配置文件。

(12) 创建使用 DocumentRoot 指令配置的新目录。

(13) 在由相关新 DocumentRoot 指令定义的每个目录里创建 index.html 文本文件。不必担心 HTML 代码；对于本实验题来说，文本文件更合适。

(14) 确保在本地 DNS 服务器或/etc/hosts 文件里配置这些域名。例如，如果 Apache 服务器在 IP 地址为 192.168.122.150 的系统上(例如 tester1.example.com)，则可以将下面的行添加到/etc/hosts：

```
192.168.122.150 big.example.com
192.168.122.150 small.example.com
```

远程客户系统的/etc/hosts 文件里也应该包含相同的数据。

(15) 使用 firewall-cmd 实用工具，允许通过防火墙访问 HTTP 数据：

```
# firewall-cmd --permanent --add-service=http
# firewall-cmd --reload
```

(16) 需要在与 DocumentRoot 相关的目录上配置相应的 SELinux 文件上下文。例如，如果该目录是/ vhost-big，做到这一点的方法之一是使用下面的命令：

```
# semanage fcontext -a -t httpd_sys_content_t '/vhost-big(/.*)?'
# restorecon -R /vhost-big
```

注意，如果 DocumentRoot 设置为 SELinux 策略默认标记为 httpd_sys_content_t 类型的目录，如/srv/vhost-big /www，第一个命令就不是必需的。事实上，srv/*/www 目录的默认上下文类型已经设置为 httpd_sys_content_t。如有疑问，请运行 semanage fcontext - l | grep httpd_sys_content_t，检查 SELinux 策略的设置。

(17) 确保运行 systemctl reload httpd 命令，让 Apache 重新读取其配置文件。

(18) 现在可以测试结果。导航到远程系统，在自己选择的浏览器中尝试访问新创建的网站。如果成功，big.example.com 和 small.example.com 域名应该显示为每个网站创建的 index.html 文件。

(19) 如果有问题，可用 httpd -t 和 httpd -S 命令检查语法。检查/var/log/httpd 目录里的日志文件。

实验题 4

这个实验题很简单，完成之后应该会有下面两个文件，它们可支持用于 big.example.com 网站安全版本的虚拟主机：

```
/etc/pki/tls/certs/big.example.com.crt
/etc/pki/tls/private/big.example.com.key
```

small.example.com 系统的相关文件现在也在这些目录中。该过程基于对 genkey big.example.com 和 genkey small.example.com 命令生成的问题的标准响应。

实验题 5

该实验题的基础很简单。需要重复实验题 3 中实现的基本步骤，并使用实验题 4 中创建的证书和密钥文件。可以使用/etc/httpd/conf.d/ssl.conf 文件的内容作为模板。另外还要关注以下几点：

(1) 虽然不是绝对需要，但良好的实践是在目录里创建不同于一般 Web 服务器的 Document-Root。否则，一般和安全的网站显示的网页就是相同的。

(2) 良好的实践是给 ErrorLog 和 CustomLog 配置相应的文件名，以帮助确定信息来自给定的安全网站。

(3) 从 ssl.conf 文件中的模板 SSL 虚拟主机复制 SSL 指令很有用。所有指令都可用于 big.example.com 和 small.example.com 网站的安全版本，至少需要设置 ServerName 指令，打开 SSLEngine，设置到 SSLCertificateFile 和 SSLCertificateKeyFile 的适当路径：

```
ServerName big.example.com
SSLEngine On
SSLCertificateFile /etc/pki/tls/certs/big.example.com.crt
SSLCertificateKeyFile /etc/pki/tls/private/big.example.com.key
```

当然，对于该网站，可以在安全虚拟主机容器的相关指令中用 small.example.com 替换 big.example.com。不要忘记在防火墙默认区域添加 https 服务：

```
# firewall-cmd --permanent --add-service=https
# firewall-cmd --reload
```

实验题 6

在默认 conf.d/userdir.conf 文件中，用户主目录的配置需要激活 UserDir 指令。然后可以自定义与用户主目录相关的注释容器。如果成功，那么只允许一位用户通过 Apache Web 服务器从客户浏览器访问其主目录。通常，在给定主页的容器里将看到如下指令：

```
AuthType Basic
AuthName "Just for one user"
AuthUserFile /etc/httpd/oneuser
Require user michael
```

如本章所述，对于其他用户，至少对于名为 apache 的用户来说，主目录应该通过 ACL 拥有一般可执行权限。另外，不允许访问，除非已经设置 httpd_enable_homedirs SELinux 布尔值。还需要使用 htpasswd -c /etc/httpd/oneuser michael 命令，在该目录的身份验证数据库中创建用户 michael。

实验题 7

创建组托管目录所需的过程很复杂，基本步骤大致如下：

(1) 创建名为 techsupport 的一般用户和组。最好给该用户配置更高的 UID 和 GID，以免将来影响其他用户和组。

(2) 让其他用户成为 techsupport 组的成员。

(3) 创建新用户主目录的 public_html/子目录。

(4) 创建相应权限，以支持 techsupport 组成员的访问，通常创建 2770 权限。同时也包含其他用户的一般可执行权限或者名为 apache(在 ACL 中配置)的用户的可执行权限。

(5) 在该子目录里创建 index.html 文件，也应该将它设置为归 techsupport 组所有。

(6) 需要在 Apache 中为该组配置基本身份验证。不要忘记使用 htpasswd 命令在身份验证数据库中为这个目录设置组。

实验题 8

指定的 hello.pl 脚本应该包含如下条目：

```
#!/usr/bin/perl
print "Content-type: text/html\n\n";
print "Hello World";
```

　　该脚本应该位于 big.example.com 虚拟主机容器里由 ScriptAlias /cgi-bin/指令指定的目录内。

　　作为另一种配置，可以为 CGI 目录创建一个新的<Directory>块。该容器还包含 Options ExecCGI 和 AddHandler cgi-script .pl 指令。也可能需要在 httpd.conf 中禁用默认 ScriptAlias 指令。通常脚本所在的目录最好不同于为虚拟主机配置的 DirectoryRoot 树，但这不是必需的。

　　另外，将 hello.pl 文件的权限设置为 755，该文件(目录)上的 SELinux 上下文的文件类型应该是 httpd_sys_script_exec_t。当然，可以运行相应的 semanage fcontext -a 命令让变更永久化，无论如何，成功的结果将如实验题问题所述。

第 **15** 章

Samba 文件服务器

Samba 是用于连接 Microsoft 操作系统的联网协议的 Linux 实现方案。在 Microsoft Windows 计算机网络中，文件共享的设计基于 Common Internet File System(通用 Internet 文件系统，CIFS)，而 CIFS 由服务器消息块(Server Message Block，SMB)协议发展而来。Samba 作为所有 Unix 相关操作系统(包括 Linux)可免费获取的 SMB 服务器而得到发展，现在它已经升级为可以支持 CIFS。

Samba 与 CIFS 之间的交互是透明的，所以 Microsoft 客户端无法分辨是 Linux 服务器还是真正的 Windows 服务器，Samba 只运行在 Linux 机器上，所以不需要服务器或客户端，也不用购买客户端访问许可证。如果能够在命令行界面编辑 Samba 的主配置文件，其配置工作就会快得多。

你应该学会测试诸如 Samba 的网络服务。在 Red Hat 考试中，可能会配置一些服务和(或)解决故障排查的问题。请花点时间理解与这些服务相关的配置文件，并在不同的 Linux 系统上练习配置它们。在某些情况下，本章所介绍的内容需要在两个或更多 Linux 系统上练习使用。

考试内幕

本章提出了与 Samba 文件系统服务相关的两个 RHCE 目标。当学完本章内容的时候，你应该知道：

- 如何向指定的客户端提供网络共享
- 如何提供适合于群组协作的网络共享

用 Samba 可以实现与 Microsoft 客户端的无缝通信。但是，在 Red Hat 考试中，由于不允许使用 Microsoft Windows 系统，你会发现用 Samba 也可以实现同其他 Linux 客户端的无缝通信。用 Samba 和其他的安全选项可以设置权限，仅使指定的客户端能共享数据。

Samba 也支持群组协作(其功能与第 14 章中的 Apache 类似)，其配置原则与第 8 章中在 Linux 上配置组目录的原则一样。

当然，也不能忘记所有网络服务的标准要求(第 10 章和第 11 章中讨论过)。为了进行学习，需要安装 Samba 服务并使其运行在 SELinux 上，确保其在系统启动时也会启动，配置服务以完成基本操作，以及设置基于用户和主机的安全。

认证目标 15.01 Samba 服务

Microsoft 公司的 CIFS 建立在 Server Message Block(SMB)协议基础之上。在 20 世纪 80 年代，为了在网络上共享文件和打印机，IBM、Microsoft 和 Intel 公司合作制定了 SMB 协议。

随着 Microsoft 公司把 SMB 扩展为 CIFS，Samba 的开发人员也相应地改善了 Samba。Samba 服务不仅可以提供稳定、可靠、快速和高兼容性的文件和打印机共享服务，而且可以让你的计算机在 Microsoft 网络中担当客户端、成员服务器、主域控制器(Primary Domain Controller，PDC)或活动目录(Active Directory，AD)服务成员。

实际经验

在 Samba 4.0 版本中，可以在基于 Microsoft 的网络中把 Samba 充当 AD 控制器。虽然 DC 的配置超出了 RHCE 考试的范围，但对很多系统管理员来说，这是一个重要的技能。

在 Microsoft 网络中，可以很容易地配置 Samba 提供的很多功能。举例如下：

- 以客户端、成员服务器或 PDC 的身份加入 Microsoft Windows 的工作组或域。
- 从另一台 Samba 服务器或 Microsoft PDC 提供用户/口令和本地共享 directory 数据库。
- 配置本地目录作为共享 SMB 文件系统。

Samba 还可以提供更多的功能。Samba 的功能可以通过一个非常大的文件——smb.conf 进行配置，这个文件存放在/etc/samba 目录下。该文件可能会使一些用户感到无从下手，但可以查看注释。你可能会惊讶于 Samba 提供的许多功能！

考试提示

在 RHEL 7 中，Red Hat 不再包括配置 Samba 的 GUI 工具。必须直接编辑 Samba 配置文件。幸运的是，默认/etc/samba/smb.conf 配置文件包含许多有用的注释和推荐的指令。

15.1.1　安装 Samba 服务

Samba 的安装过程同其他服务器的安装有点不同。Samba 程序包并不单独存放在一个单独的程序包组里。虽然安装 Samba 服务器只需要 Samba 的 RPM 程序包和依赖文件，但是也需要安装其他有用的 Samba 程序包。重要的 Samba 程序包的说明如表 15-1 所示。

表 15-1　Samba 程序包

RPM 程序包	说　　明
samba	包含共享文件和打印机的基本 SMB 服务器软件
samba-client	提供连接 SMB/CIFS 共享和打印机所需的实用工具
samba-common	包含 Samba 客户端和服务器共同使用的 Samba 命令
samba-dc	包括在 RHEL Server Optional 库中，提供了与活动目录的集成
samba-libs	包含其他 Samba 软件包所需的库
samba-python	包含其他 Samba 软件包所需的 Python 模块
samba-winbind	支持 Winbind 守护进程，它允许 Samba 在 Microsoft 域中担当成员服务器，支持 Linux 服务器上的 Windows 用户
samba-winbind-krb5-locator	包括在 RHEL Server Optional 库中，允许本地 Kerberos 库使用相同的 KDC 作为 Samba
samba-winbind-modules	提供客户端通过 PAM 和网络切换服务(Network Switching Service，NSS)连接到 Winbind 守护进程的功能

15.1.2　Samba 的背景

Samba 服务为 Microsoft Windows 主机和 Linux/Unix 主机提供了互操作性功能。在配置 Samba

之前，需要了解 Microsoft Windows 的网络系统是如何运行在 TCP/IP 上的。

早期的 Microsoft Windows 网络是由计算机主机名来进行配置的，这个主机名称为 NetBIOS 名(用少于 15 个字符表示)。这些独一无二的主机名为局域网(LAN)中的计算机提供了一个简单的、普通的主机名系统。

所有计算机的身份识别请求由广播发出。这个网络传输系统称为 NetBIOS 扩展用户界面(NetBIOS Extended User Interface，NetBEUI)，NetBEUI 是无法跨越路由的。也就是说，它不允许在两个不同的网络之间进行通信。所以，管理员在早期的 Microsoft 个人计算机网络结构中只能配置 100～200 个节点。

Microsoft 需要一个解决方案在网络间传递消息，它们可以用 Novell IPX/SPX 协议栈，但是效果并不理想。随着 Internet 的发展，Microsoft 需要与 TCP/IP 协议兼容的一个标准。Microsoft 公司通过 SMB 调整其 NetBIOS 系统，使之能够运行在 TCP/IP 协议上。既然 Microsoft 公司把 SMB 作为整个行业的标准，任何人都可以基于 SMB 建立自己的服务。随着 Microsoft 公司向 CIFS 发展，Samba 开发团队也相应地完善 Samba。

Windows 网络的优良功能之一是浏览器服务。所有计算机用一个"当选的"主浏览器来注册它们的 NetBIOS 名，这个主浏览器是整个网络服务的数据库的持有者。实际上，一个浏览数据库被某个当选的主机所维护，这个主机支持所有运行在 Microsoft 网络上的协议。例如，如果一个主机上安装有 NetBEUI 和 TCP/IP 协议，那么这个主机需要有两个重复的浏览数据库(每一个协议需要一个)，因为不同的协议获取的服务不同。

15.1.3　端口、防火墙和 Samba

Samba 作为服务器和客户端需要能够支持多个网络协议。为给 Samba 服务器启用通过本地防火墙的通信，运行以下命令：

```
# firewall-cmd --permanent --add-service=samba
# firewall-cmd --reload
```

对于 Samba 客户机，需要启用以下 firewalld 服务：

```
# firewall-cmd --permanent --add-service=samba-client
# firewall-cmd --reload
```

相应 firewalld 服务的配置定义在/usr/lib/firewalld/services 目录的文件 samba.xml 和 samba-client.xml 中。如图 15-1 和图 15-2 所示，Samba 服务器需要四个打开的端口，而 Samba 客户服务只需要两个打开的端口。

注意，两个打开的端口与用户数据报协议(UDP) 相关，它不是基于连接的。因此，为了跟踪当地原始的 NetBIOS 请求，并允许数据包匹配通过防火墙返回的相应通信数据，Samba 和 Samba 客户服务都使用了 firewalld 辅助模块 ns_conntrack_netbios_ns。

```
[root@server1 ~]# cat /usr/lib/firewalld/services/samba.xml
<?xml version="1.0" encoding="utf-8"?>
<service>
  <short>Samba</short>
  <description>This option allows you to access and participate in Windows file
and printer sharing networks. You need the samba package installed for this opti
on to be useful.</description>
  <port protocol="udp" port="137"/>
  <port protocol="udp" port="138"/>
  <port protocol="tcp" port="139"/>
  <port protocol="tcp" port="445"/>
  <module name="nf_conntrack_netbios_ns"/>
</service>
[root@server1 ~]#
```

图 15-1　Samba firewalld 服务的配置文件

```
[root@server1 ~]# cat /usr/lib/firewalld/services/samba-client.xml
<?xml version="1.0" encoding="utf-8"?>
<service>
  <short>Samba Client</short>
  <description>This option allows you to access Windows file and printer sharing
 networks. You need the samba-client package installed for this option to be use
ful.</description>
  <port protocol="udp" port="137"/>
  <port protocol="udp" port="138"/>
  <module name="nf_conntrack_netbios_ns"/>
</service>
[root@server1 ~]#
```

图 15-2　Samba Client firewalld 服务的配置文件

Samba 客户端需要的 TCP 和 UDP 端口如表 15-2 所示。总之，侦听端口 137～139 的服务与 TCP/IP(NBT)上的 NetBIOS 通信相关。

表 15-2　Samba 通信服务

端口/协议	说　　明
137/UDP	NetBIOS 名称服务
138/UDP	NetBIOS 数据报服务
139/UDP	NetBIOS 会话服务
445/TCP	TCP/IP 上的 Samba

15.1.4　配置 Samba 的 SELinux 布尔值

有许多指令可以使 Samba 服务器与 SELinux 共同工作在目标模式下,具体说明如表 15-3 所示。为了支持 Samba 的不同功能，需要启用其他的布尔值。对于某些读者来说，这里的叙述可能有些重复。然而，即使是 Linux 专家，也对 SELinux 理解得不够透彻。

表 15-3　SELinux 布尔值

布 尔 值	说　　明
cdrecord_read_content	允许使用 cdrecord 命令读取共享的 Samba(和其他网络)目录
ksmtuned_use_cifs	允许 KSM(该服务要求把相同的内存页面减少为一页)访问 CIFS 文件系统
samba_create_home_dirs	支持主目录的创建，通常通过 PAM 模块 pam_mkhomedir.so
samba_domain_controller	允许 Samba 担当用来身份验证管理的域控制器
samba_enable_home_dirs	实现主目录共享

(续表)

布 尔 值	说　　明
samba_export_all_ro	允许以只读权限访问任何目录，甚至包括那些没有 samba_share_t 文件类型标签的目录
samba_export_all_rw	允许以读/写权限访问任何目录，甚至包括那些没有 samba_share_t 文件类型标签的目录
samba_portmapper	Samba 可以充当 portmapper
samba_run_unconfined	支持/var/lib/samba/scripts 目录下没有权限约束的脚本文件的执行
samba_share_fuefs	允许 Samba 共享挂载给 fusefs 的文件系统，例如 GlusterFS 文件系统
Samba_share_nfs	实现共享 Samba 中的 NFS 文件系统
smbd_anon_write	Samba 可以修改用 SELinux 上下文 public_content_rw_t 和 public_content_r_t 配置的公共目录中的文件
sanlock_use_samba	允许 sanlock(共享存储锁管理器)来访问 CIFS 文件系统
Use_samba_home_dirs	支持 Samba 主目录使用远程服务器
virt_sandbox_use_samba	允许沙箱容器访问 CIFS 文件系统
Virt_use_samba	允许 VM 访问挂载给 CIFS 文件系统的文件

如果允许 Samba 与网络上的其他用户共享本地主目录，可以执行如下命令:

```
# setsebool -P samba_enable_home_dirs 1
```

-P 选项是为了确保在重启计算机后能保留所做的改变。

如果需要通过其他服务器配置要共享的目录，就需要启用 samba_export_all_ro 或 samba_export_all_rw 布尔值。例如，通过 Apache Web 服务器共享的文件必须标记为 httpd_sys_content_t 文件上下文。然而，Samba 需要给文件和目录指定不同的 SELinux 上下文 samba_share_t。为让 Samba 访问没有 samba_share_t 标签的文件，就必须启用 samba_export_all_ro 或 samba_export_all_rw 布尔值。

15.1.5　配置 Samba 的 SELinux 文件类型

通常情况下，Samba 只能共享那些标记为 samba_share_t 文件类型的文件和目录。但是，如果启用了 samba_export_all_ro 或者 samba_export_all_rw 布尔值，samba_share_t 文件类型这个附加条件就不需要了。如果文件用 public_content_rw_t 或 public_content_t 标记，且启用 smbd_anon_write 布尔值，它也不是必需的。

然而，启用 samba_export_all_rw 会形成一个安全漏洞，因为这将允许 Samba 共享所有目录，而不管它们的 SELinux 上下文是什么。所以，在绝大多数情况下，可以用 SELinux 上下文 samba_share_t 标记目录(和里面的文件)，命令如下:

```
# chcon -R -t samba_share_t /share
```

另外，为确保在重新标记 SELinux 后保留所做的修改，需要用下面的命令设置/etc/selinux/

targeted/contexts/files 目录下的 file_contexts.local 文件：

```
# semanage fcontext -a -t samba_share_t '/share(/.*)?'
```

15.1.6　Samba 守护进程

在 Microsoft 网络上要实现目录和打印机共享，需要许多守护进程和大量相关命令的支持。守护进程和命令共同作用于 Samba，这些命令可以帮助配置 Samba 文件系统，而守护进程可以帮助 Samba 在不同的通信端口(本章前面讨论过)间通信。

Samba 包含了大量的命令，它们既可以运行服务，也可以帮助配置文件。最重要的命令是存放在/usr/sbin 目录下的二进制文件，它们用来启动各种 Samba 服务。

为运行 Samba，需要两个守护进程：Samba 主服务(smbd)和 NetBIOS 名称服务(nmbd)。另外，绝大多数管理员会运行 Winbind 服务(winbindd)来进行用户和主机名称解析。这由 RPM 包 samba-winbind 提供。这 3 个守护进程需要在/etc/samba/smb.conf 配置文件中进行配置。

如果要确保下次启动 Linux 系统时这些服务会运行，应执行下面的命令：

```
# systemctl enable smb nmb winbind
```

下面的命令可以启动相关的守护进程——smbd、nmbd 和 winbindd。

```
# systemctl start smb nmb winbind
```

systemctl 命令可以帮助确认守护进程正在运行的方式。例如，图 15-3 中的命令确认，Samba 服务正在使用主 PID 14691 运行。

```
[root@server1 rhel7]# systemctl status smb
smb.service - Samba SMB Daemon
   Loaded: loaded (/usr/lib/systemd/system/smb.service; disabled)
   Active: active (running) since Mon 2015-05-04 11:29:46 BST; 1min 20s ago
 Main PID: 14691 (smbd)
   Status: "smbd: ready to serve connections..."
   CGroup: /system.slice/smb.service
           ├─14691 /usr/sbin/smbd
           └─14692 /usr/sbin/smbd

May 04 11:29:46 server1.example.net systemd[1]: Starting Samba SMB Daemon...
May 04 11:29:46 server1.example.net smbd[14691]: [2015/05/04 11:29:46.609245...]
May 04 11:29:46 server1.example.net systemd[1]: Started Samba SMB Daemon.
Hint: Some lines were ellipsized, use -l to show in full.
[root@server1 rhel7]# █
```

图 15-3　显示 smb 服务单元的状态信息

15.1.7　Samba 服务器全局配置

可以通过主 Samba 配置文件——/etc/samba/smb.conf 来配置 Samba。这个文件比较长，包含了大量命令，理解这些命令需要了解 Microsoft Windows 网络结构的相关概念。幸运的是，这个文件的默认版本含有帮助文档，该文档记录了一些命令的建议和有用选项的说明。

Samba 的默认配置文件还包含了大量注释指令。这些指令的默认值可以参考 smb.conf 文件的联机帮助页。

在编辑这个文件之前，请研究一下其内容。一旦知道这个文件的组织结构，请把它备份起来，然后试着直接编辑这个文件。使用 testparm 命令检查 smb.conf 的语法。可以用下面的命令通过重新加载 Samba 服务器来测试修改的结果：

```
# systemctl reload smb
```

为了帮助读者更好地理解这个过程，下面分析这个文件的默认 RHEL 7 版本。下面显示的代码实际上是这个文件的完整概述。在某些情况下，我会将文件中原有的注释替换为自己对命令的理解。读者在学习过程中也需要参考自己的/etc/samba/smb.conf 文件。

smb.conf 文件包含两种类型的注释行。井字符号(#)用于普通文本注释，通常用来描述功能。第二个注释符号是分号(;)，用于将 Samba 指令修改为注释语句(如果在后面希望注释掉的指令仍然有效，可以去掉分号)。

请注意，本书的物理尺寸限制了代码行的长度。在某些情况下，我稍微更改了代码来满足这个限制条件，但是所做的修改不会影响配置文件中任何命令的运行结果。

```
# This is the main Samba configuration file. For detailed information
# about the options listed here, refer to the smb.conf(5) manual page.
# Samba has a huge number of configurable options, most of which are
# not shown in this example.

# Note: Run the "testparm" command after modifying this file to check
# for basic syntax errors.
```

考试提示

在 Red Hat 备考指南中讲过，RHCE 要求能够配置各种服务(包括 Samba)来完成基本的操作。但在 Samba 主配置文件的默认版本中，许多配置细节已经远远超过了完成基本操作的要求。

虽然需要知道不同的全局设置分别能实现什么样的功能，但是在配置时应该尽可能少地修改原文件。原文件修改得越少，出错的机会就越小。配置文件不需要做到十全十美，只要能满足考试或作业中的要求即可。

smb.conf 文件可以分为不同的节。在第一段注释语句后面，有另一个注释块，描述了最重要的 SELinux 布尔值以及与 SMB 相关的文件上下文。由于空间有限，下面仅列出这一节的第一行。通读 smb.conf 文件的所有注释，因为它们是一个非常有用的信息来源：

```
# Security-Enhanced Linux (SELinux) Notes:
#
# Turn the samba_enable_home_dirs Boolean on if you want to share home
# directories via Samba. Run the following command as the root user to turn
# this boolean on:
# setsebool -P samba_enable_home_dirs on
#
# If you create a new directory, such as a new top-level directory, label it
# with samba_share_t so that SELinux allows Samba to read and write to it. Do
# not label system directories, such as /etc/ and /home/, with samba_share_t,
# as such directories should already have an SELinux label.
```

接着全局设置部分定义了服务器的整体属性，这个部分从下面两行语句开始：

```
#======================= Global Settings=========================
[global]
```

现在，检查如下的全局设置。首先，如果看到这行内容：

```
#--authconfig--start-line--
```

这说明 authconfig 或 system-config-quthentication 工具已经修改过这个配置文件。

1. 与网络相关的选项

继续向下查看文件，可以看到一个子部分，标题为

```
#----------- Network Related Options ---------------
```

检查一下 Global Settings 部分的每条指令，先不管这个标题，workgroup 变量指定了工作组或(更常见的)域的名称。但是，对等架构的工作组首先发展起来，因此 Samba 默认的工作组(workgroup)的名称是 WORKGROUP，这恰好是旧 Microsoft Windows 系统中对等架构工作组的默认名称。在 RHEL 7 中，它现在设置为如下值：

```
workgroup = MYGROUP
```

接下来的 server string 指令变成了可见浏览器列表里的注释(显示系统的 NetBIOS 名称)，在这条指令中，Samba 把版本号替换为%v 变量：

```
server string = Samba Server Version %v
```

把本地系统的 NetBIOS 名称添加到这个文件中是不错的主意。然而，由于 NetBIOS 名称限定在 15 个字符以内，在系统中可能有相同的主机名。这时，其他客户端在网络浏览列表中就会看到相同的主机名(在 Microsoft 中使用 net view 命令或在 Linux 中用 smbclient 命令)。

```
;   netbios name = MYSERVER
```

如果本地系统要连接两个或两个以上的网络，就可以用 interfaces 指令指定 Samba 侦听的接口，如下所示。当然，设备名和网络地址应当根据实际情况进行修改。

```
;   interfaces = lo eth0 192.168.12.2/24 192.168.13.2/24
```

如果启用 hosts allow 指令，那么这条指令会只允许指定的网络访问共享资源。下面默认的指令只允许 IP 地址为 192.168.12.0/24 和 192.168.13.0/24 的网络以及本地计算机(127.)访问共享资源：

```
;   hosts allow = 127. 192.168.12. 192.168.13.
```

当然也可以用相同的方式配置 hosts deny 指令。使用这些指令可以为 Samba 指定基于主机的安全。在 global 部分中，指定的安全将在整个服务器中适用。在后续章节中会介绍，可以用 host allow 和 hosts deny 指令定义个人共享目录。

接下来, max protocol 指令指定 Samba 服务器支持的最高协议级别。默认情况下，它设置为 Windows 7 SMB2 版本：

```
;   max protocol = SMB2
```

2. 日志记录选项

下面介绍日志记录选项，从下面的标签开始：

```
#----------- Logging Options ---------------
```

每个连接到 Samba 服务器的主机都可以有自己的日志文件，根据主机名称(%m)使用 log file 指令来建立该文件。默认情况下，日志文件的大小限制在 50KB 以内。根据注释，超过指定大小的日志文件的新内容会取代旧内容。如果日志文件大小超过了 50KB，仍然可以在/var/log/samba 目录下找到它们，但这时日志文件的扩展名为.old。

```
# log files split per-machine
log file = /var/log/samba/log.%m
# maximum size of 50KB per log file, then rotate:
max log size = 50
```

3. 独立服务器选项

接下来的内容基于独立服务器的配置来设置安全选项：

```
#----------- Standalone Server Options --------------
```

security 指令可能会让人感到有点迷惑。这里显示的是 security 指令的标准值，它表示用户在登录时由本地口令数据库负责检查账户及口令。这时，可以把计算机配置为域控制器(Domain Controller，DC)，甚至是主域控制器(Primary Domain Controller，PDC)。

```
security = user
```

或者，可以用其他 DC 的口令数据库验证账户及口令，这时将计算机配置为域上的成员服务器。此时可用下面的命令替代上面的命令：

```
security = domain
```

实际经验

为了把一个 Linux 系统设置为工作站(这个工作站恰好可以共享 Microsoft 域上的目录)，需要将计算机设置为该域上的成员服务器。

另外，为了把系统配置为活动目录(Active Directory)网络上的域成员，需要用下面的命令替代上面的命令：

```
security = ads
```

最后，server 和 share 值被废弃。简而言之，一共有 3 个基本的身份验证选项：user、domain 和 ads。

现在，重点讨论一下身份验证数据库上的这条指令。默认的指令是 security = user；在这种情况下，一定要确保创建 Samba 用户名和口令，填充用户数据库。如果这个身份验证数据库是本地的，那么这个数据库是

```
passdb backend = smbpasswd
```

或

```
passdb backend = tdbsam
```

smbpasswd 数据库存储在本地/etc/samba 目录下。tdbsam(它是 Trivial Database Security Accounts Manager 的缩写)选项是推荐的数据库格式，存储在/var/lib/samba/private 目录下。

类似地，如果数据库是远程数据库(例如 LDAP)，可以启用下面的指令。如果 LDAP 服务器位于一个远程系统上，那么可以在此处包括统一资源标识符(Uniform Resource Identifier，URI)地址。

```
passdb backend = ldapsam
```

如果已经设置 security = ads，还需要启用下面的指令来指定活动目录(Active Directory，AD)的范围，在实际配置时需要将 MY_REALM 替换为真正的 AD 范围：

```
;   realm = MY_REALM
```

4. 域控制器选项

接下来讨论作为域控制器的系统的配置，从下面的注释语句开始本部分内容：

```
#----------- Domain Controller Options --------------
```

将 Samba 服务器配置为域控制器时需要额外的配置。简言之，这些选项指定了系统的角色是域主机，它是在登录域时接收登录请求的系统：

```
;  domain master = yes
;  domain logons = yes
```

下一条命令指定主机和用户设置 Microsoft 命令行批处理文件，再下一条命令把 Microsoft 用户的配置文件存放到本地 Samba 服务器上。

```
# the following login script name is determined by the machine name
# (%m):
;   logon script = %m.bat
# the following login script name is determined by the UNIX user
# used:
;   logon script = %u.bat
;   logon path = \\%L\Profiles\%u
```

余下命令的配置选项不言自明，例如添加和删除用户、组和主机账户的脚本。

```
;  add user script = /usr/sbin/useradd "%u" -n -g users
;  add group script = /usr/sbin/groupadd "%g"
;  add machine script = /usr/sbin/adduser -n -c ↵
     "Workstation (%u)" -M -d /nohome -s /bin/false "%u"
;  delete user script = /usr/sbin/userdel "%u"
;  delete user from group script = /usr/sbin/userdel "%u" "%g"
;  delete group script = /usr/sbin/groupdel "%g"
```

5. 浏览控制选项

接下来的部分控制一个系统是否和如何配置成一个浏览主机(浏览主机维护网络上的资源列表)。相关指令从如下注释行开始:

```
#----------- Browser Control Options --------------
```

如果启用 local master 选项, Samba 就与其他 Microsoft Windows 主机一样平等地参与浏览主机的选举, 选举标准是指定的 os level 值:

```
;   local master = no
;   os level = 33
```

使用 preferred master 命令, 可以在 nmbd 启动时, 强制进行浏览主机的选举:

```
;   preferred master = yes
```

6. 名称解析

接下来的部分允许使用 NetBIOS 名称数据库和 IP 地址来设置 Samba 服务器, 相关指令从下面的注释行开始:

```
#----------- Name Resolution --------------
```

Windows Internet 名称服务(Windows Internet Name Service, WINS)在功能上等同于基于 Microsoft 的网络(例如 Samba)上的 DNS。如果启用下面的配置选项, nmbd 守护进程就会启动本地计算机上的 WINS 服务器:

```
;   wins support = yes
```

或者, 也可以把本地计算机连接到网络上的远程 WINS 服务器, 这时, 必须用真实的 IP 地址替换 w.x.y.z。在一个系统上不要同时启用 wins support 和 wins server 指令, 因为它们是不兼容的。

```
;   wins server = w.x.y.z
```

在一些客户端上不支持 WINS。在这种情况下, 可以启用下面的指令, 允许 Samba 代表这些客户端响应解析查询:

```
;   wins proxy = yes
```

如果 Samba 用作 WINS 服务器, 且没有注册 NetBIOS 名称, 下面的指令就通过本地配置的 DNS 服务器来查找 DNS 名称:

```
;   dns proxy = yes
```

7. 打印选项

打印机配置是针对 RHEL 5 的 RHCT 考试目标之一。然而, 它们不在针对 RHEL 6 和 RHEL 7 的 RHCSA 或 RHCE 的考试目标中。不管怎样, 打印配置是 Samba 服务器默认配置的一部分。

所以，你在学习时至少需要浏览一下 Samba 配置文件中这部分的内容，相关指令从下面这条注释语句开始：

```
#----------- Printing Options --------------
```

打印机默认的设置是共享 Samba 服务器中的打印机所必需的。如 printcap name = /etc/printcap 定义的那样，下面 3 条指令用来加载打印机。cups options = raw 这条指令表示：CUPS 将数据以"原始"模式发送给打印机，即没有任何附加的过滤。打印机驱动程序安装在 Windows 客户端上，CUPS 不需要额外的数据处理时，使用这个设置：

```
load printers = yes
cups options = raw
printcap name = /etc/printcap
```

或者，也可以配置一个不同的打印机服务器。下面的选项从 System V 主机上已配置好的打印机获取信息，使用 lpstat 命令列出可用的打印机：

```
printcap name = lpstat
```

8. 文件系统选项

以下部分配置 Microsoft 磁盘操作系统(Disk Operating System，DOS) 文件系统如何存储属性。支持 DOS 属性的最好选择是把 Samba 共享存储在一个支持扩展属性的文件系统中，比如 XFS。或者，Samba 可以创建 DOS 属性和 Unix 权限位之间的映射。以下指令定义了所有共享目录的值：

```
#----------- File System Options --------------
```

首先，在得到 create mask 指令支持的情况下，map archive 指令可以决定 DOS 文件存档属性是否映射为本地文件拥有者可执行位。

```
;  map archive = no
```

map hidden 指令可以决定 DOS 隐藏文件是否映射为本地文件可执行位。

```
;  map hidden = no
```

map read only(在 Samba 文档中也称为 map readonly)指令控制 DOS 只读属性如何在 Linux 时映射：

```
;  map read only = no
```

map system(如果设置为 yes)指令支持 DOS 系统文件映射到文件组可执行位：

```
;  map system = no
```

最后，store dos attributes(如果设置为 yes)指令告诉 Samba，尝试从文件系统扩展的属性中读取 DOS 属性，而不是把 DOS 属性映射到权限位。这是默认设置：

```
;      store dos attributes = yes
```

15.1.8　Samba 共享目录

Samba 主配置文件(/etc/samba/smb.conf)的第二部分用于通过 Samba 设置共享目录和打印机。这部分包括此配置文件默认版本的分析。

在 Samba 中，共享目录的设置组织为多个节，每一节都是与一个共享名称相关的命令组("节"似乎不像是一个技术术语，但有些人认为，结构合理的配置代码就像一首好诗一样令人赏心悦目)。

1. 共享主目录

这部分的前四行定义了[homes]共享，这几条指令的功能是自动共享已登录用户的主目录。客户搜索服务器中可用的共享时，browseable = no 命令会防止共享显示出来。

Homes 节比较特殊，因为在系统中没有默认的/homes 目录(它仅仅是一个标签而已)。不需要提供主目录，因为 Samba 会读取/etc/passwd 目录中用户的账户记录来决定是否共享该目录。

默认情况下，系统不允许未知用户访问(guest ok = no)。另外，也可以使用前面讨论过的指令(例如 hosts allow 和 hosts deny)限制允许使用这个共享的系统。host allow 和 hosts deny 指令的作用范围被限定在使用这两个指令的共享节中。

```
#============================ Share Definitions =============
[homes]
   comment = Home Directories
   browseable = no
   writable = yes
```

实际经验

在 smb.conf 文件中有许多变量拼写有误，例如 browseable。在某些情况下，拼写正确的变量(browsable)也有效。即使拼写错误，Samba 仍认为这些变量有效，如果有疑问，可以在 smb.conf 的主页中检查这些变量的拼写。

考试提示

在共享主目录能真正共享 Samba 上的文件之前，必须启用 SELinux samba_enable_home_dirs 布尔值。

2. 共享打印机

[printers]节通常允许计算机或域上的所有注册用户访问。即使后台打印目录(/var/spool/samba)不可浏览，也可根据打印机的 NetBIOS 名称来浏览关联的打印机。指令比较简单，修改也比较容易，默认情况下一般性用户不可使用打印机，相关的打印队列不可写入，在加载相关配置文件(针对例如 CUPS)之前需要设置 printable = yes。

```
# NOTE: If you have a BSD-style print system there is no need to
# specifically define each individual printer
[printers]
   comment = All Printers
   path = /var/spool/samba
   browseable = no
```

```
# Set guest ok = yes to allow users to connect without a password
  guest ok = no
  writable = no
  printable = yes
```

3. 域登录

接下来一节中的命令支持 Microsoft Windows 工作站的[netlogon]共享的配置。由于即使装有 Samba 的 Linux 工作站也不支持[netlogon]共享，学习这部分内容需要一台安装有 Microsoft Windows 系统的计算机来验证指令的功能。如果确信在 Red Hat 考试中可以访问安装有 Microsoft Windows 系统的计算机，请认真学习这部分内容。

```
# Un-comment the following and create the netlogon directory for
# Domain Logons
; [netlogon]
;   comment = Network Logon Service
;   path = /var/lib/samba/netlogon
;   guest ok = yes
;   writable = no
;   share modes = no
```

4. 工作站配置文件

接下来一节的命令支持 Microsoft Windows 工作站配置文件的配置。由于这些配置文件由 Windows 工作站使用，所以不可能在只装有 Linux 系统的计算机网络上完成本部分的配置。请读者自己判断本部分内容是否会在 RHCE 考试中考到。

```
# Un-comment the following to provide a specific roving profile
# share. The default is to use the user's home directory:
;[Profiles]
;    path = /var/lib/samba/profiles
;    browseable = no
;    guest ok = yes
```

5. 组目录

从注释可以看出，接下来一节的内容是配置名为"staff"的组共享的/home/samba 目录。可以进行配置以允许这个组的用户共享这个目录。首先为/home/samba 目录配置适当的权限，才能为其配置特殊的所有权和权限，这两个处理过程在第 8 章讨论过。

```
# A publicly accessible directory that is read only, except for
# users in the "staff" group (which have write permissions):
;[public]
;   comment = Public Stuff
;   path = /home/samba
;   public = yes
;   writable = yes
;   printable = no
;   write list = +staff
```

staff 组可以用+staff 或@staff 标记。为了对共享目录设置适当的权限，通常还要用下面的指令来创建文件和目录：

```
create mask = 0770
directory mask = 2770
```

然后，使用 groupadd 命令来创建一个拥有更高 GID 数字的唯一组名称。请确保适当的用户为该 Linux 组的成员，这些用户也在 Samba 用户数据库中，如后面所述。另外，/home/samba 目录和该目录下的任何文件通常必须有适当的 SELinux 文件类型，可以用下面的命令达到这一要求：

```
# chcon -R -t samba_share_t /home/samba
```

当然，还要确保在 SELinux 系统重新标记之后修改的内容仍然存在，可以通过用下面的命令配置指定的目录来实现这一点：

```
# semanage fcontext -a -t samba_share_t '/home/samba(/.*)?'
```

考试提示
RHCE 目标指定了一个要求：为群组协作提供合适的网络共享。

6. 其他的示例节

为更加了解 Samba，可以查阅其他用于共享目录的节。下面的几个示例最初出现在早期 Samba 的 Red Hat 版本。虽然在 Samba 的说明文件中没有介绍它们，但是在 smb.conf 配置文件中仍然可以找到它们的身影，因此(至少是以学习为目的)学习它们仍然是有价值的。

例如，下面/tmp 目录的共享可以共享一个公共目录，在这个目录中用户可以共享下载的文件。如果启用下面的指令，所有的用户(public = yes)都可以对这个目录进行写入访问(read only = no)。

```
# This one is useful for people to share files
;[tmp]
;   comment = Temporary file space
;   path = /tmp
;   read only = no
;   public = yes
```

接下来的节配置了一个目录，这个目录只供 Fred 使用。这条指令允许用户通过 Samba 独自访问他的主目录。path 更佳的位置是在/home 目录内。

```
# A private directory, usable only by fred. Note that fred
# requires write access to the directory.
;[fredsdir]
;   comment = Fred's Service
;   path = /usr/somewhere/private
;   valid users = fred
;   public = no
;   writable = yes
;   printable = no
```

实际经验

smb.conf 中的一些参数是反义词，如 writable= yes 和 read only= no。可以指定任意一种形式，因为它们有相同的效果。

接下来的节与[tmp]共享略有不同。允许连接的唯一用户是访客，不需要进行身份验证。除非在 Samba 中配置了一个访客用户，否则这个访客用户默认是名为 nobody 的用户：

```
# A publicly accessible directory, read/write to all users. Note
# that all files created in the directory by users will be owned
# by the default guest user, so any user with access can delete
# other user's files. Obviously this directory must be writable
# by the default user. Another user could of course be specified,
# in which case all files would be owned by that user instead.
;[public]
;   path = /usr/somewhere/else/public
;   public = yes
;   only guest = yes
;   writable = yes
;   printable = no
```

最后这个节是用户私人组(User Private Group)方案的另一个变体，它创建了一个组目录。与[public]节不同，这里的共享是私有的。

```
# The following two entries demonstrate how to share a directory so
# that two users can place files there that will be owned by the
# specific users. In this setup, the directory should be writable
# by both users and should have the sticky bit set on it to prevent
# abuse. Obviously this could be extended to as many users as required.
;[myshare]
;   comment = Mary's and Fred's stuff
;   path = /usr/somewhere/shared
;   valid users = mary fred
;   public = no
;   writable = yes
;   printable = no
;   create mask = 0765
```

15.1.9 使 Samba 加入域

如果现在已经配置好了一个 Samba 服务器，但它不是网络的 DC，这时可能需要把这个服务器配置成域的成员。为了达到这个目的，可以配置这个网络 DC 上的一个账户。只要在这个网络上有一个域，就可以用下面的命令加入该域：

```
# net rpc join -U Administrator
```

如果网络上有多个域，那么在 net rpc join –S DC –U root 这个命令中用控制器的名称替换 DC。这里假设名为 Administrator 的用户是 DC 上的管理用户。如果这条命令执行成功，它就会在远程 DC 上提示输入该用户输入口令。最后的结果是在 DC 的用户数据库中添加了本地计算机的账户。

15.1.10　Samba 用户数据库

可以为网络上同时安装有 Microsoft Windows 操作系统和 Linux(启用 Samba 服务器)系统的计算机设置相同的用户名和口令。然而，这种情况并不总是可行，尤其当已经存在数据库时。在不可行的情况下，可以在网络上设置 Samba 用户名和口令的数据库，对应于当前的 Microsoft 用户名和口令。

如果熟悉命令行界面，最快捷的方式是用 smbpasswd 命令(由 RPM 包 samba-client 提供)创建一个 Samba 用户。请记住，只能从 Linux 计算机上的有效账户中创建一个新的 Samba 用户。

然而，可以在 Linux 系统上配置一个没有登录权限的账户。例如，下面的命令添加了一个没有有效登录 Shell 的指定用户：

```
# useradd winuser1 -s /sbin/nologin
```

然后，可以用 smbpasswd –a winuser 1 命令为新添加的 Samba 用户设置口令。smbpasswd 命令是非常强大的，它含有许多有用的开关选项，如表 15-4 所示。

表 15-4　各种 smbpasswd 命令选项

smbpasswd 开关选项	说　　明
-a *username*	在数据库中添加指定的用户名
-d *username*	使指定的用户名失效，因此该账户不能用 SMB 验证身份
-e *username*	使指定的用户名生效，与-d 选项的功能相反
-r *computername*	允许修改远程计算机上(Windows 或 Samba)的口令。通常与-U 选项一起使用
-U *username*	通常用来修改远程计算机上的用户名，计算机名由-r 选项指定
-x *username*	从数据库中删除指定的用户名

身份验证数据库的位置取决于 passdb backend 指令的值。如果这个值设置为 smbpasswd，可以在/etc/samba/smbpasswd 文件中找到这个数据库。如果这个值设置为 tdbsam，可以在/var/lib/samba/ private 目录下的 passwd.tdb 文件中找到这个数据库。如果要读取当前用户的列表，请运行下面的命令：

```
# pdbedit -L
```

15.1.11　创建一个公共共享

从标题可以看出，这里要学习如何创建整个网络都能使用的共享公共目录。为了本章学习的需要，首先请创建/PublicShare 目录。下面的指令(存放在/etc/samba/smb.conf 配置文件中)提供了一个所有用户都可共享的目录。

```
[PublicShare]
    comment = Shared Public Directory
    path = /publicshare
    writeable = yes
    browseable = yes
    guest ok = yes
```

但是这样会产生安全漏洞。为了填补这个安全漏洞，可以设置下面的限制性条件：

- 访问[PublicShare]的用户限定为这样一种用户：他们有常规的本地 Linux 账户(或者这样一种用户：他们可以基于远程身份验证数据库(例如 LDAP)进行本地登录)。
- 拒绝访客用户和其他用户的访问。
- 允许本地 example.com 域中的所有用户访问。
- 拒绝所有来自可疑计算机(例如 outsider1.example.org)的用户访问。

为使上述限制性条件生效，请修改本节中的最后一条指令。既然默认的指令是 guest ok = no，可以删除指令 guest ok = yes。为了使指定域中的所有用户都能进行访问，请添加下面的命令：

```
hosts allow = .example.com
```

为了拒绝网络上指定的计算机访问，可以添加 EXCEPT 选项。例如，下面的命令将指定的 evil.example.com 系统排除在允许访问列表之外：

```
hosts allow = .example.com EXCEPT evil.example.com
```

另外，如果这个域位于 192.168.122.0 网络上，那么下面两条命令的功能一样，它们都允许指定网络上的所有系统访问：

```
hosts allow = 192.168.122.
hosts allow = 192.168.122.0/255.255.255.0
```

可以使用一条命令(例如下面这条命令)拒绝指定的计算机访问：

```
hosts deny = evil.example.com
```

类似地，也可以用 IP 地址替换 evil.example.com。

虽然已经在 Samba smb.conf 配置文件中定义共享属性，但是需要用下面的指令修改与共享相关的目录：

```
# chmod 1777 /publicshare
```

指令中的 777 代表目录的权限，其前面的数字 1 称为"粘接位(sticky bit)"。777 权限给所有用户提供了读、写、执行权限，但这个粘接位仅允许这个目录的拥有者删除或重命名文件。

另外，使用 SGID 位可以把目录权限限制为组的成员。例如，2770 权限提供了一个目录。770 权限表示用户的读、写、执行权限，其前面的数字(2)确保所有创建的文件都继承目录的组所有权。

最后，别忘了在共享目录上设置适当的 SELinux 上下文：

```
# chcon -R -t samba_share_t /publicshare
# semanage fcontext -a -t samba_share_t '/publicshare(/.*)?'
```

15.1.12　测试对/etc/samba/smb.conf 的修改

把/etc/samba/smb.conf 文件的新版本投入生产之前，应测试这些更改。在这样的测试中，第一步是语法检查。为此，可以使用 testparm 实用工具，如图 15-4 所示。语法实用工具不检查功能；只检查配置文件的语法。

输出所示的指令是共享节，以及相关的指令。在这个输出中，[homes]共享不是只读的，不能由所有客户浏览。

```
[root@server1 ~]# testparm
Load smb config files from /etc/samba/smb.conf
rlimit_max: increasing rlimit_max (1024) to minimum Windows limit (16384)
Processing section "[homes]"
Processing section "[printers]"
Loaded services file OK.
Server role: ROLE_STANDALONE
Press enter to see a dump of your service definitions

[global]
        workgroup = MYGROUP
        server string = Samba Server Version %v
        log file = /var/log/samba/log.%m
        max log size = 50
        idmap config * : backend = tdb
        cups options = raw

[homes]
        comment = Home Directories
        read only = No
        browseable = No

[printers]
        comment = All Printers
        path = /var/spool/samba
        printable = Yes
        print ok = Yes
        browseable = No
[root@server1 ~]# █
```

图 15-4 用 testparm 检查 Samba 配置

15.1.13 练习15-1：配置 Samba 主目录共享

在这个练习中，将学习基本主目录共享的相关知识。本练习中至少需要两台计算机，其中一台是 Samba 服务器，另一台可以是 Linux 或 Microsoft Windows 客户机。将客户机连接到 Samba 服务器，然后从 Samba 服务器的主目录中获取文件。下面的步骤中假设用户账户名为 michael，你在学习时可以将它替换为自己的普通用户账户名。

(1) 安装和配置 Samba，练习使用本章中前面讨论的配置 Samba 的各种方法。

(2) 打开/etc/samba/smb.conf 配置文件，查看 workgroup 的当前值。

(3) 确保本地网络上的计算机有相同的 workgroup 值。如果本地计算机是一个 Windows 类型的域，请把 workgroup 的值设置成这个域的名称。

(4) 运行 testparm 命令。

(5) 阅读和解决 testparm 命令输出中出现的任何问题。修正 smb.conf 文件中出现的各种语法问题。

(6) 用下面的命令启用 Samba 服务器上的 samba_enalbe_home_dirs 布尔值：

```
# setsebool -P samba_enable_home_dirs on
```

(7) 用下面的命令在 Samba 服务器的身份验证数据库里创建用户账户。注意对应的账户必须存在于/etc/passwd 中，否则该命令会失败(在出现口令输入提示符后输入正确的口令)：

```
# smbpasswd -a michael
```

(8) 用下面的命令启动 Samba 服务：

```
# systemctl start smb nmb
```

或者，如果 Samba 已经运行，就使用下面的命令重新加载 smb.conf 文件中的配置：

```
# systemctl reload smb nmb
```

(9) 在防火墙中打开 Samba 服务器的适当端口：

```
# firewall-cmd --permanent --add-service=samba
# firewall-cmd --reload
```

在客户端上，以下命令在 firewalld 中打开所需的端口：

```
# firewall-cmd --permanent --add-service=samba-client
# firewall-cmd --reload
```

(10) 进入相同域或工作组的远程 Linux 或 Microsoft Windows 工作站。在 Linux 机器上，确保安装了 samba-client RPM。

(11) 如果能用下面的命令浏览 Samba 服务器的计算机列表，说明浏览可以正常工作。将 *sambaserver* 替换为配置好的 Samba 服务器的主机名。

```
# smbclient -L sambaserver -U michael
```

(12) 在 RHEL 7 客户机上以根用户的身份登录系统，确保安装了 cifs-utils RPM。

(13) 从远程 RHEL 7 客户端，用 mount.cifs 命令在一个空的本地目录上配置远程[homes]目录共享。例如，作为根用户，可以通过下面的命令挂载本地/share 目录(如有必要，请创建该目录)：

```
# mount //sambaserver/michael /share -o username=michael
```

(14) 测试结果。能浏览远程计算机上的主目录吗？

(15) 提示：禁用 samba_enable_home_dirs 布尔值，然后再重复上面的步骤，结果有什么不同吗？

认证目标 15.02　Samba 客户端

可以配置两种类型的 Samba 客户端。第一种类型是类似 FTP 的客户端，可以浏览、访问目录和打印机，在 Microsoft Windows 服务器或 Linux/ Unix 上的 Samba 服务器上共享。另一种类型为 SMB 和 CIFS 协议添加 mount 命令的支持。Samba 客户端的命令可以通过安装 samba-client 和 cifs-utils 的 RPM 程序包获取。

15.2.1　命令行工具

要浏览 Linux 计算机上的共享目录，应该知道如何使用 smbclient 命令。这个命令可以测试在 Windows 计算机或基于 Samba 的 Linux/Unix 计算机上与 SMB 主机的连接情况。假设防火墙允许执行这条命令，那么至少可以使用 smbclient 在本地网络上查看其他系统上的共享目录和打印机服务。例如，下面这条 smbclient 命令可以查看共享的目录和打印机服务：

```
# smbclient -L server1.example.com -U donna
```

在上面这条命令中指定了两个参数：-L 指定了 Samba 服务器的名称，-U 指定了远程计算机上的用户名。当在 Samba 服务器上执行这条命令时，系统会提示输入口令。

当输入正确的口令后，屏幕上会出现共享资源的列表。例如，下面的输出显示了名为 public 和 donna 的共享文件，以及 Maui 远程系统上的共享打印机 OfficePrinter。

```
Domain=[MYGROUP] OS=[Unix] Server=[Samba 4.1.1]
    Sharename       Type        Comment
    ---------       ----        -------
    public          Disk        Public Stuff
    IPC$            IPC         IPC Service (Samba Server Version 4.1.1)
    OfficePrinter   Printer     Printer in the office
    donna           Disk        Home Directories
```

从输出可以看出，系统中有一个名为 public 的共享文件。也可以使用 smbclient 命令浏览和复制文件，其方式与 FTP 客户端一样。可以用下面的命令建立连接：

```
$ smbclient //server1.example.com/public -U michael
```

当然，绝大多数管理员更希望把共享挂载到本地目录上。这时，mount 命令的选项就体现出了其重要性。

15.2.2　mount 命令的选项

根管理用户可以挂载共享。标准的挂载命令是 mount.cifs，在功能上等价于 mount -t cifs 命令。例如，下面的命令把名为 public 的共享挂载到本地目录/home/shared 上：

```
# mount.cifs //server1.example.com/public /home/shared -o username=donna
```

执行这个命令后，系统会提示输入远程服务器上 donna 用户的口令。这个口令应该存放在 server1. example.com 系统上的 Samba 用户身份验证数据库中，这个数据库通常不同于标准的 Linux 身份验证数据库。

虽然 Samba 共享目录不再有 umount.cifs 命令，但仍可使用 umount 命令卸载这些目录。

15.2.3　自动挂载 Samba 共享

由于创建一个共享的目录需要许多额外的步骤，把创建过程自动化就意义重大。一种方法是修改第 6 章讨论过的/etc/fstab 配置文件。为了回顾一下该章中介绍过的内容，可以执行下面的命令，在/etc/fstab 下添加 public 共享(在此文件中该命令可以换行显示)：

```
//server1.example.com/public /home/shared cifs username=donna,password=pass,↵
0 0
```

但是这样做很危险，因为/etc/fstab 文件是全局可读的。为了避免这样的危险，可以创建一个包含用户名和口令的专用凭据文件，命令如下：

```
//server1.example.com/public /home/share cifs credentials=/etc/smbdonna 0 0
```

然后，如第 6 章中指出的，可以在/etc/smbdonna 文件中创建用户名和口令：

```
username=donna
password=donnaspassword
```

虽然该文件的内容必须以纯文本类型的形式存在，但是由于它只允许根管理用户读取，因此它是安全的。当然，也需要用类似的信息配置自动挂载器。但是由于配置自动挂载器属于 RHCSA 技能，所以必须参考第 6 章中相关的内容。

15.2.4　练习 15-2：配置 Samba 共享，用于组的协调

在这个练习中，要练习配置 Samba 来实现共享目录，只有 editor 组的用户对共享有写入权限。

(1) 创建 Samba 用户 michael 和 alex，并将它们添加到 editors 组：

```
# groupadd editors
# useradd -s /sbin/nologin -G editors michael
# useradd -s /sbin/nologin -G editors alex
# smbpasswd -a michael
# smbpasswd -a alex
```

(2) 创建/editors 目录，分配适当的所有权和权限，用于组的协调(2770)：

```
# mkdir /editors
# chgrp editors /editors
# chmod 2770 /editors
```

(3) 用下面的命令确保目录的 SELinux 上下文设置合适：

```
# chcon -R -t samba_share_t /editors
```

另外，为了在 SELinux 系统重新启动后所做的修改可以保留，需要用下面的命令更新 SELinux 策略：

```
# semanage fcontext -a -t samba_share_t '/editors(/.*)?'
```

(4) 在文本编辑器中打开/etc/samba/smb.conf 文件。

(5) 配置 Samba，让 editors 组中的用户共享/editors 目录。在 Share Definitions 部分中，可以添加下面的命令：

```
[Editors]
    comment = shared directory for McGraw-Hill editors
    path = /editors
    valid users = @editors
    writable = yes
```

(6) 写入并保存 smb.conf 文件的修改。

(7) 确保防火墙允许访问 Samba 服务。如果不记得如何允许该流量通过防火墙,可以参阅练习 15-1。

```
# firewall-cmd --list-all
```

(8) 用 systemctl status smb nmb 命令测试 Samba 是否正在运行。如果 Samba 服务器处于停止状态，可以用 systemctl start smb nmb 命令启动它。如果 Samba 服务器处于运行状态，可以用下面命令让 Samba 重新读取配置文件：

```
# systemctl reload smb nmb
```

上面的命令允许用户和 Samba 服务器在不断开连接的情况下，修改 Samba 的配置文件。

(9) 在另一台机器上，使用 smbclient 和 michael 的凭据浏览共享：

```
# smbclient //server1.example.com/Editors -U michael
```

(10) 使用 alex 的凭据把共享挂载到目录上，并验证是否可以创建一个文件：

```
# mkdir /mnt/alex
# mount -t cifs -o username=alex //server1/Editors /mnt/alex
# touch /mnt/alex/testfile
```

(11) 作为奖励，创建另一个 Samba 用户 evil。试试以用户 evil 的身份再次挂载共享。会发生什么呢？

15.2.5 多用户 Samba 挂载

作为根用户通过 mount.cifs 命令挂载 Samba 共享时，需要指定有效 Samba 账户的凭据，这个账户要有该共享的访问权限。必须有这些凭据、文件和目录权限，才能验证挂载。在多用户环境中，这种方法并不理想。这是因为在 Samba 共享上创建文件时，该文件由 mount 命令指定的用户拥有。

为了解决这个问题，mount.cifs 命令包含 multiuser 选项。例如，可以修改练习 15-2 中的 mount 命令，如下：

```
# mount.cifs -o multiuser,username=alex //server1/Editors /mnt/editors
```

完成本章末的实验题 6 时，会看到这是如何工作的。除非用 Kerberos 身份验证配置 Samba (超出了 RHCE 考试的范围)，否则用户就必须输入他们的 SMB 凭据，才能访问挂载的共享。包含在 cifs-utils RPM 包中的 cifscreds 工具就用于这个目的。该命令把用户的凭据添加到内核密匙环中，如下所示：

```
$ cifscreds add server1.example.com
```

凭据只存储当前用户的会话。建立一个新的会话时，必须重新运行之前的命令，才能重新输入它们。

认证目标 15.03 Samba 故障排查

Samba 很复杂，在复杂的服务中，简单的错误可能很难诊断。幸运的是，Samba 拥有一个非常优秀的故障排查工具。检查语法问题可以用基本的 testparm 命令，日志文件可以提供更多信息。当然，除非本地防火墙的配置已经改变，否则 Samba 不允许远程系统访问。

15.3.1　Samba 问题的确定

Samba 服务的容错能力比较强，指令中包含大量参数的同义词。除了这些参数之外，前面介绍的 testparm 命令还可以帮助确定其他问题。例如，图 15-5 指出了许多问题，其中无法识别的参数用"unknown parameter"消息着重强调。

```
[root@server1 ~]# testparm
Load smb config files from /etc/samba/smb.conf
rlimit_max: increasing rlimit_max (1024) to minimum Windows limit (16384)
Unknown parameter encountered: "ecurity"
Ignoring unknown parameter "ecurity"
Unknown parameter encountered: "assdb backend"
Ignoring unknown parameter "assdb backend"
Processing section "[homes]"
Processing section "[printers]"
Processing section "[public]"
Unknown parameter encountered: "rite list"
Ignoring unknown parameter "rite list"
Loaded services file OK.
ERROR: both 'wins support = true' and 'wins server = <server list>' cannot be se
t in the smb.conf file. nmbd will abort with this setting.
Server role: ROLE_STANDALONE
Press enter to see a dump of your service definitions
```

图 15-5　testparm 找到的一些语法问题

有些参数互不兼容。例如，testparm 命令输出中下面的这条消息指出了两个互不兼容的指令：

```
ERROR: both 'wins support = true' and 'wins server = <server list>' cannot
be set in the smb.conf file. nmbd will abort with this setting.
```

有时，在其他命令的输出中会用到故障排查命令。例如，从输出的消息可以很容易地判断问题的原因，例如下面这条语句是执行 mount.cifs 命令后的输出，其中的共享名称不正确。这也暗示了共享名称正确与否没有在 Microsoft 操作系统网络上那么重要。

```
Retrying with upper case share name
```

有时，问题的原因更加简单，例如：

```
mount error(13): Permission denied
```

但是出现这个问题也可能是由于口令不正确或者此用户不存在于 Samba 数据库中。

有时，问题的描述会让人感到困惑。例如，如果挂载一个远程的主目录，而在挂载的目录中却没有任何文件，这种情况意味着 SELinux 中的 samba_enable_home_dirs 布尔值还没有启用。如果挂载了一个远程目录，而不是用户主目录，这种情况意味着那个目录和相关的文件不是用 samba_share_t 文件类型标记的。

15.3.2　查看本地日志文件

Samba 问题的描述消息存放在/var/log/messages 文件中，或者存放在/var/log/samba 目录下的其他文件中。首先，testparm 命令输出中的语法错误也可能保存在/var/log/message 文件中。当 Samba 服务器开始运行后，在配置文件中出现的问题就会记录在标准系统日志文件中。

另外，当试图挂载一个 Samba 共享目录失败时，与之相关的消息也会出现在/var/log/message 文件中。有时，消息很简单，例如当 cifs_mount 命令失败时，其消息为 NT_STATUS_LOGON_ FAILURE。

Systemd 日志是一种非常有用的资源，用于搜索和浏览 Samba 日志条目。smb 和 nmb systemd 单元特定的所有消息可以通过以下命令显示：

```
# journalctl -u smb -u nmb
```

Samba 服务器日志文件存放在/var/log/samba 目录下。日志文件根据连接服务器的客户端的主机名或 IP 地址进行分类。默认情况下，Samba 不是很详细。你可能希望在/etc/samba/smb.conf 中把 log level 设置为 1 或 2，看看日志消息的细节如何改变。例如，在检查一个连接 localhost 系统的用户的配置时，其中可能在 log.127.0.0.1 日志文件包括以下消息(用于故障排查)：

```
127.0.0.1 (ipv4:127.0.0.1:44218) connect to service michael initially ↵
 as user michael (uid=1001, gid=1001) (pid 23800)
```

所连接的用户根据 UID、GID 和 PID 确定身份。如果一个未经授权的用户连接 localhost 系统，这些号码可以同相应的 ID 号一起帮助识别问题用户和(或)有危害的账户。

在这个目录中，其他绝大多数文件都对应于各种服务(可根据名称识别服务类型)；例如，log.smbd、log.nmbd 和 log.winbindd 文件分别收集与对应守护进程相关的消息。

故障情景与解决方案	
需要在网络上添加与 Microsoft 计算机共享的资源	安装 Samba，然后在/etc/samba/smb.conf 目录下配置共享目录。确保共享目录(用户主目录除外)的 SELinux 上下文类型为 samba_share_t
希望通过 Samba 添加用户主目录共享	启用[homes]节，在 Samba 身份验证数据库中添加用户，并启用 samba_enable_home_dirs 布尔值
希望为 Samba 设置基于主机的安全	在 smb.conf 文件中配置合适的 hosts allow 和 hosts deny 指令，或者配置基于 iptables 的防火墙以限制主机访问
希望为 Samba 设置基于用户的安全	在 smb.conf 文件中配置合适的 valid users 和 invalid users 指令
需要添加群组协作的共享资源	用 valid users(设置为特定的组)指令、writable=yes、合适的权限为共享目录的群组协作建立一个共享节。确保共享目录及其内容的 SELinux 上下文类型为 samba_share_t
在/etc/fstab 中挂载 CIFS 共享，希望用户使用自己的 Samba 凭据访问内容，而不是使用 mount 命令指定的凭据	用 multiuser 选项挂载 Samba 共享。指导用户运行 cifscreds 命令，并在访问共享的内容之前，提供他们的 SMB 凭据

15.4 认证小结

Samba 允许 Linux 主机成为 Microsoft Windows 网络中的一部分，与 Microsoft 主机共享资源。Samba 基于服务器消息块(SMB)协议，这个协议允许 Microsoft 主机在 TCP/IP 网络上通信。Microsoft 公司已经把 SMB 协议发展成为通用 Internet 文件系统(CIFS)。Samba 通过 UDP 端口 137 和 138、TCP 端口 139 和 445 实现网络通信。关键的 SELinux 布尔值是 samba_enable_home_dirs。

共享目录的文件上下文类型应该是 samba_share_t。

　　Samba 的主配置文件是/etc/samba/smb.conf，由全局设置部分和若干用户自定义共享部分组成。smbpasswd 命令可以在本地 Samba 身份验证数据库中创建已经存在的 Linux 用户的口令文件。访问共享时，multiuser 挂载选项和 cifscreds 命令用相应用户的凭据进行身份验证。

　　至于 Samba 的故障排查，可以很容易地使用 testparm 实用工具检测对 smb.conf 文件所做的修改。Samba 指令中包含大量指令的同义词，有一些同义词是由于拼写错误产生的。Samba 基本的服务日志消息可以在/var/log/message 文件中找到，绝大多数的 Samba 日志信息可以在/var/log/samba 目录下找到。在/var/log/samba 目录下的绝大多数文件都包含客户端名称或 IP 地址。

15.5　小练习

下面是第 15 章中介绍的认证目标的一些主要知识点。

Samba 服务

- Samba 允许 Microsoft Windows 计算机使用基于 TCP/IP 协议栈的 SMB 协议和 NetBIOS 通过网络共享文件和打印机。
- Samba 包含一个客户端和一个服务器。mount –t cifs 或 mount.cifs 命令的变体支持挂载 Samba 共享目录或加入 Microsoft 域。
- Samba 的主配置文件是/etc/samba/smb.conf。
- Samba 支持作为 Microsoft Windows 服务器的 Linux 计算机的配置。甚至在活动目录 (Active Directory)网络上，Samba 也可以提供 Microsoft 浏览服务、WINS 服务和域控制器(Domain Controller)服务。

Samba 客户端

- smbclient 命令可以使用类似 FTP 的界面，列出指定远程 Samba 和 Microsoft 服务器的共享目录和打印机。
- mount.cifs 命令可以挂载 Samba 或 Microsoft 服务器的目录共享。
- 在/etc/fstab 配置文件的帮助下，可以在系统启动时挂载 Samba 共享。
- multiuser 挂载选项和 cifscreds 命令使用每个用户的凭据，来控制访问和权限，而不使用 mount 命令指定的凭据。

Samba 故障排查

- testparm 命令可以检查出 Samba 主配置文件/etc/samba/smb.conf 的语法错误。
- Samba 守护进程的日志可以写入/var/log/message 文件。
- 在/var/log/samba 目录下可以找到绝大多数的 Samba 日志文件。可以根据客户端和守护进程的名称找到相应的日志文件。

15.6　自测题

　　下面的问题有助于你理解本章介绍的内容。Red Hat 考试中没有多选题，因此本书中也没有给出多选题。这些问题只测试你对本章内容的理解。如果有其他方式能够完成任务也行。得到结果，而不是记住细枝末节，这才是 Red Hat 考试的重点。许多问题可能不止一个答案。

Samba 服务

　　1. 一个使用 Microsoft 服务器的 IT 部门创建了一个 Windows 服务器来处理文件和打印共享服务。这个服务器能够准确地通过 IP 地址为 192.168.55.3 的 WINS 服务器进行名称解析，也可以通过 IP 地址为 192.168.55.8 的 DC 准确地配置所有用户的登录文件。如果现在要把本地的 Linux 系统配置成 DC，如何用最直接的方法和最少的步骤来配置本地 Samba 的配置文件？

　　2. 最近修改过 Samba 的配置文件，但是不想与任何当前用户断开连接。用什么命令可以在不中断已经连接的 Microsoft 用户或重启服务的情况下使 Samba 服务重新读取配置文件？

　　3. Samba 服务器要作用于远程系统，需要打开哪几个防火墙端口？

　　4. 要共享 Samba 的主目录，需要如何设置 SELinux？

　　5. 适合于 Samba 共享目录的 SELinux 文件上下文类型是什么？

　　6. Samba 的什么指令只允许 example.org 网络上的系统访问？

　　7. Samba 的什么指令只允许用户 tim 和 stephanie 访问？

　　8. 在用户自定义共享节中，Samba 的什么指令只允许名为 ilovelinux 的配置组访问？

　　9. 在共享目录中，Samba 的什么指令允许所有用户访问？

　　10. Samba 的什么命令可以在 Samba 的身份验证数据库 tdbsam 中添加用户 elizabeth？

Samba 客户端

11. 什么命令可以挂载远程 Microsoft 共享目录？

Samba 故障排查

12. 在 Samba 配置文件中做了几处修改，现在需要快速检查它的语法错误。用什么命令测试 smb.conf 文件的语法错误？

15.7　实验题

有些实验题中包含配置练习，只能在测试计算机上做这些练习。假设在虚拟机(例如 KVM)上运行这些练习。本章假设你将修改这些虚拟主机的物理主机系统的配置。

Red Hat 提供电子版考试，因此本章的大多数实验题都在本书配书网站上，其子目录为 Chapter15/。如果你尚未在系统上安装 RHEL 7，关于安装指南请参考第 1 章。

自测题答案之后是各实验题的答案。

15.8　自测题答案

Samba 服务

1. 要用最少的步骤把 Linux 系统配置为 DC，需要更改 security = user 指令。如果是在一个活动目录系统上，应该使用 security = ads 指令。

2. 在不中断已经连接的 Microsoft 用户或重启服务的情况下使 Samba 和 NetBIOS 服务重新读取配置文件的命令是 systemctl reload smb nmb。

3. Samba 服务器要实现通信，需要打开 UDP 端口 137 和 138、TCP 端口 139 和 445。

4. 在 Samba 上与主目录共享相关的 SELinux 布尔值是 samba_enable_home_dirs。

5. 适合于 Samba 共享目录的 SELinux 文件类型是 samba_share_t。

6. 只允许 example.org 网络上的系统访问的 Samba 指令是：

```
hosts allow = .example.org
```

下面的指令也是正确答案：

```
allow hosts = .example.org
```

7. 允许指定用户访问的 Samba 指令是：

```
valid users = tim stephanie
```

8. 允许指定组访问的 Samba 指令是：

```
valid users = @ilovelinux
```

+ilovelinux 组也是正确答案。

9. 在共享目录中允许所有用户访问的 Samba 指令是:

```
guest ok = yes
```

10. 将用户 elizabeth 添加到 Samba 的 tdbsam 身份验证数据库中的命令是:

```
# smbpasswd -a elizabeth
```

Samba 客户端

11. 用来挂载远程 Microsoft 共享目录的命令是 mount.cifs。命令 mount -t cifs 也是正确答案。

Samba 故障排查

12. 可以测试 Samba 配置文件语法错误的命令是 testparm。

15.9　实验题答案

实验题 1:

本章设计的 Samba 实验题比较简单。然而,对于某些特定的步骤需要用到 Linux 的相关知识。这些步骤的答案可以在下面的语句中找到:

(1) 你已经安装了 File and Print Server 环境组,或 File and Print Server 组,其中包括一个与 Samba 相关的 RPM 程序包。也安装了依赖包,如 samba-common 和 samba-libs。

(2) 找到 Samba 的所有相关程序包的方法之一是用 yum search samba 命令。然后可以用 yum install *packagename* 命令安装指定的程序包。

(3) 使用下面的命令可以支持本地 Samba 服务器的通信:

```
# firewall-cmd --permanent --add-service=samba
# firewall-cmd --reload
```

在客户端,运行下面的命令:

```
# firewall-cmd --permanent --add-service=samba-client
# firewall-cmd --reload
```

(4) 可以用 systemctl enable smb nmb 命令确保下次启动 Linux 主机时可以自动启动 Samba 和 NetBIOS 服务。

(5) 用 systemctl start smb nmb 命令可以启动 Samba 和 NetBIOS 服务。

(6) 为了弄清 Samba 是否在运行,一种方法是在进程列表中查看 smbd 和 nmbd 守护进程是否存在。用 ps aux | grep mbd 命令可以查看这两个进程是否存在。另一种方法是用一个 systemd 命令(如 systemctl status smb nmb 命令)。

实验题 2：

这个实验题可以帮助熟悉 Samba 文件服务器的相关文档。当运行 man smb.conf 命令时，可以打开 Samba 主配置文件的手册。可以用 vi-类型的命令在整个文件中查找指定的指令。例如，要在文件中向前逐个查找 hosts allow 指令，请输入：

```
/hosts allow
```

然后输入 n 可以查看这条指令的下一个实例。类似地，要向后查找这条指令，请输入：

```
?hosts allow
```

然后输入 n 可以查看前一个这条指令的实例。

通过命令行，能够浏览其他 Samba 页面。读者可以根据自己的需要学习有关知识。

实验题 3：

这个实验题的前提是已经备份了 /etc/samba 目录下的 smb.conf 文件。

(1) 许多管理员坚持使用标准 Microsoft Windows workgroup 的名称 WORKGROUP。可以在 smbclient -L //*clientname* 命令的输出结果中找到它。

(2) 为了限制允许访问 Samba 服务器的计算机，可以用 hosts allow 指令在 Globals 部分中进行配置。

(3) 为了拒绝指定的计算机访问，可以用 hosts deny 指令在 Globals 部分中进行配置。

(4) 执行 systemctl reload smb 命令使 Samba 读取更改。在提交重新配置的文件之前，请用 testparm 命令测试其正确性。

(5) 要测试与另一个系统的连接，可以使用 smbclient 命令。为了测试，需要允许通过 UDP 的 137 和 138 端口进行访问，这时需要使用 Firewall Configuration 工具启用 samba-client 服务。

(6) 如果需要 smb.conf 文件的全新版本，首先从 /etc/samba 目录下删除或移除现有的版本，然后执行 yum reinstall samba-common 命令。

实验题 4：

如果配置成功，那么只允许一个远程用户通过 Samba 访问本地主目录，配置成功与否可以用 smbclient 和 mount.cifs 命令进行测试。完成这个实验题请按下列步骤执行操作。

(1) 用文本编辑器打开 /etc/samba/smb.conf 目录下的 Samba 主配置文件。

(2) 导航到这个文件的最后一部分——[homes]共享节。

(3) 除非在这个文件的 [global] 部分做了适当的限制，否则可以使用 hosts allow = .example.com 限制[homes]共享。

(4) 在[homes]共享节中添加 valid users = *username* 指令，用指定的用户名替代 *username*。

(5) 用 smbpasswd –a *username* 命令在 Samba 身份验证数据库中添加指定的用户。

(6) 用适当的 systemctl 命令重启或重新加载 Samba 服务。

(7) 保存目前为止所做的修改。

(8) 用 smbclient 命令从远程系统测试结果。如果配置成功，客户端根账户应该可以用 mount.cifs -o username=*username* 命令挂载用户的共享主目录。

实验题 5:

这个实验题是实验题 4 的延续,只需要在 Samba 主配置文件里添加另一个共享节即可。

(1) 在 Samba 主配置文件的最后创建一个[public]共享节,为这个节添加适当的注释语句。

(2) 设置 path = /home/public。

(3) 确保设置 hosts allow = .example.com。保存对 smb.conf 文件做的修改。

(4) 用下面的命令为公共共享设置权限

```
# mkdir /home/public
# chmod 1777 /home/public
```

上述命令中的 777 表示向所有用户(根用户、根用户所在的组和其他任何用户)授予读取、写入和执行/搜索权限。在权限值 777 前面的 1 为粘接位。这个粘接位设置在目录上的功能是避免用户删除或重命名不属于他们的文件。

(5) 用 systemctl reload smb 命令向当前运行的 Samba 服务提交改动。

(6) 当从远程系统测试结果时,本地 Samba 数据库中的任何用户名都应该有效。

实验题 6:

这个实验题需要做大量的工作。首先需要创建一组用户,他们拥有专用目录的组所有权。在第 8 章中曾经基于 RHCSA 的需求讨论过这个创建过程,在这个实验题中首先要重复这个过程。

建立一个用户账户,来挂载 Samba 共享:

```
# useradd -M -s /sbin/nologin sambashare
# smbpasswd -a sambashare
```

在文件中(例如/etc/sambashare)添加该用户账户的凭据。文件的内容应当包括以下指令:

```
username=sambashare
password=sambasharepssword
```

然后,在/etc/fstab 中添加下面的命令:

```
//server1.example.com/public /home/share cifs multiuser, ↵
credentials=/etc/sambashare 0 0
```

注意,挂载选项包括 multiuser 指令。一旦挂载了文件系统,用户就必须运行以下命令,把他们的凭据存储到系统密匙环中,访问共享的内容:

```
$ cifscreds add server1.example.com
```

实验题 7:

确保在系统重启后已配置的服务能正常运行是非常重要的。事实上,最好确保 SELinux 重新标记后已配置的服务能正常运行,但是这个过程需要几分钟或更长时间。在考试中很可能不会有多余的时间。

(1) 为了完成 Linux 的许多配置改动,需要确保在重启计算机后服务能自动启动。通常,关键的命令是 systemctl。在默认目标上启动 Linux 时，systemctl enable smb nmb 命令可以启动 smbd 和 nmbd 守护进程。

(2) 可以使用许多命令执行有序的关机，例如 shutdown、halt 等。

(3) 在重启系统后，用下面的命令应该至少可以核查 Samba SELinux 设置的一处修改：

```
# getsebool samba_enable_home_dirs
```

(4) 另外，应该确保共享目录的文件上下文类型为 samba_share_t，用 ls –Z 命令既可以在指定目录中查找，也可以在 file_contest.local 文件(保存在/etc/selinux/targeted/contexts/files 目录下)中查找。

第 **16** 章

使用 Kerberos 保护 NFS

Linux 是为网络而生的，它支持两种主要的文件共享方法：第 15 章介绍的 Samba 和网络文件系统(Network File Systemd，NFS)。RHEL 7 没有为 NFS 提供 GUI 工具，但这并不是一个问题，因为 NFS 配置文件相对简单。

本章首先介绍 NFS，它是一个强大和灵活的文件系统，可在服务器和工作站之间共享文件。RHEL 7 的默认安装中包含了 NFS 的客户端功能，支持连接 NFS 服务器。

NFS 服务器可根据主机名和 IP 地址限制客户端的访问。另外，在验证文件权限时，NFS 信任客户端发送过来的 UID。这只提供了基本的安全级别，对于一些组织来说可能不能满足要求。但是如果与 Kerberos 结合使用，NFS 可以验证对网络共享的访问，并提供数据加密。本章将说明如何建立这种配置。

花一些时间来理解与 NFS 服务和 Kerberos 关联的配置文件，并练习让它们能够在 Linux 计算机上工作。在本章的学习过程中，某些情况下可能要用到两台或三台运行 Linux 系统的计算机(例如第 1 章和第 2 章介绍的 KVM 虚拟机)。

考试内幕

在 RHCE 目标中，对 NFS 的学习要求本质上与对 Samba 的要求相同。当然，对 NFS 配置的要求与对 Samba 配置的要求不同。

- 为特定的客户端提供网络共享
- 提供适合于群组协作的网络共享

限制仅允许特定的客户端访问 NFS 的配置过程很简单。为 NFS 网络共享设置群组协作的过程基于第 8 章已经讨论过的技术。

NFS 和 Kerberos 的集成是 RHEL 7 的 RHCE 考试的新要求，其目标是：

- 使用 Kerberos 控制对 NFS 网络共享的访问

另外，还将针对 NFS 配置 firewalld 和 SELinux。

认证目标 16.01　NFS 服务器

NFS 是 Linux 和 Unix 计算机上共享文件的标准。NFS 最初由 Sun Microsystems 公司在 20 世纪 80 年代中期研制开发。Linux 已经支持 NFS(既可作为客户端又可作为服务器)很多年了，并且 NFS 在 Unix 或 Linux 网络中一直很流行。

可通过编辑/etc/exports 配置文件或在/etc/exports.d 目录中创建一个新文件来创建 NFS 共享目录。这样可以设置 NFS 来完成基本操作。为完成更高级的配置，理解 NFS 的工作方式以及如何通过网络通信很有帮助。

NFS 安全性可以通过多种方式提高，包括：

- 设置正确的 firewalld
- TCP Wrappers
- SELinux
- Kerberos 身份验证和加密

16.1.1　RHEL 7 的 NFS 选项

虽然 RHEL 7 中 NFS 的默认版本是 NFS 版本 4(NFSv4)，但是 RHEL 7 也支持 NFS 版本 3(NFSv3)。NFSv3 和 NFSv4 版本间的不同之处包括：客户端和服务器通信的方式、最大文件尺寸和支持 Windows 类型的访问控制列表(ACL)。

使用 NFSv4 时，不需要使用 rpcbind 程序包安装远程过程调用(Remote Procedure Call，RPC)通信协议。但是对于 NFSv3，则需要安装 RPC。

NFSv3 引入了对 64 位文件大小的支持，以处理超过 2GB 的文件。NFSv4 扩展了 NFSv3，并在性能上做了改进。通过与 Kerberos 集成，还支持更高的安全性。NFSv3 依赖于一种单独的协议来锁定文件，即 NLM(Network Lock Manager)，而 NFSv4 则内置了文件锁定功能。

实际经验

通过 pNFS(parallel NFS)扩展，NFS 版本 4.1 支持集群部署。pNFS 允许 NFS 将数据分发到多个服务器上，以及从客户端并行检索数据，从而实现伸缩。更多信息请访问 http://www.pnfs.org 和 https://github.com/nfs-ganesha/nfs-ganesha 网站。

16.1.2　NFS 的基本安装

与 NFS 软件有关的组是"文件和存储服务器"组。换句话说，如果运行下面的命令，yum 将安装该组中的强制包：

```
# yum group install "File and Storage Server"
```

但是，这个组中还包含支持 Samba、CIFS 和 iSCSI 目标的程序包。安装 NFS 服务器或客户端只需要 nfs-utils 程序包：

```
# yum -y install nfs-utils
```

可能还需要安装下面的程序包：

- nfs4-acl-tools　提供了命令行实用工具，可检索和编辑 NFS 共享上的访问列表。
- portreserve　支持 portreserve 服务，是用于 NFS 通信的 portmap 的后继者。阻止 NFS 使用其他服务需要使用的端口。
- quota　为 NFS 共享目录提供配额支持。
- rpcbind　包含不同 NFS 信道的 RPC 通信支持。

16.1.3　NFS 服务器的基本配置

相对来说，NFS 服务器比较容易配置。只需要导出一个文件系统，然后把这个文件系统从远程客户端挂载到本地。

当然，在这之前需要打开正确的防火墙端口并修改合适的 SELinux 选项。NFS 由一系列 systemd 服务单元控制，并有多组控制命令。

1. NFS 服务

一旦适当的程序包安装好，它们就被几个不同的 systemd 服务单元所控制：

- nfs-server.service　NFS 服务器的服务单元；引用/etc/sysconfig/nfs 来进行基本配置。
- nfs-secure-server.service　启动 rpc.svcgssd 守护进程，该守护进程为 NFS 服务器提供了 Kerberos 身份验证和加密支持。
- nfs-secure.service　启动 rpc.gssd 守护进程，该守护进程在 NFS 客户端和服务器之间协商 Kerberos 身份验证和加密。
- nfs-idmap.service　运行 rpc.idmapd 守护进程，将用户和组 ID 转换为名称。由 nfs-server systemd 单元自动启动。
- nfs-lock.service　这是 NFSv3 必需的。启动 rpc.statd 守护进程，该守护进程提供了当前使用的文件的锁和状态。
- nfs-mountd.service　运行 rpc.mountd NFS 挂载守护进程。这是 NFSv3 必需的。
- nfs-rquotad.service　启动 rpc.rquotad 守护进程，该守护进程为 NFS 共享提供了文件系统配额服务。由 nfs-server systemd 单元自动启动。
- rpcbind.service　执行 rpcbind 守护进程，该守护进程将 RPC 程序号转换为地址。由 NFSv3 使用。由 nfs-server systemd 单元自动启动。

启用 NFS 服务器并不需要记忆上面列出的所有服务单元。由于服务单元之间存在默认依赖关系，所以只需要在 NFS 服务器上运行下面的命令即可：

```
# systemctl start nfs-server
# systemctl enable nfs-server
```

要为 NFS 启用 Kerberos 支持，还需要在服务器和客户端机器上分别激活 nfs-secure-server 和 nfs-secure 服务。后面将详细介绍这方面的内容。

2. NFS 控制命令和文件

NFS 包含各种命令：配置导出文件、显示可获取的文件、查看挂载的共享和统计数据等。除了专用的 mount 命令，其他命令都保存在/usr/sbin 目录下。

NFS 的挂载命令是 mount.nfs 和 umount.nfs。还有两个符号链接 mount.nfs4 和 unmount.nfs4。从功能上来说，它们与 mount 和 umount 命令类似。从扩展名可以看出，它们适用于通过 NFSv4 和其他 NFS 版本共享的文件系统。同其他 mount.*命令一样，它们有功能上等价的命令。例如，mount.nfs4 命令在功能上等价于 mount -t nfs4 命令。

如果你正在使用 mount.nfs 和 mount -t nfs 命令挂载共享，那么 NFS 会尝试使用 NSFv4 挂载共享，当服务器不支持 NFSv4 时会返回使用 NFSv3。

与 NFS 有关的程序包在/usr/sbin 目录下包含大量命令。下面这些命令只是最常用来配置和测试 NFS 的命令。

- exportfs　exportfs 命令用来管理通过/etc/exports 文件共享和配置的目录。
- nfsiostat　一个基于已存挂载点的统计输入/输出速率的命令。它所使用的信息来自/proc/self/mountstats 文件。
- nfsstat　一个基于已存挂载点的统计客户端/服务器活动状态的命令。它所使用的信息来自/proc/self/mountstats 文件。
- showmount　这个命令主要用于显示 NFS 共享目录(本地的和远程的)列表。

与 ACL 有关的命令可从 nfs4_acl_tools RPM 包获取。这些命令只作用于用 acl 选项挂载到本地的文件系统(如第 6 章所讨论的)。这些命令本身很简单——设置(nfs4_setfacl)、编辑(nfs4_editfacl)和列出(nfs4_getfacl)指定文件的当前 ACL。虽然这些命令超出了 NFS 的基本操作,但是它们在第 4 章讨论过,本章也将简要介绍。

假设已经使用 acl 选项挂载了一个/home 目录,然后通过 NFS 共享该目录。对该共享目录上的一个文件应用 nfs4_getfacl 命令时,会得到下面的输出:

```
A::OWNER@:rwatTcCy
A::GROUP@:tcy
A::EVERYONE@:tcy
```

ACL 允许(A)或者拒绝(D)文件的所有者(OWNER、GROUP 或 EVERYONE)访问。赋予目录所有者的权限比普通的 rwx 权限更加细化。例如,ACL 启用写入(w)和附加(a)权限来代表 Linux 写入权限。

或许编辑这些 ACL 最简单的方式是执行 nfs4_setfacl -e *filename* 命令,执行这条命令可在文本编辑器里编辑当前权限。例如,要打开一个来自远程系统并通过 NFSv4 挂载的共享文件,可以执行下面的命令:

```
$ nfs4_setfacl -e /tmp/michael/filename.txt
```

执行这条命令后,会在默认的文本编辑器(通常是 vi 编辑器)中为用户打开指定的 NFSv4 ACL。当删除文件所有者的附加权限并保存修改的内容后,实际上,这个文件的附加权限和写入权限同时被删除了。当再次在这个文件上执行 nfs4_getfacl 命令时,会得到下面的结果:

```
D::OWNER@:wa
A::OWNER@:rtTcCy
A::GROUP@:rwatcy
A::EVERYONE@:rtcy
```

另外,当对这个文件使用 ls -l 命令时,可以清楚地看到这个文件的所有者不再拥有写入权限。

16.1.4　配置 NFS 完成基本操作

/etc/exports 文件是 NFS 共享配置文件,它相当简单。一旦配置好这个文件,就可以用 exportfs -a 命令导出该文件中设置好的目录。

/etc/exports 文件的每一行都列出了要导出的目录、要导向的主机和适用于这个导出操作的选项。虽然可以设置的条件很多,但是导出指定目录的次数只有一次。列举/etc/exports 文件中的例子如下:

```
/pub    tester1.example.com(rw,sync) *(ro,sync)
/home   *.example.com(rw,async) 172.16.10.0/24(ro)
/tftp   nodisk.example.net(rw,no_root_squash,sync)
```

在这个例子中,/pub 目录以读取/写入权限导出到 tester1.example.com 客户端,还以只读权限导出到所有其他客户端。/home 目录以读取/写入的权限导出到.example.com 网络上的所有客户端,以只读权限导出到 172.16.10.0/24 子网上的客户端。最后,/tftp 目录以完全读取/写入的权限(甚至对于根用户也是如此)导出到 nodisk.example.net 计算机。

虽然这些选项相当简单，但是/etc/exports 文件的语法格式颇为严格。在一个命令行的末尾多一个空格会导致语法错误，在主机名和圆括号中的条件之间多余一个空格会导致允许所有的主机访问。

所有这些选项都包含一个 sync 标志位，这要求在把状态返回给客户端之前把写入操作提交到磁盘。在 NFSv4 之前的版本中，许多这些选项都包含 insecure 标志位，它允许访问端口号大于 1024 的端口。后面将讨论更多选项。

也可以把 NFS 配置拆分到/etc/exports.d 目录下多个带有.exports 扩展名的文件中。例如，可以把前面的/etc/exports 文件中的三个配置行移动到/etc/exports.d 目录下的三个单独的文件中：pub.exports、home.exports 和 tftp.exports。

考试提示

请注意检查/etc/exports 文件。例如，如果在(ro,no_root_squash,sync)中任何一个逗号后多余了空格，则意味着无法导出指定的目录。

1. 通配符和文件名代换

在 Linux 的网络配置文件中，可以用合适的通配符指定一组计算机，在 Linux 中通配符也叫做文件名代换(globbing)。可以根据配置文件使用合适的通配符。NFS 的/etc/exports 文件使用"传统的"通配符：例如，*.example.net 指定了 example.net 域中所有的计算机。相反，在/etc/hosts.deny 文件中，使用.example.net(关键是最前面的.)同样可以指定 example.net 域中的所有计算机。

对于 IPv4 网络，通配符通常是带有子网掩码的形式。例如，192.168.0.* 等效于192.168.0.0/255.255.255.0，指定了计算机的 192.168.0.0 网络，这些计算机的 IP 地址从192.168.0.1 到 192.168.0.254。一些服务(包括 NFS)支持无类型域间路由(Classless Inter-Domain Routing，CIDR)表示法的使用。在 CIDR 中，因为 255. 255.255.0 隐藏了 24 位，所以 CIDR 可以用数字 24 代表这个子网掩码。当使用 CIDR 表示法配置网络时，可以用 192.168.0.0/24 代表这个网络。

2. 更多 NFS 服务器选项

在/etc/exports 文件中包含很多不同的参数，它们可以分为两类：一般选项和安全选项，分别在表 16-1 和表 16-2 中描述。

表 16-1　NFS /etc/exports 一般选项

参　　数	说　　明
async	异步执行写入操作。提供了更高的吞吐量，但风险是 NFS 服务器崩溃时会丢失数据
hide	隐藏文件系统。如果要导出/mnt 之类的目录和/mnt/inst 之类的子目录，则必须显式挂载 /mnt/inst 共享
mp	只有在目录被成功挂载时才导出目录，要求导出点也是服务器上的挂载点
ro	以只读模式导出卷

(续表)

参　数	说　明
rw	以读取/写入模式导出卷
sync	在响应客户端之前把写入操作提交到磁盘。默认情况下激活

其他参数与 NFS 共享目录的安全设置有关。如表 16-2 所示，这些选项涉及 root 管理员用户、仅匿名用户和 Kerberos 身份验证。

表 16-2　NFS/etc/exports 的安全选项

参　数	说　明
all_squash	把所有本地和远程账户映射到匿名用户
anongid=*groupid*	为匿名用户账户指定组 ID
anonuid=*userid*	为匿名用户账户指定用户 ID
insecure	允许 1024 以上的端口的通信，主要针对 NFS 版本 2 和版本 3
no_root_squash	把远程根用户当成本地根用户；如果没有设置此参数，默认情况下将把根用户映射到 nfsnobody 用户
sec=*value*	指定一个冒号分隔的安全信息列表。默认值为 sys，告诉 NFS 服务器依赖 UID/GID 来进行文件访问。与 Kerberos 相关的值包括 krb5、krb5i 和 krb5p

3. 启用导出列表

配置完/etc/exports 文件后，执行 exportfs -a 命令使这些目录对客户端可用。下次启动 RHEL 7 时，如果启用了恰当的服务，nfs-server systemd 单元会运行 exportfs -r 命令，重新导出配置在/etc/exports 下的目录。

然而，如果你正在修改、移动或删除 NFS 共享，那么应该首先执行 exportfs -ua 命令临时取消导出所有目录。做出必要的修改，然后使用 exportfs -a 或 exportfs -r 命令来导出共享。-a 和-r 之间的区别很细微，但是很重要：-a 导出(在与-u 结合使用时为取消导出)所有目录，-r 通过同步共享列表并删除已经从/etc/exports 配置文件中删除的共享来重新导出所有目录。

一旦启用了导出目录，就可以执行 showmount -e *servername* 命令查看它们的状态。例如，showmount -e server1.example.com 命令用来寻找由 server1.example.com 系统导出的 NFS 目录列表。如果这个命令无法执行，可能是因为通信被防火墙中断了。

16.1.5　/etc/sysconfig/nfs 中的固定端口

NFSv4 比较容易配置，尤其是防火墙的配置更简单。为了能与 NFSv4 服务器进行通信，只需要开启 TCP 的 2049 端口。这个端口是 firewalld 中 nfs 服务的一部分，所以应该在 NFS 服务器上运行下面的命令来允许入站连接：

```
# firewall-cmd --permanent --add-service=nfs
# firewall-cmd --reload
```

虽然 NFSv4 是默认的安装版本，但是 RHEL 7 也支持 NFSv3。因此，根据获取的 RHCE 考试的相关信息，还要知道如何使用 NFSv3。NFSv3 通过动态端口号使用 RPC 服务，而 RPC 服务侦听 UDP 端口 111，并与 rpc-bind firewalld 服务关联。还需要授予 mountd 服务的访问权限，所以总的来看，需要允许下面的服务，才能支持 NFSv3 通过 firewalld：

```
# firewall-cmd --permanent --add-service=nfs --add-service=rpc-bind \
> --add-service=mountd
# firewall-cmd --reload
```

使用 systemctl start nfs-server 命令启动 NFS 服务以后，如果成功，会在 rpcinfo 命令的输出中看到相关的端口，该命令列出与 RPC 关联的所有通信渠道。下面的命令更加精确，因为它隔离了实际的端口号：

```
# rpcinfo -p
```

示例输出如图 16-1 所示。一眼看上去，输出行中有很大的重复性。但是，每一行都有其目的。除非运行着另一个 RPC 相关的服务，如网络信息服务(Network Information Service，NIS)，否则这里显示的所有行都是 NFS 通信所必需的。检查如下所示的第一行：

```
program vers   proto   port  service
 100000    4    tcp    111  portmapper
```

```
[root@server1 ~]# rpcinfo -p
   program vers proto   port  service
    100000    4   tcp    111  portmapper
    100000    3   tcp    111  portmapper
    100000    2   tcp    111  portmapper
    100000    4   udp    111  portmapper
    100000    3   udp    111  portmapper
    100000    2   udp    111  portmapper
    100024    1   udp  35364  status
    100024    1   tcp  50967  status
    100005    1   udp  20048  mountd
    100005    1   tcp  20048  mountd
    100005    2   udp  20048  mountd
    100005    2   tcp  20048  mountd
    100005    3   udp  20048  mountd
    100005    3   tcp  20048  mountd
    100003    3   tcp   2049  nfs
    100003    4   tcp   2049  nfs
    100227    3   tcp   2049  nfs_acl
    100003    3   udp   2049  nfs
    100003    4   udp   2049  nfs
    100227    3   udp   2049  nfs_acl
    100021    1   udp  41077  nlockmgr
    100021    3   udp  41077  nlockmgr
    100021    4   udp  41077  nlockmgr
    100021    1   tcp  46344  nlockmgr
    100021    3   tcp  46344  nlockmgr
    100021    4   tcp  46344  nlockmgr
    100011    1   udp    875  rquotad
    100011    2   udp    875  rquotad
    100011    1   tcp    875  rquotad
    100011    2   tcp    875  rquotad
[root@server1 ~]# █
```

图 16-1 rpcinfo -p 的示例输出，显示了与 NFS 相关的端口

第一行内容分别代表 RPC 程序号、NFS 版本号、通信协议(TCP)、端口号(111)和端口映射服务。请注意，NFS 版本 2、3 和 4 都可以使用端口映射服务通过 TCP 和 UDP 协议进行通信。

如果允许指定的端口通信，那么也应该允许所配置的防火墙通信。例如，图 16-2 显示，firewalld配置支持通过 NFS 协议版本 3 和 4 远程访问本地 NFS 服务器。

```
[root@server1 ~]# firewall-cmd --permanent --add-service=nfs \
> --add-service=rpc-bind --add-service=mountd
success
[root@server1 ~]# firewall-cmd --reload
success
[root@server1 ~]# firewall-cmd --list-all
public (default, active)
  interfaces: eth0
  sources:
  services: dhcpv6-client mountd nfs rpc-bind ssh
  ports:
  masquerade: no
  forward-ports:
  icmp-blocks:
  rich rules:

[root@server1 ~]#
```

图 16-2　NFS 的防火墙规则

当然，也可以用第 4 章讨论的 firewall-config 工具设置这些防火墙规则。

16.1.6　使 NFS 与 SELinux 协同工作

当然，设置完了防火墙还不行，还要从安全的角度进行配置。SELinux 中的布尔值选项和文件可以为 NFS 设置安全级别。首先介绍一下与 NFS 有关的 SELinux 文件类型：

- nfs_t　与以只读模式或者读取/写入模式导出的 NFS 共享有关。
- public_content_ro_t　与以只读模式导出的 NFS 共享有关。
- public_content_rw_t　与以读取/写入模式导出的 NFS 共享有关。要求设置 nfsd_anon_write 布尔值。
- var_lib_nfs_t　与/var/lib/nfs 目录下的动态文件有关。当共享被客户端导出并挂载时，该目录下的文件会更新。
- nfsd_exec_t　分配给系统可执行文件(如/usr/sbin 目录下的 rpc.mountd 和 rpc.nfsd)。这个文件类型与 rpcd_exec_t 和 gssd_exec_t 文件类型类似，它们与 RPC 提供的服务和 Kerberos 服务器提供的通信服务有关。

通常，不必为 NFS 共享目录分配一个新的文件类型。事实上，只有当禁用了 nfs_exports_all_ro和 nfs_exports_all_rw 布尔值时，与文件共享有关的 SELinux 文件类型(nfs_t、public_content_ro_t和 public_content_rw_t)才是有效的。因此，对绝大多数管理员而言，这里列出的文件类型仅供参考。

对于 SELinux 来说，布尔值指令是非常重要的。在 SELinux Administration 工具中选中 Boolean选项，然后输入 nfs 过滤器就会出现各个布尔值选项，如图 16-3 所示。图中显示的是默认的配置，换句话说，global 模块的布尔值在默认情况下都被启用了。

图 16-3　与 NFS 有关的 SELinux 布尔值选项

　　下面的指令用来配置 NFS 与 SELinux 协同工作于指定模式。虽然这些选项中的绝大多数在第 10 章曾经讨论过，但是值得再讨论一遍，要是能帮到那些不理解 SELinux 的读者则更好。这些选项按照图中显示的顺序在下面一一介绍。

- httpd_use_nfs　支持 Apache Web 服务器访问 NFS 共享目录。
- cdrecord_read_content　支持使用 cdrecord 命令访问挂载的 NFS 共享目录。
- cobbler_use_nfs　允许 Cobbler 访问 NFS 文件系统。
- ftpd_use_nfs　允许 FTP 服务器使用 NFS 共享目录。
- git_cgi_use_nfs　支持在 CGI 脚本中使用 git 版本控制系统服务访问 NFS 共享。
- git_system_use_nfs　支持 git 版本控制系统服务访问 NFS 共享。
- use_nfs_home_dirs　支持在远程 NFS 服务器上挂载/home。
- nfs_export_all_rw　支持以读取/写入权限访问 NFS 共享目录。
- nfs_export_all_ro　支持以只读权限访问 NFS 共享目录。
- ksmtuned_use_nfs　允许 ksmtuned 访问 NFS 共享。
- logrotate_use_nfs　允许 logrotate 访问 NFS 文件。
- mpd_use_nfs　允许音乐播放器守护进程(Music Player Daemon)访问 NFS 共享的内容。
- openshift_use_nfs　允许 OpenShift 访问 NFS 文件系统。
- polipo_use_nfs　允许 Polipo Web 代理访问 NFS 挂载的文件系统。
- nfsd_anon_write　支持 NFS 服务器修改公共文件。文件必须被标记为 public_content_rw_t 类型。
- samba_share_nfs　允许 Samba 导出 NFS 挂载的文件系统。
- sanlock_use_nfs　允许 SANlock 锁定管理器守护进程来访问 NFS 文件。
- sge_use_nfs　允许 Sun Grid Engine 访问 NFS 文件。
- virt_use_nfs　允许 VM 访问 NFS 挂载的文件系统。
- virt_sandbox_use_nfs　允许沙盒容器访问 NFS 文件系统。

- **xen_use_nfs**　允许 Xen 超级监视程序访问 NFS 挂载的文件系统。

要设置这些指令，请使用 setsebool 命令。例如，为了允许 FTP 服务器访问 NFS 文件系统，并且在重启后修改的参数不变，可以执行下面的命令：

```
# setsebool -P ftpd_use_nfs 1
```

16.1.7　NFS 的瓶颈和限制

NFS 也有它自己的局限性。任何控制 NFS 共享目录的管理员都应该注意这些限制。

1. 无状态

NFSv3 是一个"无状态"的协议。换句话说，也就是 NFS 客户端不必单独登录系统而仅用服务器上的 rpc.mountd 命令即可访问 NFS 共享目录。rpc.mountd 守护进程处理挂载请求，它检查当前导出文件系统的请求。如果请求有效，rpc.mountd 首先会提供一个 NFS 文件句柄，然后 NFS 文件句柄用于该共享的进一步客户端/服务器通信中。

如果 NFS 服务器必须重新启动，那么这个无状态协议允许 NFS 客户端等待服务器响应。NFS 客户端会一直等待，长时间的等待会导致客户端挂起。更糟的情况是客户端必须重新启动或者再次关闭并重新启动系统。

这种情况也会导致出现不安全的单用户客户端问题。当一个文件以共享模式打开时，其他用户可能会被它"锁在外面"。当 NFS 服务器重新启动时，处理这个锁定的文件会比较困难。

对这些问题的修改促使 NFSv4 引入了一个有状态协议，使锁定机制更加健壮，应该有助于解决上述问题。

2. 根用户挤压

默认情况下，NFS 会设置为 root_squash，这样会阻止 NFS 客户端上的根用户获得访问 NFS 服务器上共享资源的权限。特别地，一个客户端上的根用户(用户 ID 为 0)会映射为没有任何特权、命名为 nfsnobody 的账户(如果有疑问，可以检查本地/etc/passwd 文件)。

可以使用/etc/exports 目录下的 no_root_squash 服务器导出选项改变上述行为。对于使用了 no_root_squash 选项的导出目录，远程根用户可以在 NFS 共享目录上使用它们的特权。虽然使用 no_root_squash 会达到预期效果，但是这样做会产生安全隐患，尤其来自于那些用他们自己的 Linux 系统使用那些根用户特权的黑帽黑客。

3. NFS 挂起

因为 NFSv3 是无状态的，所以 NFS 客户端可能会为了访问服务器而等候几分钟。某些情况下，如果一个服务器宕机，那么会导致 NFS 客户端无限期地等待。在等待期间，任何寻找 NFS 挂载共享文件的进程都会挂起。一旦发生这种情况，就很难卸载那些有问题的文件系统，除非将 lazy 选项传递给 umount 命令(umount -l)。这仍可能让一些进程处于不可打断的睡眠状态，等待进行 I/O。可以采取措施减轻这个问题带来的影响：

- 注意确保 NFS 服务器和网络的可靠性。

- 不要频繁挂载 NFS 共享，只有在需要时才挂载。NFS 客户端在使用完共享后应该卸载这些共享。
- 不要使用 async，而是用 sync 选项设置 NFS 共享(默认设置)，这样至少会降低丢失数据的概率。
- 使 NFS 挂载的目录置身于用户搜索路径之外，尤其是根用户的搜索路径之外。
- 使 NFS 挂载的目录置身于根(/)目录之外，把它们存放在一个不常用的文件系统中，如有可能，存放在一个独立的分区中。

4. 颠倒 DNS 指针

NFS 服务器守护进程会检查挂载请求。首先，它基于/etc/exports 目录查看当前导出目录列表。然后，它根据客户端的 IP 地址找到其主机名，这是 DNS 的逆向查找过程。

最后，还会将这个主机名与导出目录列表核对一下。如果 NFS 找不到主机名，rpc.mountd 会拒绝相应客户端的访问。为安全起见，它在/var/log/messages 文件中会添加"来自未知主机的请求"语句。

5. 文件锁定

许多 NFS 客户端可以挂载来自同一服务器的同一导出目录，这样很有可能不同计算机上的用户同时使用相同的共享文件。这个问题可以通过文件锁定守护进程服务解决。

虽然现在 NFSv4 可以配置强制文件锁定，但是 NFS 一直有很严重的文件锁定问题。如果有一个应用程序是依赖于 NFS 上的文件锁定，那么请在投入生产之前彻底检查一下这个程序。

另外，绝不应该同时与 NFS 和 Samba 共享同一个目录，这些这些服务使用不同的锁定机制，可能导致数据损坏。

16.1.8 性能提示

可以通过配置使 NFS 以一个稳定可靠的方式运行。由于你已经有了使用 NFS 的经验，因此可以用下面的方法监测或使用 NFS:

- 默认情况下，NFS 有 8 个内核守护进程，即使在相当重的负载下，它们也完全可以提供良好的性能。为增加服务的容量，可通过在/etc/sysconfig/nfs 配置文件中使用 RPCNFSDCOUNT 指令添加额外的 NFS 守护进程。但是要记住，额外的进程会消耗额外的系统资源。
- NFS 的写入速率可能会相当慢。在不需要重点考虑数据丢失问题的应用程序中，可以尝试使用 async 选项。这能够让 NFS 变快一些，因为服务器会立即把写入操作的状态返回给客户端，而不会等待数据写入磁盘。但是，断电或者网络连接中断会导致数据丢失。
- NFS 服务器会频繁查找主机名，可以启用 Name Switch Cache Daemon(nscd)守护进程提高查找速度。

16.1.9 NFS 安全指令

NFS 有许多严重的安全问题，不应该在不安全的环境(如一个直接面向 Internet 的服务器)中使用；即使使用，也至少要有完备的预防措施。

1. 缺点和风险

NFS 是一个容易使用、功能强大的文件共享系统。然而，NFS 也有问题。下面列举了几个安全方面的问题，请牢记：

- **身份验证问题**　NFS 依靠主机报告用户和组 ID。然而，如果其他计算机上的根用户访问你的 NFS 共享资源，那么就会带来安全问题。换句话说，任何用户通过 NFS 可访问的数据也可被其他用户访问。如使用 Kerberos 进行身份验证，那么 NFSv4 可以解决这个问题。
- **隐私问题**　NFSv4 以前的版本不支持加密。NFSv4 在 Kerberos 的支持下提供加密通信。
- **rpcbind 基础设施**　NFSv3 客户端和服务器都依赖于 RPC 端口映射守护进程。这个端口映射守护进程以前的版本有许多安全漏洞。因此，RHEL 7 用 rpcbind 服务替代端口映射守护进程。

2. 安全提示

如果 NFS 一定要在不安全的环境中使用，那么遵从下面的提示可以降低安全风险：

- 学习了解 NFS 安全方面的各个细节。如果可能，请在 Kerberos 的帮助下为 NFSv4 通信加密。否则，限制 NFS 只允许连接由防火墙保护的友好的内部网络系统。
- 尽可能少地导出数据，如果可能只导出只读文件系统。
- 除非必要，否则不要替代 root_squash 选项。不然有权限的黑帽黑客会用根用户的访问权限访问导出的系统。
- 除非是受信任的主机或网络，否则设置防火墙以拒绝访问端口映射器和 nfsd 端口。如果使用 NFSv4，则通过 nfs firewalld 服务仅开启下面的端口：

```
2049    TCP         nfsd            (server)
```

16.1.10　基于主机的安全选项

回顾一下前面学过的内容，NFS 系统上基于主机的安全主要基于允许访问/etc/exports 文件中的共享的系统。当然，基于主机的安全也包括基于防火墙规则的若干限定因素。

16.1.11　基于用户的安全选项

由于 NFS 挂载应该反映与普通用户数据库有关的安全性能，因此应该使用基于用户的标准安全选项。这个标准选项也包括了普通组的配置(在第 8 章讨论过)。

考试提示

只要有普通用户数据库(如 LDAP)，普通组目录关联的权限就会继续应用到通过 NFS 共享的挂载中去。

16.1.12　练习 16-1：NFS

本节练习需要使用两个系统：一个设置为 NFS 服务器，另一个设置为 NFS 客户端。先在

NFS 服务器上按下列步骤执行操作:

(1) 为/etc/group 下的 Information Technology 组设置一个组名——IT。

(2) 创建/MIS 目录,然后用 chgrp 命令为 MIS 组分配所有权。

(3) 在/MIS 目录上设置 SGID 位以强制执行组所有权。

(4) 确保安装了 nfs-utils RPM 程序包。

(5) 在服务器上,启动 NFS 服务并使其在引导时运行:

```
# systemctl start nfs-server
# systemctl enable nfs-server
```

(6) 更新/etc/exports 文件来允许以读取和写入的权限访问本地网络共享。在 NFS 下执行下面的命令:

```
# exportfs -a
```

(7) 确保正确设置 SELinux 布尔值,尤其要确保 nfs_export_all_ro 和 nfs_export_all_rw 布尔值都被启用。这是默认设置。可以用 getsebool 命令或 SELinux 管理工具确保布尔值被正确设置。

(8) 在防火墙中开启相应的端口。对于 NFSv4,需要执行下面的命令:

```
# firewall-cmd --permanent --add-service=nfs
# firewall-cmd --reload
```

然后在 NFS 客户端上按下列步骤执行操作:

(9) 确保安装了 nfs-utils RPM 程序包。

(10) 为服务器共享创建一个目录,命名为/mnt/MIS。

(11) 挂载/mnt/MIS 上的 NFS 共享目录。

(12) 列出从服务器上导出的所有共享,并把输出保存为/mnt/MIS 目录下的 shares.list 文件。

(13) 在/etc/fstab 文件中为该服务设置永久连接。假定该连接可能会出现问题和添加了适当的选项,例如软挂载。

(14) 执行 mount -a 命令来重新读取/etc/fstab。检查一下共享是否被恰当地重新挂载。

(15) 测试 NFS 连接。禁用服务器上的 NFS 服务,然后尝试把一个文件复制到/mnt/MIS 目录下。当复制失败时,不应该挂起客户端。

(16) 重启服务器上的 NFS 服务。

(17) 重新编辑/etc/fstab。这次假定 NFS 可靠并且移除在步骤(13)中添加的特殊选项。

(18) 关闭服务器并进行测试。客户端上挂载的 NFS 目录应该在访问服务时挂起。

(19) 客户端计算机可能锁定。如果锁定,可以引导进入急救目标(在第 5 章讨论过)来避免重启。恢复最初的配置。

认证目标 16.02　测试 NFS 客户端

现在可从一个客户端计算机挂载 NFS 共享目录,所用的命令和配置文件类似于挂载本地文件系统所用的命令和配置文件。在上一节配置了 NFS 服务器，现在要继续使用 NFS 服务器系统，因为可以直接从服务器系统进行第一个客户端测试。

16.2.1　NFS 挂载选项

在进一步阐述之前，请先检查一下 NFS 共享目录列表。然后可以测试来自另一个 Linux 系统(可以是 RHEL 7 系统或与其等价的系统)的 NFS 共享目录。可以用 showmount 命令显示可获得的共享目录。

使用-e 信息运行 showmount 命令。当这个命令与主机名或 NFS 服务器的 IP 地址结合使用时会显示共享目录，可能包括共享的主机限制。例如，假设在给定的 NFS 服务器上给定一个简单的/mnt 和/home 目录共享，则执行 showmount -e server1.example.com 命令会得到下面的结果：

```
Export list for server1.example.com:
/mnt  192.168.100.0/24
/home 192.168.122.0/24
```

如果无法得到共享目录的列表，则登录 NFS 服务器系统。再次执行 showmount 命令，这次把主机名或 IP 地址分别替换为本地主机名或 127.0.0.1。如果仍然无法导出共享目录，则审查本章前面配置服务器时的步骤是否正确。一定要确保/etc/exports 文件配置得当。要记得导出共享目录。可以执行如下命令来确认 NFS 服务正在运行。

```
# systemctl status nfs-server
```

现在要挂载该目录到本地系统，首先需要创建一个空的本地目录。创建一个目录，例如/remotemnt。然后可以执行下面的命令把一个系统(如 192.168.122.50)的共享目录挂载到本地：

```
# mount.nfs 192.168.122.50:/share /remotemnt
```

这个命令把指定 IP 地址的计算机上的 NFS 共享目录挂载到本地。如有必要，可以用 mount -t nfs 命令替代 mount.nfs。当命令执行成功后，可以像访问本地目录一样访问远程的/share 目录。如果本地挂载可行而远程挂载不可行，那么请检查防火墙设置，确认服务正在运行。

16.2.2　在/etc/fstab 中配置 NFS

也可以配置 NFS 客户端在开机时挂载远程 NFS 目录，像/etc/fstab 中定义的那样。例如，在一个客户端的/etc/fstab 中输入下面的语句，这条语句表示挂载命名为 nfsserv 的计算机的/homenfs 共享，这个计算机是 NFSv4 系统并且共享目录存放在/nfs/home 目录下：

```
nfsserv:/homenfs  /nfs/home nfs  soft,timeo=100  0  0
```

上述命令中的 soft 和 timeo 选项是众多 NFS 挂载选项中的两个。这两个选项也可以定制开机时/etc/fstab 文件中挂载的方式。

挂载 NFS 文件系统时，考虑使用 soft 选项。当 NFS 服务器失败时，软挂载的 NFS 文件系统会失败，而不是挂起。但是，当网络临时中断时，这可能导致数据损坏。只有当客户端的响应性比数据完整性更重要时，才使用这个选项。另外，可以使用 timeo 选项来设置超时间隔，可精确到 0.1 秒。

关于这些选项和相关选项的更多信息,请访问 nfs 帮助页面。使用 man nfs 命令可打开帮助页面。

考试提示

NFS 的挂载命令选项(也可用在/etc/fstab 中)可以在 nfs 的帮助页面中找到。

另外,可以根据客户端计算机的要求使用一个自动挂载程序动态挂载 NFS 文件系统。这个自动挂载程序也可以在挂载的文件系统休眠一段时间后卸载它们。要得到更多管理 autofs 服务的信息,请查阅第 6 章的相关内容。

16.2.3　无磁盘的客户端

NFS 支持无磁盘的客户端,它们是一类不在本地储存操作系统的计算机。无磁盘的客户端使用一个闪存芯片来启动系统。然后嵌入的命令可以挂载适当的根(/)目录、设置交换空间、设置/usr 目录为只读目录和配置其他的共享目录(如/home)为读取/写入模式。如果你的计算机设置为无磁盘客户端,则还需要访问 DHCP 和 TFTP 服务器从网络引导服务器引导系统。

RHEL 支持无磁盘客户端。虽然目前这部分内容没有列在 Red Hat 考试要求或相关课程大纲中,但是将来在考试要求中看到这部分内容也不足为奇。

16.2.4　NFS 的当前状态

NFS 服务的当前状态记录在两个目录中:/var/lib/nfs 和/proc/fs/nfsd。如果 NFS 出现问题,可以查看这两个目录下的文件。每次读取这两个目录中的一个。在/var/lib/nfs 目录下有两个关键文件:

- etab　包含导出目录(包括默认选项)的详细描述。
- rmtab　指定当前挂载的共享目录的状态。

请查看一下/proc/fs/nfsd 目录的内容。作为一个虚拟目录,/proc 目录树下的文件的尺寸为 0KB。然而,作为动态文件,它们包含有用的信息。包含基本操作关键选项的文件是/proc/fs/nfsd/versions,该文件指定了当前识别的 NFS 版本。

这个文件中的内容通常有点晦涩,下面的语句表示当前 NFS 服务器可以使用 NFSv3、NFSv4 和 NSFv4.1 实现通信,但不能用 NFSv4.2 和 NFSv2:

```
-2 +3 +4 +4.1 -4.2
```

如果在/etc/sysconfig/nfs 文件中设置 RPCNFSDARGS="-V 4.2"选项,然后重启 NFS 服务器,versions 文件的内容将更新为:

```
-2 +3 +4 +4.1 +4.2
```

前后内容的变化很小,但是很重要。事实上,NFSv4.2 提供了一个实验性功能,允许在共享目录中保存每个文件的原始的 SELinux 上下文。如果需要这种功能,可以切换到 NFSv4.2。

认证目标 16.03　结合使用 NFS 和 Kerberos

有几年时间，NFS 被认为是不安全的协议。原因之一，是 NFS 默认情况下信任客户端发送过来的 UID 和 GID。获得 NFS 共享资源访问权限的黑帽黑客很容易假扮另一个用户的身份来传递他的 UID/GID 凭据，因为 NFS 是基于信任的。

NFSv4 用 Kerberos 解决了安全问题。Kerberos 提供了很强的身份验证、完整性和加密服务。如果需要使 NFS 更加安全，就可以使用 Kerberos 保护 NFS 导出。

本节关注配置 NFS 来使用 Kerberos 服务器。本节假定你已经设置了 Kerberos KDC，并且客户端已经加入 Kerberos 领域，如第 12 章所述。

16.3.1　启用 Kerberos 的 NFS 服务

为了像练习 16-1 那样设置一个简单的 NFS 服务，需要在 NFS 服务器主机上激活 nfs-server systemd 单元。如果将要把 NFS 与 Kerberos 集成起来，需要启用另外两个服务，即 nfs-secure-server 和 nfs-secure，如表 16-3 和表 16-4 所述。

表 16-3　启用 Kerberos 的 NFS 服务器上的 systemd 服务单元

Systemd 服务单元	说　明
nfs-server	NFS 服务器的主服务单元。它使用/etc/sysconfig/nfs 完成基本配置，并负责激活其他服务单元，如 nfs-idmap、nfs-rquotad 和 rpcbind.service
nfs-secure-server	通过 rpc.svcgssd 守护进程，为 NFS 服务器提供了基于 Kerberos 的身份验证和加密

表 16-4　启用 Kerberos 的 NFS 客户端上的 systemd 服务单元

Systemd 服务单元	说　明
nfs-secure	通过 rpc.gssd 守护进程，为 NFS 客户端提供了 Kerberos 身份验证和加密服务

因此，在 NFS 服务器上设置所有必需服务的最简单方法是使用下面的命令：

```
# systemctl start nfs-server
# systemctl start nfs-secure-server
# systemctl enable nfs-server
# systemctl enable nfs-secure-server
```

在所有 NFS 客户端上启用下面的服务单元也很重要：

```
# systemctl start nfs-secure
# systemctl enable nfs-secure
```

如第 11 章所述，这些命令启动指定的服务单元，并确保下次系统重新引导时这些服务也会启动。

16.3.2　使用 Kerberos 配置 NFS 导出

配置启用了 Kerberos 的 NFS 导出是很直观的，基于我们在表 16-2 中已经介绍过的 /etc/exports 中的 sec 安全选项。

sec 选项后跟 NFS 服务器提供给其客户的一个安全选项列表，各选项之间用冒号分隔。例如，观察/etc/exports 文件中的如下一行：

```
/nfs-share *.example.com(rw,sec=sys:krb5:krb5p)
```

此配置通过 NFS 将/nfs-share 目录以读写访问模式导出到 example.com 域中的客户端。客户端可以使用下面任意一种安全选项挂载 NFS 共享：sys、krb5 或 krb5p。

表 16-5 对这些选项进行了说明。从表中的信息可知，最安全的导出方法是 krb5p，因为它提供了 Kerberos 身份验证、数据安全性和加密服务。但是，这种程度的安全是有代价的：数据加密需要占用 CPU 资源，可能对性能造成严重影响。

表 16-5　NFS 安全选项

安 全 选 项	说　　明
sys	信任客户端提供的 UID/GID，并据此决定文件访问权限。当没有指定 sec=选项时，默认启用此选项
krb5	使用 Kerberos 身份验证来验证客户端提供的 UID/GID
krb5i	在 krb5 的效果上，还提供了强健的通信完整性服务
krb5p	在 krb5i 选项的效果上，还提供了加密服务

krb5 和 krb5i 安全选项提供了身份验证和数据完整性服务，在安全性和吞吐量之间取得了很好的平衡。最后，sys 安全方法对应于 NFS 的 UID/GID 信任模型，当没有在/etc/exports 中指定 sec 安全选项时，总是会默认使用这种安全方法。

如果想强制 NFS 客户端使用特定的安全选项挂载 NFS 共享，则需要包含该选项作为 sec 的参数。例如，/etc/exports 中的下面一行确保 example.com 域中的客户端使用 Kerberos 身份验证、完整性和加密来挂载 nfs-share 目录：

```
/nfs-share *.example.com(rw,sec=krb5p)
```

一定要记住在 NFS 服务器上运行 exportfs -r 来应用修改并刷新导出目录列表。

16.3.3　使用 Kerberos 配置 NFS 客户端

通过在 sec 选项中使用表 16-5 列出的值，NFS 客户端可以轻松地使用 Kerberos 身份验证、完整性和加密服务来挂载 NFS 共享。为此，可在 mount 命令或者/etc/fstab 文件中包含 sec 选项。

例如，下面的命令使用 Kerberos 身份验证，从主机 192.168.122.50 挂载 nfs-share 目录：

```
mount -t nfs -o sec=krb5 192.168.122.50:/nfs-share /mnt
```

类似地，/etc/fstab 文件中的如下一行告诉系统，在引导过程中使用 Kerberos 身份验证、加密和强完整性服务挂载 nfs-share 目录：

```
192.168.122.50:/nfs-share   /mnt nfs  soft,sec=krb5p 0  0
```

16.3.4　练习 16-2：为使用 Kerberos 保护的 NFS 准备系统

要准备一个系统，通过 Kerberos 保护的 NFS 导出共享目录，需要完成几个配置步骤。假定已经安装了 Kerberos KDC，并将 server1.example.com 配置为进行 Kerberos 身份验证，如练习12-5 所示。

(1) 为 NFS 服务器(server1.example.com)和全部客户端(如 tester1.example.com)创建主机主体：

```
# kadmin.local
Authenticating as principal root/admin@WAMPLE.COM with password
kadmin.local: addprinc -randkey host/server1.example.com
WARNING: no policy specified for host/server1.example.com@EXAMPLE.COM;
defaulting to no policy
Principal "host/server1.example.com@EXAMPLE.COM" created.
kadmin.local: addprinc -randkey host/tester1.example.com
WARNING: no policy specified for host/tester1.example.com@EXAMPLE.COM;
defaulting to no policy
Principal "host/tester1.example.com@EXAMPLE.COM" created.
kadmin.local:
```

(2) 为服务器和客户端添加 NFS 服务主体：

```
kadmin.local: addprinc -randkey nfs/server1.example.com
WARNING: no policy specified for nfs/server1.example.com@EXAMPLE.COM;
defaulting to no policy
Principal "nfs/server1.example.com@EXAMPLE.COM" created.
kadmin.local: addprinc -randkey nfs/tester1.example.com
WARNING: no policy specified for nfs/tester1.example.com@EXAMPLE.COM;
defaulting to no policy
Principal "nfs/tester1.example.com@EXAMPLE.COM" created.
kadmin.local:
```

(3) 为 NFS 服务器和客户端生成密钥表文件：

```
# kadmin.local: ktadd -k /tmp/server1.keytab nfs/server1.example.com
[output truncated]
# kadmin.local: ktadd -k /tmp/tester1.keytab nfs/server1.example.com
[output truncated]
```

(4) 将密钥表文件复制到远程系统上的/etc/krb5.keytab 文件中：

```
# scp /tmp/server1.keytab server1.example.com:/etc/krb5.keytab
# scp /tmp/tester1.keytab tester1.example.com:/etc/krb5.keytab
```

(5) 将 KDC 中的/etc/krb5.conf 文件复制到所有 NFS 服务器和客户端：

```
# scp /etc/krb5.conf server1.example.com:/etc/krb5.conf
# scp /etc/krb5.conf tester1.example.com:/etc/krb5.conf
```

16.3.5　练习 16-3：配置启用 Kerberos 的 NFS 共享

本练习将在一个 RHEL 系统上安装 NFS 服务器，并使用 Kerberos 身份验证和加密导出共享。本练习假定已经设置了 Kerberos KDC，并按照练习 12-5 和 16-2 配置了 server1.example.com 和 tester1.example.com 虚拟机。

(1) 确保在 server1.example.com 上安装了 NFS 服务器。最简单的方法是使用下面的命令：

```
# rpm -q nfs-utils
```

(2) 如果还没有安装 nfs-utils RPM 程序包，则使用前面介绍的方法进行安装。

(3) 启动 NFS 服务及其安全组件，以提供 Kerberos 身份验证和加密服务：

```
# systemctl start nfs-server nfs-secure-server
```

(4) 使用下面的命令，确保下次系统引导时服务会自动激活：

```
# systemctl enable nfs-server nfs-secure-server
```

(5) 创建一个名为 nfs-secure 的目录：

```
# mkdir /nfs-secure
```

(6) 在/etc/exports 文件中配置共享，允许所有客户端具有读取和写入权限，并使用 Kerberos 身份验证和加密：

```
# echo "/nfs-secure *(rw,sec=krb5p)" >> /etc/exports
```

(7) 应用修改：

```
# exportfs -r
```

(8) 确保在防火墙的默认区域中启用 nfs 服务：

```
# firewall-cmd --list-all
```

(9) 如果还没有启用服务，将其添加到默认区域中：

```
# firewall-cmd --permanent --add-service=nfs
# firewall-cmd --reload
```

(10) 在 tester1.example.com 客户端，确保安装了 nfs-utils RPM 程序包。

(11) 启动 nfs-secure 服务，并在引导时激活该服务：

```
# systemctl start nfs-secure
# systemctl enable nfs-secure
```

(12) 为服务器共享创建一个名为/mnt/nfs 的目录：

```
# mkdir /mnt/nfs
```

(13) 在/etc/fstab 中添加下面的行：

```
192.168.122.50:/nfs-secure  /mnt/nfs nfs  sec=krb5p 0  0
```

(14) 运行 mount -a 命令挂载共享目录。

故障情景与解决方案	
配置 NFS 的防火墙有问题	通过运行 firewall-cmd –add-service=nfs 来启用 nfs 服务
希望禁止以读取/写入的权限访问 NFS 共享目录	确保在/etc/exports 中使用 ro 参数配置共享资源的权限
需要自动挂载 NFS 共享目录	在/etc/fstab 中配置共享目录
希望使用 Kerberos 身份验证和加密导出 NFS 共享	使用 sec=krb5p 导出和挂载共享。确保系统被设置为使用 Kerberos 身份验证，如附录 A 所述
需要启动 NFS 服务，使用 Kerberos 身份验证导出 NFS 共享	在 NFS 服务器上启用 nfs-server 和 nfs-secure-server 服务，在客户端启用 nfs-secure 服务

16.4　认证小结

NFS 允许用户在 Linux 和 Unix 计算机之间共享文件系统。使用 NFS 是在这些系统间共享文件的有效方式，而且可以使用 Kerberos 身份验证和加密服务保护此过程。

RHEL 7 不但支持 NFSv4 客户端访问，也支持 NFSv3 客户端访问。它通过一组 systemd 单元实现控制。需要使用服务单元 nfs-server 来启动 NFS 守护进程。基于 Kerberos 的身份验证和加密由 rpcsvcgssd 和 rpcgssd 守护进程控制，这两个守护进程分别依赖于 nfs-secure-server 服务单元(在服务器上)和 nfs-secure 服务单元(在客户端)。NFS 服务的全局选项主要在/etc/sysconfig/nfs 文件中设置。相关的命令包括 exportfs 和 showmount。

绝大多数情况下，NFS 的基本配置都可以用/etc/exports 文件中相对简单的一行指令完成。NFS 服务一旦运行，就可以通过 exportfs 命令启用这些导出选项。应该通过合适的区域中的 nfs 服务来配置防火墙。可以用 rpcinfo -p 命令确认启用活动的端口和服务。

一般来说，SELinux 的默认配置支持 NFS 的基本操作。可以为挂载的 NFS 目录配置安全性，就像挂载的文件系统是本地文件系统一样。NFS 可以在/etc/fstab 中设置或通过自动挂载程序实现自动挂载。NFS 的当前状态记录在/var/lib/nfs 和/proc/fs/nfsd 目录下的各个文件中。

16.5　应试要点

下列内容是第 16 章中学习目标的一些关键点。

NFS 服务器

- NFS 是 Linux 和 Unix 计算机间共享文件的标准。RHEL 7 支持 NFS 版本 3 和 4。默认使用 NFSv4。
- NFS 的关键守护进程包含 rpc.mountd、rpc.rquotad 和 nfsd，其中 rpc.mountd 处理挂载请求，rpc.rquotad 处理配额请求。

- 这些进程的配置选项保存在/etc/sysconfig/nfs 文件中。
- NFS 共享在/etc/exports 中配置并用 exportfs –r 命令启用。
- 通过在 firewalld 的合适区域中启用 nfs 服务可设置防火墙。
- 绝大多数情况下，需要的 SELinux 布尔值已经启用。
- 为了在 SELinux 中拒绝以读取/写入的权限访问，可以禁用 nfs_export_all_rw 布尔值。
- 当 NFS 目录挂载时，这些目录应该无缝显示。用户权限的作用与在本地目录上一样。

测试 NFS 客户端

- 客户端可通过/etc/fstab 挂载永久 NFS 共享。
- 客户端可以用 showmount 命令查看共享的目录。
- mount 命令用来挂载通过 NFSv4 和 NFSv3 共享的目录。
- 如果一台 NFS 服务器宕机，就会"挂起"NFS 客户端。mount 命令中的 soft 和 timeo 选项可以帮助避免这种挂起。但是，使用它们的风险是，系统崩溃时数据的完整性会被损害。

结合使用 NFS 和 Kerberos

- 默认情况下，NFS 是不安全的，因为它信任客户端发送过来的 UID/GID。
- 与 Kerberos 集成时，NFS 能够提供强身份验证(sec=krb5)、通信完整性(sec=krb5i)和加密(sec=krb5p)。
- 为配置基于 Kerberos 的 NFS 共享，在 NFS 客户端和服务器上通过 sec=选项来指定合适的安全参数。
- 为提供 Kerberos 服务，NFS 服务器上必须运行 nfs-secure-server 服务。
- 为支持基于 Kerberos 身份验证的挂载，NFS 客户端上必须运行 nfs-secure 服务。
- 为使用 Kerberos 保护 NFS，必须设置 KDC，具体方法请参考第 12 章。

16.6　自测题

下面的问题可以帮助考查你对本章主要内容的理解程度。由于在 Red Hat 考试中没有多选题，因此在本书中也没有多选题。这些问题专门测试你对本章内容的理解程度。如果你有其他的方式来测试自己的学习成果，不做下面的试题也可以。不过希望考生在 Red Hat 考试中能尽快得出答案而不要抓住一些无关紧要的小问题不放。下面这些问题有的答案不止一种。

NFS 服务器

1. 在/etc/exports 文件中，要以只读方式把/data 目录导出到所有主机并授予名为 superv(在 example.com 域中)的主机读取/写入权限，需要在文件中输入什么指令？

2. 一旦配置好/etc/exports，什么命令可以导出这些共享资源？

3. 与端口映射器有关的端口号是什么？

4. 与 NFSv4 有关的端口号是什么？

5. 支持根管理员用户访问的 NFS 配置选项是什么？

测试 NFS 客户端

6. 在测试 NFS 客户端时由于各种原因会出现许多问题，原因包括 NFS 服务器频繁宕机及 NFS 客户端和服务器间的网络中断。什么类型的挂载可以避免 NFS 客户端挂起并无限重试 NFS 请求？

7. 什么命令可以显示 outsider1.example.org 系统的 NFS 共享目录？

结合使用 NFS 和 Kerberos

8. 为了通过 rpcgssd 守护进程支持基于 Kerberos 的身份验证，在 NFS 客户端应该启动什么服务？

9. 为使用 Kerberos 身份验证和加密服务挂载 NFS 共享，应该包含什么指令？

10. 为以标准文件访问权限导出 NFS 共享，并(可选)使用 Kerberos 身份验证，应该在 /etc/exports 中添加什么指令？

16.7　实验题

这些实验题中有一些是练习配置文件，应该只在测试机器上完成这些练习。假设你在虚拟机(如 KVM)上完成这些练习。对于本章内容，也假设为了虚拟机能正常工作，你已经配置好实体主机系统。

Red Hat 的考试是机试。为此，本书提供了配书网站，从中可以获取本章和后续章节的实验题(保存在 Chapter16/子目录下)。如果你还没有在你的主机上安装 RHEL 7，那么请参考第 1 章和第 2 章中的安装说明。

实验题的答案在自测题答案的后面。

16.8　自测题答案

NFS 服务器

1. 在/etc/exports 中输入下面的语句会以只读方式将/data 目录导出到所有主机并授予名为 superv(在 example.com 域中)的主机读取/写入权限:

```
/data superv.example.com(rw,sync) (ro,sync)
```

2. 一旦配置好/etc/exports，exportfs -a 命令会导出所有文件系统。当然，也可以用 exportfs -r 命令重新导出文件系统。

3. 与端口映射器有关的端口号是 UDP 端口 111。

4. 与 NFSv4 有关的端口号是 TCP 端口 2049。

5. 支持根管理员用户访问的 NFS 配置选项是 no_root_squash。

测试 NFS 客户端

6. 与 soft 和 timeo 选项有关的软挂载和超时机制可以避免 NFS 客户端挂起并无限重试 NFS 请求。

7. 显示 NFS 共享的指定远程系统的目录的命令是: showmount -e outsider1.example.org。

结合使用 NFS 和 Kerberos

8. 应该启动 nfs-secure 服务器，以便在客户端通过 rpcgssd 守护进程提供对基于 Kerberos 的身份验证的支持。

9. 为使用 Kerberos 身份验证和加密服务挂载 NFS 共享，应该包含的指令是 sec=krb5p。

10. 可使用 sec=sys:krb5p 安全选项导出共享。

16.9　实验题答案

实验题 1

当完成这个实验题时，会在 NFS 服务器系统上看到如下内容:

● 安装好的 NFS 程序包列表中包含 nfs-utils RPM。

● 一个活动的 NFS 服务，可根据 systemctl status nfs-server 命令的输出确认。

● 一个支持访问 nfs 服务的基于区域的防火墙，这个防火墙也受到 IP 地址网络的限制。

另外，可以在 NFS 客户端执行下面的操作:

● 执行 showmount -e server1.example.com 命令，这个命令中的 server1.example.com 是 NFS 服务器系统(如果需要可以替换)的名称。

● 用 mount -t nfs server1.example.com:/shared /testing 命令以根用户的身份挂载共享目录。

● 第一次挂载共享时，应该以根用户的身份把本地文件复制到/testing 目录下。

- 第二次挂载共享时(使用了 no_root_squash 指令)，上面的复制无法完成(至少从客户端根用户账户复制目录是这样)。

实验题 2

这个实验题是为你的网络创建一个单独/home 目录的第一步。这个目录一旦可以在一个客户端/服务器组合的系统上工作，那它就可以在所有的客户端和服务器上工作。然后可以使用 LDAP 服务器设置一个网络用户和口令的 Linux/Unix 数据库。类似地，在不同的本地系统上匹配用户名(UID 和 GID 匹配)也应该可以。在 NFS 服务器上，遵从下面的步骤：

(1) 在用作 NFS 服务器的系统上创建几个用户和相应的文件(如 user1 和 user1.txt)。

(2) 共享 server1.example.com 客户端上的/etc/exports 中的/home 目录。可以在这个文件中执行下面的命令：

```
/home *.example.com(rw,sync)
```

(3) 用下面的命令导出这个目录：

```
# exportfs -a
```

(4) 确保导出的/home 目录出现在导出目录列表中。在本地服务器上，可以用下面的命令查看：

```
# showmount -e server1.example.com
```

(5) 如果在这个过程中出现问题，请认真检查/etc/exports 文件。确保在/etc/exports 中没有多余空格，甚至在代码行的最后也不行。使用 systemctl status nfs-server 命令确保 NFS 服务在实际运行。

(6) 也可以检查防火墙的配置，用 rpcinfo -p 命令确保本章中讨论过的服务在运行。

(7) 确保 NFS 服务器在下次系统启动时可以自动启动。可以用下面的命令达到这一目的：

```
# systemctl enable nfs-server
```

现在，在 NFS 客户端上，遵从下面的步骤连接共享的/home 目录：

(1) 确保可以看到/home 共享目录。可以替换 server1.example.com 系统的 IP 地址：

```
# showmount -e server1.example.com
```

(2) 现在挂载本地/remote 目录下提供的共享：

```
# mount -t nfs server1.example.com:/home /remote
```

(3) 执行 mount 命令。如果看到 NFS 挂载，那么一切正常。

(4) 现在浏览挂载的/home 目录。寻找本实验题前面创建的*.txt 文件。如果找到了，则说明创建和连接/home 目录共享是成功的。

(5) 为使挂载永久有效，可将它添加到客户端上的/etc/fstab 文件中。一旦在该文件中添加了下面的语句，Linux 客户端在下次启动时可以自动挂载来自 NFS 服务器的/home 共享目录，并且使用了软挂载选项，超时时间为 100 秒，从而避免发生"挂起"。

```
server1.example.com:/home   /remote nfs soft,timeout=100  0  0
```

实验题 3

引用 SELinux 是经过深思熟虑的，并且它提供了重要的提示。如果必须要修改共享和配置在每个 NFS 服务器上 /etc/exports 文件中的目录，那么必定会花费大量的时间。阻止向共享的 NFS 目录写入的最简单方式可能是禁用与其相关的 SELinux 布尔值，用到的命令如下所示：

```
# setsebool -P nfs_export_all_rw off
```

然后，下次挂载 NFS 共享目录时可以测试一下配置是否正确。

实验题 4

本实验题是练习 16-2 的扩展，目的是帮助你熟悉在使用 Kerberos 配置 NFS 共享时经常遇到的一些问题。

使用 sec=sys:krb5:krb5i:krb5p 安全选项导出共享，以提供可选的 Kerberos 身份验证、通信完整性和加密。看 tester1.example.com 客户端是否可以使用任何可用的安全方法来挂载 NFS 共享。重现本实验题描述的故障排除场景，注意出现的错误消息。

第 17 章

MariaDB 服务器

关系数据库，通常称为关系数据库管理系统(RDBMS)，它提供一种标准化的方法，以结构化的方式组织持久保存的数据。它用表来存储数据，通过规则确保表之间的唯一性和一致性，利用索引来支持快速访问。此外，大多数关系数据库系统支持结构化查询语言(SQL)，这是一个标准的工具，用于检索数据和执行其他任务。

MySQL 是最受欢迎的开源 RDBMS，是"LAMP"栈(Linux、Apache、MySQL 和 Perl/Python/PHP)的一个关键组成部分，通常用于支持 Web 应用。它也非常易于安装、配置和使用。

在 RHEL 7 之前，MySQL 是 Red Hat Enterprise Linux 的默认 RDBMS。MySQL 被 Oracle 收购后，Red Hat 移入了 MariaDB，MariaDB 是 MySQL 的一个社区开发分支，由 GPL 授权许可。MariaDB 包含额外的社区开发特性和优化。它不是 RHEL 附带的唯一数据库。还包括其他数据库(最明显的是包括 PostgreSQL)，但 RHCE 考试没有覆盖它们。

考试内幕

具备安装和配置 MariaDB (及其等效 MySQL)的能力是系统管理员的常见要求，但在 RHEL 7 的 RHCE 考试中是新增的内容。本章主要讨论与 MariaDB 相关的考试目标：

- 安装和配置 MariaDB
- 备份和恢复数据库
- 创建简单的数据库模式
- 对数据库执行简单的 SQL 查询

另外，本章涵盖了第 11 章讨论的常见网络服务要求。

认证目标 17.01　MariaDB 简介

MySQL AB 是一家瑞典公司，于 1995 年首次发布 MySQL，作为早期数据库 mSQL 的一个免费实现。第一个版本基于 IBM 现有的 ISAM 索引方法，最终变成了 DB2。MySQL 在 Red Hat 的第一个 RHEL 版本中被包括进来，并快速流行开来。RHEL 6 包括 MySQL 5.1 版。

2008 年 MySQL 被 Sun Microsystems 公司收购，2009 年 Oracle 收购了 Sun Microsystems 公司。Oracle 销售 MySQL 的另一个 RDBMS，监管当局和开源社区普遍反对这个收购。

最终，欧盟在 2010 年允许 Oracle 收购 Sun。为了满足政府的监管要求，Oracle 致力于继续在现有的"双源"许可证模式下开发 MySQL。

MySQL 最初的创始人之一 Michael "Monty" Widenius 选择在 2009 年从 MySQL 分出来一个数据库，他用小女儿的名字 Maria 将其命名为 MariaDB。以前，他用大女儿的名字命名了 MySQL。MariaDB 获得资金后，大量的开发人员开始将他们的工作从 MySQL 转到新的 MariaDB 项目上。

MariaDB 最初发布的版本号与 MySQL 一样，以确保完全兼容。MariaDB 5.5 发布后，开发人员把版本号改为 10，在一定程度上不再完全兼容 MySQL。就本书的目的而言，MariaDB 5.5 完全兼容 MySQL 5.5。换句话说，在 MySQL 5.5 上编译的客户程序和库，只能在 MariaDB 5.5 服务器上工作。

17.1.1　安装 MariaDB

RPM 包 mariadb-server 安装 mariadb-libs 和 mariadb，作为依赖文件。这些包包含有效安装 MariaDB 所需的所有文件，如服务器本身(mysqld)、MariaDB 客户机(mysql)和相关辅助脚本所需的所有 Perl 库。

如果想开发使用 MariaDB 的应用程序，就需要 mariadb-devel 和 MySQL-python 包。然而，这些超出了 RHCE 考试的范围。对于本章，用以下命令安装 MariaDB 服务器：

```
# yum -y install mariadb-server
```

这个命令安装 MariaDB 服务器、客户端和 30 多个 Perl 模块。在客户机上，可以用 mariadb RPM 包安装 MariaDB 客户端。

基本操作不需要配置。使用以下命令确保在重新启动后，服务仍在运行：

```
# systemctl start mariadb
# systemctl enable mariadb
```

MariaDB 第一次启动时，会调用 mysql_install_db 脚本，将一些标准表写入内部"mysql"数据库。这个过程中的任何问题都应该包含在/var/log/mariadb 目录的文件 mariadb.log 中。

实际经验

/lib/systemd/system/mariadb.service 中的 MariaDB 系统单元包括指令 TimeoutSec = 300，这把服务器的启动时间限制为 300 秒。TimeoutSec 这么小的值尽管可以满足较小的测试数据库，但在真实的大数据库服务器中会导致问题。没有足够的时间，恢复事务时可能会导致启动的无限循环。幸运的是，这不是一个考题。

因为 MariaDB 是 MySQL 的一个分支，所以它保留了与 MySQL 相关的许多文件名和命令。例如，MariaDB 客户端命令是 mysqld，服务器守护进程是 mysql。其中，Python 模块是 MySQLdb，它使用 MySQL 和 MariaDB 服务器。

现在该服务正在运行，使用 ss 命令确认它在侦听默认 TCP 端口 3306。结果如图 17-1 所示。注意，在命令的输出中，MariaDB 默认侦听服务器上所有可用的接口。

```
[root@server1 ~]# ss -tpna | grep 3306
LISTEN    0    50                    *:3306                    *:*
users:(("mysqld",3584,13))
[root@server1 ~]# 
```

图 17-1　MariaDB 侦听 TCP 端口 3306

为确认 MariaDB 可供使用，连接 mysql 客户端。结果如图 17-2 所示。输入 quit 或 exit，关闭会话。

mysql 命令有各种命令选项，这将在接下来的章节中详细解释。最常见的选项见表 17-1 所示。

```
[root@server1 ~]# mysql
Welcome to the MariaDB monitor.  Commands end with ; or \g.
Your MariaDB connection id is 10
Server version: 5.5.35-MariaDB MariaDB Server

Copyright (c) 2000, 2013, Oracle, Monty Program Ab and others.

Type 'help;' or '\h' for help. Type '\c' to clear the current input statement.

MariaDB [(none)]> █
```

图 17-2   mysql 命令选项

表 17-1   mysql 命令选项

mysql 命令选项	说　　明	默　认　值
-h	MariaDB 服务器的主机名/FQDN	localhost
-p	口令	尝试无口令的身份验证
-P	自定义的 TCP 端口号(参见练习 17-2)	3306
-u	MariaDB 用户名	当前 Linux 用户名

17.1.2   初始配置

尽管可以做更多的工作，但 RHEL 7 包含 MariaDB 的一个有效配置。在"实际经验"中，对 MariaDB 配置进行的额外修改与性能调优相关。

检查图 17-3 中的 MariaDB 配置文件/etc/my.cnf。默认情况下，它包含两个部分[mysqld]和[mysqld_safe]。[mysqld_safe]部分定义了日志的位置和 mysqld_safe 的进程标识符(PID)文件，这是一个包装器脚本，用于监控 mysqld 过程的健康状况，并在发生崩溃时重新启动它。

```
[root@server1 ~]# cat /etc/my.cnf
[mysqld]
datadir=/var/lib/mysql
socket=/var/lib/mysql/mysql.sock
# Disabling symbolic-links is recommended to prevent assorted security risks
symbolic-links=0
# Settings user and group are ignored when systemd is used.
# If you need to run mysqld under a different user or group,
# customize your systemd unit file for mariadb according to the
# instructions in http://fedoraproject.org/wiki/Systemd

[mysqld_safe]
log-error=/var/log/mariadb/mariadb.log
pid-file=/var/run/mariadb/mariadb.pid

#
# include all files from the config directory
#
!includedir /etc/my.cnf.d

[root@server1 ~]# █
```

图 17-3   /etc/my.cnf 配置文件

[mysqld] 部分始于 datadir 指令，它指定数据的位置。接下来，socket 指令指向套接字文件的位置。在一般的安装中，不需要更改这些设置。在这个部分中，最后一个设置是symbolic-links 指令，它防止 MariaDB 指向符号链接，以确保安全。

注意 my.cnf 文件末尾的 includedir 指令。它从/etc/my.cnf.d 目录中加载其他几个配置文件的内容。

实际经验

默认 my.cnf 文件中的 includedir 指令包含/etc/my.cnf.d 目录中每个文件的内容。默认情况下，这个位置的文件只影响 MariaDB 客户端，但要确保排除故障时，其他包不会在这里放置文件。

MariaDB 附带一个脚本 mysql_secure_installation，用于提高默认配置的安全性。第一次启动 MariaDB 服务后，以 Linux 根用户的身份运行此脚本。它会以交互方式询问一系列与安全相关的问题。

练习 17-1 将指导完成 MariaDB 的安装，执行 mysql_secure_installation 脚本。

17.1.3　练习 17-1：安装和保护 MariaDB

此练习将安装 MariaDB，运行 mysql_secure_installation 脚本，来保护该安装。脚本会询问一系列互动问题，设置 root 用户的口令(不同于 Linux 根超级用户)，禁用远程登录，删除匿名用户，删除默认的测试数据库。

(1) 安装 MariaDB：

```
# yum -y install mariadb-server
```

(2) 启动服务，并确保它在下次系统启动时可用：

```
# systemctl start mariadb
# systemctl enable mariadb
```

(3) 运行 mysql_secure_installation 脚本。看到以下提示时，按回车键，因为 MariaDB 根用户没有口令：

```
# mysql_secure_installation
[...]
Enter current password for root (enter for none):
OK, successfully used password, moving on...
```

(4) 设置一个新的 MariaDB 根口令。可以看到，这里把口令设置为 changeme，但在生产服务器中，应该选择一个真正的口令：

```
Set root password? [Y/n] y
New password: changeme
Re-enter new password: changeme
Password updated successfully!
Reloading privilege tables..
 ... Success!
```

(5) 默认情况下，MySQL 支持来自匿名用户的连接。这应该是禁用的，如下所示：

```
Remove anonymous users? [Y/n] y
 ... Success!
```

(6) 为进一步阻止黑帽黑客，应该禁止远程 root 访问 MariaDB：

```
Disallow root login remotely? [Y/n] y
 ... Success!
```

(7) MariaDB 安装包括一个名为 test 的默认数据库。虽然 mysql_secure_installation 脚本建议删除它，但可以把它用于测试：

```
Remove test database and access to it? [Y/n] n
 ... skipping.
```

(8) 最后，刷新权限表时，MariaDB 就会实现更改：

```
Reload privilege tables now? [Y/n] y
 ... Success!
```

17.1.4　在非标准的 TCP 端口上运行 MariaDB

默认情况下，MariaDB 侦听 TCP 端口 3306。如果想改变默认端口，就需要完成以下步骤：

(1) 打开 my.cnf 配置文件，并添加 port = *num* 指令。

(2) 在防火墙中打开指定的端口。

(3) 修改在 SELinux 策略中定义的默认 MariaDB 端口。

这个过程相当简单，见练习 17-2。

17.1.5　练习 17-2：在非标准的 TCP 端口上运行 MariaDB

这个练习有三个部分：编辑 MariaDB 配置文件，修改防火墙，改变 SELinux 端口标签。假设希望在 TCP 端口 3307 上运行 MariaDB，而不是默认的 3306。

(1) 在/etc/my.cnf 的[mysqld]部分添加 port= 3307 行：

```
[mysqld]
port=3307
```

(2) 在默认区域的防火墙配置中，允许连接到新端口：

```
# firewall-cmd --permanent --add-port=3307/tcp
# firewall-cmd --reload
```

(3) 在 SELinux 策略中为 MySQL 的允许端口列表添加新端口：

```
# semanage port -a -t mysqld_port_t -p tcp 3307
```

(4) 现在可以显示 SELinux 允许 MySQL 和 MariaDB 使用的端口。在下面的命令中，确认它包含新端口：

```
# semanage port -l | grep mysqld
mysqld_port_t            tcp     3307, 1186, 3306, 63132-63164
```

(5) 重启动 MariaDB：

```
# systemctl restart mariadb
```

(6) 在新端口上连接到服务器：

```
# mysql -u root -h 127.0.0.1 -P 3307 -p
Enter password:
Welcome to the MariaDB monitor.  Commands end with ; or \g.
Your MariaDB connection id is 4
Server version: 5.5.35-MariaDB MariaDB Server

Copyright (c) 2000, 2013, Oracle, Monty Program Ab and others.


Type 'help;' or '\h' for help. Type '\c' to clear the current
 input statement.
MariaDB [(none)]>
```

前面的命令连接到 MariaDB 服务器上，该服务器运行在指定的 IP 地址(- h)和端口(- P)上，作为用户 root(- u)，用口令(- p)标识。注意，如果指定主机连接到为"localhost"，MariaDB 客户机就通过 Unix 套接字与本地服务器通信，而不是通过 TCP 连接。

(7) 输入 quit 或 exit，关闭会话。

(8) 删除添加到/etc/my.cnf 中的行，重启 MariaDB，在默认端口上运行服务。

如果不修改 SELinux 策略，没有考虑自定义端口，试图启动 MariaDB 时，就会看到以下错误：

```
[root@server1 ~]# systemctl start mariadb.service
Job for mariadb.service failed. See 'systemctl status mariadb.service'
and 'journalctl -xn' for details.
```

在/var/log/mariadb/mariadb.log 文件中，也应该看到这个相应的错误：

```
150124  8:21:27 [ERROR] Can't start server: Bind on TCP/IP port.
Got error: 13: Permission denied
```

认证目标 17.02　数据库管理

关系数据库管理系统(如 MariaDB)，用非常结构化的方式存储信息。在最高的层次上是数据库，作为关系数据的容器。在数据库中，数据存储在表中，其中的每一列代表数据的一个属性，每一行代表一个记录。

17.2.1　数据库概念

如果以前从未用过 RDBMS，但用过电子表格软件，如 LibreOffice Calc 或 Microsoft Excel，就会注意到工作表、列和行等概念的相似性。事实上，数据库中的表在某些方面就是一个巨大的电子表格，其中的行和列包含数据。数据库把数据放在不同的表和列中的结构和组织方式称为模式。

列可以处理各种不同类型的数据，数据类型是在创建时为每一列定义的。例如，某一列可以存储一定规模的数字或一定数量的文本字符。列可以是强制性的，也可以不是，一些列有默认值。定义模式时，还可以指定约束。例如，可以指定一个表中的行必须有唯一的标识符或到另一个表中的记录的"链接"。用户试图插入或更改数据库中的任何数据时,就会执行这些规则。

用户通过 SQL 命令与数据库交互,其中的一些命令创建数据库、创建表、调整表的模式;其他命令将数据插入表,还有一些命令从数据库中获得数据。本章介绍这些查询的基本操作。表 17-2 总结了 RDBMS 最重要的概念。

表 17-2　数据库术语

术　　语	说　　明
数据库	相关表的集合
表	一个数据结构,其中,数据在列和行中组织
行或记录	表中的一项,包含模式所需的数据
列	记录的一个属性,属于特定的数据类型
模式	数据库中所有数据的属性规范
SQL 命令	可读的命令,用于管理数据库,在一个或多个表中添加、删除或检索数据

17.2.2　使用数据库

默认 MariaDB 安装包括几个数据库。为列出当前安装的数据库,使用 mysql 客户端连接到 MariaDB:

```
# mysql -p
```

接着运行 SQL 命令 SHOW DATABASES:

```
MariaDB [(none)]> SHOW DATABASES;
```

输出如图 17-4 所示。注意,四个数据库可用(如果删除练习 17-1 中的测试数据库,就有 3 个可用的数据库):

- mysql:MariaDB 的内部数据库,管理用户和权限
- information _schema 和 performance_schema:专业数据库,MariaDB 使用它们在运行时检查元数据和查询执行情况
- test:测试数据库

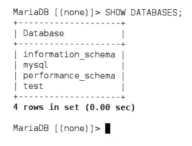

图 17-4　列出所有的数据库

实际经验

可用大写或小写字符编写 SQL 命令，如 SHOW DATABASES。按照惯例，文档以大写字母指定 SQL 关键字。

在 mysql 客户端，可以使用 CREATE DATABASE *db_name* 命令创建新的数据库，如下所示。新的数据库不包含数据，除非再创建一个表，添加一些数据：

```
MariaDB [(none)]> CREATE DATABASE myapp;
```

在 MariaDB shell 中，除了用于创建用户和数据库的命令之外，对于其他命令，都应该首先使用 **USE** 命令告诉 MariaDB，我们在使用给定的数据库。在 MariaDB 中，默认情况下，shell 提示会说明当前在使用什么数据库(在下面的示例是 none 和 mysql)：

```
MariaDB [(none)]> USE mysql;
Database changed
MariaDB [mysql]>
```

同样，可使用 DROP DATABASE *db_name* 命令删除一个数据库：

```
MariaDB [(none)]> DROP DATABASE test;
```

17.2.3　使用表

没有表，数据库就没有什么用。对于 RHCE 考试，需要"创建简单的数据库模式"。如果想知道这个话题的更多内容，可以访问 MariaDB 网站：https://mariadb.com/kb/en/mariadb/create-table。

MariaDB 表包括可以配置不同数据类型的列。这些数据类型确定列中可以存储哪些数据。使用表 17-3 中的数据类型可以表示大多数不同的数据格式。

表 17-3　MariaDB 数据类型

数 据 类 型	说　　明
INT	32 位整数
FLOAT	单精度浮点数
VARCHAR	长度可变的字符串
TEXT	大字符串
BLOB	二进制对象
DATETIME	日期和时间

也应该给表添加索引，来检索数据，而不必读取每一行(称为"表扫描")。这对大表的性能至关重要。一般来说，这涉及两种类型的索引：唯一索引和次级索引。

唯一索引应该指定行的独特内容，比如 ID 号。一种特殊类型的唯一索引是用 PRIMARY KEY 主键字创建的，MariaDB 在内部使用它识别给定的行。如果没有指定主键，MariaDB 的默认存储引擎将自动在常用的列上创建一个主键。

相反，次级索引不指定行上的独特元素，而是用于加快查询，这种查询依赖主键以外的一个键，来避免表扫描。

为创建新表，使用 CREATE TABLE 命令。下面是该命令的语法的最简单形式：

```
CREATE TABLE table_name (
  col_name1 INT|FLOAT|VARCHAR|TEXT|BLOB|DATETIME [NOT NULL|AUTO_INCREMENT],
  col_name2 INT|FLOAT|VARCHAR|TEXT|BLOB|DATETIME [NOT NULL|AUTO_INCREMENT],
  ...
  PRIMARY KEY (col_name1)
);
```

命令定义表中的每一列，列由名称和类型标识，列还有可选的约束，如 NOT NULL，它表示禁止列中的条目使用未定义的值，AUTO_INCREMENT 表示把新记录添加到表中时，自动插入一个新的唯一号码。

PRIMARY KEY 约束告诉 MariaDB，指定的列是一个主键。换句话说，给定的列必须包含唯一的非空值。

表 17-4 总结了与数据库和表的管理相关的命令。每个命令必须用分号字符终止。这些命令在练习 17-3 中演示。

17.2.4　练习 17-3：创建表

此练习将创建一个简单的表。首先使用 mysql 客户端连接到 MariaDB。

(1) 创建一个名为 myapp 的数据库：

```
CREATE DATABASE myapp;
```

(2) 告诉 MariaDB，后面的命令将影响 myapp 数据库：

```
USE myapp;
```

表 17-4　SQL 数据库和表命令

SQL 命令	说　　明
CREATE DATABASE *db_name*	创建数据库 *db_name*
DROP DATABASE *db_name*	删除数据库 *db_name*
SHOW DATABASES	列出所有数据库
USE *db_name*	下一个 SQL 命令对 *db_name* 数据库施加影响
CREATE TABLE *table_name* (...)	创建表 *table_name*
DROP TABLE *table_name*	删除表 *table_name*
SHOW TABLES	列出当前数据库中的所有表
DESCRIBE *table_name*	显示表 *table_name* 的模式

(3) 创建一个简单的表：一个小部件列表，每个小部件都有一个自动生成的 ID。为此，使用 CREATE TABLE 语句：

```
CREATE TABLE widgets (
  id INT AUTO_INCREMENT,
  name VARCHAR(255),
  PRIMARY KEY (id)
);
```

注意，id 列标记为主键。第二列(name)可包含可变长度的字符串，最多 255 个字符。

(4) 使用 SHOW TABLES 显示新创建的表：

```
SHOW TABLES;
+-----------------+
| Tables_in_myapp |
+-----------------+
| widgets         |
+-----------------+
```

(5) 使用 DESCRIBE *tablename* 命令可以显示表的完整模式。它将显示前面输入的模式。输出如图 17-5 所示。

```
MariaDB [myapp]> DESCRIBE widgets;
+-------+--------------+------+-----+---------+----------------+
| Field | Type         | Null | Key | Default | Extra          |
+-------+--------------+------+-----+---------+----------------+
| id    | int(11)      | NO   | PRI | NULL    | auto_increment |
| name  | varchar(255) | YES  |     | NULL    |                |
+-------+--------------+------+-----+---------+----------------+
2 rows in set (0.00 sec)

MariaDB [myapp]> ▮
```

图 17-5　显示已有表的模式

认证目标 17.03　简单的 SQL 查询

　　SQL 是一种专用的编程语言，可用作数据操纵语言，修改数据库中的数据或模式，也可用作查询语言，从数据库中检索数据。

　　上一节展示了如何使用 SQL 命令来管理数据库和表。本节简要介绍几个 SQL 命令，来检索和插入数据。

　　创建数据库和表后，就可以使用 SQL 语句 INSERT、SELECT、UPDATE 和 DELETE 更改数据了。这些都是 RHCE 考试所需的基本 SQL 命令。

实际经验

　　在计算机程序设计中，SQL 语句 INSERT、SELECT、UPDATE 和 DELETE 也称为 CRUD 操作，是创建、读取、更新和删除的首字母缩写。

17.3.1　SQL 命令 INSERT

INSERT 语句在表中添加一条记录。该命令的语法如下:

```
INSERT INTO table_name (field1, field2) VALUES ('a', 'b');
```

例如,使用下面的命令可将新记录插入到小部件表中:

```
MariaDB [myapp]> INSERT INTO widgets (id, name) VALUES (1, "widget A");
Query OK, 1 row affected (0.01 sec)
```

这个命令在小部件表中添加一个新的记录,其中 id 列是整数值 “1”,名称列是字符串 “widget A”。

前面的练习 17-3 把 id 列定义为 AUTO_INCREMENT,所以 MariaDB 给插入的下一行自动提供一个唯一的递增 id。因此,添加一行时,甚至不需要指定 id 字段:

```
MariaDB [myapp]> INSERT INTO widgets (name) VALUES ("widget B");
Query OK, 1 row affected (0.01 sec)
```

这个 SQL 语句在小部件表中添加一个新记录,其中名称列是字符串 “widget B”。MariaDB 会自动给 id 字段分配值 “2”。

id 列定义为 PRIMARY KEY,这意味着该列中的每个值都必须是唯一的。如果创建的新行与前一行有相同的 ID,MariaDB 就返回一个错误:

```
MariaDB [myapp]> INSERT INTO widgets (id, name) VALUES (2, "widget C");
ERROR 1062 (23000): Duplicate entry '2' for key 'PRIMARY'
```

17.3.2　SQL 命令 SELECT

在小部件表中存储了一些记录,现在可以使用 SELECT 语句从表中检索数据。该命令的语法的最简单形式如下:

```
SELECT field1, field2 FROM table_name [WHERE field2 = "value"];
```

例如,下面的命令列出小部件表中的所有行:

```
MariaDB [myapp]> SELECT id, name FROM widgets;
+---- +----------+
| id | name     |
+---- +----------+
|  1 | widget A |
|  2 | widget B |
|  3 | widget C |
+---- +----------+
3 rows in set (0.00 sec)
```

还可以使用*通配符指定表中的所有列。以下 SQL 语句与上一个命令等价:

```
MariaDB [myapp]> SELECT * FROM widgets;
```

为过滤结果,可以把 WHERE 子句传递给该命令。下面的示例展示了如何从具有特定 ID

的行中检索列：

```
MariaDB [myapp]> SELECT name FROM widgets WHERE id=2;
+----------+
| name     |
+----------+
| widget B |
+----------+
1 row in set (0.00 sec)
```

MariaDB 允许在 WHERE 子句中包含诸多操作符。例如，<>操作符匹配不等于给定值的所有条目。

例如，下面的语句从部件表中返回其 ID 值不等于 "2" 的所有记录：

```
MariaDB [myapp]> SELECT * FROM widgets WHERE id<>2;
+----+----------+
| id | name     |
+----+----------+
|  1 | widget A |
|  3 | widget C |
+----+----------+
2 rows in set (0.00 sec)
```

表 17-5 列出了最常用的操作符。

表 17-5　MariaDB 操作符

MariaDB 操作符	说　明
=	等于
<>	不等于
>	大于
<	小于
>=	大于等于
<=	小于等于
LIKE	搜索一个模式，例如 WHERE name LIKE "pattern"
IN	列出字段的所有可能值，例如 WHERE id IN (1,2,4)

17.3.3　SQL 命令 DELETE

DELETE 语句的工作方式类似于 SELECT，但它删除匹配的记录。其语法如下：

```
DELETE FROM tablename WHERE field1 = "value";
```

例如，如果要删除小部件表中 id 列值为 "1" 的行，就运行以下命令：

```
MariaDB [myapp]> DELETE FROM widgets WHERE id=1;
Query OK, 1 row affected (0.01 sec)
```

下列 SELECT 查询确认已从表中删除了相应的行:

```
MariaDB [myapp]> SELECT * widgets;
+---- +----------+
| id | name     |
+---- +----------+
|  2 | widget B |
|  3 | widget C |
+---- +----------+
2 rows in set (0.00 sec)
```

17.3.4　SQL 命令 UPDATE

最后,SQL 语句 UPDATE 允许更新一个或多个行。这个命令稍微复杂一些,因为必须包括要修改的表、要进行的改变和受影响的行:

```
UPDATE table_name SET field1="value" WHERE field2="value";
```

例如,下一个命令把 ID = "2" 的记录的名称列值设置为一个新值:

```
MariaDB [myapp]> UPDATE widgets SET name='Widget with a new name' WHERE id=2;
Query OK, 1 row affected (0.01 sec)
Rows matched: 1  Changed: 1  Warnings: 0
```

下列 SELECT 语句确认已经应用了更改:

```
MariaDB [myapp]> SELECT * from widgets;
+---- +-----------------------+
| id | name                  |
+---- +-----------------------+
|  2 | Widget with a new name |
|  3 | Widget C              |
+---- +-----------------------+
2 rows in set (0.00 sec)
```

表 17-6 总结了前面描述的 SQL 查询。

表 17-6　常见 SQL 查询总结

SQL 语句	示　　例
INSERT	INSERT INTO table_name (field1, field2) VALUES ("value1", "value2");
SELECT	SELECT field1, field2 FROM table_name WHERE field1="value"
UPDATE	UPDATE table_name SET field1="value" WHERE field2="value"
DELETE	DELETE FROM table_name WHERE field="value";

17.3.5　练习 17-4:实践简单的 SQL 查询

这个练习将导入一个免费的测试数据库,提供足够的数据,来探索一些更具有挑战性的 SQL 查询。

(1) 作为根用户连接到 MySQL 客户端：

```
# mysql -u root -p
```

(2) 创建一个新的数据库 employees：

```
MariaDB [(none)]> CREATE DATABASE employees;
```

(3) 返回到 shell(使用 quit 命令)。这里使用一个标准的测试数据库，它可从本书配书网站获得。插入媒体，导航到 Chapter17 /子目录，把 employees_db-full-1.0.6.tar.bz2 文件复制到本地驱动器上。

(4) 使用以下命令提取并导入数据库：

```
# tar xvfj employees_db-full-1.0.6.tar.bz2
# cd employees_db
# cat employees.sql | mysql -u root -p employees
```

(5) 等待文件加载，并验证新表是存在的，如下所示：

```
# mysql -u root -p
MariaDB [(none)]> USE employees;
```

```
MariaDB [employees]> SHOW TABLES;
+---------------------+
| Tables_in_employees |
+---------------------+
| departments         |
| dept_emp            |
| dept_manager        |
| employees           |
| salaries            |
| titles              |
+---------------------+
6 rows in set (0.00 sec)

MariaDB [employees]> 
```

(6) 找到部门表的模式：

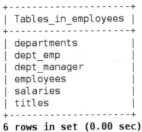

```
MariaDB [employees]> DESCRIBE departments;
+-----------+-------------+------+-----+---------+-------+
| Field     | Type        | Null | Key | Default | Extra |
+-----------+-------------+------+-----+---------+-------+
| dept_no   | char(4)     | NO   | PRI | NULL    |       |
| dept_name | varchar(40) | NO   | UNI | NULL    |       |
+-----------+-------------+------+-----+---------+-------+
2 rows in set (0.00 sec)

MariaDB [employees]> 
```

(7) 显示部门表的所有内容：

```
MariaDB [employees]> SELECT * FROM departments;
+---------+--------------------+
| dept_no | dept_name          |
+---------+--------------------+
| d009    | Customer Service   |
| d005    | Development        |
| d002    | Finance            |
| d003    | Human Resources    |
| d001    | Marketing          |
| d004    | Production         |
| d006    | Quality Management |
| d008    | Research           |
| d007    | Sales              |
+---------+--------------------+
9 rows in set (0.00 sec)

MariaDB [employees]> █
```

现在尝试一个稍微困难的示例。下面寻找薪水最高的员工。首先，显示"工资"表的模式：

```
MariaDB [employees]> DESCRIBE salaries;
+-----------+---------+------+-----+---------+-------+
| Field     | Type    | Null | Key | Default | Extra |
+-----------+---------+------+-----+---------+-------+
| emp_no    | int(11) | NO   | PRI | NULL    |       |
| salary    | int(11) | NO   |     | NULL    |       |
| from_date | date    | NO   | PRI | NULL    |       |
| to_date   | date    | NO   |     | NULL    |       |
+-----------+---------+------+-----+---------+-------+
4 rows in set (0.00 sec)

MariaDB [employees]> █
```

(8) 确定薪水最高的员工。为此，引入一个新的子句 ORDER BY *field*，根据指定列的值对 SELECT 查询的结果排序。可选的 DESC 关键字按降序给结果排序。此外，使用 LIMIT *num* 子句可以把查询返回的记录数限制为某个最大值。

(9) 结果如下：

```
MariaDB [employees]> SELECT * FROM salaries ORDER BY salary DESC LIMIT 5;
+--------+--------+------------+------------+
| emp_no | salary | from_date  | to_date    |
+--------+--------+------------+------------+
|  43624 | 158220 | 2002-03-22 | 9999-01-01 |
|  43624 | 157821 | 2001-03-22 | 2002-03-22 |
| 254466 | 156286 | 2001-08-04 | 9999-01-01 |
|  47978 | 155709 | 2002-07-14 | 9999-01-01 |
| 253939 | 155513 | 2002-04-11 | 9999-01-01 |
+--------+--------+------------+------------+
5 rows in set (1.16 sec)

MariaDB [employees]> █
```

(10) 在上一个查询的输出中可以看到，ID 为 43624 的员工的薪水为 158 220 美元。

(11) 下一步是在相应的"雇员"表中找到这个员工的详细信息。为此，运行一个带 WHERE 子句的 SELECT 查询，显示 ID 为 43 624 的员工的记录：

```
MariaDB [employees]> SELECT * FROM employees WHERE emp_no=43624;
+--------+------------+------------+-----------+--------+------------+
| emp_no | birth_date | first_name | last_name | gender | hire_date  |
+--------+------------+------------+-----------+--------+------------+
|  43624 | 1953-11-14 | Tokuyasu   | Pesch     | M      | 1985-03-26 |
+--------+------------+------------+-----------+--------+------------+
1 row in set (0.00 sec)

MariaDB [employees]> █
```

实际经验

为结合来自多个表的数据，可使用 SQL join 子句，而不是像练习 17-4 那样执行循序渐进的过程。例如，练习 17-4 的最终结果可以用一个查询来获得：

```
SELECT * FROM employees NATURAL JOIN salaries ORDER BY salary DESC LIMIT 1;
```

然而，这超出了 RHCE 考试的范围。

认证目标 17.04　保护 MariaDB

在默认安装中，MariaDB 接受来自网络上任何系统的连接。给根用户授予访问权限时不需要口令。

显然，这不是一个安全的配置。前一节解释了如何使用脚本 mysql_secure_installation 保护 MariaDB 安装。然而，建立安全的安装还有更多的工作要做。

应用程序需要连接到 MariaDB 上。例如，可能需要访问 Web 服务。可通过一些系统支持远程访问，但应该确保禁止所有其他的主机进行访问。MariaDB 提供了一个灵活的许可方案，允许指定用户可在系统上运行的所有类型的命令。

17.4.1　基于主机的安全性

如果可能的话，首先应该禁止远程访问 MariaDB。或者，可以限制只访问有权连接的系统。在/etc/my.cnf 中有两个关键指令可以使用：

- skip-networking：阻止 MariaDB 侦听 TCP 连接。这并不限制从本地系统通过 Unix 套接字来访问。
- bind-address：允许 MariaDB 侦听特定的 IP 地址。如果把这个指令设置为 0.0.0.0，MariaDB 就侦听所有本地 IPv4 地址上的连接。这是默认设置。如果设置为::，MariaDB 就侦听所有 IPv4 和 IPv6 地址上的通信。在有多个接口和 IP 地址系统上，可能希望 MariaDB 只侦听一个特定的 IP 地址。

当然，还可以使用 firewall-cmd 限制对 MariaDB 的访问。下例设置了一个防火墙富规则，只允许从 IP 地址为 192.168.122.1 的主机连接：

```
# firewall-cmd --permanent --add-rich-rule='rule family=ipv4 source ↵
address=192.168.122.1 service name=mysql accept'
# firewall-cmd --reload
```

如果需要针对所有主机启用远程访问 MariaDB，就运行以下命令：

```
# firewall-cmd --permanent --add-service=mysql
# firewall-cmd --reload
```

17.4.2　基于用户的安全性

对 MariaDB 的访问通过一个内部用户数据库和特权 grants 来维护。

在 MariaDB mysql 客户端上，默认的用户名就是登录用户名。所以，如果作为根用户登录服务器，这就是默认的用户名。使用-u 命令选项可以连接为特定的用户。通过-p 可以要求 MariaDB 客户端提示输入口令，通过-P 会传递一个定制的 TCP 端口。最后一个参数是可选的，它指定要连接的数据库名称。

例如，要使用用户名 myuser 和口令 changeme，在端口 3307 上连接到服务器 192.168.122.1 上的 myapp 数据库，就运行下面的命令：

```
# mysql -u myuser -pchangeme -P 3307 -h 192.168.122.1 myapp
```

注意，-p 选项和口令之间没有空格。

1. 管理 MariaDB 用户

MariaDB 使用内部的 mysql 数据库来管理用户和权限。为列出当前用户，可以运行如下 SQL 语句：

```
MariaDB [(none)]> USE mysql;
MariaDB [mysql]> SELECT user, host from mysql.user;
```

使用 CREATE USER 命令可创建新用户。下面的示例说明了语法：

```
CREATE USER appuser@'192.168.122.1' IDENTIFIED BY 'changeme';
```

这个 SQL 命令创建了一个名为 appuser 的用户，他只能连接 IP 地址为 192.168.122.1 的主机，口令是 changeme。新用户没有分配任何权限，所以必须专门分配用户应该拥有的权限。

2. 管理用户权限

每个用户都可以分配一个权限列表(grants)，使用 SQL 命令 SHOW GRANTS [FOR *username*] 可以显示这些权限。示例输出如图 17-6 所示。

```
MariaDB [(none)]> SHOW GRANTS;
+---------------------------------------------------------------------+
| Grants for root@localhost                                           |
+---------------------------------------------------------------------+
| GRANT ALL PRIVILEGES ON *.* TO 'root'@'localhost' WITH GRANT OPTION |
| GRANT PROXY ON ''@'' TO 'root'@'localhost' WITH GRANT OPTION        |
+---------------------------------------------------------------------+
2 rows in set (0.00 sec)

MariaDB [(none)]> █
```

图 17-6　MariaDB 根用户的默认权限

注意第一行输出。它指出，从 localhost 连接的根用户获得了所有数据库和所有表(*.*)的所有权限(ALL PRIVILEGES)，另一个权限 GRANT OPTION 允许用户创建新用户，并给他们分配 grant 特权。

考试提示

如果需要了解 GRANT 语句的语法的更多信息，可以运行 SHOW GRANTS。它会显示当前连接的用户的权限，可以把它用作一个模板，来修改其他用户账户的权限。

最常见的权限列表如表 17-7 所示。

每个 GRANT 语句都在全局范围内应用(* *)，或应用于给定的数据库(*db_name*。*)，或应用于给定表(*db_name.table_name*)。GRANT 语句添加更多的权限；要取消权限，应使用 REVOKE 命令。

为付诸实践，下面创建一个名为 appowner 的用户，他可以从任何主机("%")上登录到 MariaDB，在 myapp 数据库上具备完全的权限，把 password123 作为口令：

```
MariaDB [(none)]> CREATE USER appowner@'%' IDENTIFIED BY 'password123';
MariaDB [(none)]> GRANT ALL PRIVILEGES ON myapp.* TO appowner@'%';
```

前面的命令可以合并成一个 GRANT 命令。换句话说，下面的语句具有与前面同样的效果：

```
MariaDB [(none)]> GRANT ALL PRIVILEGES ON myapp.* TO appowner@'%'
    -> IDENTIFIED BY 'password123';
```

表 17-7　授予权限

授 予 权 限	说　　明
ALL PRIVILEGES	授予所有权限，GRANT OPTION 除外
WITH GRANT OPTION	允许创建新的用户，其权限一直分配到当前用户的水平
CREATE	给出了允许创建新数据库和表的权限
DROP	允许删除数据库和表
ALTER	用来修改表，比如添加或删除列
DELETE	使用 SQL DELETE 语句从表中删除行
INSERT	使用 SQL INSERT 语句在表中创建行
SELECT	使用 SQL SELECT 语句在表中检索数据
UPDATE	使用 SQL UPDATE 语句在表中修改行

如果希望用户能够通过 TCP 和 Unix 套接字连接，从本地主机上登录 MariaDB，GRANT 命令就应该运行两次，并指定主机 127.0.0.1 和 localhost。练习 17-5 提供了该语法的示例。

MariaDB 在内部把权限存储在 mysql 数据库中。更改用户权限时，这些都会反映在数据库表中。然而，MariaDB 没有实现这些变化，除非"刷新"这些权限(或重新启动服务)。在 MariaDB 提示行中，所需的命令是 FLUSH PRIVILEGES：

```
MariaDB [(none)]> FLUSH PRIVILEGES;
Query OK, 0 rows affected (0.00 sec)
```

接下来，可连接到 mysql 客户端，列出当前用户的权限，来验证新的用户账户是否有效。

考试提示
修改用户的权限后，别忘了运行 FLUSH PRIVILEGES。

3. 删除 MariaDB 用户

要删除 MariaDB 用户，应运行 DROP USER 语句。下面是一个示例：

```
MariaDB [(none)]> DROP USER appowner;
```

这个命令会直接起作用, 不需要刷新用户的权限。

练习 17-5: 实践 MariaDB 用户的权限

这个练习假定已经完成了练习 17-3, 创建了 myapp 数据库。下面将创建两个 MariaDB 用户:

- apprw　该用户用口令 pass123 标识, 具备对 myapp 数据库中的所有表的读写、更新和删除权限。该用户可以从任何主机上登录。
- appro　该用户用口令 pass456 标识, 具备对 myapp 数据库中的所有表的读取权限。该用户只能从本地主机上登录。

(1) 作为根用户连接到 MySQL 客户端:

```
# mysql -u root -p
```

(2) 用下面的命令创建 apprw 用户:

```
MariaDB [(none)]> GRANT SELECT, INSERT, UPDATE, DELETE ON myapp.*
    -> TO apprw@'%' IDENTIFIED BY 'pass123';
```

(3) 创建 appro 用户:

```
MariaDB [(none)]> GRANT SELECT ON myapp.* TO appro@'127.0.0.1' IDENTIFIED
    -> BY 'pass456';
MariaDB [(none)]> GRANT SELECT ON myapp.* TO appro@'localhost';
```

(4) 应用新的权限:

```
MariaDB [(none)]> FLUSH PRIVILEGES;
```

(5) 打开一个新的终端窗口, 检查新用户是否可以使用 mysql 客户端连接到 MariaDB。例如,要作为 appro 用户连接, 就运行以下命令:

```
# mysql -u appro -h localhost -ppass456 myapp
```

(6) 运行一个简单的 SELECT 查询, 如下:

```
MariaDB [myapp]> SELECT * from widgets;
```

这个命令对 appro 和 apprw 用户有效吗?

(7) 运行一个 INSERT 查询:

```
MariaDB [myapp]> INSERT INTO widgets (name) VALUES ("test widget");
```

这个命令对 appro 和 apprw 用户有效吗?

(8) 使用 quit 命令退出 mysql 客户端。

认证目标 17.05　数据库备份和恢复

MariaDB 附带了 mysqldump 备份程序，该程序将数据库中一个或多个表的整个内容转换到 SQL 语句中，在重新创建它们时，需要这些 SQL 语句。

也可以把 SELECT 查询的结果重定向一个文件中，以导出数据。为此可使用 SELECT INTO OUTFILE 语句，或在 mysql 命令中执行一个查询，把输出重定向到一个文件中。

17.5.1　使用 mysqldump 进行备份和恢复

mysqldump 命令把 SQL 语句输出到标准输出。为使输出有用，可将输出重定向到.sql 文件中，或捕捉发送到 stderr 的任何错误。例如，使用下面的命令可以保存之前创建的小部件表的内容：

```
[root@server1 ~]# mysqldump -u appowner -p myapp widgets > /tmp/widgets.sql
```

如果 mysqldump 返回任何错误，就确保数据库和表存在，用户有权访问数据库，检索其内容。

图 17-7 显示了移除一些注释行后，前一个命令生成的文件的内容。

```
[root@server1 ~]# cat /tmp/widgets.sql
--
-- Table structure for table `widgets`
--

DROP TABLE IF EXISTS `widgets`;
CREATE TABLE `widgets` (
  `id` int(11) NOT NULL AUTO_INCREMENT,
  `name` varchar(255) DEFAULT NULL,
  PRIMARY KEY (`id`)
) ENGINE=InnoDB AUTO_INCREMENT=4 DEFAULT CHARSET=latin1;

--
-- Dumping data for table `widgets`
--

LOCK TABLES `widgets` WRITE;
INSERT INTO `widgets` VALUES (1,'widget A'),(2,'widget B'),(3,'widget C');
UNLOCK TABLES;
[root@server1 ~]#
```

图 17-7　mysqldump 生成的备份

第一个命令是 DROP TABLE IF EXISTS 语句。这条命令仅在小部件表存在的情况下才删除它，如果该表不存在，该命令会避免任何错误消息。

接下来，是 CREATE TABLE 命令，它类似于练习 17-3 中的命令。

其后的 LOCK 和 UNLOCK 语句在使用 INSERT 命令恢复内容时，防止其他命令修改表的内容。

使用 mysqldump 生成了备份文件后，就可以从这个文件中重新创建数据库中的每个条目。例如，如果要将这个备份导入数据库 myapp_restored，就执行以下三个步骤：

(1) 创建一个新的数据库：

```
MariaDB [(none)]> CREATE DATABASE myapp_restored;
```

(2) 为所有者账户添加权限：

```
MariaDB [(none)]> GRANT ALL PRIVILEGES ON myapp_restored.* TO
appowner@'%';
```

(3) 在 mysql 客户端转储文件的内容：

```
MariaDB [(none)]> USE myapp_restored;
MariaDB [(none)]> SOURCE /tmp/widgets.sql
```

另外，使用下面的命令还可以在 bash shell 上执行最后一步：

```
# cat /tmp/widgets.sql | mysql -u appowner -p myapp_restored
```

前面备份和恢复了单个表。而 mysqldump 还可以备份整个数据库。例如，下面的命令创建了员工数据库的完全备份：

```
# mysqldump -u root -p employees > /tmp/employees.sql
```

如果要备份 MariaDB 系统中的所有数据库，就用数据库名称替代--all-databases 标志：

```
# mysqldump --all-databases -u root -p > /tmp/full-backup.sql
```

17.5.2　把数据转储到文本文件中进行备份

如果数据很多，就可以在文本文件中创建数据的转储(例如由另一个应用程序导入)。有两种方法可以创建带有特定行的文件：使用 SELECT INTO OUTFILE 语句和 mysql 命令的-e 标志。

SELECT INTO OUTFILE 在服务器上创建一个文件，其中包含所请求的表行。例如，以下命令选择所有员工 id 和名称，并将结果保存在/tmp/employees.data 文件中：

```
MariaDB [employees]> SELECT emp_no, first_name, last_name FROM employees
    -> INTO OUTFILE '/tmp/employees.data';
Query OK, 300024 rows affected (0.12 sec)
```

另一种选择是，可以使用标准输出重定向和 mysql 命令的- e 标志：

```
# mysql employees -e "SELECT emp_no, first_name, last_name \
FROM employees" > /tmp/employees.data
```

应该意识到，尽管 mysqldump 命令可以备份和恢复数据库的数据和模式，但本节所示的命令不能备份模式。此外，没有一个标准而简单的过程，可以把由 SELECT INTO OUTFILE 语句生成的数据恢复到数据库或表中。

17.6　认证小结

MariaDB 是一个非常流行的关系数据库管理系统，派生自 MySQL，与 MySQL 完全兼容。mariadb-server RPM 包安装服务器组件，而客户端和库包含在 mariadb 和 mariadb-libs 包中。

RHEL 7 中的默认配置是"开箱即用"的，不需要改变/etc/my.cnf 配置文件。不过，至少应该运行 mysql_secure_installation 脚本，保护该安装。

像许多其他关系数据库管理系统一样，MariaDB 数据库也组织成不同的表。每个表包含各种数据类型的列和行(或记录)。数据库中所有数据的属性规范称为模式。使用 CREATE DATABASE 和 CREATE TABLE 语句可以创建数据库和表。其他 SQL 语句执行最常见的 CRUD(创建、读取、更新、删除)操作。它们是 INSERT、SELECT、DELETE 和 UPDATE。

MariaDB 支持/etc/my.cnf 配置文件中一些基于主机的安全性指令，例如 skip-networking 禁用 TCP 连接，bind-address 侦听特定 IP 地址上的连接。访问服务器也可以限制在本地基于区域的防火墙上。

用户访问权限由 GRANT 语句管理。这个命令可以在每个数据库或表的基础上，为每个用户分配一组特定的权限。修改用户权限后，必须用 FLUSH PRIVILEGES 命令应用更改。

mysqldump 命令可以对一个表的内容和模式、数据库或系统上所有的数据库执行完整备份。备份可以保存到一个文件中，该文件可以作为一个脚本传递到 mysql 客户端，将备份恢复到 MariaDB 中。

17.7　应试要点

下面是本章中认证目标的一些要点。

MariaDB 简介
- MariaDB 是基本 RHEL 7 存储库中包括的 RDBMS。它是在 GPL 许可下发布的一个由社区开发的 MySQL 分支。
- 服务器包由 mariadb-server RPM 提供，而客户端在 mariadb RPM 中。
- 主 MariaDB 配置文件是/etc/my.cnf。
- /etc/my.cnf 中的 port=*num* 指令可用于在不同的端口上运行服务。
- 使用 mysql_secure_installation 脚本可以给 MariaDB 根用户指定口令，禁用远程登录，删除匿名用户，删除默认的测试数据库，来保护 MariaDB 服务器的安装。

数据库管理
- 数据库在表中存储数据。
- 表是一种巨大的电子表格，行和列包含数据。
- 模式定义了数据如何组织和结构化到数据库中。
- SQL 命令 CREATE DATABASE 和 CREATE TABLE 分别创建新的数据库和表。

简单的 SQL 查询
- 使用 SQL 语句 SELECT、INSERT、UPDATE 和 DELETE，可以检索、插入、编辑和修改数据。
- WHERE 子句过滤结果，或将一个条件应用于 SQL 语句。
- ORDER BY 子句按照升序或降序(使用 DESC 关键字)方式排序查询的记录。
- LIMIT 子句限制查询返回的记录数。

保护 MariaDB

- /etc/my.cnf 中的 skip-networking 指令禁止 TCP 连接到数据库，只允许通过 Unix 套接字来访问。
- bind-address 指令指定 MariaDB 应该侦听连接的 IP 地址。
- MariaDB 用户可以使用 GRANT 命令分配权限列表(grants)。
- 权限必须通过 FLUSH PRIVILEGES 命令来应用。

数据库的备份和恢复

- 使用 mysqldump 命令可以备份整个数据库或特定的表。
- 数据库可以从 SQL 文件(比如由 mysqldump 创建)中恢复，方法是将它的内容重定向到 mysql 命令中。
- 使用 SELECT INTO OUTFILE 语句可以把数据保存到文件中。

17.8　自测题

下面的问题可以帮助考查你对本章主要内容的理解程度。由于在 Red Hat 考试中没有多选题，因此在本书中也没有多选题。这些问题专门测试你对本章内容的理解程度。如果你有其他的方式来测试自己的学习成果，不做下面的试题也可以。不过希望考生在 Red Hat 考试中能尽快得出答案而不要抓住一些无关紧要的小问题不放。下面这些问题有的答案不止一种。

MariaDB 简介

1. 哪个 RPM 包提供了 MariaDB 服务器?
2. mysql_secure_installation 脚本执行哪四个操作?
3. 哪个配置指令在 TCP 端口 33066 上运行 MariaDB?

数据库管理

4. 用什么 SQL 命令创建数据库 foo?
5. 用什么 SQL 命令创建表 person，其中包含两列，来存储姓和名?

简单的 SQL 查询

6. 运行什么 SQL 命令，可以打印工资表中 salary 列值大于或等于 10 000 的所有记录?
7. 运行什么 SQL 命令，可以在部门表中给 id 插入值 7，给部门插入"金融"?
8. 运行什么 SQL 命令，可以删除雇员表中 last_name 列等于"Smith"的所有记录?
9. 运行什么 SQL 命令，可以在雇员表中，把 id 列= 5 的行的 first_name 列值改为"Adam"?

保护 MariaDB

10. 为禁用所有的 TCP 连接，在/etc/my.cnf 中应包括什么指令?
11. 用什么命令把用户名设置为 redhat，口令设置为 redhat? 另外，给该用户授予在数据库 foo 的表 bar 中的只读访问权限，且仅在 IP 地址为 192.168.1.1 上进行访问。
12. 作为用户登录 MariaDB 客户端，如何显示该用户的权限?

数据库的备份和恢复

13. 哪个命令可以把整个数据库 foo 备份到文本文件/ tmp/foo.sql 中？

17.9　实验题

这些实验题中有一些是练习配置文件，应该只在测试机器上完成这些练习。假设你在虚拟机(如 KVM)上完成这些练习。对于本章内容，也假设为了虚拟机能正常工作，你已经配置好实体主机系统。

Red Hat 的考试是机试。为此，本书提供了配书网站，从中可以获取本章和之前章节的实验题(保存在 Chapter17/子目录下)。如果你还没有在你的主机上安装 RHEL 7，那么请参考第 1 章中的安装说明。

实验题的答案在自测题答案的后面。

17.10　自测题答案

MariaDB 简介

1. mariadb-server RPM 包安装 MariaDB 服务器。

2. mysql_secure_installation 脚本给 MariaDB 根用户指定口令，禁用远程登录，删除匿名用户，删除默认的测试数据库。

3. /etc/my.cnf 中的 port=33066 指令在 TCP 端口 33066 上运行 MariaDB。还需要配置本地防火墙，定制默认 SELinux 策略，允许 MariaDB 接受该端口上的连接。

数据库管理

4. 下面的 SQL 命令创建数据库 foo：

```
CREATE DATABASE foo;
```

5. 下面的 SQL 命令创建表 person，其中包含两列，来存储姓和名：

```
CREATE TABLE person (
  first_name VARCHAR(255),
  last_name VARCHAR(255)
);
```

简单的 SQL 查询

6. 运行下面的 SQL 命令，可以打印工资表中 salary 列值大于或等于 10 000 的所有记录：

```
SELECT * FROM salaries WHERE salary >=10000;
```

7. 运行下面的 SQL 命令，可在部门表中给 id 插入值 7，给部门插入 finance：

```
INSERT INTO departments (id, department) VALUES (7, "finance");
```

8. 运行下面的 SQL 命令，可以删除雇员表中 last_name 列等于"Smith"的所有记录：

```
DELETE FROM employees WHERE last_name="Smith";
```

9. 运行下面的 SQL 命令,可以在雇员表中,把 id 列＝5 的行的 first_name 列值改为"Adam":

```
UPDATE employees SET first_name="Adam" WHERE id=5;
```

保护 MariaDB

10. 为禁用所有 TCP 连接,在/etc/my.cnf 的[mysqld]部分应包括 skip-networking 指令。

11. 下面的命令把用户名设置为"redhat",口令设置为"redhat"。另外,给该用户授予在数据库 foo 的表 bar 中的只读访问权限,且仅在 IP 地址为 192.168.1.1 上进行访问。

```
GRANT SELECT ON foo.bar TO redhat@192.168.1.1 IDENTIFIED BY 'redhat';
```

不要忘记运行 FLUSH PRIVILEGES,使更改失效。

12. 为了显示当前用户的权限,运行 SHOW GRANTS 命令。

数据库的备份和恢复

13. 下面的命令可以把整个数据库 foo 备份到文本文件/ tmp / foo.sql 中?

```
# mysqldump -uuser -ppass foo > /tmp/foo.sql
```

17.11　实验题答案

实验题 1

这个实验题是一种技巧练习,直到不需要思考就能完成的程度。安装 mariadb-server 包,启动、启用 MariaDB 服务,运行 mysql_secure_installation,确保本地防火墙允许 MySQL 连接。

然后,作为 MariaDB 根用户从本地主机上连接 mysql 客户端,并运行如下命令:

```
GRANT ALL PRIVILEGES ON *.* TO 'root'@'%' IDENTIFIED BY 'letmein'↵
WITH GRANT OPTION;
FLUSH PRIVILEGES;
```

为了测试,从远程主机上连接到数据库服务器:

```
# mysql -h 192.168.122.50 -uroot -pletmein
```

实验题 2

本实验题的第一部分在练习 17-4 中讨论。

为创建新的用户,分配所需的权限,执行以下 SQL 命令:

```
GRANT SELECT ON employees.departments TO labuser@'%' IDENTIFIED BY↵
'changeme';
GRANT SELECT ON employees.dept_emp TO labuser@'%';
GRANT SELECT ON employees.dept_manager TO labuser@'%;
GRANT SELECT ON employees.employees TO labuser@'%';
GRANT SELECT ON employees.titles TO labuser@'%';
FLUSH PRIVILEGES;
```

实验题 3

本实验的问题 4 中的查询可以使用一个 SQL 连接查询来解决。然而，SQL join 子句超出了 Red Hat 考试的范围。因此，这里使用简单的 SELECT 语句提供答案。

为了研究员工数据库的结构，使用 SHOW TABLES 和 DESCRIBE *table_name* 命令。

1. 执行以下查询，检索生于 1963 年 10 月 31 日的所有员工：

```
SELECT * FROM employees WHERE birth_date='1963-10-31';
```

这个查询应返回 61 条记录。

2. 第二个问题与前面的类似，但是需要在 WHERE 子句中添加第二个条件：

```
SELECT * FROM employees WHERE birth_date='1963-10-20' AND gender='F';
```

该查询应该返回 25 记录。

3. 为了找到最年轻的员工，从员工表中检索前面几个记录，按出生数据降序排序：

```
SELECT * FROM employees ORDER BY birth_date DESC LIMIT 5;
```

最年轻的员工出生于 1965 年 2 月 1 日。

4. 这个问题需要用多个查询来回答。首先，在员工表中找到 Eran Fiebach 的相关记录：

```
SELECT * FROM employees WHERE first_name="Eran" AND last_name="Fiebach";
```

这个查询应返回 Eran Fiebach 的员工号 50714。接下来，使用这个信息检索职位：

```
SELECT * FROM titles WHERE emp_no='50714';
```

查询返回的职位是 Technique Leader。最后一步是找到该员工号的工资信息：

```
SELECT * FROM salaries WHERE emp_no='50714';
```

这个查询返回 Eran Fiebach 的 14 薪水。她的起薪是 40 000 美元，而目前的薪水是 57 744 美元。

实验题 4

如实验题 3 的答案所述，可能需要使用 SHOW TABLES 和 DESCRIBE *table_name* 命令显示数据库的结构。

然后，在员工表中为新员工添加一个记录：

```
INSERT INTO employees (emp_no, birth_date, first_name, last_name, gender,
hire_date) VALUES ('500000', '1990-06-09', 'Julia', 'Chan', 'F',
'2015-06-01');
```

然后添加职位：

```
INSERT INTO titles (emp_no, title, from_date, to_date) VALUES ('500000',
'Senior Engineer', '2015-06-01', '9999-01-01');
```

注意特殊日期 9999-01-01，表明这是员工的当前条目。

为将新员工分配给开发部门，需要部门代码。以下查询告诉我们，它是 d005：

```
SELECT * FROM departments;
```

有了这个信息，就将员工分配给开发部门：

```
INSERT INTO dep_emp (emp_no, dept_no, from_date, to_date) VALUES ('500000',
'd005', '2015-06-01', '9999-01-01');
```

最后一步添加薪水信息：

```
INSERT INTO salaries (emp_no, salary, from_date, to_date) VALUES ('500000',
'60000', '2015-06-01', '9999-01-01');
```

实验题 5
用以下命令创建备份：

```
# mysqldump -p employees employees | gzip >> /root/emp.sql.gz
```

完全可以保存原始的 SQL 文件，然后运行 gzip 压缩文件。为验证备份是有效的，显示文件的内容：

```
# less /root/emp.sql.gz
```

确保只备份员工数据库中员工表的内容。
为恢复备份，首先创建新的数据库：

```
CREATE DATABASE emp_restored;
```

然后导入备份的内容：

```
# gunzip /root/emp.sql.gz
# cat emp.sql | mysql -p emp_restored
```

最后进行检查,运行用于回答实验题 3 的第 1 部分的 SQL 查询,确认数据看起来是一样的。

附录 **A**

为模拟考试准备一个系统

　　Red Hat 公司的认证执行总监 Randy Russell 在 2009 年网志中声明：Red Hat 考试不再需要"裸机安装"。换句话说，当今天你要参加 Red Hat 考试时，一个预装的系统会提供给你。在这个附录中，要装配一个预装系统，用来完成电子版的模拟考试(保存在下载资料的 Exams/子目录中)。在附录 B 到附录 E 的第一页中分别介绍了每个考试的内容，然后会在后面给出答案。

　　如果你正在为 RHCSA 而学习，那么请阅读下一节的内容。如果你也正在为 RHCE 学习，也请阅读之后的内容。

模拟考试系统的基本要求

　　RHEL 7 测试系统的要求比较多。在 RHCSA 或 RHCE 考试目标中不需要实体"裸机"安装。然而，对于 RHCSA 来说，确实需要"配置一个实体主机来管理虚拟客户机"。很可能需要"将 Red Hat Enterprise Linux 系统安装为虚拟客户机"。

　　由于默认的 RHEL 7 虚拟机解决方案(KVM)需要 CPU 支持硬件的虚拟化，如第 1 章所述。所以需要在 BIOS 中启用硬件虚拟化支持。

　　在脑子里记住这些要求，就可以按照下面的标准装配测试系统了：
- 在 64 位计算机硬件上安装
    - 与另一个操作系统的双重启动配置是允许的。
    - 在 BIOS 中启用硬件虚拟化支持。
- 足够的硬件驱动空间
    - 60GB～70GB 应该足够了(虽然硬盘更大些会更有利)。
    - 为两个或三个虚拟机分别准备 16GB 的存储空间应该足够了。

　　某些情况下，不可能在虚拟机里安装虚拟机。虽然没有为这本书的这个配置做过测试，但是 VMware 工作站等虚拟机解决方案可以轮流管理其他的虚拟机。如果这样做价格太昂贵或操作太复杂，那就在 64 位实体系统上仅安装 RHEL 7。

　　既然一个目标是"配置一个实体主机来管理虚拟客户机"，那么需要装配一个不安装 KVM 软件的实体系统(当然，在考试中应该准备安装 KVM)。如第 1 章所述，如果你有针对该目标的 RHEL 7 的发布版本，那么这种情况是理想的。重新构建的发布版本(例如 Scientific Linux 7、CentOS 7，或者甚至是 Oracle Linux 7)应该也能正常运行，因为它们都基于公开可获取的 RHEL 7 源代码。

　　然而，为了准备 Red Hat 考试，不应该使用 Fedora Linux 来学习。虽然 RHEL 7 基于 Fedora Linux，但是 RHEL 7 有不同的外观和内容。有些情况下，RHEL 7 与大多数类似的 Fedora 发行版本(Fedora 19 和 Fedora 20)有不同的功能。

　　把这些限制性条件装在脑子里，然后应该开始配置一个 64 位的实体测试系统，这个系统满足第 1 章中讨论过的每一项要求。如第 1 章所述，应该配置一个 *Virtualization Host* 安装，如图 A-1 所示。

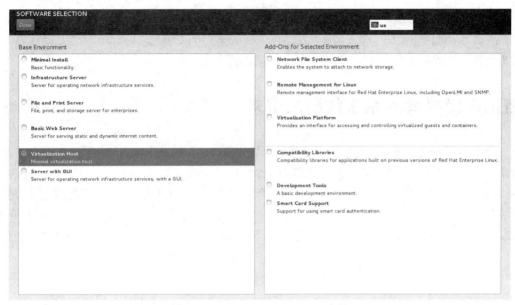

图 A-1　RHEL 7 Virtualization Host 安装

也可以装配一个 GUI，如第 1 章所述。为了回顾一下前面学过的内容，应该在安装过程中选择 Server with GUI 基本环境，这包括下面的程序包组：

- Virtualization Client：包括安装和管理虚拟化实例的客户
- Virtualization Hypervisor：安装尽可能最小的虚拟化主机
- Virtualization Tools：包括离线虚拟映像管理工具

但是为了满足 RHCSA 测试系统隐含的要求，需要确保在安装过程中没有安装虚拟机软件，如图 A-2 所示。

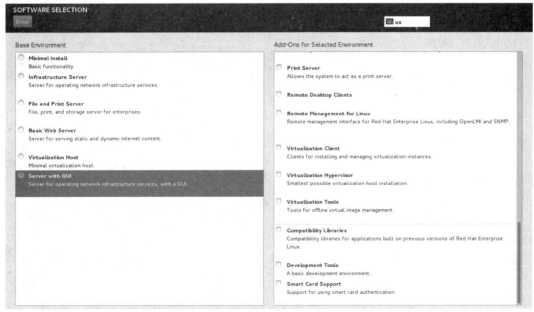

图 A-2　RHEL 7 Server with GUI 安装，没有安装虚拟机软件

　　一旦安装完成,这个系统就为进行 RHCSA 考试做好了初步准备。但是还需要完成几个步骤。需要为本地网络装配一个安装库。在实体主机系统上可以完成该步骤。一个方法是像第 1 章的实验题 2 描述的那样。

RHCE 模拟考试系统的附加要求

　　为了准备 RHCE 考试,需要做更多事情。具体而言,在物理主机系统上至少要有两个虚拟机系统。在第 1 章中,3 个虚拟机系统外加一个空闲的系统配置在两个不同的网络上。

　　如果只是在为 RHCE 做准备,那么可以选择在安装物理主机系统的过程中包含虚拟机软件。所装配的虚拟机系统应该满足第 1 章和第 2 章中讨论过的要求。kickstart 文件(ks.cfg、ks1.cfg 和 ks2.cfg)可以在下载资源(保存在 Exams/子目录下)上获得,它们可以帮助创建这些虚拟系统。

附录 B

模拟考试 1：RHCSA

下面的问题将帮助测试你对本书内容的理解程度。如前言中所述，你应该在 2.5 小时内完成 RHCSA 考试。

RHCSA 考试是"闭卷"。然而，可以使用 Red Hat Enterprise Linux 计算机上可以找到的任何资料。虽然测试中允许你做笔记，但是不允许将这些笔记带出考场。

RHCSA 与 RHCE 是完全独立的。虽然这两个考试包含一些相同的服务，但是这些服务的学习目标是不同的。

绝大多数情况下，不止有一个解决方案或一种方法来解决问题或安装服务。Linux 操作有无穷多种，所以这里不可能列出所有的情形。

甚至对于这些练习，也请不要使用生产型计算机。在这些练习中的一个小错误都可能导致 Linux 无法启动。如果无法按照记录在这些练习中的步骤恢复系统，那么可能需要重新安装 Red Hat Enterprise Linux。那时再保存本地系统上的数据就不可能了。

Red Hat 提供了上机考试。为此，本书中的考试都可从网站下载资源(保存在 Exams/子目录下)中获取。模拟考试 1 的文件名为 RHCSAsampleexam1，可以.txt、.doc 和.html 格式获取。如何装配 RHEL 6 成为适合实际考试系统的细节请参考附录 A。一定要确保装配了在第 1 章的实验题 2 中配置的存储库。

请在完成考试后再阅读下面的内容！

RHCSA 模拟考试 1 的讨论

在这个讨论中，我将介绍一种方法来检查你的答案是否满足列在 RHCSA 模拟考试 1 中的要求。

(1) 查看 SELinux 是否设置为强制模式的一种方法是执行 sestatus 命令。

(2) 如果 VM 软件安装到本地系统上，那么可以访问 GUI 中的 Virtual Machine Manager，或者至少可以在命令行中执行 virt-install 和 virsh 命令。

(3) 如果成功，可以通过 ssh 或 Virtual Machine Manager 访问 server2.example.com 系统。

(4) 设置下次主机启动时指定系统自动启动的一种方法是使用 virsh autostart server2.example. com 命令。一种验证的方法是使用 virsh dominfo server2.example.com 命令的输出。

(5) 如果不知道如何恢复根口令，可参考练习 5-2。

(6) 为审查当前的卷组，可运行 vgdisplay 命令。检查 PE 大小。为列出所有逻辑卷，可运行 lvdisplay 命令。新卷的大小应是 32 逻辑扩展，即 256MB。

(7) 为了确保下次系统启动时卷能自动挂载，/etc/fstab 中的卷应该配置为适当的格式——用与卷有关的 UUID(如 blkid 命令所定义的那样)。下面是一个例子：

```
UUID=d055418f-1ff6-46bf-8476-b391e82a6f51 /project xfs defaults 1 2
```

(8) 以下命令显示了完成这个任务的一种方法：

```
# find /etc -type f -name "*.conf" >/root/configfiles.txt 2>/dev/null
```

(9) 运行 file/ tmp / etc.tar.bz2 命令，来确认所创建的文件被压缩了。解压存档，验证它的内容，或使用下面的命令检查其内容：

```
# cat /tmp/etc.tar.bz2 | bunzip2 | tar -t
```

(10) /home/friends 目录应该隶属于组 friends。只要用户 donna 和 mike 不是这个组的成员，其他用户没有这个目录的权限(或 ACL)，就只允许组 friends 内的成员访问该目录。这个目录也应该有 SGID 权限。

```
# ls -ld /home/friends
drwxrws---. 2 root friends 6 Nov 18 10:54 /home/friends
# getent group friends
friends:x:2000:nancy,randy
```

(11) 如果修改了用户 mike 的账户，使他的账户在 7 天后到期，那么 chage -l mike 命令的输出中会显示正确的截止日期。

(12) 有许多方法设置一个 cron 工作任务，可在/etc/cron.monthly 目录下进行配置，或者使用 crontab -u mike -e 命令配置为根用户或 mike 的一个定时工作任务。不管哪种情况，删除命令都应该与适当的时间戳相关，例如：

```
50 3 2 * * /bin/find /home/mike/tmp -type f -exec /bin/rm {} \;
```

(13) 请运行 getfacl /home/mike/project.test 命令。如果用户 donna 在 ACL 中有读取权限，那么会在这个命令的输出结果中看到。还应该在/home/mike 目录上设置 ACL，给 donna 用户授予执行权限，来访问目录中的文件。

(14) 运行 authconfig-gtk 命令，查看当前设置。"使用 LDAP"必须在 User Information 设置上启用 Use LDAP 以及 Use LDAP Authentication。服务器 URL 应该设置为 ldap://192.168.122.1，启用 TLS。

附录 C

模拟考试 2：RHCSA

下面的问题将帮助测试你对本书内容的理解程度。如前言中所述，你应该在 2.5 小时内完成 RHCSA 考试。

RHCSA 考试是"闭卷"。然而，你可以使用 Red Hat Enterprise Linux 计算机上可以找到的任何资料。虽然测试中允许你做笔记，但是不允许将这些笔记带出考场。

RHCSA 与 RHCE 是完全独立的。虽然这两个考试包含一些相同的服务，但是这些服务的学习目标是不同的。

绝大多数情况下，不止有一个解决方案或一种方法来解决问题或安装服务。Linux 操作有无穷多种，所以我不可能列出所有的情形。

甚至对于这些练习，也请不要使用生产型计算机。在这些练习中的一个小错误都可能导致 Linux 无法启动。如果无法按照这些练习中的步骤恢复系统，那么可能需要重新安装 Red Hat Enterprise Linux。那时再保存本地系统上的数据就不可能了。

Red Hat 提供了上机考试。为此，本书中的考试都可从网站下载资源(保存在 Exams/子目录下)中获取。模拟考试 2 的文件名为 RHCSAsampleexam2，可以.txt、.doc 和.html 的格式获取。如何装配 RHEL 7 成为适合实际考试系统的细节请参考附录 A。一定要确保装配了在第 1 章的实验题 2 中配置的存储库。

请在完成考试后再阅读下面的内容！

RHCSA 模拟考试 2 的讨论

在这个讨论中，我将介绍一种方法来检查你的答案是否满足列在 RHCSA 模拟考试 2 中的要求。

(1) 如果 VM 软件已经安装在本地系统上，那么可以访问 GUI 中的 Virtual Machine Manager，或者至少可以在命令行中执行 virt-install 和 virsh 命令。

(2) 如果最近的 Kickstarted 安装成功完成，那么应该可以通过 ssh 或 Virtual Machine Manager 访问新的 outsider2.example.org 系统。

(3) 每一个允许访问 VM 上管理员账户的人都可以审查/var/log/secure 文件中基于 ssh 的登录名。很容易检验是否使用 ssh 命令连接到新系统上。如果不知道如何恢复根口令，请参考练习 5-2.

(4) 所有的分区(新的 500MB 分区，附加的交换空间)应该显示在 fdisk -l 命令的输出结果中。

(5) 配置得当时，新文件系统会显示在 mount 命令的输出中，标记为 type xfs。

(6) 当应用附加交换空间时，它应该显示在/proc/swaps 文件的内容中。另外，交换空间的全部总额应该显示在 free 命令的输出中。

(7) 执行 blkid 命令，检索/etc/fstab 中设置的新卷的 UUID。文件系统的类型必须在/etc/fstab 中指定为交换。例如：

```
UUID=a110ef54-caed-42b2-a5bb-e3086792d168 swap swap defaults 0 0
```

(8) 以下命令显示了完成这个任务的一种方法：

```
# grep -rl redhat /etc/* >/root/etc-redhat.txt 2>/dev/null
```

另一种方法如下：

```
# find /etc -type f -exec grep -l redhat {} \;↵
>/root/etc-redhat.txt 2>/dev/null
```

(9) 新的本地用户应该记录在/etc/passwd 和/etc/shadow 中。为拒绝普通用户访问目录，最简单的方式是使用 ACL。应该证明用户 bill 和 richard 不能用 getfacl /cooks 命令访问/cooks 目录。尝试使用 touch 命令以 bill 或 richard 的身份创建文件：

```
# getfacl /cooks
getfacl: removing leading '/' from absolute path names
# file: cooks
# owner: root
# group: root
user::rwx
user:bill:---
user:richard:---
group::r-x
mask::rwx
other::rwx
```

(10) 为了验证，应该将 DVD 插入适当的驱动器中(或者可以在虚拟机中安装 ISO 文件)。然后当执行 ls /misc/dvd 命令时，自动挂载器会挂载 DVD 并提供那个驱动器上的文件信息。这个配置比较容易，只需要稍微修改默认的/etc/auto.misc 文件即可。如果不确定，可以参考第 6 章的认证目标 6.06。当然，应该确保 autofs 服务在重启后可以运行，这可以用 chkconfig -list autofs 命令验证。

(11) 当安装新的内核时，它们应该在引导加载程序配置文件(保存在/boot/grub/grub.conf 下)中包含一个新节。默认节基于/boot/grub2/grubenv 文件中的 saved_entry 指令；记住，saved_entry=0 指向第一节，saved_entry =1 指向第二节，以此类推。使用 grub2-set-default 命令启动另一个默认内核。

(12) 使用 systemctl set-default 命令配置默认的目标。

(13) 编辑/etc/ntp.conf 文件。在那个文件中的 server 指令应该指向预期的系统——这里是实体主机。当然，除非实体主机也是 NTP 服务器，否则无法用 ntpq -p 命令测试系统。在实际配置中，第二个主机将成为真正的 NTP 服务器。还需要确保 ntpd 服务在重启后可以运行，可以用 systemctl is-enabled ntpd 命令进行验证。

(14) 为确保 SELinux 设置在许可模式下，可运行 sestatus 命令。

附录 **D**

模拟考试 3：RHCE

下面的问题将帮助测试你对本书内容的理解程度。如前言中所述，你应该在 3.5 小时内完成 RHCE 考试。

如同 RHCSA 考试一样，RHCE 考试也是"闭卷"。然而，你可以使用 Red Hat Enterprise Linux 计算机上可以找到的任何资料。虽然测试中允许你做笔记，但是不允许将这些笔记带出考场。

虽然 RHCE 与 RHCSA 是完全独立的，但是你需要通过这两门考试才能得到 RHCE 证书。然而，你可以先参加 RHCE 考试。虽然这两门考试包含一些相同的服务，但是这些服务的学习目标是不同的。

绝大多数情况下，不止有一个解决方案或一种方法来解决问题或安装服务。Linux 操作有无穷多种，所以我不可能列出所有的情形。

甚至对于这些练习，请不要使用生产型计算机。在这些练习中的一个小错误都可能导致 Linux 无法启动。如果无法按照这些练习中的步骤恢复系统，那么可能需要重新安装 Red Hat Enterprise Linux。那时再保存本地系统上的数据就不可能了。

Red Hat 提供了上机考试。为此，本书中的考试都可从网站下载资源(保存在 Exams/子目录下)中获取。该模拟考试的文件名为 RHCEsampleexam1，可以.txt、.doc 和.html 的格式获取。如何装配 RHEL 7 成为适合实际考试系统的细节请参考附录 A。一定要确保装配了在第 1 章的实验题 2 中配置的存储库。

请在完成考试后再阅读下面的内容！

RHCE 模拟考试 1 的讨论

在这个讨论中，我将介绍一种方法来检查你的答案是否满足列在 RHCE 模拟考试 1 中的要求。既然没有方法装配一个 Red Hat Enterprise Linux 配置，那么对于列出来的要求也没有标准的答案。但是有几件事需要记住——你应该确保你所做的修改在重启后能生效。对于 RHCE 来说，你需要确保设置的服务在系统启动时启用。

(1) 第一个任务应该比较简单。katie 和 dickens 用户应该拥有 SSH 服务器的账户。虽然可以用 TCP Wrappers 来限制用户访问 SSH，但是最简单的方法是用主 SSH 服务器配置文件中的下列指令：

```
AllowUsers katie
```

当然，检验的标准是用户 katie 可以从本地网络上的远程系统登录，而用户 dickens 会被拒绝访问。另外，限制只允许本地网络访问要求通过基于区域的防火墙规则做适当的约束，或者在 TCP Wrappers 配置文件/etc/hosts.allow 和/etc/hosts.deny 中进行适当的约束。

(2) Samba 服务器将用两种不同的共享目录进行配置。系统可以用 samba_export_all_rw SELinux 布尔值配置，或目录可以用 samba_share_t 类型标签设置。另外，限制只允许指定用户访问的最简单的方式是用 smb.conf 配置文件(保存在适当的节中)中的 allow users 指令。指定的用户应该存在于独立的 Samba 口令数据库中。当然，成功与否取决于用户 dickens、tim 和 stephanie 从远程系统访问指定目录的能力。

(3) 默认情况下，NTP 服务器只允许本地系统访问。为了扩展到允许本地网络访问，需要对/etc/ntp.conf 文件的 restrict 指令进行修改，同时也需要开启适当的防火墙端口。可以用 ntpdate *ntpserver* 命令测试远程连接(当然，可以自由地将 NTP 服务器的主机名替换为 IP 地址)。请记住，NTP 通过 UDP 123 端口通信。

(4) 虽然其他的方法也可行，但是在 NFS 主配置文件(/etc/exports)中限制只允许单独的主机访问的最简单方式是用下面的指令：

```
/home maui.example.com(rw)
```

应该替换为实际考试系统中的主机名或 IP 地址。另外，你会遇到不同的要求，如只读(ro)、不允许根目录访问(root_squash)等。应该通过实体主机系统挂载 NFS 共享目录来验证访问是否成功。

(5) 配置一个安全虚拟网站的最简单方式是借助于定义在 ssl.conf 文件(保存在/etc/httpd/conf.d 目录下)中的标准配置。如果成功，那么可以访问安全网站——https://shost1.example.com 和 https://shost2.example.com。既然这些证书不是来自官方权威机构，那么"无效安全证书"消息出现在浏览器中不是问题(假定 SSL 键名出现在消息中)。

(6) 在 server.example.com 本地基于区域的防火墙上，把 https 服务添加到默认区域中。为了限制从 outstider1.example.net 的 HTTP 访问，可以建立一个富规则。另外，把 outsider1 的 IP 地址添加到防火墙的 drop 区。在测试之前，在每台计算机的/etc/hosts 文件中添加 IP 和主机条目，确保对主机名 shost1.example.com 和 shost2.example.com 进行 DNS 解析。

(7) 日常 cron 工作任务的典型位置是/etc/cron.d 目录。backup.sh 脚本必须从需要保存备份文件的本地目录中运行。因此，在运行脚本之前，应该进入/ tmp 目录。cron 命令应该如下：

```
0 2 * * * root (cd /tmp; /usr/local/bin/backup.sh /home)
```

(8) 为给 IPv4 和 IPv6 寻址配置 IP 转发，需要在/etc/sysctl.conf 中添加下面的指令：

```
net.ipv4.ip_forward=1
net.ipv6.conf.all.forwarding=1
```

(9) 为确认这个任务是否成功，可以连接两个主机的两个 IPv6 地址，其命令是 ping6 2001:db8:1::1/64 和 ping6 2001:db8:1::2/64。

(10) 使用 targetcli shell 设置 iSCSI 目标。完成后，targetcli ls 命令应该显示所有必需的配置参数。复习第 13 章的认证目标 13.06，了解如何使用 targetcli shell 的更多信息。

(11) 在客户端，以发现数据库模式中运行 iscsiadm 命令，查看远程目标。如果没有显示目标，就检查配置，包括 iSCSI 访问列表、IQN 名称和防火墙规则。确保 iscsi 和目标服务分别运行在客户机和存储服务器上。如果发现阶段成功，就登录到目标上，创建一个文件系统。需要/etc/fstab 中有一个条目，在系统启动时自动挂载卷。

(12) 系统审计工具运行的时间周期是 10 分钟，如/etc/cron.d/sysstat 文件中所示。很容易在指定文件中将时间修改为 5 分钟。

(13) 使用 mysql - u root 命令连接到数据库，并执行以下命令：

```
USE exam;
SELECT * from mark;
```

SELECT 查询应该返回练习中列出的三条记录。

(14) 如果成功，就应该能够运行 mysql -u examuser –p，输入 pass123，登录到 MariaDB 数据库上。用户必须具有考试数据库的完全访问权限，使用 SHOW GRANTS 命令可以确认这一点。根用户没有口令，就不能访问 MariaDB。使用 mysql - u root 命令可确认这一点。

附录 **E**

模拟考试 4：RHCE

下面的问题将帮助测试你对本书内容的理解程度。如前言中所述，你应该在 3.5 小时内完成 RHCE 考试。

如同 RHCSA 考试一样，RHCE 考试也是"闭卷"。然而，你可以使用 Red Hat Enterprise Linux 计算机上可以找到的任何资料。虽然测试中允许你做笔记，但是不允许将这些笔记带出考场。

虽然 RHCE 与 RHCSA 是完全独立的，但是你需要通过这两门考试才能得到 RHCE 证书。然而，你可以先参加 RHCE 考试。虽然这两门考试包含一些相同的服务，但是这些服务的学习目标是不同的。

绝大多数情况下，不止有一个解决方案或一种方法来解决问题或安装服务。Linux 操作有无穷多种，所以我不可能列出所有的情形。

甚至对于这些练习，请不要使用生产型计算机。在这些练习中的一个小错误都可能导致 Linux 无法启动。如果无法按照这些练习中的步骤恢复系统，那么可能需要重新安装 Red Hat Enterprise Linux。那时再保存本地系统上的数据就不可能了。

Red Hat 提供了上机考试。为此，本书中的考试都可从网站下载资源(保存在 Exams/子目录下)中获取。该模拟考试的文件名为 RHCEsampleexam2，可以.txt、.doc 和.html 的格式获取。如何装配 RHEL 6 成为适合实际考试系统的细节请参考附录 A。一定要确保装配了在第 1 章的实验题 2 中配置的存储库。

请在完成考试后再阅读下面的内容！

RHCE 模拟考试 2 的讨论

在这个讨论中，我将介绍一种方法来检查你的答案是否满足列在 RHCE 模拟考试 2 中的要求。既然没有方式装配一个 Red Hat Enterprise Linux 配置，那么对于列出来的要求也没有标准的答案。但是有几件事需要记住——你应该确保你所做的修改在重启后能生效。对于 RHCE 来说，你需要确保设置的服务在重启动后可以自动启用。

(1) 这个任务本质上与练习 12-5 和 12-6 相同。为了验证配置，确保为每个用户在 KDC 上存在 Kerberos 主机。在 server1 上打开 SSH 会话后，klist 命令应该确认授予了一个 TGT。如有问题，请检查配置。基于这个问题，客户端在/etc/krb5.conf 中应该包括以下指令：

```
default_realm = EXAMPLE.COM
```

另外，/etc/krb5.con 文件中的 kdc 和 admin_server 指令应该设置为物理主机系统的 FQDN。

(2) 这个任务的第一部分需要在/etc/exports 中包含以下配置行：

```
/nfsshare tester1.example.com(rw)
```

通过 Kerberos 保护的 NFS 共享配置参见练习 16-2 和 16-3。确认已经为所有机器创建、安装了 Kerberos 主机和服务主体。在服务器上，必须运行 nfs-server 和 nfs-secure-server 服务。必须用 sec = krb5p 选项导出 NFS 共享。

(3) 这个练习是之前任务的延续。如果客户端可在启动时使用 sec=krb5p 选项自动挂载 NFS 共享，就成功地完成了这个任务。如果有任何问题，可以检查客户端是否启用了 nfs-secure 服务，并检查防火墙规则。以详细模式(- v)运行 mount 命令，分析输出和日志中的错误消息。

(4) 如果成功，应该会看到每一个网站指定 index.html 文件的内容。也应该改变/web 目录的默认 SELinux 上下文，以匹配/var/www/html 目录。复习第 14 章的认证目标 14.04，了解保护虚拟主机的更多信息。

(5) 如果成功，用户 elizabeth 和 fred(不再包含其他用户)将能访问主目录的 cubs 子目录。两个用户只能从本地网络的系统进行访问。如果配置并不像预期的那样工作，应检查设置。必须使用 AuthType Basic 和 Require user 指令建立一个<Directory>块容器，用于 Apache 配置文件中的 cubs 子目录。还需要一个 AuthUserFile 行指向口令文件。使用 Allow from 指令可限制访问本地网络。

(6) CGI 应用程序应该可以通过下面的 URL 进行访问：http://test1.example.com/cgi-bin/good.pl。当导航到这个 URL 时，浏览器会提示"Good Job！"。

(7) 如果使用 BIND，默认的 named.conf 配置文件自身对于高速缓存 DNS 服务器来说足够了。在那个文件中，需要添加一条包含实体主机系统(假定有 DNS 服务器)IP 地址的 forwarders 指令。

(8) 使用 postconf -n 命令配置后缀，检查配置。至少需要配置 myorigin、mydestination、local_transport 和 relayhost 指令。用电子邮件客户端(如 mutt)测试配置。服务器应该只接受本地系统的电子邮件，把它们交付给物理主机。在/var/log/maillog 中验证这一点。

(9) 当用户尝试从一个给定的客户端连接时，该系统应给出提示，并接受考试题定义的口令短语：Linux rocks, Windows does not(注意口令短语包括一个逗号和句号)。基于 SSH 密钥的身份验证是 RHCSA 和 RHCE 考试的要求，参见第 4 章的认证目标 4.04。

(10) 当地址伪装(masquerading)配置好后，在 192.168.122.0/24 网络中来自内部系统(如 server1.example.com)的连接看起来就像它们来自物理主机系统一样，如 server1.example.com 连接到 outsider1.example.net。为了验证，可以尝试 SSH 连接，查看/var/log/secure 中的日志消息。

(11) 如果配置有效，就 ifdown 命令禁用一个接口后，应该仍有 IP 连接。使用 cat/proc/net/bonding/bond0 命令(如果配置了键)或使用 teamdctl team state 命令(如果配置了团队)，验证是否使用循环模式。接口团队和成键的更多信息请回顾第 12 章的认证目标 12.06。

(12) 在 Samba 服务器上拥有账户的用户应该可以连接到他们在服务器上的主目录。但是除非 samba_enable_home_dirs 布尔值启用，否则那个目录上的文件不允许访问。

(13) NTP 服务器上的对等服务器可在/etc/ntp.conf 文件中启用(代替 server 指令)。要记住，NTP 通信需要通过 UDP 123 端口。检查 UDP 123 端口是否打开的一种方法是用下面的命令：nmap -sU server1 -p 123。

(14) 为避免响应 ping 命令(工作在 IPv4 上)，需要启用 icmp_echo_ignore_all 选项。可以在/etc/sysctl.conf 文件中，用 net.ipv4.icmp_echo_ignore_all = 1 指令永久启用该选项。

术　语　表

访问控制列表(Access control list，ACL)：访问控制列表(ACL)为文件系统上存储在扩展属性中的文件和目录提供了访问控制的一个附加层。这些 ACL 用 setfacl 和 getfacl 命令设置和验证。

地址解析协议(Address Resolution Protocol，ARP)：一个协议，把 IP 地址映射到网络接口的硬件(MAC)地址上。

anacron：anacron 服务用于运行 cron 工作任务，这种工作任务不能在服务器关闭时运行，它现在通过/etc/anacrontab 文件集成到周期性作业管理中。

Apache Web 服务器：Apache Web 服务器通过 httpd 守护进程提供了正常、安全的 Web 服务。

apachectl：apachectl 命令是启动、停止、重新加载 Apache 服务器的方法，apachectl graceful 命令可以重新加载修改后的配置文件，而不需要重置现有的连接。

arp：arp 命令用于查看或修改内核的 ARP 映射表。使用 arp 可以发现问题，如网络上重复的地址。或者，可以使用 arp 来手动添加 LAN 中需要的条目。

at：at 命令类似于 cron，但它允许一次运行一个作业。

自动加载器(automounter)：自动加载器可以配置为根据需要挂载本地和网络目录。它在/ etc 目录的 auto.master、auto.net、auto.misc 和 auto.smb 中配置。

bash：Linux 用户的默认 shell 是 bash，也称为 Bourne-Again Shell。

BIND(Berkeley Internet Name Domain)：BIND 软件用来建立域名系统(DNS)服务。相关的守护进程是 named。

BIOS：BIOS 是基本输入/输出系统。它在启动电脑时初始化硬件资源。在大多数现代系统中，BIOS 由 UEFI 所取代。BIOS 菜单允许定制许多选项，包括引导媒体的顺序。

/ boot：这个目录包含引导 Linux 所需的主文件，包括 Linux 内核和初始 RAM 磁盘。默认情况下，/ boot 挂载在一个单独的分区。

仅缓存名称服务器(Caching-only name server)：仅缓存名称服务器执行 DNS 服务器的许多功能。它存储与最近的名称搜索相关的 DNS 记录，供 LAN 中的其他计算机使用。

CentOS (Community Enterprise Operating System)：一个基于 Red Hat 源代码的"重建" RHEL。

chage：chage 命令管理口令的有效期。

chattr：chattr 命令允许更改文件属性。

chgrp：chgrp 命令改变拥有一个文件的组。

chmod：chmod 命令更改文件的权限。

chown：chown 命令更改文件的所有权。

CIFS(Common Internet File System)：CIFS 是一个在 Microsoft Windows 系统上广泛使用的文件共享协议。RHEL 7 包含的 Samba 版本也支持它。

cron：定期运行工作的服务。在/etc/crontab 中配置，默认情况下，它执行/etc/cron.d、/etc/cron.hourly、/etc/cron.daily、/etc/cron.weekly 和/etc/cron.monthly 目录中的工作任务。

crontab：个人用户可以运行 crontab 命令，配置定期运行的工作任务。

/ dev：这个目录包括设备文件，用于表示硬件和软件组件。

DHCP(动态主机配置协议，Dynamic Host Configuration Protocol)：DHCP 客户端在本地

网络的 DHCP 服务器中租赁 IP 地址一段固定的时间。

dmesg：dmesg 命令列出内核环缓冲区和最初的引导信息。如果系统成功启动，就在 /var/log/dmesg 中寻找信息。

DNS(域名系统，Domain Name System)：DNS 服务维护一个数据库，其中包含 IP 地址和完全限定的域名，比如 www.mheducation.com。如果域名不在本地数据库中，DNS 通常配置为把查询转发到另一个 DNS 服务器。

dumpe2fs：dumpe2fs 命令提供 ext2/ext3/ext4 文件系统的各种信息。

e2label：e2label 命令将一个标签与 ext2/ext3/ext4 文件系统关联起来。

Environment(环境)：每个用户的环境指定了默认变量，定义了登录提示、终端、路径和邮件目录等。

/etc/fstab：/etc/fstab 配置文件定义了启动时挂载的文件系统。

/etc/ntp.conf：主要的 NTP 服务器配置文件。

exportfs：exportfs 命令允许把目录作为网络上的 NFS 卷来共享。

ext2/ext3/ext4：第二、第三和第四个扩展文件系统(ext2、ext3、ext4)。ext3 和 ext4 文件系统包括日志记录。ext4 文件系统可以处理最多 1exabyte(1 000 000TB)数据。

fdisk：标准的磁盘分区命令实用工具，允许修改物理和逻辑磁盘的 MBR 分区布局。

Fedora Linux：Red Hat Linux 免费版本的后续版本，这个 Linux 发行版的更多信息可以在 https://fedoraproject.org 上获得。

Filesystem(文件系统)：文件系统在 Linux 中有多个含义。它指挂载的存储卷；根目录(/)文件系统挂载在自己的文件系统中。它还指文件系统格式；RHEL 7 卷通常格式化为 XFS 文件系统。

Firewall(防火墙)：一个硬件或软件系统，可以防止未经授权的访问和来自网络的访问。

firewall-cmd：一个管理 firewalld 的命令行工具。

firewalld：基于区域的防火墙，在 RHEL 7 中默认为激活。

fsck：fsck 命令检查 Linux 分区上文件系统的一致性。这个命令的变体可用于特定的文件系统，如 fsck.ext3、fsck.ext4 和 fsck.xfs。

FTP(File Transfer Protocol，文件传输协议)：FTP 协议是一个 TCP / IP 协议，旨在网络上传输文件。

Gateway(网关)：网关这个词在 Linux 中有多个含义。默认网关地址是连接两个网段的计算机或路由器的 IP 地址，如从本地子网连接到互联网。网关也可以是网络之间的路由器。

gdisk：磁盘分区命令实用工具，允许修改用 GPT 分区方案创建的分区。

genkey：genkey 命令支持为安全的网站生成 SSL 密钥。

getfacl：getfacl 命令允许读取文件和目录上的访问控制列表(ACL)。

getsebool：getsebool 命令允许读取 SELinux 布尔值的当前状态。

GNOME (GNU Network Object Model Environment，GNU 网络对象模型环境)：GNOME 是 Red Hat Enterprise Linux 的默认 GUI 桌面。

GPG(GNU Privacy Guard，GNU 隐私保护)：GPG 是 OpenPGP 标准的一种实现。在 RHEL 7 上，GPG 可通过 gpg2 命令使用。

GPL：GPL 是通用公共许可证，大多数 Linux 软件在该许可证下发布。

Group ID：每个 Linux 组都有组 ID，通常在/etc/group 中定义。

GRUB 2(Grand Unified Bootloader 版本 2)：RHEL 7 的默认引导加载程序。

grub2-install：grub2-install 命令在设备上安装 GRUB 2 引导装载程序，如/boot/grub/grub。

GUID 分区表(GUID Partition Table，GPT)：支持最多 128 个分区的磁盘分区方案。

Home directory(主目录)：主目录是 Linux 用户的默认登录目录。通常这是/home/*user*，其中 *user* 是用户的登录名。在 bash shell 中用波浪号(~)表示。

htpasswd：htpasswd 命令创建一个口令数据库，可以和 Apache Web 服务器一起用于 HTTP 身份验证。

Hypervisor(虚拟机)：虚拟机管理器，允许客户操作系统在主机上运行。

ICMP 协议(Internet Control Message Protocol，Internet 控制消息协议)：这个协议在网络上发送错误控制消息。ICMP 使用 ping 命令相关联。

ifconfig：ifconfig 命令过时了。取而代之的是 ip 命令。

Initial RAM disk(初始 RAM 磁盘)：RHEL 在引导过程使用一个初始 RAM 磁盘，它在/ boot 目录中存储为 initramfs-`uname -r`.img 文件。

ip：ip 命令用于配置和显示网络设备。

IP forwarding (IP 转发)：IP 转发是一个内核参数，允许在系统上两个不同的网络接口之间路由数据包。

iptables：iptables 命令是配置防火墙规则和网络地址转换(NAT)的基本命令。

IPv4, IPv6：IPv4 和 IPv6 是不同版本的 IP 协议。版本 4 基于 32 位地址；版本 6 用于取代版本 4，基于 128 位地址。

iSCSI(Internet SCSI，互联网 SCSI)：互联网 SCSI 是一种协议，它允许客户(iSCSI 启动器)在基于 IP 的网络上给存储设备(iSCSI 目标)发送 SCSI 命令。

iscsiadm：iscsiadm 命令允许在 iSCSI 启动器上建立到远程 iSCSI 目标的连接。

journalctl：journalctl 命令显示 systemd 日志的内容。

Kdump：Kdump 是 Linux 的内核崩溃转储服务。

Kerberos：Kerberos 是一种协议，它为不安全网络的用户、主机和服务提供了身份验证服务。

内核(Kernel)：内核是任何操作系统的核心。Linux 内核是一个整体，可以加载运行时作为单独模块的一些代码。

内核模块(Kernel module)：内核模块是目标文件，可以根据需要加载到内核中和卸载。加载的内核模块可以用 lsmod 命令列出。

Kickstart：Kickstart 是 Red Hat 的自动安装系统，其中，安装问题的答案可以在一个文本文件中提供。

KVM：KVM 是基于内核的虚拟机(Kernel-based Virtual Machine)，是 RHEL 7 的默认虚拟化技术。

lftp：lftp 命令启动一个灵活的 FTP 命令行客户端。

轻量级目录访问协议(Lightweight Directory Access Protocol，LDAP)：轻量级目录访问协议提供了一个中央用户身份验证数据库。

Live CD：用于引用一个完整的 Linux 操作系统，该操作系统可以直接从 CD / DVD 媒体中启动。

locate：locate 命令搜索文件和目录的一个默认数据库。该数据库在/etc/cron.daily 目录中用 mlocate cron 脚本每天刷新。

逻辑区(Logical extent，LE)：逻辑区(LE)是一块磁盘空间，对应于物理区(PE)。

逻辑卷(Logical volume，LV)：逻辑卷(LV)是由一组逻辑区(LE)组成。

逻辑卷管理(Logical Volume Management，LVM)：逻辑卷管理(LVM)允许在多个分区上建立文件系统。也称为逻辑卷管理器。

logrotate：logrotate 命令实用工具支持日志文件的自动维护。在 cron 的帮助下，它可以转换、压缩和删除各种日志文件。

lsattr：lsattr 命令列出文件属性。

lvcreate：lvcreate 命令从指定数量的可用逻辑区(LE)中创建一个逻辑卷(LV)。

lvdisplay：lvdisplay 命令指定逻辑卷(LV)的当前配置信息。

lvextend：lvextend 命令允许增加逻辑卷(LV)的大小。

lvremove：lvremove 命令删除逻辑卷(LV)。

伪装(Masquerading)：伪装是一种网络地址转换(NAT)。它允许通过单一的公共 IP 地址提供局域网上所有计算机的互联网访问。

MBR(Master Boot Record，主引导记录)：MBR 是一种引导扇区和分区格式。BIOS 周期完成后，它就在引导磁盘的 MBR 上寻找指针，然后查看引导加载程序配置文件，如 grub.conf，查找如何启动操作系统的指令。

MD5(Message Digest 5)：一种哈希算法。虽然它不再是 Linux 用户口令的默认哈希方案，但仍然用于其他口令，如 GRUB 2 配置文件中的口令。

mkfs：mkfs 命令可以帮助格式化新配置的卷。它有可用的变体，包括 mkfs.xfs，它格式化默认 XFS 文件系统。

mkswap：mkswap 命令可以帮助建立一个新配置的卷，作为交换空间。

modprobe：可使用 modprobe 命令来添加和删除内核模块。

mount：可使用 mount 命令列出挂载的分区，或者把本地或网络分区关联到指定的目录。其变体可用于不同的网络挂载，如 mount.nfs、mount.nfs4 和 mount.cifs。

NAT(Network Address Translation，网络地址转换)：NAT 允许将一个 IP 地址映射到不同网段的另一个地址上。它可以用来使局域网内的计算机在外部网络中可见，如互联网，且伪装自己的真实 IP 地址。

netstat：netstat 命令过时了，取而代之的是 ss 命令。

网络管理器(Network Manager)：网络管理器(有时显示为一个词)是一个监视和管理网络设置的服务。它关联了命令，如 nmcli、nmtui 和 nm-connection-editor。

网络时间协议(Network Time Protocol，NTP)：网络时间协议支持本地计算机和中央时间服务器之间的时间同步。

NFS(Network File System，网络文件系统)：NFS 是一个文件共享协议，最初由 Sun Microsystems 公司开发，它是 Linux 和 Unix 计算机网络最常用的联网文件系统。

nmap：端口扫描器，可以查看 TCP / IP 端口的打开和可用状态。

PAM(Pluggable Authentication Modules，可插入身份验证模块)：PAM 把身份验证过程和

单独的应用分隔开。PAM 由一组动态可加载库模块组成，提供了不同的身份验证和授权机制。

parted：一个标准的磁盘分区命令实用工具，允许修改物理和逻辑磁盘分区布局。使用 parted 时要小心，因为更改会立即写入分区表。

PATH：一个 shell 变量，指定 shell 在哪些目录中(以什么顺序)自动搜索命令。

PGP(Pretty Good Privacy)：该技术加密消息，通常用于电子邮件。它包括一个安全的私钥公钥系统，和 RSA 相似。PGP 的 Linux 版本称为 GPG(GNU Privacy Guard)。

物理区(Physical extent，PE)：从一个物理卷(PV)中创建的一块磁盘空间，由逻辑卷管理器(LVM)使用。

物理卷(Physical volume，PV)：逻辑卷管理器(LVM)使用的一块空间，通常对应于一个分区或者硬盘。

PolicyKit：PolicyKit 是一个安全框架，在 GNOME 桌面环境工作时，主要用于管理配置工具。

后缀(Postfix)：一个标准的电子邮件服务器应用程序，由许多互联网电子邮件服务器使用。RHEL 7 的默认 Red Hat 解决方案。

并行 ATA(Parallel ATA，PATA)：并行 ATA 是一个与旧 IDE 驱动器相关的老接口标准，也称为 ATA(Advanced Technology Attachment)。

/ proc：/ proc 是一个 Linux 虚拟文件系统。"虚拟"意味着它不会占用真正的磁盘空间。/ proc 文件用于提供内核配置和设备状态信息。

公钥/私钥(public/private key)：加密标准 PGP、GPG、RSA 等基于公钥/私钥对。私钥保存在本地电脑，他人可以用公钥解密消息。

pvcreate：pvcreate 命令允许从分区或磁盘驱动器中创建物理卷(PV)。

pvdisplay：pvdisplay 命令指定物理卷(PV)的当前配置信息。

QEMU：KVM 的 Red Hat 实现方案使用的管理程序。有时用以前的缩写词"快速仿真器"表示。

红帽认证工程师(Red Hat Certified Engineer，RHCE)：可用于 Linux 专业人士的精英认证。它要求 Linux 管理员具备 Red Hat Enterprise Linux 中 Linux 服务的丰富经验。虽然可以先参加 RHCE 考试，但考生必须通过 RHCSA 和 RHCE 考试，Red Hat 才能给他授予 RHCE 证书。

红帽认证系统管理员(Red Hat Certified System Administrator，RHCSA)：可用于 Linux 系统管理员的另一个认证。它旨在要求 Linux 专业人员具备丰富的系统管理经验。

Red Hat 包管理器(Red Hat Package Manager，RPM)：Red Hat 包管理器是一个包管理系统，允许把软件分布在特殊 RPM 文件中。相关的 rpm 命令允许添加、删除、升级和删除包等等。

Red Hat 订阅管理(Red Hat Subscription Management，RHSM)：Red Hat 订阅管理(RHSM)取代了 Red Hat Network (RHN)。它支持系统及其订阅的远程管理。

relayhost：Postfix 中的 relayhost 指令支持到智能主机的连接。

resize2fs：resize2fs 命令允许增加 ext 文件系统的大小。

救援目标(Rescue target)：当 RHEL 启动救援目标模式时，它提供了一个救援 shell，来排除系统启动问题。

根(root)：在 Linux 中这个词有多种含义。根用户是默认管理用户。根目录(/)是 Linux 的顶级目录。根用户的主目录/root 是根目录的子目录(/)。

路由器(Router)：在网段之间转发数据包的主机。连接到多个网络的计算机经常作为路由器。

rpc.mountd：rpc.mountd 守护进程支持挂载对 NFS 共享目录的请求。

rwx/ugo：指文件上基本的 Linux 权限和所有权；rwx /ugo 代表读、写、执行、用户、组、其他。

Samba：服务器消息块协议和常见网络文件系统(CIFS)的 Linux 和 Unix 实现。Samba 允许运行 Linux 和 Unix 的计算机与运行 Microsoft Windows 操作系统的电脑通信。

Scientific Linux：费米实验室(Fermilab)和欧洲核子研究中心(CERN)的科学家开发的 RHEL 重建。这个重建基于 Red Hat 源代码。

sealert：sealert 命令和/var/log/audit 审计目录的日志文件支持 SELinux 问题的详细分析。

安全虚拟主机(Secure virtual host)：一个 Apache 虚拟主机，支持安全 HTTP(HTTPS)。可在一个 Apache 服务器上配置多个安全虚拟主机。

安全增强 Linux(Security Enhanced Linux，SELinux)：它实现了强制访问控制，集成到 Linux 内核中，从本质上讲，SELinux 提供了在 Linux 中给安全分层的另一种方式，并由 Linux 内核执行安全策略。

SELinux 故障排除器：一个 GUI 工具，用于排除 SELinux 日志消息的故障。

Sendmail：一个标准的电子邮件服务器应用程序，由大多数互联网电子邮件使用。Sendmail 是 RHEL 5 之前的默认 Red Hat 的解决方案；Red Hat RHEL 7 仍支持它。

串行 ATA(Serial ATA，SATA)：硬盘驱动器上的标准协议，取代了并行 ATA(Parallel ATA，PATA)标准。

串行连接 SCSI(Serial Attached SCSI，SAS)：这个兼容 SATA 的协议取代了旧的并行 SCSI 总线技术。

服务器(Server)：一台计算机，控制集中的资源，比如 Web 服务或共享文件和打印机。服务器可与网络上的客户计算机共享这些资源。

setfacl：setfacl 命令允许设置文件和目录的访问控制列表(ACL)。

setsebool：setsebool 命令允许改变 SELinux 布尔值的状态。

SGID：SGID 位设置文件或目录的集组权限位。它允许通过组所有者的有效 GID 执行文件。如果在一个目录上设置它，该目录中创建的文件将属于其组所有者。

SHA2、SHA256、SHA512：一系列安全哈希算法，由美国国家安全局(NSA)创建，现在在 RHEL 7 中更常用。SHA512 是用户口令的默认哈希算法。

影子口令套组(Shadow Password Suite)：影子口令套组为 Linux 用户和组在/etc/shadow 和/etc/gshadow 文件中创建一个额外的保护层。

showmount：showmount 命令列出了 NFS 服务器上的共享目录。

smbpasswd：smbpasswd 命令帮助创建 Samba 网络的用户名和口令。

SMTP (Simple Mail Transfer Protocol，简单邮件传输协议)：SMTP 是发送邮件的 TCP / IP 协议，由 sendmail 使用。

ss：ss 命令显示本地系统上的网络连接。例如，ss-tupa 命令用于显示所有活动的 TCP 和 UDP 套接字。

ssh-copy-id：ssh-copy-id 命令可以帮助将公共 SSH 密钥复制到远程系统上的适当位置，建立安全连接，而不需要一般的口令。

ssh-keygen：ssh‑keygen 命令可以帮助为基于 ssh 的身份验证创建一个公私密钥对。

SUID：SUID 位设置文件中的集用户身份标识位。它允许用文件所有者的有效 UID 执行文件。

超级用户(Superuser)：超级用户代表一个拥有根用户权限的普通用户。它是与 su 和 sudo 命令密切相关。

交换空间(Swap space)：Linux 使用交换空间作为物理 RAM 的延伸。它通常在 Linux 的交换分区中配置。

systemctl：systemctl 命令管理 systemd 的各种功能。它可以激活或禁用服务单元、修改默认目标，在启动时自动激活服务单元。

system-config‑*：Red Hat 创建了一系列 GUI 配置工具，来帮助配置许多不同的系统和服务。可以用很多以 system-config‑*开头的不同命令启动它们。虽然直接配置文件通常更快，但并不是每个有经验的管理员都知道每个主配置文件的每个细节。

systemd：systemd 是启动时开始的第一个过程。它初始化系统，激活适当的系统单元。它取代了 RHEL 6 中传统的 init 守护进程。

Systemd 日志(systemd journal)：systemd 的日志系统。

目标单元(Target unit)：系统可以在启动时激活的一组 systemd 单元。常见的目标是多用户、图形化的目标。

targetcli：一个交互式命令行工具，用于创建和管理 iSCSI 目标。

telnet：一个终端仿真程序，允许连接到远程计算机。telnet 命令可用于测试指定端口号上的服务的可用性。

testparm：testparm 命令是主 Samba 配置文件 smb.conf 的语法检查器。

UEFI：UEFI 是统一的可扩展固件接口(Unified Extensible Firmware Interface)，它在启动计算机时，初始化硬件设备。在大多数现代系统中，它取代了 BIOS。UEFI 菜单允许定制许多选项，包括引导媒体的顺序。

umask：umask 命令为新创建的文件和目录定义了默认权限。

Unbound：Unbound 可用于替代 BIND，建立一个递归的缓存名称服务器。

全局唯一标识符(Universally Unique Identifier，UUID)：UUID 是一个独特的 128 位数字，常与格式化的存储卷关联。当前列表在 blkid 命令的输出中可用。它用于识别/etc/fstab 文件中挂载的卷。

用户 ID(User ID，UID)：每个 Linux 用户都有一个用户 ID，通常在/etc/passwd 中定义。

useradd：useradd 命令创建一个新的用户账户。

usermod：usermod 命令修改不同的用户账户设置，如账户过期日期和组成员关系。

非常安全的 FTP(Very Secure FTP，vsFTP)：非常安全的 FTP 服务是 RHEL 的默认 FTP 服务器。

vgcreate：vgcreate 命令从一个或多个物理卷(PV)中为逻辑卷管理器(LVM)创建一个卷组(VG)。

vgdisplay：vgdisplay 命令指定卷组(VG)的当前配置信息。

vgextend：vgextend 命令允许增加分配到卷组(VG)的区段或空间。

vi：vi 编辑器是一个基本的 Linux 文本编辑器。虽然其他编辑器更受欢迎，但 vi(或 vi

improved，也称为 vim)可能是在某些救援环境中唯一可用的编辑器。

virsh：virsh 命令支持 RHEL 7 上虚拟机的管理。

virt-clone：virt-clone 命令支持 RHEL 7 上现有虚拟机的复制。

virt-install：virt-install 命令支持 RHEL 7 上虚拟机的创建。

虚拟主机(Virtual hosts)：Apache 配置文件配置一定数量的虚拟主机，就可以在一个 Apache 服务器上配置多个网站。

虚拟机(Virtual machine，VM)：在这个系统中，应用程序或整个操作系统在管理程序(如 QEMU)和虚拟化解决方案(如 KVM)的帮助下运行。

虚拟化(Virtualization)：虚拟化是计算机资源的一种抽象。它通常与硬件虚拟化相关，在这个过程中，可以在物理系统上运行一个或多个虚拟机。RHEL 7 的默认虚拟化解决方案是 KVM。

卷组(Volume group，VG)：逻辑卷管理器(LVM)上的一组物理卷(pv)。

WINS(Windows Internet 名称服务，Windows Internet Name Service)：WINS 提供了 Microsoft 网络上的名称解析，可以在 Samba 上激活它。

XFS：RHEL 7 的默认文件系统。它支持日志记录，文件系统最大可达 8 EB。

xfs_growfs：xfs_growfs 命令允许扩展 XFS 文件系统的大小。